Amerikanischer Eisenbau
in Bureau und Werkstatt

Von

F. W. Dencer, C. E.

Oberingenieur im Werk Gary der „American Bridge Company"
Mitglied der „American Society of Civil Engineers"
und der „Western Society of Engineers"

Deutsche Übersetzung
von

Dipl.-Ing. **R. Mitzkat**
Hörde

Mit 328 Textabbildungen

Springer-Verlag Berlin Heidelberg GmbH
1928

ISBN 978-3-642-50642-0 ISBN 978-3-642-50952-0 (eBook)
DOI 10.1007/978-3-642-50952-0

Softcover reprint of the hardcover 1st edition 1928

Geleitwort.

Auf den Arbeiter und die Stunde bezogen betragen die Leistungen in den Werkstätten des amerikanischen Eisenbaues das Drei- bis Vierfache derjenigen in den deutschen Werkstätten; diese Tatsache läßt sich aus dem gewaltigen Umfange der amerikanischen Bauwerke, der in vielen Fällen zur Massenfabrikation führt, und der Anwendung der Stanzarbeit allein nicht erklären; eine sehr bedeutsame Rolle spielt vielmehr die sorgfältige Vorbereitung der Werkstatt- und Aufstellungsarbeit, die in besonderem Maße bei der Herstellung der Werkstattzeichnungen zum Ausdruck kommt. Es wäre auch falsch, anzunehmen, daß der amerikanische Eisenbau bei der Bestimmung der Querschnitte im Gegensatz zu unserer Arbeitsweise eine gewisse Verschwendung mit dem Baustoff zugunsten der Vereinheitlichung der Bauglieder treibe; die hohen Kosten der Baustoffe und der scharfe Wettbewerb zwingen ebenso wie bei uns zur Sparsamkeit.

Das Werk von Dencer gibt eine ausführliche Darstellung der Arbeiten auf den technischen Bureaus und in den Werkstätten der amerikanischen Eisenbauanstalten und zeigt die Wege, welche eingeschlagen werden müssen, um die Kosten auf den technischen Bureaus und in den Werkstätten auf einen Mindestwert herabzudrücken. Die amerikanischen Arbeitsweisen lassen sich naturgemäß nicht ohne weiteres auf unsere Verhältnisse übertragen; sie geben aber viele wertvolle Anregungen, aus denen wir großen Nutzen schöpfen können.

In der Einleitung gibt Dencer einen Überblick über den Aufbau der American Bridge Co., er erläutert das Arbeitsfeld und die Befugnisse der einzelnen Abteilungen, die Grundsätze für die Einrichtung der Werkstätten und die Entlohnungen. In einem weiteren Abschnitt spricht er über die Aufstellung der Angebote und den Abschluß der Lieferungsverträge.

Ganz besondere Beachtung verdient die Beschreibung der Herstellung der Werkstattzeichnungen; es werden alle Einzelheiten, wie die Materialbestellung, die Darstellungsweise auf den Zeichnungen, die Prüfung derselben usw., behandelt und die Mittel besprochen, die zur Klarheit aller Angaben, zur Vereinfachung der Werkstattarbeiten und zur Verminderung der Kosten des technischen Bureaus führen. Brückenbau und Hochbau sind getrennt behandelt. Es sei besonders auf die Art und Weise hingewiesen, die zu einer gerechten Festsetzung der Gehälter führen soll.

Weiter ist ein Abschnitt über Schiffbau, ein solcher über Behälterbau und endlich über die Antriebe von beweglichen Brücken eingefügt.

Im amerikanischen Eisenbau wird ebenso wie in anderen amerikanischen Industrien ein sehr großer Wert auf das innige Zusammenarbeiten des Konstruktionsbureaus und der Werkstatt gelegt; letztere übt einen sehr weitgehenden Einfluß auf das erstere in der Hinsicht aus, daß die Durchbildung der Konstruktionseinzelheiten den in der Werkstatt vorhandenen Maschinen und Einrichtungen angepaßt wird. Die weitgehende Darstellung der Bearbeitungsmaschinen und ihrer Arbeitsweise dient dem Zweck, dem Konstrukteur Richtlinien zu geben, wie er seine Konstruktionen auszubilden hat, um eine einfache, billige Ausführung derselben in der Werkstatt zu sichern.

Besondere Beachtung verdienen die Ausführungen über das Lochen nach Schablonen, das das in Deutschland übliche Ankörnen jedes einzelnen Arbeitsstückes überflüssig macht. Es unterliegt keinem Zweifel, daß in dieser Richtung manche Entwicklungsmöglichkeiten für die deutschen Werkstätten liegen, die heute noch nicht ausgenutzt werden.

Zahlreiche Zusammenstellungen, Skizzen, Musterzeichnungen und Lichtbilder dienen zur Erläuterung des Textes.

Der Übersetzer hat sich streng an den Urtext gehalten; nur ein Abschnitt über die Frachtverhältnisse auf den amerikanischen Eisenbahnen, die für unsere Verhältnisse ohne Bedeutung sind, ist in Fortfall gekommen. Der Grundgedanke Dencers, daß sein Werk ein Leitfaden für den Konstrukteur sein soll, ist überall klar zum Ausdruck gebracht. Das Bestreben, dem Leserkreise, für welchen das Buch bestimmt ist, die gegebenen Vorschriften und Winke in das Gedächtnis einzuhämmern, hat an manchen Stellen des Buches zu Wiederholungen geführt; sie sind eine Eigentümlichkeit der amerikanischen Schreibweise, mit der man sich abfinden muß.

Das Buch ist für den Konstrukteur und den Betriebsmann eines aufmerksamen Studiums wert; nach seiner Durchsicht wird man bedauern, daß in demselben die Aufstellungsarbeiten nicht gleichfalls eine Schilderung gefunden haben.

Dortmund, im Dezember 1927.

E. Schellewald.

Aus dem Vorwort der amerikanischen Ausgabe.

Das vorliegende Buch behandelt den amerikanischen Eisenbau in Bureau und Werkstatt. In den einzelnen Abschnitten werden die Entwurfsgrundlagen, die Materialbestellung, die Anfertigung der Werkstattzeichnungen, die Werkstattbearbeitung, die Abnahme und der Versand sowie die in den Bureau- und Werkstattabteilungen der Eisenbauanstalten üblichen Arbeitsweisen beschrieben.

Die in dem Werk niedergelegten Erfahrungen sind vom Verfasser während einer langjährigen Praxis im Eisenbau gesammelt worden. Tabellen und Angaben, die in den gebräuchlichen Handbüchern zu finden sind, haben keine Aufnahme gefunden.

Das Buch soll den Studierenden als Einführung in die Praxis des Eisenbaues dienen und den bereits in der Praxis stehenden Ingenieuren, welcher Art ihre Tätigkeit auch sein möge, Rat und Anregung geben.

Gary, Indiana.

F. W. Dencer.

Inhaltsverzeichnis.

I. Organisation der Eisenbauanstalten.

II. Eisenbauwerkstätten.

III. Vergebung der Aufträge.

IV. Einteilung der Eisenbauwerke.

V. Technische Abteilung.

VI. Ingenieure und Konstrukteure.

VII. Arbeitsweise in den Zeichensälen.

VIII. Bearbeitungsvorschriften.

IX. Brückenbau.

Einteilung.

Materialbestellung.

Einzelheiten.

X. Hochbauten (Stockwerksbauten).

Allgemeines.

Materialbestellung.

Einzelheiten.

XI. Industriebauten.

Allgemeines.

Materialbestellung.

Einzelheiten.

XII. Guß- und Maschinenteile für Brücken.

XIII. Schiffbau.

XIV. Behälterbau.

Allgemeines.

Materialbestellung.

Konstruktionseinzelheiten.

XV. Auslandsaufträge.

XVI. Material.

XVII. Der Weg des Materials in der Werkstatt.

XVIII. Eingang des Materials.

XIX. Herstellung der Schablonen.

XX. Das Vorzeichnen.

XXI. Stanzen, Aufreiben und Bohren.

XXII. Schneiden und sonstige Vorgänge.

XXIII. Der Zusammenbau.

XXIV. Nieten.

XXV. Fräsen, Bohren der Gelenkbolzenlöcher und anderes.

XXVI. Hebezeuge.

XXVII. Prüfung und Abnahme in der Werkstatt.

XXVIII. Reinigung der Eisenteile und Rostschutz.

XXIX. Schmiedewerkstatt.

XXX. Maschinenwerkstatt.

XXXI. Versand.

XXXII. Wirtschaftliche Arbeitsweise.

XXXIII. Zeichnungs- und Werkstattfehler.

Anhang.

I. Organisation der Eisenbauanstalten.

Vor der Zeit der industriellen Zusammenschlüsse waren die Eisenbauanstalten alleinstehende, unabhängige Unternehmen, von denen manche nur mit einer Bohrmaschine und einem Flaschenzug als Werkstatteinrichtung begonnen hatten. Mit wachsendem Umsatz und bei notwendiger Vergrößerung des Betriebes wurden dann Stanzen, Scheren und Niethämmer angeschafft, bis die Werkstätten schließlich in der Lage waren, Trägerbauten, Blechträger, Stützen, Dachbinder u. dgl. in größerem Umfange herzustellen. Viele dieser Werke besaßen neben ihren Eisenbauwerkstätten Schmieden und mechanische Werkstätten zur Herstellung der Antriebe für bewegliche Brücken, wie Hub-, Dreh- und Klappbrücken. Die bei Ausbreitung des Betriebes von Zeit zu Zeit notwendigen Erweiterungen waren meistens ein für wirtschaftliche Betriebsführung ungünstiges Aneinanderfügen von baulichen und maschinellen Anlagen, da Raummangel es oft unmöglich machte, Erweiterungen nach wirtschaftlichen Gesichtspunkten auszuführen.

Zusammenschlüsse. Gegen Ende des 19. und Anfang des 20. Jahrhunderts fand durch Vereinigung vieler kleiner Werke die Bildung mehrerer größerer Unternehmungen statt, von denen einige von 2 bis über 20 Anlagen zu einer vereinigten, während andere auch weiterhin unabhängig blieben. Nach Verbesserung der Organisation dieser Neubildungen war die Einrichtung vieler Werkstätten zu vergrößern, waren andere zu schließen oder abzubrechen und neue, modernere Werke zu schaffen, die günstig zu den Walzwerken lagen oder gute Verfrachtungsmöglichkeit für die fertigen Erzeugnisse boten. Die neueren Anlagen sind von größtem Interesse, da diese mit den neuesten maschinellen Einrichtungen versehenen und von erfahrenen Betriebsfachleuten in ihrer Organisation sorgfältig durchdachten Werkstätten mit ihren Gleis- und baulichen Anlagen das Ergebnis jahrelanger Erfahrungen sind.

Die Eisenbauanstalten haben meistens verschiedene Arbeitsmethoden eingeführt. Unabhängig von der Größe der Werke hat die Erfahrung ihnen jeweils den Weg gewiesen, die Arbeiten nur mit der unbedingt notwendigen Zahl von Arbeitern so schnell wie möglich auszuführen. Es überrascht daher nicht, in den verschiedenen Stadien der Bearbeitung erhebliche Unterschiede zu finden, z. B. wird die Herstellung von Werkstattzeichnungen ganz verschieden gehandhabt.

Kleinere Unternehmungen. Zu diesen rechnet man die nur aus einem einzigen Betriebe bestehenden Unternehmungen. Hierbei können die technischen und kaufmännischen Bureaus im Inneren einer Stadt oder im Werk selbst liegen. Bei der ersteren Anordnung werden von einem außerhalb des Betriebes liegenden Hauptbureau die Entwürfe bearbeitet und die Lieferungsverträge abgeschlossen, wobei die Bearbeitung der Verträge einem Kaufmann und die der Entwürfe und Kostenanschläge einem Techniker übertragen ist, während auf dem Werke ein Betriebsleiter für die Werkstatt vorhanden ist und ein Ingenieur dem Bureau für die Anfertigung der Werkstattzeichnungen, Stück- und Versandlisten vorsteht. Bei der Lage des Hauptbureaus im Werk selbst besteht eine andere Organisation: einem Betriebsleiter ist die Werkstatt und einem Oberingenieur sind die Bureaus für die Aufstellung der Entwürfe, Kostenanschläge und Werkstattzeichnungen unterstellt.

Größere Unternehmungen. Die Organisation der größeren Unternehmungen ist auf großen Umsatz und Mannigfaltigkeit der Erzeugnisse eingestellt. Die Wirtschaftlichkeit aller Abteilungen muß gesichert sein, um die Wettbewerbsfähigkeit der mit den geringstmöglichen Kosten hergestellten Erzeugnisse zu wahren.

Die Aufträge werden von einem Hauptburean bearbeitet, während Verkaufsbureaus in den Orten bestehen, die ein gutes Absatzgebiet für die Erzeugnisse des Eisenbaus besitzen. Je nach der Leistungsfähigkeit werden mehrere Betriebe unterhalten. Die Verkaufsingenieure nehmen neue Aufträge herein und schließen auf Grund der vordem aufgestellten Kostenanschläge neue Verträge ab. Durch die Einrichtung mehrerer Spezialabteilungen sucht man eine größere Wirtschaftlichkeit des Unternehmens zu erreichen.

„American Bridge Company.“ Die größte bestehende Eisenbauanstalt ist die „American Bridge Company“. Ihre Erzeugnisse sind Blechträger- und Fachwerkbrücken, Eisenhochbauten, Talbrücken, Drehbrücken, Hub- und Klappbrücken, Drehscheiben, Öl- und Wasserbehälter, eiserne Kähne, Leitungsmasten, Guß- und Schmiedestücke usw., kurz alles, was man unter Eisenkonstruktionen versteht. Die Gesellschaft ist in drei Bezirke gegliedert: östlicher, Pittsburger und westlicher Bezirk. Die Hauptsitze dieser Bezirksgesellschaften sind New York, Pittsburg und Chikago. Der Präsident und andere leitende Beamte haben ihren Sitz in Pittsburg. Die Gliederung des Unternehmens ist folgende: Handels-, Technische, Betriebs-, Rechnungs-, Einkaufs-, Finanz-, Montage-, Maschinentechnische, Versand- und Unfallabteilung.

Handelsabteilung. Die Handelsabteilung steht unter der Leitung des Vizepräsidenten, während ein Abteilungsleiter für jeden Bezirk tätig ist, dem mehrere Niederlassungen in den verschiedenen Städten unterstellt sind. Die Leiter dieser Filialen werben neue Kundschaft und schließen mit Genehmigung des für ihren Bezirk zuständigen Abteilungsleiters neue Verträge ab.

Technische Abteilung. An der Spitze der technischen Abteilung steht der Chefingenieur. Ihm sind drei stellvertretende Chefingenieure beigegeben, von denen je einer Spezialist im Brücken-, Hoch- und Maschinenbau ist. Jeder Bezirk wiederum hat einen Abteilungsingenieur für die Leitung der technischen Arbeiten, der die Entwürfe und Gewichtsberechnungen aufzustellen, die Kosten für die Werkstatt und technischen Bureaus zu bestimmen, sowie die Arbeiten in den Zeichensälen zu überwachen hat. Mit der technischen Leitung jedes Einzelwerkes ist ein Oberingenieur betraut, der die Materialbestellung, Anfertigung der Werkstattzeichnungen und die sonstigen technischen Arbeiten regelt.

Betriebsabteilung. Die Leitung des Betriebes jedes der drei Bezirke ist je einem Betriebsdirektor übertragen. Dieser weist die eingegangenen Aufträge den Werken seines Bezirkes zu, die mit Rücksicht auf die Natur des Betriebes, seine Einrichtung, die Frachtverhältnisse und Lieferungsmöglichkeit am besten geeignet sind. Über die Notwendigkeit von Werksvergrößerungen, maschinellen Neueinrichtungen und Reparaturen hat er zu entscheiden und außerdem die Werksorganisation und die Ablieferung der Fertigfabrikate zu überwachen. Für die Arbeiten des einzelnen Werkes ist ein Betriebsleiter verantwortlich.

Der östliche Bezirk umfaßt die Elmira-, Pencoyd- und Trentonwerke. Bei letzterem ist der Eisenbauanstalt noch ein Walzwerk und eine Maschinenfabrik angegliedert.

Zum Pittsburger Bezirk gehören die Ambridge-, Canton-, Shifflerund Toledowerke. Die Erzeugnisse des Ambridgewerks sind außer denen des Eisenbaus noch die der Gießereien, des Behälter- und Schiffbaus. Das Shifflerwerk stellt hauptsächlich Leitungsmaste her.

Der westliche Bezirk umfaßt die American-, Gary-, Lassig-, Minneapolis- und St. Louiswerke. Das Americanwerk liefert außer Eisenkonstruktionen noch Schmiedestücke, während sich das Werk Gary auf Eisenbauten, Maschinen- und Behälterbau eingestellt hat.

Rechnungsabteilung. Der Rechnungsrevisor als Leiter dieser Abteilung übersendet den Kunden die Rechnungen über die aus den Werken abgehenden Erzeugnisse, stellt die Kosten der einzelnen Aufträge zusammen und verteilt diese auf die einzelnen Werkstattarbeiten. In jedem Werke ist ein Betriebsassistent mit der Überwachung der Arbeitszeit, Beaufsichtigung der Aufstellung der auf jeden Auftrag entfallenden Versandgewichte, Unkosten, Kosten der Werkstattbearbeitung, Unkosten für Reparaturen und Neuanschaffungen, kurz mit der Aufstellung sämtlicher Betriebskosten beauftragt.

Einkauf. Diese Abteilung erledigt alle vorkommenden Einkäufe. Der Leiter der Abteilung überwacht den Einkauf aller Werkzeuge und die Beschaffung der Vorräte mit Ausnahme des Baueisens, welches der für jeden Bezirk zuständige Einkaufsassistent besorgt, und unterhält in jedem Bezirk Bureaus zur Regelung des örtlichen Bedarfs.

Finanzabteilung. Der Schatzmeister hat seinen Sitz in Pittsburg und erledigt unter Beihilfe der Kassierer eines jeden Bezirks sämtliche Geldangelegenheiten sowie die Nachprüfung der Kreditwürdigkeit neuer Abnehmer, die Aufstellung der Ausgaben, die Auszahlung der Löhne und Gehälter. Besondere Kassenbeamte führen außerdem auf den größeren Werken die Lohnlisten.

Montageabteilung. Dem Leiter dieser Abteilung ist in jedem Werk je ein Montageingenieur unterstellt, der die dort jeweils vorkommenden Montagearbeiten zu bearbeiten hat, wie Festsetzung der Montagekosten, der Akkorde der Monteure sowie Einrichtung und Überwachung der Baustellen.

Maschinentechnische Abteilung. Diese Abteilung hat die Aufsicht über die Fabrik- und Maschinenanlagen der einzelnen Werke. Alle Neuerungen und Ausrüstungen der Werke werden von ihren Ingenieuren bearbeitet. Sie beschäftigen sich mit allen Fragen bezüglich der Kohle, des Kokses, der Elektrizität, der Druckluft und der Instandsetzung und Erneuerung der maschinellen Anlagen. In den größeren Werken sind vielfach dem Maschineningenieur in den einzelnen Bezirken Assistenten beigegeben, die für die Unterhaltung und Instandsetzung der Maschinen, für die Verbesserung und Vergrößerung der Anlagen und rationelle Ausnutzung der Kräne Sorge zu tragen haben.

Versandabteilung. Die Expedienten haben den Eingang des vom Walzwerk bezogenen Materials, sowie den Versand der fertigen Erzeugnisse an die Kundschaft zu regeln; sie übersenden den Einzelwerken die Anweisungen für den Versand, stellen die Ladung für die Frachtbriefe fest, bearbeiten die Frachtkosten und Standgelder und ordnen alle Angelegenheiten mit den Eisenbahnen bzw. Schiffahrtsgesellschaften.

Unfallabteilung. Alle Unfälle in den Werken und auf den Baustellen werden von dieser Abteilung bearbeitet, an deren Spitze ein Beamter für die Gesamtgesellschaft und außerdem je einer für jede der drei Bezirksgesellschaften steht. Ärzte und Krankenpflegerinnen halten Kurse ab über erste Hilfe bei Unglücksfällen und Wundbehandlung.

II. Eisenbauwerkstätten.

Die Werkstätten weisen große Unterschiede voneinander auf; nicht zwei von ihnen besitzen gleiche Anordnung der Baulichkeiten und Gleisanlagen für den Eingang und den Versand des Materials, ebensowenig stimmen die Art und die Ausnutzung der Maschinenanlagen überein. Die neueren Werkstätten sind naturgemäß günstiger für den Empfang des Materials, für seinen Weg durch die Werkstatt, sowie für den Versand eingerichtet. Sie ermöglichen eine größere Leistung mit geringeren Kosten als die älteren Werke, denn diese sind nach und nach bei wachsender Erzeugung erweitert worden, so daß die Anordnung der Gebäude, Gleis- und Maschinenanlagen nicht die wirtschaftlichste sein kann. Man ist bestrebt, das Eisen in der Werkstatt auf kürzestem Wege vom Eisenlager über die Vorzeichnerei zu den Bohrmaschinen weiter zur Zulage und zum Versandlager zu bringen.

Kleinere Werkstätten. Die Eisenbauanstalt in ihren kleinsten Anfängen wird eine Bohrmaschine und einen Flaschenzug zum Hochwinden der Konstruktionsteile als gesamte Einrichtung besessen haben, während das Eisen in genauen Längen gekauft wurde und alle Verbindungen geschraubt wurden. Bei wachsendem Umsatz kamen neue Maschinen- und Fabrikanlagen hinzu, bis schließlich das Werk aus einer eigentlichen Eisenbauanstalt, einer Maschinenbauabteilung und einem Hammerwerk zur Warmbearbeitung von Stäben, zur Anfertigung der Nieten, zum Schweißen von Ringen und zur Herstellung von Augenstäben bestand. Dann begannen die Betriebe sich zu spezialisieren, z. B. für Hochbau, für Straßenbrücken, für Behälterbau, für Eisenbahnbrücken. Größere Werke vereinigen auch die Herstellung von Hochbauten mit der von Straßen- und Eisenbahnbrücken.

Größere Werkstätten. Die verschiedenen Abteilungen großer Werke sind meistens in eine große Werkstatt für Blechträger, schwere Binder und Stützen und in eine kleinere Werkstatt für Gerüste, Dachkonstruktionen, Geländer usw. zerlegt, daneben sind Schmieden und Gießereibetriebe mit den dazugehörigen Maschinenanlagen, sowie eine Nietenfabrik vorhanden. An anderen Stellen sind wieder statt einer Haupt- und einer Nebenwerkstatt mehrere größere Eisenbauwerkstätten nebeneinander angeordnet, die gleichfalls in der Lage sind, einen großen Ausstoß an Eisenbauten zu leisten.

Anlage einer Eisenbauanstalt. Die Anlage einer neuen Werkstatt geschieht nach gründlicher Entwurfsarbeit erfahrener Betriebsfachleute. Jedes Fabrikgebäude, jeder Lagerplatz, die Gleisanlage, jeder Kran und jede Maschine erhält den richtigen Platz, der dem Material bei der Bearbeitung durch die verschiedenen Maschinen von seiner Ankunft bis zu seiner Verladung den kürzesten Weg sichert. Gerade die Anordnung der Gleise, der Kräne und Maschinenanlagen ist von größter Bedeutung für die wirtschaftliche Arbeitsweise in der Werkstatt. Voraussicht und klares Urteil ersparen manche unnötigen Kosten. Fehler sind schwer zu beseitigen. Können sie nicht beseitigt werden, so bleiben sie dauernd die Quelle von Sonderausgaben.

Einige beachtenswerte Punkte bei dem Entwurf moderner Werkanlagen sind folgende:

1. Lage möglichst in der Nähe einer oder mehrerer Hauptgüterstrecken zur Verminderung der Frachtkosten des Walzmaterials bzw. der fertigen Erzeugnisse und zur Vermeidung der Kosten für Rangierfahrten. Besonders vorteilhaft ist daher die Nähe von Walzwerken. Bei Werkanlagen für Schiffbau ist Wasseranschluß wesentlich.

2. Frage des Kraftanschlusses.

Die Kosten der Errichtung einer eigenen Kraftzentrale muß mit der Möglichkeit des Bezugs der Kraft in Form des elektrischen Stromes von fremden Werken verglichen werden. Dabei muß nötigenfalls eine Erweiterung unter Zuhilfenahme einer zusätzlichen Kraft erwogen werden.

3. Die Erweiterungsmöglichkeit muß schon bei der ersten Anlage berücksichtigt und bei der Anordnung der Gebäude, Gleisanlagen, Kräne und Maschinenanlagen beachtet werden.

4. Verschiedene Typen von Werkanlagen: Zunächst eine Anlage kleineren Umfangs mit einer Eisenbauwerkstatt, einer Halle für den Zusammenbau, einer Nietenfabrik und Schmiede. Anlagen größeren Umfanges werden nach Anordnung a und b gebaut.

a) besteht aus einer großen Eisenbauwerkstatt (eventuell verbunden mit einer kleinen für leichtere Konstruktionen) und besonderen Anlagen für Schmiedearbeiten, Maschinenbau und Nietenfabrikation usw.

b) das sog. „Einheitssystem“ enthält zwei oder mehrere Eisenbauwerkstätten und besondere Gebäude für Nietenfabrikation, Herstellung von Schmiedestücken und Maschinenteilen usw. Der Vorteil dieses „Einheitssystems“ besteht in der Möglichkeit der Erweiterung der bestehenden Anlagen durch Hinzufügen selbständiger Einheiten ohne Störung der alten Betriebe und der Möglichkeit der Stillegung einzelner Betriebe bei Nachlassen der Konjunktur.

5. Baustoffe.

Billige Baustoffe haben zwar einen geringeren Einkaufspreis, sind aber in der Unterhaltung teurer als dauerhaftere. Ein Kostenvergleich wird sich hauptsächlich auf die Materialien für die Dacheindeckung, Wände, Fußböden, Fenster, Oberlichte und Rinnen zu erstrecken haben. Die verwendeten Baustoffe müssen von guter Beschaffenheit, dauerhaft und soweit als möglich feuersicher sein. Für die Dacheindeckung sind Dachziegel, Zement oder Schiefer, für die Wände Ziegelsteine, Dachziegel oder Beton, für die Fußböden imprägnierte Hölzer oder Beton zu verwenden. Für die Fenster sind entweder hölzerne oder eiserne mit geripptem Glas, für die Oberlichte solche bewährten Systems, die widerstandsfähig und wasserdicht sind, vorzusehen. Die Rinnen können aus verkupfertem oder anderem, nicht leicht zerstörbarem Metall hergestellt sein.

6. Die Einrichtung der verschiedenen Abteilungen muß die kürzesten Transportwege für die zu bearbeitenden Baustoffe sichern.

7. Wichtig ist die richtige Zahl und Anordnung der Maschinen zur Erzielung der vorgesehenen Erzeugung. Zu diesem Zweck müssen die Tonnenzahlen für die einzelnen Arbeitsgebiete, wie Herstellung von Blechträgern, Bindern, Säulen, Unterzügen, Schmiedestücken, Maschinenteilen, Nieten, Schrauben und Kleineisenzeug, ermittelt werden.

8. Die Maschinen sollen so angeordnet sein, daß die Fabrikation mit möglichst wenigen Handgriffen durchgeführt werden kann.

9. Zwischen den einzelnen Maschinen muß genügend Platz vorgesehen sein, um die Arbeit an den benachbarten Maschinen nicht zu behindern.

10. In der Nähe der Maschinen sind ausreichende Lagerplätze frei zu halten, um überhohe Materialstapel zu vermeiden.

11. Über den Maschinen muß genügend Lichtraum vorhanden sein, damit der Austausch des fertig bearbeiteten mit dem neuen Material ohne Störung möglich ist.

12. Die Gleisanlagen (normal- oder schmalspurige) sollen eine schnelle Bedienung der verschiedenen Lager, Kräne und Maschinen gestatten. Kreuzungen sind nach Möglichkeit zu vermeiden.

13. Äußerst wichtig ist das Problem der Unfallverhütung. Die Möglichkeit der Verhütung von Unglücksfällen ist beim Entwurf und der weiteren Durchführung der Pläne im Auge zu behalten.

Dieses sind die wesentlichsten Punkte, die beim Entwurf einer Eisenbauwerkstätte zu beachten sind. Indessen ist es menschlich unmöglich, alle Zufälligkeiten zu berücksichtigen. Es wird immer vorkommen, daß eine bestehende Anlage modernisiert oder erweitert werden muß. Ein Wechsel in der am häufigsten vorkommenden Konstruktionsgattung kann eine Erneuerung der Maschinenanlage verlangen, z. B. kann ein Anwachsen der Hochbaukonstruktionen und ein Nachlassen von Brückenkonstruktionen in der Werkstatt eine andere Ausklinkmaschine verlangen, damit die Erzeugung nicht ins Stocken gerät. Oder eine Anhäufung von Aufträgen im Behälterbau wird mehrere Vielfachlochstanzen oder Stemmkantenscheren erfordern, während ein großer Auftragsbestand an Hub-, Klapp-, Zug- oder Drehbrücken eine

Vermehrung der Maschinen in der Maschinenbauabteilung notwendig machen wird.

Betriebsleitung. Dem Betriebsleiter oder wie er auch anders benannt sein mag, ist die Betriebsorganisation unterstellt; er ist für die gesamten Arbeiten seiner Werkstattabteilungen verantwortlich. In kleineren Betrieben versieht ein Meister diese Aufgaben. Die erstere Anordnung gilt in der Regel für größere Betriebe.

Technische Bureaus. Der Oberingenieur bearbeitet mit seinen Assistenten und Konstrukteuren die Kostenanschläge und Entwürfe, Materialbestellungen und Werkstattzeichnungen und erledigt die sonstigen technischen Arbeiten.

Materialbestellung. Die technischen Bureaus stellen die Listen für die Materialbestellung (advance bills genannt) auf. In einem besonderen Bureau, das die Walzwerkbestellungen bearbeitet, wird dann das Material nach Klassen geordnet, auf besonderen Vordrucken zusammengestellt, und an die Walzwerke weitergegeben. In dieser Weise werden ∠-, ⊏-, I-, ⅂L-, ⊥-, ⊘- und ⊞-Eisen, sowie Bleche in getrennten Listen den verschiedenen Walzwerken überwiesen. Von diesem Bureau werden ferner die Stück- und Versandlisten aufgestellt, die Gußteile bestellt, sowie die Listen über das angelieferte und für die einzelnen Aufträge verwendete Material geführt. Außerdem hat es die Aufsicht über das Eisenlager und besorgt die jährlich stattfindende Inventur.

Werkstattabteilungen. Die verschiedenen Werkstattabteilungen, die einem besonderen Betriebsleiter unterstehen, sind Empfangslager, Vorzeichnerei, Eisenbauwerkstatt, möglicherweise eine Aushilfswerkstatt, Werkstatt für Trägerbearbeitung, Biegewerkstatt, Werkstatt für kleinere Konstruktionsteile, Nieten- und Schraubenabteilung, Schmiede, Maschinenbauwerkstatt, Sammel- und Versandlager. Je ein Werkmeister leitet diese Unterabteilungen, wobei ihm, falls zwei oder mehrere Arbeitskolonnen notwendig sind, einige Vorarbeiter unterstellt sind.

Rechnungsabteilung. Dieser obliegt die Kontrolle der Arbeitszeiten, die Aufstellung der Lohn-, Akkord- und Versandlisten, Verteilung und Aufstellung der Kosten der einzelnen Arbeitsvorgänge wie Vorzeichnen, Stanzen, Bohren, Nieten, Zusammenbau usw., kurz die Aufstellung aller Kostenberechnungen.

Magazin. Die Einrichtung eines gesonderten Magazins ist von großem Vorteil. Lagervorräte an Schraubenbolzen und -muttern, Unterlagscheiben, Werkzeugstahl, Nägeln und Stiften werden für den täglichen Gebrauch angelegt. Im Magazin müssen auch alle Teile vorhanden sein, die in der Konstruktionswerkstatt, in der Schmiede oder in der Maschinenwerkstatt laufend benötigt werden, falls für diese nicht ein besonderes Magazin besteht. Reservemotoren, Triebwerke und andere oft zu ersetzende Maschinenteile werden für den Notfall auf Lager gehalten.

Maschinentechnische Abteilung. Diese Abteilung überwacht die Neu- und Erweiterungsbauten, bestimmt die maschinellen Einrichtungen und hat für die Unterhaltung derselben Sorge zu tragen, ebenso sorgt sie für den Betrieb der Kraftzentrale und der Krananlagen, kurz: sie ist für den Betrieb aller elektrischen, hydraulischen und pneumatischen Anlagen verantwortlich. Ein mit der Leitung betrauter Maschineningenieur hat mit einer Schar von Sonderfachleuten diese Aufgaben zu lösen.

Lohnabteilung. Die Mehrzahl der Werke hat irgendein Entlohnungssystem in Anwendung, um besondere Leistungen der Belegschaft besonders zu vergüten, dessen Behandlung meistens einer Sonderabteilung obliegt. Bei größeren Werken sind vielleicht fünf oder sechs Kräfte, bei kleineren zwei angestellt, welche die Mehrleistungen und die Vergütung derselben festsetzen. Die Methoden, nach der die Feststellung des Mehrverdienstes geschieht, weichen oft sehr voneinander ab. Man unterscheidet dabei Gratifikationen, Prämien- und Stücklohnsystem.

Von der Lohnabteilung werden für alle Arbeitsvorgänge besondere Lohnsätze in Tabellenform aufgestellt, deren Festsetzung auf Grund von Zeitstudien unter Berücksichtigung der Leistungsfähigkeit des Arbeiters geschieht.

Gratifikationen, Prämien und Stücklohn. Bei den Werken sind verschiedene Methoden in Anwendung, um den Arbeitern Zuschläge zu ihrem Lohn zu gewähren, wodurch die Arbeitsfreudigkeit und Zufriedenheit gefördert, und damit die Leistungen erhöht werden. Einige der üblichen Methoden sind im folgenden zusammengestellt.

1. Die Mehrzuwendungen haben die Form jährlich auszahlbarer Gratifikationen, deren Höhe sich nach dem Jahresgewinn des Werkes richtet. Nachdem der insgesamt auszuschüttende Betrag festgesetzt ist, geschieht die Verteilung unter Berücksichtigung des Einzeleinkommens und der Dauer der Zugehörigkeit zum Werke. Diese Sonderzulage kommt allen Werksangehörigen zu ohne Berücksichtigung des besonderen Verdienstes des einzelnen.

2. In manchen Werken ist es gebräuchlich Prämien für Anregungen auszusetzen, durch welche Zeit und Arbeit gespart und die Leistungsfähigkeit des einzelnen sowie der Schutz vor Unfällen erhöht werden kann. Oft können diese Ideen oder Vorschläge als Patente verwendet werden, und die Erfinder erhalten in solchen Fällen, je nach dem Werte des Patentes, oft ansehnliche Beträge ausgezahlt.

3. Vielfach ist ein Stücklohnsystem eingeführt, durch welches gute Leistungen des einzelnen besonders belohnt werden. Hierbei soll von zwei gleichartig beschäftigten Arbeitern mit gleichem Stundenlohn der fähigere und geschicktere bevorzugt werden. Während die Grundsätze eines solchen Prämiensystems immer die gleichen sind, können Anwen-

dungen und Einzelheiten voneinander abweichen. Mit Ausnahme der Vorzeichnerei, wo seine Verwendung nicht möglich ist, kann es in den meisten Abteilungen der Werkstatt angewandt werden. Unter Voraussetzung eines bestimmten Grades der Leistungsfähigkeit des Arbeiters wird für einen Arbeitsvorgang ein Grundbetrag festgesetzt. Wenn der so berechnete Stücklohn für einen Tag den Tagelohn des Arbeiters überschreitet, so bekommt dieser den Mehrbetrag ausgezahlt, wird der Tagelohn nicht erreicht, so erhält er trotzdem den vollen Tagelohn ohne Abzug ausbezahlt.

Der Stücklohn wird vor Beginn der Werkstattarbeit festgesetzt und für jeden Arbeitsvorgang zur Berechnung des auf den Arbeiter entfallenden Betrages in Tabellenform zusammengestellt. Stellt es sich später heraus, daß die Stücklohnsätze infolge eines Irrtums bei ihrer Festsetzung oder infolge neuer Maschinen und Einrichtungen oder einer neuen Arbeitsweise, die noch nicht ausprobiert war, nicht richtig sind, so werden bei nachfolgenden Aufträgen neue Sätze aufgestellt. Bevor die Arbeit aufgenommen wird, erhalten die Arbeiter durch Blaupausen Kenntnis von den festgesetzten Stücklöhnen, die während der einmal übernommenen Arbeit unverändert bleiben. Einige für die Anwendung dieser Methode geeignete Arbeitsvorgänge sind untenstehend aufgeführt, wobei zu bemerken ist, daß es sich nur um einige herausgegriffene Beispiele aus einer großen Zahl in Stücklohn ausführbarer Arbeitsvorgänge handelt.

1. Transport des ankommenden Materials pro Stück am Eingangslager.
2. Einrichten der Stanzen.
3. Einsetzen der Stempel.
4. Stanzen von Löchern pro 100 Stück bei Einfachlochstanzen.
5. Stanzen von Löchern pro 100 Stück bei Vielfachlochstanzen.
6. Schlagen von Nieten pro 100 Stück.
7. Anstrich.
8. Verladen des Materials pro Stück.

Arbeitsfolge. Um die Bearbeitung des Materials innerhalb der Werkstatt zu regeln und zu fördern, wird vielfach ein System, das die Reihenfolge der Bearbeitungsvorgänge festlegt, angewandt. Zu diesem Zweck erhalten alle Teile bestimmte Bezeichnungen für die Bearbeitung. So bezeichnet gehen sie von einer Maschine zur nächsten, von einer Werkstattabteilung zur anderen, bis die Bearbeitung beendet ist. Dieses System ist für die Konstruktionswerkstatt wie auch für die Schmiede, Maschinenbauwerkstatt usw. anwendbar.

Geht beispielsweise die Zeichnung für irgenein Gußstück zur Werkstatt, so wird zunächst eine Karte ausgestellt, auf welcher die Bearbeitungsfolge festgelegt wird, sie wird zugleich für die Kontrolle benutzt; gleiche Stücke erhalten auch gleiche Bezeichnungen. Jede Maschine wird mit einer Nummer bezeichnet, und für jede ein Arbeitsprogramm aufgestellt; eine Ausfertigung davon wird an der Maschine befestigt, eine weitere dem Arbeiter übergeben, der den Beginn und die Beendigung der Arbeit auf ihr vermerkt. Bei Anwendung eines Stücklohnsystems können mit Hilfe dieser angegebenen Bearbeitungszeiten die Beträge in einfacher Weise ermittelt werden. Auch läßt sich die gerade vorliegende sowie die noch zu erledigende Arbeit für jede Maschine jederzeit an Hand dieser Aufstellungen ermitteln. Das Material kann schnell seinen Weg von einer Maschine zur anderen finden, ohne daß Unterbrechungen in der Bearbeitung vorkommen, da es schon für jede Maschine im voraus bestimmt wird. Auf diese Weise ist eine schnelle Abwicklung der Arbeit gewährleistet.

Werkstattprüfung. In den Werkstätten angestellte Aufsichtsbeamte prüfen die Konstruktionen, bevor sie angestrichen werden und zur Baustelle gehen. Durch diese Prüfung sollen Unkosten infolge Zeichnungs- und Werkstattfehler vermieden werden. Die Werke erstreben eine gute Ausführung ihrer Lieferungen und einen fehlerlosen und schnellen Zusammenbau. Ein guter Ruf spielt bei der Werbung neuer Aufträge eine große Rolle.

Arbeiterannahme. Die Einstellung neuer Kräfte ist von besonderer Bedeutung. Die persönlichen Eigenschaften der Arbeiter haben einen großen Einfluß auf die Wirtschaftlichkeit einer Werkstatt, wie man kurz die Erzielung einer Höchstleistung hochwertiger Arbeit mit geringsten Kosten nennt. Früher stellte das Betriebsbureau die Arbeiter ein und wies sie auf die freien Plätze. In der Praxis aber bewährte es sich, daß der Werkmeister die Arbeiter selbst einstellte. Bei diesem Verfahren wurde eine bessere Auswahl und Disziplin erreicht. Es ist sicher, daß der Werkmeister am besten die Eigenschaften und Fähigkeiten der Leute erkennt, die er braucht. Bei größeren Werken ist eine weitere Verbesserung bei der Annahme neuer Arbeiter getroffen, indem diese Arbeit einem besonderen Einstellungsbeamten übertragen ist, der die für eine bestimmte Arbeit bestgeeigneten Arbeiter aussucht. Die von ihm ausgewählten Leute werden zum Werkmeister geschickt, welcher entscheidet, ob sie für seine Arbeit brauchbar sind, denn nur brauchbare Leute zu erhalten ist von großer Wichtigkeit. Mit der Auswahl der bestgeeigneten Arbeiter ist die Aufgabe des Einstellungsbeamten aber nicht erschöpft, er hat vielmehr noch darüber zu wachen, ob die ausgesuchten Leute sich auch weiterhin bei der zugewiesenen Arbeit bewähren. In vielen Fällen ist ein Arbeiter nicht an den richtigen Platz gestellt und muß daher einem anderen Arbeitsplatz zugewiesen werden, damit seine Arbeitskraft richtig ausgenutzt werden kann, anstatt sie verlorengehen zu lassen. Die Anstellung der Arbeiter an der richtigen Stelle ist oft eine schwierige Aufgabe, welche taktvoll und sorgfältig gelöst werden muß und gute Menschenkenntnis sowie Vertrautheit mit der Einrichtung jeder einzelnen Abteilung voraussetzt.

Ärztliche Untersuchung. Eine Untersuchung der Arbeiter ist bei der Einstellung allgemein gebräuchlich, um körperlich ungeeignete Leute von vornherein auszuschließen. Leute mit Gehör- oder Sehfehlern, kränklichem Körperbau oder ansteckenden Krankheiten sind von der Annahme ausgeschlossen, denn sie werden nicht allein unfähig sein, den Anforderungen einer angestrengten Werkstattarbeit zu genügen, sie werden infolge ihrer Fehler ständig in Gefahr sein, bei der Arbeit an den Maschinen oder in der Nähe aufgestapelter Teile oder unter arbeitenden Kränen von irgendeinem Unfall betroffen zu werden. Bei etwaigen Unglücksfällen tritt die Verbandstube in Tätigkeit, bei ernsteren Fällen wird nach Leistung der ersten Hilfe Überführung in ein Krankenhaus angeordnet.

Die Arbeit der Sanitätsabteilung erstreckt sich weiterhin auf eine Reihe von Wohlfahrtseinrichtungen. Die Arbeiter werden bei etwa auftretenden Epidemien geimpft, bei leichteren Erkrankungen behandelt, kleinere Wunden werden gereinigt und verbunden. Diese Behandlung ermöglicht es den Leuten, die Arbeit fortzusetzen, während bei Behandlung außerhalb eine Unterbrechung der Arbeit notwendig sein würde. Durch Vorschläge zur Erzielung hinreichender Entlüftung der Arbeiträume, durch Schaffung ausreichender Abortanlagen, durch Beschaffung einwandfreien Trinkwassers, durch Sorge für Besprengung und Reinigung der Plätze usw., kann die Sanitätsabteilung in hygienischer Hinsicht manches Gute bewirken.

Unfallverhütung. In den verflossenen Jahren haben die Werke dem Problem des Schutzes der Gesundheit und des Lebens ihrer Arbeiter weitgehende Aufmerksamkeit gewidmet und beträchtliche Geldsummen für diesen Zweck zur Verfügung gestellt. Ausschüsse für Unfallverhütung wurden mit dem Studium gefahrbringender Werkstatteinrichtungen und Arbeitsvorgänge beauftragt und in regelmäßig einberufenen Sitzungen die Methoden der Unfallverhütung kritisch erörtert, um dabei auch gleichzeitig das Interesse dafür wachzuhalten, da beständige Aufmerksamkeit notwendig ist, um die Unfälle auf ein Mindestmaß zu beschränken. In den Werkstätten sind an geeigneten Stellen Anschläge angebracht, um auf die verschiedenen Unfallursachen aufmerksam zu machen. Aber trotz aller Anstrengungen ist es unmöglich, Unfälle ganz zu verhindern, weil die persönlichen Eigenschaften der Arbeiter nicht auf eine Formel gebracht werden können, und weil eine beschädigte Kette oder ein Bruch an einer Maschine plötzlich einen Unfall verursachen kann. Durch Herausgabe von Druckschriften und ihre Verteilung an die Arbeiter sollen diese zu Vorsicht angehalten werden. Die Getriebe und andere gefahrbringende Maschinenteile werden mit Schutzvorrichtungen versehen, besondere Gefahrenzeichen angebracht und Versuche angestellt, um die Zahl der Unfälle so weit wie möglich zu verringern. Auch werden in manchen Werken die Arbeiter zur Mitarbeit hieran aufgefordert, indem Kästen zur Aufnahme schriftlicher Vorschläge für Unfallverhütung aufgestellt und auf brauchbare Ideen Geldpreise ausgesetzt werden. Allmonatlich werden für die einzelnen Abteilungen Unfallstatistiken herausgegeben und den Abteilungen, welche im Monat keine Unfälle zu verzeichnen hatten, besondere Belohnungen gewährt.

Werkschulen. Nahezu alle industriellen Untersuchungen unterhalten eigene Schulen, um ihre Leute für hochwertigere Arbeit und für Stellungen mit größerer Verantwortung auszubilden, wobei die Werke in gleicher Weise Nutzen haben wie die Leute. Die Bedeutung der Werkschulen ist allgemein anerkannt worden, ihr Wert wird noch durch ihre Zusammenfassung in der ,,Nationalvereinigung der Werkschulen" gesteigert. Der Unterricht wird an Angehörige sämtlicher Werkabteilungen erteilt. Die allgemein üblichen Lehrfächer sind: Englisch, Bürgerkunde, Arithmetik, Schreiben und Rechtschreibung. In manchen Schulen sind die Kurse noch auf Maschinenwesen, Eisenbau, Hüttenkunde, Buchhaltung, Kurzschrift und Kassenwesen ausgedehnt.

Der Besuch ist kostenfrei, da diese Schulen weder einen Gewinn erzielen, noch die Selbstkosten aufbringen sollen. Der Nutzen, den die Arbeitnehmer und damit auch die Arbeitgeber aus dieser Einrichtung haben, rechtfertigt allein die Übernahme der Schulkosten durch letztere.

Als Belohnung für gute Arbeiten und bewiesenen Fleiß werden besondere Preise für die Schüler ausgesetzt. Die Zahl der Unterrichtsstunden wird mit zwei Doppelstunden in der Woche als ausreichend erachtet, da es nicht wünschenswert ist, den Teilnehmern zuviel von ihrer freien Zeit, die für die Erholung notwendig ist, zu nehmen.

Wohlfahrtseinrichtungen. Über die Ausgestaltung der von den Unternehmungen für ihre Arbeitnehmer geschaffenen Wohlfahrtseinrichtungen kann viel geschrieben werden, die Bemühungen in dieser Beziehung bewegen sich in verschiedenen Richtungen. Es ist bisher viel dafür getan worden, aber zweifellos ist noch eine Menge von Aufgaben zu lösen. Die Ausgaben der Eisenindustrie für Wohlfahrtszwecke sind sehr bedeutend, aber der Gewinn, der sich in den besseren Gesundheitsverhältnissen der Belegschaften und ihrer Familien, in der größeren Leistungsfähigkeit, Arbeitsfreudigkeit und Zufriedenheit ausdrückt, rechtfertigt diese Kosten. Es ist hier nur möglich, die Tätigkeit der Werke in dieser Beziehung in ihren Grundzügen zu streifen.

In großer Zahl sind Erholungsheime gebaut worden, welche die Leute gegen geringe Vergütung aufnehmen, für die Kinder sind Schulen errichtet und Spielplätze angelegt worden. In Krankheitsfällen wird ärztliche Behandlung gewährt, in der Not sind willige Hände zur Hilfe bereit. Anstatt Almosen zu geben, werden Darlehen gewährt, die in kleinen Raten zurückzuzahlen sind. Zum Zwecke der Erholung sind Grünanlagen geschaffen worden, ferner Gemüsegärten angelegt worden, um die Lebenskosten herabzusetzen. Durch verschiedenartige Einrichtungen, wie Genossenschaftsbanken oder Beteiligung an Anleihen, werden die Familien zum Sparen angehalten. Gesellige und sportliche Vereine sind ins Leben gerufen, dazu bei vielen Werken besondere Baulichkeiten zur Abhaltung von turnerischen, musikalischen und geselligen Veranstaltungen errichtet worden oder Räumlichkeiten für Kegel- und Billardspiel bereitgestellt. Auch sind gelegentlich Schwimmhallen gebaut, und Baseball-, Tennis- und Golfplätze angelegt worden. Eine der wichtigsten der von den Werken unterstützten Einrichtungen sind die bereits erwähnten Werkschulen.

Alle diese Wohlfahrtseinrichtungen sind erst neueren Ursprungs. Ihre Wichtigkeit ist durch die Anerkennung, welche diese Bestrebungen in allen Industriezweigen gefunden haben, erwiesen, ihre guten Folgen zeigen sich in größerem Vertrauen zum Unternehmer, in größerer Zufriedenheit und Leistungsfähigkeit sowie in der geringeren Häufigkeit des Stellungswechsels bei den Arbeitnehmern.

Werk Gary, American Bridge Company. Das Werk Gary ist eine nach dem Einheitssystem erbaute neuzeitliche Anlage. Die Lage der Gebäude, Gleise und die Einteilung der Werkstätten zeigt der Plan (Abb. 1).

Nördlich des Werkes liegen die Schienenstränge der Elgin-, Joliet- und Ostbahn, welche die direkte Verbindung mit den Walzwerken der Illinois Steel Company in Süd-Chikago und Gary herstellt. Auch bewirkt diese Linie den Übergang zu der New York-Central-, Pennsylvania-, Baltimore- und Ohio-, Pere Marquette-, Michigan Central- und Wabash-Eisenbahn. Durch die bis in die Werkstätten hineinführenden Anschlußgleise wird das ankommende Walzeisen sowie die hinausgehende Fertigkonstruktion von bzw. zu der Elgin-, Joliet- und Ostbahn überführt.

Südlich des Werkes fließt der Grand-Calumet-Fluß, der schiffbar ist und der staatlichen Stromverwaltung untersteht. Dieser Fluß würde den Stapellauf von Kähnen und Schiffen ermöglichen und daher für die spätere Einrichtung einer Schiffswerft günstig sein.

Das Material gelangt von Süden her in die Werkstätten, durchläuft diese während der Bearbeitung und geht auf der Nordseite über das Anschlußgleis hinaus.

Das Hauptverwaltungsgebäude liegt am südlichen Ende des Werkes inmitten schöner Baumgruppen und Grünanlagen. Es hat ein Erdgeschoß und drei Stockwerke. Im ersten Geschoß befinden sich die Bureaus des Direktors, die Bureaus für die Materialbestellungen, die Rechnungsbureaus und die Kassenräume. Das zweite und dritte Geschoß enthält die technischen Bureaus, während sich die Lichtpauserei und Heizungsanlagen im Erdgeschoß befinden und Zeichnungs- und Aktenregistratur im Keller liegen.

Die größten Gebäude des Werkes sind die beiden voneinander unabhängigen Werkstätten 1 und 2, die in der Mitte durch einen Quer-

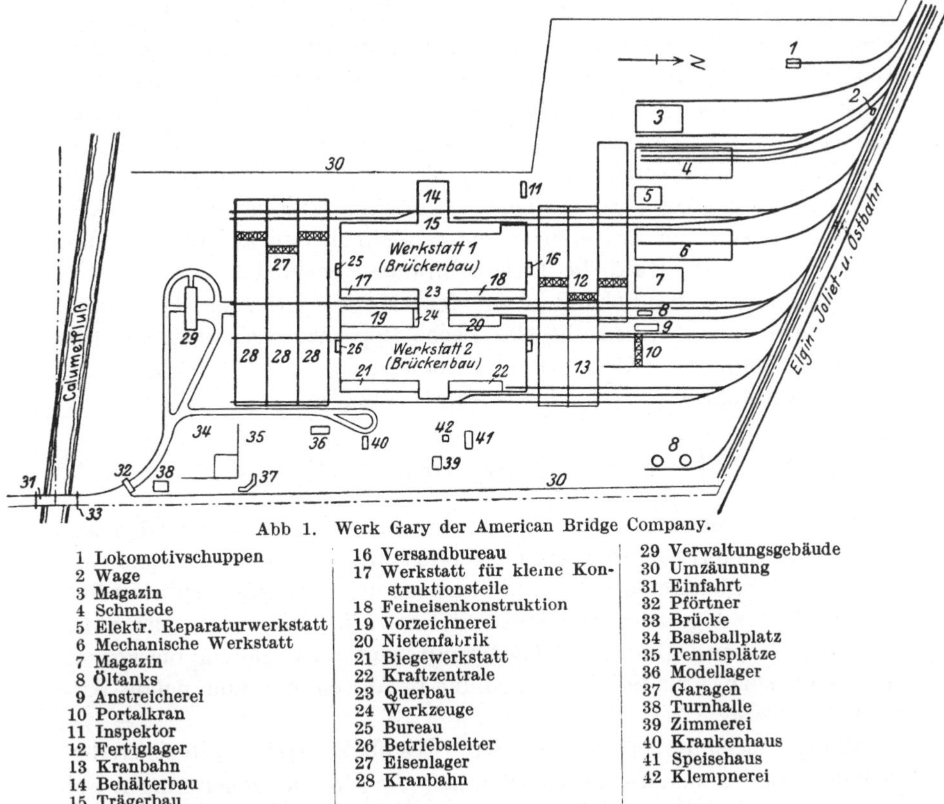

Abb 1. Werk Gary der American Bridge Company.

1 Lokomotivschuppen
2 Wage
3 Magazin
4 Schmiede
5 Elektr. Reparaturwerkstatt
6 Mechanische Werkstatt
7 Magazin
8 Öltanks
9 Anstreicherei
10 Portalkran
11 Inspektor
12 Fertiglager
13 Kranbahn
14 Behälterbau
15 Trägerbau
16 Versandbureau
17 Werkstatt für kleine Konstruktionsteile
18 Feineisenkonstruktion
19 Vorzeichnerei
20 Nietenfabrik
21 Biegewerkstatt
22 Kraftzentrale
23 Querbau
24 Werkzeuge
25 Bureau
26 Betriebsleiter
27 Eisenlager
28 Kranbahn
29 Verwaltungsgebäude
30 Umzäunung
31 Einfahrt
32 Pförtner
33 Brücke
34 Baseballplatz
35 Tennisplätze
36 Modellager
37 Garagen
38 Turnhalle
39 Zimmerei
40 Krankenhaus
41 Speisehaus
42 Klempnerei

bau verbunden sind. Bei Anlage des Werkes ist Rücksicht auf eine Erweiterung durch neue Werkstätteneinheiten genommen. Die Werkstätten 1 und 2 sind vollkommen gleichartig, nur ist die Maschinenanlage der Werkstatt 2 leistungsfähiger als die der Werkstatt 1. An den Längsseiten jeder Halle sind verschiedene Abteilungen untergebracht An der östlichen Längsseite der Halle 2 befinden sich die Kraftzentrale und die Biegewerkstatt, an der westlichen Längsseite die Nieten- und Schraubenfabrik sowie die Vorzeichnerei. Die östliche Längsseite der Halle 1 ist mit der Feineisenkonstruktion und der Werkstatt für kleinere

Konstruktionsteile und die westliche mit dem Trägerbau belegt. Der Querbau zwischen den Hallen dient zum Lagern kleiner Werkstücke. Das Bureau des Betriebsleiters befindet sich an der Südseite und das Lohnbureau an der Nordseite von Halle 2. Ein Bureau für den Trägerbau liegt an der südlichen, und die Versandräume liegen an der nördlichen Seite von Halle 1.

Die mechanische Werkstatt und die Schmiede sind nördlich des Versandlagerplatzes, günstig für die Verladung der zu den Eisenbaukonstruktionen gehörigen Guß- und Schmiedestücke, angeordnet. Ein Magazin enthält die Vorräte und Maschinenersatzteile, unter demselben Dache liegen die Räume für den Lagerverwalter und den Maschinenmeister sowie das physikalische und chemische Laboratorium für die Materialprüfung. Die große Zulage liegt an günstiger Stelle nördlich vom Fertiglager, sie steht durch Schmalspurgleise mit den Werkstätten in Verbindung. Auf dem Fertiglager wird das Material mit Hilfe von Laufkränen von den Transportwagen genommen und aufgestapelt, um später zum Versand auf die Eisenbahnwagen geladen zu werden.

Die sonstigen Baulichkeiten auf dem Werke enthalten die Räume für die Abnahmebeamten, die elektrische Reparaturwerkstatt, den Eßsaal, die Zimmerei, Klempnerei, Verbandstube, das Modellager, die Arbeiterwohlfahrtsräume und das Pförtnerzimmer.

III. Vergebung der Aufträge.

Alle Aufträge auf Lieferung von Eisenkonstruktionen werden auf Grund von Lieferungsverträgen ausgeführt. Es ist üblich, daß zunächst mehrere Eisenbauanstalten vom anfragenden Bauherrn aufgefordert werden, Vorschläge oder Angebote mit Entwurfszeichnungen oder Skizzen einzureichen. Der Lieferungstermin wird durchgängig im voraus festgelegt, ebenso die bei der Vergebung in Anwendung kommende Verrechnungsweise.

Entwurfszeichnungen. Bei den Eisenbahngesellschaften stellen meistens die eigenen Brückenbaubureaus die Entwurfszeichnungen auf und lassen vom Unternehmer, dem der Auftrag erteilt worden ist, nur die Werkstattzeichnungen anfertigen. Allerdings führen in Ausnahmefällen die Eisenbahngesellschaften sowohl die Entwurfs- als auch die Werkstattzeichnungen aus, während wiederum andere Eisenbahnen die Entwurfszeichnungen durch die Brückenbauanstalten aufstellen lassen. Entwürfe für bewegliche Brücken, wie Klapp- und Hubbrücken, werden in den meisten Fällen Zivilingenieuren übertragen, die Patente auf derartige Brücken besitzen. Straßenbrückenentwürfe werden überwiegend von den staatlichen Baubehörden oder von Zivilingenieuren bearbeitet.

Die Aufstellung von Hochbauentwürfen wird vielfach Architekten übertragen oder unter deren Beihilfe ausgeführt. Hütten- und Walzwerksbauten werden meistens von den Eisenbauanstalten allein oder unter Hinzuziehung von Zivilingenieuren entworfen. Sonstige Eisenbauten, wie Ölbehälter, Drehscheiben, Fördertürme, Wassertürme, Kräne, Kranlaufbahnen usw., werden von Spezialfirmen bearbeitet.

Preisgrundlage. Hierbei unterscheidet man drei Arten:

1. Festsetzung eines Einheitspreises für die Gewichtseinheit, z. B. für die Tonne (kurz: Tonnenpreis).
2. Festsetzung eines Pauschalpreises für die ganze Lieferung.
3. Festsetzung des Selbstkostenpreises zuzüglich eines angemessenen Gewinnanteils.

Bei sehr dringenden Aufträgen wird gelegentlich auch eine Verzugsstrafe bei verspäteter Anlieferung oder Fertigstellung vorher festgesetzt, und zwar meistens für jeden Tag der Fristüberschreitung, während für vorzeitige Fertigstellung in solchen Fällen häufig Prämien gewährt werden.

Lieferungen für die Eisenbahnen, größere Hochbauten und Hüttenwerksbauten werden im allgemeinen nach einem Tonnenpreis abgeschlossen, während Straßenbrücken, kleinere Industriebauten und sonstige Lieferungen meistens nach Pauschalsätzen bezahlt werden. Letztere Methode hat für den Käufer den Vorteil einer vorherigen genauen Festlegung der Baukosten. Die Entwürfe für derartige Aufträge müssen daher gut durchgearbeitet werden, damit das genaue Gewicht ermittelt werden kann. In diesem Fall hat das Lieferwerk den Vorteil des Besitzes guter Zeichnungen, nach denen gearbeitet werden kann.

Die Verrechnungsweise unter Zugrundelegung der Selbstkosten zuzüglich eines prozentualen Gewinns, ist wenig gebräuchlich, da hierbei leicht angenommen werden kann, daß der Lieferant die Arbeit nicht so fördert, als wenn ein Gewichtseinheitspreis oder ein Pauschalpreis abgemacht worden ist, weil bei höheren Selbstkosten mehr verdient würde. Als Anreiz für den Unternehmer, die Arbeit zu beschleunigen, wird in bestimmten Fällen nur für die Montage diese Verrechnungsweise angewendet, nicht aber für die Werkstattarbeit. Nur bei Verstärkungsarbeiten und Ausführung außergewöhnlicher Konstruktionen, bei denen die Kosten und die Materialmengen nicht von vornherein ermittelt werden konnten, legt man häufig die unter 3. erwähnte Berechnungsart zugrunde, ebenso, wenn sich der Unternehmer weigert, ein Angebot auf eine Ausführung abzugeben, die nicht im voraus zu übersehen ist.

Offert-Kalkulation. Als Verdingungsunterlagen sind von dem Anfrager den Eisenbauanstalten möglichst vollständige Lagepläne, Übersichtszeichnungen, Angaben über den Umfang der verlangten Lieferungen, die Materialgüte, die Tragung der Frachtkosten und die zugrunde zu legende Abrechnungsweise, überhaupt jeder für den Unternehmer notwendige Aufschluß zu übermitteln, damit Mißverständnisse von vornherein ausgeschlossen sind.

Bei der Kalkulation von Angeboten, für die ein Tonnen- oder Pauschalpreis festgesetzt werden soll, müssen alle Umstände berücksichtigt werden, welche die Kosten beeinflussen, wie:

1. Materialkosten. Die Gewichtsanteile des Formeisens, der Bleche, des Stabeisens, der Guß- und Schmiedestücke, der Augenstäbe und des übrigen Materials sind sorgfältig zu ermitteln und mit ihren Einheitspreisen zu multiplizieren, um auf diese Weise die gesamten Materialkosten zu bestimmen. Überpreise für außergewöhnliche Stärken, für Längen, Skizzenbleche usw. sind einzurechnen. Sind die Einheitspreise für die Walzwerks- und Gießereierzeugnisse ab Werk berechnet, so sind noch die Frachtkosten hinzuzuschlagen.

Soll das Walzeisen wegen der schnelleren Lieferung vom Vorrat genommen werden, so muß ein entsprechender Zuschlag eingerechnet werden, denn die Unterhaltung eines Lagers rechtfertigt einen höheren Preis.

2. Bureau- und Werkstattkosten. Die Kalkulation der Bureau- und Werkstattkosten wird gewöhnlich in einem Posten zusammengefaßt und allgemein an Hand der Kosten ähnlicher, bereits ausgeführter Konstruktionen ermittelt, es werden gegebenenfalls Sonderzuschläge gemacht und insbesondere Lohn- und Gehaltserhöhungen entsprechend berücksichtigt. Zweckmäßig ist eine Zusammenstellung dieser Kosten nach der in Abschnitt IV aufgestellten „Einteilung der Eisenbauten“. In die Werkstattkosten sind außer den tatsächlichen Bearbeitungskosten für die betreffende Konstruktion noch die prozentual einzusetzenden unproduktiven Unkosten für Verwaltung, Unterhaltung usw. einzurechnen. In gleicher Weise schließen die Bureaukosten außer den für die Herstellung der Zeichnungen erforderlichen Kosten noch diejenigen für die Unterhaltung des Bureaus, für die Schreibarbeiten, Lichtpauserei, Pförtner, Beleuchtung, Heizung usw. ein. Die Bureau- und Werkstattkosten werden dann meistens mit einem Einheitssatz eingesetzt, z. B. 80 Mark je 1000 kg.

3. Generalunkosten. Dieser Posten, oft auch „Sonstige Unkosten“ betitelt, wird durch einen Prozentsatz der Bureau- und Werkstattkosten ausgedrückt. Zu diesen Kosten rechnen diejenigen der Vertretungen und der Offertbureaus, sowie diejenigen der Reklame. Der Prozentsatz der Generalunkosten wird von der Buchhaltung ermittelt und von Zeit zu Zeit bei Änderung des Verhältnisses zwischen Werkstatt- und Verwaltungskosten neu festgesetzt.

4. Frachtkosten. Die Frachtkosten müssen mit einkalkuliert werden, wenn vertraglich die Lieferung bis zur Baustelle zu erfolgen

hat; sie sind natürlich bei Lieferung ab Werk nicht zu berücksichtigen.

5. G e w i n n. Im allgemeinen wird ein Prozentsatz der Materialkosten, der Bureau- und Werkstattkosten, sowie der sonstigen Unkosten als Gewinn eingerechnet. Als angemessen gilt ein Satz von 10 vH, der natürlich infolge verschiedener Umstände abweichend ausfallen kann. Bei scharfem Wettbewerb oder bei Auftragsmangel werden gelegentlich Aufträge ohne Gewinn oder sogar mit Verlust hereingenommen, um den Betrieb aufrechterhalten zu können. Sind die Werke voll beschäftigt oder viele Aufträge in Aussicht oder werden besondere Anforderungen gestellt und sind möglicherweise Überstunden infolge kurzer Lieferfristen notwendig, so wird der Gewinnsatz natürlich ein höherer sein. Der Idealzustand ist eine gleichmäßige, gute Beschäftigung der Werkstatt. Bekanntlich dauert es Jahre, einen Werkstattbetrieb vollkommen einzurichten, und es ist deshalb wirtschaftlicher, zeitweise mit Verlusten zu arbeiten als einen Betrieb stillzulegen.

6. M o n t a g e k o s t e n. Die Eisenbahngesellschaften führen ihre Brückenmontagen, außer bei außergewöhnlichen oder ausnahmsweise großen Bauwerken, meistens selbst aus. Bei Hochbauten übernehmen entweder die Generalunternehmer die Montage oder vergeben sie weiter; Montagen von Hüttenwerksbauten werden von den Eisenbauanstalten ausgeführt oder auch von besonderen Montageunternehmungen übernommen. Bei der Mehrzahl der Ausschreibungen wird eine Übernahme der Montage für die Eisenkonstruktionen nicht verlangt. Die Aufstellung der Kostenberechnung für die Montage ist meistens sehr schwierig und unsicher. Bevor einigermaßen sichere Berechnungen gemacht werden können, sind eingehende Überlegungen anzustellen. Meistens wird die Baustelle besichtigt, um die Möglichkeit des Abladens und Lagerns der Konstruktionsteile festzustellen, die Baustellenausrüstung und die Aufstellung der Hebezeuge vorzusehen, ebenso sind die Unterkunftsmöglichkeiten für die Arbeiter und andere für die Kostenberechnung wichtige Fragen zu prüfen, vor allen Dingen muß die Beschaffung der Gerüste und besonderer Montagegeräte berücksichtigt werden. Nach einer Klärung aller Besonderheiten kann eine Selbstkostenberechnung mit Gewinneinrechnung aufgestellt und der Montagepreis für die Gewichtseinheit ermittelt werden, bei Angeboten mit Pauschalpreis werden Selbstkosten und Gewinn für die Montage dem Preise für die Lieferung zugeschlagen. Die einzigen in Frage kommenden Punkte bei Angeboten mit Zugrundelegung der Selbstkosten zuzüglich eines prozentualen Gewinns (3. Verrechnungsweise) sind die Lieferfrist für die Eisenkonstruktion und die Berechnung der Kosten für die Gestellung der Baustellenausrüstung.

Angebote.

Die Angebote müssen pünktlich zur verlangten Frist unter Zurückgabe sämtlicher erhaltenen Angebotsunterlagen eingereicht werden. Die Unterlagen sind dabei mit der Bemerkung zu versehen, daß sie für die Angebotsbearbeitung verwendet worden und im Falle der Zuschlagserteilung für die Bearbeitung maßgebend sind.

Die Angebote enthalten alle Angaben über angebotene Lieferungen, über den Preis und die Grundlagen seiner Berechnung.

Auf das billigste verbindliche Angebot wird der Zuschlag erteilt. Nach der Zuschlagerteilung werden die Verträge zur Unterschrift durch die bevollmächtigten Vertreter der beiden Vertragsparteien vorbereitet.

IV. Einteilung der Eisenbauwerke.

Eine Aufstellung aller in der Praxis vorkommenden Eisenkonstruktionen ist im Anhang dieses Buches gegeben. Sie ist für überschlägliche Schätzungen und Kostenermittlungen, sowie für Kostenvergleiche und statistische Zwecke sehr nützlich. Bei Schätzung der Kosten eines neu zu errichtenden Bauwerkes werden die in Tabellen zusammengestellten Bureau- und Werkstattkosten ähnlicher Bauwerke, die unter die gleiche Klasse fallen, zum Vergleich herangezogen. Ebenso können Kostenvergleiche zwischen verschiedenen Konstruktionen, die unter die gleiche Gattung fallen, zur Ermittlung der wirtschaftlichsten Konstruktion mit Hilfe dieser Aufstellung angestellt werden.

Die aufgestellte Liste muß laufend vervollständigt werden, da die Fortschritte des Eisenbaues von Zeit zu Zeit berücksichtigt werden müssen. Verstärkungsarbeiten und außergewöhnliche Konstruktionen sind nicht bei der Aufstellung berücksichtigt worden. Es ist nicht wünschenswert, Verstärkungsarbeiten in diese Aufstellung aufzunehmen, da kaum zwei Ausführungen annähernd übereinstimmen.

Bei den Klassenziffern sind Ordnungszahlen für zufällig nicht berücksichtigte und für neuartige hinzukommende Konstruktionen freigehalten. Bei der Durchsicht wird man oft veraltete Konstruktionen eingereiht finden, weshalb von Zeit zu Zeit eine Verbesserung der Aufstellung vorgenommen werden muß.

Unterabschnitte. Die Aufstellung zerfällt in vier Unterabteilungen, für die folgende Ziffern bereitstehen:

Eisenbahnbrücken	1— 2500	einschließlich
Hochbauten	2501— 5000	,,
Straßenbrücken, Hochbahnen, Viadukte .	5001— 7500	,,
Sonstige Bauwerke	7501—10000	,,

Art der Bearbeitung. Die Art der Bearbeitung wird für Konstruktionen der Bauwerke einer Klasse verschieden sein, weshalb erläuternde Bemerkungen beigefügt sind, wie:

A = Fachwerkbrücke, Löcher auf der Baustelle aufgerieben und vernietet, oder Blechträgerdeckbrücke, auf der Zulage zusammengebaut und vernietet.

R = Löcher aufgerieben.

S = Bearbeitung nach Sondervorschrift.

Beispiele.

61 *R*. Eisenbahnblechträgerbrücke, Fahrbahn unten, ohne durchgeführte Bettung, bis einschließlich 40 Fuß Gesamtlänge, gerade Enden, eingleisig, gerade, Löcher aufgerieben.

1211 *AR*. Eisenbahnfachwerkbrücke, Fahrbahn oben, genietet, ohne durchgeführte Bettung bis einschließlich 150 Fuß Gesamtlänge, eingleisig, gerade, in der Werkstatt zusammengebaut, Löcher aufgerieben.

1799 *S*. Eisenbahnfachwerkbrücke, genietet, Fahrbahn unten, ohne überführte Bettung, über 400 Fuß Länge, zwei Hauptträger, zweigleisig, Sonderbearbeitung (z. B. Siliziumstahl mit gebohrten Nietlöchern).

7891. Greifer, mit der für Eisenbauten üblichen Bearbeitungsweise.

V. Technische Abteilung.

Die Arbeit der technischen Bureaus erstreckt sich auf die Bearbeitung der Entwürfe und Voranschläge, die Materialbestellung, die Anfertigung der Werkstattzeichnungen, die Aufstellung der Stücklisten, Versandlisten und Gewichtsberechnungen, sowie die Behandlung aller technischen Fragen bezüglich des Entwurfes, des Materials und der Bearbeitung.

Die Ingenieure und Konstrukteure bei den kleineren Werken haben sämtliche technischen Arbeiten auszuführen, während bei größeren Unternehmungen eine Arbeitsteilung vorgenommen ist. Die Herstellung der Entwurfszeichnungen und die Kostenermittlung für die Voranschläge liegen dabei in verschiedenen Händen. Es besteht eine Abteilung für Anfertigung der Werkstattzeichnungen und eine andere für Aufstellung der Stück-, Versandlisten und Gewichtsberechnungen. Diese Arbeitsteilung wird bei allen Werken eingeführt, die ihre Organisation verbessern und ihre Erzeugung steigern wollen.

Werksorganisation. Die mit der Bearbeitung der Entwurfszeichnungen und Kostenberechnungen beschäftigten Bureaus sollen ebenso wie das Offertbureau möglichst in der Nähe des Hauptbureaus liegen. Da bei Ausarbeitung der Angebote die Entwurfszeichnungen und Kostenberechnungen benötigt werden, müssen die Ingenieure während dieser Zeit in ständiger Fühlung mit der Offertabteilung bleiben.

Die mit der Anfertigung der Werkstattzeichnungen und mit der Behandlung der sonstigen technischen und betriebstechnischen Fragen betrauten Bureaus sollen möglichst in der Nähe der Werkstatt liegen, weil eine häufige Verständigung zwischen Werkstatt und Zeichensaal notwendig ist. Außerdem haben die Konstrukteure Gelegenheit, die Werkstatt öfters zu besuchen und sich mit der Werkstatteinrichtung und ihrem Betriebe vertraut zu machen. Auf diese Weise lernen sie, beim Konstruieren Rücksicht auf wirtschaftliche Werkstattbearbeitung zu nehmen, wobei außerdem auf klare Darstellung und gute konstruktive Durchbildung zu achten ist.

Die im vorhergehenden gegebene Beschreibung gilt für die Einrichtung der technischen Bureaus des Werkes Gary der American Bridge Company und ist typisch für die gleichen Abteilungen aller neuzeitlichen Eisenbauanstalten.

Ein Oberingenieur ist Leiter der Abteilung; er teilt die Arbeit für die drei Zeichensäle ein, erledigt den Schriftverkehr für die allgemeinen technischen Angelegenheiten, überwacht die Konstruktionsarbeit in den Zeichensälen, regelt vorkommende Beanstandungen bei den Materiallieferungen und den Werkstattarbeiten, merzt die vorgekommenen Fehler aus, berichtet regelmäßig über den Gang der Arbeiten an den verschiedenen Aufträgen, stellt die Gehaltslisten für die technischen Bureaus zusammen und prüft die infolge von Fehlern auf den Bureaus bei der Montage entstandenen Mehrkosten.

Zu seiner Unterstützung ist ihm je ein Saalchef für jeden der drei Zeichensäle beigegeben, außerdem stehen ihm eine Schreibkraft, die Lichtpauser und ein Lehrjunge unmittelbar zur Verfügung. Die Saalchefs haben die Leitung der ihrem Zeichensaal überwiesenen Arbeiten, überwachen die Arbeiten ihrer Gruppenführer, pflegen den Schriftverkehr mit den Auftraggebern bezüglich technischer Einzelheiten, schicken die Zeichnungen zur Genehmigung ein und übergeben dieselben der Werkstatt und dem Archiv.

Die Gruppenführer sind erfahrene Konstrukteure, die befähigt sind, die Abwicklung der einzelnen Aufträge zu leiten, Entscheidungen in technischen Fragen zu treffen, und dabei reiche Konstruktions-, Werkstatt- und Montageerfahrungen besitzen. Vor der Bearbeitung eines neuen Auftrages prüfen sie seine Bedingungen, Entwurfszeichnungen und ihre Einzelheiten besonders auf leicht ausführbare Vereinfachungen und leiten die Arbeit unter Berücksichtigung des Bauprogramms ein. Sie ordnen das Aufreißen der Konstruktionen, die Materialbestellung usw. für die ihnen zur Bearbeitung überwiesenen Aufträge an. Kurz, sie leiten die Bureauarbeiten vom Beginn bis zur Fertigstellung der werkstattreifen Zeichnungen.

Eine Schreibkraft hat die Aufsicht über die Lichtpauserei, schreibt nach Diktat, arbeitet die Gehaltslisten aus und nimmt dem Abteilungsleiter alle schriftlichen und mechanischen Arbeiten ab, außerdem ist noch je eine Schreibkraft für jeden Zeichensaal vorhanden.

Der Lehrjunge macht die Aufschriften für die Zeichnungen und die kleineren, für ihn passenden Arbeiten.

In der Lichtpauserei arbeiten zwei Mann, welche die Vervielfältigungen und Blaupausen herstellen.

Bearbeitung der Aufträge im Zeichensaal. Wenn ein Auftrag eingelaufen ist, prüft der Oberingenieur zunächst die Art des Auftrages, den Umfang der verlangten Lieferungen usw. Für eine reibungslose Abwicklung ist das Vorhandensein sämtlicher Unterlagen, wie Entwurfszeichnungen, genaue Aufstellungen über den Umfang der Lieferungen, Vertragsbedingungen und Schriftstücke, die sich auf den Auftrag beziehen, notwendig, bevor die Arbeiten in Angriff genommen werden können. Je nach der Art des Auftrages wird er dem Zeichensaal zur Bearbeitung zugewiesen, der gerade genügend Arbeitskräfte dafür zur Verfügung hat. Obgleich die Arbeit der einzelnen Zeichensäle nicht auf eine besondere Klasse von Konstruktionen eingestellt ist, ist es doch im allgemeinen zweckmäßig, Aufträge desselben Auftraggebers ein und demselben Zeichensaal zuzuweisen, da dieser mit den besonderen Eigenheiten vertraut ist.

Bei Annahme größerer Aufträge beraten zunächst die betreffenden Saalchefs mit dem Oberingenieur über die Art und Weise der Arbeitsverteilung, setzen die Zahl der damit zu beschäftigenden Angestellten unter Bildung einer Gruppe für diesen Auftrag fest und prüfen die besonderen Vorschriften, welche dabei beachtet werden müssen. Meistens werden noch der Betriebsoberingenieur und der Betriebsingenieur zu dieser Besprechung herangezogen.

Ein Gruppenführer, dem die notwendigen Leute zugeteilt werden, übernimmt dann die weitere Bearbeitung auf dem Zeichensaal, wie Materialbestellung, Durchbildung der Einzelheiten, Prüfung der Konstruktionsarbeiten und Ausführung der Anweisungen des Abteilungsleiters, der während der Bearbeitung oft zur Entscheidung von Fragen technischer und allgemeiner Art hinzugezogen wird.

VI. Ingenieure und Konstrukteure.

Die technischen Bureaus sollen mit gut eingearbeiteten Angestellten besetzt sein, die, um hochwertige Arbeit leisten zu können, unter den günstigsten Bedingungen arbeiten müssen. Die Umgebung und äußeren Umstände tragen viel dazu bei, die Tätigkeit der Konstrukteure günstig zu beeinflussen, weshalb die Zeichensäle eine gute Belüftung, Beleuchtung und eine Gesamteinrichtung von bester Beschaffenheit aufweisen sollen, auch muß auf größte Sauberkeit Wert gelegt werden. Abgestuft nach ihrer Fähigkeit und Verantwortung sollen die Ingenieure und Konstrukteure eine ausreichende Bezahlung erhalten.

Gehälter. Der Zweck der nachstehend entwickelten Gedanken ist der, die Gehälter der Ingenieure und Konstrukteure auf einer gerechten Grundlage aufzubauen und gerecht abzustufen. Die folgende Gliederung kann auf die Gruppenführer und Konstrukteure, in ihren Grundzügen aber auch auf andere Berufsgruppen angewandt werden.

Um diese Methode richtig anwenden zu können, empfiehlt es sich, jährlich einen Bericht über die Leistungen eines jeden einzelnen aufzustellen, in welchem diese hinsichtlich seines Könnens sowie seiner konstruktiven und sonstigen Fähigkeiten bewertet werden. Seine Eignung, Arbeitsfreudigkeit und sein übriges Verhalten können durch aufmerksames Beobachten beurteilt werden, auch geben Zeugnisse früherer Arbeitgeber einen gewissen Anhalt.

Eine solche Zergliederung kann auch bei der Einstellung neuer Kräfte, die schon längere Zeit in der Praxis gestanden haben, Anwendung finden. Dabei wird es allerdings schwierig sein, ihre Fähigkeit und Arbeitsfreudigkeit richtig abzuschätzen, doch werden Empfehlungsbriefe hierbei zur Klärung beitragen.

Als Vorteile einer solchen Zergliederung für die Festsetzung der Gehälter können folgende aufgeführt werden:

1. Anerkennung und Belohnung guter Leistungen.
2. Offenheit in Gehaltsfragen.
3. Niedriger Prozentsatz hochbezahlter Kräfte.
4. Verringerung der Neigung zum Stellungswechsel wegen schlechter Bezahlung.
5. Unparteilichkeit.
6. Zeitersparnis beim Festsetzen der Gehälter.
7. Förderung der Zufriedenheit unter den Angestellten.

Gliederung (Höchstpunktzahlen).

	Gruppenführer	Checker[1]	Konstrukteure
Fähigkeit (allgemeine) . .	10	—	—
„ (technische) . .	30	30	30
Allgemeines Verhalten . .	5	5	5
Wissen	15	15	15
Erfahrung (allgemeine) . .	10 (5 Jahre)[2]	10 (2 Jahre)[2]	10 (1 Jahr)[2]
„ (konstruktive) .	20 (10 Jahre)	20 (4 Jahre)	20 (2 Jahre)[2]
Arbeitsfreudigkeit	10	20	20
	100	100	100

[1] Der Checker überprüft die Zeichnungen.

[2] Anzahl der Jahre, für welche die volle Punktzahl angerechnet werden kann.

Fähigkeit (allgemeine). Diese Eigenschaft wird nur bei den Gruppenführern berücksichtigt, und die Punktzahl kommt für die Befähigung, Untergebene zu behandeln und nach ihren Fähigkeiten und persönlichen Eigenschaften richtig zu beschäftigen, in Anrechnung. Die Anzahl der eingesetzten Punkte beträgt 0 bis 10.

Fähigkeit (technische). Die hierfür einzusetzende Punktzahl hängt von der Beurteilung, welche am besten durch zwei Vorgesetzte, bei denen der Betreffende beschäftigt gewesen ist, zu erfolgen hat, ab. Einer befähigten Kraft sollen 30 Punkte, einer Durchschnittskraft 15 Punkte gutgeschrieben werden. Jeder einzelne ist nach seiner Eignung als Gruppenführer, Checker, Konstrukteur, oder welches sonst seine Verwendung sein mag, zu beurteilen. Die bei der Prüfung zu berücksichtigenden Eigenschaften sind u. a.: Urteilskraft, Selbständigkeit, Sorgfalt, Verantwortungsfreudigkeit. Es ist zweckmäßig, beim Festsetzen der Punktzahl Vergleiche zwischen den einzelnen Angestellten anzustellen.

Allgemeines Verhalten. Bei diesem Punkt sind u. a. Fleiß, Aufmerksamkeit, angenehmes Wesen, Persönlichkeitswert zu berücksichtigen.

Wissen. Vorbildung auf Universitäten, technischen Hochschulen, durch Besuch von Abendschulen oder durch Selbststudium ist hierbei zu bewerten. Absolvierung vollwertiger Hochschulen wird mit der Höchstzahl von 15 Punkten angesetzt, die der sonstigen höheren technischen Schulen mit 12 Punkten, Besuch einer Abendschule und Selbststudium mit 5 Punkten, Besuch der Fortbildungsschule mit 3 und der Volksschule mit 0 Punkten.

Erfahrung (allgemeine). Die allgemeine Erfahrung, wie sie beim Entwerfen, bei der praktischen Arbeit auf der Baustelle oder in der Werkstatt usw. erworben wird, ist von großer Bedeutung für die Bureauarbeit und wird mit der Hälfte der Punktzahl, wie sie für die konstruktive Erfahrung vorgesehen ist, eingesetzt. Hierbei wird Militärdienstzeit berücksichtigt.

Für Gruppenführer können bei fünf- und mehrjähriger Praxis 10 Punkte, für Checker dieselbe Zahl bei zwei- und mehrjähriger Praxis, und für Konstrukteure die gleichen 10 Punkte nach ein- oder mehrjähriger Tätigkeit in der Praxis eingesetzt werden.

Konstruktive Erfahrung. Für Gruppenführer ist die hierfür anzurechnende Höchstpunktzahl 20 bei mehr als zehnjähriger Praxis, die gleiche Zahl für Checker bei mehr als vierjähriger und für Konstrukteure bei mehr als zweijähriger Tätigkeit, wobei gründliche Vertrautheit mit der Ausarbeitung bzw. Prüfung der Werkstattzeichnungen vorausgesetzt wird.

Arbeitsfreudigkeit. Dieser Faktor ist bei der Festsetzung der Gehälter sehr wichtig. Für Gruppenführer können als Höchstsatz 10 Punkte für Checker und Konstrukteure 20 Punkte angerechnet werden, wobei ein Vergleich zwischen den einzelnen Angestellten im Bureau zweckmäßig ist.

Gehaltstafel.

a) Gruppenführer (260—310 Dollar).

A.	90—100	Punkte	300—310 Dollar
B.	80—90	„	290—300 „
C.	70—80	„	280—290 „
D.	60—70	„	270—280 „
E.	50—60	„	260—270 „
F.	weniger als 50	„	

b) Checker (210—260 Dollar).

A.	90—100	Punkte	250—260 Dollar
B.	80—90	„	240—250 „
C.	70—80	„	230—240 „
D.	60—70	„	220—230 „
E.	50—60	„	210—220 „
F.	weniger als 50	„	

c) Konstrukteure (125—215 Dollar).

A.	90—100	Punkte	200—215 Dollar
B.	80—90	„	185—200 „
C.	70—80	„	170—185 „
D.	60—70	„	155—170 „
E.	50—60	„	140—155 „
F.	40—50	„	125—140 „
G.	weniger als 40	„	

Die angegebenen Zahlen gelten für die augenblicklichen Verhältnisse und sind selbstverständlich Schwankungen unterworfen. Zum besseren Verständnis wird im folgenden ein Beispiel für die Gehaltsberechnung eines Checkers angeführt, welches der Wirklichkeit entnommen ist und die Methode besser als ein nur angenommenes Beispiel erläutert.

Der Checker erhielt vor 8 Jahren den Grad eines „Civil Engineer" an einer vollwertigen Hochschule. Seine Praxis besteht aus sechs Jahren Konstruktions-, einem Jahre Werkstattätigkeit und sechs Monaten Militärdienst. Die Berechnung des Gehaltes ist folgende:

	Höchstzahl	angerechnet
Befähigung (technische)	30	25
Allgemeine Eigenschaften	5	5
Wissen	15	15
Erfahrung (allgemeine)	10	8
„ (technische)	20	20
Arbeitsfreudigkeit	20	15
	100	88

Die Einreihung erfolgt somit in Klasse B mit 88 Punkten und einem theoretischen Gehalt von 248 Dollar. Sein Gehalt betrug in vorliegendem Falle aber nur 235 Dollar, war also geringer angesetzt, als bei Anwendung der geschilderten Berechnungsweise sich eigentlich ergeben hätte.

Lehrlingsausbildung. Die eingestellten Konstrukteure sind meistens erfahrene Leute, die entweder Hochschulbildung oder eine elementare Vorbildung durch Besuch von Abendschulen oder Selbststudium haben. In manchen Bureaus besteht eine Art der Lehrlingsausbildung, die es den Lehrlingen ermöglicht, Übung und Erfahrung im Konstruieren bei gleichzeitiger geldlicher Vergütung zu gewinnen.

Beispielsweise müssen die Lehrlinge in einem Werk eine vierjährige Lehrzeit durchmachen und erhalten dabei eine gewisse Vergütung. Sie werden im Zeichensaal und für eine bestimmte Zeit auch in der Werkstatt beschäftigt. Nach dem Besuch einer Lehrlingsschule haben sie selbst ihre Ausbildung zu vervollständigen. Während die Ausbildung im Zeichensaal sich über das ganze Jahr erstreckt, ist der Unterricht in der Lehrlingsschule auf die Sommermonate beschränkt. Im Zeichensaal werden die Lehrlinge mit Schreib- und Zeichenarbeiten, Anfertigung von Gewichtsberechnungen, Abschreiben von Stücklisten und Konstruieren beschäftigt. Die dem Lehrling überwiesene Arbeit wechselt von Zeit zu Zeit, um ihm Gelegenheit zu möglichst vielseitiger Ausbildung zu geben. Während ihrer Lehrzeit in der Werkstatt sind die Lehrlinge in der Vorzeichnerei und im Zusammenbau usw. tätig, damit sie mit den Grundsätzen einer wirtschaftlichen Konstruktionsarbeit vertraut werden. Außerdem werden für die Lehrlinge Klassen- und Werkstattübungen abgehalten, Vorträge über Spezialgebiete eingefügt und Besichtigungen von Brücken- und anderen Baustellen unternommen.

Sonderzulagen und Prämien. Als Belohnung für gute Leistungen werden in manchen Werken den Ingenieuren und Konstrukteuren Sonderzulagen zugebilligt, z. B. in Gestalt einer Weihnachtsgratifikation, die entweder als Prozentsatz des Geschäftsgewinns zur Ausschüttung kommt oder nach dem Jahres- oder Monatseinkommen berechnet wird. Andere Prämiensysteme sind derart aufgebaut, daß sie dem einzelnen einen Anreiz geben. Hierbei wird beispielsweise vor Inangriffnahme der Bureauarbeiten für einen Auftrag die zu leistende Arbeit abgeschätzt, und mit den beteiligten Konstrukteuren ein bestimmter Betrag für die Anfertigung der Zeichnungen bis zu einem gewissen Zeitpunkt festgesetzt. Wird dann die Arbeit schneller und daher mit geringeren Kosten erledigt, so erhalten die betreffenden Konstrukteure entweder die ganze Differenz ausbezahlt oder die Firma teilt sich mit den beteiligten Konstrukteuren diese durch schnellere Fertigstellung der Arbeit ersparte Summe. Da es aber schwierig ist, die Kosten für die Anfertigung der Zeichnungen von vornherein genau zu schätzen, kann man über die Vorteile dieser Art von Prämien verschiedener Meinung sein. Während viele Ingenieure der festen Überzeugung sind, daß bei Anwendung eines Prämiensystems bessere Arbeit bei geringeren Kosten geleistet wird, glauben wieder andere, daß die Anwendung eines Prämiensystems nicht die Verwaltungskosten aufbringt, die sie verursacht. Die beste Art der Sondervergütung ist (nach Meinung des Verfassers), die Ingenieure nach ihren Fähigkeiten und Kenntnissen unter Anwendung der obenerwähnten Gliederung zu bezahlen und im übrigen jährliche nach dem Gehalt abgestufte Gratifikationen zu verteilen. Diese Art gibt jedenfalls den Angestellten einen besonderen Anreiz, für die Interessen des Unternehmens zu arbeiten.

VII. Arbeitsweise in den Zeichensälen.

Im folgenden soll die Arbeitsweise in den technischen Bureaus geschildert werden, wie sie in allen größeren technischen Abteilungen üblich ist. An der Spitze einer solchen Abteilung steht ein Oberingenieur. Die Leitung eines Zeichensaales, deren auch mehrere vorhanden sein können, hat ein Saalchef, dem die Gruppenführer mit ihren Gruppen, welchen die Bearbeitung der einzelnen Aufträge übertragen ist, untergeordnet sind. Je nach der Art und dem Umfang der zu erledigenden Aufträge sind die Konstrukteure zu größeren oder kleineren Gruppen zusammengefaßt.

Die verschiedenen Anordnungen für die Vorzeichnerei, die Materialbestellung, die Konstruktionsarbeit und Nachprüfung werden zusammen mit den Maßnahmen zur Erzielung wirtschaftlicher Bearbeitung und hoher Leistungen besprochen.

Das Arbeitsfeld der technischen Abteilung ist groß und abwechslungsreich. Die besonderen Wünsche des Kunden müssen gemäß den Vertragsbedingungen berücksichtigt und seine Interessen gewahrt werden. Vor allen Dingen muß die Konstruktion unter Berücksichtigung der neuesten technischen Erfahrungen ausgeführt werden, ihren Belastungen vollkommen gewachsen sein und lange Lebensdauer gewährleisten.

Unter Beachtung dieser Grundsätze soll der Ingenieur seine Entwürfe und Konstruktionen bei möglichster Ausnutzung der Werkstatteinrichtung entwerfen, um mit geringsten Kosten eine mustergültige Arbeit zustande zu bringen.

Die Wichtigkeit der bei der Auftragsbearbeitung in Betracht kommenden Gesichtspunkte stuft sich in der nachstehend aufgeführten Reihenfolge ab.

1. Güte der Konstruktion und unbedingte Sicherheit und Dauerhaftigkeit.

2. Einfache Herstellungsweise in der Werkstatt und auf der Baustelle.

3. Herstellungskosten der Entwurfs- und Werkstattzeichnungen.

Der Oberingenieur. Die Arbeit des Oberingenieurs ist hauptsächlich anweisender Natur, er teilt den Bureaus die Arbeit zu und überwacht deren Ausführung, stellt die notwendigen Arbeitskräfte ein, gibt die Anweisungen für die Werkstatt und trifft im allgemeinen alle Entscheidungen technischer Art. Die Aufstellung der Gehaltslisten und Berichte, die Vervielfältigungs- und Lichtpausarbeiten sowie die Bestellung des Zeichen- und Bureaumaterials stehen unter seiner Aufsicht.

Er steht in enger Fühlung mit dem Betrieb und regelt die Zusammenarbeit von Bureau und Werkstatt. Als Leiter der technischen Abteilung werden ihm alle Fragen, die sich infolge von Bureau- und Werkstattfehlern oder Anlieferung von unbrauchbarem und fehlerhaftem Material usw. ergeben, zur Begutachtung und Entscheidung vorgelegt.

Der Abteilungsingenieur. Bei großen Werken sind meistens mehrere Zeichensäle vorhanden, deren Leitung je einem Abteilungsingenieur übertragen ist.

Seine Arbeit ist teils anweisender, teils konstruktiver Natur. Er verteilt die Aufträge auf die ihm unterstellten Gruppen, bespricht jeden neuen Auftrag mit dem Gruppenführer und gibt den Konstrukteuren die jeweils notwendigen Anweisungen. Auch prüft er die Zeichnungen auf besondere Schwierigkeiten, die sich etwa bei der Werkstattbearbeitung sowie bei der Montage ergeben könnten, nach. Er unterhält den Schriftverkehr mit der Kundschaft, wenn Erörterungen über unklare Einzelheiten notwendig sind.

Der Abteilungsingenieur soll die Arbeiten von Zeit zu Zeit kontrollieren und dem Gruppenführer beratend zur Seite stehen, damit einwandfreie Konstruktionen, vom Gesichtspunkt guter Entwurfs- und wirtschaftlicher Werkstatt- und Baustellenarbeit aus betrachtet, geschaffen werden, wobei der Hauptwert auf eine gute Konstruktion zu legen ist.

Zusammenarbeit mit den Montage- und Werkstattleitern ist dringend erforderlich, und die mit diesen notwendigen Besprechnungen sind zweckmäßig vor Aufnahme der Konstruktionsarbeit und der Materialbestellung abzuhalten, damit Umbestellungen und Zeichnungsänderungen vermieden werden.

Die fertigen Werkstattzeichnungen werden vom Abteilungsingenieur auf ihre konstruktive Durchbildung hin geprüft, ferner daraufhin, ob sie für die Werkstatt brauchbar und nicht mit überflüssigen Bemerkungen oder Einzelheiten belastet sind.

Weiter ist es seine Aufgabe, für die Aufrechterhaltung der Disziplin und Hebung der Arbeitsfreudigkeit Sorge zu tragen und die richtige Verwendung des einzelnen zu bewirken. Da er das Können und die Entwicklung seiner Leute genau beobachtet, kann er, wenn es ihm zweckmäßig erscheint, die Art der ihnen zuzuweisenden Arbeit ändern und zur Weiterbildung den Besuch von Abendschulen und Selbststudium empfehlen. In Krankheitsfällen soll sich der Abteilungsingenieur nach dem Befinden des Kranken erkundigen und durch persönliche Besuche sein Interesse an ihm beweisen. Ein solches Interesse ist besonders bei Unverheirateten am Platze.

Wichtig ist es , die Konstrukteure von Zeit zu Zeit auf die Notwendigkeit der Leibesübungen hinzuweisen, da bei der Natur ihrer Arbeit solche Betätigung zur Erhaltung ihrer Gesundheit notwendig ist.

Sich für das Wohlergehen und Fortkommen seiner Untergebenen persönlich zu interessieren, ist Pflicht des Abteilungsleiters. Wenn nun ein Konstrukteur für eine bestimmte Arbeit ungeeignet ist, so soll ihm das offen gesagt und versucht werden, ihm anderweitige für ihn passendere Arbeit zu beschaffen. Erweist er sich hingegen als tüchtig und fleißig, so soll er in jeder Weise unterstützt und zu verantwortungsvollerer Arbeit herangezogen und ihm ein höheres Gehalt zugebilligt werden.

Der Gruppenführer. Der Gruppenführer hat die Ausführung der Werkstattzeichnungen für die seiner Gruppe überwiesenen Aufträge zu leiten. Es ist seine Pflicht, darauf zu achten, daß bei der Bearbeitung stets die Interessen der Firma gewahrt werden, und zwar durch Lieferung einwandfreier Konstruktionen, durch Beachtung der Wünsche der Kunden und durch das Bestreben, die Bureaukosten so niedrig zu halten, wie es mit einer wirtschaftlichen Werkstatt- und Baustellenarbeit vereinbar ist. Seine Verantwortung beginnt mit dem Augenblick der Entgegennahme der ersten Anordnungen für den betreffenden Auftrag und erledigt sich mit der Beendigung der Montage und Aufstellung der Abrechnung.

Vor Beginn der Bearbeitung eines neuen Auftrages ist es Sache des Gruppenführers, die Entwürfe, Vorschriften und die schriftlichen Abmachungen gründlich durchzusehen. Obgleich die dafür zur Verfügung stehende Zeit in den meisten Fällen sehr knapp ist, ist doch gewissenhafte Arbeit geboten. Im allgemeinen ist der Gruppenführer nicht für den von dritter Hand aufgestellten Entwurf verantwortlich, und er soll sich deshalb nicht mit der Prüfung desselben beschäftigen, jedoch hat er sich wegen augenscheinlicher Irrtümer mit dem technischen Berater des Kunden in Verbindung zu setzen. Nach Prüfung der Unterlagen hat er mit seinem Abteilungsleiter alle notwendigen Fragen zu erörtern. Solche Punkte sind z. B. die Nietstärken, die Ausbildung der Anschlüsse und Stöße, Montagevorgänge, Reihenfolge der Montage usw., wobei besonders für letztere das Einverständnis des Auftraggebers einzuholen ist. Wenn es die Zeit erlaubt, sollen diese Fragen geklärt werden, bevor mit der Bearbeitung des Auftrages begonnen ist. Alle fehlenden Angaben sollen so schnell wie möglich eingeholt werden. Wegen Änderungen des

Entwurfs oder der Vorschriften, die sich im Verlauf der Werkstatt- oder Konstruktionsarbeit als wünschenswert herausstellen, ist sofort mit dem Auftraggeber zu verhandeln.

Der Gruppenführer hat die Materialbestellung zu überwachen und besonders die Bestellung solchen Materials vorzuziehen, bei welchem mit längerer Lieferzeit zu rechnen ist. Vor allen Dingen muß darauf geachtet werden, daß schwierige Schnitte bei Knotenblechen vermieden und daß möglichst wenige Nietstärken verwendet werden. Für die Materialbestellung sind noch wichtige Punkte zu beachten, wie Notwendigkeit von Skizzen, Materialbestellung in kombinierten anstatt in Gebrauchslängen, Höhe der Überpreise, Zuschlag für Ungenauigkeiten usw.

Die Gruppenführer haben die Arbeiten an die dazu geeigneten Leute zu verteilen, darauf zu achten, daß die zeichnerische Darstellung, die Art der Werkstattbearbeitung sowie des Zusammenbaues nicht von der gewohnten Art abweichen, besondere Aufmerksamkeit schwierigen Konstruktionen, besonderen Montagevorgängen und anderen außergewöhnlichen Faktoren zu widmen und die Arbeit so einzurichten, daß der Arbeitsplan für die Werkstatt sowie die vertraglich festgelegten Lieferfristen genau eingehalten werden. Stellt es sich während der Bearbeitung heraus, daß das vorgesehene Arbeitsprogramm nicht durchgeführt werden kann, so ist dies dem Abteilungsleiter sofort mitzuteilen. Bei größeren Aufträgen hat der Gruppenführer regelmäßig über den Fortschritt der Arbeiten zu berichten, sowie bei allen Arbeiten den Schriftverkehr zu vermitteln.

Wichtig ist es für ihn, sich stets bei Spezialkonstruktionen mit dem Betriebsleiter in Verbindung zu setzen, sowie sich überhaupt mit den Betriebsmethoden vertraut zu machen, besonders wenn maschinelle Verbesserungen und neue Arbeitsmethoden in der Werkstatt eingeführt werden. Über den Gang der Arbeit in der Werkstatt soll sich der Gruppenführer regelmäßig persönlich unterrichten und besonders die sich dabei ergebenden Schwierigkeiten beachten, damit sie bei künftigen Arbeiten vermieden werden. Ein gelegentliches Nachsehen in der Werkstatt genügt nicht. Durch persönliche Fühlungnahme mit dem Betriebe kann manche Förderung der Arbeit erzielt werden, die anderweitig nicht möglich sein würde.

Vertrautheit mit den Montagevorgängen ist für den Gruppenführer unbedingt notwendig. Er kann sich dieselbe auf zweierlei Weise aneignen. Der beste Weg dazu ist eine wenigstens einjährige Baustellenpraxis, welcher Weg in den meisten Fällen allerdings nicht gangbar ist. Der zweite Weg ist der gelegentliche Besuch der Baustellen, der genug Möglichkeiten bietet, die Montagevorgänge und die dabei vorkommenden Schwierigkeiten eingehend kennenzulernen. Letztere sollen wohl beachtet und später von vornherein vermieden werden. Außerdem trägt die Zusammenarbeit mit den Vertretern des Auftraggebers sowie der Monteure nicht nur dazu bei, einen Einblick in die mancherlei Schwierigkeiten zu gewinnen, die zu überwinden sind, sondern sie erweitert auch die allgemeine Kenntnis der Auftragsabwickelung in allen ihren Phasen.

Der Gruppenführer stellt die laufenden Berichte auf. Alle Zeichnungen und Anordnungen des Auftraggebers, die noch nicht in die Akten aufgenommen worden sind, sind sorgfältig in den Berichten mit dem Eingangsdatum aufzuführen. Nach Beendigung eines Auftrags ist eine Aufstellung aller in den Zeichnungen oder sonst während der Bearbeitung vorgekommenen Änderungen, die sonst noch nicht schriftlich festgelegt waren, anzufertigen und den Akten beizufügen. Schließlich hat der Gruppenführer darauf zu achten, daß alle Zeichnungen und Aufstellungen, die im Laufe der Auftragsbearbeitung entstanden, auch vollständig sind, daß der Monteur sowie der Auftraggeber die verlangten Pausen bekommen hat, und daß die Originalzeichnungen sowie die genehmigten Zeichnungen und alle dazugehörigen Akten sorgfältig gesammelt werden.

Die Konstrukteure. Der Konstrukteur soll nicht nur in der Lage sein, gut durchgebildete Konstruktionen zu entwerfen, sondern auch befähigt sein, sie so anzuordnen, daß sie wirtschaftlichen Materialverbrauch und wirtschaftliche Werkstattarbeit sowie leichte Montage gewährleisten. Auch muß er die Werkstattzeichnungen und ihre Einzelheiten klar, einfach und geschickt durcharbeiten können.

Um diese Fähigkeiten zu erwerben, ist für den Konstrukteur eine gute Vorbildung nötig, die er sich durch Besuch einer technischen Lehranstalt, von Abendschulen oder durch Selbststudium aneignen kann. Außer dieser Vorbildung muß ein guter Konstrukteur noch verschiedene wünschenswerte Eigenschaften besitzen. Peinlichste Sorgfalt bei der Arbeit ist außerordentlich wichtig, jedoch darf sie nie in Langsamkeit und Kleinlichkeit ausarten. Ein eingearbeiteter Konstrukteur, der Liebe zu seiner Arbeit hat und den notwendigen Grad der Genauigkeit anzuwenden weiß, wird das richtige Arbeitstempo entwickeln. Sauberkeit in der Ausführung der Zeichnungen erspart viel Zeit, da eine klare Zeichnung viel schneller geprüft und verstanden wird, als eine solche mit unübersichtlichen Einzelheiten. Außerdem kommen bei sauberen Zeichnungen weniger häufig Fehler vor. Ferner ist gutes Urteilsvermögen für geschickte Anordnung der Einzelheiten auf den Zeichnungen für den Konstrukteur unbedingt erforderlich und außer seinem technischen Können ein gutes Teil gesunden Menschenverstandes, da vielleicht 90 vH der Arbeit diesen erfordert, während die übrigen 10 vH auf theoretisches Können entfallen. Auch soll die Darstellung der Einzelheiten auf den Zeichnungen sich auf die wichtigsten beschränken und keine Zeit mit Nebensächlichkeiten verschwendet werden. Der Konstrukteur muß reichliche Initiative besitzen, deren Niederschlag sich in seinen Vorschlägen und Verbesserungen der konstruktiven Durchbildung und Zeichensaalpraxis zeigt. Auch muß er sich den Gegenstand seiner Zeichnung räumlich vorstellen können und genügend Vorstellungsvermögen haben, um sich in die Lage des Arbeiters in der Werkstatt oder des Monteurs auf der Baustelle versetzen zu können, welcher nach seinen Zeichnungen arbeiten, bzw. seine Konstruktionen aufstellen muß.

Ein Konstrukteur soll außerdem Ehrgeiz besitzen, denn nur dieser kann die Eigenschaften in ihm entwickeln, die zum Erfolg führen. Besondere Aufmerksamkeit muß er seinen Schwächen widmen und sich bemühen, sie zu überwinden. Durch die mechanische Art und Weise eines Teiles seiner Arbeit gerät er leicht in Gefahr, dieselbe mehr oder weniger maschinenmäßig auszuführen und so zu einem Stillstand in seiner Entwicklung zu kommen. Nur Ehrgeiz kann diese Gefahr überwinden und ihm in seinem Fortkommen weiterhelfen.

Auf zweierlei Weise kann dem Konstrukteur dabei geholfen werden. Einmal dadurch, daß er für gute und fleißige Arbeit irgendwie belohnt wird, z. B. durch Einrücken in Stellungen mit größerer Verantwortlichkeit oder durch Gehaltserhöhung, gelegentlich auch durch beides. Andererseits kann ihm Gelegenheit geboten werden, seine Kenntnisse dadurch zu erweitern, daß er anders geartete Arbeit zugeteilt bekommt und so der Gefahr entgeht, daß seine Arbeit eintönig wird, oder daß er das Interesse an der dauernd gleichartigen Beschäftigung verliert.

Vorbesprechung eines Auftrages. Nachdem ein neuer Auftrag einem Gruppenführer zur Bearbeitung überwiesen ist, hat er, bevor die Materialbestellungen und Werkstattzeichnungen begonnen werden, zunächst alle Unterlagen genau zu prüfen.

Allerdings ist es nicht möglich, sofort alle Fragen zu erörtern, die bei größeren, sich auf mehrere Jahre erstreckenden Aufträgen auftauchen können, sondern es können zunächst nur die Fragen besprochen werden, die sich gewöhnlich bei der Bearbeitung ähnlicher Aufträge ergeben haben. Vor der Festlegung irgendwelcher Einzelheiten muß der Auftrag gewissermaßen von einer höheren Warte aus betrachtet werden, und bevor die Bearbeitung in Angriff genommen wird, müssen die Grundlinien festgelegt werden.

Zunächst muß der Umfang der Lieferungen bei dem betreffenden Auftrag genau festgestellt werden, um Mehr- oder Minderlieferungen zu vermeiden. Dann müssen die Lieferfristen genau bekannt sein, damit die Arbeit auch zum vorgeschriebenen Zeitpunkt fertiggestellt und das Material in der benötigten Reihenfolge angeliefert werden kann, sowie der Montagebeginn und der Montagevorgang festgelegt werden, ob beispielsweise, wie es bei Industriebauten oft zu überlegen sein wird, von einer Seite oder von mehreren Stellen zugleich montiert werden soll usw. Bei Stockwerksbauten wird ein Stockwerk nach dem anderen montiert, und es muß dabei vorher festgelegt sein, ob das Material für jedes Stockwerk einschließlich der Anschlüsse gesondert verschickt werden muß oder ob die Montage des Bauwerks anderweitig eingeteilt worden ist. Auch für sonstige Konstruktionen muß die Art des Versandes bekannt sein, da bei der Bearbeitung im Zeichensaal und in der Werkstatt auf den Transport Rücksicht genommen werden muß. Es ist ratsam, alle diese Punkte mit dem Auftraggeber genau zu erörtern und festzulegen, da nach Aufnahme der Bearbeitung keine Änderungen mehr stattfinden sollen. Alle getroffenen wichtigen Entscheidungen müssen entweder durch Zeichnungen belegt oder sonst schriftlich niedergelegt werden.

Die Art der Preisberechnung hat insofern Einfluß auf den Entwurf und die Bearbeitung, als Gewichtsänderungen den Preis günstig oder ungünstig beeinflussen können. Gewichtsänderungen sind in dieser Beziehung ohne Einfluß bei Verträgen mit einer Tonnenpreisbasis, sind aber von Bedeutung bei Aufträgen mit festgesetztem Pauschalpreis, da bei Erhöhung des Gewichts der Käufer den Nutzen hat, das Lieferwerk hingegen bei Gewichtsersparnis.

Die Behandlung offener Fragen bezüglich der konstruktiven Durchbildung, sowie die Art und Weise der Prüfung und Genehmigung der Zeichnungen ist von vornherein genau festzulegen.

Nachdem über die Grundlagen des Vertrages Klarheit geschaffen worden ist, kann an das Studium der Einzelbestimmungen herangegangen werden. Bei ihrer Auslegung soll der Geist der Bedingungen und nicht der tote Buchstabe maßgebend sein, wobei gute Fachkenntnisse und gesunder Menschenverstand zusammenwirken sollen.

Da die Anwendung der meist auf allgemeine Fälle zugeschnittenen Bedingungen in Sonderfällen vielleicht unnötige Werkstattarbeit verursachen würde, welche ohne Beeinträchtigung der Güte der Konstruktion vermieden werden könnte, ist in solchem Fall mit dem Auftraggeber zu verhandeln. Im allgemeinen wird dieser gegen solche berechtigten Abänderungen nichts einzuwenden haben.

Anweisungen für die Konstrukteure. Für den Gebrauch der Konstrukteure gibt es eine Reihe von Hand- und Taschenbüchern (z. B. Carnegies Taschenbuch), mit welchen sich der Konstrukteur so vertraut machen soll, daß er jede gewünschte Angabe schnell auffinden kann. Es ist angebracht, diese Bücher gelegentlich wieder einmal durchzulesen, um die wichtigsten Dinge dem Gedächtnis erneut einzuprägen. Die Handbücher für die Konstrukteure behandeln die Bureau- und Werkstattpraxis, die Werkstatteinrichtungen und geben die Leistungsfähigkeit der Maschinen, sowie die Grenzwerte der Materialstärken an, welche auf den verschiedenen Maschinen bearbeitet werden können.

Von Zeit zu Zeit sollen Rundschreiben durch die Zeichensäle geschickt werden, die die Sondervorschriften und Anweisungen für die Bureauarbeit bekanntgeben. Dieses ist die wirksamste und einfachste Art, den Gruppenführern und Konstrukteuren allgemeine Anordnungen zur Kenntnis zu bringen.

Logarithmentafeln, Quadrattabellen, Tafeln der trigonometrischen Funktionen u. a., deren Verwendung Zeitersparnis mit sich bringt, hat sich der Konstrukteur selbst zu beschaffen.

Jeder an einem bestimmten Auftrag arbeitende Konstrukteur soll einen vollständigen Satz der Zeichnungen erhalten, die zu seinem Arbeitsabschnitt gehören. Sehr oft führt der Versuch, an Blaupausen zu sparen, zu größeren Unkosten, da bei Mangel an solchen Unterlagen sehr leicht Fehler unterlaufen, während bei einer reichlichen Versorgung der einzelnen Gruppen mit Entwurfszeichnungen viel Zeit und somit auch Kosten für die Bearbeitung gespart werden. Die wichtigsten der für den Auftrag geltenden Vorschriften sollen vervielfältigt und an die Konstrukteure verteilt werden, damit keine der besonderen Bedingungen übersehen werden kann. Bei Anordnung einer Änderung ist jedem Konstrukteur, dessen Arbeit davon betroffen wird, sogleich Mitteilung zu machen.

Der Gruppenführer muß den Mitgliedern seiner Gruppe alle für den betreffenden Auftrag notwendigen Anweisungen geben, die meistens technischer Art sein werden und je nach der Vorbildung und Praxis des einzelnen mehr oder weniger ausführlich sein müssen. Ein Konstrukteur muß mit der Berechnung der Querkräfte, Momente, Stöße und Nietteilungen usw. vertraut sein. Da er jedoch diese Berechnungen meistens mit zu großer Genauigkeit und Zeitvergeudung ausführen würde, soll ihm der Gruppenführer kurze Anleitungen und einfache Gebrauchsformeln geben, die genügend genaue Ergebnisse liefern.

Man hat auch eine Reihe von Musterbeispielen für die Ausbildung der Einzelheiten zum Gebrauch für die Konstrukteure durchgebildet, um eine gewisse Normung durchzuführen und Zeit für die Berechnungen zu ersparen, doch führt dieses Verfahren leicht dazu, daß sich der Konstrukteur auf andere verläßt und unselbständig wird.

Auch soll man den Anfänger nicht mit Anweisungen überhäufen. Es erfordert immer eine mehr oder weniger lange Zeit, bis er, je nach seiner natürlichen Veranlagung und Vorbildung, in der Lage ist, die Zeichnungen in kurzer Zeit und genau auszuführen. Der Konstrukteur muß möglichst zweijährige Erfahrung in einem Spezialgebiet haben, ehe er darin als Checker Verwendung finden sollte, und gewöhnlich sind zehn Jahre notwendig, bis er eine ausreichende Erfahrung im Eisenbahn-

und Straßenbrückenbau oder im Bau beweglicher Brücken hat. Gibt man einem Anfänger zuviel Musterblätter und Anweisungen in die Hand, so weckt man in ihm die Auffassung, daß das Konstruieren nur in der mechanischen Anwendung von Regeln und Formeln besteht und keine eigene geistige Arbeit erfordert. Hat diese Auffassung einmal in ihm Wurzel gefaßt, so wird seine Arbeit weniger schnell vonstatten gehen, weil er eine Menge Zeit braucht, um nach Regeln und Formeln Ausschau zu halten, ehe er etwas zu Papier bringt. Der Gruppenführer soll deshalb dem Konstrukteur in grundlegenden Fragen beratend zur Seite stehen, ohne dessen persönliche Veranlagung in ihrer Auswirkung einzuengen, die ungehemmt viel leichter zu größerer Vollkommenheit in der Arbeit führt.

Hierbei soll gleich erwähnt werden, daß die Eisenbauanstalten größere Vorteile erzielen, wenn ihre Konstrukteure nicht einseitig ausgebildet werden, sondern in verschiedenen Arbeitsgebieten Erfahrungen sammeln können. Es gibt Zeiten, wo hauptsächlich Hochbaukonstruktionen ausgeführt werden und wiederum andere, wo Brückenbauten, Industriebauten oder der Bau beweglicher Brücken vorherrschend sind. In solchen Fällen ist es zweckmäßig, eine Umstellung der Gruppen vorzunehmen, wenn ein Teil der Konstrukteure genügend in einem Arbeitsgebiet ausgebildet ist und andere darin eingeführt werden können. Auf diese Weise erhalten sie eine vielseitige Ausbildung, die sie für Stellungen mit größerer Verantwortung vorbereitet.

Detailskizzen. In welchem Umfang Detailzeichnungen anzufertigen sind, hängt ab von der Ausführlichkeit der Entwurfszeichnungen, der Art des Bauwerks sowie der Genauigkeit, welche der Auftraggeber für die Ausführung verlangt, ferner von der für die Bearbeitung zur Verfügung stehenden Zeit und der Geschicklichkeit der Konstrukteure. Ihre Anfertigung kann nicht schematisch gehandhabt werden, sondern jeder Auftrag muß vom Gruppenführer daraufhin durchgesehen werden.

Bei Hochbauten sind in der Regel wenige solcher Darstellungen notwendig, da für diese meistens Musterentwürfe vorhanden sind und nur besondere Einzelheiten, wie Dachausbildungen und Anschlüsse, besonders herausgezeichnet werden brauchen. Auch sind die Entwurfszeichnungen für Hochbauten meistens so deutlich, daß auch für Windverbandanschlüsse, Eckanschlüsse usw. keine Skizzen notwendig sind. Das Material für die Diagonalen kann, abgesehen von besonderen Fällen, mit genügender Genauigkeit ohne weiteres bestellt werden, ebenso die ∠-Eisen bei Dachbindern. Schräge Konstruktionsteile werden im allgemeinen in reichlicher Länge bestellt, so daß etwa notwendige Naturgrößen während der Ausarbeitung der Zeichnungen gemacht werden können. Es kann daher das Material für Hochbauten schnell bestellt werden, ohne daß vorher viele Skizzen angefertigt werden müssen.

Bauten für Walzwerks- und Hüttenanlagen bedingen schon eher die Anfertigung von Detailskizzen, da auf Kranprofile, Seitenwände, Treppen, Behälter, Türen, Laufstege usw. Rücksicht genommen werden muß.

Bei Brückenbauwerken ist die Anzahl der darzustellenden Einzelheiten von der Ausführlichkeit der zeichnerischen Darstellung abhängig. Zeigt die Zeichnung lediglich eine Systemskizze, so müssen sie naturgemäß sehr zahlreich sein, während gut durchgearbeitete Zeichnungen weniger verlangen.

Der Hauptzweck der Detailskizzen[1] ist der, schwierige Anschlüsse auszuarbeiten, die Anordnung gewisser Teile, die Länge des benötigten Materials festzustellen und alle Unklarheiten zu beseitigen. Für die Materialbestellungen müssen diese Punkte schnell und sorgfältig geklärt werden, damit sie auch anderen verständlich sind. Die Genauigkeit soll nicht durch Schnelligkeit des Fertigstellens beeinträchtigt werden. Für die Ausarbeitung dieser Einzelheiten ist ein befähigter Konstrukteur mit reichen Erfahrungen und gründlichem Wissen heranzuziehen.

Die hierfür zu verwendende Zeit hängt von dem Umfang des Auftrags, von dem wiederholten Vorkommen einzelner Teile usw. ab. Bei Aufträgen für Hüttenwerke wird man zunächst provisorische Detailzeichnungen zur Ermittlung der Materialmengen anfertigen, welche später vervollständigt werden. Diese Methode ist allerdings nicht überall üblich.

Detailskizzen, welche wiederholt vorkommen und auch von anderen Konstrukteuren verwendet werden können, z. B. von Anschlüssen, sollen der Zeitersparnis wegen und zur Vereinfachung der Bearbeitung einheitlich ausgeführt werden. Besonders bei Brückenbauten ist Wert darauf zu legen, daß die Detailskizzen gut sind. Ihr Maßstab ist meistens $1' = 1''$, in besonderen Fällen auch $1' = 1^1/_2''$ oder $1' = 3''$. Steht genügend Zeit zur Verfügung, so werden sie zweckmäßig vor der Materialbestellung und der Bearbeitung dem Auftraggeber zur Genehmigung vorgelegt, wodurch Umbestellungen des Materials und Änderungen in den Zeichnungen vermieden werden können. Eine solche Zeichnung kann später für die verschiedensten Arbeiten wiederverwendet werden.

Materialbestellung. Eine genauere Beschreibung der Materialbestellung ist später in den Abschnitten über Eisenbahnbrücken, Hochbau, Hüttenwerksbauten, Straßenbrücken- und Behälterbau zu finden. Bei der Bestellung des Materials für einen Auftrag soll der Gruppenführer stets die besonderen Lieferungsbedingungen angeben.

Im allgemeinen wird die Art der Materialbestellung für alle Arten von Bauwerken dieselbe sein, und zwar wird zunächst die Art und Menge des notwendigen Materials zusammengestellt. Das Material, für

---

[1] Schwierige Konstruktionsteile können auch evtl. auf dem Reißboden aufgezeichnet werden.

das die Walzwerke oder die Gießereien die längste Lieferzeit verlangen, oder welches zuerst in der Werkstatt gebraucht wird, muß vorweg bestellt werden, namentlich Gußstücke, Augenstäbe, Material für Fundamente, verkupfertes oder verzinktes Material usw. Bei größeren Aufträgen ist eine genaue Liste über die Bestellung der verschiedenen Materialarten aufzustellen.

Bei der Anfertigung der Stücklisten ist auf deutliche Skizzen Wert zu legen. Laufende Nummern sollen niemals zu nahe vor die Spalte gesetzt werden, welche die Stückzahlen enthält. Wenn z. B. in einem Fall 10 Stück bestellt werden sollen und die Ziffer 1 steht dicht vor dieser Spalte, so ist es leicht möglich, daß irrtümlicherweise 110 Stück bestellt werden.

Alles Material muß genau in die Stücklisten eingetragen werden, um die Arbeit im Zeichensaal und in den kaufmännischen Bureaus zu erleichtern. Eine sorgfältige Ausfüllung der einzelnen Spalten wird viel Zeit bei der späteren Verwendung ersparen. Bei großen Aufträgen sollen die verschiedenen Materialarten durch einen Index unterschieden werden, damit das Suchen nicht durch viele und große Zahlen erschwert wird.

Abb. 2 zeigt ein Muster einer Materialbestellung. Dieselbe ist für zwei eingleisige Blechträgereisenbahnbrücken mit überführter Bettung, Brücke 405,14 für die Chikago-Burlington- und Quincy-Bahn, ausgestellt. Die Anweisungen in der Rubrik „Bemerkungen“ sind zu beachten. In der Rubrik „unter Pos.“ bedeutet der Buchstabe L, daß das Material vom Lager zu nehmen ist, während das übrige Material in der angegebenen Anzahl vom Walzwerk zu beziehen ist.

Umbestellung von Material. Infolge von seitens des Auftraggebers gewünschten Abänderungen oder von Irrtümern im Zeichensaal müssen dem Bureau, welches die Materialbestellung bearbeitet, Umbestellungen zugehen (Abb. 2 und 3).

Die auf der Umbestellung vermerkten Angaben sollen so vollständig wie möglich sein, um jedes Mißverständnis auszuschließen. Es ist nicht notwendig, eine Umbestellung zu machen, wenn ∠-Eisen, Bleche oder sonstiges Walzwerk- oder Lagermaterial in kürzeren Längen als ursprünglich benötigt werden, ausgenommen natürlich, wenn es sich um eine große Materialvergeudung handeln würde. Umbestellungen sind getrennt nach I-, ⊏-, _Γ-, ⊥-Profilen, ganz gleich, ob es sich um Walzwerk oder Lagermaterial handelt, sobald wie möglich aufzustellen, nachdem der Irrtum bemerkt worden ist. Soll das Material kürzer sein als ursprünglich bestellt, so hat das Materialbestellungsbureau darüber zu entscheiden, ob die Änderung dem Walzwerk mitzuteilen ist oder ob das Material in der Werkstatt abgeschnitten werden soll. Wenn ein

Materialbestellung.

Zeile	Material: Stückzahl	Material: Gegenstand				Material: Länge Fuß	Material: Länge Zoll	Zugabe für Bearb.	Zugabe für Schnitt	Bemerkungen	Bestellt: Stückzahl	Bestellt: Gegenstand	Bestellt: Länge Fuß	Bestellt: Länge Zoll	unter Pos.:
1		Hauptträger													
2	4	Stehbl.		60	$^{1}/_{2}$	45	0		1		4		45	1	6
3	16	∠	8	6	$^{3}/_{4}$	45	1		1		16		45	2	3
4															
5	8	Lam.		14	$^{1}/_{2}$	19	$1^{1}/_{2}$		$1^{1}/_{2}$	Univ.-Eisen	8		19	3	9
6	8	,,		14	$^{1}/_{2}$	26	$10^{1}/_{2}$		$1^{1}/_{2}$	,, ,,	8		27	0	8
7	8	,,		14	$^{1}/_{2}$	45	0		1	,, ,,	8		45	1	7
8															
9	8	∠	5	$3^{1}/_{2}$	$^{5}/_{8}$	4	11		1		2		40	0	5
10	8	∠	5	$3^{1}/_{2}$	$^{5}/_{8}$	4	11		1		2		40	0	5
11	16	∠	5	5	$^{5}/_{8}$	4	11		1		4		40	0	4
12	16	∠	5	5	$^{5}/_{8}$	4	11		1		4		40	0	4
13	44	∠	5	$3^{1}/_{2}$	$^{3}/_{8}$	5	$0^{1}/_{2}$		1						L
14	44	∠	5	$3^{1}/_{2}$	$^{3}/_{8}$	3	4		1						L
15	16	Bl.		24	$^{3}/_{4}$	3	8		$^{1}/_{2}$						L
16	8	Bl.		14	1	1	$2^{1}/_{2}$			Auflager-platten					L
17															
18															
19		Fahrbahn													
20	4	I		18	70	15	$6^{1}/_{2}$			F 1			15	$6^{1}/_{2}$	2
21	4	I		18	70	15	8			F 2	58		15	8	1
22	54	I		18	70	15	8			F 3 und F 4	58		15	8	1
23	200	lfd. Fuß $8\times3^{1}/_{2}\times{}^{5}/_{8}$ ∠-Eisen								9″ und 1′ 1″ Stücklänge					L
24															
25	28	Bl.		24	$^{3}/_{8}$	3	$1^{1}/_{4}$			aus Bl. $24\times{}^{3}/_{8}$ $\times 4'0''$ schneiden 					L
26															
27	8	∠	8	$3^{1}/_{2}$	$^{5}/_{8}$	1	8								L
28	40	∠	$3^{1}/_{2}$	3	$^{3}/_{8}$	1	8								L
29															
30															
31															
32															
33															
34															
35															

Falls nichts anderes vermerkt, sind die Skizzenbleche entweder aus Universaleisen oder aus Blechtafeln zu schneiden.

Material: Karte Nr.	Werkstatt: Gary	Datum: / 19	Auftrag Nr.: E. 7350	Seite Nr.: /
Vorschriften:	Zeichensaal: Gary, Z. 1			
Abnahme:	Gruppenführer: Wilkinson			
	Aufgestellt: W. K. Geprüft: W. W.			

Bauwerk: 2 eingleisige Blechträgerbrücken von 45′, Brücke 405.14. Grey Bull-Wyoming. Chikago-, Burlington- und Quincy-Bahn.

Abb. 2. Materialbestellung.

Posten zum zweitenmal umbestellt wird, so soll man die zweite Änderung auf die vorhergehende beziehen, nicht auf die erste Bestellung. Es ist jedoch die Seiten- und Zeilenzahl der ersten Bestellung anzugeben. Abb. 3 zeigt ein Muster einer solchen Umbestellung mit den notwendigen Angaben.

Umbestellung.

Zeile	ursprünglich bestellt									umbestellt								
	Seite	Zeile	Stückzahl	Gegenstand	Länge		Zugabe		unter Pos.	Stückzahl	Gegenstand	Länge		Zugabe		Bestellt		unter Pos.
					Fuß	Zoll	für Bearb.	für Schnitt				Fuß	Zoll	für Bearb.	für Schnitt	Fuß	Zoll	
A	110	34	2	Bl. $11\frac{1}{2} \times \frac{3}{8}$	16	0			2884	1	I $20 \times 65,4$	15	$9\frac{1}{4}$					3004
B	110	35	4	Bl. $11\frac{1}{2} \times \frac{3}{8}$	17	6			2883	1	I $20 \times 81,4$	17	$2\frac{1}{2}$					3002
C										1	I $20 \times 81,4$	17	$1\frac{3}{4}$					3003
D	109	3	3	I $12 \times 31,8$	12	$7\frac{1}{2}$			2849	3	I $12 \times 31,8$	13	$8\frac{1}{2}$					2849
E	109	12	3	I $12 \times 31,8$	13	$8\frac{1}{4}$			2844	1	I $12 \times 31,8$	13	$8\frac{1}{4}$					2844
F										2	I $15 \times 42,9$	13	$8\frac{1}{4}$					L
G	109	31	1	I $20 \times 81,4$	16	$5\frac{1}{4}$			2751	1	I $24 \times 79,9$	16	$5\frac{1}{4}$					2751
H	110	33	2	Bl. $11\frac{1}{2} \times \frac{3}{8}$	18	6			2881	2	Bl. $11\frac{1}{2} \times \frac{3}{8}$	19	0		1			3018
I	108	5	24	$\angle\, 5 \times 3\frac{1}{2} \times \frac{5}{8}$	18	6			2035	24	$\angle\, 5 \times 3\frac{1}{2} \times \frac{5}{8}$	19	0		1			2035
J	109	34	1	I $15 \times 42,9$	27	$9\frac{3}{4}$			2798	annullieren								2798
K	109	35	1	I $15 \times 42,9$	28	$5\frac{3}{4}$			2797									2797
L	102	12	2	I $10 \times 25,4$	10	11			2010	1	I $10 \times 25,4$	10	11					2010
M																		
N	117	8	1	I $24 \times 79,9$	17	$8\frac{3}{4}$			2728	1	I 24×100	17	$8\frac{3}{4}$					2999
O	117	21	1	I $24 \times 79,9$	17	$2\frac{1}{2}$			2732	1	I 24×100	17	$2\frac{1}{2}$					3000
P	120	16	2	Bl. $8 \times \frac{7}{8}$	15	0		1	2921	2	Bl. $8 \times \frac{3}{4}$	15	0		1			3019
Q	120	35	2	Bl. $8 \times \frac{7}{8}$	15	0		1	2921	2	Bl. $8 \times \frac{3}{4}$	15	0		1			3019
R																		
S																		
T																		
U																		
V																		
W																		
X																		
Y																		

Falls Umbestellung nicht mehr möglich, wieder neu bestellen. Zeile:

Umbestellung veranlaßt: Durch Auftraggeber	Werkstatt: Gary Zeichensaal: Gary Z. 2 Gruppenführer: Rice Aufgestellt: W. K. Geprüft: M. T. W.	Datum: 27. 7. 1923	Auftrag Nr. E. 7617	Seite Nr.: 10

Bauwerk: Hochhaus, R. C. Wieboldt & Co., Chikago (Illinois).

Abb. 3. Materialumbestellung.

Konstruktive Durchbildung. Regeln für die konstruktive Durchbildung der verschiedenen Arten von Eisenkonstruktionen werden in späteren Abschnitten gegeben. Um gute Konstruktionszeichnungen zu erzielen, muß der Konstrukteur sich die verschiedenen Verwendungsarten derselben vor Augen halten und sich bemühen, alle unnötigen

Darstellungen zu vermeiden. Er soll dem Checker die Arbeit erleichtern, nur notwendige Einzelheiten darstellen und sich dabei in die Lage des Mannes in der Werkstatt versetzen, der nach seinen Zeichnungen, welche sauber und verständlich sein müssen, zu arbeiten hat. Nur eine langjährige Praxis befähigt erst den Konstrukteur, alle vorkommenden Konstruktionsaufgaben zu lösen. Jedoch wird ein Konstrukteur, der sich bemüht, die Werkstatteinrichtung und ihre Arbeitsweise gründlich kennenzulernen, bald in der Lage sein, gute Zeichnungen anzufertigen.

Will der Konstrukteur vorteilhaft arbeiten, so muß er eingehend über alle Verhältnisse unterrichtet sein. Der Durchschnittskonstrukteur hält es für notwendig, sofort etwas zu Papier zu bringen, sobald ihm die Arbeit zugeteilt worden ist. Das ist jedoch durchaus nicht richtig, da sorgfältiges Überlegen und Prüfen aller Einzelheiten viel Zeit für die weitere Bearbeitung erspart und zu besseren Ergebnissen führt. Bei größeren Aufträgen ist es zweckmäßig, die Nietteilungen der Stützen und Blechträger vorher durch erfahrene Konstrukteure festlegen zu lassen, um die Ausarbeitung der Einzelheiten zu beschleunigen.

Sobald eine Zeichnung fertig ist, soll sie vom Checker durchgesehen werden, damit etwaige Fehler vom Konstrukteur auf den weiteren Zeichnungen vermieden werden können. Ein geschickter Konstrukteur bedient sich kleiner Skizzen, um seine Zeichnung schnell aufreißen zu können. Das sofortige Aufzeichnen auf Pausleinewand erspart viel Zeit; es ist wünschenswert, die Hauptlinien und -umrisse zunächst in Blei vorzuzeichnen und die Zeichnung in Tusche zu vervollständigen. Ein erfahrener Konstrukteur soll allerdings imstande sein, die gesamte Zeichnung, einschließlich der Stücklisten usw. sofort in Tusche auszuführen.

Zweckmäßig ist es auch, Papier mit Quadratteilung ($^1/_4''$) unter das Pauspapier zu legen, falls die Einzelheiten nicht direkt anderen Zeichnungen entnommen werden können. Bei einfachen Konstruktionen, z. B. Walzträgern und Blechträgern, ist es kaum notwendig, vorerst die Einzelheiten in Blei aufzureißen, da sie unter Zuhilfenahme des Quadratpapiers sofort in Tusche gezeichnet werden können. Auch können bei Verwendung des karierten Papiers als Unterlage die Hilfslinien für die Beschriftung fortfallen.

Erfahrungsgemäß ist die Verwendbarkeit von Bleizeichnungen sehr beschränkt, da nur wenige Konstrukteure befähigt sind, Bleizeichnungen fertigzustellen, die deutliche Lichtpausen ergeben. Jede Zeichnung soll sauber ausgeführt und vorsichtig behandelt werden und möglichst wenig Korrekturen aufweisen; es ist ratsam, die Verwendung von Bleizeichnungen auf kleine nebensächliche Konstruktionen zu beschränken.

Sind die Werkstätten mit Vielfachlochstanzen ausgerüstet, so ist bei der konstruktiven Durchbildung hierauf Rücksicht zu nehmen und die Arbeitsweise der Maschinen vom Konstrukteur eingehend zu studieren. Der Konstrukteur soll jede sich bietende Gelegenheit benutzen, in die Werkstatt zu gehen, um diese Maschinen in ihrer Arbeit kennenzulernen.

Doch gibt es auch Ausnahmen, wo bei Rücksichtnahme auf die Vielfachlochstanzen die Mehrarbeit im Bureau durch die Minderarbeit in der Werkstatt nicht aufgewogen wird, z. B. bei Teilen, die nur in beschränkter Anzahl vorkommen. Bei Bauteilen, für welche die Anwendung der Vielfachlochstanzen in Erwägung gezogen wird, ist die Entscheidung des Gruppenführers einzuholen, der je nach der Häufigkeit einer vorkommenden Anordnung die Anwendung der Sondermaschinen billigt oder ablehnt.

Im allgemeinen kosten mit dem Lufthammer geschlagene Niete $2^1/_2$ bis 3mal so viel als maschinell geschlagene Niete. Niete an schwer zugänglichen Stellen werden erheblich teurer sein. Die Nietung mittels Lufthammer sollte daher möglichst vermieden werden. Bei Zeichnungen mit einer großen Zahl versenkter oder halbversenkter Niete ist genau zu prüfen, ob die Zahl dieser abnormalen Niete nicht verringert werden kann.

Um überhaupt die Zahl der Niete gering zu halten, ist es notwendig, die wirklich benötigte Zahl genau zu bestimmen und die Zahl der überzähligen Niete möglichst einzuschränken. Allerdings müssen die Anforderungen, die an eine gute Konstruktion zu stellen sind, vollauf befriedigt sowie die Wünsche des Auftraggebers dabei berücksichtigt werden. Oft ist es wünschenswert, die Nietstärken zu erhöhen und so die Nietzahl zu vermindern. In der Werkstatt können 1″ oder $1^1/_8$″ Niete ebensoleicht geschlagen werden wie $^7/_8$″ Niete, und die Kosten des Zusammenbaus sind beträchtlich geringer bei Verwendung stärkerer Niete. Auf der Baustelle kommt das Schlagen eines 1″ Nietes nur wenig teurer als das eines $^7/_8$″, dieser Unterschied wird aber reichlich aufgewogen durch die verringerte Nietzahl.

Um Konstruktionen zu erreichen, die wirtschaftliche Werkstattbearbeitung gewährleisten, muß der Konstrukteur von der Anwendung der verschiedenen Maschinen unterrichtet sein und die Reihenfolge der Bearbeitungsweisen sowie die Bearbeitungskosten kennen. Eine klare Vorstellung von der Werkstatteinrichtung kann der Konstrukteur nur durch häufigen Besuch der Werkstatt und aufmerksame Beobachtung ihrer Arbeitsweise gewinnen. Vorschläge für die Verringerung der Werkstatt- und Bureaukosten werden von den Firmen gern entgegengenommen. Der Konstrukteur soll dem Gruppenführer freimütig solche Vorschläge unterbreiten oder Fragen an ihn stellen, um zweifelhafte Punkte klarzulegen.

Im allgemeinen ist die Konstruktion die beste, welche am einfachsten ausgebildet ist und aus möglichst wenigen Einzelteilen besteht; auch muß auf die Möglichkeit leichter Nietarbeit und Erneuerung des Anstrichs Rücksicht genommen sein. Wiederholte Anwendung gleicher Teile ist anzustreben. Bei den Zeichnungen soll, soweit es keine umfangreiche Bureauarbeit verursacht, Rücksicht darauf genommen werden, daß die Möglichkeit einer Verwechslung ausgeschlossen ist.

Zur Erleichterung der Montagearbeit ist die Aufstellung eines Bauplans mit klaren und vollständigen Angaben zweckmäßig. Eine ausreichende Zahl von Schnitten und Ansichten soll die Lage jedes Bauteils, der dem Richtmeister Schwierigkeiten bereiten kann, erläutern. Bei unübersichtlichen Punkten können kleine Skizzen die Anordnung der einzelnen Teile klarstellen. Bei Walzwerksbauten z. B genügt meistens ein Querschnitt des Gebäudes mit den Hauptmaßen. Ist eine bestimmte Reihenfolge bei der Montage zu beachten, so ist diese auf dem Plan einzuschreiben.

Die Nietlisten sind sorgfältig aufzustellen. In vielen Fällen benutzt der Richtmeister die Nietlisten, um an den zu vernietenden Konstruktionsteilen die erforderlichen Nietlängen anzuschreiben. Bei großen Aufträgen sollen die Nietlisten besonders übersichtlich zusammengestellt werden und so eingerichtet sein, daß die Niete für einen bestimmten Anschluß leicht vom Richtmeister gefunden werden können.

Unerfahrenen Konstrukteuren gibt man zur Unterstützung ihrer Arbeit zweckmäßig ähnliche Zeichnungen in die Hand, die ihnen beim Entwurf neuer Konstruktionen, besonders mit Rücksicht auf eine zweckmäßige Verteilung, gute Dienste leisten können, da junge Konstrukteure oft ungeschickt in der Verteilung der einzelnen Teile auf der Zeichnung sind. Auf den meisten Zeichensälen hat man eine Sammlung von Musterentwürfen, deren Studium den Konstrukteuren dringend zu empfehlen ist. Allerdings ist es meistens nicht möglich, alle Einzelheiten genau beizubehalten, sondern diese sind dem vorliegenden Fall anzupassen und nach Möglichkeit noch zu vereinfachen.

Vervielfältigung der Zeichnungen. Hierunter versteht man die Übertragung der Zeichnungen von einem transparenten Original auf Leinen oder Papier. Die weitgehendste Vervielfältigung ist die, von einem pausfähigen Original eine gleiche pausfähige Zeichnung herzustellen. Im Hinblick auf die Verwendungsmöglichkeiten der Vervielfältigungen ist dieses Verfahren für die Ingenieure und Architekten von weittragender Bedeutung. Einige der wichtigsten Vervielfältigungsarten sind in folgendem genannt:

1. Herstellung von Transparentpausen in beliebiger Anzahl nach einem transparenten Original.

2. Herstellung von Pausen auf Papier von jeder gewünschten Farbe.

3. Übertragung von Bleistiftzeichnungen von transparentem Papier auf Pausleinen. Die Deutlichkeit der Übertragung hängt dabei von der Schärfe der Bleistiftzeichnungen ab.

4. Ein Vervielfältigungsverfahren kann anstatt eines Druckverfahrens angewandt werden, wenn die benötigte Anzahl von Vervielfältigungen gering ist. Schriftstücke, Zeichnungen und Skizzen können auf diese Weise vervielfältigt werden, wobei die Arbeit des Setzens des Schriftsatzes, sowie das Ätzen der Zeichnung beim Druckverfahren gespart wird. In gleicher Weise können Berichte usw. vervielfältigt werden, wenn nur eine beschränkte Anzahl notwendig ist. Bei großen Mengen ist das Druckverfahren billiger.

5. Durch ein Vervielfältigungsverfahren wird die Arbeit des Pausens der Zeichnungen von Hand gespart. Bei Hochbaukonstruktionen tritt z. B. sehr oft der Fall ein, daß eine Anzahl von Stützen, abgesehen von kleinen Abweichungen, gleichartig ausgebildet werden können. Als Vervielfältigungsverfahren noch unbekannt waren, mußte jede Stütze einzeln aufgezeichnet werden, während es jetzt nur notwendig ist, eine Grundzeichnung herzustellen, die alle gemeinsamen Teile enthält und von dieser Pausen in beliebiger Anzahl zu machen, in die die besonderen Einzelheiten für jede einzelne Stütze einzutragen sind, womit eine vollständige Zeichnung jeder Stütze erhalten wird. Sinngemäß kann dieses Verfahren auch beim Aufzeichnen von Dachbindern, Kranträgern und dergleichen Konstruktionen angewandt werden.

6. Die Vervielfältigungen können auch als Musterblätter verwendet werden. In diesem Fall ist es zweckmäßig, von dem Original zunächst mehrere Pausen auf transparentem Papier herstellen zu lassen, da das Original nach Herstellung vieler Blaupausen schlecht wird und undeutliche Pausen ergibt oder auch mehrere Zweigwerke je ein Original der Zeichnung anfordern, um selbst Blaupausen davon herstellen zu können.

Prüfung der Zeichnungen. Beim Nachprüfen der Zeichnungen hat der Checker besonders auf folgende Punkte zu achten:

1. Klare und vollständige Darstellung.
2. Sorgfältige Ausführung der Zeichnung.
3. Einfache und wirtschaftliche Werkstattbearbeitung.
4. Ausreichende Ausbildung der Anschlüsse.
5. Vermeidung überflüssiger Niete.
6. Vollständigkeit der Stücklisten.
7. Einfacher Zusammenbau, Vorhandensein genügenden Spielraums.
8. Übereinstimmung der Anschlußlöcher der einzelnen miteinander zu verbindenden Teile.
9. Möglichkeit des Schlagens der Werkstatt- und Baustellenniete.

Übermäßige Genauigkeit in der Anfertigung der Zeichnungen ist zu vermeiden, sie soll nur im richtigen Verhältnis zu der in der Werkstatt erreichbaren Genauigkeit stehen. Änderungen in den Zeichnungen sind nach Möglichkeit nicht vorzunehmen, ausgenommen, wenn es sich um wichtige Maße handelt. Auch sollen Konstruktionseinzelheiten nicht abgeändert werden, falls sie sonst ausreichend sind. Allerdings sind Änderungen an Einzelheiten meistens leicht auszuführen, doch muß jede Änderung gründlich überlegt sein, wobei die Wichtigkeit des abzuändernden Teiles, die Wirtschaftlichkeit der Bearbeitung, sowie Einfachheit der Montage ausschlaggebend sind. Verursacht z. B. die Änderung der Zeichnung mehr Kosten, als durch sie an Bearbeitungskosten in der Werkstatt gespart wird, so hat die Änderung zu unterbleiben.

Wichtig ist es auch, daß sich der Checker für die glatte Abwicklung der Montage mitverantwortlich fühlt. Viel Zeit kann gespart werden, wenn die Prüfung der Zeichnungen in systematischer Weise vorgenommen wird, z. B. ist es empfehlenswert, bei Nachprüfung einer Blechträgerbrücke folgende Reihenfolge in der Prüfung einzuhalten: Prüfung der Hauptmaße, der Querträgerabstände, der Längsträgerabstände, darauf Prüfung der Profile, der Nietabstände und Profillängen. Bei einer Deckenträgerkonstruktion ist es am bequemsten, sie als Ganzes unter besonderer Beachtung der Einzelheiten zu prüfen; Teile, die an die Trägerlage anschließen, können besser im ganzen geprüft als für jeden Träger einzeln behandelt werden. Selbstverständlich kann auch eine andere Reihenfolge gewählt werden, nur ist es wesentlich, die Prüfung systematisch vorzunehmen.

Oft ist notwendig, die Prüfung der Zeichnung nicht allein in Hinblick auf die Werkstattbearbeitung vorzunehmen, sondern auch daraufhin, daß Fehler bei der Montage vermieden werden, welche Mehrkosten verursachen und die Arbeit auf der Baustelle aufhalten. Häufig vorkommende Fehler dabei sind: ungenaue Versandbezeichnungen, ungenaue Längen, schlecht passende Anschlüsse, Fehlen von Spielräumen und Unmöglichkeit des Zusammenbaus.

Bei einfachen Blech- oder Fachwerkträgern kommen solche Unstimmigkeiten seltener vor, wohl ist aber eine eingehendere Prüfung notwendig bei Zeichnungen, die von unerfahrenen Konstrukteuren angefertigt worden sind oder die im Laufe der Bearbeitung viele Abänderungen erfahren haben.

Natürlich verursacht die Prüfung Mehrkosten, die auf ein Mindestmaß beschränkt werden sollten, da sie stets eine Wiederholung der bisherigen Arbeit darstellt. Eine bestimmte Regel, in welchem Umfange diese doppelte Arbeit geleistet werden muß, kann nicht aufgestellt werden, da die besonderen Umstände bei dem betreffenden Auftrag dafür maßgebend sind.

Sind noch Abänderungen erforderlich, so sind alle Abmessungen, Einzelheiten und Ansichten, die von einer Änderung in Mitleidenschaft gezogen werden, genau zu berichtigen. Der erfahrene Konstrukteur muß dabei zwischen notwendigen und nicht notwendigen Änderungen unterscheiden können, um alle unnötigen Kosten zu vermeiden.

Zeichnungen für die Genehmigung. Bevor die Werkstattbearbeitung begonnen werden kann, sind in den meisten Fällen die Zeichnungen zunächst dem Auftraggeber zur Genehmigung einzusenden. In Einzelfällen wird gelegentlich wegen Zeitmangel auch darauf verzichtet. Hat der Auftraggeber diese Zeichnungen erhalten, so läßt er sie durch seine technischen Berater oder Angestellten einer genauen Prüfung unterziehen, die sich auf den Umfang der zu liefernden Konstruktionen, die Hauptabmessungen, Stärke der Einzelteile und ausreichende Bemessung der Anschlüsse erstreckt, während die Eisenbauanstalt für vorkommende Zeichnungs- und Werkstattfehler verantwortlich bleibt. Damit möglichst wenig Änderungen vorkommen, soll sich das Konstruktionsbureau von vornherein mit den Wünschen und Forderungen des Auftraggebers vertraut machen. Ergeben sich bei der Prüfung der Zeichnungen weitgehende Änderungen, so sind dieselben nach der Umarbeitung zum zweitenmal einzusenden. Im allgemeinen werden zwei Satz Zeichnungen eingesandt, von denen einer mit dem Genehmigungsvermerk dem Unternehmer zurückgeschickt wird.

Bei großen Aufträgen können Zeit und Kosten gespart werden, wenn ein Beauftragter des Auftraggebers diese Prüfung auf dem Werk vornimmt, da dann fragliche Punkte sofort geklärt und Änderungen von vornherein vermieden werden können.

Stück- und Versandlisten. Nach Genehmigung der Zeichnungen kann die Werkstattbearbeitung aufgenommen werden. Hierfür ist die Aufstellung von Stücklisten erforderlich. Sie sind als Teile der Zeichnungen zu betrachten, da die Werkstatt aus ihnen feststellt, ob das Material vom Walzwerk oder vom Lager zu nehmen ist. Aus den Stücklisten sind die theoretischen Gewichte der Konstruktionen zu entnehmen, um mit den gewogenen Gewichten verglichen zu werden.

Bei manchen Werken ist es üblich, die Stücklisten direkt auf die Zeichnungen zu setzen, so daß die Leute in der Werkstatt den Vorteil haben, nur mit einem Blatt, anstatt mit zweien arbeiten zu können. Doch hat dieses Verfahren den Nachteil, daß die Zeichnungen sehr groß werden. Außerdem ist es bei großer Stückzahl schwierig, die Stückliste auf der Zeichnung unterzubringen, auch ergeben sich Schwierigkeiten beim Lichtpausen, falls nur die Stücklisten vervielfältigt werden. Die Wahl des anzuwendenden Verfahrens hängt von der Gewohnheit der Werkstattleute ab.

Die Versandlisten für den Gebrauch der Versandabteilung enthalten die Auftragnummern, Bezeichnung des Bauwerks, Bestimmungsort, laufende Nummern, Bezeichnung der Positionen, Abmessungen und

Gewicht der zu versendenden Stücke, Kennzeichnung und Prüfungsvermerk. Im allgemeinen müssen Versandlisten für alle Zeichnungen aufgestellt werden, nur bei einfachen Trägerbauten kann man die Stücklisten ohne weiteres auch als Versandlisten verwenden.

Die Aufstellung der Stücklisten geschieht entweder im Zeichensaal oder in einem besonderen Bestellbureau. Letztere Einrichtung besteht hauptsächlich bei großen Werken, um die Arbeit der Konstrukteure nur auf den konstruktiven Teil zu beschränken. Die Aufstellung der Stücklisten erfolgt entweder handschriftlich oder mit Hilfe einer Schreibmaschine, die damit beschäftigten Schreiber erwerben sich allmählich große Übung. Die von einem geschickten Stenotypisten angefertigten Listen werden natürlich sauberer und schneller aufgestellt als mit der Hand geschriebene.

Eine ausführliche Beschreibung der Stück- und Versandlisten siehe Abschnitt XVI.

Werkstattzeichnungen. Stück- und Versandlisten gehen mit den Zeichnungen zugleich in die Werkstatt. Bei kleineren Aufträgen werden sämtliche Zeichnungen und Stücklisten auf einmal, bei größeren nach und nach, je nach Bedarf, in die Werkstatt gegeben. Hochbauten werden gewöhnlich in Bauabschnitte eingeteilt, bestehend aus den Stützen für zwei Stockwerke mit allen Anschlüssen, mit Ausnahme der Normalgeschosse, die alle gleichzeitig in die Werkstatt gehen. Größere Aufträge für Hüttenwerke kommen auch in einzelnen Teilen in die Werkstatt, z. B. in der Reihenfolge: Fundamente, Stützen, Kranträger, Binder usw.

Bei der Überweisung der Zeichnungen an die Werkstatt muß darauf geachtet werden, daß bei wiederholtem Vorkommen gleicher Konstruktionen diese mit einem Male ungeteilt in die Werkstatt kommen, z. B. wird man bei einer Reihe von Stützen für eine Hochbaukonstruktion diese zusammen in die Werkstatt geben und nur in sehr dringenden Fällen nacheinander und auch nur dann, wenn die zurückbehaltenen Stützen den zuerst in die Werkstatt gekommenen nicht gleich sind.

Die Anzahl der notwendigen Blaupausen, die von der Arbeitsmethode in der Werkstatt und der Zahl der Werksabteilungen abhängt, wird für jedes Werk verschieden sein. Die Tabelle auf Seite 48 gibt einen Überblick über die durchschnittlich von den einzelnen Abteilungen benötigten Pausen an.

Mehrlieferungen. Im Verlauf der Bearbeitung eines Auftrages können sich gegenüber den im Vertrage vorgesehenen Leistungen Mehrarbeiten im Bureau und in der Werkstatt ergeben und Mehrlieferungen von Material als notwendig herausstellen. Die dadurch bedingten Mehrforderungen für Mehrleistung werden dem Auftraggeber am besten sofort schriftlich mitgeteilt, damit er sich zu den Änderungen äußern

Verteilung der Blaupausen.

Art der Zeichnung	Gegenstand	Verteilung													
		Vorzeichnerei	Brückenbau	Maschinenbau	Schmiede	Nietenfabrik	Röhrenabteilung	Magazin	Werkstattaufsicht	Versand	Rechnungsabteilung	Lohnabteilung	Bestellbureau	Abnahme	Zusammen
E	Bauvorgang, Eisenkonstruktion	1	1	—	—	—	—	—	1	—	—	—	—	1	4
	„ Maschinenteile	1	1	2	—	—	—	—	1	—	—	—	—	1	6
Normalblätter	Gewöhnliche genietete Teile	1	4	—	—	—	—	—	1	—	—	—	—	1	7
	Maschinenteile, allein	—	—	2	—	—	—	—	1	—	—	1	—	1	5
	Schmiedestücke, „	—	—	—	2	—	—	—	1	—	—	1	—	1	5
	Maschinenteile, zusammen mit Schmiedestücken	—	—	2	2	—	—	—	1	—	—	1	—	1	7
	Auflager (Schmiedestücke)	1	2	2	2	—	—	1	1	—	—	1	—	1	11
	„ (Gußstücke)	1	2	2	—	—	—	1	1	—	—	1	—	1	9
	Gasrohrgeländer	—	—	—	—	—	1	1	1	—	—	—	—	1	4
	X-Normalblätter	1	4	—	—	—	—	—	2	—	—	—	—	1	8
M	Maschinenteile, allein	—	—	2	—	—	—	—	1	—	—	1	1	1	6
	Schmiedestücke, „	—	—	—	2	—	—	—	1	—	—	1	1	1	6
	Maschinenteile, zusammen mit Schmiedestücken	—	—	2	2	—	—	—	1	—	—	1	1	1	8
G	Stützen oder Blechträger mit Stückliste	1	6	—	—	—	—	—	1	—	—	—	1	1	10
F	Trägerkonstruktionen u. ähnl.	1	3	—	—	—	—	—	2	—	—	—	—	1	7
C	Gewöhnliche genietete Teile	1	4	—	—	—	—	—	1	—	—	—	1	1	8
	Ungenietete Teile	1	2	—	—	—	—	—	1	—	—	—	1	1	6
	Maschinenteile, allein	—	—	2	—	—	—	—	1	—	—	1	1	1	6
	Schmiedestücke, „	—	—	—	2	—	—	—	1	—	—	1	1	1	6
	Maschinenteile, zusammen mit Schmiedestücken	—	—	2	2	—	—	—	1	—	—	1	1	1	8
	Auflager (Schmiedestücke)	1	2	2	2	—	—	1	1	—	—	1	1	1	12
	„ (Gußstücke)	1	2	2	—	—	—	1	1	—	—	1	1	1	10
	Ankerschrauben	—	—	—	2	—	—	1	1	—	—	1	1	1	7
	Niete	—	—	—	—	1	—	—	—	1	1	—	1	1	5
	Niete und Schrauben	—	—	—	—	1	—	1	—	1	1	—	1	1	6
	Schrauben vom Lager	—	—	—	—	—	—	1	—	1	1	—	1	1	5
	Gedrehte Bolzen	—	—	2	—	—	—	1	1	—	—	1	1	1	7
	Rundeisen unter 12″ Länge	—	—	—	2	—	—	1	1	—	—	1	1	1	7
	„ 12″ lang und darüber	—	—	—	2	—	—	—	1	—	—	1	1	1	6
	Gasrohrgeländer	—	—	—	—	—	1	1	1	—	—	—	1	1	5
	Gußeiserne Distanzstücke	—	—	—	—	—	—	1	1	—	—	—	1	1	4
	Baustellenanstrich	—	—	—	—	—	—	1	—	1	1	—	1	1	5
CF	Leitersprossen (Rundeisen)	—	2	—	—	1	—	—	1	—	—	—	1	—	5
	Spezialschrauben	—	2	—	—	—	—	1	1	—	—	—	1	—	5
S	Stücklisten	1	4	—	—	—	—	—	—	—	—	1	—	—	6
RR	Versandlisten	—	—	—	—	—	—	—	—	2	1	—	—	1	4
B	Trägerkonstruktionen	1	3	—	—	—	—	—	—	—	—	1	—	—	5
	Maschinenteile, allein	—	—	2	—	—	—	—	—	—	—	1	—	—	3
	Schmiedestücke, „	—	—	—	2	—	—	—	—	—	—	1	—	—	3
	Maschinenteile, zusammen mit Schmiedestücken	—	—	—	2	2	—	—	—	—	—	1	—	—	5
SX	Zusammenstellung der Normalien	1	3	—	—	—	—	—	—	—	—	—	—	—	4
K	Zeichnungsverzeichnis	—	1	—	—	—	—	—	1	—	—	—	—	1	3

kann. Zweckmäßig wird dabei gleich der endgültige Betrag festgesetzt, ehe die Arbeit dafür aufgenommen wird, um spätere Streitigkeiten zu vermeiden. Dem Auftraggeber ist dann auch Gelegenheit gegeben, den Änderungsvorschlag anzunehmen oder abzulehnen. Die Abmachungen für die Mehrlieferungen bilden dann gewissermaßen einen neuen Vertrag.

Man kann die Mehrlieferungen in zwei Gruppen einteilen, je nachdem, ob für den Auftrag ein Tonnen- oder ein Pauschalpreis festgesetzt worden ist. Bei Aufträgen mit festgesetztem Tonnenpreis entstehen durch vom Auftraggeber angeordnete Änderungen Mehrkosten im Bureau oder in der Werkstatt, die eine Preiserhöhung bedingen. Ergeben sich jedoch infolge der angeordneten Änderungen nur geringe Mehrlieferungen von Material gleicher Art wie ursprünglich und nur geringe Änderungen der Zeichnungen, so wird man nicht wegen einer Preiserhöhung an den Auftraggeber herantreten, da das hinzugekommene Material zu dem ursprünglichen Preis geliefert werden kann. Entstehen jedoch infolge der angeordneten Änderungen höhere Bearbeitungskosten, ist Material vom Lager zu nehmen oder dergleichen, so ist ein Anspruch auf Preiserhöhung begründet.

Bei Aufträgen mit Pauschalpreisen kann jede vom Auftraggeber angeordnete Änderung, die in der allgemeinen Anordnung geschehen ist oder Mehrlieferungen an Material zur Folge hat, als Begründung für eine Preisänderung dienen.

In gleicher Weise ist mit dem Auftraggeber wegen der entstandenen Mehrkosten einer von ihm etwa angeordneten zeitweisen Einstellung der Arbeiten an einem schon in Abwicklung befindlichen Auftrag zu verhandeln.

In folgendem sind die Einzelheiten angeführt, die bei der Berechnung solcher Mehrkosten in Frage kommen.

A. Auftrag mit Tonnenpreisgrundlage:

1. Beschreibung der angeordneten Änderung unter Angabe des hierauf bezüglichen Schriftverkehrs und der betreffenden Zeichnungen.

2. Entstehende Mehrkosten (zu Lasten des Auftraggebers).

a) Bureauunkosten.

b) Werkstattunkosten.

c) Gesamtkosten des hinzukommenden Lagermaterials. Differenz des Preises für Walzwerks- und Lagermaterial = Mehrkosten.

d) Gesamtkosten des unbrauchbaren, auf Lager zu nehmenden Materials. Da das Material Längen aufweist, deren spätere Verwendung zweifelhaft ist, ergibt sich der Unterschied zwischen Schrott- und Walzwerkspreis als Mehrkosten.

e) Gesamtpreis des in den Schrott zu nehmenden unbearbeiteten Materials. Differenz zwischen Schrott- und Walzwerkspreis einschließlich Handlungsunkosten = Mehrkosten.

f) Gesamtbetrag des schon bearbeiteten Materials, das verschrottet werden muß. Unterschied zwischen Auftrags- und Schrottpreis = Mehrkosten.

g) Unterschied im Tonnenpreis, wenn die Änderung zu einer teureren Bearbeitungsweise führt.

3. Zuschlag (in Hundertteilen) zu den oben ermittelten Kosten für Generalunkosten.

4. Zuschlag für Gewinn.

B. Auftrag mit Pauschalpreis:

1. Beschreibung der angeordneten Änderung unter Angabe des hierauf bezüglichen Schriftverkehrs und der betreffenden Zeichnungen.

2. Entstehende Mehrkosten (zu Lasten des Auftraggebers).

a) Bureauunkosten.

b) Werkstattunkosten.

c) Gesamtkosten des neu hinzukommenden Lagermaterials, einschließlich Abfall und Kosten der Bearbeitung.

d) Gesamtbetrag des neu bestellten Walzwerksmaterials und Kosten seiner Bearbeitung.

3. Abzuziehende Beträge (zugunsten des Auftraggebers).

a) Gesamtmenge des auf Lager zu nehmenden Materials. Da das Material Längen aufweist, deren spätere Verwendung zweifelhaft ist, ist nur der Schrottpreis abzuziehen.

b) Gesamtmenge des unbearbeiteten, in den Schrott kommenden Materials, Abzug des um die Handlungsunkosten verminderten Schrottpreises.

c) Gesamtmenge des bereits verarbeiteten und jetzt zu verschrottenden Materials. Abzug wie bei b.

4. Zu den obenerwähnten Fabrikationskosten (Bureau- und Werkstattunkosten) ein prozentualer Zuschlag für Generalunkosten.

5. Prozentualer Zuschlag für Gewinn.

In vielen Fällen kann der Auftraggeber infolge verschiedener Umstände die fertiggestellten Bauteile zu der vertraglich festgelegten Lieferzeit nicht gebrauchen und wünscht von der Eisenbauanstalt eine vorläufige Lagerung der Konstruktionen, bis die Aufstellung möglich ist. Es kann sich dabei um Zeiträume von 3 Monaten bis zu 3 oder 4 Jahren handeln. In diesem Fall wird das Material zum Lagerplatz befördert und erst auf Abruf verladen. Die hierfür vom Auftraggeber zu zahlende Vergütung berechnet sich aus den doppelten Transportkosten des Materials und der Platzmiete.

Änderungen während der Werkstattbearbeitung. Solche Änderungen bedeuten stets einen Zeitverlust und sind daher auf ein Mindestmaß zu beschränken. Von diesen Änderungen werden rund 80 vH von der Vorzeichnerei angeordnet, während die übrigen 20 vH von anderer Seite stammen. Die Ursachen der Änderungen sind meistens folgende Fehler:

1. Falsche Positionsbezeichnung.
2. Zeichnungsfehler.
3. Verwechslung von „Rechts“ und „Links“.

Bei größerer Sorgfalt der Konstrukteure und Checker können manche Fehler vermieden werden. Zweckmäßig ist es, die Aufstellung der Positionen in der Reihenfolge ihrer Verwendung vorzunehmen. Dieses erleichtert auch dem Checker die Arbeit sehr, der die Zeichnung erst gegenzeichnet, nachdem er festgestellt hat, daß „Rechts" und „Links" genau bezeichnet worden sind. Zeichnungsänderungen lassen sich in 4 Gruppen einordnen:

1. Vom Auftraggeber veranlaßte Änderungen.
2. Durch das Material verursachte Änderungen.
3. Von der Werkstatt angeordnete Änderungen.
4. Änderungen infolge von Zeichnungsfehlern.

Die Änderungen der Gruppe 1 müssen ohne weiteres ausgeführt werden, vorausgesetzt, daß der Auftraggeber bereit ist, die Unkosten zu tragen.

Die in Gruppe 2 genannten Änderungen sind solche, die infolge zu kurz oder unrichtig vom Walzwerk oder Lager gelieferten Materials notwendig geworden sind. Doch ist in jedem Fall festzustellen, ob das unrichtig gelieferte Material nicht trotzdem den verlangten Anforderungen an Güte, Aussehen, Gewicht usw. entspricht und Ersatzmaterial gespart werden kann.

Die unter 3 erwähnten, von der Werkstatt angeordneten Änderungen sind solche, die Vereinfachung in der Bearbeitung oder Berichtigung von Irrtümern beim Stanzen oder Schneiden des Materials herbeiführen sollen. Änderungen dieser Art dürfen nur vorgenommen werden, wenn die Kosten der Bearbeitung dadurch vermindert werden können und Güte und Aussehen der Konstruktion nicht benachteiligt werden.

Eine Erläuterung des Begriffs „Zeichnungsfehler" erübrigt sich. Die Konstrukteure werden zwar stets Fehler machen, aber bei erhöhter Aufmerksamkeit wird es möglich sein, sie auf ein Mindestmaß zu beschränken.

Die Änderungen auf den Zeichnungen können auf zweierlei Weise ausgeführt werden, entweder durch Eintragen mit Tusche auf den Blaupausen oder durch Berichtigung der Originale und Ersatz der alten Blaupausen durch neue. Bei großen Werken ist ein Konstrukteur nur damit beschäftigt, die Änderungen auf den Zeichnungen, Stücklisten usw. auszuführen. Seine Aufgabe besteht darin, die von Änderungen betroffenen Zeichnungen aller Abteilungen sorgfältig zu berichtigen und die Anfertigung neuer Pausen zu veranlassen. Diese Arbeit verlangt einen zuverlässigen und gewissenhaften Mann, da ein Versehen oder eine Nachlässigkeit bei der Anordnung von Änderungen leicht erhebliche Unkosten verursachen kann.

Anordnung der Einstellung von Arbeiten. Nachdem bereits die Bearbeitung eines Auftrags begonnen hat, kann der Auftraggeber, durch irgendwelche Umstände veranlaßt, gelegentlich eine Abänderung des ursprünglichen Entwurfs für notwendig halten. Noch vor endgültiger Entscheidung wird er deshalb die Einstellung der Arbeiten für die

Bauteile anordnen, die einer Änderung unterzogen werden sollen oder deren Lieferung evtl. rückgängig gemacht werden muß. Da die Anordnung einer solchen Einstellung der Arbeiten leicht Verwirrung in der Werkstatt hervorrufen kann, ist die Aufstellung einer genauen Anweisung notwendig.

1. Ist nur eine geringfügige Änderung beabsichtigt, so ist der Abteilungsleiter der betreffenden Abteilung zu unterrichten und die Einstellung der Arbeit an den Teilen anzuordnen, die geändert werden sollen, bis ein Konstrukteur die zugehörigen Zeichnungen abgeändert hat.

2. Soll nur ein auf einer Zeichnung dargestellter Konstruktionsteil zurückgehalten werden, so durchstreicht man die betreffenden Teile und Angaben auf den Zeichnungen, Stück- und Versandlisten. Nach Änderung auf diesen werden dann neue Pausen in die Werkstatt gegeben unter besonderer Kennzeichnung der abgeänderten Positionen (etwa Durchstreichen der nicht geänderten). War die Werkstattbearbeitung noch nicht aufgenommen worden, so holt man die Zeichnungen einfach zurück, ändert sie ab und gibt sie erneut in die Werkstatt. Die Versandlisten brauchen nicht besonders aus der Werkstatt zurückgeholt zu werden, sondern werden sobald wie möglich dort abgeändert.

Ist das Material schon in der Vorzeichnerei und an den Stanzen gewesen, so können die Zeichnungen nur von den übrigen Abteilungen der Werkstatt zurückgeholt und die Änderungen in der früher beschriebenen Weise ausgeführt werden, während das der Vorzeichnerei überwiesene Blatt den Vermerk „Ungültig" erhält.

3. Hat die Werkstattbearbeitung noch nicht begonnen und betrifft die Änderung eine ganze oder den großen Teil einer Zeichnung, so werden sämtliche in die Werkstatt gegebenen Pausen der Zeichnung zurückgeholt und für ungültig erklärt.

4. Erstreckt sich die Einstellung auf eine beträchtliche Tonnenzahl oder auf einen ganzen Auftrag, so ist die Betriebsleitung zu benachrichtigen und über die Einstellungsanordnungen für die einzelnen Abteilungen der Werkstatt, aus denen dann die Zeichnungen zurückgeholt werden, zu beraten. Wird später die Bearbeitung wieder freigegeben, so erhält die Werkstatt entweder die geänderten oder die ungeänderten Zeichnungen zurück, was dem Betriebsleiter unter Angabe der Zeichnungsnummer und Art der Konstruktion, sowie des Datums und des Grundes der damaligen Einstellungsanordnung schriftlich mitgeteilt wird.

Praktische Winke für den Zeichensaal. Auf die Notwendigkeit rationeller Arbeitsweise ist schon in den vorhergehenden Ausführungen hingewiesen worden. Es ist darum jede Ursache unwirtschaftlicher Arbeit auszuschalten.

Wie bereits erwähnt, soll die ganze Umgebung im Zeichensaal günstig auf den Konstrukteur einwirken. Erforderlich ist dazu gute Beleuchtung (natürliche und künstliche), gut durchlüftete Zeichensäle, gute Einrichtung (Tische, Stühle, Reißschienen), saubere Bureaus, Waschräume und Aborte. Der Konstrukteur darf nicht durch störende und vermeidbare Geräusche in seiner Arbeit behindert werden. So müssen z. B. die Zeichensäle vor dem Lärm der Werkstatt und des Fernsprechers geschützt sein.

Wichtig ist eine richtige Arbeitszuteilung. Der Konstrukteur soll nicht allein für die ihm zugewiesene Arbeit geeignet sein, ihm müssen auch klare und vollständige Anweisungen gegeben werden, damit er die Arbeit schnell und zweckmäßig ausführen kann.

Am wenigsten wissen die Konstrukteure meistens den Wert der Zeit zu würdigen, was verschiedene Ursachen haben kann, wie Ungeübtheit, Ungeeignetheit für eine bestimmte Arbeit, Mangel an Ehrgeiz oder Nachlässigkeit. Auf jeden Fall müssen die Konstrukteure lernen, mit der Zeit sparsam umzugehen, um produktive Arbeit zu leisten.

Die Zeichnungen für die Bestellung werden zweckmäßig im gleichen Maßstab wie die Konstruktionszeichnungen ausgeführt (meistens Maßstab 1′ = 1″), brauchen daher nur einmal ausgeführt zu werden.

Oft werden bei Zeichnungen auf Pausleinen die Werkstattniete unnötigerweise mit dem Zirkel in Blei eingezeichnet, obwohl die Zeichnung später in Tusche ausgezogen werden soll, oder Benennungen werden voll ausgeschrieben, obwohl Abkürzungen dafür allgemein bekannt sind. Oder es werden für die Beschriftung drei Hilfslinien gezogen, während gar keine notwendig wäre, und Konstruktionseinzelheiten mit einer Genauigkeit ausgearbeitet, die viel Zeit kostet aber durchaus unnötig ist. Deutliche und leserliche Stücklisten werden nochmals abgeschrieben, weil sie etwas unsauber erscheinen; Zeichnungen werden erneut aufgerissen, während die Entwurfszeichnungen des Auftraggebers zweckmäßigerweise hätten verwendet werden können. Sehr oft werden Konstruktionseinzelheiten genau durchgearbeitet, die viel besser von alten Zeichnungen hätten übernommen werden können, oder Berichte in überflüssiger Ausführlichkeit aufgestellt.

Da bei der Anfertigung der Werkstattzeichnungen Rücksicht auf die Werkstatteinrichtung genommen werden muß, kann es zweckmäßig sein, gewisse Einzelheiten dem Vorzeichner zu überlassen, hierhin gehören komplizierte Verbände, schräge Portale, Durchdringungen gekrümmter Flächen usw. In solchen Fällen hat sich der Zeichensaal mit der Werkstatt über die Arbeitsweise zu verständigen, in den Zeichnungen sind dann nur die angenäherten Längen und Kontrollmaße anzugeben.

Verbände, leichte Fachwerkträger und ähnliche Konstruktionen sind möglichst auf einem Blatt unterzubringen, vorausgesetzt, daß die Zeichnung dabei nicht zu überfüllt und unübersichtlich wird. Auf diese Weise sind alle Teile samt ihren Anschlüssen nur einmal zu zeichnen.

Um die Anfertigung neuer Zeichnungen zu ersparen, sind, wenn möglich, Vervielfältigungen ähnlicher vorhandener Zeichnungen zu benutzen, was bei Stützen und Trägern von Viadukten, Säulen und Dachbindern von Walzwerkbauten sowie bei Stockwerksbauten oft möglich ist. Die Kosten der Lichtpausen sind gering im Vergleich zu denen einer neuen Zeichnung.

Wie bereits erwähnt, wird in vielen Fällen das Arbeiten auf Transparentpapier mit untergelegtem Quadratpapier vorteilhaft sein.

Mechanische Zeichenapparate können zweckmäßig beim Aufzeichnen von Konstruktionen mit schiefwinkligen Anschlüssen benutzt werden. Ein solcher Apparat wird hinten am Zeichentisch befestigt, seine Arme können, in jedem gewünschten Winkel zueinander eingestellt, parallel verschoben werden. Hierbei sind Papier oder Pausleinen in zweckmäßiger Weise auf dem Zeichentisch zu befestigen.

Kleinere Knotenbleche mit Diagonalanschlüssen können am besten ohne Aufzeichnung von Naturgrößen mit Hilfe des „bevel detailer", einem mit Quadratteilung versehenen Karton, in dessen einer Ecke ein Zelluloidarm drehbar befestigt ist, bestimmt werden. Bei Verwendung dieses Hilfsmittels kann der Konstrukteur sehr schnell die Breite des Bleches, die Anordnung der Nietlöcher usw. festlegen, auch dem Checker kann es gute Dienste leisten.

Von den Blaupausen ist ausgiebiger Gebrauch zu machen. Im allgemeinen werden bei größeren Aufträgen die Zeichnungen an Hand von Pausen geprüft, während bei weniger umfangreichen die Prüfung auch auf dem Original vorgenommen wird. Die für die Einholung der Genehmigung seitens des Auftraggebers sowie für die Werkstatt notwendige Menge an Pausen ist genau festzustellen und jede sonstige Anforderung von Pausen nachzuprüfen, um die unnötige Herstellung von Blaupausen zu vermeiden.

Mit den Zeichenutensilien soll sparsam umgegangen werden, bei einiger Aufmerksamkeit kann ihre Verschwendung auch verhindert werden. Zum sparsamen und bequemen Gebrauch der Bleistifte sind Bleistifthalter und -spitzer zweckmäßig. Neuerdings nimmt die Verwendung von Füllbleistiften auf den Bureaus mehr und mehr zu. Für die Prüfung der Zeichnungen werden am besten Farbstifte benutzt.

Auf keinen Fall soll der Konstrukteur mit mechanischen Arbeiten belastet werden, seine Tätigkeit soll sich vielmehr auf die Materialbestellung, konstruktive Arbeit, Prüfung und sonstige Arbeit rein technischer Art erstrecken. Das Niederschreiben der Berichte, Bestellen der Blaupausen und Vervielfältigungen und Einpacken derselben ist Sache des Bureauschreibers.

Kurzum, ein wenig Beachtung wirtschaftlicher Arbeitsweise im Zeichensaal wird dazu beitragen, die auf einen Auftrag entfallenden Unkosten auf ein Mindestmaß zu beschränken.

VIII. Bearbeitungsvorschriften.

Gegenwärtig ist eine beträchtliche Zahl von Vorschriften für Eisenbauwerke im Gebrauch, doch ist man bestrebt, ihre Zahl zu verringern und eine Vereinheitlichung durchzuführen.

Eine Reihe von Eisenbahngesellschaften verwendet für ihre Aufträge die Vorschriften der „American Railway Engineering Association" (A.R.E.A.), andere Eisenbahnen haben diese A.R.E.A.-Vorschriften mit verschiedenen Abänderungen versehen oder benutzen die „Common-Standard"-Vorschriften; auch sind von verschiedenen Gesellschaften noch eigene Vorschriften aufgestellt worden.

Für Hochbauten sind meistens besondere Vorschriften, die den Bauordnungen der einzelnen Städte entnommen sind, in Anwendung. Das Amerikanische Institut für Eisenbau (American Institute of Steel Construction) hat Vorschriften herausgegeben, die eine einheitliche Gestaltung der Eisenbauwerke erstreben.

Für Straßenbrücken sind neuerdings Vorschriften, teils von Baubehörden, teils von Zivilingenieuren, bearbeitet worden. Beachtung verdienen besonders die von der „American Railway Engineering Association" und der „American Society of Civil Engineers" herausgegebenen Vorschriften für Straßenbrücken. Das große Ansehen und die Bedeutung dieser Gesellschaften werden diesen Vorschriften weitgehende Geltung verschaffen und weiterhin ihrer Vereinheitlichung förderlich sein.

Für den Behälterbau werden von seiten der Auftraggeber meistens besondere Bedingungen vorgeschrieben.

Jedenfalls sind die vielen für dieselbe Gattung von Eisenkonstruktionen bestehenden Vorschriften die Ursache unwirtschaftlicher Arbeit und bedeuten für den Auftraggeber unnötige Mehrkosten und verzögerte Lieferung.

Vereinheitlichung der Vorschriften. Der Aufstellung einheitlicher Vorschriften für eine bestimmte Gruppe von Konstruktionen lassen sich keine schwerwiegenden Bedenken entgegenhalten. So könnten z. B. einheitliche Vorschriften für Eisenbahnbrücken unter 300 Fuß Länge, für bewegliche Brücken, für Straßenbrücken, für Hochbauten und für den Behälterbau ausgearbeitet werden. Die Grenze von 300 Fuß ist deswegen gewählt, weil sie in den Vorschriften der A.R.E.A. enthalten ist. Für Brücken über 300 Fuß, für die meistens hochwertige Stähle in Betracht kommen werden, ist für jeden Fall die Aufstellung besonderer Vorschriften zu empfehlen.

Dabei ist es selbstverständlich, daß sich die Vereinheitlichung nicht nur auf die Bearbeitungsvorschriften, sondern in gleicher Weise auf Belastungsannahmen, zulässige Beanspruchungen, Bezeichnungen, Materialgüte usw. erstrecken muß.

Für den Brückenbau würde beispielsweise die Einführung von drei Einheitslastenzügen, einer für Brücken der Hauptstrecken und außerdem ein mittlerer und ein leichter Lastenzug, zweckmäßig sein. Einheitliche Lichtraumprofile, Entwurfsgrundlagen und Fertigungsvorschriften müßten hierfür gleichfalls aufgestellt werden.

Einheitliche Hochbauvorschriften müßten eine Gliederung nach den verschiedenen Klassen von Bauwerken erfahren und vor allem einheitliche Angaben über die pro Quadratfuß zulässigen Belastungen, über die Materialvorschriften, Windbelastungen, zulässigen Beanspruchungen, sowie einheitliche Grundsätze für die konstruktive Durchbildung und Bearbeitung enthalten.

Für Straßenbrücken würde die Annahme zweier Belastungstypen allen Anforderungen genügen können, einmal Belastung durch Straßenbahnwagen und zweitens durch Dampfwalzen oder ähnliche Lasten. Im übrigen könnte die Vereinheitlichung der Entwurfsgrundlagen wie oben erwähnt durchgeführt werden und natürlich auch auf alle übrigen Arten von Eisenbauten sinngemäß angewandt werden.

Die wichtigsten Vorteile, die sich bei Durchführung einer solchen einheitlichen Regelung ergeben würden, sind im folgenden zusammengestellt.

1. Eine Verminderung der Materialsorten würde die Produktion der Walzwerke heben und die Materialgüte verbessern, was bei einer Beschränkung des Walzprogramms auf wenige Arten leichter möglich ist, als wenn die Profile in unnötig vielen Qualitäten gewalzt werden.

2. Ein weniger umfangreiches Walzprogramm ermöglicht eine schnellere Lieferung, da sich das Walzen eines bestimmten Profils in kürzeren Zwischenräumen wiederholt.

3. Die Konstruktionswerkstätten stellen sich auf eine beschränkte Zahl von Materialsorten ein, was zur Verbesserung der Güte der Konstruktionen beiträgt.

4. Je nach der Nachfrage können bestimmte Brückentypen, z. B. Blechträgerbrücken von 40, 50, 60, 70, 80, 90 und 100 Fuß, Fachwerkbrücken von 125, 150, 175, 200 und 300 Fuß Länge auf Vorrat angefertigt werden, wobei es jedoch nicht notwendig ist, daß die Brücken vollständig zusammengebaut werden. Es werden zunächst nur die Hauptteile zusammengebaut auf Lager gelegt, damit bei eiligen Aufträgen eine schnelle Lieferung möglich ist.

5. In flauen Zeiten, bei Auftragsmangel, kann durch Herstellung von Normalkonstruktionen der Betrieb aufrechterhalten und Arbeitslosigkeit der Arbeiter vermieden werden. Diese bei niedrigen Arbeitslöhnen hergestellten Teile können dann bei Besserung der Konjunktur zu höheren Marktpreisen abgesetzt werden.

6. Die Herstellung von Normalkonstruktionen bietet dem Käufer schnellere Lieferung bei Kostenersparnis.

Güte der Bearbeitung. Stets soll eine Qualitätsarbeit erstrebt werden, jedoch sind unnötige Anforderungen an die Güte der Bearbeitung zu vermeiden. Zwar wird ein Festhalten an den Grundsätzen guter Konstruktionsarbeit die Stärke und Haltbarkeit der Bauwerke erhöhen, andererseits wird ein Versagen einer Konstruktion selten nur durch schlechte Bearbeitung zu erklären sein.

Die Mannigfaltigkeit der Eisenbauten bedingt naturgemäß erhebliche Unterschiede in den Fertigungsvorschriften. Während z. B. für Eisenbahnfachwerkbrücken sowie für bewegliche Brücken stets ein Aufreiben der Nietlöcher vorzuschreiben ist, kann bei leichten Blechträgern, Gerüststützen oder Normaltypen für leichte Straßenbrücken usw. hierauf verzichtet werden.

Viele der in den zur Zeit gebräuchlichen Vorschriften enthaltenen Bestimmungen haben keinen praktischen Wert, so daß man annehmen sollte, daß die alleinige Vorschrift einer in den Eisenbauanstalten erprobten und einwandfreien Bearbeitungsweise ausreichend sein müßte, um gute Arbeit zu gewährleisten.

IX. Brückenbau.

Für eine gleichartige Bearbeitung der den Konstrukteuren gestellten Aufgaben ist eine Zusammenstellung von Vorschriften für den Zeichensaal sehr zweckmäßig. Ihr Gebrauch erspart manche Frage seitens des Konstrukteurs und manche Änderung seitens des Checkers. Diese Regeln müssen, besonders mit Rücksicht auf die jüngeren Konstrukteure, knapp und klar gefaßt sein und sollen nur als Richtlinien gelten, die sinngemäß in jedem Einzelfall anzuwenden sind.

Die folgenden Ausführungen gelten im besonderen für Brückenbauten, im allgemeinen jedoch auch für sonstige Eisenbauten, soweit diese nicht in den Abschnitten über Hoch-, Industrie-, Maschinen- und Behälterbau gesondert behandelt werden.

Einteilung.

Die hauptsächlichsten Konstruktionselemente sind genietete Träger, Stützen, Walzträger, Fachwerkstäbe und Verbände. Die verschiedenen Brückenarten sind in folgenden Unterabschnitten kurz erläutert: Walzträgerüberbauten, Blechträgerbrücken mit oben oder unten liegender Fahrbahn, Fachwerkbrücken mit oben oder unten liegender Fahrbahn und mit genieteten Knotenpunkten oder Gelenkbolzenverbindungen, Talbrücken (Viadukte), Hochbahnkonstruktionen, Unterführungen und Bogenbrücken.

Abb. 4. Walzträgerüberbau.

Walzträgerüberbauten.

Ihre wichtigsten Teile sind: Die Walzträger als Hauptträger (I-Profile), die Querverbindungen und Auflagerplatten (s. Abb. 4). Die I-Eisen sind hierbei in solchen

Abständen anzuordnen, daß die Niete der Querverbindungen noch gut zu schlagen sind. Alle Löcher werden gestanzt, die Niete mit dem Preßlufthammer geschlagen.

Blechträgerbrücken mit unten liegender Fahrbahn. Die Hauptträger weisen nur in der Ausbildung ihrer Enden Unterschiede auf, da diese entweder abgerundet, als Viertelkreisbogen oder eckig ausgebildet werden.

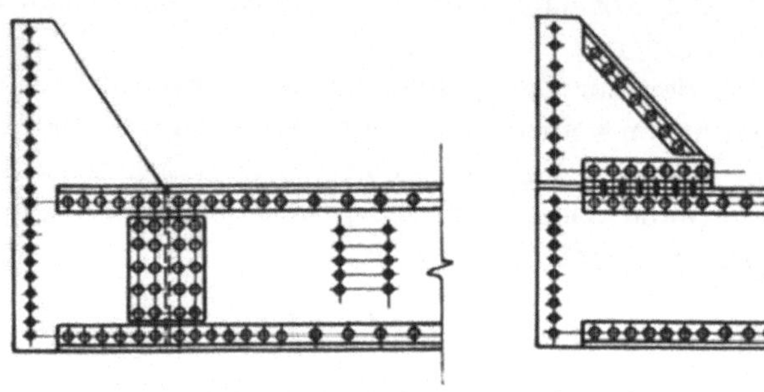

Abb. 5. Querträger.

Abb. 5 zeigt zwei Querschnittsanordnungen für Blechträgerbrücken ohne Überführung der Bettung. Im einen Fall ist das Querträgerstehblech gegen die Eckaussteifung gestoßen, im anderen Fall das Eckaussteifungsblech auf den Querträger gesetzt und mit Winkeln angeschlossen. Als Längsträger werden je nach Belastung und Querträgerabstand entweder I-Profile oder genietete Träger verwendet.

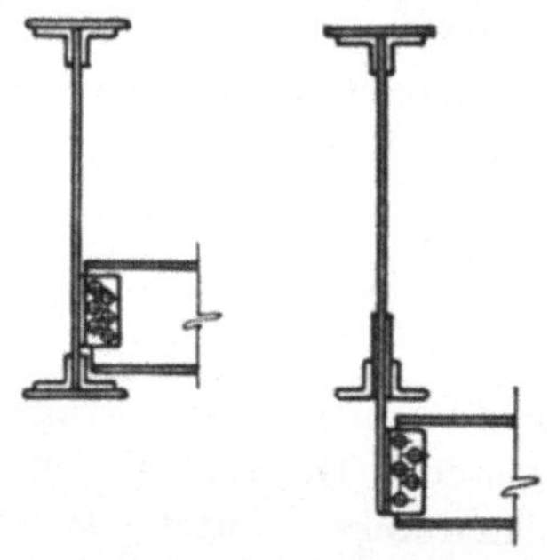

Abb. 6. Anordnung der Querträger bei geschlossener Fahrbahn.

Bei überführter Bettung wird der Fahrbahnrost aus I-Trägern gebildet, die in Abständen von 1 bis 2 Fuß quer zu den Hauptträgern angeordnet und entweder über oder unter den Untergurtwinkeln der Blechträger, wie Abb. 6 zeigt, an diese angeschlossen werden.

Blechträger mit oben liegender Fahrbahn. Die Gurtungen bestehen bei diesen Brücken entweder aus zwei Winkeln mit Gurtplatten oder, mit Rücksicht auf eine bequemere Schwellenbefestigung, aus vier Winkeln ohne Gurtplatten (s. Abb. 7). Zur Verstärkung des Gurtquerschnittes können hierbei zwischen den Winkeln noch Lamellen vorgesehen werden. Zwischen den Hauptträgern werden Quer- und Windverbände angeordnet. Auf besonderen Wunsch und auf Kosten des Auftraggebers werden zuweilen solche Brücken bis zu 60 Fuß Länge vollständig zusammengebaut verschickt.

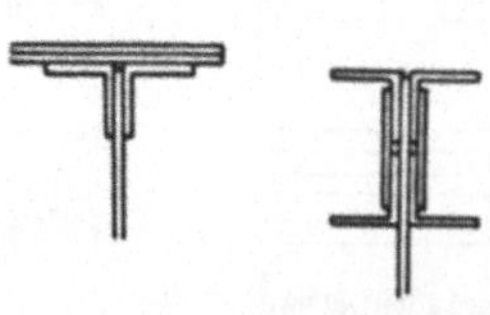

Abb. 7. Obere Gurtung von Blechträgern.

Blechträgerbrücken mit Fahrbahn oben und überführter Bettung werden in ähnlicher Weise wie die mit offener Fahrbahn ausgebildet. Während bei letzteren die Schienen mit den Schwellen unmittelbar auf der Eisenkonstruktion liegen, ist bei ersteren noch ein quer zu den Hauptträgern liegender Rost aus I-Trägern mit einer Bohlenabdeckung zur Aufnahme der Bettung vorhanden, oder die Bettung liegt auf einer auf den Hauptträgern abgestützten Eisenbetontafel.

Fachwerkbrücken. a) Mit unten liegender Fahrbahn und genieteten Knotenpunkten. Bei kleineren Stützweiten werden meistens Parallelträger nach dem sog. „Prattsystem" verwendet (Trapezträger mit nach der Brückenmitte zu fallenden Diagonalen), während bei den größeren Stützweiten, je nach der Einstellung des Entwerfenden, eine beträchtliche Anzahl von Systemen, deren häufigste das gewöhnliche Prattsystem mit gekrümmtem Obergurt sowie das K-Fachwerk sind, ausgeführt werden.

Sehr verschiedenartig sind die Querschnittsformen der Fachwerkstäbe. In Abb. 8 sind einige gebräuchliche Querschnitte für Obergurte

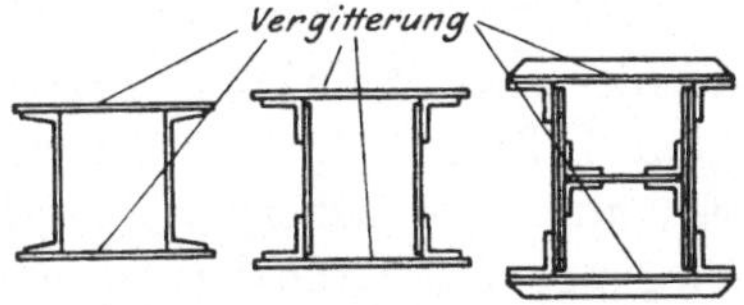

Abb. 8. Obergurt- und Endpfostenquerschnitte.

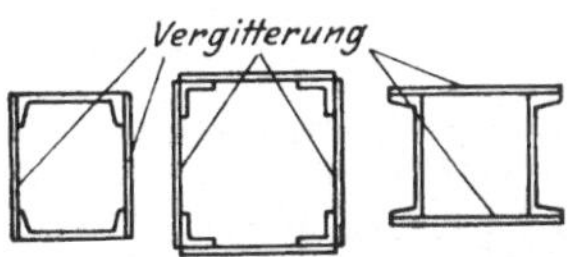

Abb. 9. Pfostenquerschnitte.

und Endpfosten, in Abb. 9 solche für die übrigen Pfosten dargestellt. Abb. 10 zeigt Querschnittsausbildungen für Diagonalstäbe, Abb. 11 für Untergurtstäbe.

Die Querschnittsausbildung einer Fachwerkbrücke mit offener, unten liegenden Fahrbahn ist ähnlich der einer gleichartigen Blechträgerbrücke.

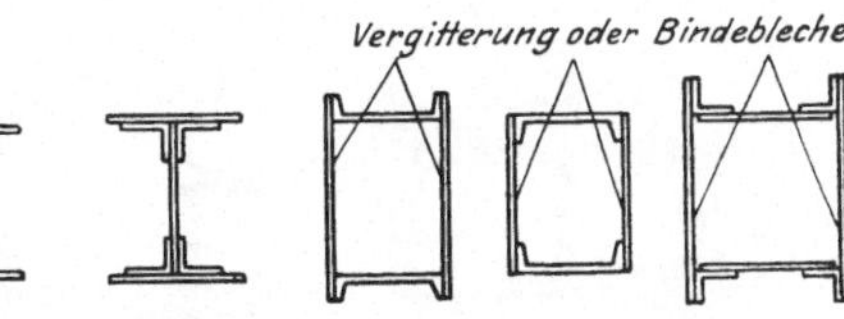

Abb. 10. Diagonalquerschnitte.

Bei Überführung der Bettung ergibt sich die in Abb. 12 dargestellte Querschnittsanordnung.

Für die Löcher der Baustellenniete kommen drei Bearbeitungsarten in Betracht:

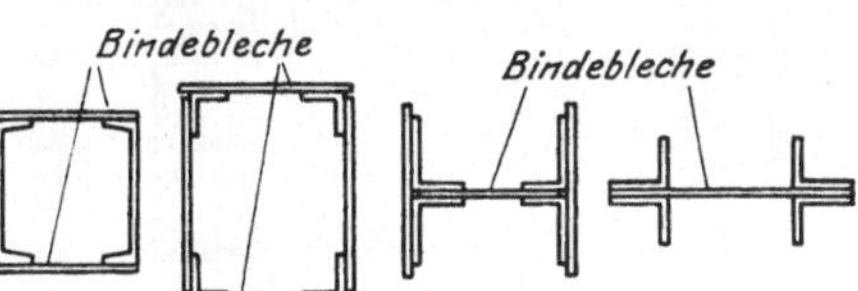

Abb. 11. Untergurtquerschnitte.

1. Die Löcher werden beim Zusammenbau in der Werkstatt aufgerieben.
2. Das Aufreiben geschieht nach Stahlschablonen.
3. Die einzelnen Teile werden unaufgerieben zur Baustelle geschickt.

Bei Zugstäben zieht man die Anordnung von Bindeblechen wegen der einfacheren Nietarbeit der von Vergitterungen vor.

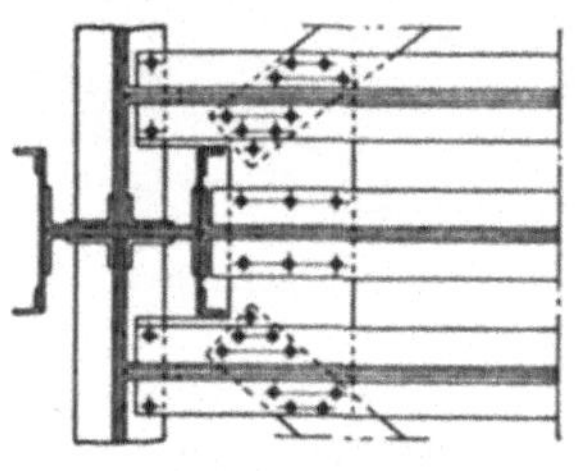

Abb. 12. Fahrbahnausbildung bei unten liegender Fahrbahn und überführter Bettung.

b) Mit oben liegender Fahrbahn und genieteten Knotenpunkten. Die konstruktive Ausbildung der Brücken mit oben liegender Fahrbahn ist ähnlich wie bei den Brücken mit Fahrbahn unten. Bei den ersteren sind jedoch stets senkrechte Endpfosten notwendig, auch weist die Anordnung der Fahrbahn dabei einige Unterschiede auf. Um eine hinreichende Sicherheit gegen Umkippen zu gewährleisten, ist der Hauptträgerabstand genügend groß zu wählen. Bei offener Fahrbahn ist es üblich, die Querträger auf den Obergurt zu setzen und die Längsträger zwischen den Querträgern anzuordnen (Abb. 13), oder aber die Querträger unterhalb des Hauptträgerobergurtes an die Pfosten anzuschließen und die Längsträger auf die Querträger zu setzen (Abb. 14).

Bei geschlossener Fahrbahn liegen die querverlegten I-Träger des Fahrbahnrostes unmittelbar auf dem Obergurt, wodurch letzterer Biegungs- und Druckbeanspruchung erfährt.

c) Mit unten liegender Fahrbahn und Gelenkbolzenverbindungen. Bei Brücken mit Bolzengelenken ist die Mannigfaltigkeit der Hauptträgerausbildung noch größer als bei Fachwerkbrücken mit genieteten Knotenpunkten. Früher wurden alle Zugstäbe solcher Gelenkbolzenbrücken als Augenstäbe ausgebildet unter Anordnung von Gegendiagonalen in Feldern mit Spannungswechsel, doch ist es jetzt üblich, in letzterem Fall steife Diagonalen anzuwenden.

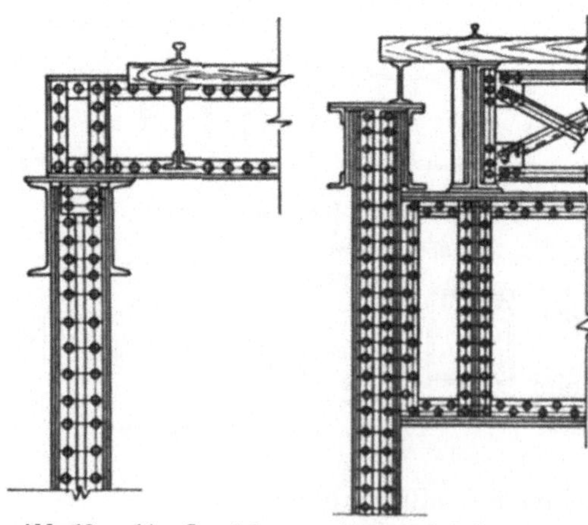

Abb. 13. u. 14. Querträgeranordnung bei Brücken mit oben liegender Fahrbahn.

Brücken mit Gelenkbolzen haben ein geringeres Gewicht als gleichartige mit genieteten Knotenpunkten, doch sind ihre Herstellungskosten pro Tonne höher. Diese Verteuerung in der Herstellung ergibt sich aus den Kosten der Augenstäbe, der Gelenkbolzen, des Bohrens der Bolzenlöcher und des Ausklinkens der Querträger. Letzteres ist mit Rücksicht auf eine gute Zugänglichkeit der Bolzen notwendig. Andererseits sind weniger Nietlöcher zu bohren und aufzureiben. Obergurtstäbe und Pfosten können in ähnlicher Weise wie bei Brücken mit vernieteten Knotenpunkten ausgebildet werden, ebenso die Fahrbahn, abgesehen von der erwähnten Ausklinkung der Querträger.

Auch die Durchführung der Bettung bietet bei solchen Brücken keine besonderen Schwierigkeiten und ist ähnlich wie bei genieteten Fachwerkbrücken auszuführen.

d) Mit oben liegender Fahrbahn und Gelenkbolzenverbindungen. Abgesehen von der Notwendigkeit senkrechter Endpfosten, ist die Ausbildung der Hauptträger und der Fahrbahn wie bei den Brücken unter c. Außerdem ergibt sich noch die Möglichkeit, die erste Diagonale, wenn sie nur Zugbeanspruchung erfährt, als Augenstab auszubilden.

Talbrücken (Viadukte). In Abb. 15 ist eine Ansicht und der Querschnitt einer Talbrücke dargestellt. Diese Brücken bestehen aus Blech-

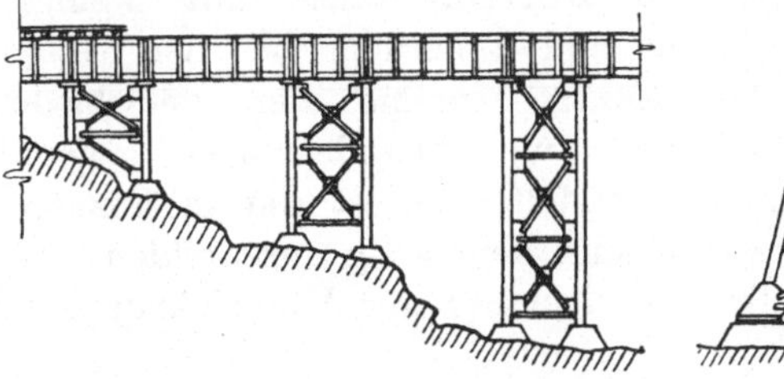

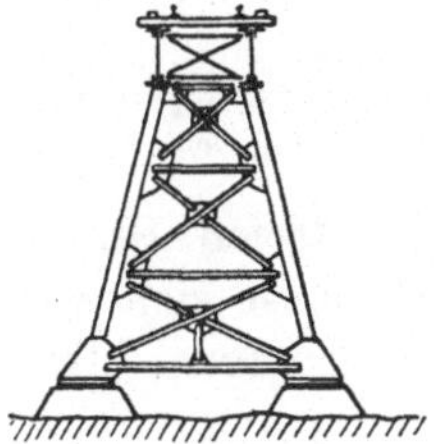

Abb. 15. Talbrücke.

träger- oder Walzträgerüberbauten, die auf Pendel- oder Gerüstpfeilern abgestützt sind. Abb. 16 zeigt einige Querschnittsanordnungen solcher Stützen, bei welchen besonders die Ausbildung mit 2 [-Walzprofilen oder 2 [-förmigen genieteten Querschnitten wegen des bequemen Anschlusses von Längs- und Querverbänden zu empfehlen ist. Auch ist ihre Herstellung einfach. Bei den Verbänden ist die Verwendung von Bindeblechen der von Vergitterungen vorzuziehen.

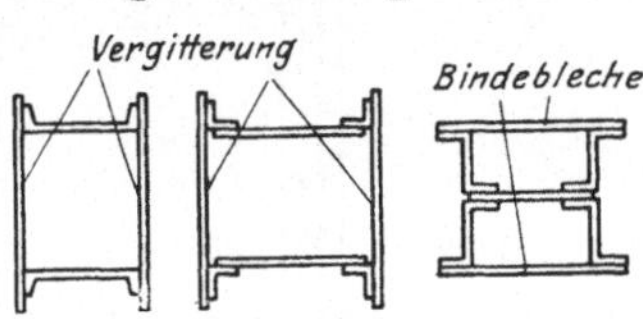

Abb. 16.
Stützenquerschnitte für Talbrücken.

Die Ausbildung der Überbauten selbst ist ähnlich wie bei den gewöhnlichen Brücken mit oben liegender Fahrbahn und bedarf keiner weiteren Erläuterung.

Hochbahnkonstruktionen. In Abb. 17 sind drei Musterquerschnitte dargestellt. Die Ausbildung der Stützen hängt hauptsächlich von dem unter der Hochbahn freizuhaltenden Raume ab. Die Herstellung solcher Konstruktionen ist ganz ähnlich wie die der Talbrücken. Es kommen eigentlich nur drei Konstruktionselemente, nämlich Blechträger,

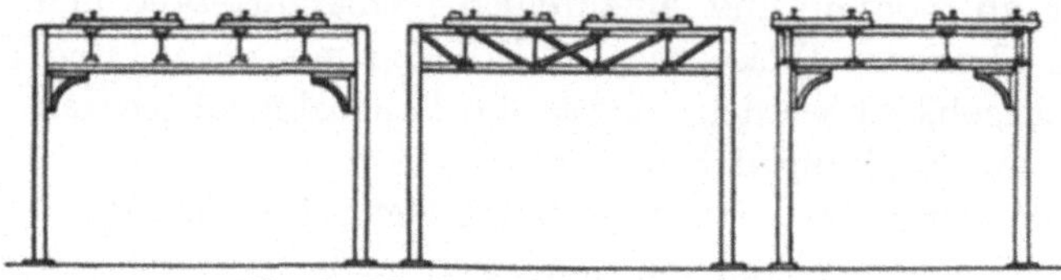

Abb. 17. Eisenkonstruktion für Hochbahnen.

Querträger und Stützen in Frage; da sich diese vielfach wiederholen, wird die Werkstattarbeit sehr vereinfacht.

Abb. 18 zeigt die am häufigsten verwendeten Stützenquerschnitte. Bei der Querschnittsausbildung ist mit Rücksicht auf den Fußgänger- und Wagenverkehr besonders zu beachten, daß keine hervorstehenden Teile vorhanden sind.

Abb. 18. Stützenquerschnitte für Hochbahnkonstruktionen.

Mehr Schwierigkeiten bieten jedoch die Haltestellen der Hochbahnen, da es sich hier um leichte Konstruktionen mit wenig gleichen Teilen und außerdem bei den Haupttragkonstruktionen, infolge der verschiedenen Anschlüsse, um Abänderungen gegenüber den Teilen der freien Strecke handelt. Es ist darum anzustreben, die Stationen unter sich wenigstens gleichartig auszubilden.

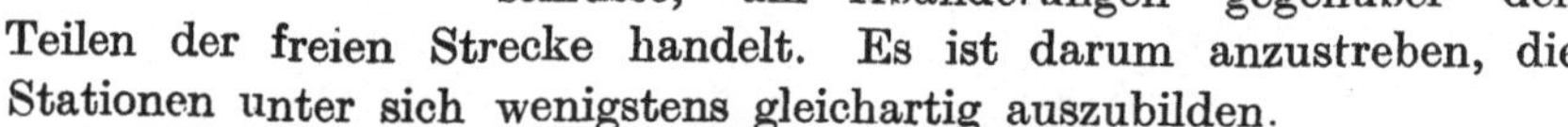

Unterführungen. Da die Mehrzahl der Unterführungen innerhalb

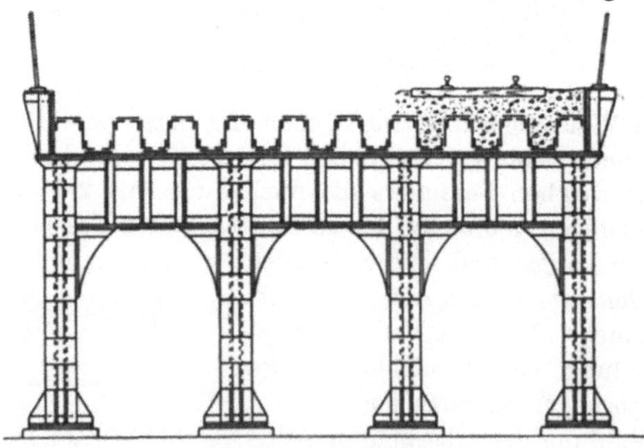

Abb. 19. Unterführung.

von Städten liegt, ist außer der Wirtschaftlichkeit und ausreichenden Querschnittsbemessung ein gutes Aussehen des Bauwerkes erforderlich, was auch bei der konstruktiven Durchbildung der Einzelteile, z. B. durch Anordnung ausgerundeter Konsolen oder abgerundeter Trägerenden bei Blechträgern zu erzielen ist. Abb. 19 und 20 geben zwei verschiedene Querschnitte für Unterführungen wieder. Die meisten Schwierigkeiten

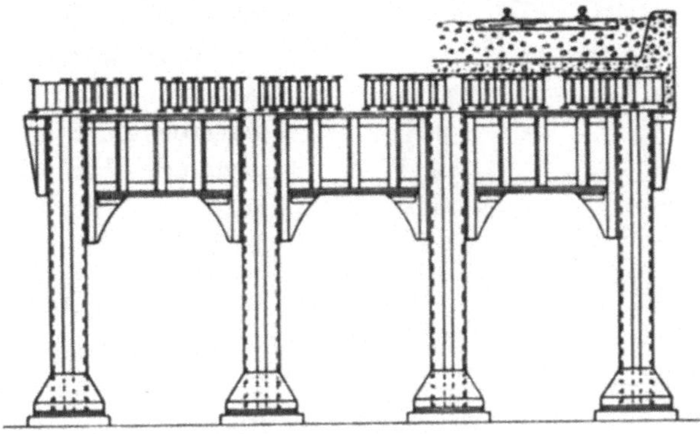

Abb. 20. Unterführung.

bereitet bei diesen Konstruktionen die Erzielung einer wasserdichten Fahrbahnabdeckung und ihre Entwässerung.

Für die Werkstatt bieten die jetzt gebräuchlichen Konstruktionen, soweit es sich um rechtwinklige Unterführungen handelt und keine aus ästhetischen Rücksichten erforderlichen Sonderkonstruktionen für Stützenfüße oder Konsolen verlangt werden, keine besonderen Schwierigkeiten. Wohl aber können schiefwinklige Unterführungen mancherlei Unbequemlichkeiten für die Herstellung haben.

Abb. 21 zeigt einen genieteten Stützenfuß und zum Vergleich eine einfachere Fußausbildung, wobei das untere Ende des Stützenprofils unmittelbar auf einer Auflagerplatte ruht und eine einwandfreie Kräfteübertragung ermöglicht. Letztere Ausführung ist einfacher, aber der ersteren mindestens gleichwertig.

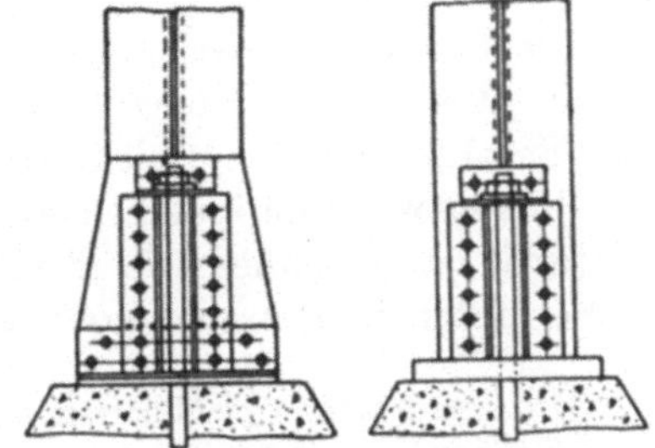

Abb. 21. Stützenfußausbildung.

Bogenbrücken. Bei einer Bogenbrücke ist auf einfache Querschnittsanordnung und Herstellungsweise besonders zu achten. Die Kämpferauflager, etwaige Gelenke, die Querträgeranschlüsse sowie die Stöße der Gurtungen sind vor allen Dingen sorgfältig durchzubilden. Abb. 22 veranschaulicht einen einfachen Querschnitt einer Bogenbrücke. Die Hauptträger sind geneigt angeordnet, die Querträger an die Hauptträger angeschlossen, während die Fahrbahnlängsträger auf die Querträger gesetzt sind. Die in den Stößen sich berührenden Querschnittsflächen der Untergurtstäbe sind zu fräsen; diese Berührung wird allerdings für die Kräfteübertragung nicht in Rechnung gesetzt, die Übertragung soll allein durch die Stoßdeckung gewährleistet sein. Zur Erleichterung der Arbeiten in der Werkstatt sowie auf der Baustelle sind die unteren wagerechten Stäbe der Querverbände oberhalb des Untergurtes an die Pfosten anzuschließen.

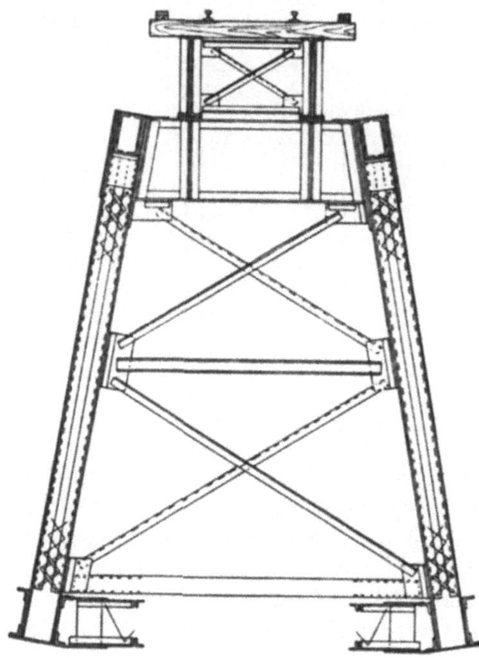

Abb. 22. Querschnitt einer Bogenbrücke.

Materialbestellung.

Bestellisten. Für die Materialbestellung ist bei den Blechen zwischen Stehblechen, Lamellen und Skizzenblechen zu unterscheiden. Zur besseren Übersicht sind bei Aufstellung der Bestellisten bei Konstruktionsteilen, die eine größere Zahl von Positionen umfassen, etwa nach 50 Positionen eine Zeile und alle 100 Positionen drei Zeilen frei zu lassen.

Die Spalte „Bemerkungen" ist weitgehend zu benutzen, da erläuternde Zusätze die Kontrolle des bestellten Materials bei Aufstellung der Stücklisten sehr erleichtern.

Vorzugsweise zu bestellendes Material. Das nachfolgend aufgezählte Material ist so schnell wie möglich zu bestellen, da hierfür oft längere Lieferfristen in Betracht kommen.

1. Augenstäbe, Gelenkbolzen und Zubehörteile.
2. Sämtliche Gußteile und schweren Schmiedestücke.
3. Bethlehemprofile.
4. Schmiedeeiserne und sonstige Armaturen.
5. Riffelbleche.
6. Schienen.
7. Verbindungsstücke für Gasrohrgeländer.
8. Buckelbleche.
9. Abnormale Niete und Schrauben.
10. Niete großen Durchmessers.
11. Größere Mengen von Schraubenmuttern und -bolzen. Spezialmuttern, halbfertige und kaltgestanzte Muttern.
12. Kaltgezogenes und Sechskanteisen für gedrehte Bolzen.
13. Kaltgezogene Wellen.

14. Walzblei.
15. Bauholz.
16. Feinbleche, Wellbleche mit Befestigungsteilen.
17. Flachgängige Schrauben.
18. Sonstiges Kleineisenzeug.
19. Fenster und Türen.
20. Sonstige schmiedeeisernen Teile.
21. Drahtseile und Zubehörteile.
22. Spannschlösser.

Materiallängen. Die Längen, in welchen die Walzwerke das Material liefern können, übersteigen meistens die für die Werkstatt zweckmäßigen Abmessungen. Die Länge der Konstruktionsteile ist mit Rücksicht auf eine wirtschaftliche Werkstattarbeit zu wählen. Von dieser Regel ist nur auf besonderes Verlangen des Auftraggebers abzuweichen, soweit solche Ausnahmen im Hinblick auf die Werkstatteinrichtung überhaupt möglich sind.

Hierbei mag gleich erwähnt werden, daß die Länge der zu versendenden Teile möglichst 40 Fuß nicht überschreiten soll. Bei größeren Längen würde die Ladung, soweit es zulässig ist, über die Kopfschwellen des Eisenbahnwagens hinausragen. Drehschemelwagen sind nur zu verwenden, wenn es unbedingt notwendig ist.

Größte Materiallängen.

a) Winkeleisen (in Zoll).

	Fuß
$\angle 8\times 8$, $\angle 8\times 6$	100
$\angle 6\times 6$, 6×4 (Gurtwinkel für Blechträger)	100
$\angle 6\times 4$ (außer „ „ „)	60
$\angle 6\times 3^1/_2$, $\angle 5\times 3^1/_2$, $\angle 4\times 4$, $\angle 4\times 3^1/_2$, $\angle 4\times 3$, $\angle 3^1/_2\times 3$, $\angle 3\times 3$, $\angle 3\times 2^1/_2$, $\angle 2^1/_2\times 2^1/_2$	45
$\angle 2^1/_2\times 2$ und kleiner	35

b) ⊏-Eisen.

⊏ 12″ und ⊏ 15″	60
Kleinere Profile	40

c) I-Eisen.

Sämtliche I-Profile	40

d) Universaleisen.

$22^1/_8$″ bis einschließlich 30″ breit	40
$19^1/_8$″ „ „ 22″ „	85
$8^1/_8$″ „ „ 19″ „	80
$6^1/_8$″ „ „ 8″ „	40

e) Bleche.

In Stärken von $^3/_8$″ bis 1″

$96^1/_8$″ bis einschließlich 120″ breit	25
$60^1/_8$″ „ „ 96″ „	30
$30^1/_8$″ „ „ 60″ „	35

in Stärken von $^{1}/_{4}''$ bis $^{5}/_{16}''$

$72^{1}/_{8}''$ bis einschließlich 120″ breit	20
$30^{1}/_{8}''$ „ „ 72″ „	20

in Stärke von $^{3}/_{16}''$

$30^{1}/_{8}''$ bis einschließlich 72″ breit	16

Größtlängen der Konstruktionsteile. Da man bei Blechträgern nach Möglichkeit Montagestöße vermeidet, ergeben sich hierfür oft Längen, die für andere Konstruktionen nicht in Frage kommen. Für genietete Fachwerkteile und Stützen ist 60 Fuß, für schwere Verbände 40 Fuß und für leichte Verbände 30 Fuß als Größtlänge anzusehen.

Hauptprofile[1]. Alle „Hauptprofile" über 6 Fuß Länge sind mit Ausnahme der I-, ⊏-, _Γ- und ⊥-Eisen und ohne Rücksicht auf etwaige spätere Bearbeitung der Enden mindestens $^{3}/_{4}''$ länger als notwendig zu bestellen und die Bestellängen auf ganze Zoll abzurunden.

Bleche. Stehbleche, Gurtplatten und Beibleche sind bis zu 30″ Breite als Universaleisen, in größeren Breiten als Bleche zu bestellen, falls es nicht ausdrücklich anders vorgeschrieben wird.

Bleche von 6″ Breite und weniger, in Stärken von $^{3}/_{16}$ bis $2^{1}/_{4}''$ werden als Flacheisen bezeichnet und auf den Bestellisten zu den Universaleisen gerechnet.

Bleche sollen möglichst in Breiten von 7, 8, 9, 10, 11, 12, 13, 14, 15, 16, 17, 18, 20, 24, 30, 36 und 48″ bestellt werden. Jedenfalls sind stets die Breiten in ganzen Zoll anzugeben.

Stehbleche von Blechträgern werden im allgemeinen in solcher Höhe bestellt, daß sie $^{1}/_{4}''$ beiderseits gegen die Gurtwinkel zurückstehen. Ist dies nicht zulässig, so sind sie in voller Höhe zu bestellen und ist etwas für die Bearbeitung der Kanten zuzugeben.

Lamellen zwischen den Gurtwinkeln von Blechträgern, deren Gurtungen je vier Winkel aufweisen (s. Abb. 7), werden $^{3}/_{4}''$ kleiner als das lichte Maß zwischen den abstehenden Schenkeln angeordnet.

Sollen Bleche an den Längskanten oder an den Enden bearbeitet werden, so ist dieses in der Spalte „Bemerkungen" anzugeben. Das Bestellbureau gibt dann einen Zuschlag für die Bearbeitung, welcher im allgemeinen für die Bearbeitung einer Kante $^{1}/_{4}''$ beträgt bzw. so gewählt wird, daß sich ganze Zoll für die Bestellmaße ergeben.

Bleche bis zu $1^{1}/_{2}''$ Stärke werden nicht gehobelt, sondern wie angeliefert verwendet, nachdem sie, soweit notwendig, gerichtet worden sind.

---

[1] Unter „Hauptprofilen" (main sections) versteht man im amerikanischen Eisenbau die für die Haupttragteile (Gurtungen, Wandglieder, Blechträger usw.) bestimmten Profile, während das Material für Anschlußwinkel, Bindebleche, Vergitterungen, Futter, Stöße usw. als „Detailmaterial" (detail material) bezeichnet wird.

Soll die Oberfläche von Blechen oder Auflagerplatten irgendwie bearbeitet werden, so ist die endgültige Stärke mit einem entsprechenden Hinweis auf die Notwendigkeit einer Bearbeitung des anzuliefernden Materials auf der Bestelliste anzugeben. Das Bestellbureau macht dann ohne weiteres einen Zuschlag für die Bearbeitung.

Bei Blechen mit Schrägschnitten ist $^1/_4''$ für jeden Schnitt zuzugeben.

Bleche mit Schrägschnitten sind in der in Abb. 23, 1—8 erläuterten Weise zu bestellen. Werden beispielsweise je 16 Bleche nach Abb. 1, 3, 5 oder 7 benötigt, so sind je 8 Bleche nach Abb. 2, 4, 6 bzw. 8 zu

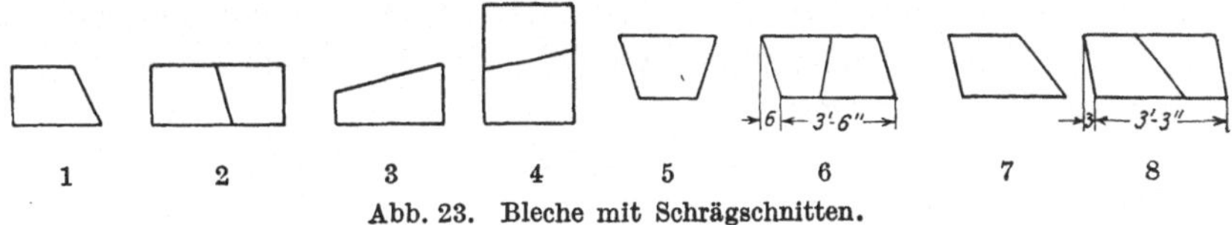

Abb. 23. Bleche mit Schrägschnitten.

bestellen, die durch einen Schrägschnitt jeweils zwei Bleche nach Abb. 1 3, 5 oder 7 ergeben.

Im allgemeinen werden alle vieleckigen Bleche rechteckig bestellt, abgesehen von solchen, die infolge ihrer Stärke nicht mehr von den in der Werkstatt gebräuchlichen Blechscheren geschnitten werden können. Werden solche vieleckigen Bleche aber in großer Zahl und gleichen Abmessungen verwendet, so ist zu untersuchen, ob die Bestellung als Skizzenbleche nicht wirtschaftlicher wird.

Abb. 24 zeigt ein Skizzenblech mit den für die Bestellung notwendigen Maßen, wobei stets eine Blechkante als Grundlinie anzunehmen ist.

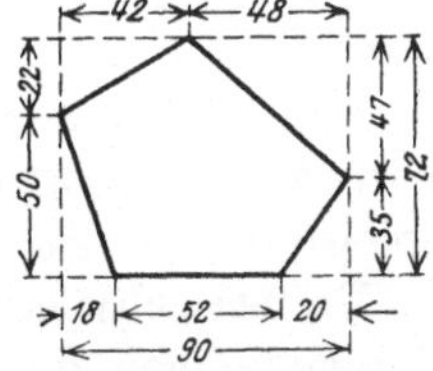

Abb. 24. Skizzenblech.

Bei der Bestellung größerer Bleche mit langen Schrägschnitten, die nicht mehr als Skizzenbleche bestellt werden können, ist auf die Bearbeitungsmöglichkeit in der Werkstatt Rücksicht zu nehmen.

Skizzenbleche mit einspringenden Ecken sind unbedingt zu vermeiden.

Die Maße abgeknickter Bleche sind auf die neutrale Ebene zu beziehen, z. B. wird ein solches Blech 2'6" lang, $^1/_2''$ stark, mit Schenkeln von 8" und 10", als Blech 30 $\times$ $^1/_2$ $\times$ 1'6" bestellt.

Riffelbleche mit Schrägschnitten werden, wenn sie in gerader Anzahl benötigt werden, nach Abb. 23 zusammengelegt bestellt. Niemals werden Riffelbleche als Skizzenbleche bestellt.

Wird die Höhe eines Bleches durch das oberste Niet eines Diagonalnietrisses bestimmt, so ist 2" als Mindestabstand zwischen der oberen Blechkante und dem Niet vorzusehen.

Winkeleisen. Bei Aussteifungswinkeln ist 1″ für die Bearbeitung zuzugeben und bei gekröpften Winkeln ein Zuschlag für die Kröpfung zu machen.

Für Futter unter den Versteifungswinkeln sowie für die Stehblechstoßlaschen sind die Längen zwischen den Gurtwinkeln $+ {}^{1}/_{4}''$ für die Bestellung anzugeben.

Bei gekrümmten Winkeleisen gibt man je nach dem Krümmungsradius und der Winkelstärke 3″ bis 1′ für die Krümmung zu.

Bevor gebogene Gurtwinkel bestellt werden, ist es zweckmäßig, erst bei der Werkstatt wegen der größten zulässigen Länge nachzufragen.

Beim Biegen eines Winkels erfährt der abstehende Winkelschenkel eine Querschnittsverminderung, weshalb der Winkel mindestens ${}^{1}/_{2}''$ breiter bestellt werden muß.

Bei Winkeleisen mit Schrägschnitten ist mindestens 1″ für den Schnitt zuzugeben.

I-, ⊏-, _Γ- und ⊥-Eisen. Diese Profile sind, falls sie an beiden Enden bearbeitet werden müssen, ${}^{3}/_{4}''$ länger zu bestellen als in der Zeichnung angegeben, bei Bearbeitung nur eines Endes genügt ${}^{1}/_{2}''$ Zuschlag. Unbearbeitet bleibende Stäbe sind in genauen Längen zu bestellen. Sind an beiden Enden Anschlußwinkel vorgesehen, so läßt man die Stabenden ${}^{1}/_{4}''$ bis ${}^{1}/_{2}''$ beiderseits gegen die Anschlußwinkel zurückstehen und bestellt diese kürzere Länge.

Gebogene I-, ⊏-, ¬L- oder ⊥-Eisen werden je nach der Profilstärke und dem Krümmungshalbmesser mit 6″ bis 2′ Zugabe in der Länge bestellt.

Die Bestellängen sind auf ${}^{1}/_{4}''$ aufzurunden, doch sind volle Zollmaße zu bevorzugen, da die Walzwerke die Stäbe in Längen mit $\pm\,{}^{3}/_{8}''$ Spielraum liefern.

Da bei schwierigen Teilen, z. B. Walmkonstruktionen, die genauen Materiallängen erst nach genauer Durcharbeitung der Konstruktionszeichnungen bzw. Aufzeichnen von Naturgrößen ermittelt werden können, ist hierfür das Material in reichlicher Länge oder in laufenden Fuß zu bestellen.

Für ⊥-Eisen werden die Profilangaben in folgender Weise gemacht: Fußbreite × Steghöhe × Gewicht für den laufenden Fuß.

„Detailmaterial“. Lagermaterial in Stücklängen bis 6′ und Profile, die nicht im Lager vorhanden sind, bis 3′ Länge werden kombiniert bestellt, Nichtlagerprofile über 3′ lang werden in genauen Längen bestellt.

Stäbe für Flacheisenvergitterungen bis einschließlich 5″ Breite sind in kombinierten, größere Breiten in genauen Längen zu bestellen.

Material, das in kombinierten Längen bestellt werden soll, ist in der Bestelliste in folgender Weise aufzuführen: z. B. 500 laufende Fuß, ∠ 4 × 4 × ${}^{3}/_{8}$, Stücklänge 2′6″.

Sollen Blechträger, Längsträger oder Stützen noch nach Anbringung der Anschlußwinkel an den Enden bearbeitet werden, so sind diese Anschlußwinkel mit Rücksicht auf die Bearbeitung $^1/_8''$ stärker zu bestellen.

Bei der Bestellung einer größeren Menge von Bindeblechen, Schottblechen u. a., die, bevor sie geschnitten, unter den Vielfachlochstanzen gelocht werden, ist die für diese Maschinen geeignete Materialbreite zu berücksichtigen.

Gelenkbolzen, Schmiedestücke u. a. Bei den Gelenkbolzen, Auflagerrollen usw. sind die im bearbeiteten Zustand erforderlichen Abmessungen, sowie nötigenfalls Skizzen, für die Bestellung zusammenzustellen. Bolzen bis zu $5^1/_2''$ im Durchmesser sind aus Rundeisen, falls nicht ausdrücklich Schmiedestücke vorgeschrieben sind, herzustellen.

Alle Gelenkbolzen, gezogenen Wellen, größeren Schmiedestücke, Auflagerplatten sind in die Bestellisten aufzunehmen.

Gasrohre, kleinere Bolzen, Muttern für Gelenkbolzen, kleinere Schmiedestücke u. ä. werden nicht in den Bestellisten aufgeführt, sondern sind direkt an Hand der Zeichnungen zu bestellen.

Führungsleisten für Auflagerrollen sind allseitig bearbeitet zu bestellen.

Rundeisen mit Gewinde. Für Rundeisenstäbe, die an einem oder an beiden Enden Gewinde erhalten sollen, ist Material in Stärken von $^3/_4''$ und $^7/_8''$ gewöhnlich auf Lager vorrätig, andere Stärken sind deshalb nur dann vorzusehen und beim Walzwerk zu bestellen, wenn größere Mengen in Frage kommen.

Abnormale Niete. Dem Bestellbureau ist eine Aufstellung der erforderlichen Mengen abnormaler Niete nach Nietstärken getrennt zuzustellen. Außerdem ist mit der Werkstatt wegen der Herstellung von Nieten mit Spezialköpfen Rücksprache zu nehmen, da gegebenenfalls noch neue Nietstempel dafür beschafft werden müssen.

Anschlußbügel für Rundeisen (amerik. clevis). Bei diesen Teilen sind auf den Bestellisten der Durchmesser des Anschlußbolzens, der Kopfdurchmesser, die Gewindehöhe sowie die Stärke des Anschlußbleches und die Art des Gewindes anzugeben.

Gasrohre. Stumpfgeschweißtes Gasrohr wird bis einschließlich $3''$ Durchmesser, überlapptgeschweißtes von $2''$ Durchmesser ab aufwärts verwendet. Gebräuchlich sind bei beiden die Stärken von 2, $2^1/_2$ und $3''$.

Messingblech. Messingblech wird nach der Brown- oder Sharpeblechlehre bestellt.

Einzelheiten.

Der Konstrukteur hat sich streng an die ihm gegebenen Unterlagen zu halten, soweit nicht Fehler oder Irrtümer darin erkennbar sind, und alle notwendigen Fragen sich nur vom Gruppenführer beantworten lassen, damit dieser die Leitung der Konstruktionsarbeit in seiner Hand behält.

Bevor der Konstrukteur dem Gruppenführer eine Zeichnung als vollständig fertig übergibt, hat er sich davon zu überzeugen, daß Zeichnung und Bestelliste in Einklang stehen, er soll etwaige Fehler melden. Dieses ist die für die Zeichensaalarbeit wichtigste Regel, denn zu diesem Zeitpunkt können noch Umbestellungen vorgenommen werden, da das Material meistens noch nicht abgewalzt sein wird. Nach dieser Prüfung versieht der Konstrukteur die Zeichnung rechts unten etwa in folgender Art mit seinem Zeichen: „Materialbest. Seite 3. I. L.“ Die Nachprüfung der Bestelliste ist sorgfältig durchzuführen, besonders wenn eine Bestelliste Positionen enthält, die auf mehreren Zeichnungen vorkommen.

Einteilung der Zeichunngen. Die Konstruktionen sind, je nach der Abteilung der Werkstatt, welcher sie zur Bearbeitung überwiesen werden, auch möglichst getrennt darzustellen, da diese Trennung auf den Zeichnungen die Arbeit wesentlich erleichtert; sie wird im folgenden erläutert:

a) Normalblätter (24″ × 36″, 24″ × 48″, 30″ × 36″, 30″ × 48″). Größere Blätter als die angegebenen werden im allgemeinen nicht verwendet, vielmehr werden größere Konstruktionsteile, die nicht auf einem Blatt vollständig dargestellt werden können, auf zwei oder drei Blätter verteilt und diese zweckmäßig mit der gleichen Zeichnungsnummer unter Hinzufügung von Buchstaben z. B. 110 *A—C*, 110 *B—C* und 110 *C* versehen. Leichtere Teile, wie Verbände, leichte Blechträger ohne Kopfplatten usw., sind soweit als möglich auf besonderen Blättern darzustellen. Genietete Teile sind von ungenieteten zu trennen. Auf den Normalblättern sind darzustellen: Alle genieteten Konstruktionsteile, Walzträger für Brücken- und Industriebauten (s. auch „F“-Blätter), Montagevorgänge, Gasrohrgeländer.

b) „*C*“- und „*M*“-Blätter: Maschinenteile und Schmiedestücke werden entweder auf „*C*″- oder auf „*M*″-Blättern dargestellt.

Beim Aufzeichnen von Maschinenteilen für den Brückenbau ist das für eine bestimmte Klasse von Maschinenteilen notwendige Material von dem einer anderen Klasse zu trennen und auf einem anderen Blatt darzustellen. Es ist aber nicht erforderlich, Maschinenteile und Schmiedestücke, die zu einer oder zu mehreren gleichartigen, maschinellen Anordnungen gehören, getrennt aufzuzeichnen.

„*M*“-Blätter haben die Größe 12″ × 31″, sie enthalten gleichzeitig die Stückliste. Auf ihnen sind darzustellen: Schmiedestücke und Maschinenteile, Gasrohrgeländer, Träger in kleinen Mengen, Rohre, Distanzringe für Gelenkbolzen, gedrehte Bolzen. Die „*C*“-Blätter, gleichfalls Stücklisten enthaltend, haben die Größe 11″ × 17″ und enthalten: Gußeiserne Distanzstücke für Träger, Rundeisen mit Spannschlössern und Anschlußstücken, Augenstäbe, Rundeisen mit Schleifenenden, Gelenkbolzen, Nieten- und Schraubenlisten.

c) „*G*“-Blätter: Diese haben die Größe 12″ × 31″. Auf ihnen werden die Stützen und Blechträger für Hochbauten dargestellt. Sie dienen gleichzeitig zur Aufnahme der zugehörigen Stücklisten.

d) „*CF*“-Blätter (Größe 11″ × 17″): Auf den „*CF*“-Zeichnungen sind alle die kleinen Teile aufzuführen, die entweder dem Magazin entnommen werden oder außerhalb des Werkes beschafft werden, um dann in der Werkstatt mit der Hauptkonstruktion zusammengebaut zu werden. Auf den zu letzterer gehörigen Zeichnungen ist jeweils auf das zugehörige „*CF*“-Blatt zu verweisen, und umgekehrt ist auf dem „*CF*“-Blatt anzugeben, zu welcher Zeichnung die dargestellten Teile gehören. Besonders ist auf jedem „*CF*“-Blatt zu vermerken, daß die dargestellten Teile nicht allein zur Baustelle versandt werden dürfen. Hierzu gehören z. B.: Gasrohrverbindungsstücke, Leitern, Schrauben usw.

e) „*F*“-Blätter (Größe 11″ × 17″): Auf ihnen werden Walzträger für den Brücken- und Industriebau (s. auch Normalblätter) sowie für Hochbauten dargestellt.

f) „*K*“-Blätter (Größe 11″ × 17″): enthalten die Zeichnungsverzeichnisse für alle Konstruktionsarten.

g) „*EF*“-Blätter (Größe 11″ × 17″): Sie dienen zur Aufnahme der Nieten- und Schraubenlisten für die Baustelle.

Verwertung alter oder fremder Zeichnungen. Bei alten oder vom Auftraggeber überlassenen Zeichnungen ist die soeben erläuterte Trennung nach den verschiedenen Klassen meistens nicht durchgeführt und sind z. B. Brückenteile zusammen mit Maschinenteilen und Schmiedestücken auf einer Zeichnung dargestellt. Um eine Neuanfertigung der Zeichnung zu umgehen, wird wenigstens eine getrennte Aufstellung der Stücklisten vorgenommen und die Zeichnung mit folgenden Anmerkungen versehen: Brückenbauteile dieser Zeichnung siehe Stückliste 11, Maschinenteile und Schmiedestücke siehe Stückliste 15. Hiernach kann das Bestellbureau dann getrennte Bestellisten aufstellen.

Zeichnungsverzeichnis. Bei Aufträgen, die bis zu zehn Zeichnungen umfassen, ist auf der Zeichnung, welche die zuerst aufzustellenden Konstruktionsteile enthält, ein Blattverzeichnis in nachfolgender Anordnung einzutragen:

Zeichnungsverzeichnis.

Blatt Nr.	Gegenstand	Bezeichnung
1	Endpfosten	$L0$—$U1$
2	Obergurt	$U1$—$U3$, $U3$—$U5$
3	Pfosten	$U1$—$L1$, $U3$—$L3$
4	Querträger	$F1$, $F2$
5	Längsträger	$S1$, $S3$, $S6$
6	Längsträger	$S2$, $S4$, $S5$

Bei größerer Zeichnungszahl ist auf einem besonderen Blatt eine Liste der Zeichnungen mit abgekürzten Benennungen, ohne ausführlichere Beschreibung des dargestellten Gegenstandes, aufzustellen.

Sobald die letzte Zeichnung eines Auftrages zur Werkstatt gegeben ist, erhält das Betriebsbureau, die Kalkulation, der Versand und jede sonstige dafür in Betracht kommende Abteilung je ein Zeichnungsverzeichnis, welches eine endgültige Übersicht des ganzen Auftrages gibt, eine Kontrolle des zu versendenden Materials ermöglicht und in folgender Weise abgefaßt sein kann:

Blatt	1—57	einschl.:	Große Konstruktionszeichnungen.
,,	C 1—C19	,,	Skizzenblätter.
,,	D 1	,,	Darstellung der Durchbiegung und Überhöhung.
,,	E 1—E 4	,,	Montageanordnung.
,,	EF1—EF17	,,	Nietlisten für die Baustelle.
,,	K 1		Blattverzeichnis.

Allgemeine Regeln für die Konstruktionsarbeit. Die nachstehenden Regeln beziehen sich auf die tägliche Arbeit im Konstruktionsbureau; ihre Beachtung trägt viel zur Ersparnis an Zeit, Vermeidung von Fehlern und Vereinheitlichung der Bureauarbeit bei.

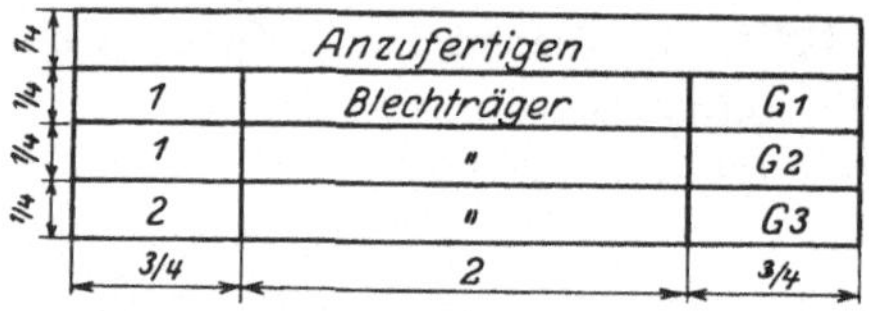

Anzufertigen		
1	Blechträger	G1
1	"	G2
2	"	G3
3/4	2	3/4

Abb. 25.

Auf jede Zeichnung ist ein nach nebenstehender Skizze aufgestelltes Verzeichnis der anzufertigenden Bauteile zu setzen.

Gleiche Teile sind auf einer Zeichnung nur einmal herauszuzeichnen.

Kommt eine Position auf verschiedenen Zeichnungen vor, so ist sie nur einmal darzustellen, aber in den dazugehörigen Stücklisten jedesmal aufzuführen.

Bei wiederholtem Vorkommen einer Position auf einer Zeichnung ist die Nietteilung nur einmal einzutragen, z. B. bei Aussteifungswinkeln von Blechträgern, auch sind in einer fortlaufenden Reihe gleicher Nietabstände nicht sämtliche Niete einzuzeichnen.

Bei langen Konstruktionsteilen brauchen die punktierten Linien, welche unsichtbare Teile darstellen, nur auf eine kurze Strecke eingezeichnet zu werden, um die Zeichenarbeit einzuschränken.

Bei den Maßzahlen sind, außer bei Angaben in Fuß und Zoll, nur die Zahlen ohne Zollbezeichnung einzutragen.

Auf den Zeichnungen ist das Wort „nur" sowie die Bemerkung „wie gezeichnet" u. ä. zu vermeiden.

Auf einer dem Gruppenführer als fertig übergebenen Zeichnung darf ohne dessen Wissen keine Änderung mehr vorgenommen werden, da die Zeichnung in der Zwischenzeit bereits gepaust sein kann.

Positionsbezeichnung. Alles Material bis zu 10 Fuß Länge kann im allgemeinen als „Detailmaterial" angesehen werden und erhält als solches Positionsbezeichnungen.

Gelegentlich kann es zweckmäßig sein, auch den Hauptprofilen („main material") Positionsbezeichnungen zu geben, z. B. den Wandgliedern von Fachwerkbrücken, den Fahrbahnteilen von Brücken mit überführter Bettung oder anderen Teilen, die sich in gleicher Ausbildung mehrfach wiederholen.

Andererseits kann Detailmaterial, das einzeln zum Versand kommt, ohne Positionsbezeichnung bleiben, falls es durch die Versandbezeichnung genügend gekennzeichnet ist.

Als Positionsbezeichnungen sind folgende üblich:

a für ⊥-Eisen mit Ausnahme der gebogenen Winkel und der Aussteifungswinkel;
f für Futter;
h für gebogene Winkel und Bleche;
k für Aussteifungswinkel, die einseitig eingepaßt werden;
p für alle Bleche mit Ausnahme der unter *h*;
s für Aussteifungswinkel, die beiderseits eingepaßt werden;
y für Vergitterungen;
m für kurze I-, ⊏-, ⅂-, ⊥-Eisen, usw.

Wie die Zeichnungen hinsichtlich der Positionsbezeichnungen behandelt werden, soll untenstehend erläutert werden, und zwar gelten diese Ausführungen für alle Arten von Eisenbauten, mit Ausnahme der Hochbauten, die in Abschnitt X später gesondert besprochen werden.

1. Material, das nur auf einer Zeichnung dargestellt ist.

Die einzelnen Teile erhalten die obenerwähnten Bezeichnungen, denen zur Unterscheidung noch weitere Buchstaben beigefügt werden, z. B. erhalten einseitig eingepaßte Aussteifungswinkel die Benennung *ka*, *kb*, *kc* usw. Die Schablone für einen solchen Winkel erhält folgende Kennzeichnung: 3215, 4 ∠ $3^1/_2 \times 3^1/_2 \times {}^3/_8 \times 3'6''$, *kb*, Pos. 41, Bl. 5, wobei 3215 die Auftragsnummer, Pos. 41 die Position der Walzwerksbestellung und Bl. 5 die Blattnummer bedeutet.

2. Material, das auf mehreren Zeichnungen dargestellt ist.

Die Kennzeichnung der Schablonen erfolgt in ähnlicher Weise wie bei 1, z. B. 3215, 16 Bl. $18 \times {}^3/_8 \times 2'6''$ *pc* 15, Pos. 82. Die Bezeichnung *pc* 15 bedeutet, daß die Pos. *pc* auf Zeichnung 15 herausgezeichnet ist.

Eine Übersicht der Positionen in Form nachstehender Tabelle (Abb. 26) ist in die rechte obere Ecke einer jeden Zeichnung zu setzen. Eine auf mehreren Zeichnungen vorkommende Position ist nur auf der ersten Zeichnung in die Tabelle einzutragen, wobei in der letzten Zeile die Zeichnungen, auf welchen diese Position sonst noch dargestellt ist, aufzuführen sind. Beispielsweise würde hier die auf der Tabelle der Zeichnung 5 eingetragene Angabe *pa* 5 — 8 — 10 — 11 bedeuten, daß das auf Blatt 5 dargestellte Blech *pa* auch auf den Blättern 8, 10 und 11 vorhanden ist.

Positionsübersicht

	a	*b*	*c*	*d*	*e*	*f*	*g*	*h*	*k*	*m*	*n*	*o*	*p*	*t*	*v*	*w*	*y*
a																	
f																	
h																	
k																	
p																	
s																	
y																	
m																	

Abb. 26.

Die in die Zeichnung selbst einzutragenden Angaben sind in folgender Weise auszuführen:

z. B. 1 — *ab*, nicht 1∠ — *ab*
2 — *sc*, „ 2∠ — *sc*
1 — *pa*, „ 1 Bl. — *pa* usw.

Rechts und Links. Alle Positionen, die paarweise aber spiegelgleich vorkommen, sind durch Hinzufügen der Buchstaben *R* oder *L* als „Rechts“ oder „Links“ zu kennzeichnen.

So ist zum Beispiel ein mit dem abstehenden Schenkel auf den Beschauer hinzeigender Aussteifungswinkel der Blechträgerskizze in Abb. 27 ein „*R*“-Winkel, wenn dieser Schenkel rechts liegt. Für den darunter dargestellten Stützenteil, dessen rechtes Ende als „oben“ anzusehen ist, gilt dieselbe Regel. Auch wenn die Aussteifungswinkel nicht paarweise sondern einzeln vorkommen, wird die Unterscheidung in *R*- und *L*-Winkel vorgenommen.

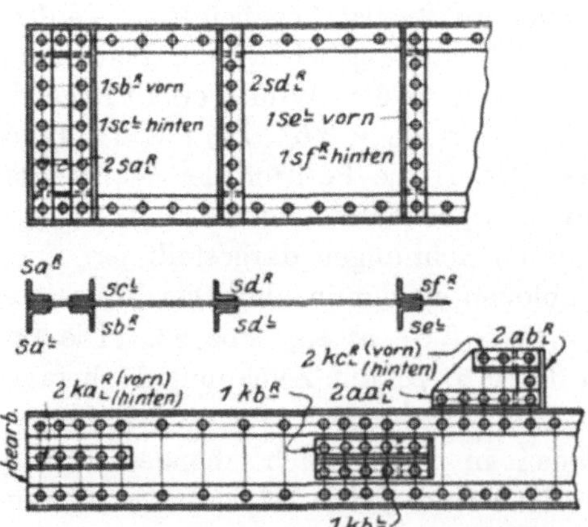

Abb. 27. Positionsbezeichnung eines Blechträgers.

Alle unter sich gleichen Aussteifungswinkel erhalten ein und dieselbe Positionsbezeichnung, einerlei, ob sie zur Kraftübertragung oder lediglich zur Aussteifung dienen.

Bei dem übrigen „Detailmaterial“ erhält das zuerst dargestellte Stück die „*R*“-Bezeichnung, ohne Rücksicht auf seine Lage in der Konstruktion.

Die Konstrukteure vergessen bei symmetrischen Bauteilen sehr oft die Unterscheidung nach *R*- und *L*-Positionen, was dann zu Rückfragen seitens der Werkstatt Veranlassung gibt und unnötigen Aufenthalt in der Bearbeitung verursacht.

Versandbezeichnungen. Rundeisenverbände erhalten keine Versandbezeichnungen, es genügt, wenn die Stärken und Längen der Einzelteile auf den Montagezeichnungen eingetragen sind.

Alle übrigen Teile sind mit Versandbezeichnungen zu versehen, wobei streng darauf zu achten ist, daß keine Bezeichnung mehrfach vorkommt. Auch bei großen Lieferungen, die etwa mehrere Auftragsnummern bekommen haben, dürfen keine Doppelbezeichnungen vorkommen, da sonst leicht Verwechslungen beim Versand wie auf der Baustelle eintreten können, besonders wenn die Auftragsnummern undeutlich aufgemalt worden sind.

Auch bei den Versandbezeichnungen sind, außer bei Hochbauten, „*R*“- und „*L*“-Teile zu unterscheiden.

Nach Möglichkeit sind nachstehende Bezeichnungen zu wählen:

Bei Fachwerkbrücken werden die Obergurtknotenpunkte mit *U* 1, *U* 2 usw., die Untergurtknotenpunkte mit *L* 0, *L* 1, *L* 2 usw. bezeichnet, während die Wandglieder und Gurtstäbe durch ihre Endpunkte gekennzeichnet werden, z. B. *U* 2 *L* 3, *L* 3 *L* 4 usw. Nur die Endpfosten erhalten besondere Bezeichnungen wie *EP* 1*R* oder *EP* 1 *L*.

Grundplatten für bewegliche Auflager	*RP*
Grundplatten für feste Auflager	*FP*
Diagonalen des unteren Windverbandes	*L*
Pfosten des unteren Windverbandes	*BS*
Stützenfüße (Gußteile)	*CB*
Querrahmen	*CF*
Querträger (genietete)	*CG*
Bewegliche Auflager	*RS*
Feste Auflager	*FS*
Querträger (Walzträger)	*FB*
Eckstreben	*K*
Horizontalverbände (ausgenommen Rundeisen)	*LB*
Pfosten des Horizontalverbandes	*LS*
Abstützungen von Maschinenteilen	*MS*
Blechträger (Hauptträger)	*G*
Winkel	*M*
Rahmenteile	*F*
Bleche	*P*
Portale	*PS*
Auflagerrollen	*RN*
Futter	*SH*

Längsträger	S
Schlingerverband	D
Querverband	SW
Diagonalen des oberen Windverbandes	T
Pfosten des oberen Windverbandes	TS
Querverbände (Kreuzverbände, ausgenommen Rundeisen)	TB
Pfosten von Querverbänden	TS

Bezeichnungen für den Zusammenbau. Diejenigen Teile, welche beim probeweisen Zusammenbau in der Werkstatt aufgerieben worden sind, müssen genau gekennzeichnet werden, damit sie auseinander-

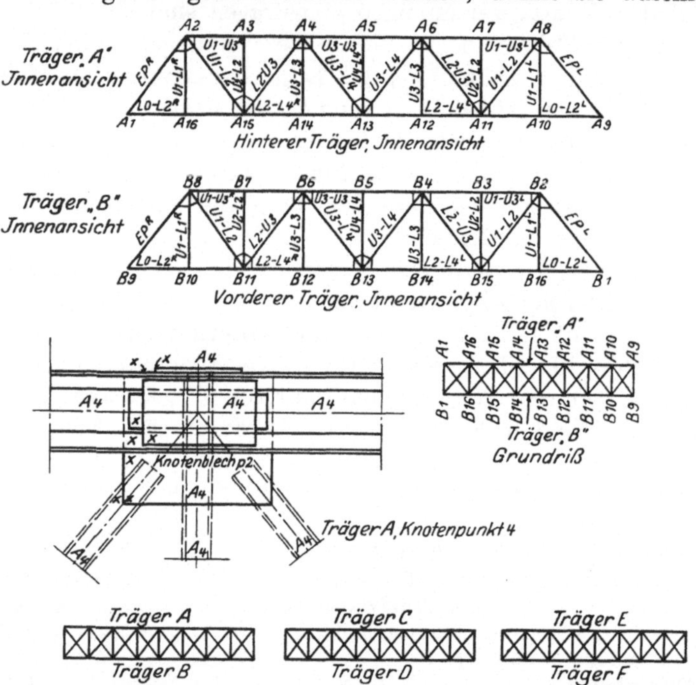

Abb. 28. Signierungsplan für die Hauptträger einer Fachwerkbrücke.

genommen auf der Baustelle wieder richtig zusammengebaut werden können, denn nach dem Aufreiben der Löcher dürfen auch sonst gleiche Positionen nicht mehr untereinander vertauscht werden. Abb. 28 zeigt einen Signierungsplan für die beiden Hauptträger einer Fachwerkbrücke, außerdem ist der Obergurtknotenpunkt 4 mit den notwendigen Bezeichnungen dargestellt, sowie die Trägerbezeichnung für 3 gleiche hintereinanderliegende Brücken angegeben.

Jeder Hauptträger wird zur Unterscheidung mit großen Buchstaben bezeichnet: A, B, C usw. Die Knotenpunkte eines solchen Trägers werden mit einem Buchstaben und fortlaufender Nummer bezeichnet, z. B. $A1$, $A2$, $A3$ oder $B1$, $B2$ usw., wobei die einander gegenüberliegenden Knotenpunkte der Hauptträger einer Brücke dieselben Ziffern erhalten.

Bei Teilen, die symmetrisch sind und daher auf der Baustelle umgekehrt als vorgesehen eingebaut werden könnten, sind die aufeinanderliegenden Enden etwa durch die letzten Buchstaben des Alphabets (w, x, y, z) zu kennzeichnen, wie am Knotenpunkt $A4$ der Abb. 28 gezeigt ist, wobei auf der Vorder- und Rückseite der Konstruktion zweckmäßig noch verschiedene Buchstaben zu wählen sind, z. B. x für die Vorderseite und w für Rückseite des in diesem Falle zweiwandigen Bauteiles.

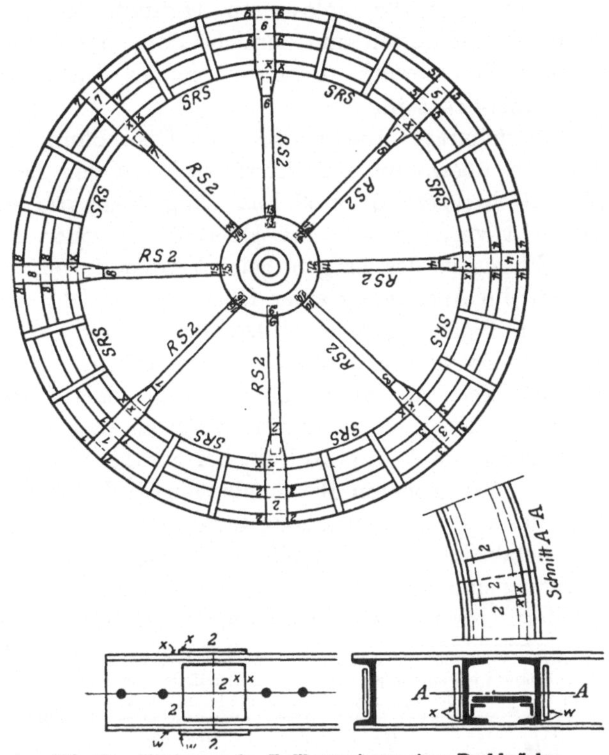

Abb. 29. Signierung des Rollkranzringes einer Drehbrücke.

In Abb. 29 ist als Beispiel die Signierung für den Rollkranzring einer Drehbrücke angegeben, um die Anwendung dieser Bezeichnungsweise an einer Sonderkonstruktion zu zeigen. Zweckmäßig ist es dabei, die einzelnen Anschlußpunkte mit fortlaufenden Ziffern zu versehen.

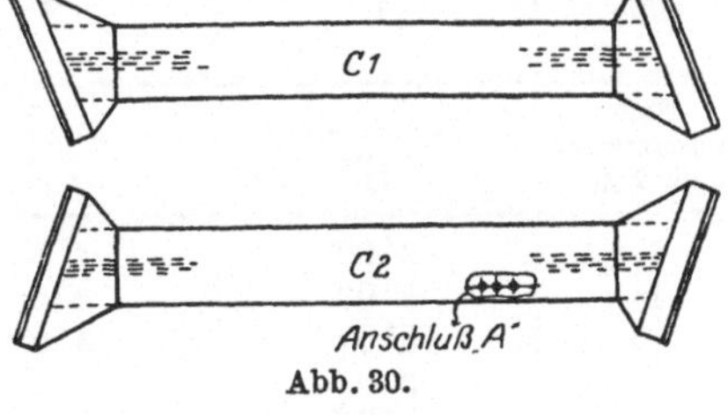

Abb. 30.

Spiegelgleiche Bauteile. Bauteile, die, von unbedeutenden Abweichungen abgesehen, einander spiegelgleich sind, werden am besten durch eine Skizze, wie in Abb. 30 dargestellt, erläutert und folgende Bezeichnungen dafür angegeben:

$C1$,

$C2$, Spiegelbild von $C1$, mit Ausnahme der Löcher „A“.

Montageplan. Der Montageplan muß über folgende Punkte Auskunft geben:

1. Reihenfolge der Aufstellung der einzelnen Bauteile.
2. Himmelsrichtung.
3. Name des Unternehmers für die Fundamente und Verankerungen.
4. Gesamtmaße, Feldweiten, Ordinaten der Pfeileroberkanten, der Schienenoberkanten und ähnliche notwendige Angaben.

Zur Erläuterung des Bauvorganges dürften auch kleine Skizzen zweckdienlich sein.

Überhöhung. Die Größe der Überhöhung ist bei Blechträgern, falls sie überhaupt ausgeführt wird, auf den Zeichnungen anzugeben. Bei Blechträgern über 50 Fuß Länge sieht die Werkstatt, auch wenn es nicht verlangt ist, eine Überhöhung schon zur Vermeidung eines Durchhängens des Trägers beim Vernieten vor.

Ist die Anordnung einer Überhöhung nicht erwünscht, wie es z. B. bei den Blechträgern einer Drehbrücke der Fall sein wird, so ist dies auf der Zeichnung deutlich zu vermerken.

Bei Eisenbahnfachwerkbrücken bis einschließlich 250 Fuß Länge wird die Überhöhung durch Vergrößerung der einzelnen Obergurtstablängen um $^1/_8''$ je 10 Fuß, bei Straßenbrücken um $^3/_{16}''$ je 10 Fuß erzielt. Bei größeren Brückenlängen wird die Durchbiegung berechnet und danach die Überhöhung festgelegt.

Nietabstände. Die größten zulässigen Nietabstände in der Kraftrichtung sind bei genieteten Querschnitten (Gurtungen, Stützen, Wandgliedern usw.) durch die Bedingung, daß sich zwischen den einzelnen Querschnittsteilen keine Fugen bilden dürfen, festgelegt.

Nietdurchmesser in Zoll	Größtnietabstände bei einreihiger Vernietung in Zoll	Größtnietabstände bei mehrreihiger versetzter Nietung in Zoll
$1^1/_4$	10	16
$1^1/_8$	8	14
1	7	12
$^7/_8$	6	10
$^3/_4$	5	8
$^5/_8$	4	6
$^1/_2$	3	4

Nietdurchmesser in Zoll	Druckstäbe ┐┌	Zugstäbe ┐┌
$1^1/_4$	3′ 0″	4′ 0″
$1^1/_8$	3′ 0″	4′ 0″
1	3′ 0″	4′ 0″
$^7/_8$	2′ 0″	3′ 0″
$^3/_4$	2′ 0″	3′ 0″
$^5/_8$	1′ 0″	2′ 0″
$^1/_2$	1′ 0″	2′ 0″

Bei gedrückten Stäben würden daher kleinere Nietabstände als in Zugstäben erforderlich sein, doch ist es zweckmäßig, für Druck- und Zugstäbe die Größtnietabstände, die nur vom Nietdurchmesser abhängig sind, gleichmäßig festzulegen. In obenstehender Tabelle sind die üblichen Größtnietabstände, die sich in der Praxis bewährt haben, zusammengestellt.

Ferner sind obenstehend die größten zulässigen Nietabstände bei aus zwei Winkeleisen mit zwischenliegenden Futterringen gebildeten Zug- und Druckquerschnitten aufgeführt.

Die kleinsten zulässigen Nietabstände für die verschiedenen Nietstärken sind der folgenden Tabelle zu entnehmen (s. Abb. 31).

Kleinster zulässiger Nietabstand.

Nietdurchmesser in Zoll . .	1/4	3/8	1/2	5/8	3/4	7/8	1	1 1/8
Kleinstes Maß „X" in Zoll .	1	1 1/4	1 3/4	2	2 1/4	2 5/8	3	3 3/8

Wurzelmaße. Die für Winkeleisen gebräuchlichen Wurzelmaße sind nachstehend zusammengestellt (s. Abb. 32).

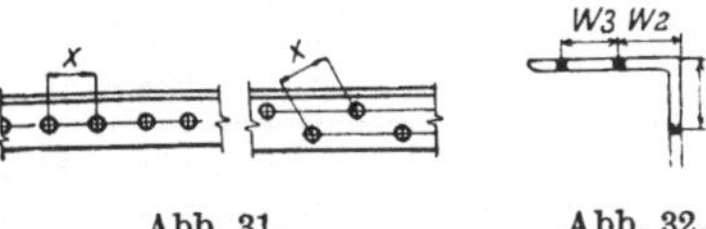

Abb. 31. Abb. 32.

Wurzelmaße für ∠-Eisen in Zoll.

Schenkelbreite in Zoll	8	7	6	5	4	3 1/2	3	2 1/2	2	1 3/4	1 1/2	1 3/8	1 1/4	1	3/4
$W1$	4 1/2	4	3 1/2	3	2 1/2	2	1 3/4	1 3/8	1 1/8	1	7/8	7/8	3/4	5/8	1/2
Größter zulässiger Nietdurchmesser in Zoll	1 1/4	1 1/4	1 1/4	1 1/8	1	7/8	7/8	3/4	5/8	1/2	3/8	3/8	3/8	1/4	1/4
$W2$	3	2 1/2	2 1/2	2											
$W3$	3	3	2 1/4	1 3/4											
Größter zulässiger Nietdurchmesser in Zoll	1 1/8	1	7/8	7/8											

Bei Stützenquerschnitten, die ∠-Eisen mit 6″ Schenkelbreite und 1/2″ oder kleinerer Stärke enthalten, sind als Wurzelmaße am Stützenschaft die Maße $W_2 = 1^3/_4''$ und $W_3 = 3''$ zu wählen.

Bei Diagonalquerschnitten, die aus ∠-Eisen gebildet sind, ist das Wurzelmaß gleich der halben Schenkelbreite anzunehmen, wenn bei Verwendung von 3/4″-Nieten die Schenkelbreite mindestens 3″ und bei Verwendung von 7/8″-Nieten dieselbe mindestens 3 1/2″ beträgt.

Bei Benutzung der Vielfachlochstanzen kann unter Umständen von den normalen Wurzelmaßen abgewichen werden.

Zur Vereinfachung der Werkstattarbeit ist nach Möglichkeit für beide Winkelschenkel dasselbe Streichmaß zu wählen. Bei ungleichschenkligen Winkeleisen ist das Wurzelmaß $W1$ des kleineren Schenkels zweckmäßig gleich dem Wurzelmaß $W2$ des größeren Schenkels zu wählen.

Das Wurzelmaß $W2$ ist so groß wie möglich zu nehmen, damit es nicht notwendig ist, die im anderen Schenkel gegenübersitzenden Nieten zu versetzen.

Unterscheiden sich bei einem Auftrag verschiedene Blechträger- oder zusammengesetzte Stützenquerschnitte nur durch die Stärke ihrer Stege, so wird man die Wurzelmaße der Gurtwinkel unverändert beibehalten und nur die Streichmaße der etwa aufgenieteten Lamellen variieren.

Ist es aus konstruktiven Gründen notwendig, ein Wurzelmaß bei ein und demselben Winkel verschieden groß anzuordnen, so ist dies auf der Zeichnung deutlich anzugeben.

Döpper. In Abb. 33 sind die Durchmesser für normale Döpper zusammengestellt.

Kleinste zulässige Abstände zweier im Winkeleisen gegenübersitzender Niete. Diese Kleinstabstände sind folgender Tabelle zu entnehmen (s. Abb. 34).

Werte für „D“ in Zoll.

C in Zoll / Nietdurchmesser in Zoll	$1^1/_8$	$1^3/_{16}$	$1^1/_4$	$1^5/_{16}$	$1^3/_8$	$1^7/_{16}$	$1^1/_2$	$1^9/_{16}$	$1^5/_8$	$1^{11}/_{16}$	$1^3/_4$	$1^{13}/_{16}$	$1^7/_8$	$1^{15}/_{16}$	$2^1/_{16}$	$2^3/_{16}$	$2^5/$
$^5/_8$	$^{15}/_{16}$	$^7/_8$	$^{13}/_{16}$	$^{11}/_{16}$	$^1/_2$	$^5/_{16}$	0										
$^3/_4$	$1^1/_4$	$1^3/_{16}$	$1^1/_8$	$1^1/_{16}$	$^{15}/_{16}$	$^7/_8$	$^3/_4$	$^9/_{16}$	$^3/_8$	0							
$^7/_8$	$1^1/_2$	$1^7/_{16}$	$1^3/_8$	$1^5/_{16}$	$1^1/_4$	$1^3/_{16}$	$1^1/_8$	1	$^{15}/_{16}$	$^{13}/_{16}$	$^5/_8$	$^7/_{16}$	0				
1	$1^{13}/_{16}$	$1^3/_4$	$1^{11}/_{16}$	$1^5/_8$	$1^9/_{16}$	$1^1/_2$	$1^7/_{16}$	$1^3/_8$	$1^5/_{16}$	$1^3/_{16}$	$1^1/_8$	1	$^7/_8$	$^3/_4$	0		
$1^1/_8$	$2^1/_{16}$	2	$1^{15}/_{16}$	$1^{15}/_{16}$	$1^7/_8$	$1^{13}/_{16}$	$1^3/_4$	$1^{11}/_{16}$	$1^5/_8$	$1^9/_{16}$	$1^1/_2$	$1^3/_8$	$1^5/_{16}$	$1^1/_4$	1	$^{11}/_{16}$	0

Mit Bezug auf Abb. 35 sind die Mittenabstände versetzter Niete bei mehrreihiger Vernietung nachfolgend zusammengestellt.

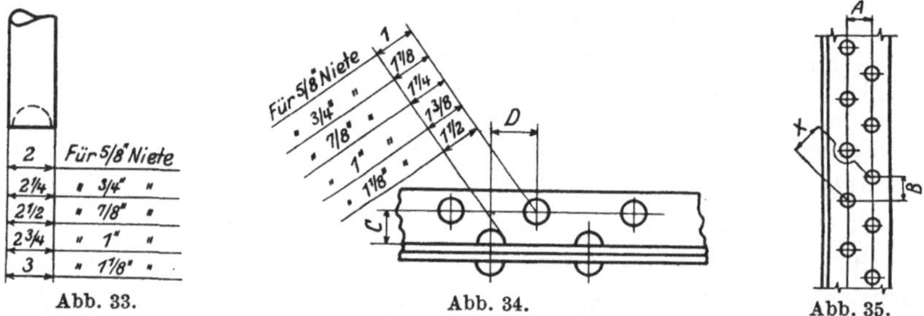

Abb. 33. Abb. 34. Abb. 35.

Werte für „X“ bei veränderlichen Werten von „A“ und „B“ in Zoll.

A / B	$^7/_8$	1	$1^1/_8$	$1^1/_4$	$1^3/_8$	$1^1/_2$	$1^5/_8$	$1^3/_4$	$1^7/_8$	2	$2^1/_8$	$2^1/_4$	$2^3/_8$	$2^1/_2$
$1^1/_8$	$1^7/_{16}$	$1^1/_2$	$1^9/_{16}$	$1^{11}/_{16}$	$1^3/_4$	$1^7/_8$	2	$2^1/_{16}$	$2^3/_{16}$	$2^5/_{16}$	$2^3/_8$	$2^1/_2$	$2^5/_8$	$2^3/_4$
$1^1/_4$	$1^9/_{16}$	$1^5/_8$	$1^{11}/_{16}$	$1^3/_4$	$1^7/_8$	$1^{15}/_{16}$	$2^1/_{16}$	$2^1/_8$	$2^1/_4$	$2^3/_8$	$2^7/_{16}$	$2^9/_{16}$	$2^{11}/_{16}$	$2^{13}/_1$
$1^3/_8$	$1^5/_8$	$1^{11}/_{16}$	$1^3/_4$	$1^7/_8$	$1^{15}/_{16}$	2	$2^1/_8$	$2^3/_{16}$	$2^5/_{16}$	$2^7/_{16}$	$2^1/_2$	$2^5/_8$	$2^3/_4$	$2^7/_8$
$1^1/_2$	$1^3/_4$	$1^{13}/_{16}$	$1^7/_8$	$1^{15}/_{16}$	2	$2^1/_8$	$2^3/_{16}$	$2^5/_{16}$	$2^3/_8$	$2^1/_2$	$2^5/_8$	$2^{11}/_{16}$	$2^{13}/_{16}$	$2^{15}/_1$
$1^5/_8$	$1^7/_8$	$1^7/_8$	2	$2^1/_{16}$	$2^1/_8$	$2^3/_{16}$	$2^5/_{16}$	$2^3/_8$	$2^1/_2$	$2^9/_{16}$	$2^{11}/_{16}$	$2^3/_4$	$2^7/_8$	3
$1^3/_4$	$1^{15}/_{16}$	2	$2^1/_{16}$	$2^1/_8$	$2^3/_{16}$	$2^5/_{16}$	$2^3/_8$	$2^7/_{16}$	$2^9/_{16}$	$2^5/_8$	$2^3/_4$	$2^7/_8$	$2^{15}/_{16}$	$3^1/_{16}$
$1^7/_8$	$2^1/_{16}$	$2^1/_8$	$2^3/_{16}$	$2^1/_4$	$2^5/_{16}$	$2^3/_8$	$2^1/_2$	$2^9/_{16}$	$2^5/_8$	$2^3/_4$	$2^{13}/_{16}$	$2^{15}/_{16}$	3	$3^1/_8$
2	$2^3/_{16}$	$2^1/_4$	$2^5/_{16}$	$2^3/_8$	$2^7/_{16}$	$2^1/_2$	$2^9/_{16}$	$2^5/_8$	$2^3/_4$	$2^{13}/_{16}$	$2^{15}/_{16}$	3	$3^1/_8$	$3^3/_{16}$
$2^1/_8$	$2^5/_{16}$	$2^5/_{16}$	$2^3/_8$	$2^7/_{16}$	$2^1/_2$	$2^5/_8$	$2^{11}/_{16}$	$2^3/_4$	$2^{13}/_{16}$	$2^{15}/_{16}$	3	$3^1/_{16}$	$3^3/_{16}$	$3^1/_4$
$2^1/_4$	$2^7/_{16}$	$2^7/_{16}$	$2^1/_2$	$2^9/_{16}$	$2^5/_8$	$2^{11}/_{16}$	$2^3/_4$	$2^7/_8$	$2^{15}/_{16}$	3	$3^1/_{16}$	$3^3/_{16}$	$3^1/_4$	$3^3/_8$
$2^3/_8$	$2^1/_2$	$2^9/_{16}$	$2^5/_8$	$2^{11}/_{16}$	$2^3/_4$	$2^{13}/_{16}$	$2^7/_8$	$2^{15}/_{16}$	3	$3^1/_8$	$3^3/_{16}$	$3^1/_4$	$3^3/_8$	$3^7/_{16}$
$2^1/_2$	$2^5/_8$	$2^{11}/_{16}$	$2^3/_4$	$2^{13}/_{16}$	$2^7/_8$	$2^{15}/_{16}$	3	$3^1/_{16}$	$3^1/_8$	$3^3/_{16}$	$3^1/_4$	$3^3/_8$	$3^7/_{16}$	$3^9/_{16}$

Die Werte rechts unterhalb der oberen Staffelung sind für $^3/_4''$ Niete, die unterhalb der unteren Staffelung für $^7/_8''$ Niete ausreichend.

Mit Bezug auf Abb. 36 sind nachstehend die Maße angegeben, um welche in Zugstäben die Niete gegeneinander versetzt sein müssen, damit zur Bestimmung des Nettoquerschnittes der Abzug nur eines Nietloches im ∠-Eisen erforderlich ist. In Abb. 36 ist „a“ gleich der Summe der Wurzelmaße, vermindert um die Schenkelstärke. Der Durchmesser des abzuziehenden Nietloches ist dabei gleich dem Nietdurchmesser + $^1/_8$″.

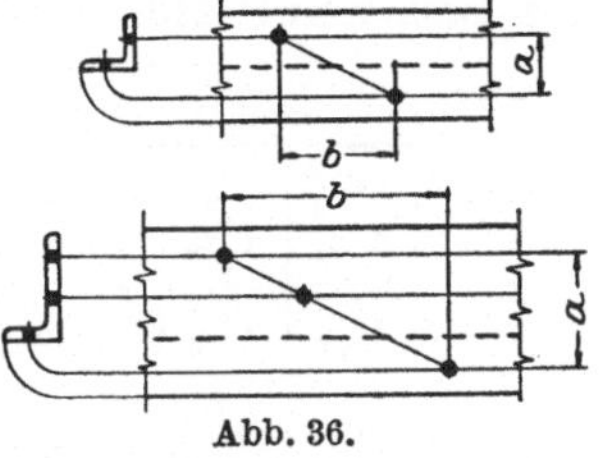

Abb. 36.

„a“ in Zoll	„b“ in Zoll			
	$^3/_4$″-Niete	$^7/_8$″-Niete	1″-Niete	$1^1/_8$″-Niete
1	$1^5/_8$	$1^3/_4$		
$1^1/_2$	$1^7/_8$	2		
2	$2^1/_{16}$	$2^1/_4$		
$2^1/_2$	$2^1/_4$	$2^7/_{16}$		
3	$2^7/_{16}$	$2^5/_8$	$2^7/_8$	3
$3^1/_2$	$2^9/_{16}$	$2^{13}/_{16}$	3	$3^1/_4$
4	$2^{13}/_{16}$	3	$3^1/_4$	$3^3/_8$
$4^1/_2$	$2^{15}/_{16}$	$3^3/_{16}$	$3^3/_8$	$3^5/_8$
5	$3^1/_{16}$	$3^5/_{16}$	$3^1/_2$	$3^3/_4$
$5^1/_2$	$3^1/_4$	$3^1/_2$	$3^3/_4$	$3^7/_8$
6	$3^3/_8$	$3^5/_8$	$3^7/_8$	$4^1/_8$
$6^1/_2$	$3^1/_2$	$3^3/_4$	4	$4^1/_4$
7	$3^5/_8$	$3^7/_8$	$4^1/_8$	$4^3/_8$
$7^1/_2$	$3^3/_4$	4	$4^1/_4$	$4^1/_2$
8	$3^7/_8$	$4^1/_8$	$4^3/_8$	$4^5/_8$
$8^1/_2$	4	$4^1/_4$	$4^1/_2$	$4^3/_4$
9	$4^1/_{16}$	$4^3/_8$	$4^5/_8$	$4^7/_8$
10	$4^1/_4$	$4^5/_8$	$4^7/_8$	$5^1/_8$

Die für Nietlöcher abzuziehende Querschnittsfläche kann der folgenden Zusammenstellung entnommen werden.

Querschnittsfläche der Nietlöcher
= (Nietlochdurchmesser + $^1/_8$″) × Materialstärke.

Materialstärke in Zoll	Querschnittsfläche in Quadratzoll			
	$^3/_4$″-Niete	$^7/_8$″-Niete	1″-Niete	$1^1/_8$″-Niete
$^1/_4$	0,22	0,25	0,28	0,31
$^5/_{16}$	0,27	0,31	0,35	0,39
$^3/_8$	0,33	0,37	0,42	0,47
$^7/_{16}$	0,38	0,44	0,49	0,55
$^1/_2$	0,44	0,50	0,56	0,62
$^9/_{16}$	0,49	0,56	0,63	0,70
$^5/_8$	0,55	0,62	0,70	0,78
$^{11}/_{16}$	0,60	0,69	0,77	0,86
$^3/_4$	0,66	0,75	0,84	0,94
$^{13}/_{16}$	0,71	0,81	0,91	1,02
$^7/_8$	0,77	0,87	0,98	1,09
$^{15}/_{16}$	0,82	0,94	1,05	1,17
1	0,87	1,00	1,12	1,25

Nietanordnung in Blechträgern. Die notwendigen Nietabstände in den Gurtplatten der Blechträger über den Aussteifungswinkeln sind mit Bezug auf Abb. 37 aus nachstehender Tabelle zu ersehen.

Maße in Zoll.

S	$^1/_2$	1	$1^1/_2$	2	$2^1/_2$	3	$3^1/_2$	4	$4^1/_2$	5	$5^1/_2$	6
W	$1^3/_4$	$1^7/_8$	2	$2^1/_8$	$2^1/_4$	$2^3/_8$	$2^3/_8$	$2^1/_2$	$2^5/_8$	$2^3/_4$	$2^7/_8$	3
S1	0	$^1/_2$	1	$1^1/_2$								
W	$1^1/_2$	$1^1/_4$	$^3/_4$	0								

Aus Abb. 38 sind die Mindestnietabstände der Niete im Stehblech vom abstehenden Schenkel eines Aussteifungswinkels zu entnehmen.

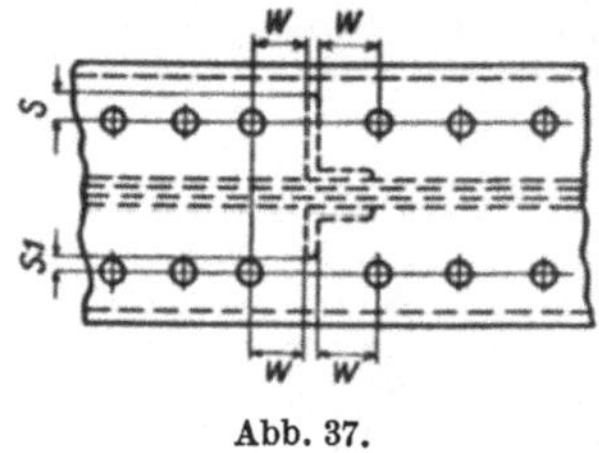

Abb. 37.

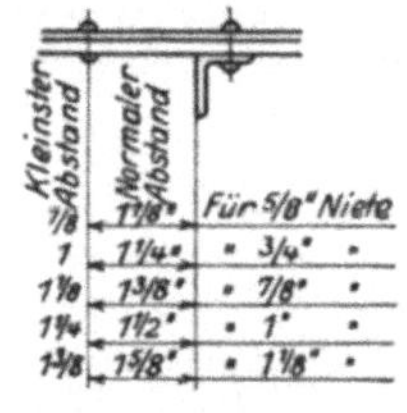

Abb. 38. Nietabstand im Stehblech von Blechträgern.

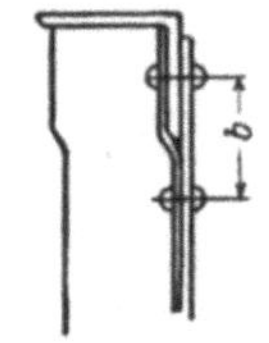

Abb. 39. Nietabstand bei Kröpfungen.

Die Nietanordnung bei gekröpftem Aussteifungswinkel zeigt Abb. 39, wobei der Abstand *b* gleich $1^1/_2''$ + der Schenkelstärke des Gurtwinkels, aber mindestens gleich $2''$, sein muß.

Baustellenniete. Bei der Bestellung der Baustellenniete sind die besonderen Wünsche des Richtmeisters bzw. des Montageunternehmers zu berücksichtigen. Eine Aufstellung der Nietlängen der Baustellenniete, wie sie bei der American Bridge Company gebräuchlich sind, ist nachstehend abgedruckt. Zu der theoretischen Nietzahl sind stets noch 15 vH + 10 Stück zuzuschlagen.

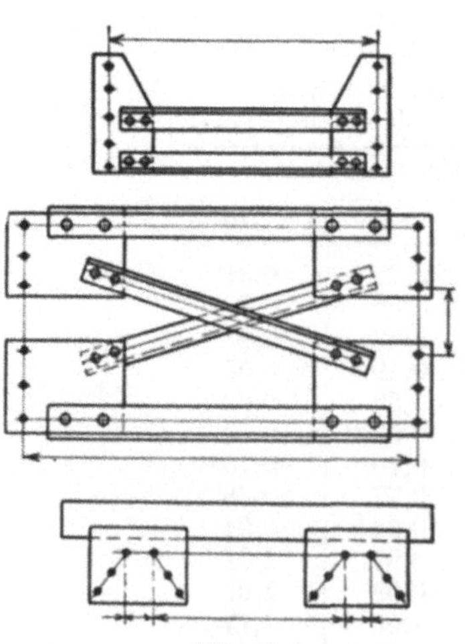

Abb. 40.

Angabe wichtiger Maße. Bei der Ausarbeitung der Werkstattzeichnungen ist besonders darauf zu achten, daß alle wichtigen Maßangaben gemacht werden. Hauptmaße, wie Abstände der Hauptträger sowie alle Maße, welche die Prüfung erleichtern, sind einzuschreiben. Um die Entfernungen zwischen Stützen oder Blechträgern, die durch Verbände festgelegt sind, bequem nachprüfen zu können, ist es zweckmäßig, die Ausgangspunkte der Systemlinien der Diagonalen mit Nietlöchern zusammen-

Längen der Baustellenniete (in Zoll).

Länge im Eisen	Niete mit vollen Köpfen – Nietdurchmesser 1/2	5/8	3/4	7/8	1	Niete mit versenkten Köpfen – Nietdurchmesser 1/2	5/8	3/4	7/8	1	Länge im Eisen
1/2	1 1/2	1 3/4	1 7/8	2	2 1/8	1 1/8	1 1/4	1 1/4	1 3/8	1 3/8	1/2
5/8	1 5/8	1 7/8	2	2 1/8	2 1/4	1 1/4	1 3/8	1 3/8	1 1/2	1 1/2	5/8
3/4	1 3/4	2	2 1/8	2 1/4	2 3/8	1 3/8	1 1/2	1 1/2	1 5/8	1 5/8	3/4
7/8	1 7/8	2 1/8	2 1/4	2 3/8	2 1/2	1 1/2	1 5/8	1 5/8	1 3/4	1 3/4	7/8
1	2	2 1/4	2 3/8	2 1/2	2 5/8	1 5/8	1 3/4	1 3/4	1 7/8	1 7/8	1
1 1/8	2 1/8	2 3/8	2 1/2	2 5/8	2 3/4	1 3/4	1 7/8	1 7/8	2	2	1 1/8
1 1/4	2 1/4	2 1/2	2 5/8	2 3/4	2 7/8	1 7/8	2	2	2 1/8	2 1/8	1 1/4
1 3/8	2 3/8	2 5/8	2 3/4	2 7/8	3	2	2 1/8	2 1/8	2 1/4	2 1/4	1 3/8
1 1/2	2 5/8	2 7/8	3	3 1/8	3 1/4	2 1/8	2 1/4	2 3/8	2 3/8	2 1/2	1 1/2
1 5/8	2 3/4	3	3 1/8	3 1/4	3 3/8	2 1/4	2 3/8	2 1/2	2 1/2	2 5/8	1 5/8
1 3/4	3	3 1/4	3 3/8	3 1/2	3 5/8	2 1/2	2 5/8	2 3/4	2 3/4	2 7/8	1 3/4
1 7/8	3 1/8	3 3/8	3 1/2	3 5/8	3 3/4	2 5/8	2 3/4	2 7/8	2 7/8	3	1 7/8
2	3 1/4	3 1/2	3 5/8	3 3/4	3 7/8	2 3/4	2 7/8	3	3	3 1/8	2
2 1/8	3 3/8	3 5/8	3 3/4	3 7/8	4	2 7/8	3	3 1/8	3 1/8	3 1/4	2 1/8
2 1/4	3 1/2	3 3/4	3 7/8	4	4 1/8	3	3 1/8	3 1/4	3 1/4	3 3/8	2 1/4
2 3/8	3 5/8	3 7/8	4	4 1/8	4 1/4	3 1/8	3 1/4	3 3/8	3 3/8	3 1/2	2 3/8
2 1/2	3 3/4	4	4 1/8	4 1/4	4 3/8	3 1/4	3 3/8	3 1/2	3 1/2	3 5/8	2 1/2
2 5/8	3 7/8	4 1/8	4 1/4	4 3/8	4 1/2	3 3/8	3 1/2	3 5/8	3 5/8	3 3/4	2 5/8
2 3/4	4	4 1/4	4 3/8	4 1/2	4 5/8	3 1/2	3 5/8	3 3/4	3 3/4	3 7/8	2 3/4
2 7/8	4 1/8	4 3/8	4 1/2	4 5/8	4 3/4	3 5/8	3 3/4	3 7/8	3 7/8	4	2 7/8
3	4 3/8	4 5/8	4 3/4	4 7/8	5	3 7/8	4	4	4 1/8	4 1/4	3
3 1/8	4 1/2	4 3/4	4 7/8	5	5 1/8	4	4 1/8	4 1/8	4 1/4	4 3/8	3 1/8
3 1/4	4 5/8	4 7/8	5	5 1/8	5 1/4	4 1/8	4 1/4	4 1/4	4 3/8	4 1/2	3 1/4
3 3/8	4 3/4	5	5 1/8	5 1/4	5 3/8	4 1/4	4 3/8	4 3/8	4 1/2	4 5/8	3 3/8
3 1/2	4 7/8	5 1/8	5 1/4	5 3/8	5 1/2	4 3/8	4 1/2	4 1/2	4 5/8	4 3/4	3 1/2
3 5/8	5	5 1/4	5 3/8	5 1/2	5 5/8	4 1/2	4 5/8	4 5/8	4 3/4	4 7/8	3 5/8
3 3/4	5 1/8	5 3/8	5 1/2	5 5/8	5 3/4	4 5/8	4 3/4	4 3/4	4 7/8	5	3 3/4
3 7/8	5 1/4	5 1/2	5 5/8	5 3/4	5 7/8	4 3/4	4 7/8	4 7/8	5	5 1/8	3 7/8
4	5 3/8	5 5/8	5 3/4	5 7/8	6	4 7/8	5	5	5 1/8	5 1/4	4
4 1/8	5 5/8	5 7/8	6	6 1/8	6 1/4	5 1/8	5 1/4	5 1/4	5 3/8	5 1/2	4 1/8
4 1/4	5 3/4	6	6 1/8	6 1/4	6 3/8	5 1/4	5 3/8	5 3/8	5 1/2	5 5/8	4 1/4
4 3/8	6	6 1/4	6 3/8	6 1/2	6 5/8	5 1/2	5 5/8	5 5/8	5 5/8	5 3/4	4 3/8
4 1/2	6 1/8	6 3/8	6 1/2	6 5/8	6 3/4	5 5/8	5 3/4	5 3/4	5 3/4	5 7/8	4 1/2
4 5/8	6 1/4	6 1/2	6 5/8	6 3/4	6 7/8	5 3/4	5 7/8	5 7/8	5 7/8	6	4 5/8
4 3/4	6 3/8	6 5/8	6 3/4	6 7/8	7	5 7/8	6	6	6	6 1/8	4 3/4
4 7/8	6 1/2	6 3/4	6 7/8	7	7 1/8	6	6 1/8	6 1/8	6 1/8	6 1/4	4 7/8
5	6 5/8	6 7/8	7	7 1/8	7 1/4	6 1/8	6 1/4	6 1/4	6 1/4	6 3/8	5
5 1/8	—	—	7 1/8	7 1/4	7 3/8	—	—	6 3/8	6 3/8	6 1/2	5 1/8
5 1/4	—	—	7 1/4	7 3/8	7 1/2	—	—	6 1/2	6 1/2	6 5/8	5 1/4
5 3/8	—	—	7 3/8	7 1/2	7 5/8	—	—	6 5/8	6 5/8	6 3/4	5 3/8
5 1/2	—	—	7 5/8	7 3/4	7 7/8	—	—	6 7/8	6 7/8	7	5 1/2
5 5/8	—	—	7 3/4	7 7/8	8	—	—	7	7	7 1/8	5 5/8
5 3/4	—	—	7 7/8	8	8 1/8	—	—	7 1/8	7 1/8	7 1/4	5 3/4
5 7/8	—	—	8	8 1/8	8 1/4	—	—	7 1/4	7 1/4	7 3/8	5 7/8

fallen zu lassen und alle zur genauen Festlegung und Nachprüfung notwendigen Maße, wie an den Beispielen der Abb. 40 angedeutet worden ist, anzugeben. Bei Bauteilen, die an beiden Enden offene

Löcher für Baustellenniete aufweisen, sind die Abstände der äußersten Löcher von den Außenkanten in die Zeichnung einzutragen.

Stehbleche. Liegen bei Eisenbahnbrücken die Querschwellen auf genieteten Längsträgern oder unmittelbar auf aus Blechträgern bestehenden Hauptträgern ohne Kopfplatten, so läßt man zur Erzielung einer gegen seitliche Verschiebung gesicherten Lagerung der Schwellen die Stehbleche oft $^1/_8''$ über die Gurtwinkel hinausragen und in Einkerbungen der Schwellen hineingreifen. In solchem Falle ist dies deutlich auf der Zeichnung anzugeben.

Paarweise zusammengehörige Träger. Lange Trägerpaare sind bereits in der Werkstatt in der richtigen Lage zueinander zu bearbeiten, um ein Verschwenken des einen Trägers beim Verladen oder auf der Baustelle zu vermeiden.

Bei sehr langen Blechträgern ist von vornherein Rücksicht auf die richtige Lage des vorderen Endes zu nehmen und auch die Eisenbahn auf die Beibehaltung der Richtung des Trägers aufmerksam zu machen, damit die Brückenträger ohne weiteres in der richtigen Lage abgeladen und eingebaut werden können.

Gebogene Winkel. Bei gekrümmten Winkeln sind Längenmaße auf den Winkelrücken zu beziehen und z. B. auf der Zeichnung anzugeben: „2 ∠ $6 \times 4 \times {}^1/_2 \times 21'2''$, auf Winkelrücken bezogen, gebogen“.

Bezeichnung ungleichschenkliger Winkel. Bei Benennung ungleichschenkliger Winkel ist der in der Zeichenebene liegende Winkelschenkel voranzustellen.

Vergitterungen. Bei Vergitterungsstäben mit abgerundeten Enden werden die Längen zwischen den äußersten Löchern angegeben, bei den eckigen Stäben die Gesamtlängen. Bei Zugstäben sind Bindebleche den Vergitterungen vorzuziehen. Da sich bei geringem Wandungsabstand zweiwandiger Querschnitte sehr kurze Vergitterungen ergeben würden, ist es zweckmäßiger, die Vergitterungen durch ein volles Blech zu ersetzen. Der Auftraggeber dürfte in den meisten Fällen diese Anordnung genehmigen, da sie ein nur geringes Mehrgewicht gegenüber einer Vergitterung aufweist. Soll ein volles Blech nicht verwendet werden und beträgt der Abstand der Nietrißlinien der zu vergitternden Querschnittsteile höchstens 12″, so müssen die obere und untere Vergitterung mit Rücksicht auf eine bequemere Nietarbeit gleichlaufend angeordnet werden.

Verbände und Diagonalen. Aus vier Winkeleisen zusammengesetzte Zugstäbe erhalten keine Vorspannung, nur bei aus einem oder zwei Winkeln oder Flacheisen bestehenden Zugstäben wird eine solche durch Verkürzung der theoretischen Stablängen erzielt, und zwar beträgt diese:

bei Stäben von mehr als 10′ bis einschl. 21′ Länge . . . . . $^1/_{16}''$
„ „ „ „ „ 21′ „ „ 35′ „ . . . . . $^1/_8''$
„ „ „ „ „ 35′ Länge . . . . $^3/_{16}''$

Kürzere Stäbe erhalten keine Vorspannung. Maßangaben bei den Stablängen in $^{1}/_{32}''$ sind durch Aufrundung zu umgehen, doch soll der Zuschlag nicht mehr als $^{1}/_{32}''$ betragen.

Des besseren Transportes wegen sind die Knotenbleche der Verbände bei Blechträgern lose zu verschicken.

Futter. Futterringe sind, soweit nicht größte Gewichtsersparnis notwendig ist, zu vermeiden und an ihrer Stelle Futterstücke mit zwei Nieten anzuordnen. Die Abstände der letzteren können $1'$ größer gewählt werden als die der Futterringe.

Bei vergitterten Querschnitten, die aus vier ∠-Eisen bestehen, deren abstehende Schenkel breiter als $3''$ sind, sind die Bindebleche in Stärke von zwei Vergitterungsstäben zu unterfuttern. Bei schmaleren ∠-Schenkeln können die Futter fortfallen.

Abstand der Querschnittsteile und Spielräume. Bei Querschnitten, die aus zwei mit den Flanschen einander zugekehrten ⊏-Eisen gebildet sind, ist der lichte Abstand zwischen den Innenkanten der ⊏-Eisen mit Rücksicht auf die Nietarbeit mindestens zu $5^{1}/_{2}''$ anzuordnen (s. Abb. 41).

Abb. 41. Kleinster zulässiger Abstand der ⊏-Eisen im ⊏⊐ Querschnitt.

Die Längsträger der Brücken mit unten liegender Fahrbahn sind mit einem Spielraum von je $^{1}/_{32}''$ an den Enden einzubauen. Bei Brücken mit oben liegender Fahrbahn sind die Spielräume mit Rücksicht auf die Ausbildung der Fahrbahn zu wählen.

Randabstand der Nietlöcher. Nach Möglichkeit sind die Nietlöcher der für die Vielfachlochstanzen vorgesehenen Lamellen und Bleche mit $2''$ Randabstand anzuordnen.

Bearbeitung der Blechkanten. Kranträgerstehbleche von mehr als $^{1}/_{2}''$ Stärke, deren obere Längskante zur unmittelbaren Übertragung der Raddrücke dienen soll, sind längs dieser Kante zu hobeln. Für das Abhobeln der Kanten ist bei der Bestellung $^{1}/_{16}''$ zuzugeben.

Schwächere Stehbleche sind nicht zu hobeln, sondern während der Bearbeitung auf den Vielfachlochstanzen nur zu beschneiden. Diese Bearbeitungsweise genügt für leichtere Blechträger vollkommen.

Heftniete. Die abstehenden Schenkel doppelt angeordneter Aussteifungswinkel von Blechträgern werden durch Heftniete in Abständen von $1'$ zusammengehalten, ebenso alle Teile mit einer größeren Anzahl von Nietlöchern für Baustellenniete, um sie während des Fräsens, Hobelns oder Aufreibens unverschieblich gegeneinander zu halten.

Fräsen. Bei Konstruktionsteilen, die an den Enden schräg gefräst werden sollen, ist der Neigungswinkel der Schrägen in Grad und Minuten anzugeben, ebenso die Länge der zu bearbeitenden Fläche, da die Fräsmaschinen hiernach eingestellt werden müssen.

Sollen die Anschlußwinkel an den Enden der Querträger, Längsträger oder Stützen erst angenietet werden, nachdem die Trägerenden gefräst worden sind, so ist auf der Zeichnung die zu bearbeitende Fläche durch die Bemerkung „Bearb." zu kennzeichnen.

Werden die Querträger-, Längsträger- oder Stützenenden erst nach Anbringen der Anschlußwinkel gefräst, in welchem Falle letztere $^1/_8''$ stärker mit Rücksicht auf die Bearbeitung vorgesehen werden müssen, so ist die Zeichnung mit der Bemerkung zu versehen: „Längsträger usw. nach Annieten der Anschlußwinkel zu fräsen."

Auch die sonstigen zu fräsenden Teile sind auf der Zeichnung durch den Hinweis „an einem Ende zu bearb." oder „beiderseits zu bearbeiten" bzw. „eine Kante zu bearbeiten" usw. zu kennzeichnen.

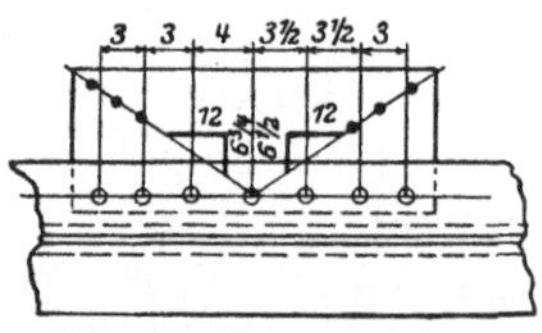

Abb. 42. Unsymmetrische Nietanordnung im Knotenblech.

Knotenbleche. Bei Knotenblechen, die annähernd symmetrisch sind und nur geringe Unterschiede in den Nietteilungen der Diagonalanschlüsse aufweisen, wie Abb. 42 zeigt, sind die wagrechten und schrägen Nietteilungen so anzuordnen, daß ein verkehrter Einbau der Bleche nicht möglich ist.

Walzträger. Die verwendeten Walzträger, die keine Anschlußwinkel an den Enden aufweisen, dürfen Längenabweichungen von $\pm\, ^1/_4''$ haben, falls es nicht anders vorgeschrieben wird.

Walzträger für Brücken- und Industriebauten sind ähnlich wie die im folgenden Abschnitt X behandelten Trägerkonstruktionen für Geschoßbauten in den Zeichnungen darzustellen. Die notwendigen Angaben für die Einzelteile sind in folgender Reihenfolge einzuschreiben: Profilangabe, Länge, Bestellänge. Nietabstände sind vom linken Trägerende nach rechts fortschreitend anzugeben. Bei Brücken erhalten die Anschlußwinkel, abweichend von den übrigen Bauwerken, anstatt der Normalienangabe Positionsbezeichnungen.

Fahrbahnrost. Sind die aus Profileisen bestehenden Querträger bei einer Blechträgerbrücke unmittelbar auf die horizontalen Winkelschenkel der unteren Gurtung aufgesetzt, so sind folgende Spielräume vorzusehen:

1. $^1/_8''$ zwischen Oberkante Querträger und Unterkante Eckaussteifung,

2. $^3/_8''$ zwischen den Querträgerenden und den Nietköpfen im senkrechten Winkelschenkel der unteren Gurtung,

3. sind zur Vermeidung versenkter Niete im wagerechten Schenkel der unteren Gurtung die unteren Flansche der Querträger an den Enden auszuklinken.

Keilförmige Unterlegscheiben. Beim Anschluß von Trägern an die unteren Flansche von I- oder [-Eisen sind keilförmige Unterlegscheiben zu verwenden. In Abb. 43 sind die Abmessungen solcher Unterlegscheiben angegeben.

Aussteifungswinkel. Sollen die unteren Enden der Aussteifungswinkel über den Auflagern der Blechträger zur Übertragung des Auflagerdrucks herangezogen werden, so sind sie sauber einzupassen, worauf in der Zeichnung durch eine entsprechende Bemerkung hinzuweisen ist.

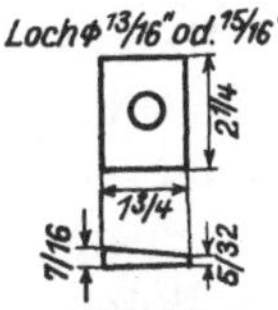

Abb. 43. Unterlegscheibe.

Aussteifungswinkel zur Verstärkung des Steges von Walzträgern sind nur ausnahmsweise einzupassen. Durch Aufnieten von Steglamellen oder Verwendung zweier zusammengenieteter [-Eisen nach Abb. 44 erreicht man eine einfachere Stegverstärkung, falls eine solche erforderlich sein sollte.

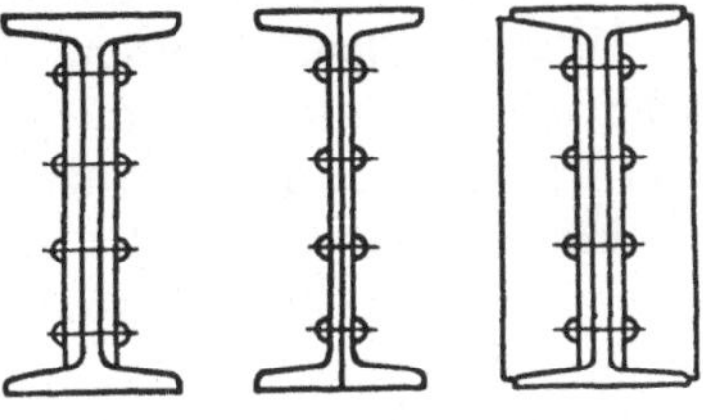

Abb. 44. Stegverstärkung.

Höhenlage der Auflager und Stützen. Die Oberkante aller Auflagerteile oder Stützkonstruktionen ist $^1/_8''$ tiefer anzuordnen, als es die Unterkante des zu unterstützenden Bauteils erfordert.

Schraubenbolzen. Für Verbindungen, die auf Abscheren beansprucht werden, bei welchen aber Niete nicht geschlagen werden können und Maschinenschrauben nicht zulässig sind, sind gedrehte Bolzen nach Abb. 45 zu verwenden.

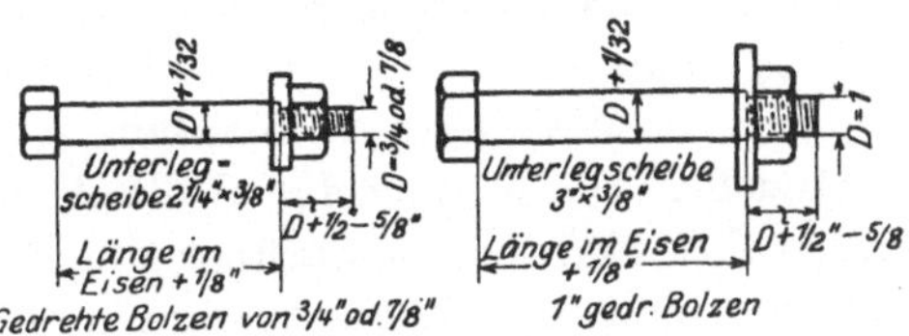

Abb. 45. Gedrehte Bolzen.

Für die Kopfschrauben der Auflagerrollen sind solche normaler Abmessungen, wie sie auf der Drehbank hergestellt und im Magazin auf Vorrat gehalten werden, vorzusehen (s. Abb. 46).

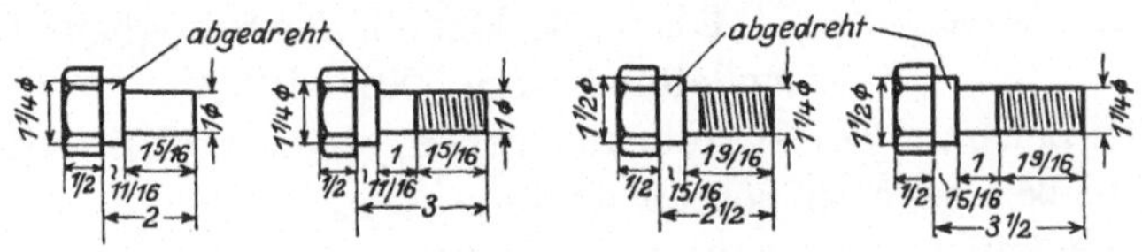

Abb. 46. Kopfschrauben für Auflager.

Ankerschrauben. Ankerbolzen mit unten umgebogenem Ende sind geraden Bolzen mit Ankerplatte vorzuziehen.

Beim Konstruieren der Brücken ist darauf zu achten, daß etwa notwendige Verankerungen auch nach Aufstellung der Eisenkonstruktion eingebracht werden können. Die für die Verankerung vorzusehenden

Löcher sind hierbei $1/2''$ größer als der Bolzendurchmesser zu wählen. Sind die Ankerbolzen bereits vor Aufstellung der Eisenbauteile eingebracht, so sind die in diesen für die Verankerung bestimmten Löcher 1″ größer als der Bolzendurchmesser anzuordnen.

Hakenschrauben. Bei Verwendung von Hakenschrauben ist für die Schmiede eine Naturgröße der Schraube anzufertigen, um die richtige Kopfform zu gewährleisten.

Schleifenstäbe. Bei Rundeisen mit schleifenförmigen Enden sind die den Bolzen umschließenden Flächen nicht durch Bohren, sondern durch Schmieden um einen Dorn herzustellen. Nur bei größeren und wichtigen Bauteilen ist es ratsam, die Löcher zu bohren.

Auflagerrollen. (Stelzen.) Die Stelzen sind im allgemeinen durch Schmieden herzustellen, die glatt und parallel zu bearbeitenden Seiten sind auf der Zeichnung anzugeben. Ist Stahlguß für die Stelzen vorgeschrieben, so werden die Seiten nicht bearbeitet. Für die Auflagerrahmen werden Querschnitte $2'' \times 1''$, wie sie ständig auf Lager liegen, verwendet.

Normale Stelzen sind 6″ hoch und 4″ breit.

Hänge- und Zugstangen. Die üblichen Stärken solcher Rundeisen sind $3/4''$ und $7/8''$. Stäbe in anderen Stärken sind nur bei größerem Bedarf vom Walzwerk zu beziehen.

Modelle. Die Modelle für Gußteile werden nach Gruppen geordnet aufbewahrt und Listen darüber angelegt, um ein leichteres Wiederauffinden und eine Wiederverwendung zu ermöglichen.

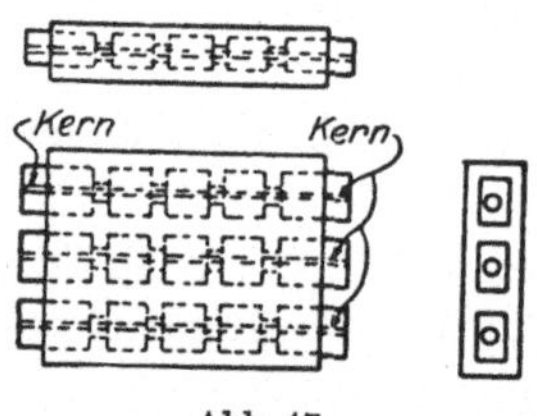

Abb. 47. Gußkerne für Blockauflager.

Klasse 1: Modelle für Brücken, ausgenommen bewegliche Brücken. Modellnummern 1001—3000.

Klasse 2. Modelle für Hochbauten (Stockwerksbauten). Modellnummern 3001—4000.

Klasse 3. Modelle für Industriebauten. Modellnummern 4001—5000.

Klasse 4. Modelle für bewegliche Brücken. Modellnummern 5001—10000.

Auf den Zeichnungen ist stets anzugeben, ob die Löcher in den Gußteilen zu gießen oder zu bohren sind.

Jedes Gußstück ist genau zu benennen und zu beziffern. Die Bezeichnungen „Guß“ oder „Gußstück“ sind nicht hinreichend, da sie keinen Aufschluß über die Art des Gußteiles geben.

Die Einteilung gegossener Auflagerteile ist folgende:

Lagerstühle mit Bolzen („Shoes“),

Lagerstühle ohne Bolzen mit schrägen Rippen („Pedestals“),

Lagerstühle oder Blockauflager mit geraden Rippen („Blocks“).

In Abb. 48 sind die genannten Auflagerarten dargestellt.

Auf der Zeichnung wird ein Auflager beispielsweise in folgender Art bezeichnet:

„Pedestal“ CB1 — Mod. 1671, Stahlguß.

Ist ein Modell voraussichtlich nicht wieder zu verwenden, so kann durch ein Zeichen (etwa △) hinter der Modellnummer angedeutet werden, daß das Modell nach dem Gießen der benötigten Teile zerstört werden kann. Solche nur einmalig verwendbare Modelle brauchen nicht so dauerhaft hergestellt zu werden wie die, welche Normalien darstellen und aufbewahrt werden sollen.

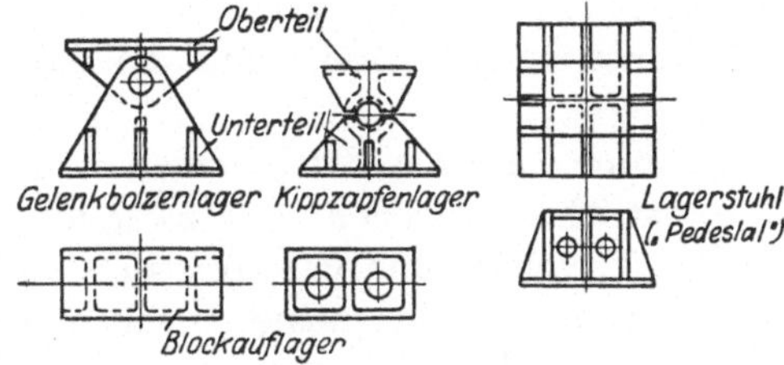

Abb. 48. Auflagertypen.

Kann ein altes Modell nach Abänderung erneut verwendet werden, so erhält es neben der alten Bezeichnung eine neue Nummer. Bei nur geringfügigen Änderungen ist z. B. anzugeben: wie Mod. 1234, mit Ausnahme der Stärke der Mittelrippe. Bei umfangreicheren Änderungen ist auf der Zeichnung einzutragen: siehe Mod. 1234.

Sollen die Modelle vertragsgemäß in den Besitz des Auftraggebers übergehen, so ist eine entsprechende Bemerkung auf die Zeichnung zu setzen.

Der Bestellung von Gußteilen sind stets die Materialvorschriften beizufügen.

Namenschilder. Die für die Namenschilder vorgesehenen Stellen des Bauwerks sind auf der Zeichnung anzugeben.

Es sind anzubringen:

	Anzahl der Schilder
Bei 1 Blechträgerbrücke	1
„ 2 hintereinander liegenden Blechträgerüberbauten	1
„ 3 oder mehr hintereinander liegenden Überbauten (je 1 Schild für jedes Brückenende)	2
„ 1 Fachwerküberbau (je 1 Schild für jedes Brückenende)	2
„ 2 oder mehr hintereinander liegenden Fachwerküberbauten (je 1 Schild für jedes Brückenende)	2

Führungsstücke für Gelenkbolzen. Bei Brücken mit Bolzengelenken sind für jede Bolzenstärke je zwei aufschraubbare Führungsstücke, sowie je zwei Schutzmuttern für das Eintreiben der Gelenkbolzen vorzusehen.

Diese Teile sind meistens nicht notwendig für die Auflagerstühle mit Gelenkbolzen (shoes), da diese in der Regel zusammengesetzt verschickt werden.

Gasrohrgeländer. In die Rohre der Geländerpfosten werden die Verbindungsstücke, an welchen die wagrechten Geländergasrohre mit Bolzen befestigt werden, eingeschraubt. Die Gasrohre werden in beliebiger

Länge bestellt und mittels Muffen zwischen den Pfosten zusammengeschraubt.

Alle Gewinde sollen rechtsgängig sein, falls nicht linksgängige Gewinde besonders notwendig werden.

Anormale Verbindungsstücke sind nach Möglichkeit zu vermeiden. Für schräge Geländeranschlüsse kann eine Einschränkung der Zahl der Verbindungsstücke dadurch erzielt werden, daß bei Neigungsunterschieden bis 1:6 ein und dasselbe Verbindungsstück vorgesehen wird.

Anstrich. Auf den Zeichnungen sind stets Angaben über den Werkstattanstrich zu machen, und zwar ist auf der ersten Zeichnung eine genaue Vorschrift für den Anstrich zu geben, während die übrigen Zeichnungen nur allgemeine Angaben, wie: 1 × Mennige- und Leinöl usw., zu enthalten brauchen.

Zugstangen, Hakenschrauben, kleinere Schmiedestücke usw. kommen in der Regel ohne Anstrich zum Versand.

Enthält eine Zeichnung die Bemerkung „Kein Anstrich“, so sind auch die nach dem Zusammenbau unzugänglichen Flächen nicht zu streichen. Sollen nur diese einen Anstrich erhalten, so muß die Zeichnung folgende Bemerkung erhalten: Kein Anstrich, außer für die nach dem Zusammenbau unzugänglichen Flächen: 1 × Mennige und Leinöl, oder dgl.

Bei Bauteilen, welche nur teilweise gestrichen werden sollen, ist eine genaue Anweisung auf der Zeichnung zu geben.

Anstrich bearbeiteter Flächen. Falls nicht besondere Vorschriften maßgebend sind, erhalten die Berührungsflächen beweglicher Teile, wie Gelenkbolzen, Lager, Wellen, Verzahnungen usw. einen Anstrich von Bleiweiß und Talg. Alle übrigen Teile erhalten den sonst vorgeschriebenen Anstrich.

Versand. Die Schrauben der nur für den Versand zusammengeschraubten Bauteile sind auf der Zeichnung ohne Angabe der Schaftlänge und des Durchmessers aufzuführen, z. B. Schr. 1aa — 2 Stück f. Versand.

Alle Konstruktionsteile, die verladen mit ihrem höchsten Teil mehr als 15′6″ über Schienenoberkante liegen, sind auf das zulässige Lademaß hin nachzuprüfen. Dabei ist zu beachten, daß das Lademaß bei den einzelnen Eisenbahngesellschaften und oft sogar bei den Linien einer Gesellschaft verschieden ist.

Bei allen Teilen, die 5 Tonnen und mehr wiegen, ist das Versandgewicht mit Farbe auzugeben.

Musterblätter. Die Abb. 49—54 stellen Werkstattzeichnungen von Brückenbauteilen dar, welche die Einteilung und Ausführung solcher Zeichnungen zeigen sollen.

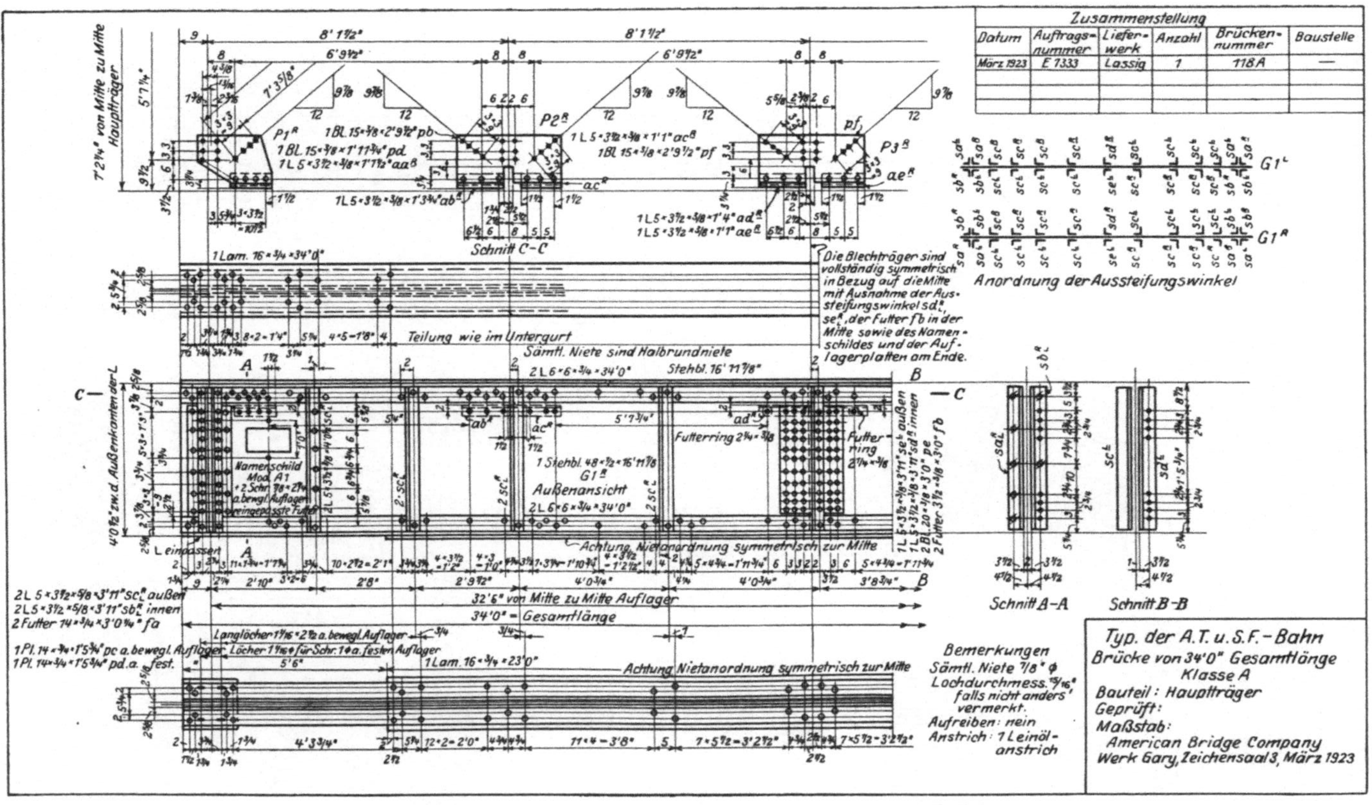

Abb. 49. Brücke von 34′ Länge, Klasse A, Typ der A. T.- und S. F.-Bahn.

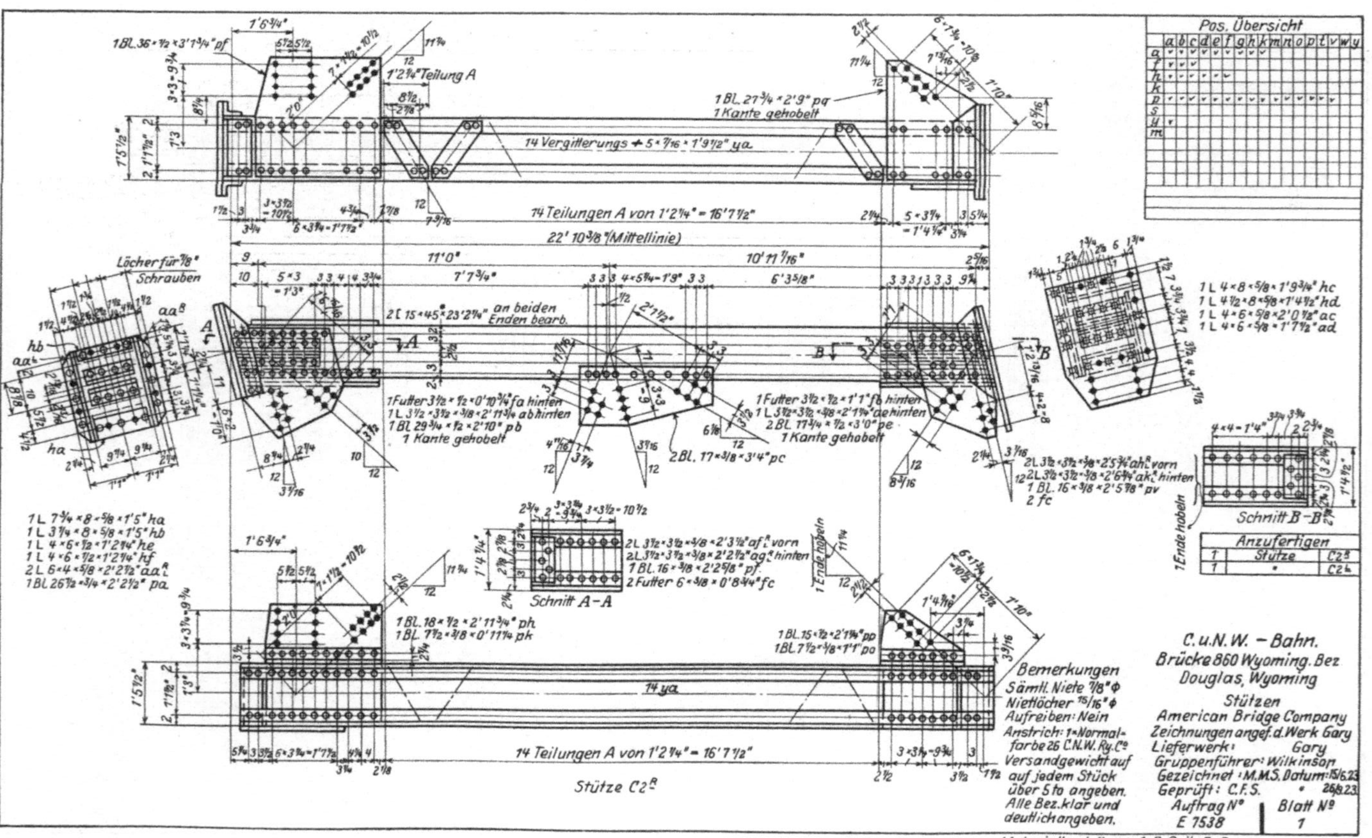

Abb. 50. Viaduktstütze für Brücke 860, Douglas, Wyoming, C.- und N. W.-Bahn.

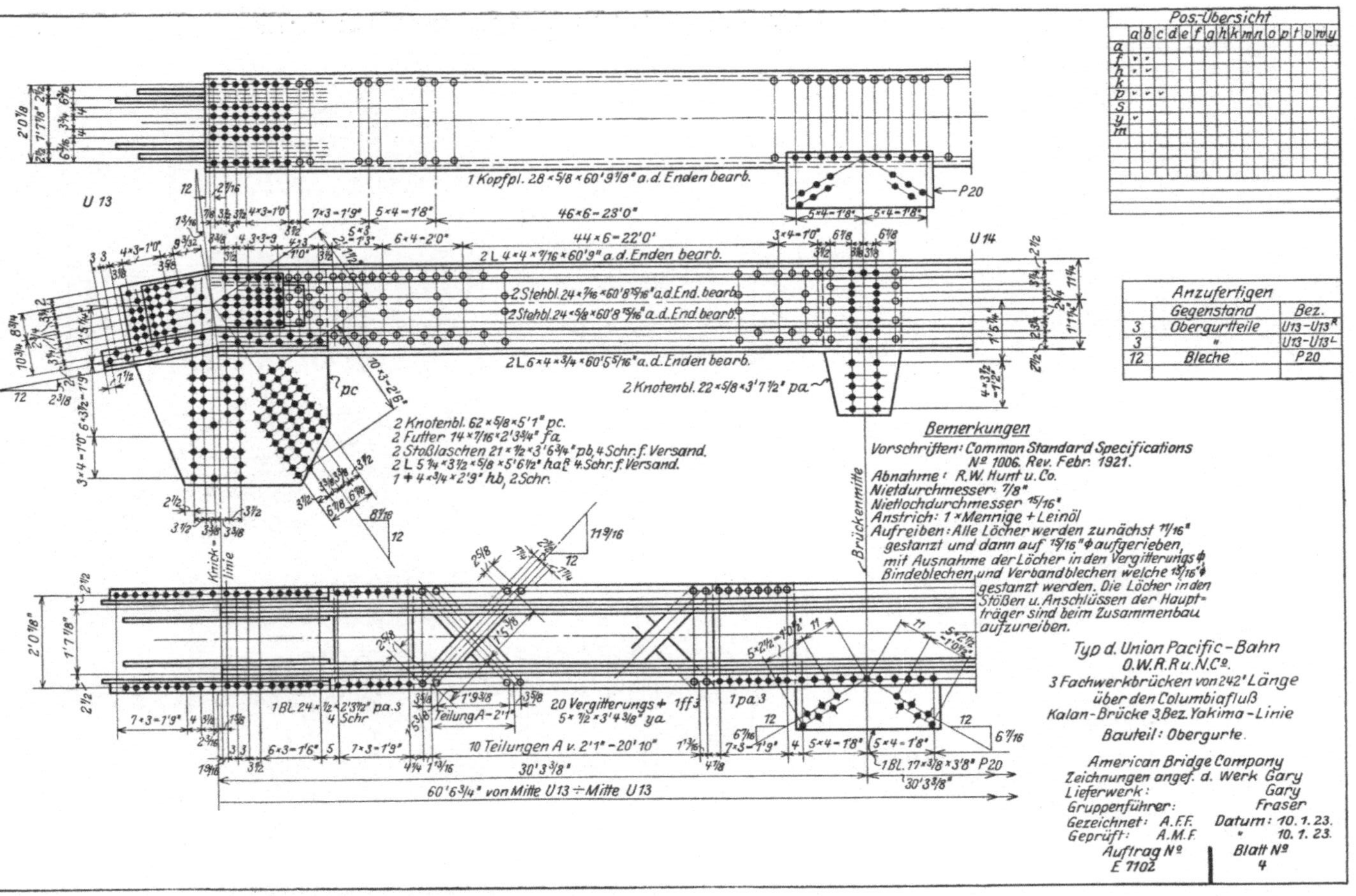

Abb. 51. Kalanbrücke über den Columbiafluß, Fachwerkbrücke von 242′ Länge, genietete Knotenpunkte, Fahrbahn unten, Obergurt.

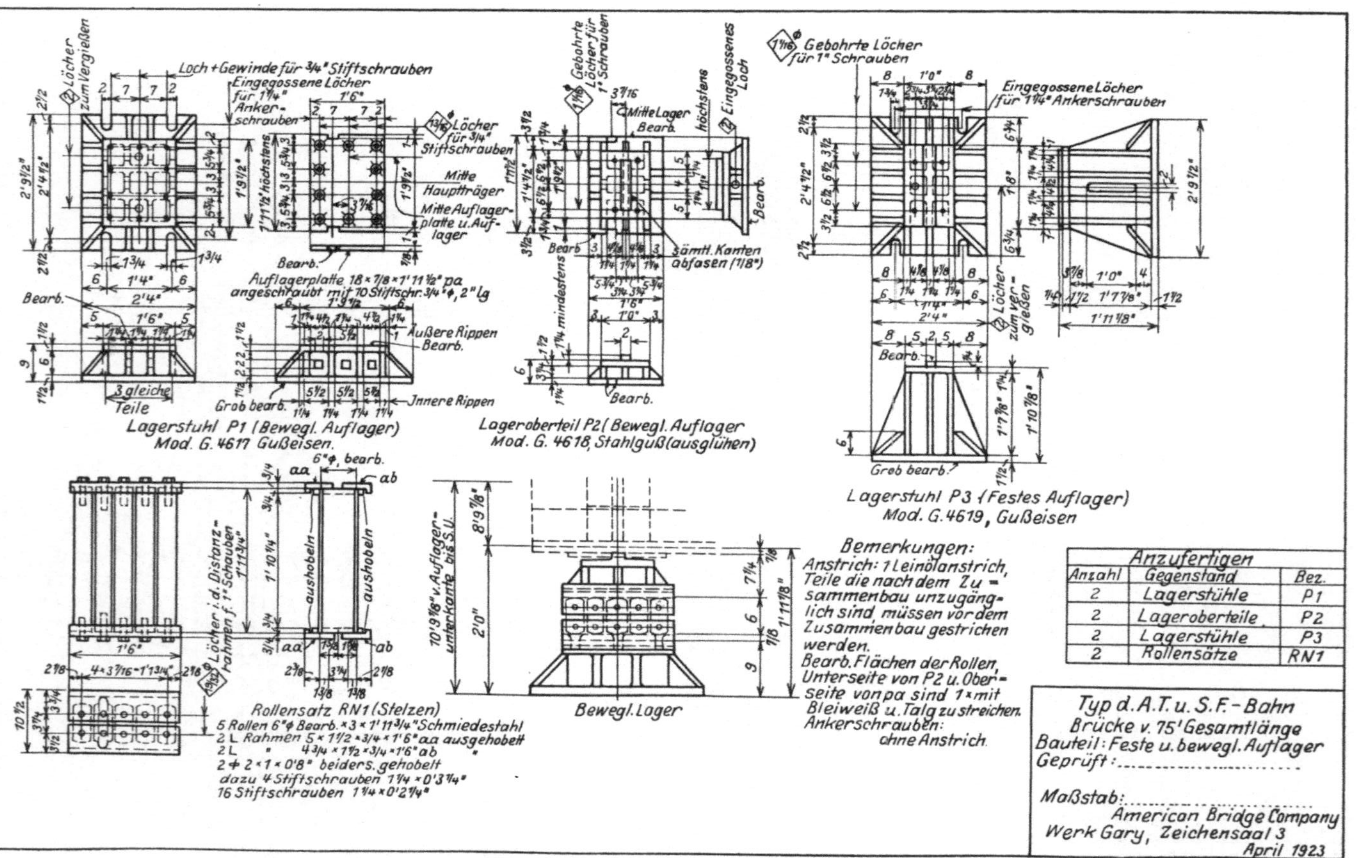

Abb. 52. Normalauflager für Brücke von 75' Länge, Klasse A, Typ der A. T.- und S. F.-Bahn.

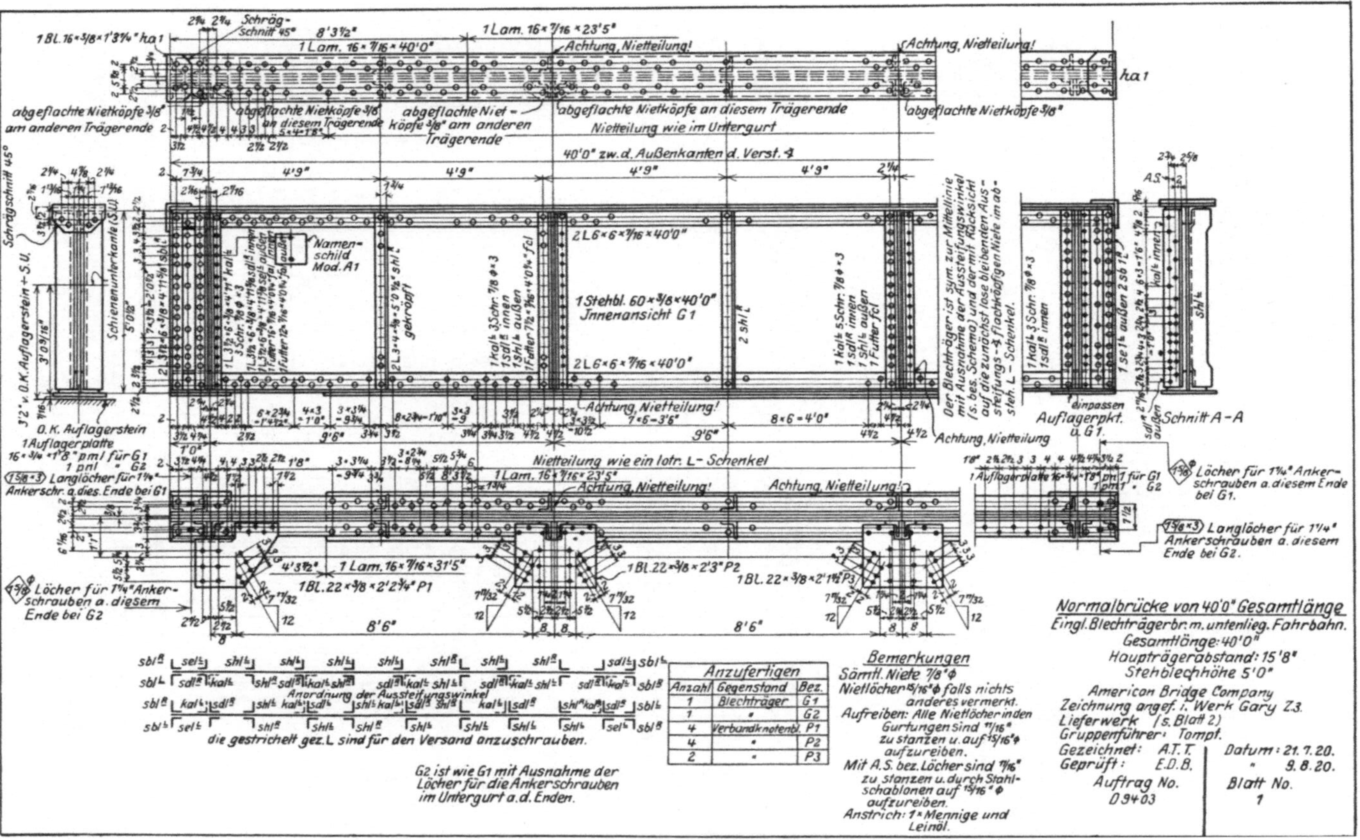

Abb. 53. Blechträgerbrücke mit Fahrbahn unten, Länge 40', J. C.-Bahn.

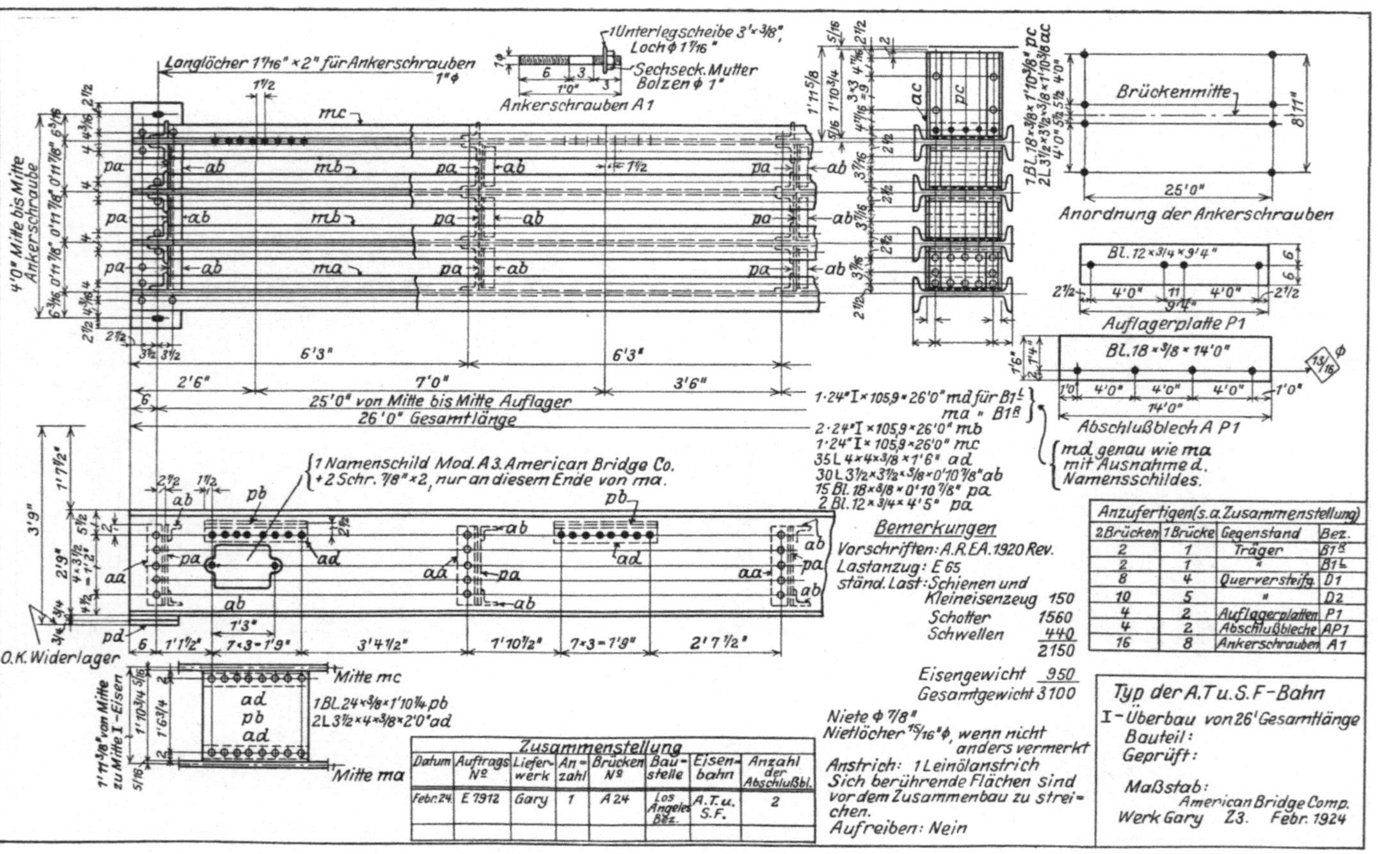

Anzufertigen (s. a. Zusammenstellung)			
2 Brücken	1 Brücke	Gegenstand	Bez.
2	1	Träger	B1 R
2	1	"	B1 L
8	4	Querversteifg.	D1
10	5	"	D2
4	2	Auflagerplatten	P1
4	2	Abschlußbleche	AP1
16	8	Ankerschrauben	A1

Zusammenstellung							
Datum	Auftrags Nº	Lieferwerk	Anzahl	Brücken Nº	Baustelle	Eisenbahn	Anzahl der Abschlußbl.
Febr. 24	E 7912	Gary	1	A 24	Los Angeles Bez.	A.T. u. S.F.	2

Abb. 54.¹) Walzträgerüberbau von 26' Länge, Typ der A. T.- und S. F.-Bahn.

X. Hochbauten (Stockwerksbauten.)

Die Bearbeitung von Aufträgen, die den Bau von mehrgeschossigen Eisenkonstruktionen zum Gegenstand haben, unterscheidet sich in mancherlei Beziehung von der Abwicklung der Brückenbauten in Bureau und Werkstatt. Ein bemerkenswerter Unterschied besteht in der Verwendung normaler Konstruktionseinzelheiten, die ohne Maßangabe verwendet werden. Für Brückenbauten wurden genaue Konstruktionszeichnungen mit sämtlichen Teilmaßen in die Werkstatt gegeben; bei Stockwerksbauten muß die Werkstatt diese erst mit Hilfe von Tabellen und sonstiger Hilfsmittel, die für diese Zwecke bereits bearbeitet sind, ermitteln. Die nachstehenden Ausführungen erläutern diese von der im Brückenbau üblichen Methode abweichende Behandlung mehrgeschossiger Eisenbauten.

Ohne Rücksicht auf die äußere Form und den verwendeten Baustoff versteht man unter einem Gebäude im weitesten Sinne ein mit einem Dach versehenes Bauwerk. Die Gebäude lassen sich in 3 Gruppen zergliedern: Stockwerksbauten, Industriebauten und sonstige Hochbaukonstruktionen. Zu den ersteren gehören alle mehrgeschossigen Bauten, wie Wohnhäuser, Saalbauten mit eingebauten oder beweglichen Sitzen, Kirchen, Tanzsäle, Exerzierhallen, Reithallen, Theater, Hotels, Speicheranlagen, Magazine, Warenhäuser, Verwaltungsgebäude und Schulen. Dabei können von den aufgeführten Bauten oft mehrere unter einem Dach vereinigt sein.

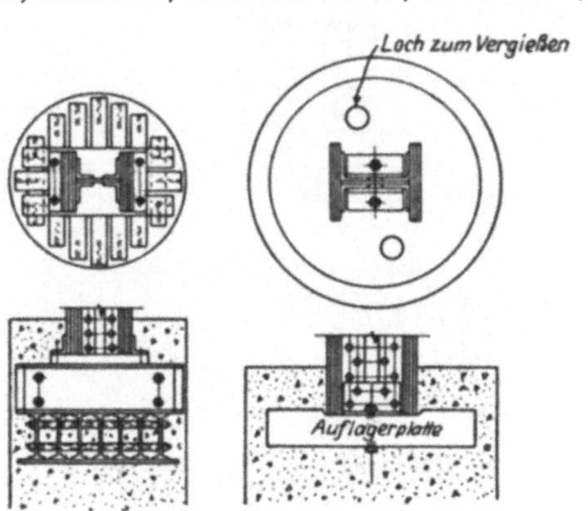

Abb. 55. Stützenauflagerung.

Allgemeines.

Trägerrost. Zwei normale Ausbildungen für Trägerroste sind in Abb. 55 dargestellt.

Stützenfüße. Für die Ausbildung der Stützenfüße sind drei verschiedene Arten üblich. Bei der ersten ist eigentlich nur eine kräftige Auflagerplatte, die in einfachster Weise mit der Stütze in Verbindung gebracht ist, vorhanden. Sonst verwendet man entweder gegossene oder genietete Stützenfüße. Letztere Ausbildung ist in Abb. 56 gezeigt, doch ist sie teuer, weswegen die Verwendung einer einfachen Auflagerplatte vorzuziehen ist.

Auflagerplatten. Auflagerplatten sind für die Verteilung des Druckes konzentrierter Lasten, z. B. bei Stützenfüßen, zur Übertragung des Stützendruckes auf das Mauerwerk oder den Trägerrost (Abb. 57) besonders geeignet. Auch zur Übertragung der Belastung einer

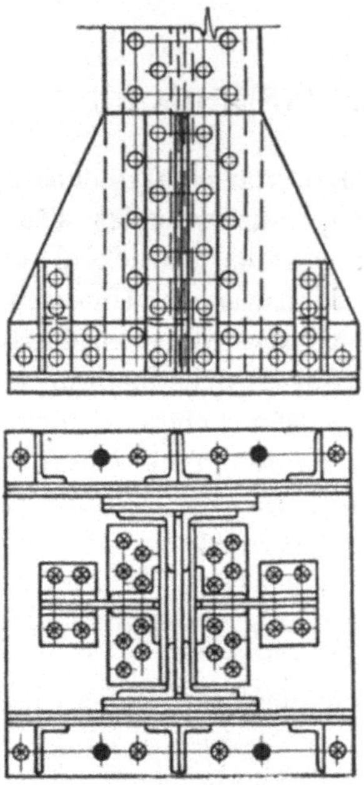

Abb. 56. Genieteter Stützenfuß.

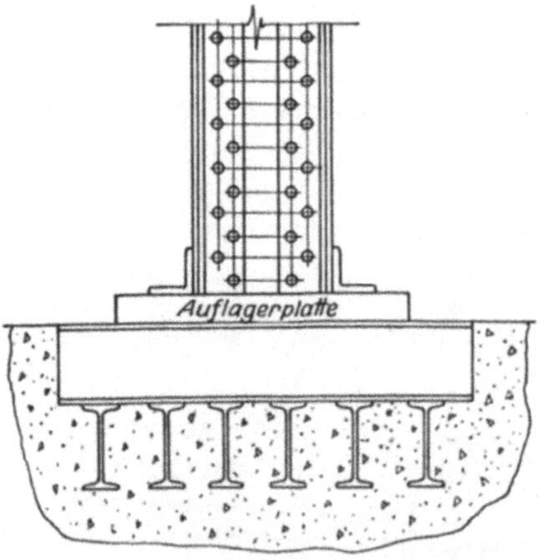

Auflagerplatte

Abb. 57. Stützenfußausbildung mit Auflagerplatte und Trägerrost.

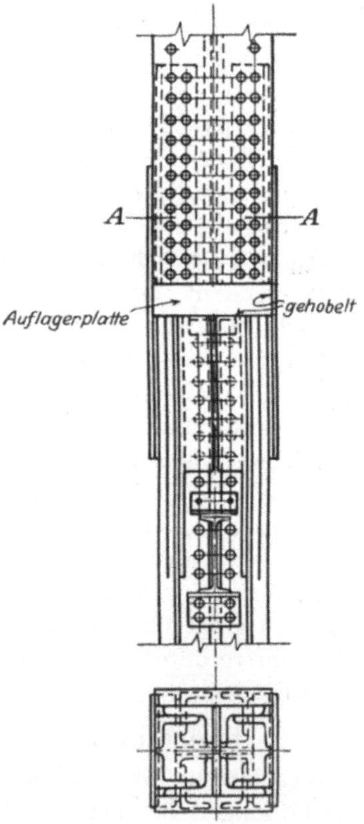

A A Auflagerplatte gehobelt

Abb. 58. Stützenstoß zw. 2 Stockwerken.

Stütze auf mehrwandige Blechträger oder als Kopfplatten der Stützen sind sie sehr zweckmäßig. Mit Rücksicht auf die Anschlüsse schwerer Unterzüge müssen bei Geschoßbauten die Stützen in zwei übereinanderliegenden Stockwerken zuweilen um einen rechten Winkel in ihrer Längsachse gegeneinander verdreht werden. Zwischen beide Stützen wird dann, wie aus Abb. 58 ersichtlich ist, eine kräftige Auflagerplatte eingeschaltet.

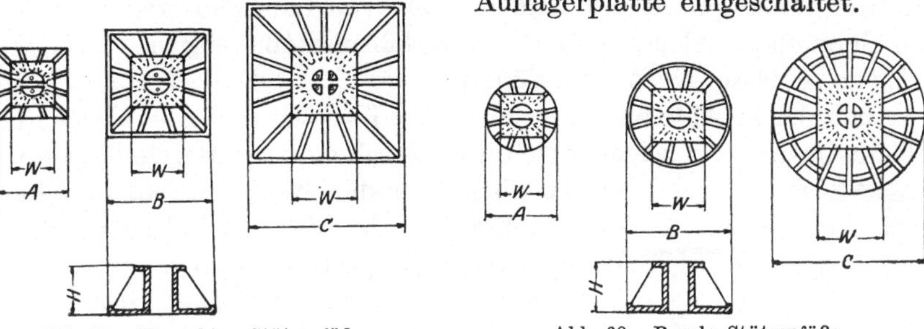

Abb. 59. Viereckige Stützenfüße. Abb. 60. Runde Stützenfüße.

Gegossene Stützenfüße. Die Grundrißform gegossener Stützenfüße ist entweder quadratisch (Abb. 59) oder kreisrund (Abb. 60). Um eine schnellere Lieferung der Stützenfüße zu ermöglichen, sind Normalien aufgestellt, deren Abmessungen nachstehender Tafel entnommen werden können.

Normalien für Stützenfüße (mit Bezug auf Abb. 59 und 60).

A	H	W	B	H	W	C	H	W
2′ 0″	9″	1′ 6″	3′ 0″	1′ 3″	1′ 9″	5′ 0″	2′ 3″	2′ 5″
2′ 3″	9″	1′ 6″	3′ 3″	1′ 3″	1′ 9″	5′ 3″	2′ 3″	2′ 5″
2′ 6″	9″	1′ 8″	3′ 6″	1′ 3″	2′ 1″	5′ 6″	2′ 3″	2′ 5″
2′ 9″	1′ 3″	1′ 8″	3′ 9″	1′ 3″	2′ 1″	5′ 9″	2′ 9″	2′ 5″
			4′ 0″	1′ 9″	2′ 1″	6′ 0″	2′ 9″	2′ 5″
			4′ 3″	1′ 9″	2′ 3″			
			4′ 6″	1′ 9″	2′ 3″			
			4′ 9″	1′ 9″	2′ 5″			

Querschnittsausbildung der Stützen. Je nach der persönlichen Neigung des Entwerfenden und der Wirtschaftlichkeit einer Querschnittsform im Einzelfall haben sich in der Praxis eine große Zahl von Querschnittsausbildungen entwickelt. Die Stützen bestehen aus Stehblechen und Winkeleisen mit und ohne Beifügung von Lamellen in verschiedenster Anordnung; vielfach werden sie auch aus I-Eisen, [-Eisen und Bethlehemprofilen zusammengesetzt. Weitere Stützenarten sind die „Gray“-Stützen, die eisenummantelten Betonstützen und die gußeisernen Hohlstützen. Angaben über die Abmessungen und Gewichte der einzelnen Querschnittformen sind in den verschiedenen Handbüchern zu finden.

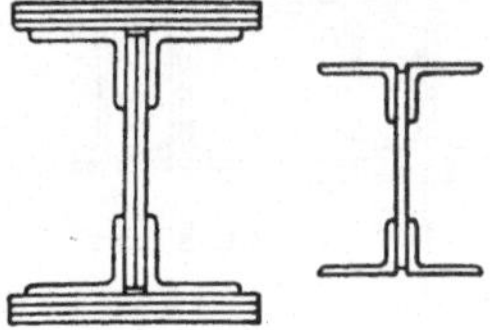

Abb. 61. I-förmiger Stützenquerschnitt aus Blechen und ∠-Eisen.

Die gebräuchlichste Stützenform zeigt Abb. 61. Die leichteste Ausbildung besteht aus vier Winkeln, die miteinander vergittert sind. Bei größerer Belastung wird die Vergitterung durch ein Stehblech ersetzt, eine weitere Verstärkung des Querschnitts kann durch Verwendung größerer Winkelprofile und Hinzufügung von Lamellen erzielt werden. Die Herstellung solcher Stützen ist verhältnismäßig einfach, auch sind Trägeranschlüsse leicht auszuführen.

Auch der in Abb. 62 dargestellte, aus [-Eisen und Stehblechen gebildete Querschnitt zeichnet sich noch durch einfache Herstellungsweise aus, doch hat er den Nachteil, daß alle Baustellenschrauben in den Stehblechen durch beide Wandungen gesteckt werden müssen und bei Änderungen oder Nachprüfung dieser Stehbleche zunächst erst die Gurtplatten entfernt werden müssen. Leichtere Stützen bestehen aus zwei [-Eisen mit Vergitterung der Flanschen. Für mittelschwere Stützen verwendet man stärkere [-Eisen und Steg- oder Flanschlamellen.

Abb. 62.][-Stütze.

Für gering belastete Stützen können auch einfache Bethlehemprofile, die durch Aufnieten von Lamellen noch verstärkt werden können, gewählt werden (Abb. 63). Solche Stützen weisen bei gleichem Trägheitsmoment im Vergleich mit genieteten Querschnitten ein geringeres Gewicht auf. Auch ist bei Verwendung von Bethlehemprofilen ohne Gurtplatten die Werkstattarbeit geringer. Bei Verwendung von Gurtplatten geht dieser Vorteil größtenteils verloren, da die Löcher in den mehr als 1″ starken Stegen und Flanschen gebohrt werden müssen, während bei den genieteten Stützen die Stärken der Einzelprofile meistens $^3/_4$″ nicht überschreiten und die Löcher daher gestanzt werden dürfen.

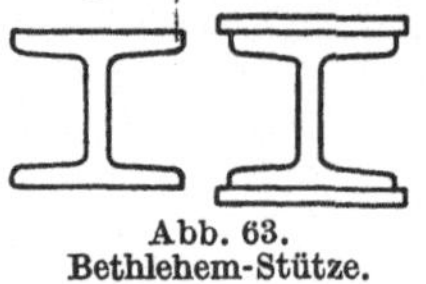
Abb. 63. Bethlehem-Stütze.

Für leichtere Stützen kann auch der aus drei [-Eisen mit Gurtplatten bestehende und in Abb. 64 dargestellte Querschnitt verwendet werden, der für größere Kräfte durch Anordnung stärkerer [-Eisen und größerer Lamellenzahl ausreichend durchgebildet werden kann. Wegen des schwierigen Zusammenbaues jedoch ist seine Anwendung jetzt nicht mehr so verbreitet wie früher. Bei einem solchen Querschnitt müssen mit Rücksicht auf die Anschlüsse zuerst die mit den Stegen zusammenliegenden [-Eisen zusammengenietet werden, dann die Flanschlamellen aufgebracht werden und darauf das dritte [-Eisen eingeführt werden, worauf die Stütze fertig zusammengenietet werden kann. Dieser Querschnitt hat natürlich alle Nachteile eines Kastenquerschnittes, nämlich Unzugänglichkeit des Inneren für den Anstrich und Notwendigkeit langer, beide Wandungen durchdringender Bolzen für die Anschlüsse an den Stützenstegen.

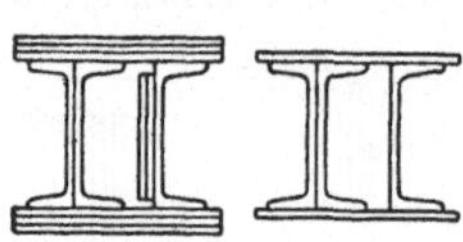
Abb. 64. 3 [-Stütze.

Die gleichen Nachteile hat auch der in Abb. 65 dargestellte, aus drei Stehblechen mit ∟-Eisen und Lamellen bestehende Querschnitt, der in der Lage ist, größere Stützenkräfte aufzunehmen und im übrigen durch Hinzufügen weiterer Lamellen noch stärker ausgebildet werden kann.

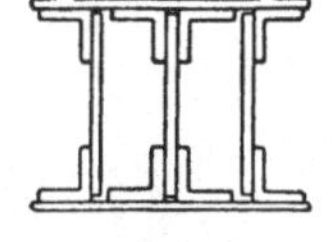

Abb. 65. 3-wandiger Stützenquerschnitt aus ∠-Eisen und Blechen.

Bedeutende Längskräfte und Biegungsmomente kann die in Abb. 66 gezeigte, aus drei I-Profilen bestehende Querschnittsform aufnehmen. Ihre Herstellung ist einfach, da die Zahl der Einzelteile gering ist, und verhältnismäßig wenig Niete geschlagen werden brauchen, auch lassen sich Trägeranschlüsse leicht herstellen.

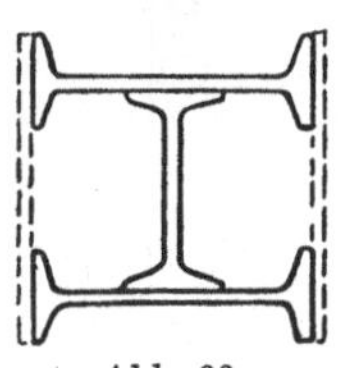

Abb. 66. I-Stützenquerschnitt aus I-Profilen.

Werden die I-Profile durch genietete Querschnitte ersetzt (Abb. 67), so liegen ähnliche Verhältnisse vor, allerdings ist eine erheblich größere Nietarbeit damit verbunden.

In Eisenbetonbauten werden gelegentlich die sog. Graystützen verwendet, deren Querschnitt aus vier Paar durch Trapezeisen verbundenen Winkeleisen besteht, wie Abb. 68 zeigt. Durch entsprechende Wahl der Profile kann der Querschnitt den auftretenden Kräften angepaßt werden, natürlich müssen die Winkelschenkel in solchem Verhältnis zur Stützenbreite stehen, daß die Niete in den Anschlüssen der Trapezeisen geschlagen werden können. Allerdings bereitet es einige Schwierigkeiten, bei dieser Querschnittsausbildung die Stütze gerade und quadratisch zu erhalten. Trägerschlüsse sind leicht auszuführen, vorausgesetzt, daß ihre Achsen mit einer Symmetrieachse der Stütze zusammenfallen, andernfalls können keine einwandfreien Anschlüsse erzielt werden.

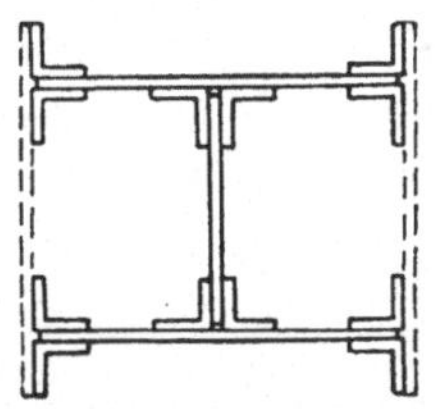

Abb. 67. H-Querschnitt aus ∠-Eisen und Blechen.

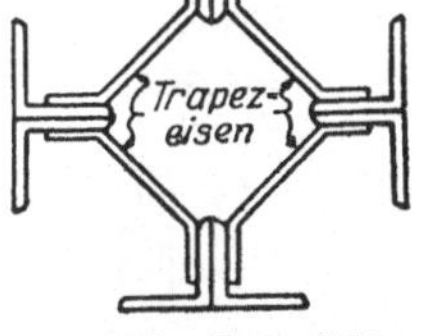

Abb. 68. Gray-Stütze.

Für kleine Lasten sind die H-Stützen (Abb. 69) sehr zweckmäßig. Sowohl ihre Herstellung als auch die Ausbildung von Anschlüssen ist bei dieser Querschnittsform einfach. Die Walzwerke liefern vier verschiedene Profile.

Abb. 69. H-Stütze.

Gußeiserne Hohlstützen (Abb. 70) werden in verschiedenen Querschnittsformen und Abmessungen verwendet. Die üblichen Außenabmessungen liegen zwischen 6″ und 15″, die Wandstärken zwischen $^3/_4$″ und $2^1/_2$″. Außer Kreisquerschnitten werden Winkel-, [-, Rechteck- Quadrat- und H-Querschnitte angewandt. Gußeiserne Stützen kommen häufig in Wohnhäusern, Kirchen, Lagerhäusern und Kaufhäusern in Anwendung, und zwar jede Stütze in Höhe eines oder zweier Stockwerke. Sie besitzen vor den flußeisernen Stützen den Vorzug einer größeren Feuersicherheit und können in ihrer Ausbildung der Architektur des Gebäudes leicht angepaßt werden, auch beanspruchen sie einen verhältnismäßig kleinen Raum. Nachteilig sind für sie die Möglichkeit von Gußfehlern und die beträchtlichen Herstellungskosten.

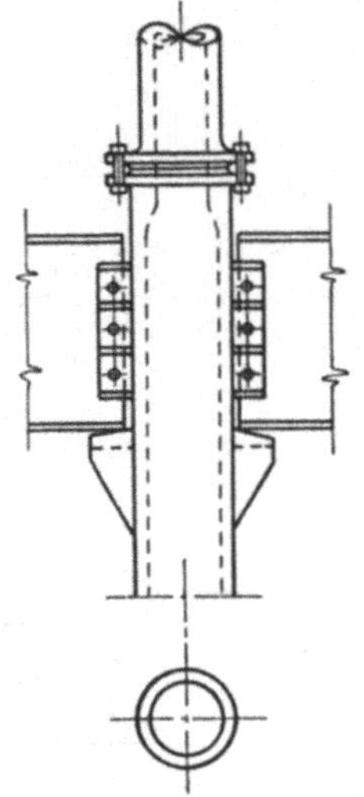

Abb. 70. Gußeiserne Stütze.

Unter den sog. Lallystützen (Abb. 71) versteht man Betonstützen mit einem Blechmantel. Sie werden in Durchmessern von 3″ bis $12^3/_4$″ ausgeführt. Bei größeren Belastungen kann auch eine Bewehrung mit einem Rundeisen, einem Rohr oder vier Winkeln im Innern in Frage kommen. Die Säulenköpfe oder -füße sowie die Trägeranschlüsse können verschiedenartig ausgebildet werden. Die Lallystützen dienen als Ersatz für gußeiserne Stützen.

Abb. 71. Eisenummantelte Betonstütze.

Anordnung der Deckenträger. Die Anordnung der Deckenträger hängt von der Art der Deckenausbildung (Beton, Hohlsteine usw.) ab. Es ist zweckmäßig, die verschiedenen Träger so anzuordnen, daß entweder die Oberkanten oder die Unterkanten in gleicher Höhe liegen.

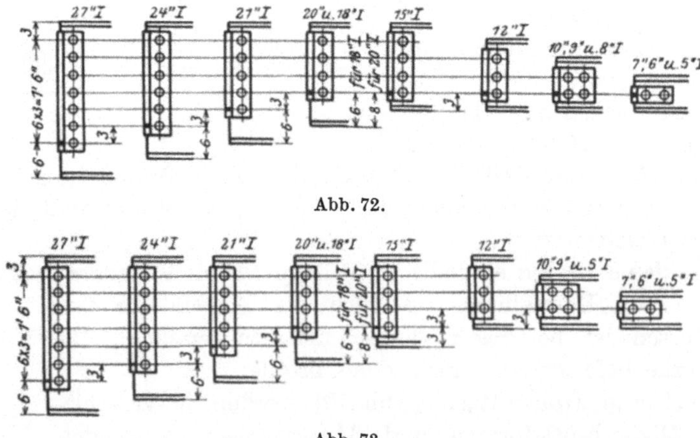

Abb. 72.

Abb. 73.

In Abb. 72 sind die Deckenträger so angeordnet, daß alle Profile höher als 15″ mit den Oberkanten in gleicher Höhe liegen und alle kleineren Profile mit den Unterkanten in Höhe der Unterkante des

15''-Profils liegen. Abb. 73 zeigt eine ähnliche Anordnung, die hier auf das 12''-Profil bezogen ist, während in Abb. 74 sämtliche Trägeroberkanten in einer Höhe liegen.

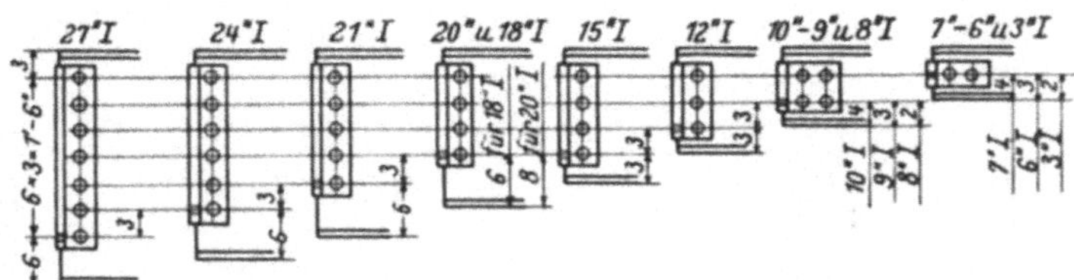

Abb. 72—74. Normalanschlüsse für Deckenträger.

Windversteifungsträger. In den Abb. 75—79 sind die Anschlüsse von Windversteifungsträgern dargestellt, von denen einige sehr zweckentsprechend sind, während andere weniger empfehlenswert sein dürften.

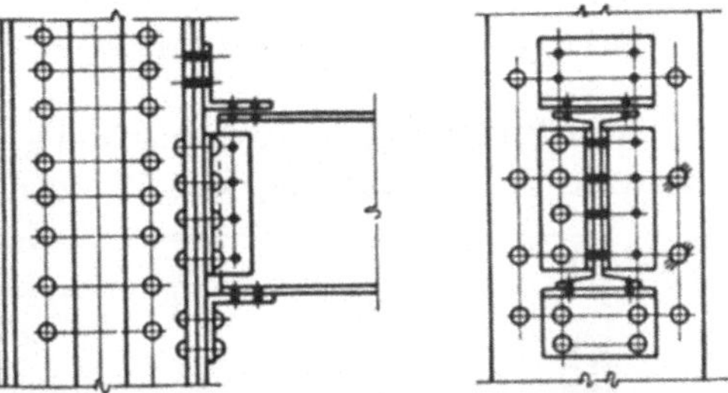

Abb. 75. I-Trägeranschluß an eine Stütze.

In Abb. 75 ist ein einfacher Anschluß eines I-Trägers mit Anschlußwinkeln am Steg sowie an den Flanschen gezeigt. Hierbei bleibt der obere Flanschwinkel zunächst lose und wird erst auf der Baustelle angenietet.

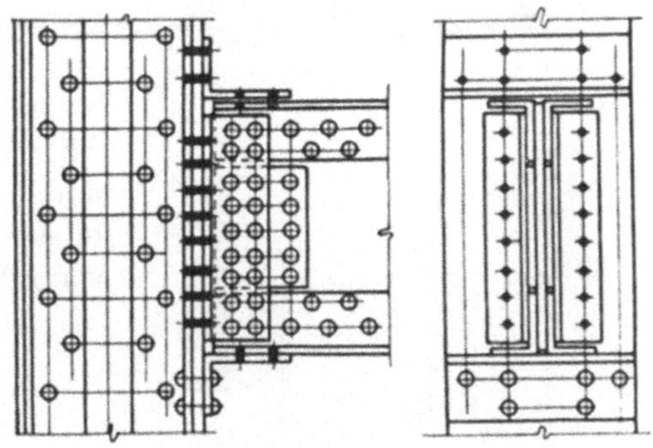

Abb. 76. Stützenanschluß eines Blechträgers.

In Abb. 76 ist anstatt des Walzträgers ein genieteter Träger angeschlossen.

Abb. 77 stellt den Anschluß eines Blechträgers unter Anwendung eines Konsolbleches dar. Hierbei ist das Stehblech gegen das Konsolblech gestoßen, während die Gurtwinkel auf das Konsolblech hinaufgeführt und mit Beiwinkeln angeschlossen sind. Bei dieser Anordnung lassen sich die Niete im wagrechten Schenkel der Beiwinkel nicht gut schlagen, welcher Nachteil bei dem in Abb. 78 gezeigten Beispiel vermieden ist.

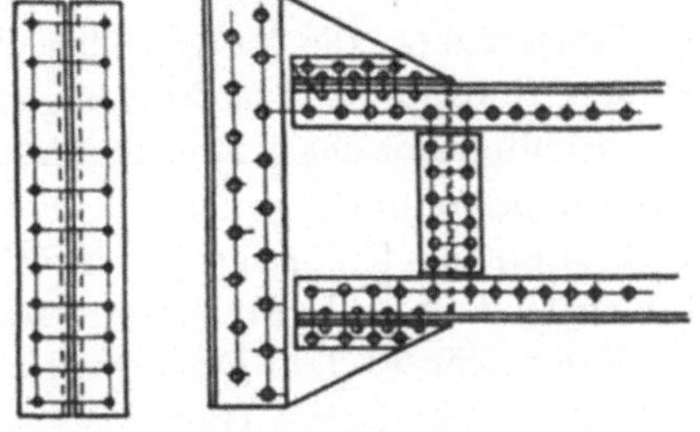

Abb. 77. Blechträgeranschluß mit Konsolblech und Beiwinkeln.

Der in Abb. 79 dargestellte Anschluß mit schrägem Stehblechstoß ist für die Verwendung der Vielfachlochstanzen ungeeignet und daher zu vermeiden.

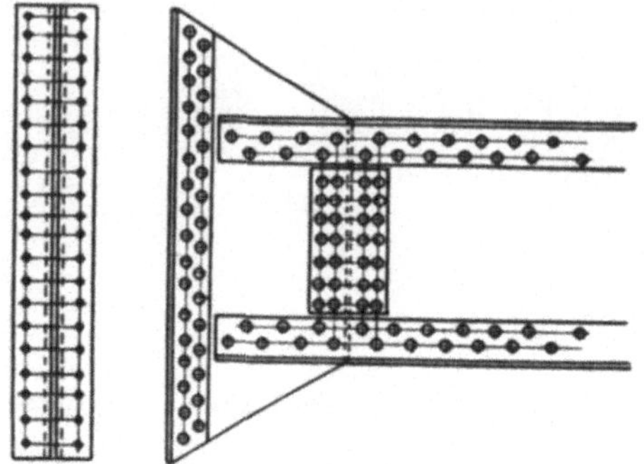

Abb. 78. Blechträgeranschluß mit Konsolb ech.

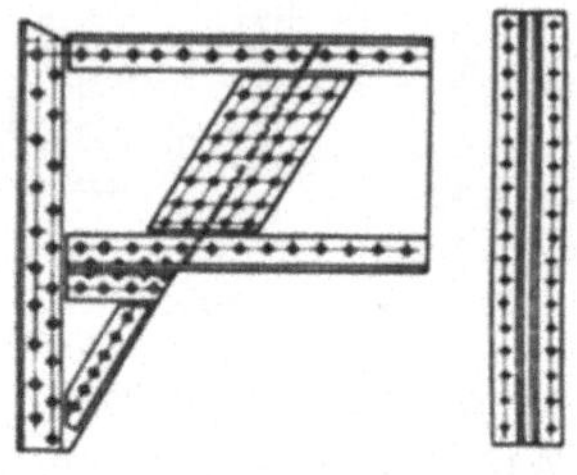

Abb. 79. Blechträgeranschluß mit schrägem Konsolblech.

Wandunterzüge. Die Anordnung von Unterzügen zwischen den Stützen zur Abstützung von Wänden und gelegentlich außerdem zur Aufnahme von Windkräften ist meistens kostspielig, weshalb nach Möglichkeit hierfür Normalausbildungen zu verwenden sind, von denen einige in Abb. 80 aufgeführt sind. Es können entweder Walzträger oder genietete Träger verwendet werden, besondere Anordnungen zur Unterstützung von Mauerwerkteilen usw. sind, soweit es die Bauvorschriften zulassen, an die Unterzüge zu schrauben anstatt zu nieten.

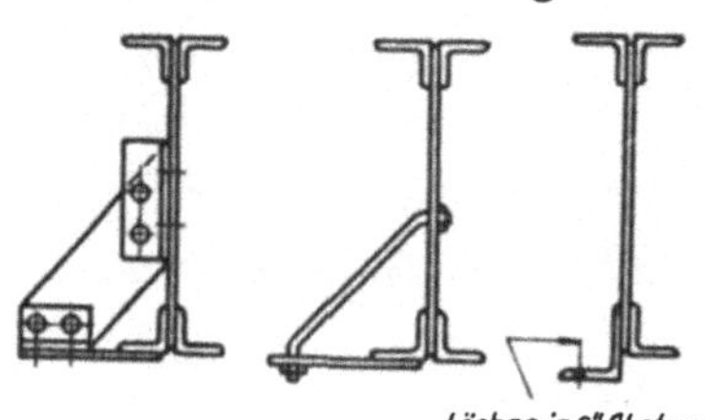

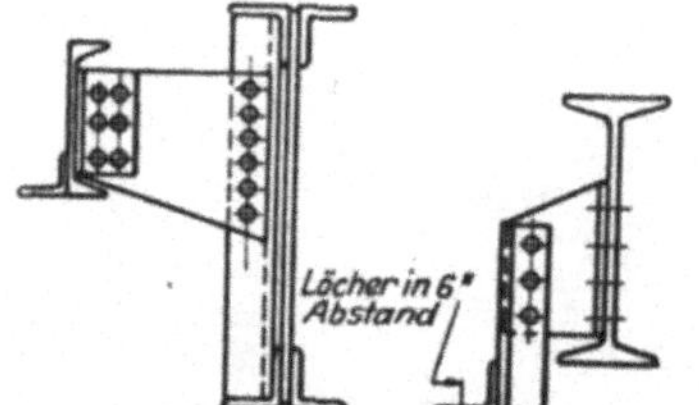

Abb. 80. Wandunterzüge.

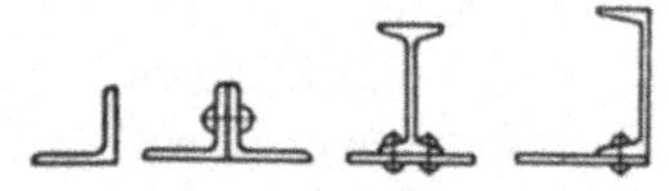

Abb. 81. Sturzträger.

Sturzträger. Die Träger über den Fenstern, Türen und sonstigen Maueröffnungen — Sturzträger genannt — werden mit Rücksicht auf die architektonischen Erfordernisse verschiedenartig ausgebildet. Sie werden gewöhnlich einfach in das Mauerwerk hineingeführt, jedoch auch öfters mit Unterzügen oder Stützen verbunden. Übliche Konstruktionen sind in Abb. 81 zusammengestellt.

Gesimsträger. Das Eigengewicht und das Kragmoment der Gesimsteile ist durch eiserne Tragkonstruktionen aufzunehmen, von denen die in Abb. 82 und 83 dargestellten die gebräuchlichsten sind.

Dächer, Oberlichte und Galerien. Die Herstellung einfacher, gerader Dachkonstruktionen bietet im allgemeinen keine Schwierigkeiten, vorausgesetzt, daß eine wasserdichte Dacheindeckung erreicht worden ist, dagegen verursachen Mansardendächer und aufgesattelte Konstruktionen vermehrte Werkstattarbeit. Walmkonstruktionen sind besonders teuer und schwierig herzustellen. Überhaupt hat die Art der Dachkonstruktion einen beträchtlichen Einfluß auf die Gesamtkosten des

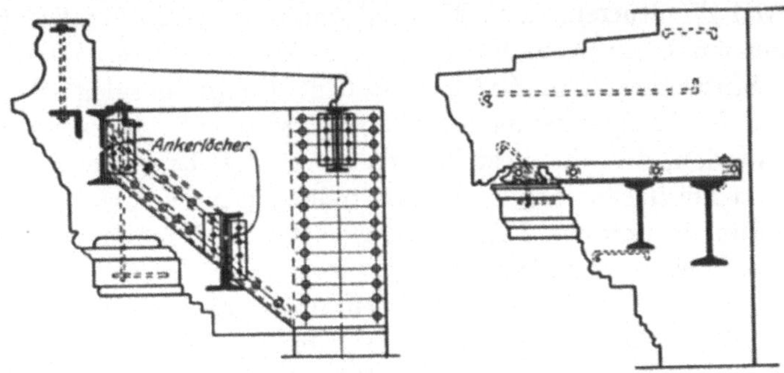

Abb. 82–83. Gesimsträger.

Bauwerkes. Infolge ihres geringen Gewichtes sind Oberlichtkonstruktionen stets kostspielig. Auch Galeriekonstruktionen für Theater und Vortragsäle erfordern eine Menge unvermeidbarer Konstruktionsarbeit.

Materialbestellung.

Benennung der Seiten. Das im folgenden erläuterte System der Benennung der Seiten der Bestellisten trennt das Material nach Stockwerken, wodurch eine bessere Übersicht und Erleichterung der Walzwerksbestellung herbeigeführt wird. Die Benennung der Positionen läßt schon erkennen, welcher Art und für welches Stockwerk das Material ist.

Stützen.

1. Geschoß	C101 usw.
2. „	C201 „
3. „	C301 „

Blechträger.		Walzträger.	
Fundament	G 1 usw.	Fundament	1 usw.
1. Geschoß	G101 „	1. Geschoß	101 „
2. „	G201 „	2. „	201 „
3. „		3. „	
4. „		4. „	
5. „	G301 „	5. „	301 „
6. „	Normal-	6. „	Normal-
7. „	träger	7. „	träger
8. „		8. „	
9. „		9. „	
10. „	G1001 usw.	10. „	1001 usw.

Auflagerplatten. Das Material für Auflagerplatten ist gesondert zu bestellen. Bei der Bestellung ist die verlangte metallurgische Zusammensetzung anzugeben.

Auch sollen aus der Bestellung die Abmessungen für den bearbeiteten Zustand hervorgehen. Für das Schneiden in genauen Längen berechnen die Walzwerke einen Zuschlag, für die Längen- und Breitenabmessung verlangen sie eine Toleranz von $\pm {}^{1}/_{4}''$.

Material für Stützen. Das Material (main-material) für die Stützen ist in genauen Längen einschließlich eines Zuschlages für die Bearbeitung am Stützenkopf und -fuß zu bestellen. Dieser Zuschlag soll, außer bei I- und [-Eisen, zusammen nicht weniger als $^{3}/_{4}''$ betragen und so gewählt werden, daß die Bestellängen ganze Zoll betragen.

Material für Deckenträger. Die Bestellängen müssen wenigstens auf $^{1}/_{4}''$ abgerundet werden. Die Walzträger für die Fundamente sind in runden Längen zu bestellen.

Für zwischen Walzträgern eingewechselte Träger sind zur Erzielung der notwendigen Spielräume die um $1^{1}/_{8}''$ bis $1^{1}/_{2}''$ verminderten Lichtmaße als Bestellängen anzugeben. Walzträger, die als Versteifungsträger zwischen Stützen vorgesehen sind, sind bei Trägerhöhen bis einschließlich 12″ an jedem Ende mit $^{7}/_{16}''$ bis $^{9}/_{16}''$ Spielraum vorzusehen und entsprechend zu bestellen. Bei größeren Trägerprofilen ist über die Art der Spielräume von Fall zu Fall zu entscheiden.

Im übrigen sind alle I-, [-, Z- und ⊥-Eisen, die an den Enden bearbeitet werden sollen, $^{3}/_{4}''$ länger zu bestellen bei beiderseitiger Bearbeitung und $^{1}/_{2}''$ länger bei einseitiger Bearbeitung.

Blechträger. Für die Materialbestellung sind die Längen der Gurtwinkel in ganzen Zollmaßen unter Einrechnung eines Zuschlages für die Bearbeitung von mindestens $^{3}/_{4}''$ anzugeben. Desgleichen sind die Gurtplatten in ganzen Zoll zu bestellen. Die Stehbleche werden in solcher Höhe bestellt, daß die Ober- und Unterkante je $^{1}/_{4}''$ gegen die Gurtwinkel zurückstehen. Für die Längen gilt dasselbe wie für die Gurtwinkel und Gurtplatten.

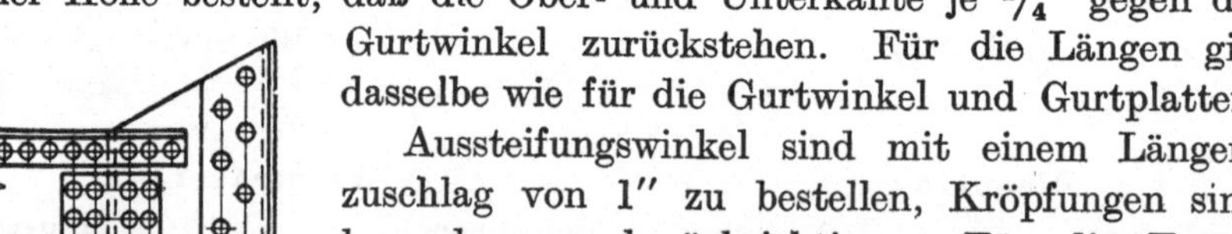

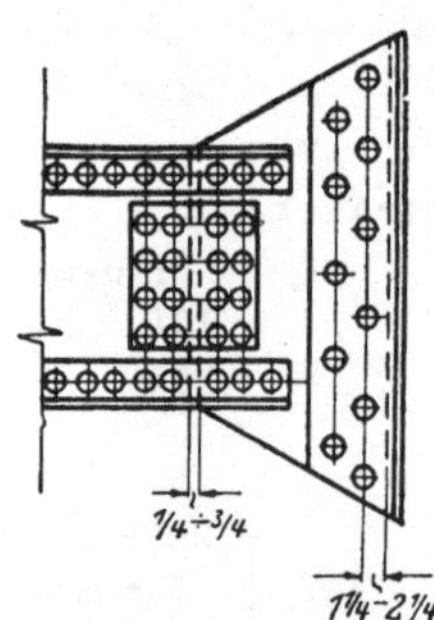

Abb. 84.

Aussteifungswinkel sind mit einem Längenzuschlag von 1″ zu bestellen, Kröpfungen sind besonders zu berücksichtigen. Für die Futter unter den Versteifungswinkeln genügt ein Zuschlag von $^{1}/_{4}''$ für die Bearbeitung.

Bei dem in Abb. 84 gezeigten Anschluß eines Windversteifungsträgers ist zwischen dem Trägerstehblech und dem Konsolblech ein Spielraum von $^{1}/_{4}''$ bis $^{3}/_{4}''$ bei der Bestellung zu berücksichtigen oder der in der Abbildung angegebene Randabstand der rechten Nietreihe des Konsolbleches entsprechend zu variieren.

Sonstiges Material. Das sonstige bisher nicht erwähnte Material wird in laufenden Fuß bestellt. Profile, die auf Lager gehalten werden, sind nur bei Bedarf größerer Mengen beim Walzwerk zu bestellen. ⊥- und ⅂L-Eisen sind in genauen Längen zu bestellen. Werden Winkeleisen für Normalanschlüsse bestellt, so ist dieses in der Spalte „Bemerkungen" besonders anzudeuten.

Rundeisen für Verbände sind in Stärken von $^3/_4{}''$ oder $^7/_8{}''$ zu bestellen; auch ist bei der Bestellung anzugeben, ob sie später evtl. an den Enden Gewinde erhalten sollen.

Einzelheiten.

Zeichnungsnummern. Zur Erleichterung der Werkstattarbeit und des Versandes ist, wie bereits erwähnt, das Material nach Geschossen getrennt worden, deshalb werden auch die Zeichnungen in entsprechender Weise besonders gekennzeichnet. Die Zeichnungen für Stützen und Blechträger (sog. „*G*"-Blätter s. S. 71, bzw. die Normalblätter) erhalten nachstehende Bezeichnungen:

Stützen

	für „*G*"-Blätter	für Normalblätter
1. Geschoß	*G* 101 usw.	101 usw.
2. „	*G* 201 „	201 „
3. „	*G* 301 „	301 „
4. „	*G* 401 „	401 „
	usw.	usw.

Blechträger

	für „*G*"-Blätter	für Normalblätter
Fundament	*G* 1 usw.	1 usw.
1. Geschoß	*G* 176 „	176 „
2. „	*G* 276 „	276 „
3. „		
4. „	Normalkonstruktionen (Bez. s. Text)	Normalkonstruktionen (Bez. s. Text)
5. „		
6. „		
7. „		
8. „		
9. „		
10. „	*G* 1076 usw.	

In der obigen Aufstellung sind 75 Nummern für Stützenzeichnungen und 25 für Blechträgerzeichnungen vorgesehen. Dieses Verhältnis ist natürlich nicht für alle Fälle gültig, sondern nach Bedarf zu ändern. Jedenfalls sind die Bezeichnungen für Stützen- und Blechträgerzeichnungen durch einige offene Nummern für etwa hinzukommende Zeichnungen zu trennen. Zeichnungen von Blechträgern, welche Normalkonstruktionen darstellen, werden in der Weise bezeichnet, daß die Hundertzahl mit der Stockwerkszahl beginnt, in welcher zuerst diese Normenkonstruktionen zur Anwendung kommen, z. B.:

Zeichnungen mit Normalkonstruktionen für das 3. bis 9. Geschoß	*G* 376 bzw. 376 usw.
dasselbe für das 3. bis 5. Geschoß	*G* 376 „ 376 „
„ „ „ 6. „ 8. „	*G* 676 „ 676 „
„ „ „ 9. „	*G* 976 „ 976 „

Sollten mehr als 100 Zeichnungen für ein Geschoß notwendig sein, so ist bei den Zeichnungsnummern mit 1000 anstatt mit 100 zu beginnen.

Zeichnungen mit Trägerkonstruktionen (sog. „*F*“-Blätter s. S. 71) erhalten folgende Nummern:

Fundamente	*F* 1 usw.
1. Geschoß	*F* 101 „
2. „	*F* 201 „
3. „	Normalkonstruktionen (Bez. wie oben)
4. „	
5. „	
6. „	
7. „	
8. „	
9. „	
10. „	*F* 1001 usw.

Die Benennung der Trägerzeichnungen mit Normalkonstruktionen erfolgt bei den „*F*“-Blättern in ganz entsprechender Weise, wie oben bei den „*G*“-Blättern erläutert worden ist.

Niete, Querverbindungen, Konsolen, Sonstiges. Diese auf den sog. „*C*“-Blättern zusammengestellten Teile werden gleichfalls nach Geschossen getrennt aufgeführt, und deswegen die Zeichnungen wie folgt bezeichnet:

Fundamente	*C* 1 usw.
1. Geschoß	*C* 101 „
2. „	*C* 201 „
3. „	*C* 301 „
usw.	

Rundeisen. Steht genügend Zeit zur Verfügung, so sind sämtliche Rundeisen für das ganze Bauwerk auf einer oder mehreren Zeichnungen zusammenzustellen, wobei die für jedes Geschoß notwendige Menge anzugeben ist. Die Blattnummern beginnen dann mit der dem untersten in Betracht kommenden Geschoß entsprechenden Zahl. Ist es infolge kurzer Lieferfristen nicht möglich, sofort das gesamte Rundeisenmaterial zusammenzustellen, so ist zunächst das für die untersten Geschosse benötigte Material vorwegzunehmen.

Positionsbezeichnungen. Wie bereits im Abschnitt „Brückenbau“ erwähnt ist, wird auch bei Hochbaukonstruktionen alles bis einschließlich 10 Fuß lange Material als „Detailmaterial“ angesehen und mit Positionsbezeichnungen versehen. Hierbei sind folgende Bezeichnungen üblich:

a für ∠-Eisen mit Ausnahme der gebogenen Winkel, der Aussteifungswinkel und der Stützwinkel,
b für Stützwinkel (untere),
d für Futter mit mehreren Nietreihen,
f für Futter mit einer Nietreihe,
h für gebogene Winkel und Bleche,
k für Aussteifungswinkel, die einseitig eingepaßt werden,
m für kurze I-, [-, Z-, ⊥-Eisen usw.,
s für Aussteifungswinkel, die beiderseits eingepaßt werden,
t für obere Anschlußwinkel (falls sie von den unter b genannten abweichen),
y für Vergitterungsstäbe.

Im Abschnitt IX ist die Art der Positionsbezeichnung, wie sie auf alle Arten von Eisenbauten mit Ausnahme der jetzt besprochenen Hochbauten anwendbar ist, eingehend erläutert worden. Mit Rücksicht auf die mannigfache Verwendung von Normalanschlüssen und Normalkonstruktionen bei Stockwerksbauten ist bei diesen eine Abänderung der üblichen Positionsbezeichnung zweckmäßig. Alle Normalteile werden mit „X" gekennzeichnet.

X-Normalsystem. Alle Teile, die sich im Bauwerk mehrfach wiederholen, werden auf den „X"-Normalblättern dargestellt, sie erhalten dabei unter Anwendung der oben angegebenen Kennzeichnungen z. B. Positionsbezeichnungen folgender Art: $b1x$, $b2x$, $b3x$ usw. oder $t1x$, $t2x$, $t3x$ usw. Die Gesamtzahl aller gleichen Teile eines Stockwerks wird dann ermittelt und auf der Stückliste angegeben. Es kann dann für alle gleichen Teile eine Schablone verwendet und das Stanzen vereinfacht werden. Als Beispiel ist in Abb. 85 ein solches „X"-Normalblatt für die Eisenkonstruktion des Burnham-Gebäudes in Chikago dargestellt worden. Die Art und Verwendung der Normalkonstruktionen ist selbstverständlich für jedes Bauwerk verschieden.

Stützen. Die vier Seiten einer Stütze werden zweckmäßig mit A, B, C, D in entgegengesetztem Uhrzeigersinn bezeichnet und auch in dieser Reihenfolge auf der Zeichnung dargestellt. Dabei ist stets die Nordseite der Stütze zu kennzeichnen.

Die A-Seite soll bei lotrechter Stütze stets links, bei wagrechter Stütze oben auf der Zeichnung dargestellt werden, und zwar soll die „A"-Seite stets eine Flanschseite der Stütze sein, die Stegseiten sind mit B bzw. D zu bezeichnen.

Unterscheiden sich mehrere Stützen, die aus Stegblechen und Winkeln mit Gurtplatten zusammengenietet sind, lediglich durch die Stegstärken, so sind nach Möglichkeit die Wurzelmaße der Winkel zu mitteln, damit die Winkel sowie die Gurtplatten für alle Stützen gleich werden. Beträgt z. B. der Abstand der beiden Nietreihen zweier Stützen

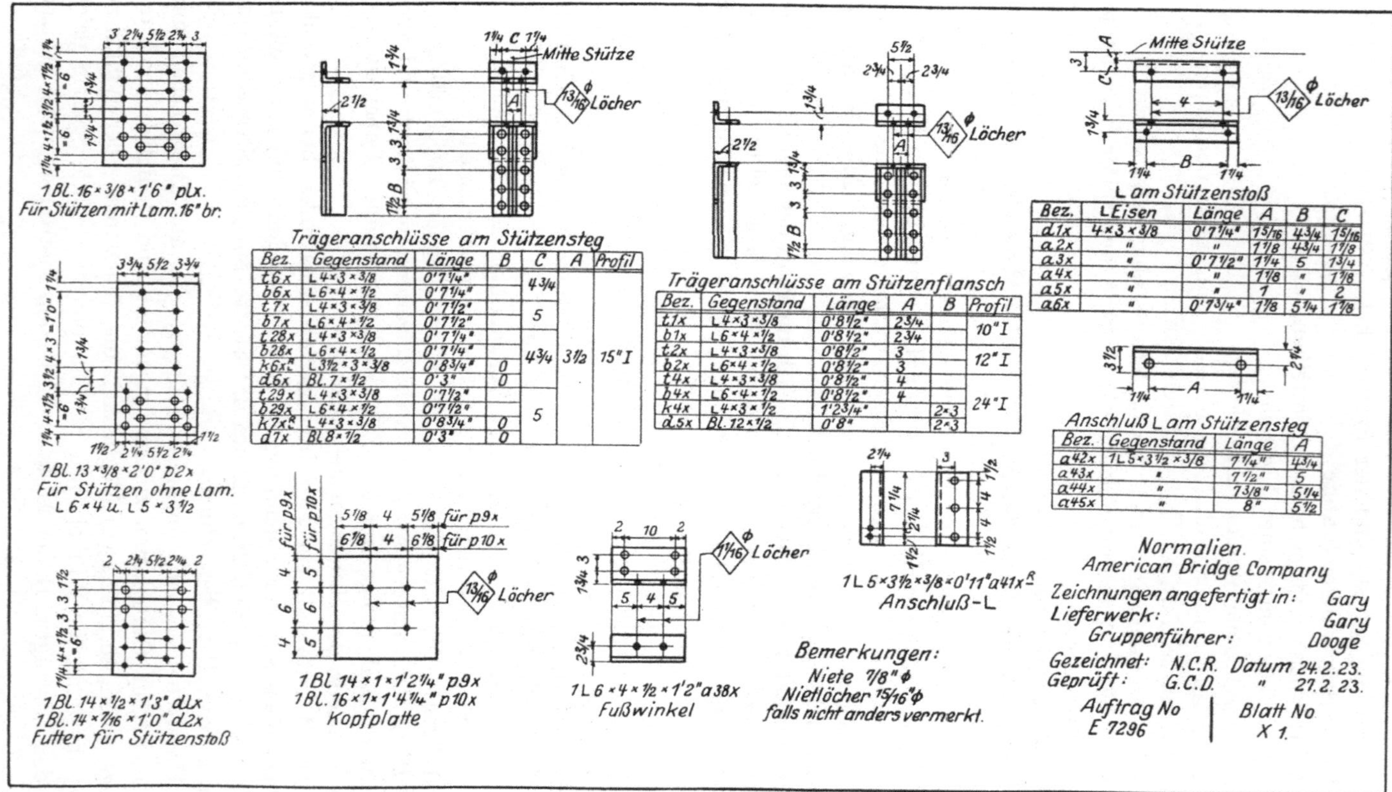

Trägeranschlüsse am Stützensteg

Bez.	Gegenstand	Länge	B	C	A	Profil
t6x	L 4×3×3/8	0'7¼"		4¾		
b6x	L 6×4×½	0'7¼"				
t7x	L 4×3×3/8	0'7½"		5		
b7x	L 6×4×½	0'7½"				
t28x	L 4×3×3/8	0'7¼"		4¾	3½	15" I
b28x	L 6×4×½	0'7¼"				
k6x^R	L 3½×3×3/8	0'8¾"	0			
d6x	Bl. 7×½	0'3"	0			
t29x	L 4×3×3/8	0'7½"		5		
b29x	L 6×4×½	0'7½"				
k7x^R	L 4×3×3/8	0'8¾"	0			
d7x	Bl. 8×½	0'3"	0			

Trägeranschlüsse am Stützenflansch

Bez.	Gegenstand	Länge	A	B	Profil
t1x	L 4×3×3/8	0'8½"	2¾		10" I
b1x	L 6×4×½	0'8½"	2¾		
t2x	L 4×3×3/8	0'8½"	3		12" I
b2x	L 6×4×½	0'8½"	3		
t4x	L 4×3×3/8	0'8½"	4		24" I
b4x	L 6×4×½	0'8½"	4		
k4x	L 4×3×½	1'2¾"		2×3	
d5x	Bl. 12×½	0'8"		2×3	

L am Stützenstoß

Bez.	L Eisen	Länge	A	B	C
d1x	4×3×3/8	0'7¼"	15/16	4¾	15/16
a2x	"	"	1⅛	4¾	1⅞
a3x	"	0'7½"	1¼	5	1¾
a4x	"	"	1⅞	"	1⅞
a5x	"	"	1	"	2
a6x	"	0'7¾"	1⅞	5¼	1⅞

Anschluß L am Stützensteg

Bez.	Gegenstand	Länge	A
a42x	1 L 5×3½×3/8	7¼"	4¾
a43x	"	7½"	5
a44x	"	7⅜"	5¼
a45x	"	8"	5½

Abb. 85. X-Normalblatt.

im Stützenflansch $5^1/_2''$ und sind die Stegstärken $^1/_2''$ und $^3/_8''$, so erhalten sämtliche Gurtwinkel ein Wurzelmaß von $2^{17}/_{32}''$ in den abstehenden Winkelschenkeln.

Die mehrfache Wiederholung einer bestimmten Nietteilung ist bei den Stützen anzustreben. Eine solche Normalnietteilung ist auf einer

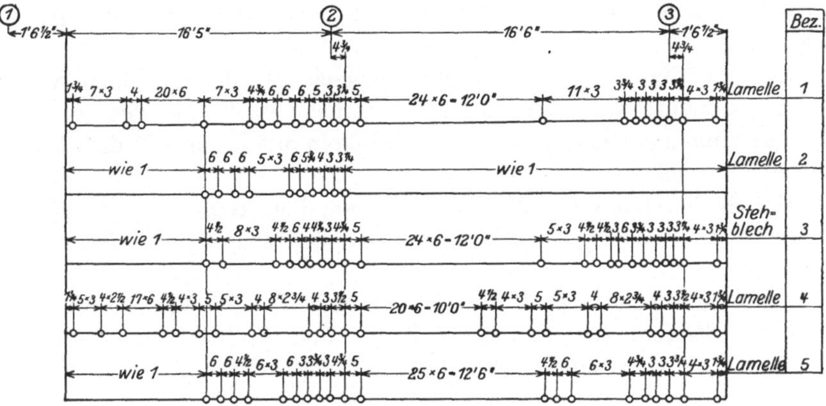

Abb. 86. Normalnietteilung einer Stütze.

Zeichnung nur einmal einzutragen und in den übrigen Fällen hierauf zu verweisen. Nur bei Anschlüssen sind die Nietlöcher erneut einzuzeichnen. Als Beispiel für die Anwendung von Normalnietteilungen bei einer Stütze diene Abb. 86.

Maße, die für die Kontrolle auf der Baustelle wichtig sind, wie der Abstand eines Stützwinkels vom Stützenfuß u. a., sind auf der Zeichnung anzugeben. Um die Darstellung der Rückseite einer Stütze zu sparen, sind einfache Anschlüsse, die sich auf der Rückseite befinden, punktiert einzuzeichnen. Die Stockwerkshöhen, die Deckenstärken und Stützenlängen sind einzuschreiben.

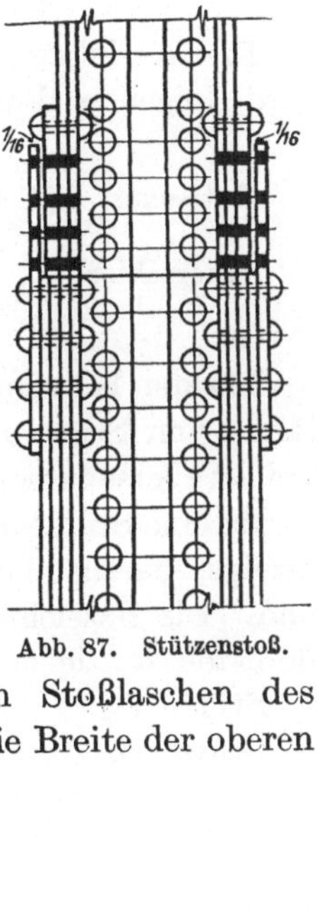

Bei Walzträgern, die durch einen unteren Stützwinkel und einen oberen Flanschwinkel an eine Stütze angeschlossen werden, ist letzterer mit Rücksicht auf etwaige Ungenauigkeiten in der Walzträgerhöhe $^1/_4''$ über dem oberen Trägerflansch anzuordnen.

Wenn irgend möglich, sind Normalanschlüsse, die den Normalblättern zu entnehmen sind, anzuwenden.

Abb. 87. Stützenstoß.

Beim Stoß der Stützen zweier Stockwerke nach Abb. 87 muß das Lichtmaß zwischen den Stoßlaschen des Flansches der unteren Stütze $^1/_8''$ größer sein als die Breite der oberen

Stütze beträgt. Die Werkstatt hat darauf zu achten, daß diese notwendigen Spielräume auch tatsächlich eingehalten werden. Beim Stoß zweier Stützen ohne Flanschlamellen wird zur Erzielung der obigen Spielräume von je $^1/_{16}''$ ein Futter von $^1/_{16}''$ unter die Stoßlaschen der Flansche der unteren Stützen gelegt. Zum Ausgleich etwaiger Ungenauigkeiten sind außerdem Futterstücke mit zur Baustelle zu schicken.

Zweckmäßig werden alle Stützenquerschnitte der einzelnen Stockwerke gesondert auf einem Blatt zusammengestellt, aus dem zugleich die Anordnung der Löcher in den Fußwinkeln mit Bezug auf die Säulenachse hervorgehen muß.

Bei Säulen mit mehr als zwei Gurtlamellen kann für jede weitere Lamelle ein Zuschlag von $^1/_{32}''$ für die Querschnitthöhe der Stütze gemacht werden.

Um eine möglichst große Anzahl gleicher Nietteilungen zu erhalten, sind die Streichmaße, außer bei Kopf- und Fußwinkeln, soweit sie nur um $^1/_{16}''$ voneinander abweichen, auszugleichen.

z. B.:

Theoretische Streichmaße	Ausgeführte Streichmaße
$2^1/_{16}''$, $2^1/_8''$, $2^3/_{16}''$	$2^1/_8''$
$2^1/_4''$, $2^5/_{16}''$, $2^3/_8''$	$2^5/_{16}''$
$2^7/_{16}''$, $2^1/_2''$, $2^9/_{16}''$	$2^1/_2''$

Die Werkstatt wendet, falls es nicht ausdrücklich anders verlangt wird, folgende Wurzelmaße für Stütz- und Anschlußwinkel an:

	Schenkelbreite	Streichmaß
Lotrechter ∠-Schenkel	$3''$, $3^1/_2''$ und $4''$	$1^3/_4''$
„ „	$6''$	$1^3/_4''$ und $3''$
Wagrechter „	$4''$	$2^1/_2''$
„ „	$6''$	$2^1/_2''$ und $2^1/_4''$

Für den bequemeren Einbau von Blechträgern in einer fortlaufenden Reihe von Stützen sind in jeder zweiten Stütze an den notwendigen Stellen Versenkniete anzuordnen.

Ist eine Stütze das Spiegelbild einer anderen, so ist sie, wie in Abb. 88 gezeigt, darzustellen, wobei etwaige Unterschiede genau anzugeben sind. Die Bezeichnung solcher Stützen auf den Zeichnungen und Bestellisten würde lauten:

Stütze C_1;

Stütze C_2, Spiegelbild von C_1 mit Ausnahme des Anschlusses A.

Bei erheblichen Abweichungen läßt sich jedoch eine erneute Darstellung der zweiten Stütze nicht umgehen; soweit es möglich ist, sind aber die Nietteilungen der ersten Stütze beizubehalten.

Bei einer Reihe von Bauwerken hat man das „System gleicher Stützenbreiten“ verwendet, damit die zwischen den Stützen einzubauenden Träger gleiche Längen erhalten können. Allerdings wird man bei schweren, durch eine Reihe von Geschossen hindurchgehenden Stützen zwei oder drei verschiedene Stützenbreiten anordnen müssen, deren Abstufung innerhalb der Deckenkonstruktion auszuführen ist, so daß innerhalb eines Stockwerkes alle Stützen gleiche Breiten erhalten. Änderungen der Winkelprofile sollen erst bei größeren Profilunterschieden zum Wechseln der Wurzelmaße Veranlassung geben.

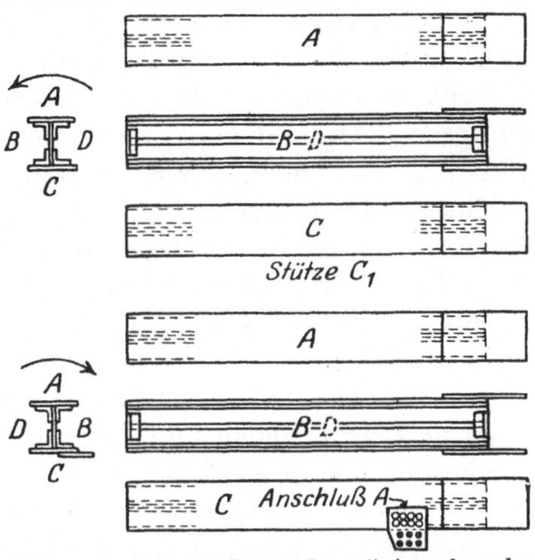

Stütze C_2 Spiegelbild von C_1, mit Ausnahme des Anschlusses A.

Abb. 88. Stützenbezeichnung.

Deckenträger. Um die Bearbeitung der verschiedenen Träger an den Maschinen und auf der Zulage zu erleichtern, ist es ratsam, diese in Gruppen geordnet auf den Zeichnungen darzustellen, sowie eine Zusammenstellung aller Träger einer Decke anzufertigen, um die Zeichnungszahl einzuschränken. Beispielsweise können nachstehend aufgeführte Trägergruppen unterschieden werden.

1. I- und [-Eisen.
2. I- und [-Eisen nach Trägerhöhen geordnet.
3. I- und [-Eisen, die an den Vielfachlochstanzen bearbeitet werden sollen.
4. I- und [-Eisen mit Zickzack-Nietanordnung.
5. I- und [-Eisen nur gelocht oder mit angenieteten Teilen.
6. Gebogene Teile, Querverbindungen usw.

Außer den Konstruktionslängen sind auf der Zeichnung die Bestelllängen sowie die Seiten- und Zeilenzahl der Bestelliste anzugeben.

Bei Trägern ohne Anschlußwinkel an den Enden rechnet die Werkstatt mit einem zulässigen Längenspielraum von $\pm \, ^1/_4{}''$ an jedem Ende, sofern nichts anderes vorgeschrieben wird. Im übrigen darf der zulässige Längenspielraum für die gesamte Trägerlänge nicht kleiner als die von den Walzwerken verlangte Toleranz von $\pm \, ^3/_8{}''$ angenommen werden.

Bei auf Mauerwerk gelagerten Trägern ist eine deutliche Skizze der Trägerauflagerung zu machen, damit hieraus der zulässige Längenspielraum bestimmt werden kann.

I- und [-Eisen können bis zu einer Höchststegstärke von $^5/_8{}'$ noch auf der Schere geschnitten werden.

Bei Trägern mit je zwei Anschlußwinkeln an den Enden (s. Abb. 91) beträgt der Abstand der Nietrißlinien in den abstehenden Schenkeln stets $5^1/_2{}''$ oder je $2^3/_4{}''$ von Stegmitte. Dieses ist der Normalträgeranschluß und wird durch einen eingezeichneten Winkel ohne Löcher und Maße auf der Zeichnung angegeben. Außer diesem Anschluß ist noch ein anderer mit nur einem Winkel ($\angle$ 6 $\times$ 6) üblich, der durch Einschreiben eines „*M*" in den Winkel auf der Zeichnung zu kennzeichnen ist (s. Abb. 98).

Sonstige anormale Anschlüsse sind auf jeder Zeichnung einmal genau herauszuzeichnen und mit Maßen zu versehen. Kommen solche Anschlußwinkel in größerer Zahl vor, so erhalten sie „X-Normalbezeichnungen", der Werkstatt wird die Gesamtzahl angegeben.

Das Maß von Trägerunterkante bis zum ersten Nietloch des Normalanschlußwinkels ist stets anzugeben, ebenso das gleiche Maß bis zum ersten Nietloch jeder anderen Gruppe von Nietlöchern. Andere Angaben sind bei Normalanschlüssen nicht notwendig, da die Werkstatt diese den Normaltabellen entnimmt.

Bei schrägen Trägeranschlüssen, bei welchen der Systempunkt außerhalb des Trägers liegt, sind die Maße auf das dem Systempunkt nächstliegende Nietloch zu beziehen.

Die Unterschiede der Stegstärken bei Verwendung verschiedener Profile sind in den Winkelstreichmaßen auszugleichen.

Die Nietabstände in den Trägerstegen sind mit Rücksicht auf die Verwendungsmöglichkeit der Vielfachlochstanzen anzuordnen, besonders ist bei versetzter Nietanordnung im Steg darauf zu achten, daß die Träger gerade durch die Stanze laufen können, ohne daß eine seitliche Verschiebung notwendig wird.

Nietteilungen von $5^1/_2{}''$ in Längsrichtung sowie von $3''$ in Querrichtung der Träger brauchen nicht angegeben zu werden, da sie Normalteilungen darstellen.

Abb. 89. Kleinstes zulässiges Wurzelmaß in I- und [-Stegen.

Das kleinste Streichmaß in I- und [-Eisen soll von Trägerunterkante gerechnet mit Bezug auf Abb. 89 $1^1/_8{}'' + K$ betragen.

Bei den Nietteilungen im Steg wie in den Flanschen ist die Entfernung des ersten Nietloches vom linken Trägerende einzutragen. Bei den Anschlüssen von Konstruktionsteilen ist das Maß von Mitte Anschluß bis zum linken Trägerende anzugeben. Als linkes Trägerende gilt, wenn Anschlußwinkel für rechtwinkeligen Anschluß vorhanden sind, die Fläche der abstehenden Winkelschenkel, bei schrägem Anschluß mit ausgeschenkelten Anschlußwinkeln und rechtwinklig abgeschnittenem Steg die Außenkante des letzteren. Bei schräg abgeschnittenem Träger sind alle Maße vom ersten Nietloch ab einzutragen.

Niet- und Schraubendurchmesser sind bei den Deckenträgern nach Möglichkeit $^3/_4''$ groß zu wählen, die zugehörigen Löcher $^{13}/_{16}''$ herzustellen.

Alle Nietteilungen für Heftniete, in Buckelblechen und in Längswinkeln der Deckenträger, die zur Unterstützung der Decke (Beton oder Mauerwerk) dienen, sind in Vielfachen von 3″ anzuordnen, anderenfalls die Werkstatt Schablonen anfertigen muß; der Abstand jedes Loches wird vom linken Ende angegeben.

Löcher für Maueranker, Gesimsverankerungen und Zugstangen sind auf der Zeichnung besonders zu kennzeichnen, da für solche die Werkstatt von sich aus geringe Abweichungen anordnen kann, falls es zulässig ist.

Um Irrtümer beim Stanzen auszuschließen, sind zickzackförmig angeordnete Nietteilungen in den Flanschen durch Skizzen zu erläutern.

Alle offenen Löcher auf der Oberseite des Trägerrostes sind $^3/_{16}''$ größer als die zugehörigen Schraubendurchmesser zu bohren.

Als Systemlinie der [-Eisen ist die Mittenlinie des Steges anzunehmen, jedoch geht man bei Anschlüssen an [-Eisen mit den Maßen von den Außenkanten der [-Eisen aus.

Auf der Zeichnung ist stets die Rückansicht der [-Eisen darzustellen, da sie in dieser Lage vorgezeichnet werden.

Löcher für Rundeisen, die auf dem unteren Nietriß 3″ über Trägerunterkante angeordnet sind, werden mit „T“ bezeichnet (s. Abb. 98). Sie werden meistens zur Unterscheidung von den übrigen Löchern 1″ höher oder tiefer gebohrt.

Ausklinkungen müssen unter Angabe der Profilbezeichnung sowie der auszuklinkenden Stelle genau auf der Zeichnung gekennzeichnet werden.

Es ist billiger bei einem I-Eisen beide Flanschen oben und unten, sowie den Steg oben auszuklinken und unten zu bearbeiten, als die Flansche nur einseitig auszuklinken und den Steg einseitig zu bearbeiten. Doch ist die letztere Ausführung mit Rücksicht auf die geringere Querschnittsverminderung einwandfreier. Beide Anordnungen sind in Abb. 90 dargestellt.

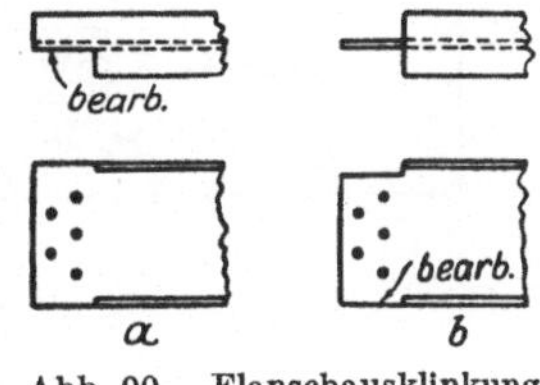

Abb. 90. Flanschausklinkung.

Die Werkstatt hat alle für die Baustelle notwendigen Angaben wie Auftragsnummer, Versandbezeichnung, Blattnummer auf die linken

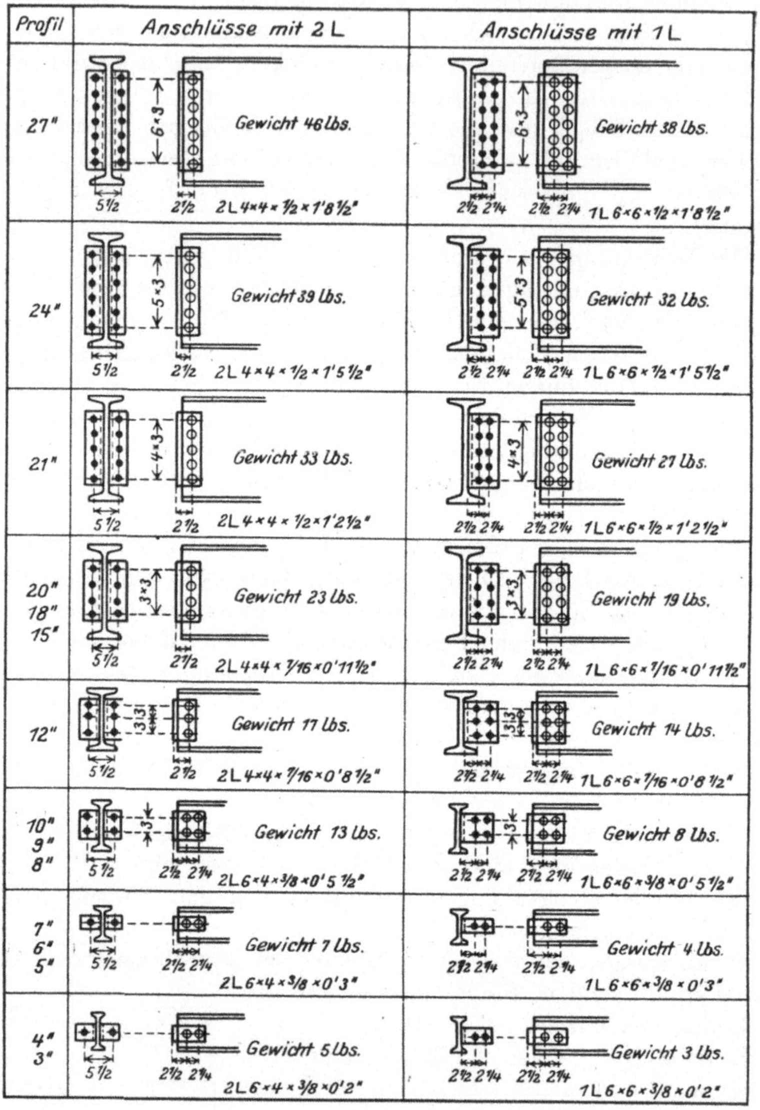

Profil	Anschlüsse mit 2 L	Anschlüsse mit 1 L
27"	6×3; Gewicht 46 Lbs.; 5 1/2; 2 1/2; 2 L 4×4×1/2×1'8 1/2"	6×3; Gewicht 38 Lbs.; 2 1/2 2 1/4; 2 1/2 2 1/4; 1 L 6×6×1/2×1'8 1/2"
24"	5×3; Gewicht 39 Lbs.; 5 1/2; 2 1/2; 2 L 4×4×1/2×1'5 1/2"	5×3; Gewicht 32 Lbs.; 2 1/2 2 1/4; 2 1/2 2 1/4; 1 L 6×6×1/2×1'5 1/2"
21"	4×3; Gewicht 33 Lbs.; 5 1/2; 2 1/2; 2 L 4×4×1/2×1'2 1/2"	4×3; Gewicht 27 Lbs.; 2 1/2 2 1/4; 2 1/2 2 1/4; 1 L 6×6×1/2×1'2 1/2"
20" 18" 15"	3×3; Gewicht 23 Lbs.; 5 1/2; 2 1/2; 2 L 4×4×7/16×0'11 1/2"	3×3; Gewicht 19 Lbs.; 2 1/2 2 1/4; 2 1/2 2 1/4; 1 L 6×6×7/16×0'11 1/2"
12"	3 3; Gewicht 17 Lbs.; 5 1/2; 2 1/2; 2 L 4×4×7/16×0'8 1/2"	3 3; Gewicht 14 Lbs.; 2 1/2 2 1/4; 2 1/2 2 1/4; 1 L 6×6×7/16×0'8 1/2"
10" 9" 8"	3; Gewicht 13 Lbs.; 5 1/2; 2 1/2 2 1/4; 2 L 6×4×3/8×0'5 1/2"	3; Gewicht 8 Lbs.; 2 1/2 2 1/4; 2 1/2 2 1/4; 1 L 6×6×3/8×0'5 1/2"
7" 6" 5"	Gewicht 7 Lbs.; 5 1/2; 2 1/2 2 1/4; 2 L 6×4×3/8×0'3"	Gewicht 4 Lbs.; 2 1/2 2 1/4; 2 1/2 2 1/4; 1 L 6×6×3/8×0'3"
4" 3"	Gewicht 5 Lbs.; 5 1/2; 2 1/2 2 1/4; 2 L 6×4×3/8×0'2"	Gewicht 3 Lbs.; 2 1/2 2 1/4; 2 1/2 2 1/4; 1 L 6×6×3/8×0'2"

Abb. 91. Normalanschlüsse von I-Eisen.

Trägerenden, wie sie auf der Zeichnung dargestellt sind, mit Farbe aufzutragen.

Angaben für die Werkstatt. In Abb. 91 sind Normalanschlüsse für I-Träger mit einem und zwei Anschlußwinkeln dargestellt. Die Nietdurchmesser sind hierbei $^3/_4''$, die Lochdurchmesser $^{13}/_{16}''$.

Normalausklinkungen für I- und [-Eisen.

Profile	Gewichte in lbs/Fuß	A in Zoll	B in Zoll
I 27″	90,0	4 1/2	7/8
I 24″	74,2	4 1/2	7/8
I 21″	60,4	4 1/2	7/8
I 24″	105,9—120,0	4	1 1/8
I 18″	48,2	4	5/8
I 24″	71,0; 79,9—100,0	3 3/4	7/8
I 21″	75,0	3 3/4	7/8
I 20″	81,4—100,0	3 1/2	1
I 18″	75,6—90,0	3 1/2	1
I 21″	58,0	3 1/2	3/4
I 15″	37,3	3 1/2	3/4
[15″	—	3 1/2	3/4
I 15″	81,3—100,0	3 1/4	1 1/8
I 20″	65,4—75,0	3 1/4	7/8
I 18″	54,7—70,0	3 1/4	7/8
I 15″	60,8—75,0	3 1/4	7/8
I 18″	46,0	3 1/4	5/8
I 12″	27,9	3 1/4	5/8
I 15″	42,9—55,0	3	3/4
I 15″	35,0	3	3/4
I 10″	22,4	3	3/4
[12″	—	3	3/4
I 12″	31,8—55,0	2 3/4	3/4
I 12″	25,0	2 3/4	3/4
I 10″	22,0	2 3/4	3/4
I 8″	17,5	2 3/4	3/4
[10″	—	2 3/4	3/4
I 10″	25,4—40,0	2 1/2	5/8
I 9″	—	2 1/2	5/8
[9″	—	2 1/2	5/8
[8″	—	2 1/2	5/8
I 8″	18,4—25,5	2 1/4	1/2
[7″	—	2 1/4	1/2
I 7″	—	2	1/2
I 6″	—	2	1/2
[6″	—	2	1/2
[5″	—	2	1/2
I 5″	17,0	1 3/4	3/4
I 5″	10,0—14,75	1 3/4	1/2
I 4″	—	1 3/4	1/2
[4″	—	1 3/4	1/2
I 3″	—	1 1/2	1/2
[3″	—	1 1/2	1/2

Aus vorstehender Tabelle sind die für Normalausklinkungen bei I- und [-Eisen notwendigen Angaben zu entnehmen, die Bezeichnungen „A“ und „B“ beziehen sich auf Abb. 92.

Die gleichen Angaben für Bethlehem-I-Profile sind mit Bezug auf Abb. 93 den folgenden Zusammenstellungen zu entnehmen.

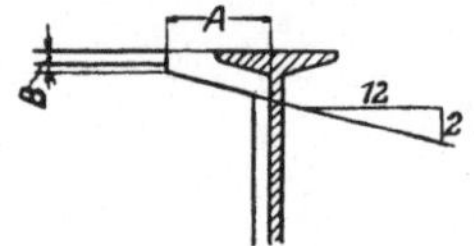

Abb. 92. Normalausklinkung.

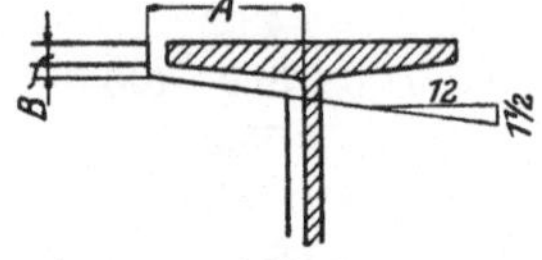

Abb. 93.

Abb. 94.

Ausklinkung bei breitflanschigen Bethlehem-I-Profilen.

Profile	Gewichte in lbs/Fuß	A in Zoll	B in Zoll
30″	200,0; 190,0; 181,0	$7^1/_2$	$1^1/_2$
28″	175,0; 165,0	$7^1/_2$	$1^1/_2$
26″	160,0; 151,0; 144,0	7	$1^1/_2$
24″	149,0; 141,0; 133,0	7	$1^1/_2$
24″	129,0; 121,0; 114,0	$6^1/_2$	$1^1/_2$
20″	149,0; 142,0; 135,0	$6^1/_2$	$1^1/_2$
20″	120,0; 113,0; 107,0	$6^1/_2$	$1^1/_2$
18″	100,0; 93,0; 87,5	6	1
15″	147,0; 141,0; 135,0	6	$1^3/_4$
15″	111,0; 105,0; 99,0	6	1
15″	80,5; 74,0; 69,0	6	1
12″	76,5; 70,5; 66,0	$5^1/_2$	1
12″	61,0; 55,5; 51,5	$5^1/_2$	1
10″	50,0; 44,5; 41,5	5	$^3/_4$
9″	43,5; 38,5; 36,0	$4^1/_2$	$^3/_4$
8″	37,0; 33,0; 31,0	$4^1/_2$	$^3/_4$

Ausklinkung bei gewöhnlichen Bethlehemprofilen.

Profile	Gewichte in lbs/Fuß	A in Zoll	B in Zoll
30″	129,0; 121,0; 151,0	$5^1/_2$	$1^1/_4$
28″	113,0; 106,0; 100,0	$5^1/_2$	$1^1/_4$
26″	98,0; 91,0; 85,5	5	1
24″	104,5; 99,5; 95,5	$5^1/_2$	$1^1/_4$
24″	84,5	5	1
24″	83,0; 73,5	5	1
22″	71,5; 68,5; 65,5	$4^1/_2$	1
20″	82,0; 73,0	$4^1/_2$	1
20″	69,0; 64,5; 59,5	$4^1/_2$	1
18″	74,0; 69,0; 64,5	$4^1/_2$	1
18″	59,0; 54,5; 52,0; 49,0	4	1
15″	71,5	4	$1^1/_4$
15″	64,0; 54,5	4	1
15″	46,0; 41,0; 38,5	4	1
12″	36,5	$3^1/_2$	$^3/_4$
12″	32,0; 28,5	$3^1/_2$	$^3/_4$
10″	28,5; 23,5	$3^1/_2$	$^3/_4$
9″	24,0; 20,5	3	$^3/_4$
8″	19,5; 17,5	3	$^3/_4$

Mit Bezug auf Abb. 94 sind die Wurzelmaße in den Winkeln der Normalanschlüsse von I-Trägern aus folgender Tabelle zu ersehen.

Wurzelmaße in den Normalanschlüssen von I-Eisen.

I-Profil	Gewicht lbs/Fuß	Anschluß ∠	W in Zoll
27″	90,0	$2\angle\,4\times4\times\frac{1}{2}\times1'\,8\frac{1}{2}''$	$2\frac{1}{2}$
24″	71,0	$2\angle\,4\times4\times\frac{1}{2}\times1'\,5\frac{1}{2}''$	$2\frac{1}{2}$
	74,2	$2\angle\,4\times4\times\frac{1}{2}\times1'\,5\frac{1}{2}''$	$2\frac{1}{2}$
	79,9	$2\angle\,4\times4\times\frac{1}{2}\times1'\,5\frac{1}{2}''$	$2\frac{1}{2}$
	85,0	$2\angle\,4\times4\times\frac{1}{2}\times1'\,5\frac{1}{2}''$	$2\frac{7}{16}$
	90,0	$2\angle\,4\times4\times\frac{1}{2}\times1'\,5\frac{1}{2}''$	$2\frac{7}{16}$
	95,0	$2\angle\,4\times4\times\frac{1}{2}\times1'\,5\frac{1}{2}''$	$2\frac{3}{8}$
	100,0	$2\angle\,4\times4\times\frac{1}{2}\times1'\,5\frac{1}{2}''$	$2\frac{3}{8}$
	105,9	$2\angle\,4\times4\times\frac{1}{2}\times1'\,5\frac{1}{2}''$	$2\frac{7}{16}$
	110,0	$2\angle\,4\times4\times\frac{1}{2}\times1'\,5\frac{1}{2}''$	$2\frac{3}{8}$
	115,0	$2\angle\,4\times4\times\frac{1}{2}\times1'\,5\frac{1}{2}''$	$2\frac{3}{8}$
	120,0	$2\angle\,4\times4\times\frac{1}{2}\times1'\,5\frac{1}{2}''$	$2\frac{5}{16}$
21″	58,0	$2\angle\,4\times4\times\frac{1}{2}\times1'\,2\frac{1}{2}''$	$2\frac{9}{16}$
	60,4	$2\angle\,4\times4\times\frac{1}{2}\times1'\,2\frac{1}{2}''$	$2\frac{9}{16}$
	75,0	$2\angle\,4\times4\times\frac{1}{2}\times1'\,2\frac{1}{2}''$	$2\frac{1}{2}$
20″	65,4	$2\angle\,4\times4\times\frac{7}{16}\times0'\,11\frac{1}{2}''$	$2\frac{1}{2}$
	70,0	$2\angle\,4\times4\times\frac{7}{16}\times0'\,11\frac{1}{2}''$	$2\frac{7}{16}$
	75,0	$2\angle\,4\times4\times\frac{7}{16}\times0'\,11\frac{1}{2}''$	$2\frac{7}{16}$
	81,4	$2\angle\,4\times4\times\frac{7}{16}\times0'\,11\frac{1}{2}''$	$2\frac{7}{16}$
	85,0	$2\angle\,4\times4\times\frac{7}{16}\times0'\,11\frac{1}{2}''$	$2\frac{3}{8}$
	90,0	$2\angle\,4\times4\times\frac{7}{16}\times0'\,11\frac{1}{2}''$	$2\frac{3}{8}$
	95,0	$2\angle\,4\times4\times\frac{7}{16}\times0'\,11\frac{1}{2}''$	$2\frac{5}{16}$
	100,0	$2\angle\,4\times4\times\frac{7}{16}\times0'\,11\frac{1}{2}''$	$2\frac{5}{16}$
18″	46,0	$2\angle\,4\times4\times\frac{7}{16}\times0'\,11\frac{1}{2}''$	$2\frac{9}{16}$
	48,2	$2\angle\,4\times4\times\frac{7}{16}\times0'\,11\frac{1}{2}''$	$2\frac{9}{16}$
	54,7	$2\angle\,4\times4\times\frac{7}{16}\times0'\,11\frac{1}{2}''$	$2\frac{1}{2}$
	60,0	$2\angle\,4\times4\times\frac{7}{16}\times0'\,11\frac{1}{2}''$	$2\frac{7}{16}$
	65,0	$2\angle\,4\times4\times\frac{7}{16}\times0'\,11\frac{1}{2}''$	$2\frac{7}{16}$
	70,0	$2\angle\,4\times4\times\frac{7}{16}\times0'\,11\frac{1}{2}''$	$2\frac{3}{8}$
	75,6	$2\angle\,4\times4\times\frac{7}{16}\times0'\,11\frac{1}{2}''$	$2\frac{7}{16}$
	80,0	$2\angle\,4\times4\times\frac{7}{16}\times0'\,11\frac{1}{2}''$	$2\frac{7}{16}$
	85,0	$2\angle\,4\times4\times\frac{7}{16}\times0'\,11\frac{1}{2}''$	$2\frac{3}{8}$
	90,0	$2\angle\,4\times4\times\frac{7}{16}\times0'\,11\frac{1}{2}''$	$2\frac{5}{16}$
15″	35,0	$2\angle\,4\times4\times\frac{7}{16}\times0'\,11\frac{1}{2}''$	$2\frac{9}{16}$
	37,3	$2\angle\,4\times4\times\frac{7}{16}\times0'\,11\frac{1}{2}''$	$2\frac{9}{16}$
	42,9	$2\angle\,4\times4\times\frac{7}{16}\times0'\,11\frac{1}{2}''$	$2\frac{9}{16}$
	45,0	$2\angle\,4\times4\times\frac{7}{16}\times0'\,11\frac{1}{2}''$	$2\frac{1}{2}$
	50,0	$2\angle\,4\times4\times\frac{7}{16}\times0'\,11\frac{1}{2}''$	$2\frac{7}{16}$
	55,0	$2\angle\,4\times4\times\frac{7}{16}\times0'\,11\frac{1}{2}''$	$2\frac{7}{16}$
	60,8	$2\angle\,4\times4\times\frac{7}{16}\times0'\,11\frac{1}{2}''$	$2\frac{7}{16}$
	65,0	$2\angle\,4\times4\times\frac{7}{16}\times0'\,11\frac{1}{2}''$	$2\frac{3}{8}$
	70,0	$2\angle\,4\times4\times\frac{7}{16}\times0'\,11\frac{1}{2}''$	$2\frac{3}{8}$
	75,0	$2\angle\,4\times4\times\frac{7}{16}\times0'\,11\frac{1}{2}''$	$2\frac{5}{16}$
	81,3	$2\angle\,4\times4\times\frac{7}{16}\times0'\,11\frac{1}{2}''$	$2\frac{5}{16}$
	85,0	$2\angle\,4\times4\times\frac{7}{16}\times0'\,11\frac{1}{2}''$	$2\frac{5}{16}$
	90,0	$2\angle\,4\times4\times\frac{7}{16}\times0'\,11\frac{1}{2}''$	$2\frac{1}{4}$
	95,0	$2\angle\,4\times4\times\frac{7}{16}\times0'\,11\frac{1}{2}''$	$2\frac{3}{16}$
	100,0	$2\angle\,4\times4\times\frac{7}{16}\times0'\,11\frac{1}{2}''$	$2\frac{1}{8}$

I-Profil	Gewicht lbs/Fuß	Anschluß ∠	W in Zoll
12″	25,0	$2\angle\,4\times4\times\frac{7}{16}\times0'\,8\frac{1}{2}''$	$2\frac{5}{8}$
	27,9	$2\angle\,4\times4\times\frac{7}{16}\times0'\,8\frac{1}{2}''$	$2\frac{5}{8}$
	31,8	$2\angle\,4\times4\times\frac{7}{16}\times0'\,8\frac{1}{2}''$	$2\frac{9}{16}$
	35,0	$2\angle\,4\times4\times\frac{7}{16}\times0'\,8\frac{1}{2}''$	$2\frac{1}{2}$
	40,8	$2\angle\,4\times4\times\frac{7}{16}\times0'\,8\frac{1}{2}''$	$2\frac{1}{2}$
	45,0	$2\angle\,4\times4\times\frac{7}{16}\times0'\,8\frac{1}{2}''$	$2\frac{7}{16}$
	50,0	$2\angle\,4\times4\times\frac{7}{16}\times0'\,8\frac{1}{2}''$	$2\frac{3}{8}$
	55,0	$2\angle\,4\times4\times\frac{7}{16}\times0'\,8\frac{1}{2}''$	$2\frac{5}{16}$
10″	22,0	$2\angle\,6\times4\times\frac{3}{8}\times0'\,5\frac{1}{2}''$	$2\frac{5}{8}$
	22,4	$2\angle\,6\times4\times\frac{3}{8}\times0'\,5\frac{1}{2}''$	$2\frac{5}{8}$
	25,4	$2\angle\,6\times4\times\frac{3}{8}\times0'\,5\frac{1}{2}''$	$2\frac{9}{16}$
	30,0	$2\angle\,6\times4\times\frac{3}{8}\times0'\,5\frac{1}{2}''$	$2\frac{1}{2}$
	35,0	$2\angle\,6\times4\times\frac{3}{8}\times0'\,5\frac{1}{2}''$	$2\frac{7}{16}$
	40,0	$2\angle\,6\times4\times\frac{3}{8}\times0'\,5\frac{1}{2}''$	$2\frac{3}{8}$
9″	21,8	$2\angle\,6\times4\times\frac{3}{8}\times0'\,5\frac{1}{2}''$	$2\frac{5}{8}$
	25,0	$2\angle\,6\times4\times\frac{3}{8}\times0'\,5\frac{1}{2}''$	$2\frac{9}{16}$
	30,0	$2\angle\,6\times4\times\frac{3}{8}\times0'\,5\frac{1}{2}''$	$2\frac{7}{16}$
	35,0	$2\angle\,6\times4\times\frac{3}{8}\times0'\,5\frac{1}{2}''$	$2\frac{3}{8}$
8″	17,5	$2\angle\,6\times4\times\frac{3}{8}\times0'\,5\frac{1}{2}''$	$2\frac{5}{8}$
	18,4	$2\angle\,6\times4\times\frac{3}{8}\times0'\,5\frac{1}{2}''$	$2\frac{5}{8}$
	20,5	$2\angle\,6\times4\times\frac{3}{8}\times0'\,5\frac{1}{2}''$	$2\frac{9}{16}$
	23,0	$2\angle\,6\times4\times\frac{3}{8}\times0'\,5\frac{1}{2}''$	$2\frac{1}{2}$
	25,5	$2\angle\,6\times4\times\frac{3}{8}\times0'\,5\frac{1}{2}''$	$2\frac{7}{16}$
7″	15,3	$2\angle\,6\times4\times\frac{3}{8}\times0'\,3''$	$2\frac{5}{8}$
	17,5	$2\angle\,6\times4\times\frac{3}{8}\times0'\,3''$	$2\frac{9}{16}$
	20,0	$2\angle\,6\times4\times\frac{3}{8}\times0'\,3''$	$2\frac{1}{2}$
6″	12,5	$2\angle\,6\times4\times\frac{3}{8}\times0'\,3''$	$2\frac{5}{8}$
	14,75	$2\angle\,6\times4\times\frac{3}{8}\times0'\,3''$	$2\frac{9}{16}$
	17,25	$2\angle\,6\times4\times\frac{3}{8}\times0'\,3''$	$2\frac{1}{2}$
5″	10,0	$2\angle\,6\times4\times\frac{3}{8}\times0'\,3''$	$2\frac{5}{8}$
	12,25	$2\angle\,6\times4\times\frac{3}{8}\times0'\,3''$	$2\frac{9}{16}$
	14,75	$2\angle\,6\times4\times\frac{3}{8}\times0'\,3''$	$2\frac{1}{2}$
	17,0	$2\angle\,6\times4\times\frac{3}{8}\times0'\,3''$	$2\frac{9}{16}$
4″	7,7	$2\angle\,6\times4\times\frac{3}{8}\times0'\,2''$	$2\frac{5}{8}$
	8,5	$2\angle\,6\times4\times\frac{3}{8}\times0'\,2''$	$2\frac{5}{8}$
	9,5	$2\angle\,6\times4\times\frac{3}{8}\times0'\,2''$	$2\frac{9}{16}$
	10,5	$2\angle\,6\times4\times\frac{3}{8}\times0'\,2''$	$2\frac{1}{2}$
3″	5,7	$2\angle\,6\times4\times\frac{3}{8}\times0'\,2''$	$2\frac{5}{8}$
	6,5	$2\angle\,6\times4\times\frac{3}{8}\times0'\,2''$	$2\frac{5}{8}$
	7,5	$2\angle\,6\times4\times\frac{3}{8}\times0'\,2''$	$2\frac{9}{16}$

Die gleichen Angaben für die Anschlußwinkel bei Normalanschlüssen von ⊏-Eisen sind mit Bezug auf Abb. 95 nachfolgend zusammengestellt.

Wurzelmaße in den Normalanschlüssen von ⊏-Eisen.

⊏-Profil	Gewicht lbs/Fuß	Anschluß ∠	W in Zoll
15″	33,9	$2\angle\,4\times4\times{}^7/_{16}\times0'\,11^1/_2''$	$2^9/_{16}$
	35,0	$2\angle\,4\times4\times{}^7/_{16}\times0'\,11^1/_2''$	$2^1/_2$
	40,0	$2\angle\,4\times4\times{}^7/_{16}\times0'\,11^1/_2''$	$2^1/_2$
	45,0	$2\angle\,4\times4\times{}^7/_{16}\times0'\,11^1/_2''$	$2^7/_{16}$
	50,0	$2\angle\,4\times4\times{}^7/_{16}\times0'\,11^1/_2''$	$2^3/_8$
	55,0	$2\angle\,4\times4\times{}^7/_{16}\times0'\,11^1/_2''$	$2^5/_{16}$
12″	20,7	$2\angle\,4\times4\times{}^7/_{16}\times0'\,8^1/_2''$	$2^5/_8$
	25,0	$2\angle\,4\times4\times{}^7/_{16}\times0'\,8^1/_2''$	$2^9/_{16}$
	30,0	$2\angle\,4\times4\times{}^7/_{16}\times0'\,8^1/_2''$	$2^1/_2$
	35,0	$2\angle\,4\times4\times{}^7/_{16}\times0'\,8^1/_2''$	$2^7/_{16}$
	40,0	$2\angle\,4\times4\times{}^7/_{16}\times0'\,8^1/_2''$	$2^3/_8$
10″	15,3	$2\angle\,6\times4\times{}^3/_8\times0'\,5^1/_2''$	$2^5/_8$
	20,0	$2\angle\,6\times4\times{}^3/_8\times0'\,5^1/_2''$	$2^9/_{16}$
	25,0	$2\angle\,6\times4\times{}^3/_8\times0'\,5^1/_2''$	$2^1/_2$
	30,0	$2\angle\,6\times4\times{}^3/_8\times0'\,5^1/_2''$	$2^3/_8$
	35,0	$2\angle\,6\times4\times{}^3/_8\times0'\,5^1/_2''$	$2^5/_{16}$
9″	13,4	$2\angle\,6\times4\times{}^3/_8\times0'\,5^1/_2''$	$2^5/_8$
	15,0	$2\angle\,6\times4\times{}^3/_8\times0'\,5^1/_2''$	$2^9/_{16}$
	20,0	$2\angle\,6\times4\times{}^3/_8\times0'\,5^1/_2''$	$2^1/_2$
	25,0	$2\angle\,6\times4\times{}^3/_8\times0'\,5^1/_2''$	$2^7/_{16}$

⊏-Profil	Gewicht lbs/Fuß	Anschluß ∠	W in Zoll
8″	11,5	$2\angle\,6\times4\times{}^3/_8\times0'\,5^1/_2''$	$2^5/_8$
	13,75	$2\angle\,6\times4\times{}^3/_8\times0'\,5^1/_2''$	$2^9/_{16}$
	16,25	$2\angle\,6\times4\times{}^3/_8\times0'\,5^1/_2''$	$2^9/_{16}$
	18,75	$2\angle\,6\times4\times{}^3/_8\times0'\,5^1/_2''$	$2^1/_2$
	21,25	$2\angle\,6\times4\times{}^3/_8\times0'\,5^1/_2''$	$2^7/_{16}$
7″	9,8	$2\angle\,6\times4\times{}^3/_8\times0'\,3''$	$2^5/_8$
	12,25	$2\angle\,6\times4\times{}^3/_8\times0'\,3''$	$2^9/_{16}$
	14,75	$2\angle\,6\times4\times{}^3/_8\times0'\,3''$	$2^1/_2$
	17,25	$2\angle\,6\times4\times{}^3/_8\times0'\,3''$	$2^1/_2$
	19,75	$2\angle\,6\times4\times{}^3/_8\times0'\,3''$	$2^7/_{16}$
6″	8,2	$2\angle\,6\times4\times{}^3/_8\times0'\,3''$	$2^5/_8$
	10,5	$2\angle\,6\times4\times{}^3/_8\times0'\,3''$	$2^9/_{16}$
	13,0	$2\angle\,6\times4\times{}^3/_8\times0'\,3''$	$2^1/_2$
	15,5	$2\angle\,6\times4\times{}^3/_8\times0'\,3''$	$2^7/_{16}$
5″	6,7	$2\angle\,6\times4\times{}^3/_8\times0'\,3''$	$2^5/_8$
	9,0	$2\angle\,6\times4\times{}^3/_8\times0'\,3''$	$2^9/_{16}$
	11,5	$2\angle\,6\times4\times{}^3/_8\times0'\,3''$	$2^1/_2$
4″	5,4	$2\angle\,6\times4\times{}^3/_8\times0'\,2''$	$2^5/_8$
	6,25	$2\angle\,6\times4\times{}^3/_8\times0'\,2''$	$2^5/_8$
	7,25	$2\angle\,6\times4\times{}^3/_8\times0'\,2''$	$2^9/_{16}$
3″	4,1	$2\angle\,6\times4\times{}^3/_8\times0'\,2''$	$2^5/_8$
	5,0	$2\angle\,6\times4\times{}^3/_8\times0'\,2''$	$2^5/_8$
	6,0	$2\angle\,6\times4\times{}^3/_8\times0'\,2''$	$2^9/_{16}$

Genietete Träger. Bei genieteten Trägern, die zwischen Stützen angeordnet sind, sind als Hauptmaße die Gesamtlänge, Trägerhöhe sowie das Maß von Oberkante Fußboden bis Trägerunterkante stets anzugeben, ebenso die Stützen zu bezeichnen, zwischen denen der betreffende Träger liegt.

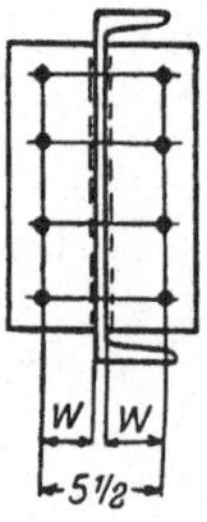

Abb. 95.

Um möglichst viele gleiche Träger zu erhalten, sind geringe Längenunterschiede durch Futter bis $^5/_8''$ Stärke auszugleichen, außerdem kann in den Streichmaßen der Anschlußwinkel ein Ausgleich geschaffen werden, oder beim Anschluß mittels Konsolblechen durch geeignete Nietanordnung in diesen eine gleiche Trägerlänge erzielt werden.

Aussteifungswinkel der Blechträger sind, soweit sie nicht Kräfte übertragen sollen, vor der Ausrundung der Gurtwinkel abzuschneiden, um ein Einpassen zu vermeiden.

Windversteifungsträger und sonstige Querkonstruktionen erhalten $^1/_8''$ Spiel an jedem Ende. Auf den Montagezeichnungen ist darauf hinzuweisen, daß die Stützen, Binder usw., an welche diese Querkon-

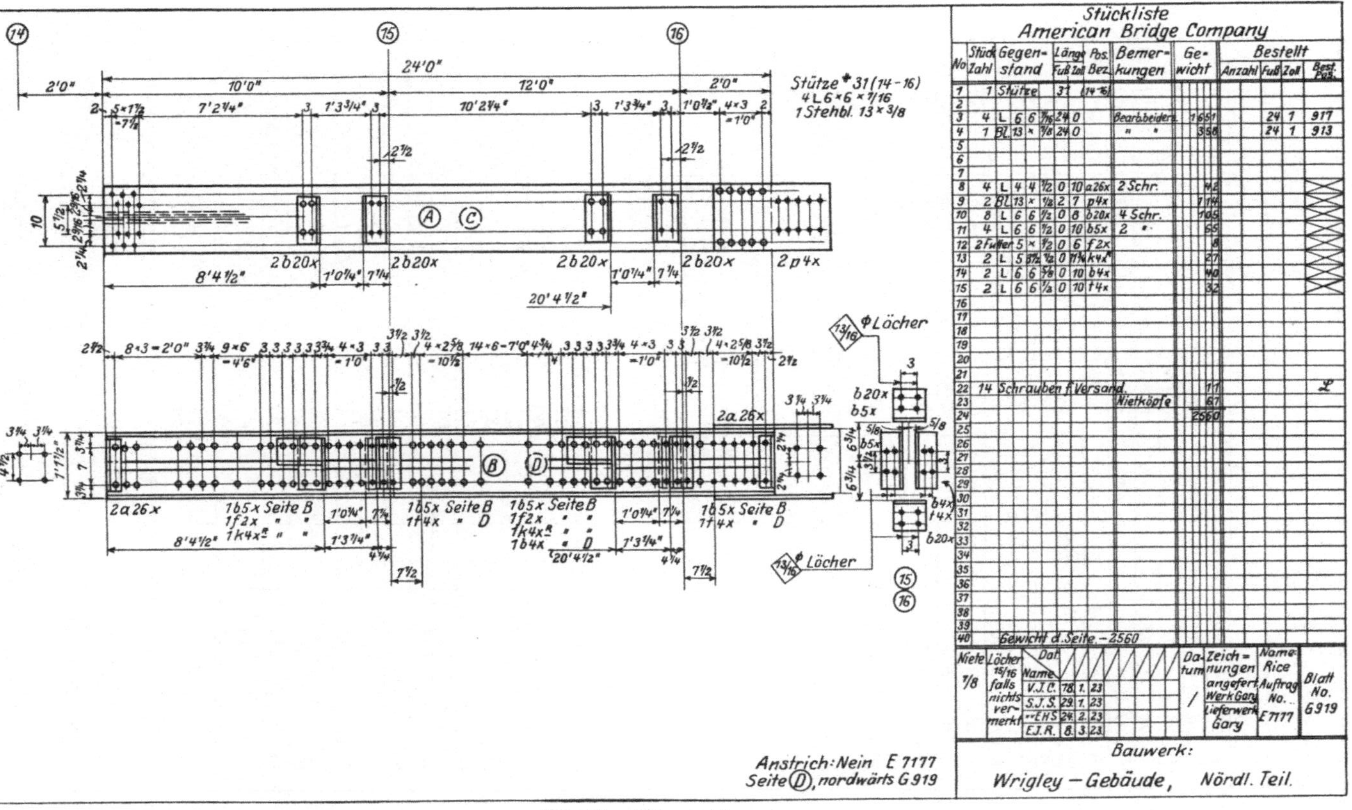

Abb. 96. Stützenzeichnung.

strukti onen anschließen, gut auszurichten sind, falls notwendig, können Futter zum Ausgleich verwendet werden.

8¾"208 Decke 5	4'9 1/4"	10'3 1/4"	15'9 1/4"	21'3 1/4"	25'9 1/8"	8 7/8
8¾ 208 " 6 u. 7	4'9 1/4"	10'3 1/4"	15'9 1/4"	21'3 1/4"	25'10 1/8"	7 7/8
7¾ 208 " 8–11 u. 13–17	4'10 1/4"	10'4 1/4"	15'10 1/4"	21'4 1/4"	25'11 1/8"	7 7/8
7¾ 208 " 12	4'10 1/4"	10'4 1/4"	15'10 1/4"	21'3 1/8"	25'11 1/8"	7 7/8
6¾ 208 " 18	6'0 1/4"	12'7 1/4"	19'2 1/4"	25'9 1/8"	26'1 1/8"	6 7/8
9¾ 209 " 5	4'8 1/4"	10'2 1/4"	15'8 1/4"	21'2 1/4"	25'5 7/8"	8 7/8
9¾ 209 " 6, 7, 8 u. 9	4'8 1/4"	10'2 1/4"	15'8 1/4"	21'2 1/4"	25'6 7/8"	7 7/8
7¾ 209 " 10, 11 u. 13–17 einschl.	4'10 1/4"	10'4 1/4"	15'10 1/4"	21'4 1/4"	25'8 7/8"	7 7/8
7¾ 209 " 12	4'10 1/4"	10'4 1/4"	15'10 1/4"	21'0 7/8"	25'8 7/8"	7 7/8
7¾ 209 " 18	5'11 1/4"	12'6 1/4"	19'1 1/4"	25'5 7/8"	25'9 7/8"	6 7/8
7¾ 210 " 5	4'10 1/4"	10'4 1/4"	15'10 1/4"	21'4 1/4"	25'9 3/8"	8 7/8
7¾ 210 " 6–11 u. 13–17 einschl.	4'10 1/4"	10'4 1/4"	15'10 1/4"	21'4 1/4"	25'10 3/8"	7 7/8
7¾ 210 " 12	4'10 1/4"	10'4 1/4"	15'10 1/4"	21'2 3/8"	25'10 3/8"	7 7/8
6¾ 210 " 18	6'0 1/4"	12'7 1/4"	19'2 1/4"	25'8 3/8"	26'0 3/8"	6 7/8
7¾ 211 " 5	4'10 1/4"	10'4 1/4"	15'10 1/4"	21'4 1/4"	25'8 5/8"	8 7/8
7¾ 211 " 6–11 u. 13–17 einschl.	4'10 1/4"	10'4 1/4"	15'10 1/4"	21'4 1/4"	25'9 5/8"	7 7/8
7¾ 211 " 12	4'10 1/4"	10'4 1/4"	15'10 1/4"	21'1 5/8"	25'9 5/8"	7 7/8
7¾ 211 " 18	5'11 1/4"	12'6 1/4"	19'1 1/4"	25'6 5/8"	25'10 5/8"	6'7/8

2 2¼ Wurzelmaß im Flansch 3¾" 2¼ 1⅞
westl. 3 3 4½ 3
Wurzelmaß im Flansch 3¾" für Decke 5–17 einschl.

Bez. \ Decke	5	6	7	8	9	10	11	12	13	14	15	16	17	18				
208	1														1 I	18 × 46 × 26'1 1/4"	(Best.	26'1 1/4")
208		1	1												2 I	" 26'2 1/4"	("	26'2 1/4")
208				2	2	2	2		2	2	2	2	2		18 I	" 26'3 1/4"	("	26'3 1/4")
208								2							2 I	" 26'3 1/4"	("	26'3 1/4")
208														2	2 I	" 26'5 1/4"	("	26'5 1/4")
209	2														2 I	" 25'10"	("	25'10")
209		2	2	2	2										8 I	" 25'11"	("	25'11")
209						2	2		2	2	2	2	2		14 I	" 26'1"	("	26'1")
209								2							2 I	" 26'1"	("	26'1")
209														2	2 I	" 26'2"	("	26'2")
210	2														2 I	" 26'1 1/2"	("	26'1 1/2")
210		2	2	2	2	2	2		2	2	2	2	2		22 I	" 26'2 1/2"	("	26'2 1/2")
210								2							2 I	" 26'2 1/2"	("	26'2 1/2")
210														2	2 I	" 26'4 1/2"	("	26'4 1/2")
211	2														2 I	" 26'0 3/4"	("	26'0 3/4")
211		2	2	2	2	2	2		2	2	2	2	2		22 I	" 26'1 3/4"	("	26'1 3/4")
211								2							2 I	" 26'1 3/4"	("	26'1 3/4")
211														2	2 I	" 26'2 3/4"	("	26'2 3/4")

Deckenträger für Decke 5–19 u. Dachgeschoß; Anstrich 1× Farbe d. Detroite Graphite Manufacturing Co.	Niete: —	Nietlöcher: 13/16	Dat. / Name: HCA. 13. 2. 20; NEC 30. 4. 20; HC 22. 7. 20	Datum: / 19	Zeichnungen angef. d. Werk Gary; Lieferwerk Gary	Name: Rice; Auftrag No D 9003	Blatt No. F 720

Bauwerk:
Gebäude der Jllinois Merchants Bank, Chikago.

Abb. 97. Normale Deckenträger.

Eiserne Schornsteine. Die eisernen Schornsteine bestehen aus einzelnen vermittels Überlappungsnietung zusammengefügten Schüssen, deren jeder gewöhnlich einen oder mehrere stumpfe Stöße längs des Mantels aufweist.

Die Lochteilung der horizontalen Stöße ist so anzuordnen, daß jeder Schuß auch umgekehrt eingebaut werden kann. Die Nietteilungen sind

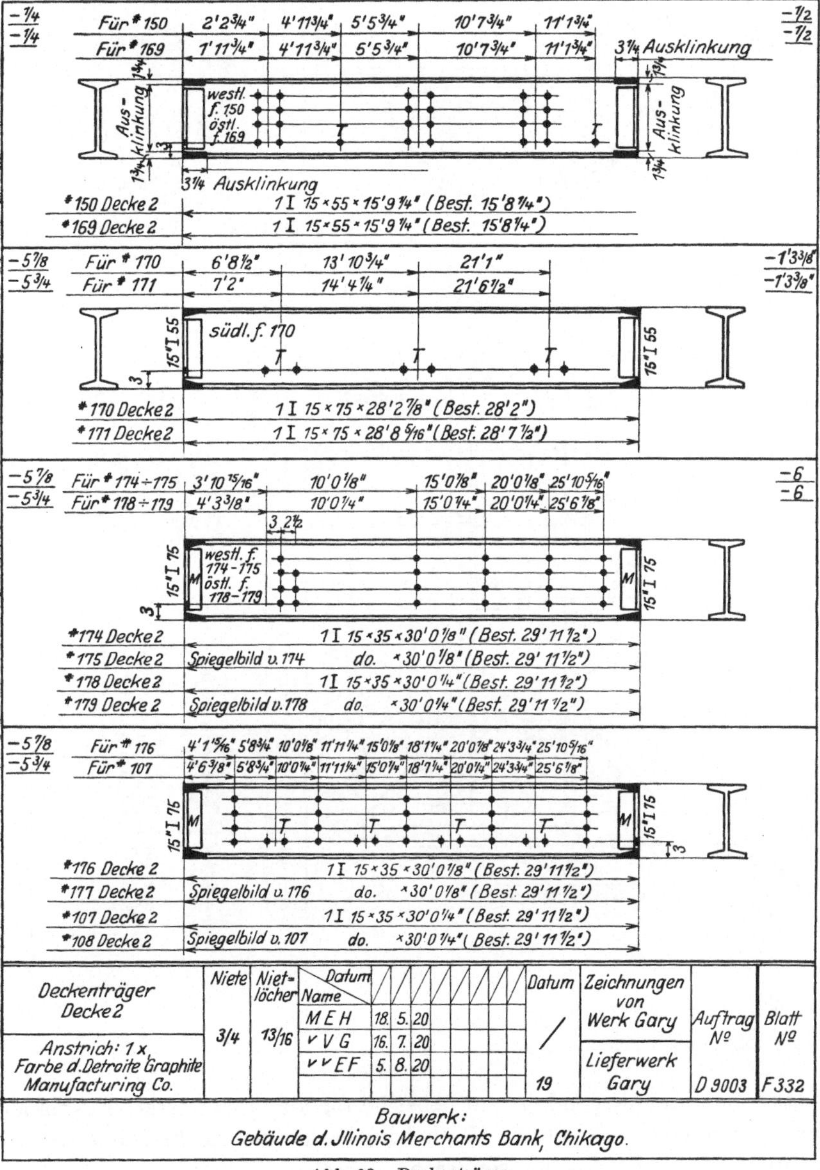

Abb. 98. Deckenträger.

auf die Blechmitten zu beziehen, ebenso die Längen der Bleche, während die der Winkeleisen auf den Winkelrücken bezogen werden, dabei ist bei den wagrechten Überlappungsstößen ein Spiel von $^1/_{32}''$ in radialer Richtung einzurechnen.

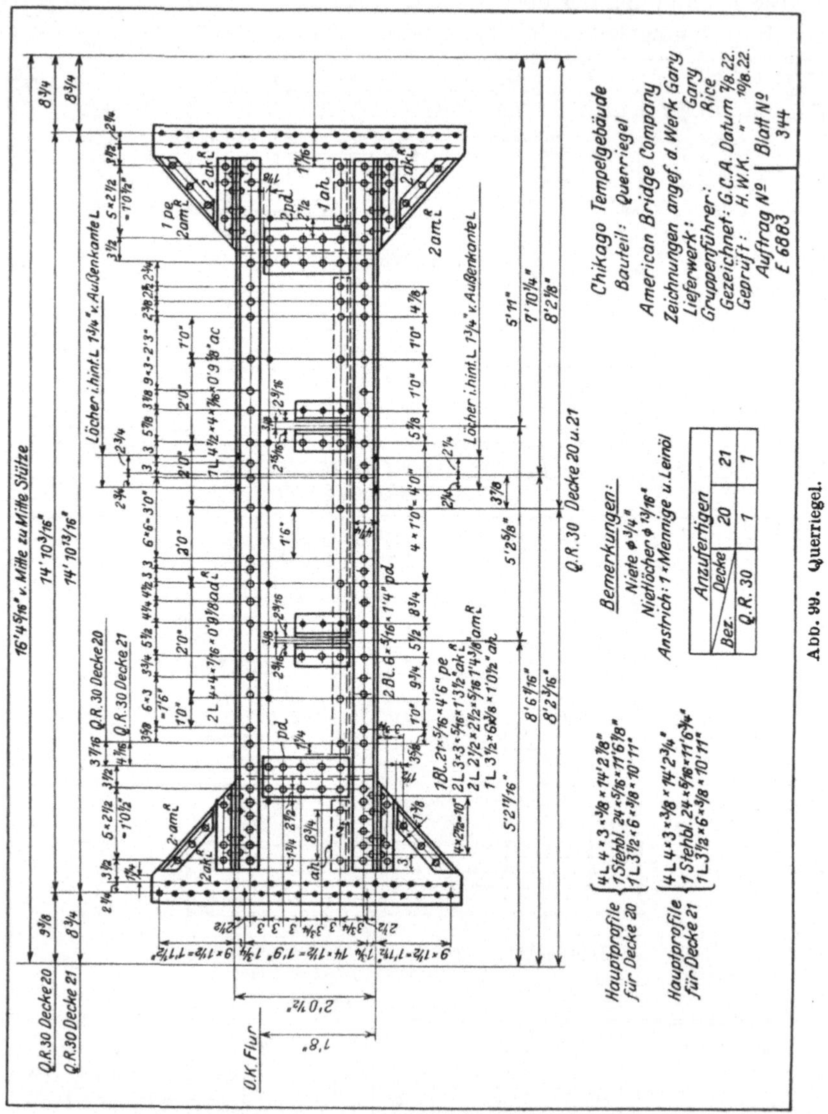

Abb. 99. Querriegel.

Bei den innenliegenden, zur Abstützung der feuerfesten Ausmauerung dienenden, wagrechten Winkelringen ist die Lochteilung so anzuordnen, daß alle Löcher senkrecht übereinanderliegen.

Bei den horizontalen Stößen ist die Nietzahl so ausreichend zu bemessen, daß das Gewicht der oberhalb liegenden Schüsse und der Ausmauerung aufgenommen werden kann.

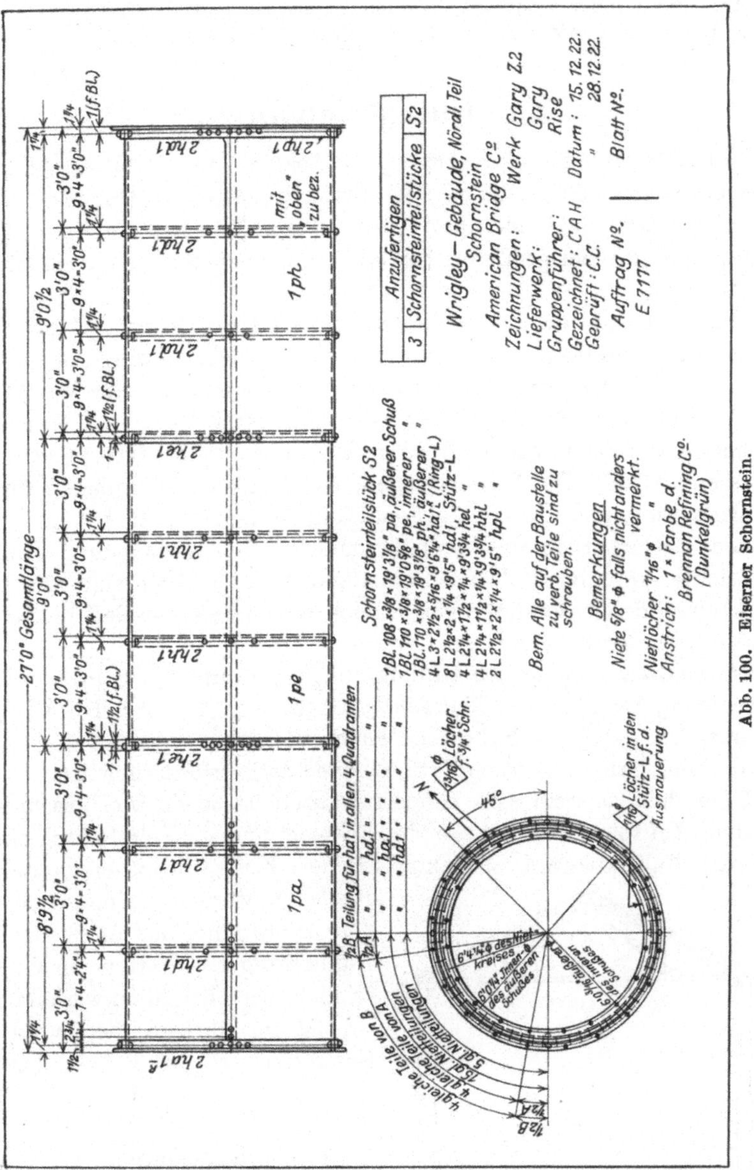

Abb. 100. Eiserner Schornstein.

Musterzeichnungen. Zur Erläuterung der obigen Ausführungen sind in Abb. 96—100 Zeichnungen von Stützen, Deckenträgern, eines Windversteifungsträgers sowie eines eisernen Schornsteins wiedergegeben.

Abb. 96. Stützenzeichnung für 14.—16. Stockwerk des Wrigley-Gebäudes in Chikago.

Abb. 97 und 98. Deckenträger 2., 5.—19. und Dachgeschoß des Illinois Merchants Bankgebäudes.

Abb. 99. Windversteifungsträger im Temple-Gebäude in Chikago.

Abb. 100. Eiserner Schornstein im Wrigley-Gebäude, Chikago.

XI. Industriebauten.

Eine Fabrikhalle einfachster Art besteht aus zwei überdachten Stützenreihen, welche die Kranlaufbahnen tragen und seitlich durch Eisenfachwerkwände mit den notwendigen Fensteröffnungen abgeschlossen sind. Bei größeren Hallen treten noch ein oder zwei Seitenschiffe dazu.

Natürlich sind diese Grundformen in jedem Fall der Art und dem Umfang der Produktion und der maschinellen Einrichtung anzupassen, z. B. ist bei Hüttenwerksbauten auf die Größe und Art der Maschinen, die Tragfähigkeit der Krane, die Belastung der Bühnen usw. Rücksicht zu nehmen. Kraftwerke sind in mehreren übereinanderliegenden Geschossen, welche die Kesselanlagen, die Bunker, die Anlagen für die Kohlenzufuhr und die Schlackenabfuhr aufzunehmen haben, anzuordnen. Gelegentlich sind noch besondere Vorratsräume und Bühnen für leichte Maschinenteile usw. einzubauen. Ersichtlich sind alle Konstruktionen den besonderen Umständen anzupassen, so daß nicht zwei Bauwerke einander gleich sein werden.

Durch die besondere Anordnung und Ausbildung der Stützen, Kranlaufbahnen, Dachbinder, Oberlichte, Dachlüfter, Fenster, Rinnen usw. unterscheiden sich die Fabrikbauten so wesentlich von anderen Eisenbauwerken, daß ihre gesonderte Besprechung erforderlich ist.

Über den Entwurf von Industriebauten ist schon viel geschrieben worden. Im folgenden soll nur der Entwurf und die Herstellung einzelner für Fabrikbauten charakteristischer Konstruktionselemente beschrieben werden. Abgesehen von der Anordnung der Deckenträger, Bühnenträger, Pfetten usw., die ähnlich wie bei Stockwerksbauten ist, ist im übrigen die Praxis des Entwerfens wie bei Brückenbauten.

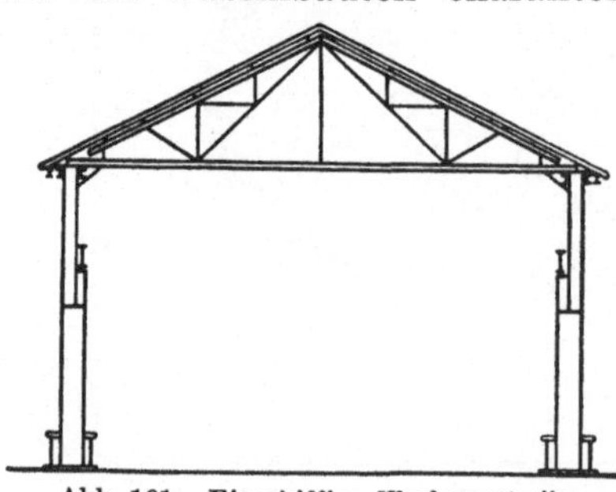

Abb. 101. Einschiffige Werkstatthalle.

Allgemeines.

Normalquerschnitte. Abb. 101 stellt eine einfache Fabrikhalle mit einem überdachten Schiff, zwei Stützenreihen und einer Kranbahn dar. In Abb. 102 ist zu beiden

Seiten je eine Seitenhalle hinzugefügt. Diese beiden Anordnungen stellen die Grundformen aller Fabrikhallen dar, die den besonderen

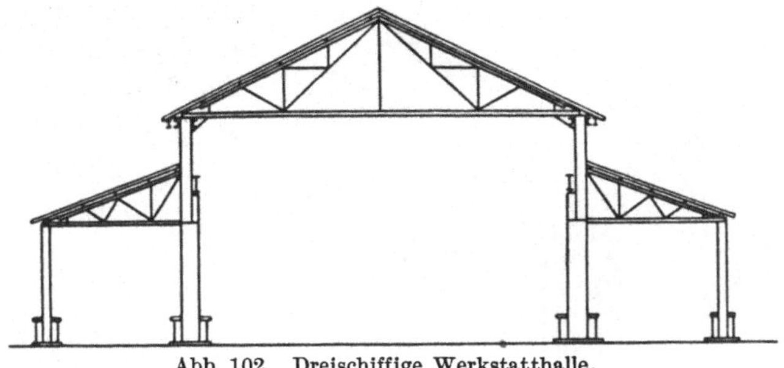

Abb. 102. Dreischiffige Werkstatthalle.

Umständen in dem Einzelfalle angepaßt werden. Die einzelnen Konstruktionselemente sind Stützen, Kranbahnträger, Binderträger, Dachbinder, Quer- und Längsverbände, Dachverbände, Pfetten, Wandriegel und -pfosten. Sind wie bei Hüttenwerksbauten oder Kraftwerken noch Bühnen und Decken eingebaut, so kommen u. a. noch Unterzüge, Deckenträger, Bunker usw. hinzu.

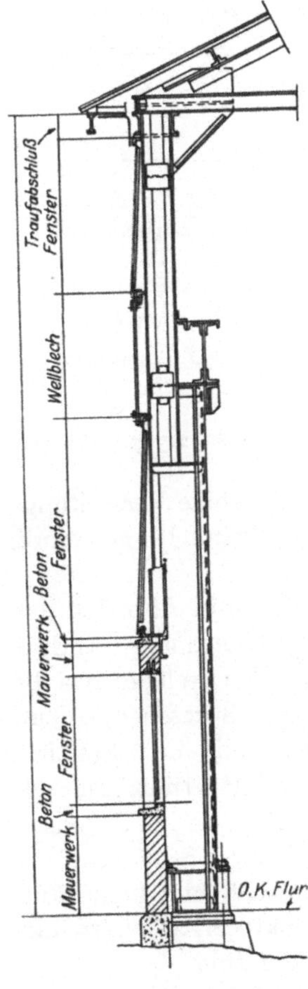

Abb. 103. Längswandstütze.

Stützenausbildung. Abb. 103 zeigt die einfachste aus Stehblech und vier Winkeln gebildete, in der Längswand liegende Kranbahnstütze, die gleichzeitig die leichte Dachkonstruktion trägt.

Durch einfache Herstellungsweise zeichnet sich auch der T-förmige, aus zwei Walzprofilen oder Stehblechen und Winkeleisen gebildete, in Abb. 104 dargestellte Stützenquerschnitt aus. Der Hauptstiel trägt den Dachbinder, der Querstiel die Kranlaufbahn.

Eine Abart dieser Querschnittsform ist die in Abb. 105 gezeigte I-Form, die bei Stützenreihen zwischen zwei Hallen mit Kranbahnen zweckmäßig ist. In der Abbildung ist gleichzeitig die Rinnen- und Dachbinderausbildung über der Stütze dargestellt.

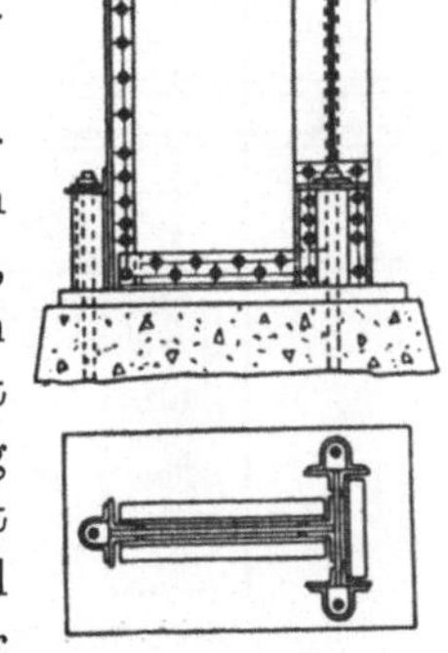

Abb. 104. T-Stütze.

Stützenfußausbildung. Ein nach Abb. 106 ausgebildeter, gußeiserner Stützenfuß ist beim Auftreten negativer Auflagerkräfte sehr zweckmäßig. Für die Aufnahme der Zuganker sind ⁊-förmige Bleche unten an die aus I-Profilen gebildete Stütze genietet, die auf einer gußeisernen Rippenplatte ruht. Diese Ausbildung ist sehr einfach, da keine Versteifungs- und Fußwinkel notwendig sind.

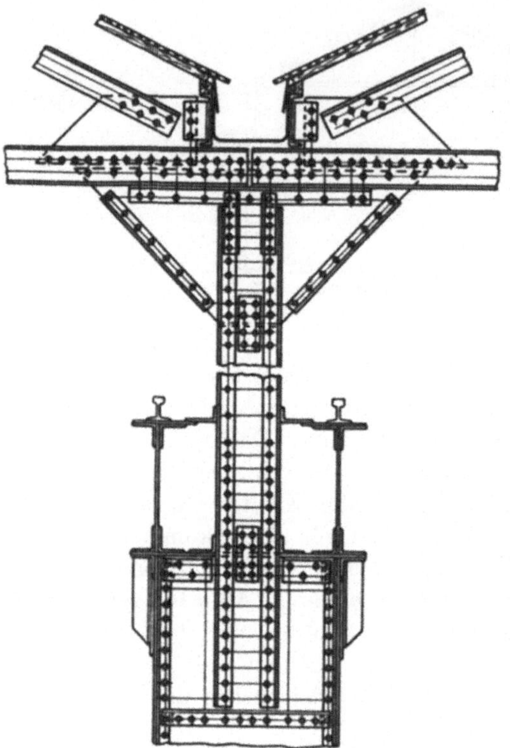

Abb. 105. Binder- und Kranbahnstütze.

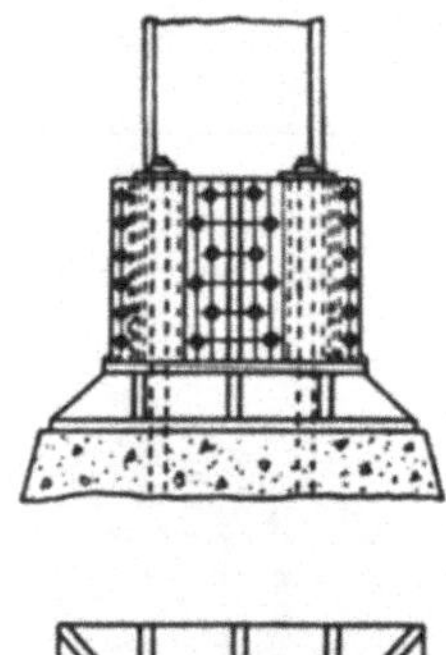

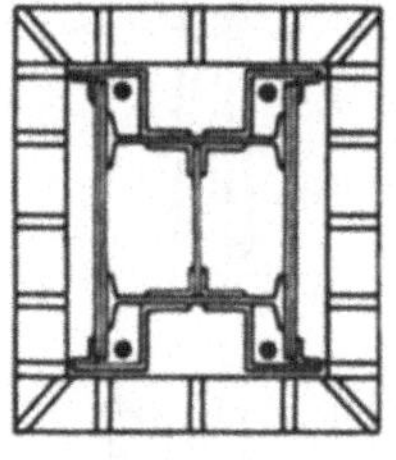

Abb. 106. Stütze mit Verankerung.

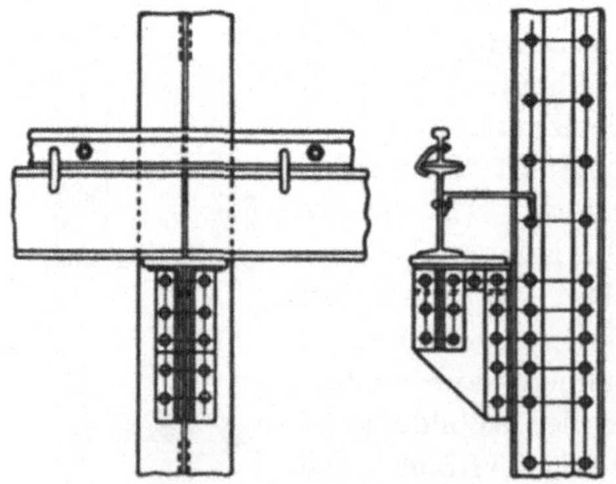

Abb. 107. Kranbahnträger.

Auch die in Abb. 104 dargestellte Anordnung des Stützenfußes, bei welcher das bearbeitete Stützenende unmittelbar auf einer kräftigen Auflagerplatte ruht, ist sehr zweckmäßig, da im Gegensatz zu genieteter Stützenfußausbildung auch hier keine Fußbleche und Versteifungswinkel notwendig sind.

Kranbahnträger. Für leichte Krane und kleine Stützweiten genügen oft einfache Walzträger mit einem seitlich angenieteten, wagrecht liegenden [-Eisen als Horizontalträger nach Abb. 107. Die Auflagerung erfolgt auf Stützenkonsolen, die Befestigung der Kranschiene durch gebogene Hakenschrauben.

Für schwerere Kranlasten sind Blechträger mit einem auf dem Obergurt liegenden [-Eisen nach Abb. 108 zu verwenden. Anstatt des

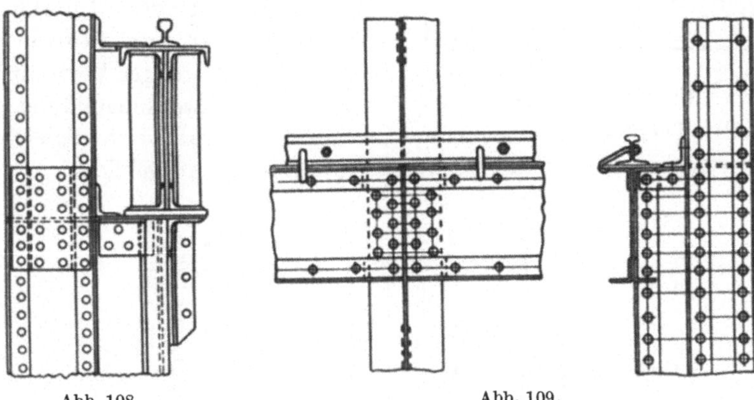

Abb. 108. Abb. 109.
Abb. 108 u. 109. Kranbahnträger.

[-Eisens wird oft ein besonderer Horizontalträger in Fachwerkkonstruktion oder ein horizontales, mit einem zwischen den Stützen liegenden Querverband verbundenes Blech angeordnet. Bei Kranlaufbahnen für Krane großer Tragfähigkeit sind Konsolen zu vermeiden und die Stützen unmittelbar unter die Kranträger zu stellen.

In Abb. 109 ist eine Anordnung wiedergegeben, bei welcher das Kranträgerstehblech seitlich mit der Stütze vernietet ist, so daß die besondere Bearbeitung des Stützenkopfes fortfällt und keine Aussteifungswinkel am Auflagerpunkt notwendig sind. Allerdings erfordert diese Konstruktion vermehrte Baustellenarbeit.

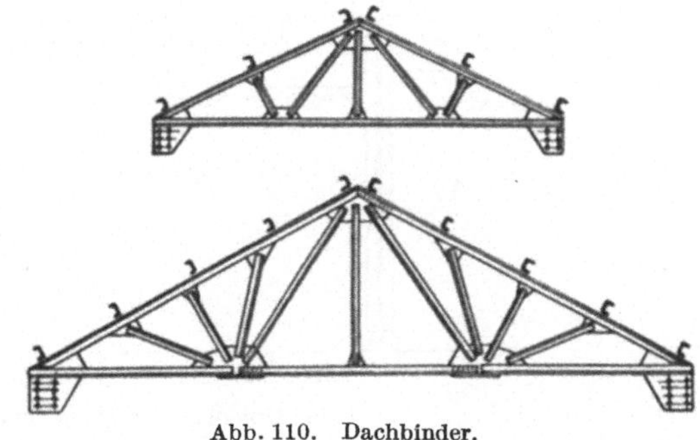

Abb. 110. Dachbinder.

Dachbinder. Je nach der Stützweite ist die Ausbildung der Dachbinder verschieden. Soweit es das Ladeprofil der Eisenbahnen zuläßt, werden die Dachbinder vollständig zusammengenietet verschickt, bei größeren Dachkonstruktionen werden allerdings Baustellenstöße nicht zu vermeiden sein (Abb. 110). Bezüglich der konstruktiven Durchbildung ist zu bemerken, daß die Diagonalen so angeordnet werden sollen, daß sie die Pfettenlasten unmittelbar weiterleiten, ohne daß die Binderobergurte auf Biegung beansprucht werden. Zur Vereinfachung der Arbeit auf der Zulage werden die Pfettenwinkel an die Binder geschraubt.

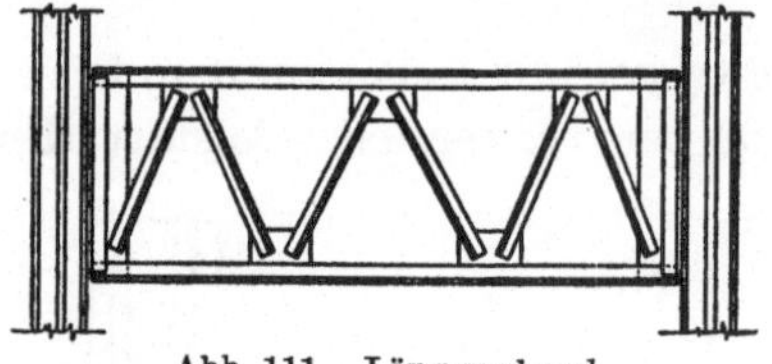

Abb. 111. Längsverband.

Versteifungsträger. In Abb. 111 ist ein zwischen zwei Stützen vorgesehener einwandiger Versteifungsträger in Fachwerkausbildung dargestellt. Dient ein solcher Träger bei größerer Stützweite zugleich als Binderträger, so wird er zweckmäßig zweiwandig ausgebildet.

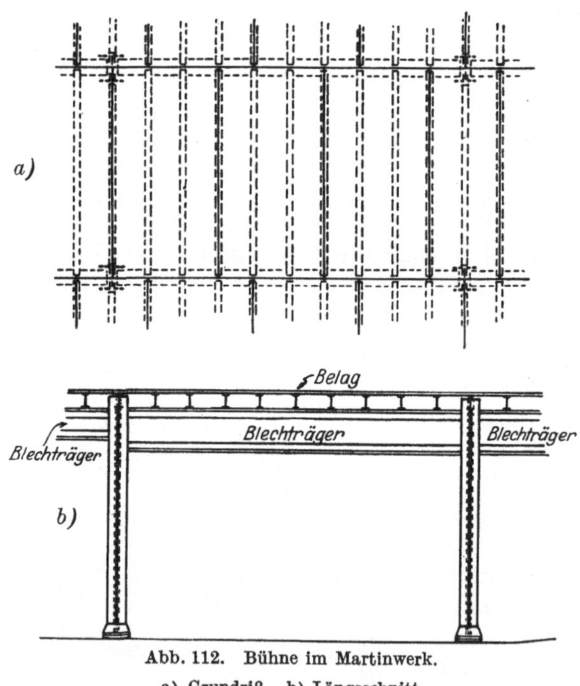

Abb. 112. Bühne im Martinwerk.
a) Grundriß. b) Längsschnitt.

Bühnen. Eine Bühnenkonstruktion für ein Martinwerk wird in Abb. 112 gezeigt. Über der Trägerlage werden meistens $^3/_8''$ starke Bleche mit einer in Sand verlegten Ziegelrollschicht angeordnet.

Bunker. Eine in Kraftwerken gebräuchliche Bunkerausbildung wird in Abb. 113 vorgeführt. Sollen die Bunker staubdicht sein, was der Regelfall ist, so sind die Bunkerbleche zu verstemmen.

Materialbestellung.

Nummerung der Bestellisten. Auf den Bestellisten ist das Material nach Gruppen geordnet zusammenzustellen. Diese Trennung des Materials erleichtert den Bezug von den Walzwerken sowie die Bureau- und Werkstattarbeit.

Bei der Nummerung der Seiten sind für die einzelnen Materialgruppen bestimmte Zahlenreihen vorzusehen, etwa in folgender Weise:

Stützen	1—100
Kranträger	101—200
Binderträger	201—300
Dachbinder	301—400
Sonstige Teile, wie Verbände, Pfetten, Treppen usw.	401 usw.

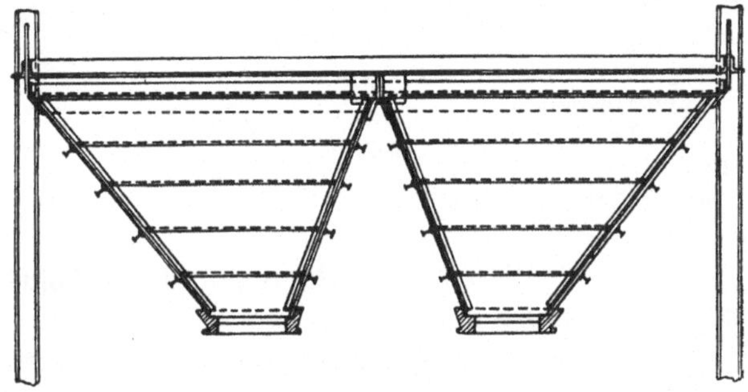

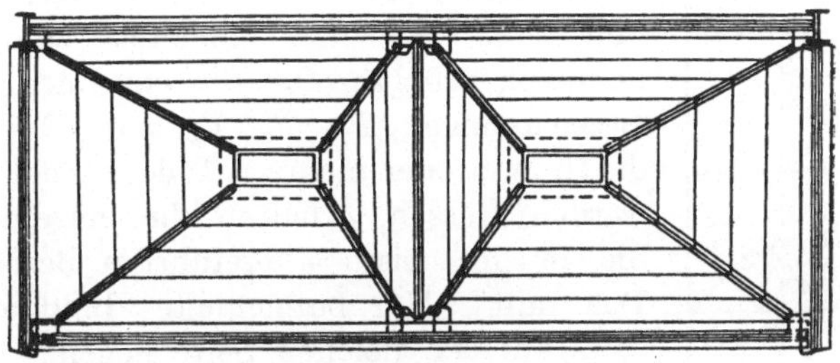

Abb. 113. Bunker.

Bei größeren Bauwerken ist zur Vermeidung einer zu großen Seitenzahl für die letzte Gruppe „Sonstige Teile" diese noch zu unterteilen. Für Stahlwerksbauten werden beispielsweise für Bühnenstützen, Unterzüge, Trägerlagen, Blechabdeckungen usw. besondere Gruppen vorgesehen.

Einzelheiten.

Nummerung der Zeichnungen. Auch die Zeichnungen können in gleicher Weise wie die Bestellisten eingeteilt und bezeichnet werden.

Versandbezeichnungen. Zur Vereinheitlichung der Versandbezeichnungen sind zweckmäßig die in nachstehender Zusammenstellung aufgeführten Zeichen zu verwenden. Eine Unterscheidung der Einzelteile einer Gruppe kann durch Hinzufügen von Ziffern zu den angegebenen Buchstaben erzielt werden, z. B. G1, G2, G3 usw.

Lagerteile (Auflagerplatten)	*WP*
Buckelbleche	*Y*
Stützenfüße (gegossen)	*CB*
Stützen	*C*
Kranbahnträger	*CG*
Diagonalverbände	*D*
Deckenträger	*FB*
Abdeckbleche	*FP*
Blechträger (ausgenommen Kranbahnträger)	*G*
Fachwerkwandteile	*GT*
Bunker, Behälter usw.	*H*
Eckversteifungen	*K*
Sonstige ∠-Eisen	*M*
„ Querverbände	*F*
„ Bleche	*P*
Pfetten	*PN*
Rundeisenverbände	*X*
Eiserne Schornsteine	*SF*

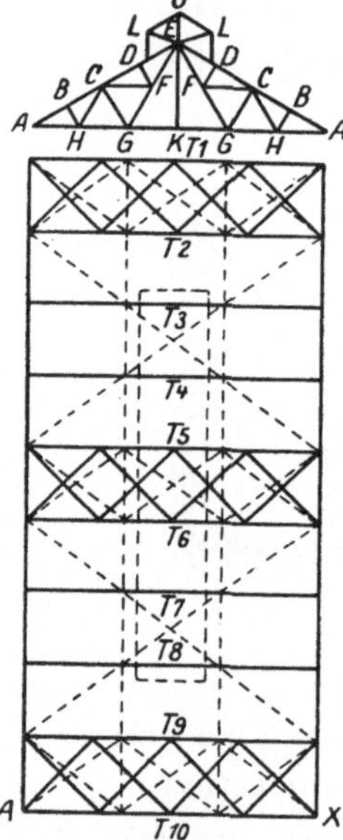

Abb. 114. Versandbezeichnung für eine Dachkonstruktion.

Versandbezeichnungen für Dachbinder. Untenstehend ist ein Schema für die Versandbezeichnung einer Dachkonstruktion wiedergegeben, welches auf die Mehrzahl der Binderkonstruktionen anwendbar ist. Kleine Dachbinder, die vollständig zusammengenietet zum Versand kommen, erhalten für die einzelnen Binder die Bezeichnungen T_1, T_2, T_3 usw., bei größeren, die in zwei oder mehrere Teile zerlegt verschickt werden müssen, erhalten die einzelnen Stücke die in der Liste aufgeführten Bezeichnungen. Das mit „X“ bezeichnete Binderende muß stets auf der gleichen Seite liegen.

Auf jeder Zeichnung ist eine Systemskizze der Dachkonstruktion mit den notwendigen Bezeichnungen einzuzeichnen, um dem Konstrukteur und der Werkstatt einen Überblick zu ermöglichen.

Die nachstehenden Zusammenstellungen beziehen sich auf die in Abb. 114 dargestellte Skizze einer Dachkonstruktion.

Kranschienenbefestigung. Die Schienenbefestigung soll nicht nur die Kranschiene auf dem Kranbahnträger festhalten, sondern auch seitliches Ausrichten der Schiene gestatten, sowie die Längenänderungen infolge Wärmeschwankungen ermöglichen.

In zwei Teilen zum Versand kommende Dachbinder.

Lage des Teiles im Bauwerk	T 1	T 2	T 3	T 4	T 5	T 6	T 7	T 8	T 9	T 10
AEG	*AG*1*R*	*AG*2*R*	*AG*3*R*	*AG*3*L*	*AG*4*R*	*AG*4*L*	*AG*3*R*	*AG*3*L*	*AG*2*L*	*AG*1*L*
XEG	*XG*1*L*	*XG*2*L*	*XG*3*L*	*XG*3*R*	*XG*4*L*	*XG*4*R*	*XG*3*L*	*XG*3*R*	*XG*2*R*	*XG*1*R*
EK	*EK*1	*EK*2	*EK*2	*EK*2	*EK*2	*EK*2	*EK*2	*EK*2	*EK*2	*EK*1
GG	*GG*1	*GG*2	*GG*3	*GG*3	*GG*2	*GG*2	*GG*3	*GG*3	*GG*2	*GG*1
LO	......	......	*LO*1	*LO*1	*LO*1	*LO*1	*LO*1	*LO*1		
LD	......	......	*LD*1	*LD*2	*LD*2	*LD*2	*LD*2	*LD*1		
LE	......	......	*LE*1	*LE*1	*LE*1	*LE*1	*LE*1	*LE*1		
OE	......	......	*OE*1	*OE*2	*OE*2	*OE*2	*OE*2	*OE*1		

Zerlegt zum Versand kommende Dachbinder.

Lage des Einzelteiles im Bauwerk	T 1	T 2	T 3	T 4	T 5	T 6	T 7	T 8	T 9	T 10
AE	*AE*1	*AE*2	*AE*3	*AE*3	*AE*4	*AE*4	*AE*3	*AE*3	*AE*2	*AE*1
XE	*XE*1	*XE*2	*XE*3	*XE*3	*XE*4	*XE*4	*XE*3	*XE*3	*XE*2	*XE*1
AG	*AG*1*R*	*AG*2*R*	*AG*3*R*	*AG*3*L*	*AG*2*L*	*AG*2*R*	*AG*3*R*	*AG*3*L*	*AG*2*L*	*AG*1*L*
XG	*XG*1*L*	*XG*2*L*	*XG*3*L*	*XG*3*R*	*XG*2*R*	*XG*2*L*	*XG*3*L*	*XG*3*R*	*XG*2*R*	*XG*1*R*
GG	*GG*1	*GG*2	*GG*3	*GG*3	*GG*2	*GG*2	*GG*3	*GG*3	*GG*2	*GG*1
EK	*EK*1	*EK*2	*EK*2	*EK*2	*EK*2	*EK*2	*EK*2	*EK*2	*EK*2	*EK*1
BH	*BH*1	*BH*1	*BH*1	*BH*1	*BH*1	*BH*1	*BH*1	*BH*1	*BH*1	*BH*1
CG	*CG*1	*CG*2	*CG*2	*CG*2	*CG*2	*CG*2	*CG*2	*CG*2	*CG*2	*CG*1
DF	*DF*1	*DF*1	*DF*1	*DF*1	*DF*1	*DF*1	*DF*1	*DF*1	*DF*1	*DF*1
CH	*CH*1	*CH*1	*CH*1	*CH*1	*CH*1	*CH*1	*CH*1	*CH*1	*CH*1	*CH*1
CF	*CF*1	*CF*1	*CF*1	*CF*1	*CF*1	*CF*1	*CF*1	*CF*1	*CF*1	*CF*1
EG	*EG*1	*EG*2	*EG*2	*EG*2	*EG*2	*EG*2	*EG*2	*EG*2	*EG*2	*EG*1
LD	......	......	*LD*1	*LD*2	*LD*2	*LD*2	*LD*2	*LD*1		
LO	......	......	*LO*1	*LO*1	*LO*1	*LO*1	*LO*1	*LO*1		
LE	......	......	*LE*1	*LE*1	*LE*1	*LE*1	*LE*1	*LE*1		
OE	......	......	*OE*1	*OE*2	*OE*2	*OE*2	*OE*2	*OE*1		

In Abb. 115 sind zwei gebräuchliche flußeiserne und geschmiedete Schienenbefestigungen gezeigt, in Abb. 116 eine weitere aus Stahlguß. Bei langen Kranbahnen verdrehen sich die nur mit einem Bolzen versehenen Schienenbefestigungen infolge der Erschütterungen sehr leicht. In der Praxis hat sich hierbei die Regel herausgebildet, daß nur leichtere Schienen von einem Gewicht unter 70 lbs. pro Yard bei Kranbahnlängen unter 200 Fuß Befestigungsanordnungen mit einem Bolzen erhalten, für alle übrigen sind zwei Bolzen zu verwenden. Als besonders zweck-

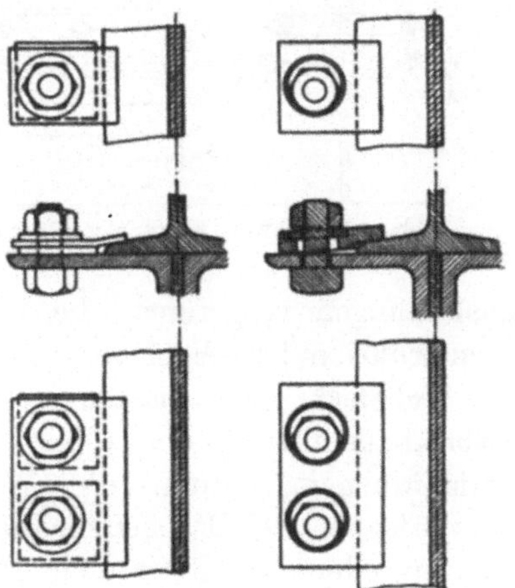

Abb. 115. Kranschienenbefestigungen.

mäßig und wirtschaftlich haben sich die flußeisernen Schienenbefestigungen erwiesen.

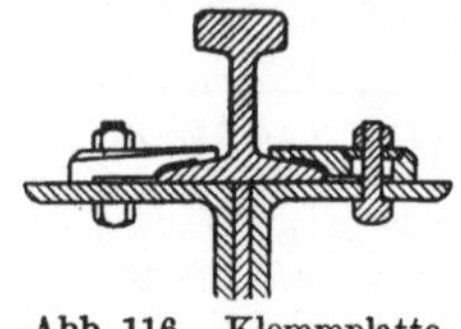

Abb. 116. Klemmplatte aus Stahlguß.

Zwei Befestigungsarten von Kranschienen auf I-Trägern zeigt Abb. 117; im einen Falle unter Verwendung gekrümmter Hakenschrauben und im anderen Falle unter Benutzung von geschlitzten und abgebogenen Klammern; bei letzterer Anordnung brauchen die Schienen nicht angebohrt zu werden.

Schwerere Kranschienen werden nach Abb. 118 befestigt. Die dabei in Abständen von 3 Fuß angeordneten Gußstücke werden unter Verwendung von Futterstücken mit je zwei Schrauben zwischen den eingezeichneten Saumwinkeln der Kranbahnträger befestigt.

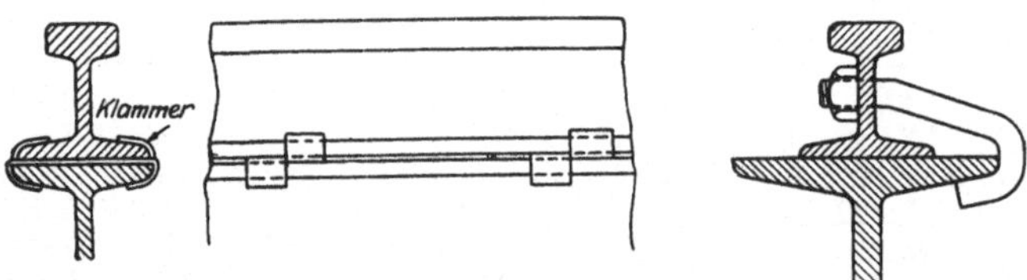

Abb. 117. Schienenbefestigung auf I-Trägern.

Für Schienenstöße werden in der Regel einfache Flachlaschen benutzt, jedoch ist die Verwendung genormter Winkellaschen, deren wagerechte Schenkel über den Schienenbefestigungsschrauben ausgeklinkt werden, vorzuziehen.

Prellböcke. Bei Kranlaufbahnen sind zwei Ausführungsarten von Prellböcken gebräuchlich; bei der einen sind die Prellböcke an der Kranschiene, bei der anderen am Kranträger befestigt. Die erstere Befestigungsart ist nicht ganz einwandfrei, da bei starken Stößen Verbiegungen der Kranschiene eintreten können. In Abb. 119 sind einige Prellbockausbildungen vorgeführt, die teils aus Stahlguß, teils aus genieteter Konstruktion bestehen.

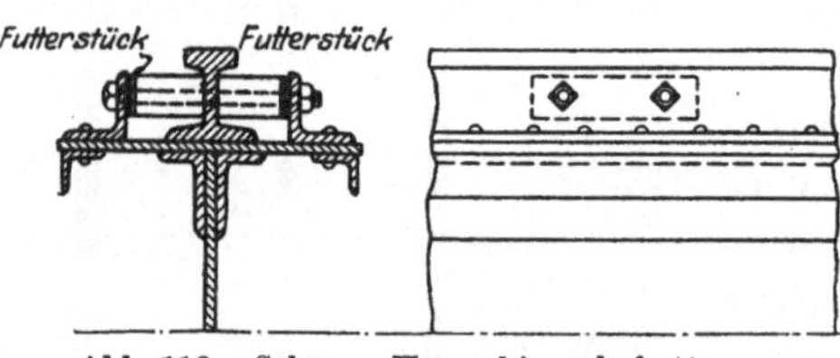

Abb. 118. Schwere Kranschienenbefestigung.

Wellblech. Als Dacheindeckung, sowie als Wandbekleidung von Fabrikhallen wird des öfteren Wellblech verwendet. Bei Wandverkleidungen werden die Wellblechtafeln an den Wandpfosten oder -riegeln, bei Dacheindeckungen entweder unmittelbar auf den Pfetten oder auf einer den Pfetten aufgelagerten Holzverschalung befestigt.

Die handelsüblichen Längen der Wellblechtafeln sind 5, 6, 7, 8, 9 und 10 Fuß. Die Größtlänge beträgt 12 Fuß, die normale Breite der Tafel 24″. Nach Möglichkeit sind Tafeln in Normalabmessungen zu verwenden.

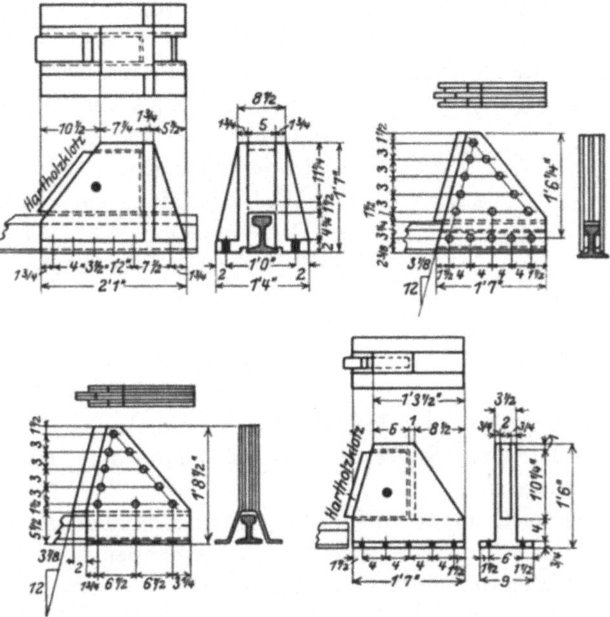

Abb. 119. Prellböcke für Kranlaufbahnen.

Die Profilbenennung, Blechstärken und Einheitsgewichte der von der „American Sheet and Tin Plate Company“ hergestellten Wellbleche sind in folgender Tabelle zusammengestellt.

Wellbleche.

Profil Nr.	Stärke in Zoll	Unverzinkt (einschl. einmaligen Anstrichs) Gewicht pro Quadratfuß lbs	Verzinkt Gewicht pro Quadratfuß lbs
16	0,0625	2,71	2,86
18	0,0500	2,17	2,32
20	0,0375	1,63	1,78
22	0,0312	1,36	1,51
24	0,0250	1,10	1,24
26	0,01875	0,83	0,98
28	0,0156	0,68	0,85

Normale Wellblechtafeln für Dacheindeckungen werden aus 30″ breiten Flachblechen hergestellt. Jedes Blech erhält $10^1/_2$ Wellen von $2^5/_8$″ Breite und $^1/_2$″ Tiefe. Die Breite der fertigen Wellblechtafel beträgt $27^1/_2$″. In den Längsstößen werden die Tafeln mit einer Überdeckung von $1^1/_2$ Wellen verlegt, so daß die Nettobreite einer Tafel ungefähr 24″ beträgt.

Wellbleche für Wandverkleidungen werden normalerweise aus 28″ breiten Flachblechen hergestellt mit 10 Wellen für jede Tafel, jede Welle $2^5/_8$″ breit und $^1/_2$″ tief. Die fertige Wellblechtafel ist 26″ breit. In den Längsstößen werden die Tafeln mit einer Überdeckung von einer Welle verlegt, die Nettobreite ergibt sich damit zu 24″.

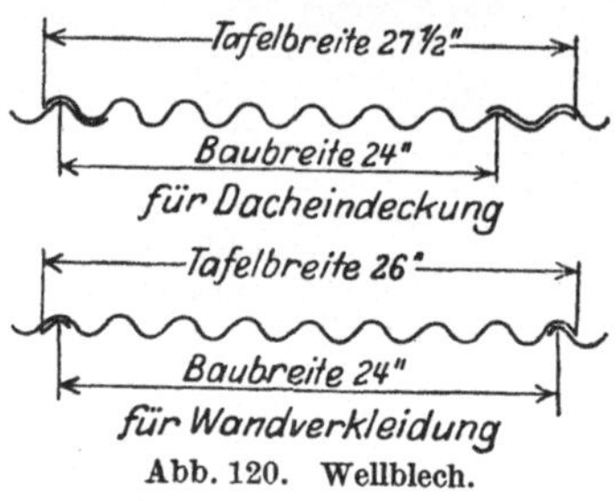

Abb. 120. Wellblech.

Abb. 120 zeigt eine Skizze beider Wellblecharten.

In den Querstößen überdecken sich die Wellblechtafeln um mindestens 6″ bei Dacheindeckungen und 4″ bei Wandverkleidungen. Die Stöße sind stets über den Pfetten bzw. Riegeln der Wände anzuordnen.

Das Profil für die Dacheindeckung ist gewöhnlich um eine Profilnummer schwerer ausgewählt als das für die Wandbekleidung verwendete, z. B. verwendet man Nr. 18 für die Dacheindeckung und Nr. 20 für die Wandverkleidung.

Soweit es sich nicht um große Mengen handelt, sind die durch Fenster- und Türöffnungen, Oberlichte, Rauchabzüge usw. bedingten anormalen Tafelgrößen in normalen Abmessungen zu bestellen und die Bleche auf der Baustelle anzupassen. Nur bei großen Mengen werden hierfür Tafeln in genauen Abmessungen bestellt. Wellblechtafeln für den oberen Teil einer Giebelwand, die eine Schrägkante erhalten, werden, zu zweien zusammengelegt, rechteckig bestellt und durch einen Schrägschnitt geteilt, um einen Verschnitt zu vermeiden.

Für die Stoßüberdeckungen sind bei der Bestellung 2 vH zuzuschlagen.

Die Pfetten bzw. Riegel sind so anzuordnen, daß die Blechtafeln über zwei Felder reichen, und zwar sind Pfetten oder Riegel stets senkrecht zur Längsrichtung der Blechtafeln zu legen.

Es werden auch Wellblechtafeln mit 3″ breiten und $^5/_8$″ tiefen Wellen und 26″ Gesamtbreite hergestellt. Die Nettobreite dieser Tafeln beträgt bei einer Überdeckung von einer Wellenbreite rund 24″. Jedoch werden solche Bleche selten verwendet.

Giebelabschlüsse und Firstabdeckung. Die Abschlüsse zwischen Dach und Giebelwand werden entweder aus Flachblechen oder Wellblechen hergestellt; letztere im gleichen Profil wie bei der Wandverkleidung.

Die Größtabmessungen sind nachfolgend zusammengestellt:

Profil Nr. 16 und 18	54″×168″
„ „ 20 „ 22	48″×120″
„ „ 24	48″×108″
„ „ 26 und 27	42″×120″

Normale Abschlußbleche werden im vorgeschriebenen Winkel gebogen vom Walzwerk bezogen. Bei kleinerer Stückzahl und flachem Winkel werden sie auch auf der Baustelle hergerichtet.

Die Abschlußbleche sollen das Wellblech mindestens 3″ überdecken und an der Dacheindeckung bzw. Wandverkleidung mit $^3/_{16}$″ Nieten in Abständen von 6″ befestigt werden. Einzelheiten zeigt Abb. 121.

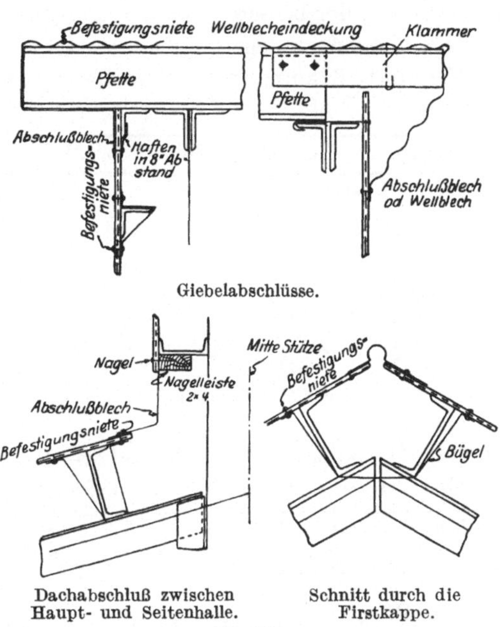

Giebelabschlüsse.

Dachabschluß zwischen Haupt- und Seitenhalle. Schnitt durch die Firstkappe.

Abb. 121.

Die gebräuchlichste Firstkappe wird aus einem Blech Nr. 24 hergestellt; sie erhält einen aufgewölbten Rücken von $2^1/_2$″ Durchmesser und 6″ breite Schenkel. Ihre Normallänge beträgt 8′. Die Kappen werden mit einer Überdeckung von 3″ verlegt. In Abb. 122 sind einige Ausführungen von Firstkappen mit und ohne Rückenaufwölbung, mit ebenen und gewellten Schenkeln zusammengestellt.

Befestigungsmittel für Wellbleche. Zur Befestigung der Wellblechtafeln werden Klammern, Bügel und Haften verwendet. Sie kommen entweder verzinkt oder unverzinkt zur Anwendung, jedoch sind verzinkte Befestigungsmittel gebräuchlicher und leichter zu beschaffen, weswegen sie auch zur Befestigung unverzinkten Wellblechs benutzt werden.

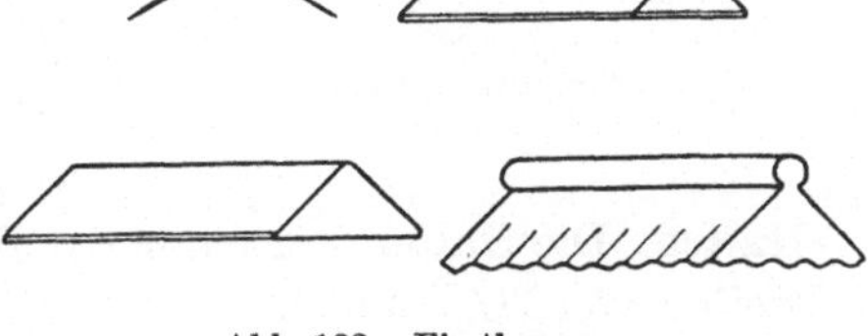

Abb. 122. Firstkappen.

Zuweilen wird das Wellblech auf Holzleisten, die mit den Pfetten oder Wandriegeln verschraubt sind (s. Abb. 127) aufgenagelt; überhaupt werden zur Befestigung von Wellblech auf Holz Nägel verwendet.

Klammern (clinch nails). Diese werden aus Draht Nr. 9 und 10 hergestellt, vorzugsweise werden die ersteren gebraucht, da infolge der größeren Köpfe ein Durchdrücken durch die Löcher des Bleches weniger leicht eintritt als bei den aus Nr. 10 hergestellten Klammern. Die Klammern werden oben durch den Wellenberg des Bleches gesteckt und um die Pfetten oder Wandriegel herumgebogen, dabei ist bei ⊏-Eisenpfetten der besseren Befestigungsmöglichkeit wegen stets der Rükken nach oben zu legen.

Verzinkte Klammern zur Befestigung an Winkeleisen haben folgende Längen:

Abstehender ∠-Schenkel in Zoll .	2	$2^1/_2$, 3	$3^1/_2$, 4	5	6				
Länge der Klammer in Zoll . .	4	5	6	7	8	9	10	11	12

Die Klammern sind in Abständen von 8″ anzuordnen und mit 10 vH Zuschlag zu bestellen. In Abb. 123 sind Anwendungen dieser Klammern vorgeführt.

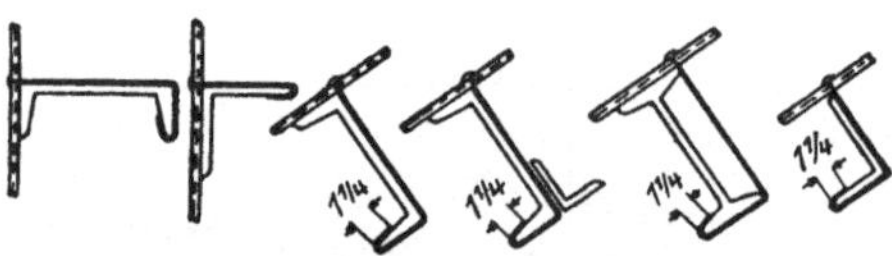

Abb. 123. Klammern.

Bügel. Die Bügel werden aus Blechen Nr. 18 oder 20 hergestellt; sie sind $^3/_4$″ breit und werden mit dem Wellblech vernietet.

Die Längen der Bügel betragen für die verschiedenen Pfettenprofile:

⊏-Eisen (in Zoll)	5	6	7	8	9	10	12
Länge der Bügel in Zoll	15	17	19	22	24	26	31

Die Bügel sind in Abständen von 1′ anzuordnen und bei der Bestellung der Bügelzahl 10 vH und der Nietenzahl 20 vH zuzuschlagen. Die Bügel sind bündelweise zu bestellen und auf der Baustelle zu schneiden und zubiegen. Ein Bündel hat ein Gewicht von 50 lbs. und enthält 400 laufende Fuß. Beispiele dieser Befestigungsart zeigt Abb. 124.

Abb. 124. Bügel.

Haften. Die Haften werden in der Regel aus verzinktem Blech Nr. 12 in Breiten von $1^1/_2$″ und Längen von $2^1/_2$″ hergestellt und erhalten eine schlanke Kröpfung, um die Flanschen der Riegel oder Pfetten zu umfassen (s. Abb. 125). Sie werden am Wellbech mit je einem aus Rundeisen Nr. 10 gefertigten Schraubenbolzen befestigt. Die Bolzen sind mit Halbrundköpfen versehen und haben, von besonderen Fällen abgesehen, eine Schaftlänge von 1″.

Die Haften sind jedoch nur da zu verwenden, wo die Anwendung von Klammern und Bügeln nicht möglich ist, z. B. unterhalb und oberhalb der Fenster, über Türen, Klappen usw. Die Haften werden in seitlichen Abständen von mehr als 8″ angebracht. Bei der Bestellung sind 10 vH zur theoretischen Stückzahl zuzuschlagen. Die Anwendung von Haften ist in Abb. 126 an zwei Beispielen gezeigt.

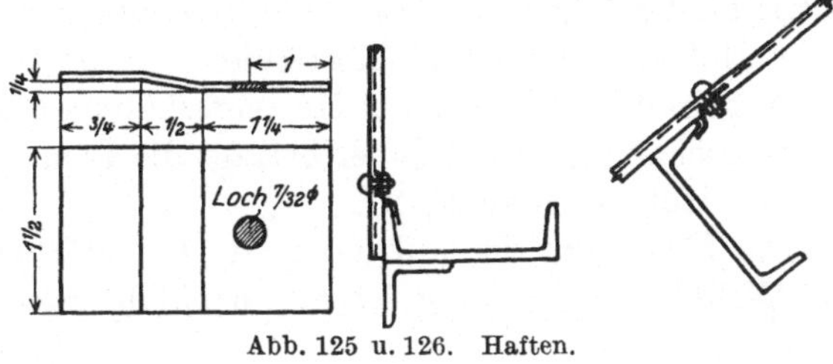

Abb. 125 u. 126. Haften.

Nietung. Zum Anschluß der Bügel, Firstkappen, Abschlußbleche usw. werden besondere verzinkte Niete von $^3/_{16}$″ Durchmesser, deren Längen und Gewichte folgender Zusammenstellung entnommen werden können, verwendet.

Längen in Zoll	$^3/_8$	$^1/_2$	$^5/_8$	$^3/_4$
Anzahl pro Pfund . .	200	166	142	125

Sind bis zu drei Blechstärken zu vernieten, so sind Niete mit $^3/_8$″ Schaftlänge zu verwenden, für größere Blechstärken ist ein geringer Prozentsatz $^1/_2$″ langer Niete vorzusehen, der Stückzahl sind 20 vH zuzuschlagen.

Die Nietabstände in den Längsstößen (in der Längsrichtung der Wellbleche) der Dacheindeckung sind zu 16″, in den Querstößen zu 6″ bis 8″ zu wählen. Bei Verwendung von Bügeln soll jedes zweite Niet in den Querstößen zugleich einen Bügel mit anschließen.

In den Längsstößen der Wandverkleidungen sind die Nietabstände 24″ groß zu wählen, in den Querstößen sind, außer zur Befestigung an den Riegeln, keine Niete erforderlich.

Die Niete zum Anschluß der Firstkappen, Abschlußbleche usw. sind in seitlichen Abständen von 6″ zu setzen.

Holznägel. Eine weitere Befestigungsart für Wellbleche ist die, die Bleche auf die sog. Nagelleisten, welche an der Eisenkonstruktion festgeschraubt sind, zu nageln. Auf diese Weise können Wellbleche für Dacheindeckungen wie für Wandbekleidungen befestigt werden, doch beschränkt man die Anwendung dieser Befestigungsart auf die Fälle, wo Bügel, Haften und Klammern nicht verwendet werden können (s. Abb. 127).

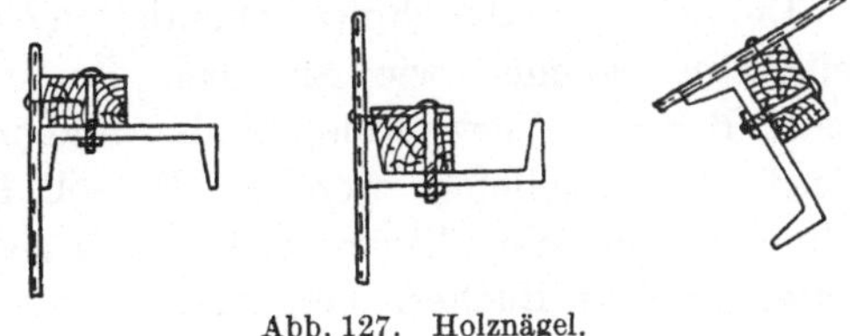
Abb. 127. Holznägel.

Bei Dacheindeckungen sind 3″ lange, bei Wandverkleidungen $2^1/_2$″ lange Nägel, die in Abständen von 12″ zu schlagen sind, zu verwenden.

Bei der Bestellung sind 20 vH zuzugeben. Die Holzleisten sind in den handelsüblichen Querschnitten anzuordnen.

Die Holznägel für die Wellblechbefestigung haben Halbrundköpfe. Mit Hilfe der Nägel wird das Wellblech entweder an der Nagelleiste oder einer Holzverschalung in Abständen von 1′ befestigt. Die Abstände der Nagelreihen betragen bei Holzverschalung 3 bis 4′. Bei $1^1/_4''$ starker Holzverschalung und darüber beträgt die Länge der Nägel $2^1/_2''$, bei 1″ starker Holzverschalung 2″.

Die Stückzahl der auf 1 Pfund (lb) entfallenden verzinkten Nägel für Wellblechbefestigung ist aus nachfolgender Zusammenstellung zu ersehen.

Länge in Zoll	$1^1/_2$	2	$2^1/_2$	$3^1/_4$
Stückzahl pro Pfund .	150	139	111	83

Zur Befestigung der Abschlußbleche an Holzteilen verwendet man Nägel mit Widerhaken, die in seitlichen Abständen von 6″ anzuordnen sind. Bei der Bestellung sind gleichfalls 20 vH zuzugeben.

Die Stückzahl solcher Nägel pro Pfund ist nachfolgender Tafel zu entnehmen.

Länge in Zoll . . .	$^3/_4$	$^7/_8$	1	$1^1/_8$	$1^1/_4$	$1^3/_8$	$1^1/_2$	$1^3/_4$
Stückzahl pro Pfund	714	469	411	365	251	230	176	151

Musterzeichnungen. In Abb. 128 bis 131 sind einige Werkstattzeichnungen von Dachbindern, Stützen und Kranbahnträgern als Beispiele guter Konstruktions- und Darstellungsweise vorgeführt.

Abb. 128. Dachbinder für Gary-Tube-Company in Gary.
Abb. 129. Stütze für Gary-Tube-Company in Gary.
Abb. 130. Kranträger für ein Magazin der Gary-Tube-Company in Gary.
Abb. 131. Binderträger für den Neubau der Schmiede der American Bridge Company in Gary.

XII. Guß- und Maschinenteile für Brücken.

Die in diesem Abschnitt behandelten Guß- und einfachen Maschinenteile sind solche, wie sie bei den verschiedenen Arten beweglicher Brücken Verwendung finden und in Verbindung mit der Eisenkonstruktion geliefert werden. Es soll hierfür keine allgemeine Beschreibung maschineller Einrichtungen gegeben werden, die in anderen umfangreichen Büchern eingehend behandelt worden sind, sondern es sollen hier nur einige für den Konstrukteur beweglicher Brücken wünschenswerte Angaben gemacht werden, die sich auf die Maschinenteile von Drehscheiben, Dreh-, Hub- und Klappbrücken sowie auf die Gelenke und Auflager fester Brücken beziehen. Alle von Spezialfirmen hergestellten Teile sind daher nicht berücksichtigt.

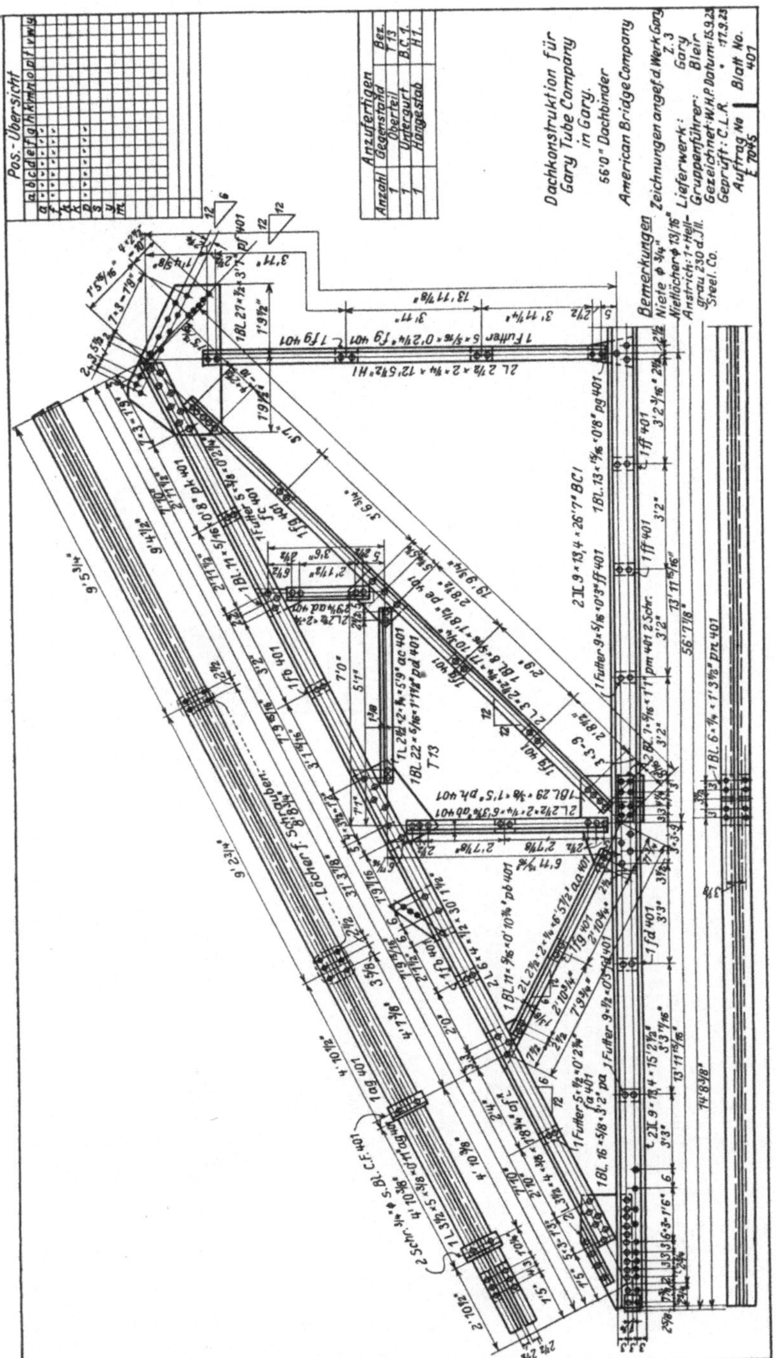

Abb. 128. Dachbinderzeichnung.

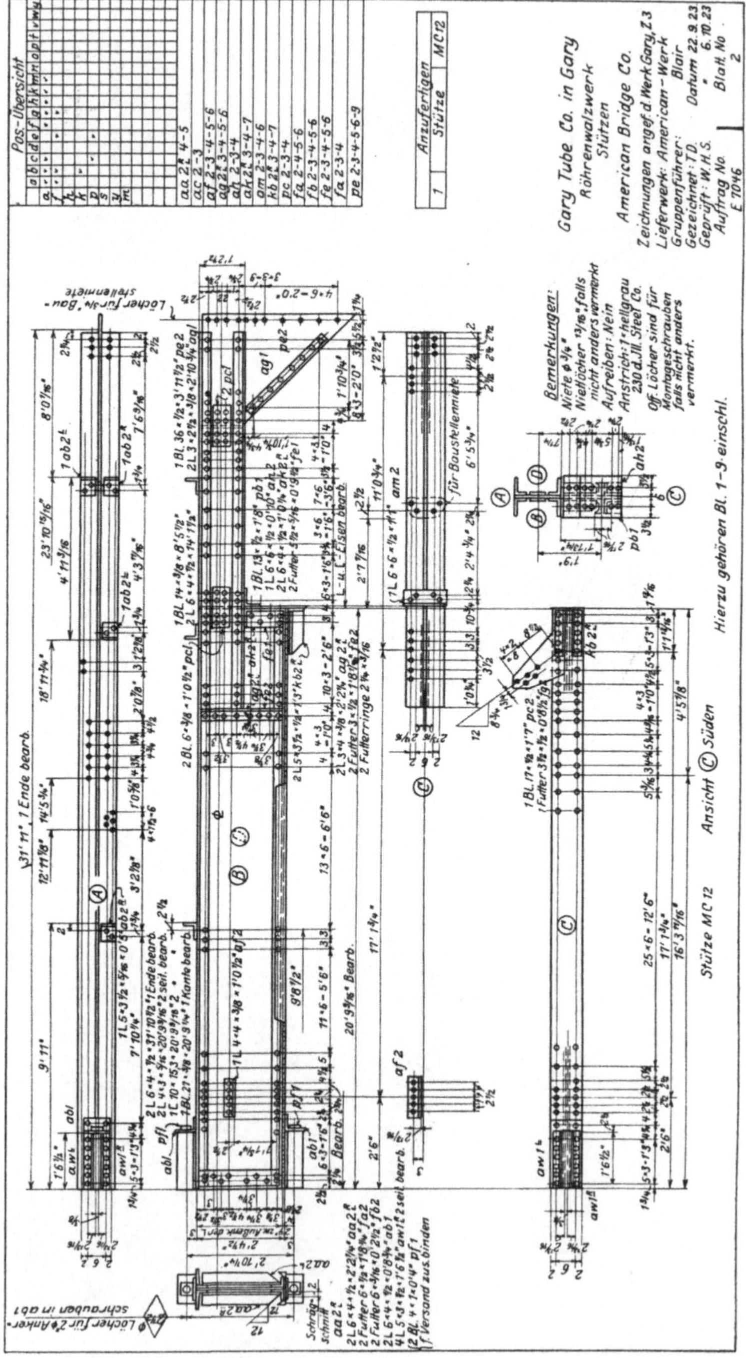

Abb. 129. Stütze.

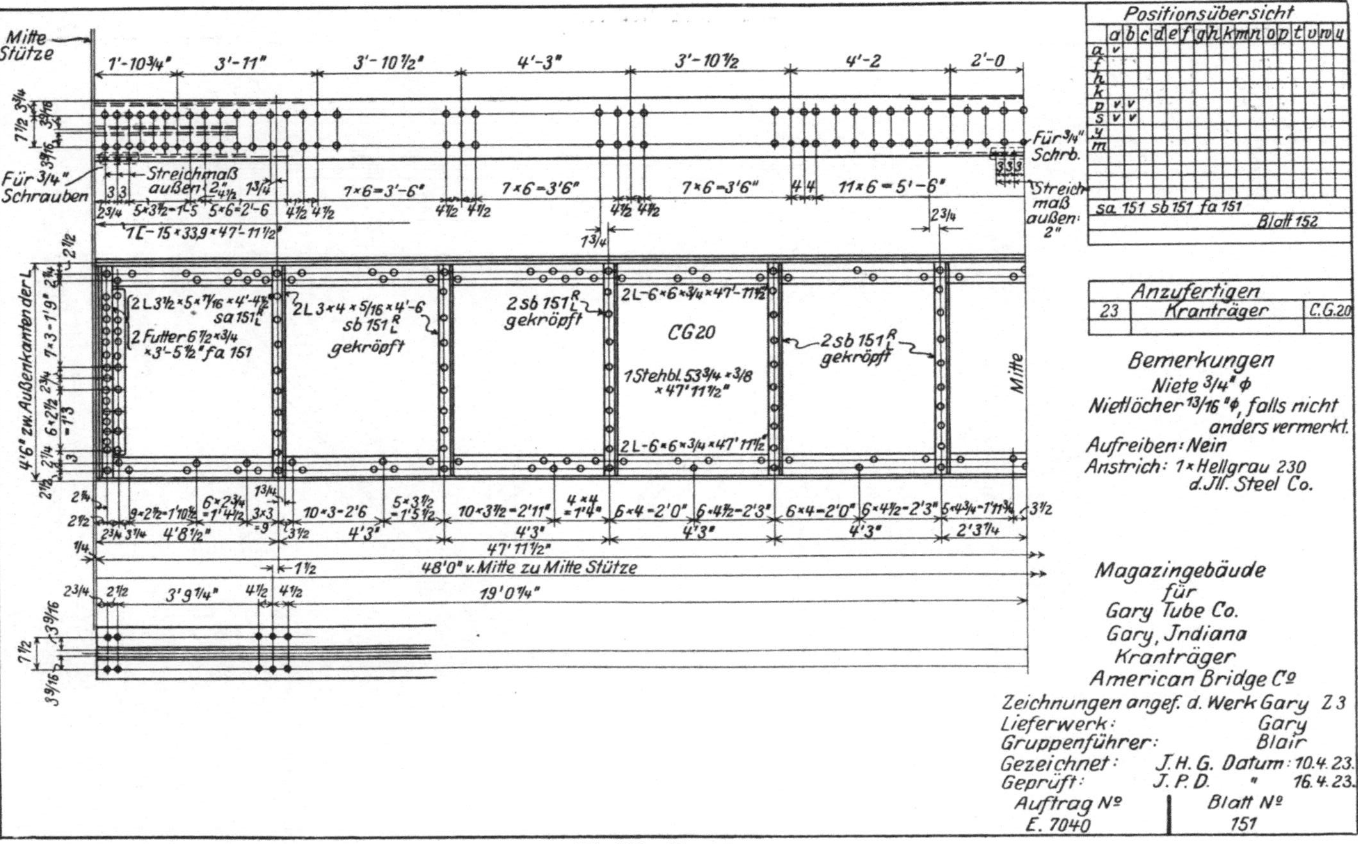

Abb. 130. Kranträger.

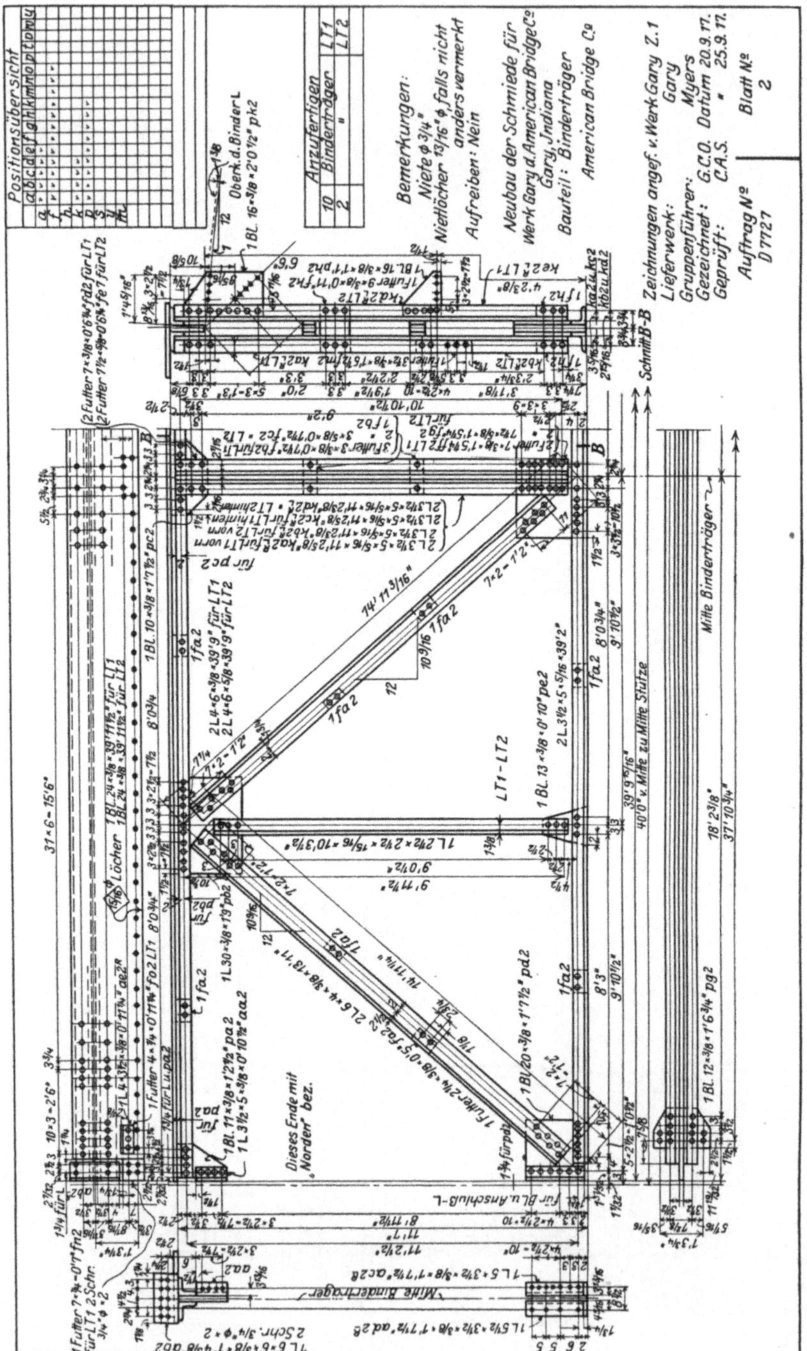

Abb. 131. Binderträger.

Die Praxis der Entwurfs- und Werkstattarbeit solcher Maschinenteile weist manche Unterschiede von der reiner Eisenbauteile auf. Als Konstrukteure kommen deswegen nur Spezialisten in Frage.

Zeichnungen. Der allgemeinübliche Maßstab für Zeichnungen von Maschinenteilen ist entweder $1' = 1^1/_2''$ oder $1' = 3''$, bei größeren Teilen ist $1' = 1''$ zweckmäßig. Für sehr kleine Stücke ist die Darstellung in halber oder in natürlicher Größe empfehlenswert.

Falls es der Besteller nicht besonders vorschreibt, sind die Maschinenteile auf sog. „*M*"-Blättern (Größe 12″ × 31″) oder „*C*"-Blättern (Größe 11″ × 17″) mit Stücklisten darzustellen. Die Werkstatt bevorzugt die kleineren Blattgrößen wegen ihrer Handlichkeit, außerdem ist auf ihnen eine getrennte Darstellung nach Gruppen leicht durchzuführen.

Es ist unzweckmäßig, zu viele Teile auf einem Blatt zusammenzustellen, größere und verwickelte Gußteile werden z. B. einzeln auf einem „*M*"-Blatt dargestellt.

Als Versandbezeichnungen für Maschinenteile sind die nachstehend aufgeführten Buchstaben mit beigefügten Zahlen zu wählen.

B für Auflagerteile.
C „ Gußteile (ausgenommen Auflager).
F „ Schmiedestücke (ausgenommen geschmiedete Wellen).
S „ Wellen.
M „ sonstiges Material.

Die Stücklisten für die Maschinenteile aus Stahlguß, Phosphorbronze, Lagermetall usw. sind möglichst auf die zugehörigen Zeichnungen zu setzen. Bei umfangreichen Aufstellungen, besonders wenn Teile auf mehreren Zeichnungen vorkommen, ist die Materialzusammenstellung auf einem besonderen Blatt auszuführen und auf die einzelnen Zeichnungen zu verweisen. Auf jeder Zeichnung sind die zur Kennzeichnung des Anstriches notwendigen Angaben zu machen. Mit Ausnahme der Berührungsflächen beweglicher Teile, die mit Bleiweiß und Talg gestrichen werden, erhalten die Maschinenteile den gleichen Grundanstrich wie die übrigen Eisenbauteile.

Die Bestellung der Maschinenteile geschieht nach folgenden Mustern:

Bestellung für ein Zahnrad.

Zahnrad *C* 1. Modell Nr. 672. Stahlguß (ausgeglüht).
20″ Teilkreisdurchmesser, 2″ Teilung.
3″ Zahnbreite, 40 geschnittene Zähne.
$14^1/_2{}^0$ Evolventenverzahnung.

Bestellung für ein Auflager.

Lager *B* 1.	Stahlguß (ausgeglüht).
Unterteil.	Modell Nr. 435.
Oberteil.	Modell Nr. 436.

Bestellung für verschiedene Teile.

Hebel $C10$.	Modell Nr. 428.	Stahlguß (ausgeglüht).
Riegel $M1$.		Flußeisen.

Bestellung für eine Welle.

Welle $S5$. Schmiedestahl.

Werkstoffe für Maschinenteile. Als Material für Maschinenteile kommt hauptsächlich Stahlguß in Betracht. Für kleinere gering belastete Gußteile wird auch Gußeisen verwendet, ebenso für kleinere Auflagerstühle, Schneckenräder usw.

Schmiedestahl kommt hauptsächlich für Wellen, größere Bolzen, Gestänge und Hebel in Betracht.

Kleinere Wellen, Bolzen ohne Kopf und längere Bolzen, die geringe Beanspruchungen erfahren, werden aus kaltgezogenem Material hergestellt, sonst sind gewalzte Rundeisenstäbe für Bolzen und Wellen zu verwenden.

Wo Flußeisen verwendbar ist, soll es auch, da es billiger als Schmiedestahl und Stahlguß ist, angewendet werden, wie z. B. für Hebel und Kurbeln, deren Flächen und Kanten keine Bearbeitung erfahren sowie für Unterstützungen maschineller Teile.

Für gering beanspruchte Lagerteile wird Lagermetall verwendet, Phosphorbronze für schwer belastete Lagerteile, wie z. B. für die Lagerschalen des Königstuhles von Drehbrücken, ferner für Schnecken. Bronze kommt beispielsweise für Druckringe und Unterlagscheiben in Betracht.

Als Materialvorschriften sind für Lagermetall und Phosphorbronze die der „American Railway Engineering Association“ (A. R. E. A.) heranzuziehen, bei der Materialprüfung der übrigen Werkstoffe die der „American Society for Testing Materials“ (A. S. T. M.).

Lagermetall. Die Zusammensetzung des Lagermetalls soll folgende sein:

Kupfer	3,6 vH
Zinn	89,3 vH
Antimon	7,1 vH

Phosphorbronze. Je nach dem Verwendungszweck wird Phosphorbronze in den nachfolgend beschriebenen Qualitäten A, B, C und D vorgesehen:

Qualität A, wenn Lagerteile aus Phosphorbronze sich auf solchen von gehärtetem Stahl bewegen bei einem Flächendruck von mehr als 1500 lbs. pro Quadratzoll, z. B. beim Königsstuhl von Drehscheiben und Drehbrücken.

Qualität B bei Berührung mit Stahl bei geringer Drehgeschwindigkeit und einem Flächendruck unter 1500 lbs. pro Quadratzoll, z. B. bei den Zapfenlagern von Hub- und Klappbrücken.

Qualität *C* findet bei gewöhnlichen Lagerteilen Verwendung.
Qualität *D* ist für Zahnrad- und Schneckengetriebe zu verwenden.

Phosphorbronze.
Zusammensetzung, Elastizität und Festigkeit.

Legierung	Qualität			
	A	B	C	D
	Kupfer und Zinn	Kupfer und Zinn	Kupfer, Zinn und Blei	Kupfer, Zinn und Zink
Kupfer	....	....	82 vH max	89 vH max
Zinn	20 vH max	17 vH max	11 vH max	11 vH max
Blei	....	....	11 vH max	
Zink	....	....	....	2,25 vH max
Phosphor	1 vH max	1 vH max	1 vH max 0,7 vH min	0,25 vH max
Sonstige Elemente	0,5 vH max	0,5 vH max	0,5 vH min	0,5 vH max
Druckelastizität in lbs/Quadratzoll	24000 min	18000 min		
Bleibende Verkürzung in Zoll bei 100000 lbs./Quadratzoll	0,06vH min 0,10vH max	0,10 vH min 0,20 vH max		
Bleibende Verkürzung in Zoll bei 50000 lbs./Quadratzoll	durch Versuche ermitteln	durch Versuche ermitteln	durch Versuche ermitteln	durch Versuche ermitteln
Streckgrenze lbs./Quadratzoll	....	....	....	do.
Zugfestigkeit lbs./Quadratzoll	....	....	....	33000 min
Dehnung (Versuchslänge 2″)	....	....	....	14 vH min

Kaltgezogenes Eisen. Kaltgezogenes Material ist in folgenden Stärken gebräuchlich (in Zoll): $^3/_{16}$, $^1/_4$, $^5/_{16}$, $^3/_8$, $^7/_{16}$, $^1/_2$, $^9/_{16}$, $^5/_8$, $^{11}/_{16}$, $^3/_4$, $^{13}/_{16}$, $^7/_8$, $^{15}/_{16}$, 1, $1^1/_{16}$, $1^1/_8$, $1^3/_{16}$, $1^1/_4$, $1^5/_{16}$, $1^3/_8$, $1^7/_{16}$, $1^1/_2$, $1^9/_{16}$, $1^5/_8$, $1^{11}/_{16}$, $1^3/_4$, $1^{13}/_{16}$, $1^7/_8$, $1^{15}/_{16}$, 2, $2^1/_{16}$, $2^1/_8$, $2^3/_{16}$, $2^1/_4$, $2^5/_{16}$, $2^3/_8$, $2^7/_{16}$, $2^1/_2$, $2^5/_8$, 3, $3^1/_8$, $3^1/_4$, $3^3/_8$, $3^1/_4$ und 4.

Es wird in der Regel in zwei Qualitäten auf Lager geha' en.

S. A. E. 1035. — Kohlenstoffstahl.

Kohlenstoff vH	Mangan vH	Phosphor vH	Schwefel vH
0,30—0,40	0,50—0,80	0,045 max	0,05 max

A. S. T. M. — A 54—15, S. A. E. 1120. Schraubeneisen.

Kohlenstoff vH	Mangan vH	Phosphor vH	Schwefel vH
0,15—0,25	0,60—0,90	0,06 max	0,075—0,15

Das für Wellen zu verwendende Eisen soll einen Kohlenstoffgehalt von 0,30 bis 0,40 vH besitzen.

Das Schraubeneisen ist nur für untergeordnete Teile zu verwenden, da es infolge seines hohen Schwefelgehaltes, der für das Gewindeschneiden notwendig ist, keine Erschütterungen verträgt.

Auf den Zeichnungen bzw. Bestellungen ist die verlangte Qualität anzugeben.

Über Zusammenbau, Spielräume usw. Die Eisenkonstruktion beweglicher Brücken soll in der Werkstatt soweit wie möglich zusammengebaut und vernietet werden, damit möglichst wenige, große Teile zu versenden sind. Bei allen beweglichen Teilen ist Rücksicht auf leichte Zugänglichkeit beim Schmieren sowie auf die Auswechselbarkeit beschädigter Teile zu nehmen.

Die Anordnungen für den Zusammenbau und Versand sind im Einvernehmen mit der Werkstatt zu geben. Auch die maschinellen Teile sind in weitgehendstem Maße zusammengebaut zu verschicken, da das Verpacken unnötig vieler Einzelteile Mehrarbeit und Mehrkosten erfordert.

Die Löcher in den zu den Maschinenteilen gehörigen Eisenbauteilen sind vorzustanzen und dann aufzureiben, zum Ausgleichen sind Futter zu verwenden, besonders um etwaige Ungenauigkeiten bei der Ausführung der Fundamente oder der Werkstattarbeit auszugleichen und das Zusammenpassen der Wellen und Getriebe zu erleichtern. Das Aufreiben der Löcher geschieht während des Zusammenbaues der Eisenkonstruktion mit den Maschinenteilen in der Werkstatt. Eisenbauteile, die nicht erst mit den Maschinenteilen in der Werkstatt zusammengebaut werden, kommen mit vorgestanzten Löchern zum Versand und werden, um ein gutes Einpassen der Maschinenteile zu ermöglichen, erst beim Zusammenbau auf der Baustelle aufgerieben, oder es werden die Löcher überhaupt auf der Baustelle gebohrt. Kommt es nicht auf eine so große Genauigkeit beim Zusammenpassen der Maschinenteile und Anschlüsse mit der Eisenkonstruktion an, so werden die Löcher in beiden Teilen nach einer Stahlschablone aufgerieben.

Die Stärken der normalen Futterstücke sind sowohl auf den Zeichnungen für die Eisenbauteile als auch auf denen für die Maschinenteile anzugeben.

Um ein genaues Eingreifen des Zahnkranzantriebes bei Drehbrücken zu erreichen, ist für das Stützlager der Antriebswelle $^3/_4''$ Spiel vorzusehen, auch sind $^1/_2''$ Futter zum Einrichten zu verwenden und im übrigen alle Einzelmaße genau einzuhalten.

Zusammenbau und Versandbezeichnungen. Beim Konstruieren beweglicher Brücken ist bei der Anordnung der maschinellen Teile und bei ihrem Zusammenbau mit Teilen der Eisenkonstruktion Rücksicht auf die Frachtkosten zu nehmen.

Auf den westlichen Eisenbahnen fallen Maschinenteile unter einen anderen Tarif als Eisenbauteile. Die Eisenbahngesellschaften haben ihre Frachttarife nun so aufgestellt, daß für eine Wagenladung erst von einem Mindestgewicht der Eisenbau- bzw. Maschinenteile ab der Normaltarif in Anwendung kommt, leichtere Ladungen werden nach einem höheren Tarif berechnet. Besonders beim Versand von Maschinenteilen, einerlei ob sie allein oder mit Eisenbauteilen zusammen verschickt werden, ist es meistens schwierig, sie in solcher Anordnung zu verladen, daß der niedrigste Frachtsatz berechnet werden kann. Es ist darum schon von vornherein darauf zu achten, daß die Maschinenteile auf möglichst wenigen Wagen entweder allein oder mit Eisenbauteilen zusammen verladen werden können. Ist es nicht möglich, wenigstens für einen Waggon eine solche Mindestladung zu erreichen, so wird man die Maschinenteile auf die mit den übrigen Eisenbauteilen beladenen Wagen verteilen.

Bei allen östlichen und südlichen Eisenbahngesellschaften, sowie bei den Schiffahrtslinien wird bei gemischten Sendungen von Eisenbau- und Maschinenteilen kein Zuschlag für die Maschinenteile erhoben.

Nach Fertigstellung der Konstruktionszeichnungen sind diese noch mit den für den Zusammenbau und den Versand notwendigen Angaben zu versehen. Dabei sind folgende vier Fälle zu unterscheiden.

1. Versand von zusammengebauten Maschinenteilen allein, z. B. Getriebe, Wellen einschließlich Lagerteilen.

2. Versand von Maschinenteilen mit Eisenkonstruktionsteilen zusammengebaut.

3. Versand von Maschinenteilen mit den zugehörigen Eisenbauteilen, aber auseinandergenommen.

4. Versand von einzelnen Maschinenteilen.

Die auf den Zeichnugen beispielsweise für Fall 1 hinzuzufügenden Anmerkungen für den Versand sind in folgender Weise abzufassen:

1. Für die zu einer Welle gehörigen Zahnräder, Hebel usw.:
   1 Verzahnung *C*1 auf Welle *S*1, Blatt *M*25, befestigt, zusammen mit *B*5, Blatt *M*2, versenden.
2. Für die Welle:
   Mit jeder Welle *S*1 sind zu versenden:

   1 Zahnrad *C*1 . . . . Blatt *M*4
   1 „ *C*10 . . . . „ *M*5
   1 Hebel *C*12 . . . . „ *M*15
   1 Bolzen *M*20 . . . . „ *M*32

   1 Welle *S*1 mit Lager *B*5 (Blatt *M*2) zu versenden.
3. Für das Hauptversandstück (zus. mit *B*5):

   1 Welle *S*1 . . . . Blatt *M*25
   1 Zahnrad *C*1 . . . . „ *M*4
   1 „ *C*10 . . . . „ *M*5
   1 Hebel *C*12 . . . . „ *M*15
   1 Bolzen *M*20 . . . . „ *M*32

Wellen. Alle Wellen sind, falls vom Auftraggeber nichts anderes vorgeschrieben wird oder infolge kurzer Lieferfristen das zufällig zur Verfügung stehende Material genommen werden muß, aus dem nachfolgend aufgezählten Material herzustellen:

Wellen bis einschl. $3^1/_2''$ Durchmesser aus kaltgezogenem Eisen mit 0,30 bis 0,40 vH Kohlenstoffgehalt, stärkere bis einschl. $5^1/_4''$ Durchmesser aus gewalztem Rundeisen von 0,25 bis 0,35 vH Kohlenstoffgehalt, und solche über $5^1/_4''$ im Durchmesser aus Schmiedestahl von 0,30 bis 0,40 vH Kohlenstoffgehalt.

Der Kohlenstoffgehalt des Materials ist stets auf der Zeichnung anzugeben.

Bei den Keilnuten ist die Länge und Stärke der zugehörigen Keile einzutragen.

Verschiedene Lagerdurchmesser sowie übermäßiges Abdrehen zur Herstellung von Bunden sind bei den Wellen zu vermeiden.

Bei langen Wellen sind nur die innerhalb der Lager liegenden Teile zu bearbeiten und die Wellen im übrigen unbearbeitet zu lassen.

Verzahnungen. Die für die Verzahnungen wichtigsten Begriffe sind: Teilkreisdurchmesser, Teilung, Zahnbreite, Kopfhöhe, Fußhöhe und Anzahl der Zähne pro Zoll des Teilkreisdurchmessers.

Man unterscheidet vier verschiedene Normalverzahnungen, und zwar Evolventenverzahnungen mit einem Eingriffswinkel von $14^1/_2{}^0$ unter Angabe der Teilkreisteilung oder unter Angabe der Zähnezahl pro Zoll des Teilkreisdurchmessers, ferner beide Arten bei einem Eingriffswinkel von 20^0. Das Vorhandensein der vier verschiedenen Systeme erschwert natürlich die Herstellung der Zähne, da für die Zahnradfräsmaschinen oder Zahnradhobelmaschinen eine große Zahl von Schneidwerkzeugen vorrätig gehalten werden müssen. Die Verzahnungen mit einem Eingriffswinkel von 20^0 sind besser als die mit einem solchen von $14^1/_2{}^0$, da die Zähne kräftiger im Fuß sind und im Betrieb weniger Geräusch verursachen. Die Angabe der Zähnezahl pro Zoll des Teilkreisdurchmessers hat den Vorteil, daß dieser Durchmesser in ganzen Zoll ohne Dezimalstellen angegeben werden kann, während er sich bei Angabe der Teilkreisteilung als Dezimalbruch ergeben würde.

Es ist oft die Frage aufgeworfen worden, ob gegossene oder geschnittene Zähne zweckmäßiger seien. Die landläufige Meinung hält geschnittene Zähne für teurer als gegossene, doch wenn man berücksichtigt, daß die für letztere benötigten Modelle teuer sind und die gegossenen Zähne zur Beseitigung von Unebenheiten doch nachgearbeitet werden müssen, so sind geschnittene Zähne wirtschaftlicher als gegossene, ganz abgesehen davon, daß sie auch genauer hergestellt werden können.

Deshalb hat man empfohlen, alle Verzahnungen für bewegliche Brücken aus Stahlguß mit geschnittenen Zähnen herzustellen und nur bei untergeordneten Teilen, wie z. B. bei Signalantrieben, gußeiserne Zahnräder mit gegossenen Zähnen zu verwenden. Außerdem sollte anstatt der obengenannten vier Verzahnungsarten nur eine Normalverzahnung mit 20° Eingriffswinkel unter Angabe der Zähnezahl pro Zoll des Teilkreisdurchmessers in Anwendung kommen.

In Ausnahmefällen können gelegentlich Zykloiden- und Spezialverzahnungen angebracht sein, doch ist ihre Verwendung nach Möglichkeit zu vermeiden.

Auf den Konstruktionszeichnungen sind alle für das Gußmodell wie später für das Einschneiden der Zähne notwendigen Maße anzugeben (s. Abb. 132). Auch ist darauf hinzuweisen, daß der Teilkreis beiderseits angezeichnet wird.

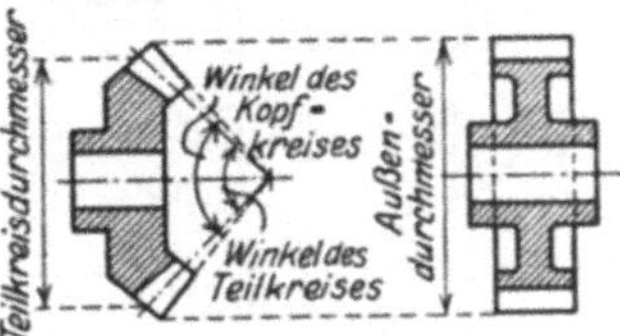

Abb. 132. Geschnittene Zähne.

Bei Zahnrädern oder anderen Teilen, die mittels eines Keiles auf einer Welle befestigt werden sollen, ist die Seite, von welcher aus der Keil eingebracht werden soll, mit dem Buchstaben „*H*" zu bezeichnen, auch sind gleiche Zahnräder, die sich nur dadurch unterscheiden, daß zu ihrer Befestigung auf der Welle einmal konische und das andere Mal Federkeile verwendet werden, verschieden zu bezeichnen.

Die Zeichnungen von Zahnrädern mit gegossenen Zähnen sind mit einer Bemerkung zu versehen, daß die Unterseite der Gußstücke durch einen eingegossenen Buchstaben zu kennzeichnen ist. Beim Zusammenbau von zwei zusammengehörigen Zahnrädern hat dann die Werkstatt darauf zu achten, daß die so gekennzeichneten Unterseiten nach verschiedenen Seiten zeigen.

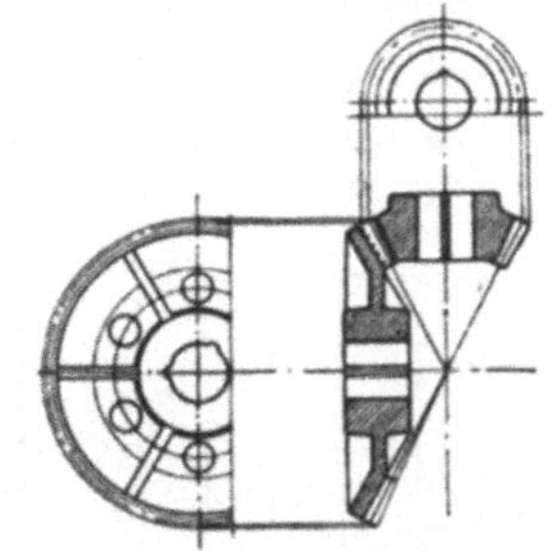
Abb. 133. Kegelräder.

Beim Entwurf von Verzahnungen mit geschnittenen Zähnen ist Rücksicht auf die in der Werkstatt für die Zahnradfräsmaschinen oder Zahnradhobelmaschinen vorhandenen Schneidwerkzeuge zu nehmen, oder die Werkstatt frühzeitig zu benachrichtigen, daß fehlende Teile ergänzt oder die benötigten Zahnräder anderweitig beschafft werden können.

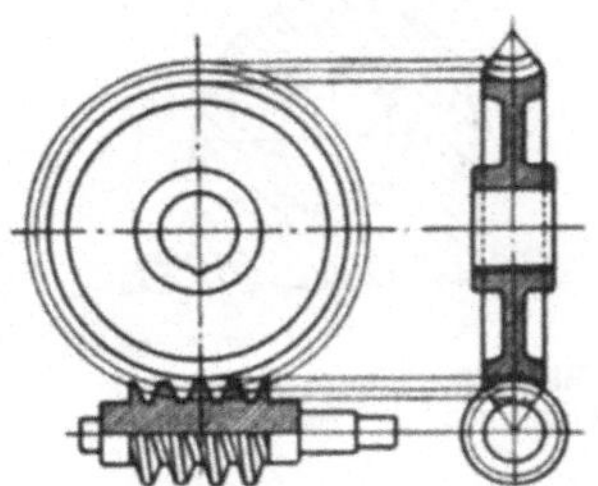
Abb. 134. Schneckengetriebe.

Schnecke und Schneckenrad sind aus verschiedenem Material herzustellen, wobei für die Schnecke das härtere zu wählen ist. Zweckmäßig ist für Schnecken Schmiedestahl, für die Schneckenräder Gußeisen zu verwenden bzw. der Radkranz vom Radkörper des Schneckenrades zu trennen und ersterer in Bronze und letzterer in Stahlguß auszuführen.

Auf den Zeichnungen ist anzugeben, ob die Schnecke rechts- oder linksgängig sein soll, ebenso ist die Drehrichtung durch einen Pfeil anzudeuten. Schnecken- und Kegelräder sind zu schneiden. Einzelheiten von Kegel- und Schneckenrädern sind in Abb. 133 und 134 dargestellt.

Lager. Die Lager sind, außer bei gering belasteten Lagern ohne große Drehgeschwindigkeit, mit Lagerschalen aus Lagermetall oder Phosphorbronze auszurüsten, im übrigen ist Gußeisen zu verwenden.

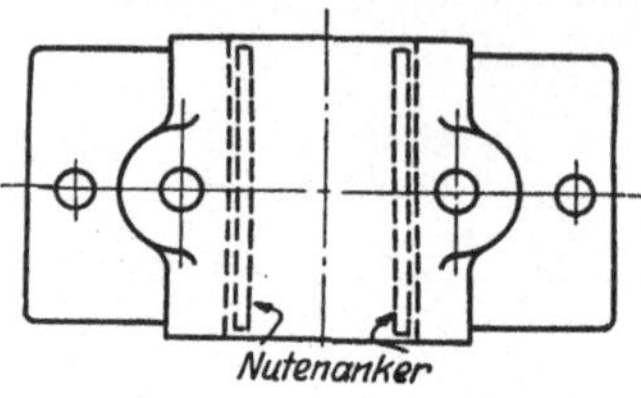

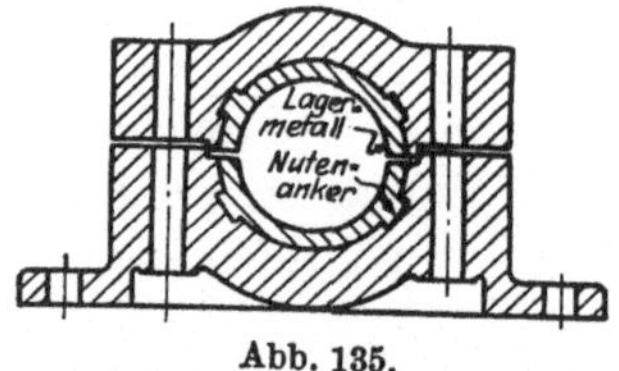

Abb. 135. Befestigung der Lagerschalen.

Die oberen und die unteren Lagerschalen sind möglichst aus gleichem Material herzustellen. Lagerschalen, die aus zwei Teilen zusammengesetzt werden, sind auch auf den Zeichnungen und Stücklisten als Halblagerschalen aufzuführen.

Die Bronzelagerschalen sind zunächst als Hohlzylinder zu gießen und, nachdem sie abgedreht worden sind, zu teilen.

Die Befestigung der Lagerschalen aus Lagermetall am Gußstück erfolgt durch Nutenanker, wie Abb. 135 zeigt. Während die Lagerschalen die gleiche Länge wie der Gußkörper erhalten, läßt man die Ankerleisten zur Befestigung im Lagerkörper zurückstehen.

Ungeteilte Lagerschalen aus Phosphorbronze ohne Flansch werden mittels Stiftschrauben im Lagerkörper festgehalten, während zwei-

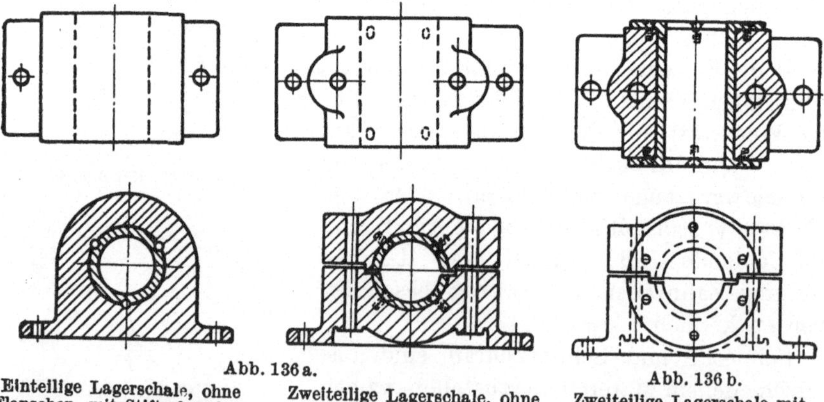

Einteilige Lagerschale, ohne Flanschen, mit Stiftschrauben.

Abb. 136 a. Zweiteilige Lagerschale, ohne Flanschen, mit vers. Kopfschrauben.

Abb. 136 b. Zweiteilige Lagerschale mit Flanschen und vers. Kopfschrauben.

Abb. 136 a und b. Befestigung der bronzenen Lagerschalen.

teilige mittels versenkter Kopfschrauben befestigt werden. Beide Anordnungen sind in Abb. 136 dargestellt, ebenso eine Anordnung mit Flanschen.

Falls es nicht anders vorgeschrieben ist, sind etwaige Zwischenbleche in Messing vorzusehen.

Bearbeitung. Die zu bearbeitenden Flächen sind auf der Zeichnung anzugeben, die Bearbeitung der Flächen ist möglichst einzuschränken.

Eingegossene Nuten, die bearbeitet werden sollen, sind derart anzuordnen, daß der Hobelstahl auch auslaufen kann. Die Bearbeitung innenliegender Teile wird durch geteilte Anordnung des Gußstückes vereinfacht.

Die Lagerflächen der eisernen Tragkonstruktion wichtiger Maschinenteile sind zur Erzielung eines genauen Einbaues zu bearbeiten und alle Maße auf diese Auflagerfläche zu beziehen.

Bei größeren Gußteilen ist auf der Zeichnung anzugeben, wieviel Material an den zu bearbeitenden Stellen zuzugeben ist.

Bei Stahlgußteilen mit Schraubenverbindungen ist darauf hinzuweisen, daß die Auflagerflächen der Schraubenköpfe und -muttern bearbeitet werden müssen. Bei gußeisernen Teilen ist dieses nicht notwendig.

Bei wagrecht liegenden Kegel- und Stirnrädern usw. sind über ihren Lagern bronzene Unterlegscheiben anzuordnen. Messingblech wird in Stärken von höchstens $^5/_8''$ verwendet.

Splinte. Splinte mit Kopf werden aus Flußeisen mittlerer Güte, solche ohne Kopf bis einschließlich 4″ im Durchmesser werden entweder aus kaltgezogenem oder gewalztem Rundeisen, je nach der Größe der auftretenden Kräfte, hergestellt.

Keile. Abb. 137 zeigt je einen Keil mit und ohne Nase. Die Keilneigung ist dabei eingetragen, ebenso die Stelle, für welche die übliche Stärkenangabe gilt. Wird die Stärke an einer anderen Stelle gemessen, so ist hierauf besonders hinzuweisen.

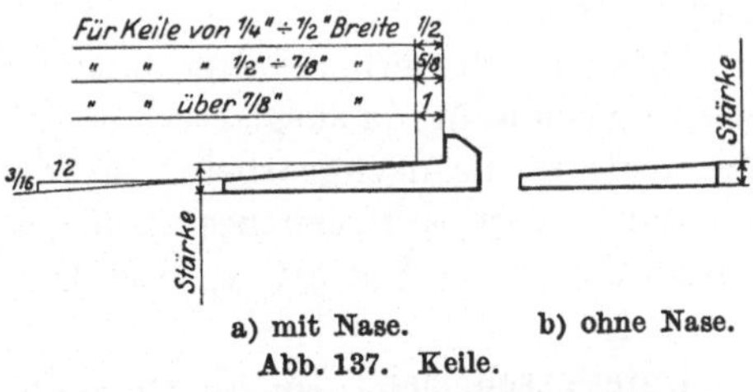

a) mit Nase. b) ohne Nase.
Abb. 137. Keile.

Nach Möglichkeit sind die in den Katalogen der Hersteller angegebenen Keilnormalien zu verwenden.

Keile mit Anzug ohne Nase werden $^1/_4''$ kürzer gewählt als die Länge der durch sie zu befestigenden Teile.

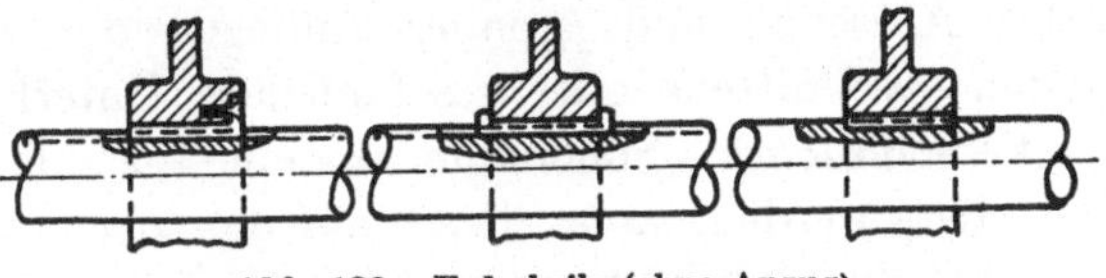

Abb. 138. Federkeile (ohne Anzug).

Für Federkeile (s. Abb. 138) sind folgende Abmessungen üblich:

Quadratische Keile: Stärken von $^1/_4$, $^5/_{16}$, $^3/_8$, $^7/_{16}$, $^1/_2$, $^9/_{16}$, $^5/_8$, $^{11}/_{16}$, $^3/_4$, $^7/_8$ 1, $1^1/_4$ und $1^1/_2''$.

Rechteckige Keile: $^1/_4 \times {}^1/_2$, $^1/_2 \times {}^3/_4$, $^1/_2 \times 1$, $^1/_2 \times 2^1/_4$, $^3/_4 \times 5$ und $1^1/_4 \times 1^1/_2''$. Bei der Bestellung sind die Abmessungen in der Reihenfolge Breite $\times$ Höhe $\times$ Länge anzugeben z. B. 2 Nasenkeile $^7/_8 \times {}^3/_4 \times 4^1/_4$ a. K. (am Kopf gemessen).

Schraubenbolzen. Gedrehte Bolzen verwendet man für Verbindungen von Maschinenteilen untereinander oder zur Befestigung von Maschinenteilen an der Eisenkonstruktion, wenn die Schrauben Scherbeanspruchung erfahren oder starken Erschütterungen ausgesetzt sind. Die gedrehten Bolzen sind auf besonderen Blättern darzustellen, einerlei ob sie lose oder mit den Bauteilen zusammen zum Versand kommen.

Der Durchmesser gedrehter Bolzen kann $^1/_{32}''$ kleiner als der Lochdurchmesser sein, wenn auftretende Scherkräfte durch Nasen, Rippen oder andere konstruktive Anordnungen übertragen werden können.

Stiftschrauben werden meistens aus kaltgezogenem Material in Durchmessern mit Abstufung von $^1/_8''$ z. B. $^3/_4$, $^7/_8$, $1''$ usw. hergestellt.

Die Löcher für solche Stiftschrauben in den Gußteilen sind etwa in folgender Weise zu kennzeichnen: für $^7/_8''$ Stiftschrauben bohren und Gewinde einschneiden.

Schraubenmuttern. Um ein Lockerwerden zu verhindern sind für Befestigungsschrauben Gegenmuttern oder Federringe zu verwenden, letztere besonders bei Bolzen, die auf Abscheren beansprucht werden und außerdem Erschütterungen ausgesetzt sind. Bei Achsen, schweren Lagern usw. ist die Verwendung von Kronenmuttern die sicherste und beste Befestigungsart.

Im allgemeinen werden bei den Maschinenteilen der beweglichen Brücken warm gepreßte Schraubenmuttern verwendet, falls es nicht anders vorgeschrieben ist.

Gelegentlich werden kaltgestanzte Muttern des besseren Aussehens wegen gewünscht, da sie glattere Fläschen aufweisen und mit Ausnahme der Unterfläche nachgearbeitet werden.

Wird Wert auf genaues Anliegen dieser Unterfläche gelegt, so wird auch diese bearbeitet, was bei der Bestellung besonders anzugeben ist.

Unterlegscheiben. Im allgemeinen gebraucht man für Maschinenschrauben und gedrehte Bolzen gestanzte Unterlegscheiben. Nur wenn gutes Aussehen und genaues Anliegen der Flächen gefordert wird, finden geschnittene oder geschmiedete Unterlegscheiben Verwendung.

Verschiedenes. Sollen die Modelle für die Gußteile Eigentum des Bestellers werden, so ist dieses auf den Zeichnungen anzugeben.

Kurbeln, Laufräder für Drehscheiben, Gegengewichtsrollen usw. sowie die zugehörigen Achsen sind nach Möglichkeit in einem Stück zu gießen, um die Bearbeitung der zusammenzupassenden Flächen bei Zusammensetzung aus mehreren Teilen zu vermeiden.

Die Löcher für die Verankerung der Drehzapfen, der Zahnkränze usw. sind nach dem endgültigen Ausrichten der Eisenkonstruktionen mit Blei zu vergießen. Eine diesbezügliche Anweisung ist auf die Zeichnung für die Verankerung zu setzen.

Zahnkränze werden auf einem im Fundament eingelassenen gußeisernen Rippenkörper aufgeschraubt, um gegen Verschieben gesichert zu sein, wie in Abb. 139 gezeigt ist.

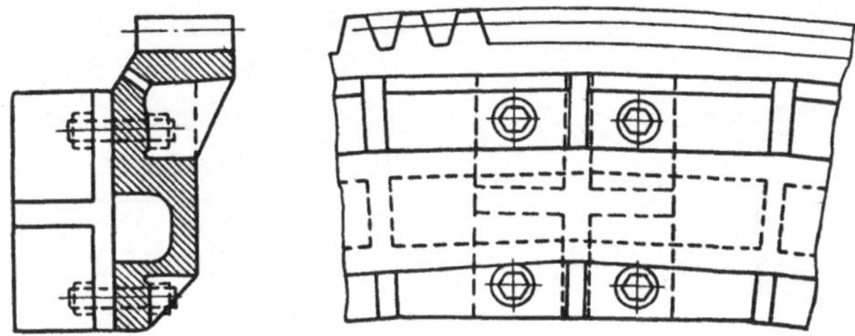

Abb. 139. Verankerung eines Zahnkranzes im Mauerwerk.

Bei beweglichen Brücken, die außer einem motorischen Hauptantrieb noch Handantrieb oder einen anderen Reserveantrieb besitzen, ist eine ausrückbare Kupplung vorzusehen, um den jeweils nicht zu benutzenden Antrieb auszuschalten.

Die Namen von Spezialfirmen, die bestimmte Maschinenteile liefern, dürfen im Hinblick auf die Konkurrenz nicht auf den Zeichnungen enthalten sein.

Schmiervorrichtungen. Für genügende Schmierung der maschinellen Teile, für leichte Zugänglichkeit der Öl- und Schmierstellen sowie für Anordnung von Schmiernuten, welche leicht gereinigt werden können, ist stets Sorge zu tragen.

Bei Lagern für langsam umlaufende Wellen mit Wellendurchmessern bis zu $2^1/_2''$ ist Ölschmierung ausreichend. Dabei sind die Ölbehälter und -löcher mit Staubschutzkappen zu versehen.

Bei Lagern für schnell umlaufende Wellen desselben Durchmessers ist Schmierfett zu verwenden. Hierbei sollen die Fettbüchsen einen Inhalt von 1 oz. (1 ounce) haben, bei Wellendurchmessern von $2^3/_4$ bis $3^3/_4''$ soll ihr Inhalt $1^1/_2$ oz., bei einem Durchmesser von 4'' und mehr 3 oz. betragen.

Für lange, schwerbelastete Lager, z. B. von Zahnradgetrieben, sind zwei Fettbüchsen anzuordnen.

Bei stärkeren Wellendurchmessern (über 10''), bei Kurbelwellen und wenn das Fett einen langen Weg zurücklegen muß, reichen die handelsüblichen, gewöhnlichen Staufferbüchsen nicht aus, da in diesen Fällen nicht genügend Druck erzeugt werden kann, um das Fett in das Lager zu pressen, weswegen hier besondere Hochdruckstaufferbüchsen verwendet werden.

Die Anordnung der Öllöcher, Ölnuten, Fettbüchsen sowie der zu schmierenden Flächen ist in der Übersichtszeichnung genau anzugeben.

Aus Abb. 140 ist die Anordnung der Schmiernuten eines Lagers zu ersehen.

In Abb. 141 ist die Zuführung des Öles zur Mitte des Königstuhles einer Drehbrücke dargestellt. Um den Stand des Öles jederzeit erkennen zu können, ist ein Ölstandanzeiger angebracht.

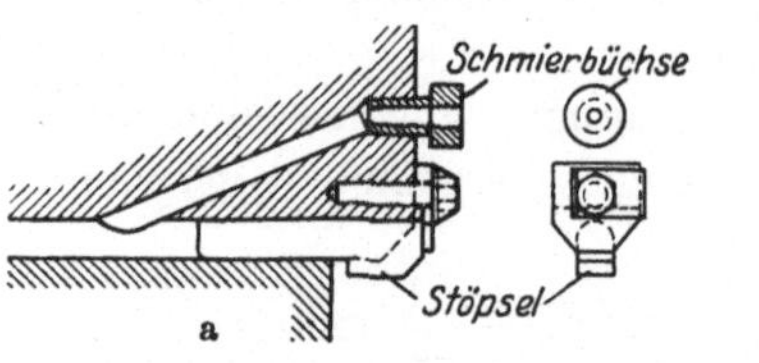

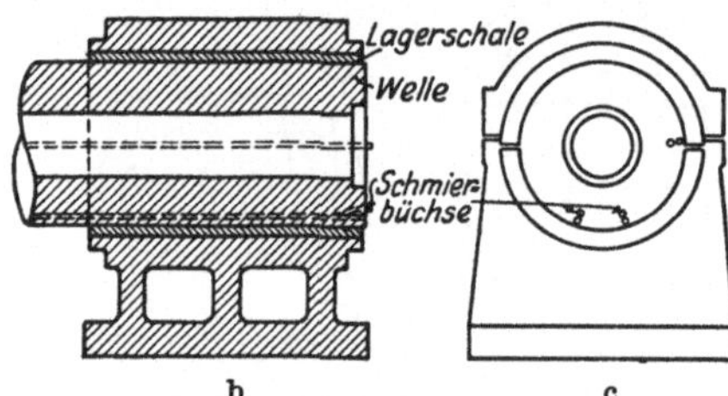

Abb. 140. Lagerschmierung.
a) Einzelheit. b) Schnitt. c) Ansicht.

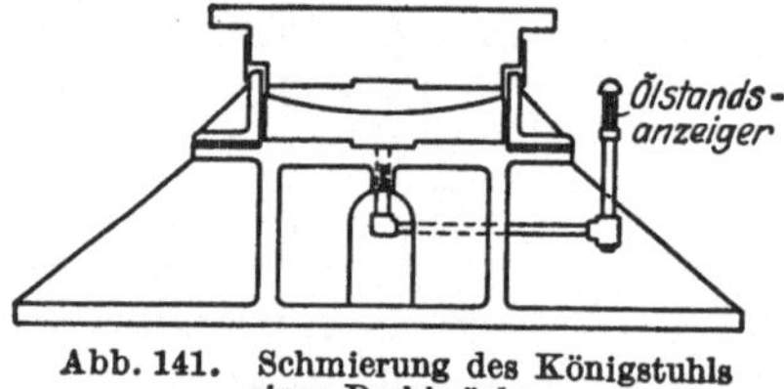

Abb. 141. Schmierung des Königstuhls einer Drehbrücke.

Musterzeichnungen. In Abb. 142 sind Einzelheiten von Zahnrädern und Wellen dargestellt, aus denen die für Maschinenteile notwendige Darstellungsweise ersichtlich ist. Sie entstammen einer Drehbrücke der Union-Pacific-Eisenbahn über den Columbiafluß bei Kalan.

XIII. Schiffbau.

Der Bau der Stahlschiffe erfolgt auf den Schiffswerften. Die Herstellung ihrer Einzelteile unterscheidet sich jedoch wenig von der bei Ausführung von Industrie-, Brücken- oder Behälterbauten in den großen Eisenbauanstalten üblichen Weise. Eine größere Eisenbauanstalt hat, mit Ausnahme der für das Biegen der Bug-, Heck- und Bodenbleche benötigten Spezialmaschinen, alle sonstigen für die Herstellung eiserner Schiffe notwendigen Einrichtungen.

Als während des Weltkrieges der unvorhergesehene Bedarf an Stahlschiffen von den Schiffswerften allein nicht mehr gedeckt werden konnte, brachte das amerikanische Seeamt[1] ein Normalschiff zur Ausführung, dessen Einzelteile in den verschiedensten Eisenbauanstalten hergestellt, dann zu den Werften geschickt und dort in ähnlicher Weise wie bei Brücken- und Eisenhochbauten zusammengebaut wurden.

Die Zuweisung der Teile an die einzelnen Werkstätten richtete sich nach ihrer Einrichtung und Leistungsfähigkeit. In Einzelfällen wurden

[1] The United States Shipping Board.

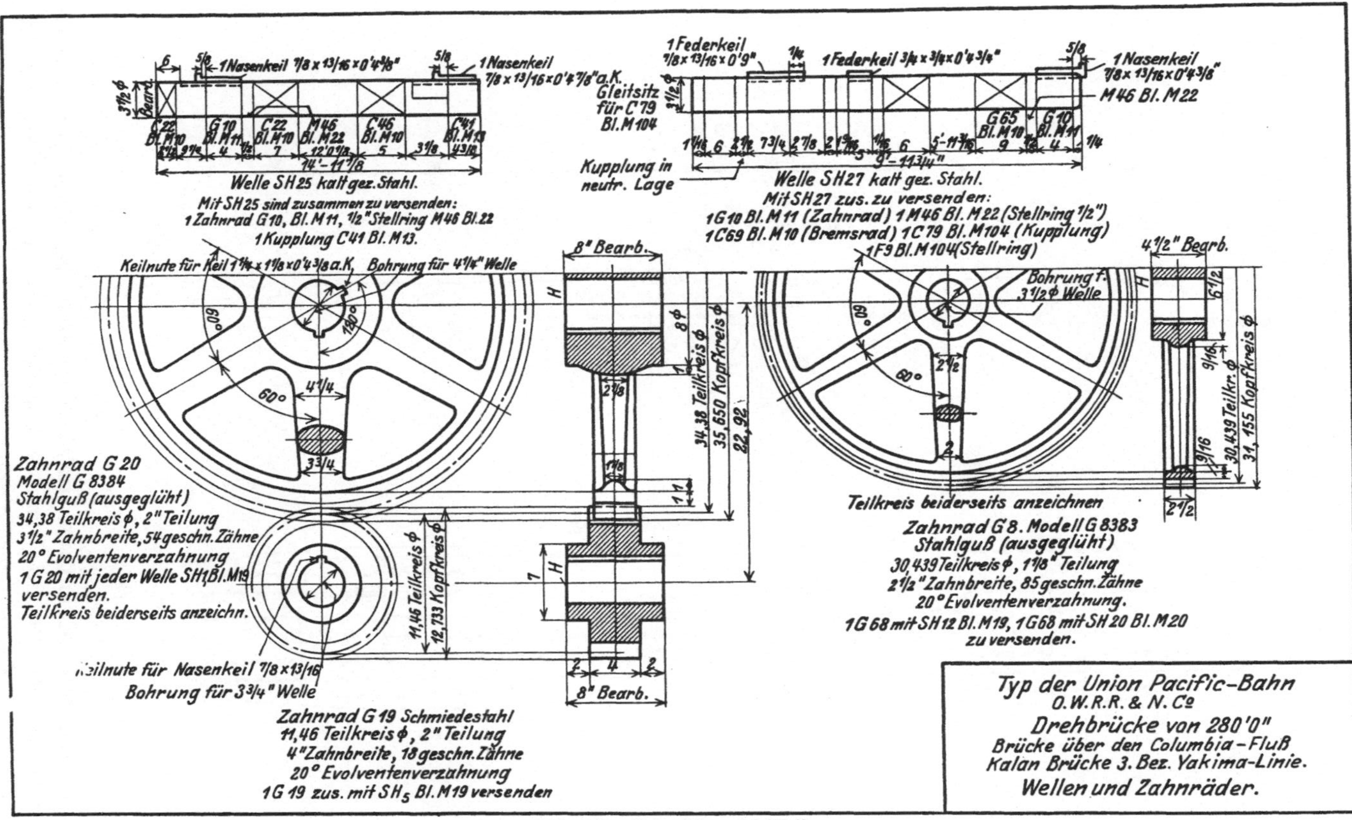

Abb. 142. Zahnräder und Wellen.

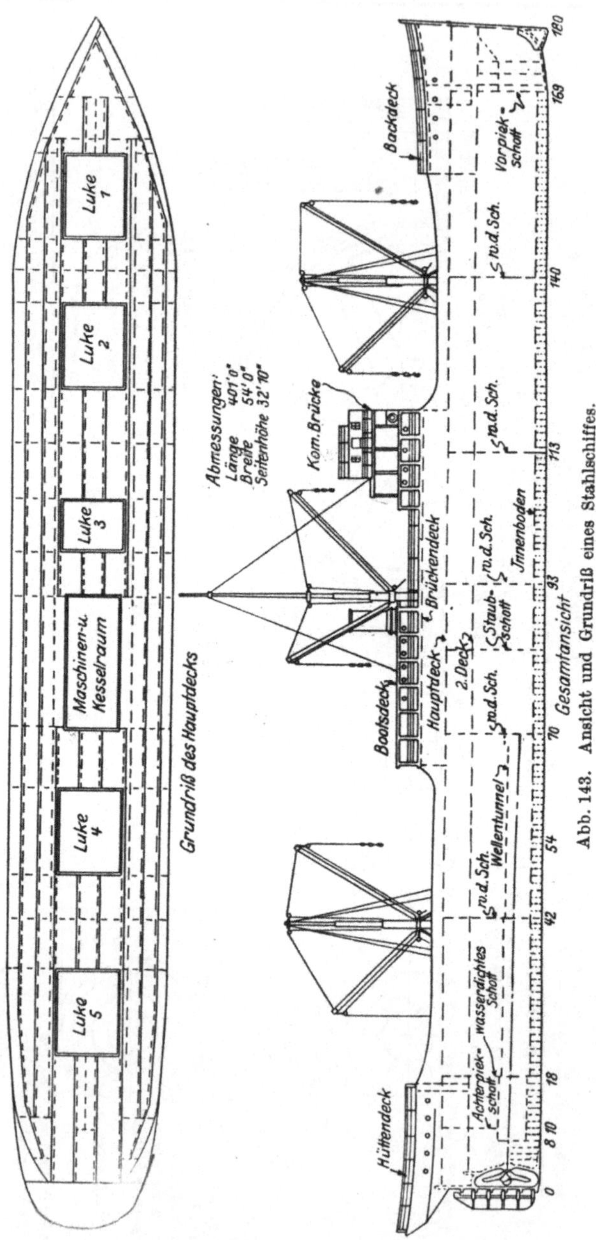

Abb. 143. Ansicht und Grundriß eines Stahlschiffes.

ganze Schiffe in Eisenbauanstalten hergestellt, im allgemeinen jedoch nur die ebenen Bleche, Spanten und solche Teile, welche keine besondere Formgebung verlangten. Die Teile, welche im allgemeinen nicht von den Eisenbauanstalten hergestellt werden konnten, wurden den Werften zur Ausführung übertragen.

Bei dieser Teilung der Arbeit zwischen Werften und Eisenbauanstalten lieferten erstere Holzschablonen für alle die Teile, welche an die von den Eisenbauanstalten zu liefernden Konstruktionen anschlossen.

Ein solches Normalschiff soll im folgenden beschrieben werden.

Normalschiff. Eine allgemeine Übersicht ist in Abb. 143 gegeben. Seine Gesamtlänge beträgt 401′, seine Breite 54′ und seine Seitenhöhe 32′ 10″. Die Ladefähigkeit beläuft sich auf 8800 t (1 t = 2240 lbs.).

Der Schiffskörper ist durch wasserdichte Schotten in sechs Abteilungen eingeteilt, von denen fünf als Frachtraum dienen, während eine als Maschinenraum benutzt wird. Wie aus Abb. 143 ersichtlich ist, liegt der gerade Teil des Schiffes zwischen den Spanten 54 und 140.

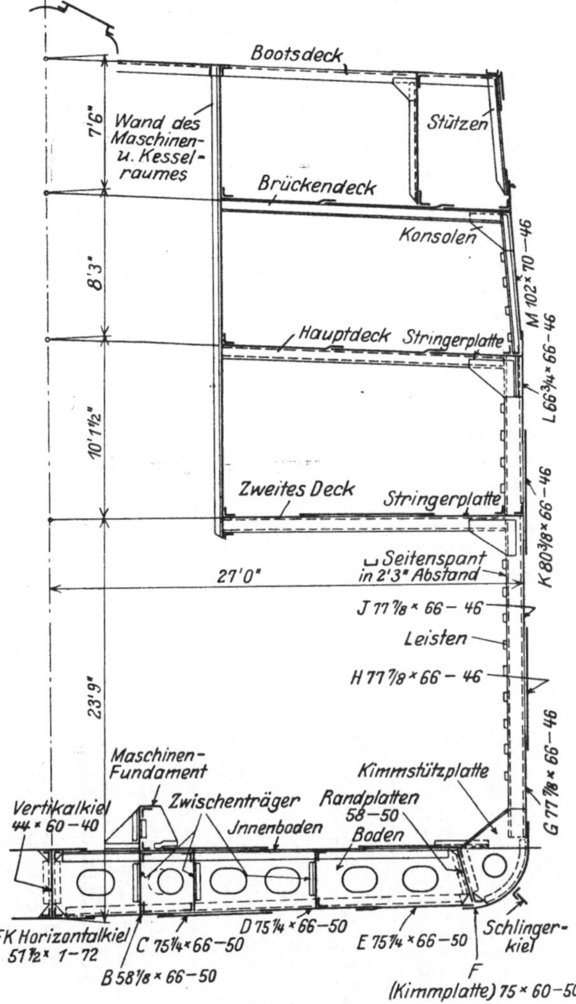

Abb. 144. Querschnitt des Maschinenraums.

Der in Abb. 144 dargestellte Querschnitt durch den Maschinenraum zeigt die Spanten, den Schiffsboden, Kiel und die verschiedenen Decks, wie Bootsdeck, Brückendeck, Haupt- und zweites Deck. Außerdem sind im Schiff noch das Back- und Hüttendeck, ersteres vorn, letzteres hinten gelegen, vorhanden. Abb. 145 zeigt einen Querschnitt durch eine Luke, aus welchem die Konstruktion der Spanten, des Schiffsbodens, der Mittelstützen und Längsträger in diesem Teil ersichtlich sind, während in Abb. 146 ein wasserdichtes Schott dargestellt ist.

Zeichnungen. Die allgemeinübliche Praxis des Schiffbaues begnügt sich mit Zeichnungen, in denen nur die Querschnitte, die Nietteilung und Nietzahl und die Gesamtmaße angegeben sind, welche Angaben für das Auftragen auf dem Reißboden ausreichen. Hier werden dann alle Einzellängen, Nietmaße usw., die sonst bei gewöhnlichen Eisenbauten den Konstruktionszeichnungen entnommen werden, ermittelt. Teilen sich mehrere Werke in die Arbeit, so wird es jedoch notwendig sein, solche Einzelheiten in die Zeichnungen einzutragen und Schablonen mit den beteiligten Werken auszutauschen.

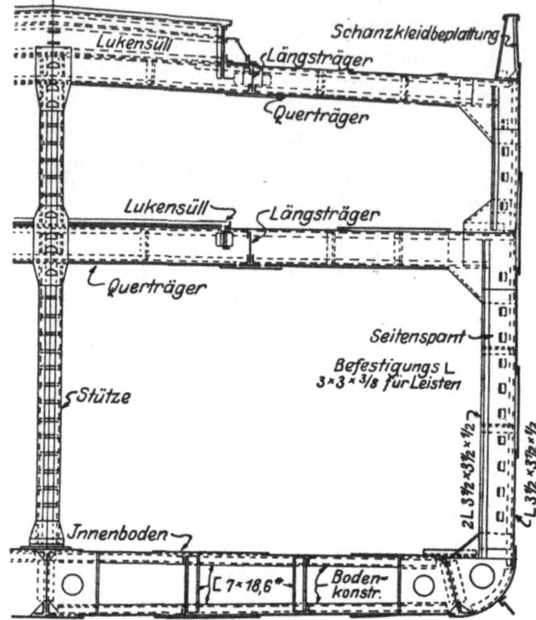

Abb. 145. Querschnitt am Lukenende.

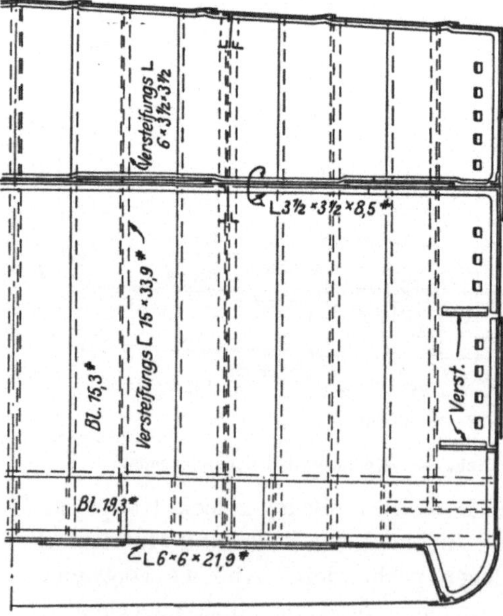

Abb. 146. Wasserdichtes Schott.

Eine andere Methode, die sich als sehr zweckmäßig erwiesen hat und auch wirtschaftlicher sein soll, hält auch im Schiffbau an der Ausarbeitung genauer Werkstattzeichnungen fest, wobei jedoch die Arbeit auf dem Reißboden bei gewissen Einzelheiten nicht zu umgehen ist. Solche Einzelheiten müssen dann in die Werkstattzeichnungen nachgetragen werden.

Herstellung. Im folgenden wird die Herstellung der Teile eines Normalschiffes beschrieben, die den Eisenbauanstalten zur Ausführung überwiesen werden konnten. Teile, welche besondere Formgebung und Einrichtung verlangen, wie sie im allgemeinen nur die Werften aufweisen, sind nicht einbezogen. Das Material ist in der Reihenfolge aufgeführt, wie es den Schiffswerften nacheinander geliefert wurde. Das in den nachfolgenden 15 Abschnitten aufgeführte Material für ein Schiff beträgt über 2500 t.

1. Abschnitt.

Horizontaler Kiel. — Die Bleche werden gelocht, zugeschärft, Versenklöcher hergestellt.

Vertikaler Kiel. — Bleche wie vor behandelt, einzeln versandt, aber Anschlußwinkel bereits angenietet. Die Löcher auf der Steuerbordseite des Kiels werden versenkt, unter die Anschlußwinkel des Bodens werden mit Leinöl getränkte Dichtungsstreifen gelegt.

2. Abschnitt.

Bodenbleche. — Hierzu gehören nur die Bleche im geraden Schiffsteil (zwischen Spant 54 und 140) einschließlich des Kimmgangs und einer Blechreihe oberhalb hiervon. Die ebenen Bleche werden wieder gelocht, zugeschärft und die Versenklöcher hergestellt, in gleicher Weise die Kimmplatten behandelt, diese dann gebogen und die Kielwinkel an die Bleche des Schlingerkiels genietet.

3. Abschnitt.

Innerer Schiffsboden zwischen den vordersten und hintersten Schotten. — Im geraden Schiffsteil werden die Teile der Bodenkonstruktion vollständig zusammengenietet verschickt, während die übrigen Bleche allein verschickt und die ∠-Eisen und [-Eisen von der Werft geliefert werden.

Längsträger der Bodenkonstruktion. — Diese werden mit den Gurt- und Anschlußwinkeln vernietet versandt.

4. Abschnitt.

Innere Bodenbleche. — Die ebenen Bleche werden gelocht, zugeschärft und die Versenklöcher hergestellt, während die für das Vorder- und Achterschiff bestimmten zugeschnitten und gelocht werden.

Randplatten. — Die Bleche werden gelocht, zugeschärft, mit Versenklöchern versehen.

Winkel für die Randplatten. — Die Winkel werden ausgewinkelt, gelocht und mit Versenklöchern versehen.

Wellentunnel. — Zwei Gänge bestehen aus ebenen Blechen, diese werden gelocht, zugeschärft und mit Versenklöchern versehen, bei einem dritten Gang, der sonst in gleicher Weise behandelt wird, werden die Bleche außerdem noch gebogen. Die inneren Winkel werden gebogen, gelocht und mit Versenklöchern versehen. Die äußeren Winkel bleiben gerade.

5. Abschnitt.

Seitenspanten im geraden Teil. — Die Kimmstützplatten, oberen Konsolen und die Gegenspanten werden mit den Seitenspanten einschließlich aller Anschlüsse zusammengebaut versandt. Die im Vor- und Achterschiff außerhalb des geraden Teils liegenden Konstruktionen werden werftseitig geliefert.

Tragkonstruktion unter dem zweiten Deck. — Die Stützen, Quer- und Längsträger werden in solchen Abmessungen zusammengebaut verschickt, wie es mit Rücksicht auf das Ladeprofil möglich ist.

Wasserdichte Schotten unterhalb des zweiten Decks. — Die Schottbleche werden gelocht und einzeln verschickt. Anschlüsse und Konsolen werden an die Aussteifungswinkel genietet.

Stringerplatten des zweiten Decks. — Die Platten werden gelocht, zugeschärft und mit Versenklöchern versehen, im Vor- und Achterschiff werden sie außerdem noch zugeschnitten. Winkel und Laschen werden lose verschickt.

6. Abschnitt.

Decksbalken im Achterpiek. — Die Konsolbleche werden angenietet.

Achterpiekschott. — Die Teile werden lose verschickt.

Decksbalken im Ober- und zweiten Deck hinter dem Achterpiekschott. Desgleichen Längsträger und sonstige Teile im Achterpiek. — Diese Teile werden soweit wie möglich zusammengebaut. Boden und Spanten werden werftseitig geliefert.

7. Abschnitt.

Decksbalken im Ober- und zweiten Deck, Längsträger vor dem Vorpiekschott, Bugband usw. — Diese Teile werden soweit wie möglich zusammengebaut, Konsolbleche angenietet, Spanten und Boden dieses Schiffteils werden werftseitig geliefert.

8. Abschnitt.

Unterdeckbeplattung. — Die Bleche werden gelocht, zugeschärft und mit Versenklöchern versehen.

Stringerplatten des Oberdecks. — Die Bleche werden zugeschnitten, gelocht, zugeschärft und mit Versenklöchern versehen.

Zwischendecksschotten. — Die Bleche werden gelocht und lose verschickt. Konsolen, Laschen usw. werden an die Aussteifungswinkel genietet.

Oberdecksbalken zwischen den Piekschotten, Längsträger, Querträger, Stützen zwischen Ober- und Unterdeck. — Diese Teile werden soweit wie möglich zusammengebaut. Die Konsolen werden an die Decksbalken, die vor und hinter dem geraden Schiffsteil zwischen den Piekschotten liegen, angenietet.

9. Abschnitt.

Brücken-, Hütten- und Backdeckträger. Haupt-, Brücken-, Hütten- und Backdeckbeplattung. — Die geraden Bleche werden gelocht, zugeschärft und mit Versenklöchern versehen, die Stringerplatten außerdem zugeschnitten.

Lukensüllträger. — Diese werden soweit wie möglich zusammengebaut.

10. Abschnitt.

Außenhaut hinter dem Mittelteil. — Diese Bleche werden unter den Einfachlochstanzen gelocht, zugeschärft und mit Versenklöchern versehen.

11. Abschnitt.

Außenhaut des Mittelteils über dem zweiten Deck. — Die Bleche werden gelocht, zugeschärft und mit Versenklöchern versehen.

12. Abschnitt.

Außenhaut vor dem Mittelteil, wie unter 10.

13. Abschnitt.

Innenteil des Hüttendecks. — Die Einzelteile werden gelocht und lose versandt.

14. Abschnitt.

Eisenkonstruktionen der Wohnräume im Mittelteil, wie 13.

15. Abschnitt.

Einzelteile des Vorschiffs, Kettenkästen, Spills usw. werden einzeln versandt.

XIV. Behälterbau.

Die Praxis des Entwurfs, der Konstruktion und Herstellung eiserner Behälter ist das Ergebnis langjähriger Erfahrung. Zu den Erzeugnissen des Behälterbaues gehören hauptsächlich Wassertürme, Rohrleitungen, Öltanks, Destillierapparate, Klärbehälter, Filterbecken, Behälter und Apparate aller Art für die chemische Industrie, Kondensatoren, Rührwerke, Bottiche für Wäschereien, Pontons, Luftschächte, Rauchabzüge usw.

Der Behälterbau ist ein Gebiet, dem sich einzelne Spezialfirmen, vereinzelt auch Eisenbauanstalten, widmen, welches aber eine besondere Werkstattausrüstung bedingt.

Auf dem Konstruktionsbureau müssen erfahrene Fachleute sitzen. Gute Konstrukteure für Brücken- und Eisenhochbau können nicht ohne weiteres im Behälterbau Verwendung finden, falls sie nicht schon Erfahrungen darin besitzen.

Maßgebend für die konstruktive Durchbildung ist im Behälterbau außer der Tragfähigkeit noch die Dichtigkeit für Wasser, Öl oder Säure usw. je nach dem Verwendungszweck der vorliegenden Konstruktion.

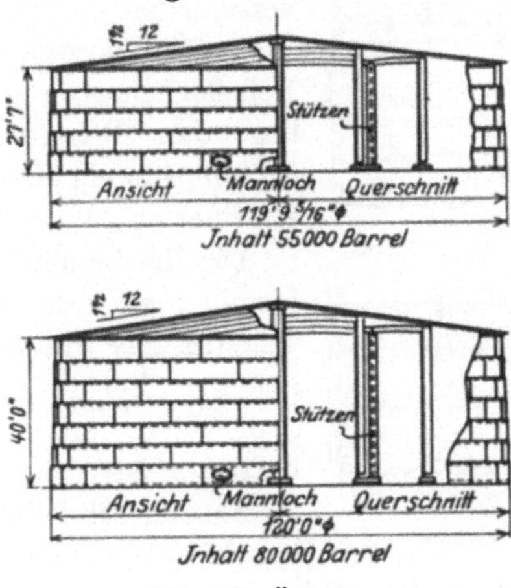

Abb. 147. Öltanks.

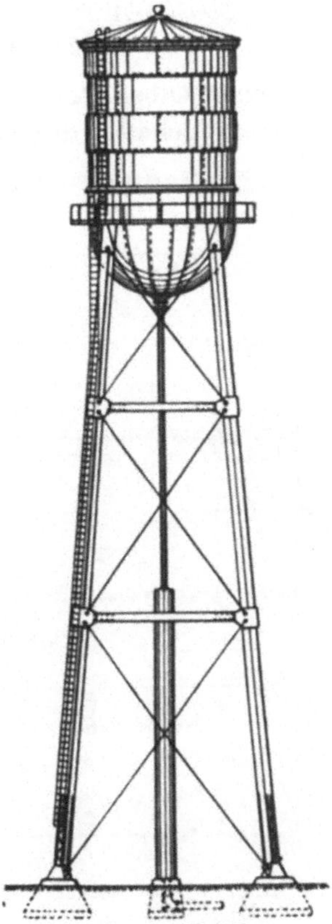

Abb. 148. Hochbehälter.

Allgemeines.

Öltanks. In den letzten Jahren nehmen die Öltanks die erste Stelle unter den Erzeugnissen des Behälterbaues ein. Abb. 147 zeigt

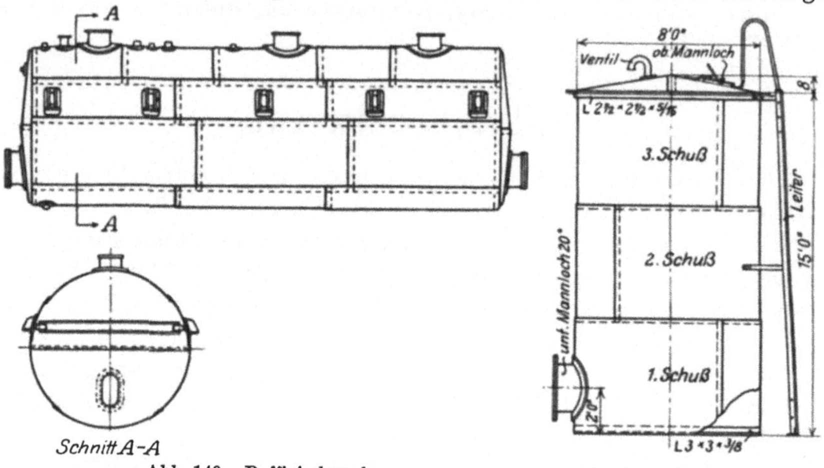

Abb. 149. Raffinierkessel.

Abb. 150. Säurebehälter.

je einen Ölbehälter von 55000 und 80000 Barrel Inhalt, wobei der kleinere Behälter den Oberteil des größeren darstellt.

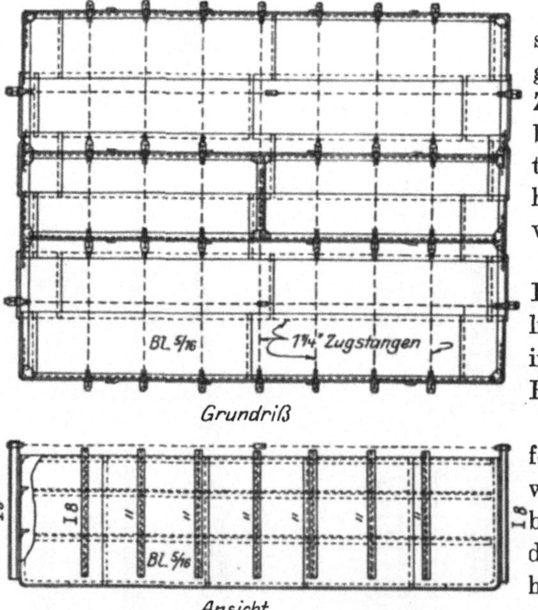

Abb. 151. Rechteckbehälter mit Zwischenwänden.

Wasserbehälter. Wasserbehälter auf Hochgerüsten werden in großer Zahl mit Kugelböden gebaut (Abb. 148). Behälterinhalt, sowie Turmhöhe sind dabei sehr verschieden.

Raffinierkessel. Als Beispiel eines wagerecht liegenden Behälters ist in Abb. 149 ein Kessel für Raffinerien dargestellt.

Die Bleche sind kegelförmig ineinandergesetzt, was für ihre Haltbarkeit bei der Berührung mit dem Feuer am vorteilhaftesten ist.

Sonstige Behälter. In Abb. 150 ist ein Säurebehälter dargestellt, der aus mehreren lotrechten Schüssen zusammengebaut ist.

Als Beispiel eines rechteckigen Behälters ist in Abb. 151 ein Behälter mit Zwischenwänden dargestellt.

Die meisten Behälterarten finden in den Ölraffinerien und der chemischen Industrie Verwendung, z. B. Absitzbecken, Filterbecken, Laugen-, Sole-, Naphthabehälter, Rührwerke usw.

Pontons. In Abb. 152 ist ein Ponton dargestellt, der typisch für derartige Konstruktionen ist; außer der Tragfähigkeit ist die Wasserdichtigkeit eine Grundbedingung bei der konstruktiven Durchbildung.

Abb. 152. Ponton.

Rohrleitungen. Der Durchmesser der Rohrleitungen für Wasserversorgung ist von der Durchflußgeschwindigkeit und der durch den Wasserdruck bedingten Wandstärke abhängig. Oft werden bei solchen Leitungen drei verschiedene Rohrweiten verwendet, so daß die einzelnen Rohrstücke beim Transport ineinandergelegt werden können. In Abb. 153 ist ein gerades Rohrleitungsstück, ein Krümmer und eine Ausgleichsvorrichtung zur Aufnahme der Längenänderung in der Leitung infolge Temperaturschwankungen dargestellt.

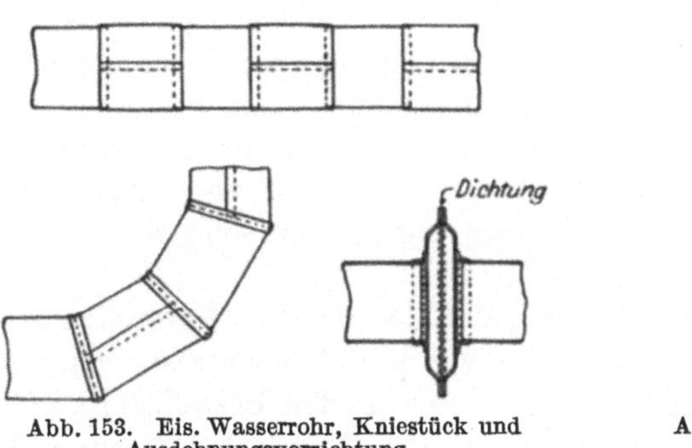

Abb. 153. Eis. Wasserrohr, Kniestück und Ausdehnungsvorrichtung.

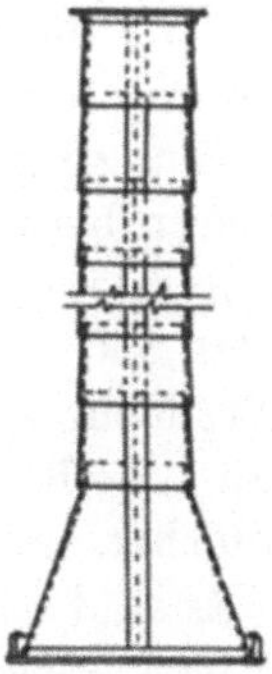

Abb. 154. Eiserner Schornstein.

Rauchabzüge. Die Außenansicht eines eisernen Schornsteins zeigt Abb. 154. Die einzelnen Schüsse sind kegelförmig ineinandergesetzt. Das Innere wird mit Beton oder Schamottesteinen ausgekleidet. Da ein solcher Abzug luftdicht sein muß, müssen die Bleche verstemmt werden.

Materialbestellung.

Bleche. Falls keine besonderen Vorschriften maßgebend sind, ist zu überlegen, ob die Bleche nach Gewicht oder nach der Blechstärke zu bestellen sind. Flanschbleche sind stets unter Angabe der Blechstärke zu bestellen.

Werden Bleche von $^1/_4''$ Stärke und über 72″ Breite, deren Gewicht 10,2 lbs. pro Quadratfuß beträgt, bestellt, so sind sie als Bleche von 11 lbs. pro Quadratfuß zu bestellen, da die erstgenannten Bleche einen Überpreis erfordern würden.

Mit Rücksicht auf das Verstemmen der Bleche ist bei der Breitenangabe für Bleche bis $^1/_2''$ Dicke ein Zuschlag in Höhe der Blechstärke zu geben. Bei stärkeren Blechen ist für jede Stemmkante $^1/_2''$ für die Breitenbemessung zuzugeben.

Auf den Zeichnungen ist die bestellte Breite anzugeben.

Bei Behältern, die vollständig in der Werkstatt zusammengebaut werden, ist für jeden Schuß nur ein Blech zu bestellen, vorausgesetzt, daß die von den Walzwerken festgesetzten Größtabmessungen nicht überschritten werden.

Winkelringe. Winkelringe sind in zwei oder mehrere Teile zerlegt zu bestellen, dabei ist für jeden Winkel mit Rücksicht auf das Biegen 9 bis 12″ zuzugeben. Soll eine Schenkelkante verstemmt werden, so ist die Schenkelbreite $^1/_4''$ kleiner zu wählen, z. B. statt eines Winkels $4'' \times 4''$ ein solcher von $3^3/_4'' \times 3^3/_4''$ zu bestellen.

Böden. Diese sind auf einem Skizzenblatt zu bestellen unter Angabe aller notwendigen Bezeichnungen, wie Blechstärke für die Herstellung der Böden, ob die Kanten für das Verstemmen schräggeschnitten werden sollen und dgl.

Verstärkungsringe. Bei der Bestellung sind nach Möglichkeit die Normalien zu berücksichtigen. Es ist anzugeben, ob die Verstärkungsringe eben oder gekrümmt sind, ob sie eventuell Gewinde erhalten sollen. Bei gekrümmten Ringen ist der Halbmesser anzugeben, ferner ob die Sitzfläche zylindrisch oder kegelig sein soll; sie sind stets ohne Löcher zu bestellen.

Mannlöcher. Auch für die Mannlöcher sind Normalien festgesetzt worden. Es sind alle Einzelteile, wie Mannlocheinfassungen, Verschlußdeckel, Bügel, Bolzen usw., getrennt in den Bestellisten aufzuführen. Vor allen Dingen ist anzugeben, ob die Mannlocheinfassung flach oder gebogen sein soll, wobei in letzterem Fall der Krümmungshalbmesser einzutragen ist.

Alle von den Normalien abweichenden Teile sind auf Skizzenblättern zu bestellen.

Niete. Der Werkstatt ist eine Aufstellung der in der Werkstatt benötigten Spezialniete, wie Niete mit konischen Köpfen, Niete von $^7/_{16}''$ und kleineren Durchmessern, welche kalt geschlagen werden, zu geben. Bei größeren Mengen $^1/_2''$ und $^5/_8''$ Nieten mit Halbrundköpfen ist die ungefähre Zahl auf der Bestelliste anzugeben. Auch ist dem Bestellbureau sobald wie möglich eine Aufstellung sämtlicher Spezialniete für die Werkstatt wie für die Baustelle zu übergeben.

Konstruktionseinzelheiten.

Mantelbleche. In Abb. 155, 1—5, sind die verschiedenen Möglichkeiten der Anordnung der Mantelbleche bei Rohrleitungen und Behältern dargestellt. Die konischen Bleche der Anordnungen 4 und 5 sind tunlichst zu vermeiden, da die Niete in zylindrischen Blechen billiger und besser zu schlagen sind.

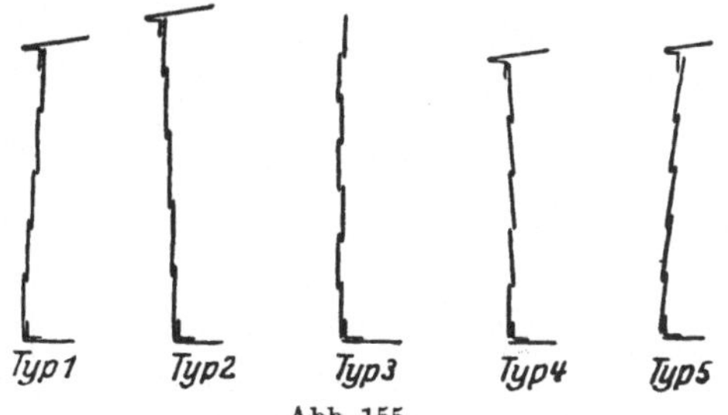

Abb. 155.
Anordnung der Mantelbleche im Behälterbau.

Anordnung 1. — Die Schüsse sind zylindrisch, die Durchmesser der einzelnen Schüsse werden nach oben zu kleiner. Diese Anordnung ist sehr gebräuchlich. Behälter für schwere Öle werden nur außen verstemmt, Behälter für leichtere Flüssigkeiten, wie Gasolin, Benzin usw., sowie für Säuren werden innen und außen verstemmt.

Anordnung 2. — Die Anordnung ist die gleiche wie bei 1, mit dem Unterschied, daß der Durchmesser der Einzelschüsse jetzt nach unten zu abnimmt. Wasser- und Schwerölbehälter werden nur innen, während Säure- und Leichtölbehälter außerdem auch außen verstemmt werden.

Anordnung 3. — Bei dieser Anordnung werden zylindrische Schüsse von zwei verschiedenen Durchmessern abwechselnd miteinander vernietet. Der unterste Schuß weist stets den kleineren Durchmesser auf. Gewöhnlich werden solche Konstruktionen von innen verstemmt.

Anordnung 4. — Die einzelnen Schüsse sind von gleichem Durchmesser, aber konisch und mit dem engeren Teil nach unten gerichtet ineinandergesteckt; nur der unterste Schuß ist zylindrisch. Die Bleche werden außen verstemmt.

Anordnung 5. — Die Anordnung ist ähnlich wie bei 4, nur daß die einzelnen Schüsse umgekehrt mit der weiten Öffnung nach unten gerichtet ineinandergesteckt werden, somit müssen die Bleche innen verstemmt werden, da es bequemer ist, die Stemmkante in Richtung nach unten anstatt aufwärts zu stemmen.

Bedachung von Behältern. In Abb. 156 und 157 sind zwei Beispiele flacher Bedachungen dargestellt. Im ersten Beispiel wird gezeigt, wie die Bleche bei einer zu zwei Mittelebenen des Behälters symmetrischen Anordnung zugeschnitten werden. Hierbei werden die Löcher der Rechteckbleche sowie die der Randnähte der rundgeschnittenen Bleche in der Werkstatt gestanzt. Beim anderen Beispiel werden die Löcher der Rundnähte in den Randblechen auf der Baustelle gestanzt und diese Bleche dort dem oberen Winkelring angepaßt, nachdem sie in der Werkstatt mit 3 bis 4″ Überstand rundgeschnitten sind. Bei der letzteren Anordnung ergibt sich allerdings eine größere Anzahl rechteckiger Bleche als im ersteren Fall, jedoch auch Mehrarbeit auf der Baustelle. Gelegentlich werden sämtliche Bleche rechtwinklig

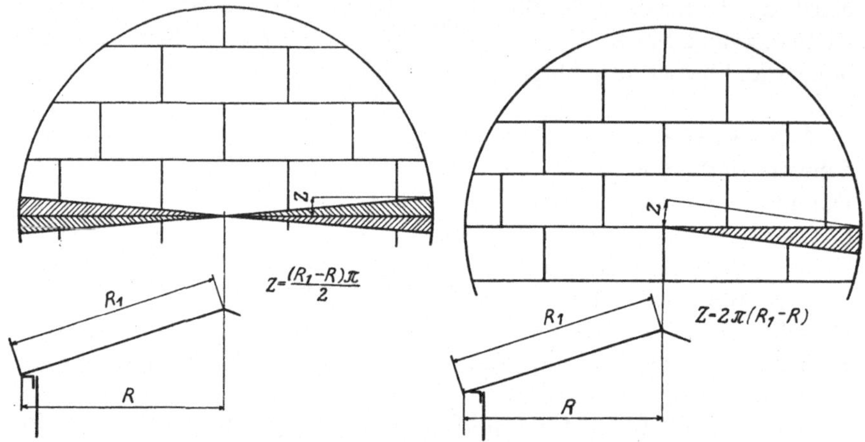

Abb. 156 u. 157. Behälterdächer.

zugeschnitten zur Baustelle geschickt und die Randbleche erst dort rundgeschnitten. Doch ist dieses Verfahren bei entferntgelegenen Baustellen wegen der größeren Frachtkosten und des Verlustes des Abfallmaterials unwirtschaftlich.

Die anzuwendende Arbeitsweise hängt in jedem Fall von der Werkstatteinrichtung und der Baustellenausrüstung ab. Bei größeren Behältern ist es zweckmäßig, auf Abweichungen im Durchmesser, auf ungenaues Stanzen und kleinere Unstimmigkeiten in den Fundamenten von vornherein Rücksicht zu nehmen, was am besten bei einer Anordnung nach Abb. 157 zu erreichen ist.

Die Anwendung rechteckiger Bleche ist jedoch nur bei flachen Behälterdächern möglich, steilere Dächer erfordern radial zugeschnittene Bleche, wobei allerdings ein größerer Materialabfall mit in Kauf genommen werden muß.

Liegende Behälter. Die Anordnung der einzelnen Schüsse für einen liegenden Behälter zeigt Abb. 158. Es genügt, liegende Schwerölbehälter nur außen zu verstemmen, während solche für leichte Öle und Säuren auch innen verstemmt werden müssen. Bei Behältern, die vollständig zusammengebaut zum Versand kommen, sind die Schüsse aus je einem Blech herzustellen.

Wie bereits erwähnt, sind die Schüsse für Raffinierkessel konisch anzuordnen.

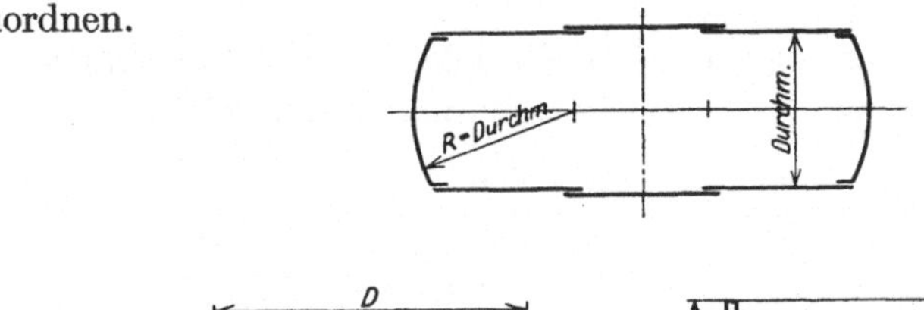

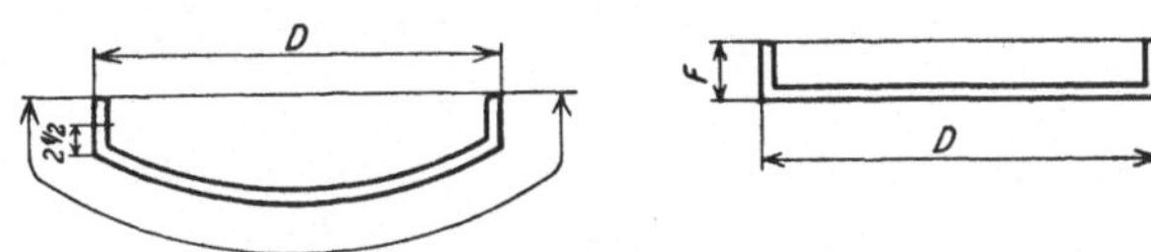

Abb. 158 Liegender Behälter und Behälterböden.

In obiger Abbildung sind auch gewölbte und gerade Behälterböden dargestellt.

Behälternietungen. Abb. 159 zeigt verschiedene Arten von Behälternietungen, *a* bedeutet darin stets den Nietabstand in einer Nietreihe.

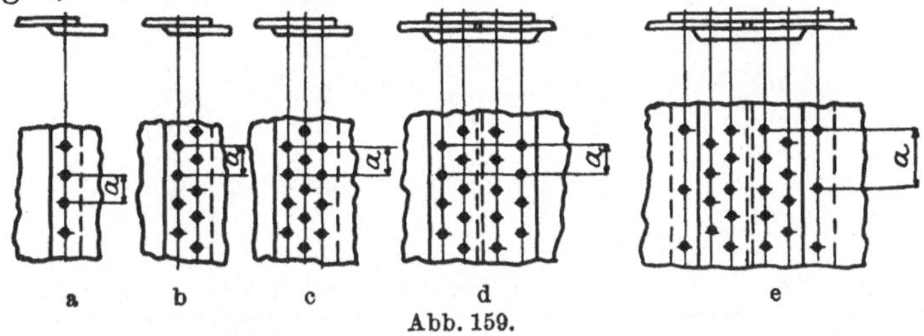

a b c d e

Abb. 159.

a) Einreihige Überlappungsnietung. b) Zweireihige Überlappungsnietung. c) Dreireihige Überlappungsnietung. d) Zweireihige Laschennietung. e) Dreireihige Laschennietung.

Der Randabstand soll im allgemeinen gleich dem $1\frac{1}{2}$fachen des Nietdurchmessers sein, nur in Ausnahmefällen darf er das $1\frac{1}{4}$fache des Nietdurchmessers betragen.

Der größte Nietabstand für öldichte Behälter ist gleich dem $3\frac{1}{2}$-fachen Nietdurchmesser bzw. gleich der 8fachen Blechstärke bei einreihiger oder der 9fachen Blechstärke bei zwei- oder mehrreihiger Vernietung.

Für wasserdichte Behälter gelten die gleichen Angaben, nur ist anstatt des $3\frac{1}{2}$fachen Nietdurchmessers der 4fache zu setzen.

Die Stärke der Stoßlaschen bei der Laschennietung (s. Abb.) ist gleich der halben Blechstärke $+ \frac{1}{16}''$ oder gleich $\frac{1}{8}$ des Nietabstandes zu wählen.

Randabstände. In der nebenstehenden Tafel sind die Randab-

Randabstände (in Zoll).

Nietdurchmesser	Ölbehälter	Wasserbehälter
$\frac{5}{16}$	$\frac{1}{2}$	$\frac{1}{2}$
$\frac{3}{8}$	$\frac{5}{8}$	$\frac{5}{8}$
$\frac{7}{16}$	$\frac{11}{16}$	$\frac{3}{4}$
$\frac{1}{2}$	$\frac{7}{8}$	1
$\frac{5}{8}$	1	$1\frac{1}{8}$
$\frac{3}{4}$	$1\frac{1}{4}$	$1\frac{5}{16}$
$\frac{7}{8}$	$1\frac{3}{8}$	$1\frac{1}{2}$
1	$1\frac{5}{8}$	$1\frac{3}{4}$

stände von Wasser- und Ölbehälternietungen für die verschiedenen Nietdurchmesser zusammengestellt.

Nietabstände. Der folgenden Tabelle können die Nietabstände der wagrechten Nietreihen von Ölbehältern entnommen werden.

Nietabstände für wagrechte Nietreihen von Ölbehältern (in Zoll).

Blechstärke s	Niet-durchmesser d	Kleinster Nietabstand = 3 d	Üblicher Nietabstand	Größter Nietabstand = 8 s
$^{3}/_{16}$	$^{7}/_{16}$	$1\,^{5}/_{16}$	$1\,^{1}/_{2}$	$1\,^{1}/_{2}$
$^{7}/_{32}$	$^{7}/_{16}$	$1\,^{5}/_{16}$	$1\,^{1}/_{2}$	$1\,^{3}/_{4}$
$^{1}/_{4}$	$^{7}/_{16}$	$1\,^{5}/_{16}$	$1\,^{1}/_{2}$	2
$^{1}/_{4}$	$^{5}/_{8}$	$1\,^{7}/_{8}$	2	2
$^{9}/_{32}$	$^{5}/_{8}$	$1\,^{7}/_{8}$	2	$2\,^{1}/_{4}$
$^{5}/_{16}$	$^{5}/_{8}$	$1\,^{7}/_{8}$	2	$2\,^{1}/_{2}$
$^{5}/_{16}$	$^{3}/_{4}$	$2\,^{1}/_{4}$	$2\,^{3}/_{8}$	$2\,^{1}/_{2}$
$^{11}/_{32}$	$^{5}/_{8}$	$1\,^{7}/_{8}$	$2\,^{3}/_{8}$	$2\,^{3}/_{4}$
$^{11}/_{32}$	$^{3}/_{4}$	$2\,^{1}/_{4}$	$2\,^{1}/_{2}$	$2\,^{3}/_{4}$
$^{3}/_{8}$	$^{5}/_{8}$	$1\,^{7}/_{8}$	$2\,^{1}/_{2}$	3
$^{3}/_{8}$	$^{3}/_{4}$	$2\,^{1}/_{4}$	$2\,^{5}/_{8}$	3
$^{13}/_{32}$	$^{3}/_{4}$	$2\,^{1}/_{4}$	$2\,^{3}/_{4}$	$3\,^{1}/_{4}$
$^{7}/_{16}$	$^{3}/_{4}$	$2\,^{1}/_{4}$	$2\,^{7}/_{8}$	$3\,^{1}/_{2}$
$^{15}/_{32}$	$^{3}/_{4}$	$2\,^{1}/_{4}$	3	$3\,^{3}/_{4}$
$^{15}/_{32}$	$^{7}/_{8}$	$2\,^{5}/_{8}$	$3\,^{1}/_{4}$	$3\,^{3}/_{4}$
$^{1}/_{2}$	$^{3}/_{4}$	$2\,^{1}/_{4}$	3	4
$^{1}/_{2}$	$^{7}/_{8}$	$2\,^{5}/_{8}$	$3\,^{1}/_{4}$	4

Lochteilung der Normalien von Verstärkungsringen (Schmiedestahl).

Größter Krümmungs-halbmesser	Innendurchmesser des anzuschließenden Teiles in Zoll	Äußerer Durchmesser in Zoll	Stärke in Zoll	$^{5}/_{8}''$ Niete			$^{3}/_{4}''$ Niete			$^{7}/_{8}''$ Niete		
				Anzahl der Löcher	Durchmesser des Lochkreises in Zoll	Lochdurchmesser im Blech in Zoll	Anzahl der Löcher	Durchmesser des Lochkreises in Zoll	Lochdurchmesser im Blech in Zoll	Anzahl der Löcher	Durchmesser des Lochkreises in Zoll	Lochdurchmesser im Blech in Zoll
Nach Möglichkeit besonderes Sattelstück verwenden	$^{3}/_{4}$	6	$^{5}/_{16}$	6	4	2						
	1	6	$^{5}/_{16}$	6	4	2						
	$1\,^{1}/_{4}$	$6\,^{1}/_{2}$	$^{5}/_{16}$	6	$4\,^{1}/_{2}$	$2\,^{1}/_{2}$						
	$1\,^{1}/_{2}$	7	$^{3}/_{8}$	6	$4\,^{1}/_{2}$	2	6	$4\,^{1}/_{2}$	2			
	2	8	$^{3}/_{8}$	8	$5\,^{1}/_{2}$	3	8	$5\,^{1}/_{2}$	3	8	$5\,^{1}/_{2}$	3
8′ 0″	$2\,^{1}/_{2}$	$8\,^{1}/_{2}$	$^{3}/_{8}$	8	6	$3\,^{1}/_{2}$	8	6	$3\,^{1}/_{2}$	8	6	$3\,^{1}/_{2}$
9′ 0″	3	9	$^{3}/_{8}$	10	$6\,^{1}/_{2}$	4	10	$6\,^{1}/_{2}$	4	10	$6\,^{1}/_{2}$	4
10′ 0″	$3\,^{1}/_{2}$	$9\,^{1}/_{2}$	$^{7}/_{16}$	10	7	$4\,^{1}/_{2}$	10	7	$4\,^{1}/_{2}$	10	7	$4\,^{1}/_{2}$
11′ 0″	4	10	$^{7}/_{16}$	10	$7\,^{1}/_{2}$	5	10	$7\,^{1}/_{2}$	5	10	$7\,^{1}/_{2}$	5
12′ 0″	$4\,^{1}/_{2}$	$10\,^{1}/_{2}$	$^{1}/_{2}$	12	8	$5\,^{1}/_{2}$	12	8	$5\,^{1}/_{2}$	12	8	$5\,^{1}/_{2}$
14′ 0″	5	$11\,^{1}/_{2}$	$^{1}/_{2}$	12	9	$6\,^{1}/_{2}$	12	9	$6\,^{1}/_{2}$	12	9	$6\,^{1}/_{2}$
17′ 0″	6	$12\,^{1}/_{2}$	$^{1}/_{2}$	14	10	$7\,^{1}/_{2}$	14	10	$7\,^{1}/_{2}$	14	10	$7\,^{1}/_{2}$
21′ 0″	7	14	$^{5}/_{8}$	16	$11\,^{1}/_{2}$	9	16	$11\,^{1}/_{2}$	9	16	$11\,^{1}/_{2}$	9
24′ 0″	8	15	$^{5}/_{8}$	16	$12\,^{1}/_{2}$	10	16	$12\,^{1}/_{2}$	10	16	$12\,^{1}/_{2}$	10
28′ 0″	9	16	$^{3}/_{4}$	....	....	....	18	$13\,^{1}/_{2}$	11	16	$13\,^{1}/_{2}$	11
30′ 0″	10	$17\,^{1}/_{2}$	$^{3}/_{4}$	....	....	....	20	15	$12\,^{1}/_{2}$	18	15	$12\,^{1}/_{2}$
40′ 0″	12	20	$^{13}/_{16}$	....	....	....	....	....	....	20	$17\,^{1}/_{4}$	$14\,^{1}/_{4}$
50′ 0″	14	$21\,^{1}/_{2}$	$^{7}/_{8}$	....	....	....	....	....	....	22	$18\,^{3}/_{4}$	$15\,^{3}/_{4}$
60′ 0″	16	$24\,^{1}/_{2}$	1	....	....	....	....	....	....	24	$21\,^{1}/_{4}$	$18\,^{1}/_{4}$

Werte für Doppellaschennietung.

Blechstärke in Zoll	Anzahl der Nietreihen	$^3/_4''$ Niete			$^7/_8''$ Niete			$1''$ Niete			$1^1/_8''$ Niete		
		Güteverhältnis in vH	Nietabstand in Zoll	Relative Blechstärke $e = a \times c$	Güteverhältnis in vH	Nietabstand in Zoll	Relative Blechstärke $e = a \times c$	Güteverhältnis in vH	Nietabstand in Zoll	Relative Blechstärke $e = a \times c$	Güteverhältnis in vH	Nietabstand in Zoll	Relative Blechstärke $e = a \times c$
a	b	c	d	e	c	d	e	c	d	e	c	d	e
$^1/_2$	2	66,7	$2^5/_8$	0,334	66,7	3	0,334						
	2	71,0	3	0,355	71,4	$3^1/_2$	0,357						
	3	83,3	$2^5/_8$	0,417	83,3	3	0,417						
	3	84,4	3	0,422	84,4	$3^1/_2$	0,422						
$^9/_{16}$	2	66,7	$2^5/_8$	0,375	66,7	3	0,375						
	2	71,0	3	0,400	71,4	$3^1/_2$	0,402						
	3	83,3	$2^5/_8$	0,468	83,3	3	0,468						
	3	84,4	3	0,474	84,4	$3^1/_2$	0,475						
$^5/_8$	2	66,7	$2^5/_8$	0,418	66,7	3	0,418	67,9	$3^1/_2$	0,424			
	2	70,5	3	0,441	71,4	$3^1/_2$	0,446	71,9	4	0,449			
	3	83,3	$2^5/_8$	0,521	83,3	3	0,521	84,0	$3^1/_2$	0,525			
	3	84,1	$2^3/_4$	0,526	84,2	$3^1/_2$	0,527	84,4	4	0,528			
$^{11}/_{16}$	2	66,7	$2^5/_8$	0,459	66,7	3	0,459	67,9	$3^1/_2$	0,467			
	2	68,2	$2^3/_4$	0,469	71,4	$3^1/_2$	0,491	71,9	4	0,494			
	3	82,5	$2^5/_8$	0,567	83,3	3	0,573	84,0	$3^1/_2$	0,578			
	3	....	....	.....	84,4	$3^1/_2$	0,580	84,4	4	0,580			
$^3/_4$	2	....	....	.....	66,7	3	0,500	67,9	$3^1/_2$	0,509			
	2	....	....	.....	70,4	$3^3/_8$	0,528	71,9	4	0,539			
	3	....	....	.....	83,3	3	0,625	84,0	$3^1/_2$	0,630			
	3	....	....	.....	83,2	$3^1/_4$	0,625	84,5	4	0,636			
$^{13}/_{16}$	2	....	....	.....	66,7	3	0,542	67,9	$3^1/_2$	0,552	68,8	4	0,559
	2	....	....	.....	68,4	$3^1/_4$	0,555	71,9	4	0,585	72,2	$4^1/_2$	0,587
	3	....	....	.....	83,2	3	0,677	84,0	$3^1/_2$	0,683	84,4	4	0,686
	3	....	....	.....	....	....	.....	84,4	$3^7/_8$	0,685	85,7	$4^3/_8$	0,696
$^7/_8$	2	....	....	.....	66,7	3	0,584	67,9	$3^1/_2$	0,594	68,8	4	0,602
	2	....	....	.....	66,1	$3^1/_8$	0,579	70,0	$3^3/_4$	0,612	72,2	$4^1/_2$	0,632
	3	....	....	.....	81,8	$2^3/_4$	0,715	84,0	$3^1/_2$	0,735	84,4	4	0,739
	3	....	....	.....	....	....	.....	83,7	$3^5/_8$	0,732	85,7	$4^3/_8$	0,750
$^{15}/_{16}$	2	....	....	.....	65,2	$2^7/_8$	0,612	67,9	$3^1/_2$	0,636	68,8	4	0,645
	2	....	....	.....	....	....	.....	69,0	$3^5/_8$	0,639	71,4	$4^3/_8$	0,669
	3	....	....	.....	81,0	$2^5/_8$	0,760	83,3	$3^3/_8$	0,781	84,4	4	0,791
	3	....	....	.....	....	....	.....	....	....	.....	84,3	$4^1/_4$	0,791
1	2	....	....	.....	63,6	$2^3/_4$	0,636	67,4	$3^1/_2$	0,674	68,8	4	0,688
	2	....	....	.....	....	....	.....	....	....	.....	70,2	$4^1/_4$	0,702
	3	....	....	.....	80,0	$2^1/_2$	0,800	81,6	$3^1/_4$	0,816	83,8	4	0,838

Normalien für Verstärkungsringe. In der untenstehenden Tabelle auf Seite 170 sind die wichtigsten Maße dieser Normalien zusammengestellt. Die Verstärkungsringe sind eben auszuführen, wenn der theoretische Stich $^3/_{32}''$ nicht überschreiten würde. Der Halbmesser der gebogenen Ringe ist in ganzen Fuß anzugeben, falls sich dadurch nicht eine Abweichung von mehr als $^3/_{32}''$ im Stich ergeben würde.

Werte für Überlappungsnietung.

Blechstärke in Zoll	Anzahl der Nietreihen	$^5/_8$" Niete			$^3/_4$" Niete			$^7/_8$" Niete			1" Niete		
		Güteverhältnis in vH	Nietabstand in Zoll	Relative Blechstärke $e = a \times c$	Güteverhältnis in vH	Nietabstand in Zoll	Relative Blechstärke $e = a \times c$	Güteverhältnis in °/o	Nietabstand in Zoll	Relative Blechstärke $e = a \times c$	Güteverhältnis in °/o	Nietabstand in Zoll	Relative Blechstärke $e = a \times c$
a	b	c	d	e	c	d	e	c	d	e	c	d	e
$^1/_4$	1	54,5	$1^5/_8$	0,135									
	2	67,0	$2^1/_4$	0,168									
$^5/_{16}$	1	45,0	$1^5/_8$	0,141	53,0	2	0,166						
	2	65,5	$2^1/_4$	0,205	66,7	$2^5/_8$	0,208						
	2	....	....	.....	68,2	$2^3/_4$	0,213						
$^3/_8$	2	61,3	2	0,230	66,7	$2^5/_8$	0,250	66,7	3	0,250			
	2	....	....	.....	....	....	.....	70,4	$3^3/_8$	0,264			
	3	66,6	$2^1/_4$	0,250	66,7	$2^5/_8$	0,250	66,7	3	0,250			
	3	70,0	$2^1/_2$	0,262	70,8	3	0,266	70,4	$3^3/_8$	0,264			
$^7/_{16}$	2	....	....	.....	63,2	$2^3/_8$	0,276	66,7	3	0,292			
	3	....	....	.....	66,7	$2^5/_8$	0,292	66,7	3	0,292			
	3	....	....	.....	70,8	3	0,310	71,4	$3^1/_2$	0,312			
$^1/_2$	2	....	....	.....	....	....	.....	63,6	$2^3/_4$	0,318	67,4	$3^1/_2$	0,337
	3	....	....	.....	....	....	.....	66,7	3	0,334	67,9	$3^1/_2$	0,340
	3	....	....	.....	....	....	.....	71,4	$3^1/_2$	0,357	71,9	4	0,360
$^9/_{16}$	2	....	....	.....	....	....	.....	61,0	$2^5/_8$	0,343	64,4	$3^1/_4$	0,362
	3	....	....	.....	....	....	.....	66,7	3	0,375	67,9	$3^1/_2$	0,382
	3	....	....	.....	....	....	.....	70,0	$3^3/_8$	0,393	71,9	4	0,404
$^5/_8$	2	....	....	.....	....	....	.....	58,0	$2^1/_2$	0,362	62,5	3	0,391
	3	....	....	.....	....	....	.....	68,0	$3^1/_8$	0,425	67,9	$3^1/_2$	0,424
	3	....	....	.....	....	....	.....	....	....	.....	71,0	$3^7/_8$	0,444
$^{11}/_{16}$	2	....	....	.....	....	....	.....	55,0	$2^3/_8$	0,378	60,0	$2^7/_8$	0,413
	3	....	....	.....	....	....	.....	65,7	3	0,452	67,9	$3^1/_2$	0,467
	3	....	....	.....	....	....	.....	....	....	.....	69,0	$3^5/_8$	0,474

Gebogene Bleche. Bleche in Stärken von $^3/_{16}$" und $^1/_4$" werden ungebogen verschickt, da diese Bleche auf der Baustelle ohne besondere Schwierigkeiten die gewünschte Krümmung erhalten können. Bleche in Stärken von $^5/_{16}$" und darüber müssen dagegen fertig gebogen zur Baustelle versandt werden.

Armaturen. Bei Mannlochteilen, Stutzen und anderen Armaturen, welche nach Skizze bestellt und mit den Behältern zusammengebaut verschickt werden, ist in den einzelnen Zeichnungen stets auf die zugehörigen Teile hinzuweisen.

Verstemmen. Bei Blechstärken unter $^3/_8$" werden die Blechkanten abgeschrägt, stärkere Bleche werden verstemmt, ohne daß die Kanten abgeschrägt zu sein brauchen. Etwaige besondere Vorschriften des Auftraggebers bezüglich des Verstemmens sind zu beachten.

Wasserbehälter sind innen zu verstemmen, während Behälter für andere Flüssigkeiten außen verstemmt werden mit Ausnahme der unmittelbar auf dem Fundament aufsitzenden Behälterböden.

Bei der Anordnung der Bodenbleche ist auf die Möglichkeit leichten Verstemmens Rücksicht zu nehmen. Beispielsweise ist bei der ersten in Abb. 160 dargestellten Anordnung ein Verstemmen der Bleche in der linken Ecke nahezu unmöglich, während es bei der zweiten Anordnung bequem ausführbar ist.

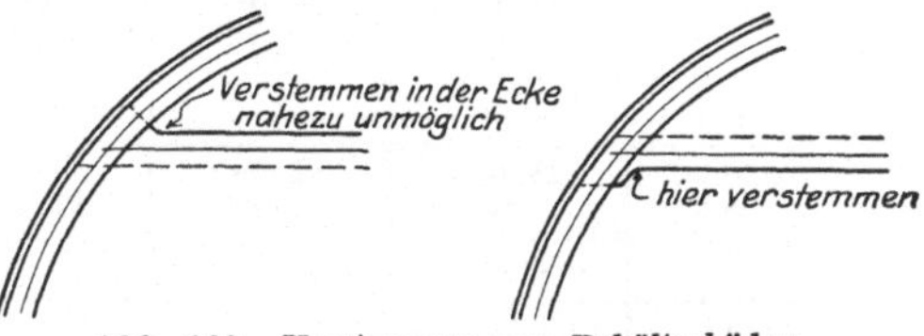

Abb. 160. Verstemmen von Behälterböden.

Die Winkelringe der Behälterböden werden entweder nur einseitig, außen oder innen, oder auch beiderseitig verstemmt (s. Abb. 161).

Die Richtung des Verstemmens soll nach Möglichkeit die von rechts oben nach links unten sein, bei radial geschnittenen Blechen für Behälterdächer blickt dabei der Beschauer zur Behälterachse. Bei flachen Behälterdächern mit rechteckigen Blechen zeigen die Stemmkanten nach dem Rand des Behälters hin.

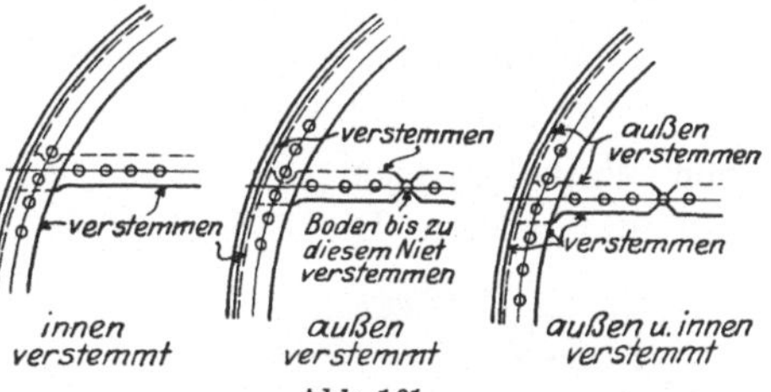

Abb. 161. Verstemmen der Winkelringe von Behälterböden.

Behälter, die vollständig zusammengebaut zum Versand kommen, sollen möglichst erst nach Aufstellung auf der Baustelle verstemmt werden, da sich beim Auf- und Abladen sowie während des Transportes die Einzelteile leicht lockern können.

Anschlüsse an gewölbte Behälterböden. Bei den Anschlüssen der Stützen an die Kugelböden von Wasserbehältern sind die gekrümmten Anschlußwinkel (s. Abb. 162) stets lose zur Baustelle zu senden, wo sie dann zunächst mit dem Boden und darauf mit den Stützen vernietet werden. Würde man anders verfahren und diese Winkel bereits in der Werkstatt an die Stützen nieten, um sie dann auf der Baustelle mit dem Behälter zu vernieten, so könnten Undichtigkeiten dieser Nietverbindungen kaum vermieden werden.

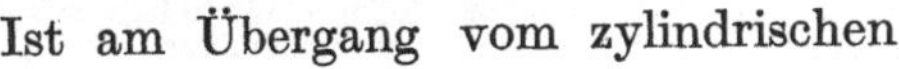

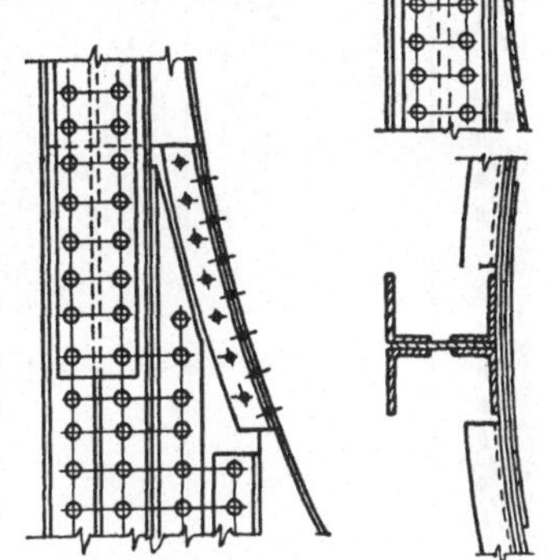
Abb. 162 u. 163. Stützenanschluß von Behältern.

Ist am Übergang vom zylindrischen

Teil zum Kugelboden eines Behälters ein Winkelring angeordnet, der an den Stützen unterbrochen ist (s. Abb. 163), so werden diese Stoßstellen am zweckmäßigsten durch eine Flachlasche und nicht durch

Nietdurchmesser	Halbrundkopf		Flacher Kopf			Versenkter Nietkopf		Konischer Nietkopf			Kegelförmiger Nietkopf	
D	A	B	A	B	C	A	B	A	B	C	A	B
1/2	25/32	15/32				25/32	1/4	7/8	7/16	15/32	1	1/2
5/8	31/32	19/32	1	7/16	5/8	1	5/16	1 3/32	35/64	19/32	1 1/4	5/8
3/4	1 5/32	11/16	1 7/32	9/16	3/4	1 3/16	3/8	1 5/16	21/32	45/64	1 1/2	3/4
7/8	1 11/32	25/32	1 13/32	5/8	7/8	1 3/8	7/16	1 17/32	49/64	13/16	1 3/4	7/8
1	1 17/32	7/8	1 5/8	23/32	1	1 9/16	1/2	1 3/4	7/8	15/16	2	1
1 1/8	1 23/32	31/32	1 13/16	13/16	1 1/8	1 3/4	9/16					

Abb. 164. Nietkopfausbildung.

einen Winkel gedeckt, da erstere an vier Kanten verstemmt werden kann und größere Dichtigkeit ergibt als ein Winkel.

Niete. Größere Dichtigkeit als durch die gewöhnlichen Halbrundniete läßt sich durch Verwendung von Nieten mit konischen Köpfen erreichen. Sollen solche Niete verwendet werden, so sind sie rechtzeitig zu bestellen. Auf den Werkstatt- und Montagezeichnungen ist stets zu bemerken, daß das

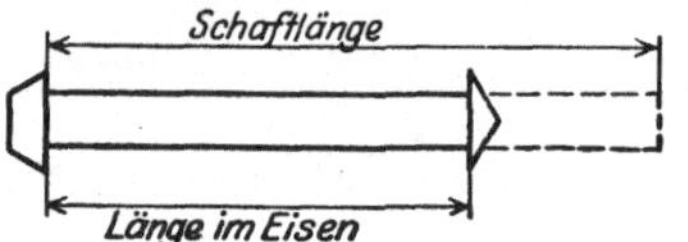

Länge im Eisen	Nietdurchmesser 5/8	3/4	7/8	1	1 1/8
1/2	1 1/2	1 1/2			
5/8	1 5/8	1 5/8	1 5/8		
3/4	1 3/4	1 3/4	1 3/4		
7/8	2	2	2		
1	2 1/8	2 1/8	2 1/8	2 1/8	2 1/4
1 1/8	2 1/4	2 1/4	2 1/4	2 3/8	2 3/8
1 1/4	2 3/8	2 3/8	2 3/8	2 1/2	2 1/2
1 3/8	2 5/8	2 1/2	2 1/2	2 5/8	2 5/8
1 1/2	2 3/4	2 3/4	2 5/8	2 3/4	2 3/4
1 5/8		2 7/8	2 7/8	2 7/8	3
1 3/4		3	3	3	3 1/8
1 7/8		3 1/8	3 1/8	3 1/8	3 1/4
2			3 1/4	3 3/8	3 3/8
2 1/8				3 1/2	3 1/2
2 1/4				3 5/8	3 5/8
2 3/8				3 3/4	3 3/4
2 1/2				3 7/8	4
2 5/8					4 1/8
2 3/4					4 1/4
2 7/8					4 3/8
3					4 1/2

Abb. 165.
Längen für warmgeschlagene Baustellenniete.

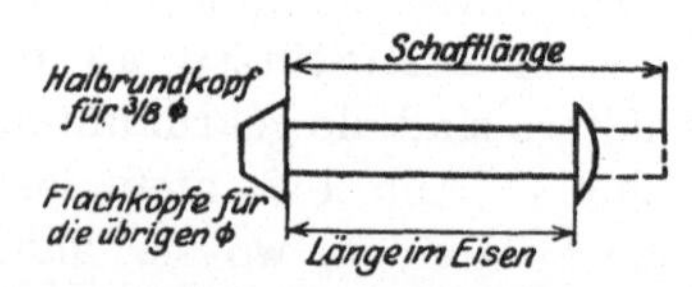

Nietdurchmesser	Schaftlänge
3/8	Länge im Eisen + 3/8
7/16	„ „ „ + 1/2
1/2	„ „ „ + 1/2
5/8	„ „ „ + 3/4
3/4	„ „ „ + 1
7/8	„ „ „ + 1 1/8
1	„ „ „ + 1 1/4

Abb. 166. Längen für kaltgeschlagene Baustellenniete.

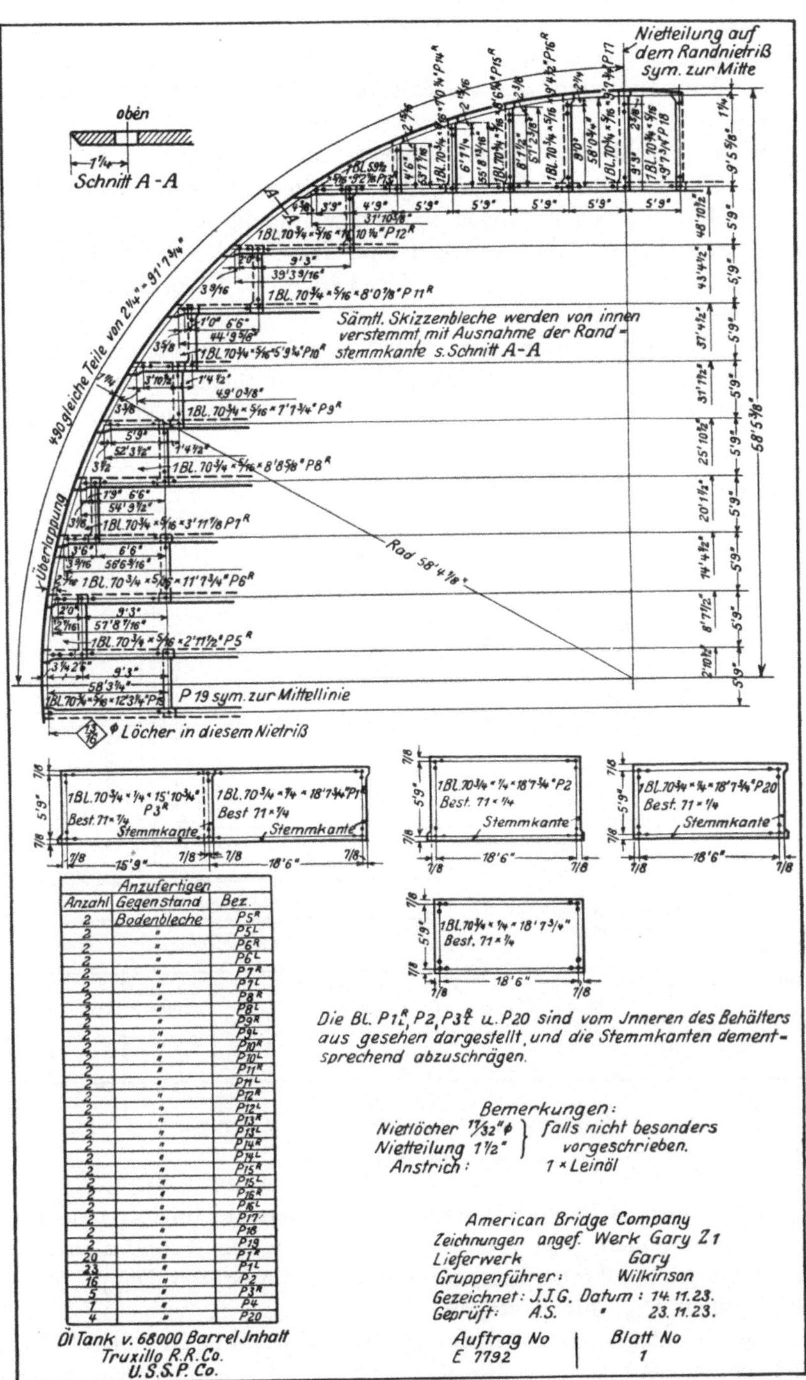

Abb. 167. Behälterboden.

Schlagen der Niete und das Verstemmen der Bleche von derselben Seite aus erfolgen muß.

In Abb. 164 sind die verschiedenen Nietkopfformen zusammengestellt.

Warm geschlagene Baustellenniete. In der Tabelle auf Seite 174 (Abb. 165) sind die Nietschaftlängen angegeben, die für das Schlagen von Nieten mit kegelförmigen Köpfen notwendig sind, ihre Setzköpfe sind dabei flach. Die Angaben sind für Nietdurchmesser von $^5/_8$, $^3/_4$, $^7/_8$, 1 und $1^1/_8''$ gemacht. Die Länge im Eisen beträgt $^1/_2$ bis einschließlich 3″.

Bei Nieten, die durch drei Blechstärken beim Zusammentreffen von wagrechten mit lotrechten Nietnähten hindurchgehen, ist mit Rücksicht auf das Aufreiben $^1/_8''$ zur Schaftlänge hinzuzuschlagen.

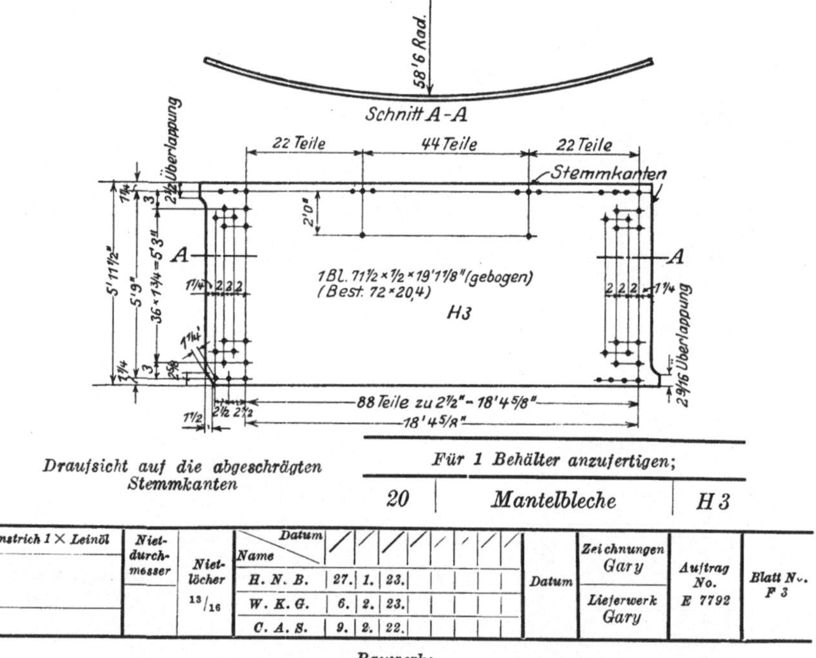

Anstrich 1 × Leinöl	Nietdurchmesser	Nietlöcher $^{13}/_{16}$	Datum / Name									Datum	Zeichnungen Gary	Auftrag No.	Blatt No.
			H. N. B.	27.	1.	23.								E 7792	F 3
			W. K. G.	6.	2.	23.							Lieferwerk Gary		
			C. A. S.	9.	2.	22.									

Bauwerk:
Öltanks von 68000 Barrel Inhalt. U. S. S. P. Co.

Abb. 168. Mantelbleche.

Ergeben sich Längen im Eisen auf $^1/_{16}''$, so sind für lotrechte Überlappungsnietreihen $^1/_{16}''$ von der rechnerischen Schaftlänge abzuziehen, bei wagrechten Überlappungsnähten sowie lotrechten Doppellaschennietenreihen $^1/_{16}''$ hinzuzufügen.

Kalt geschlagene Baustellenniete. In der Zusammenstellung Abb. 166 sind die zum Schlagen flacher Köpfe für Nietdurchmesser von $^3/_8$, $^7/_{16}$,

$^1/_2$, $^5/_8$, $^3/_4$, $^7/_8$ und 1″ benötigten Schaftlängen angegeben. Die Setzköpfe sind bei $^3/_8$″ Nieten Halbrundköpfe, bei den übrigen flache konische Köpfe.

Beim Aufnieten von Dachblechen auf den oberen Winkelring von Behältern ist für $^3/_8$″ Niete $^1/_8$″ zur angegebenen Schaftlänge zuzuschlagen.

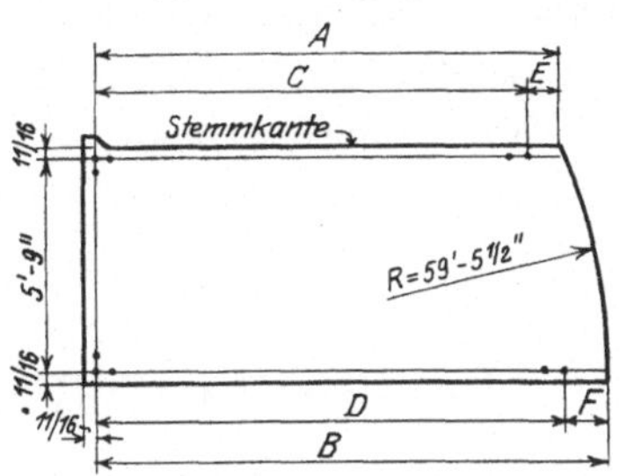

Anzufertigen für 1 Behälter									
Anzahl	Bez.	A	B	C	D	E	F	Material	
2	RP6	7'5"	7'8 9/16"	6'10½"	7'1½"	6½	7 1/16	1 Bl. 70 3/8 × 3/16 × 7'9¼"	Best. 70 3/4 × 3/16
2	RP8	6'6 7/8"	7'5 5/16"	6'0"	6'10½"	6 13/16	6 13/16	do. 7'6"	do.
2	RP9	5'1 5/8"	6'7 5/16"	4'6"	6'0"	7 5/8	7 5/16	do. 6'8"	do.
2	RP26	Spiegelbild v. RP8						do. 7'6"	do.
2	RP27	" " " RP9						do. 6'8"	do.

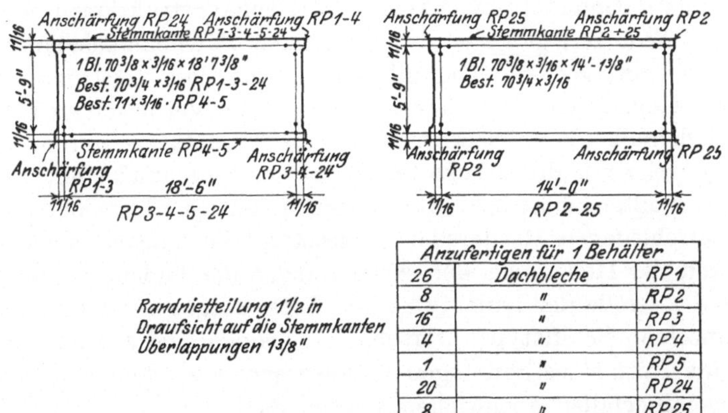

Anzufertigen für 1 Behälter		
26	Dachbleche	RP1
8	"	RP2
16	"	RP3
4	"	RP4
1	"	RP5
20	"	RP24
8	"	RP25

Anstrich 1× Leinöl	Niete	Niet-löcher 15/32	Name / Dat. E.A.G. 16. 2. 23 C.C. 17. 2. 23	Datum	Zeichnungen: Gary Lieferwerk: Gary	Auftrag № E 7792	Blatt № F 13

Abb. 169. Bleche für ein Behälterdach.

Niete von $^3/_8$ und $^7/_{16}$″ Schaftdurchmesser werden stets kalt geschlagen, die größeren Nietstärken jedoch nur, falls es das Vorhandensein explosibler oder flüchtiger Öle verbietet, die Niete warm zu schlagen.

Die Löcher für kalt geschlagene Niete werden $^1/_{32}$″ größer im Durchmesser gestanzt, als der Nietdurchmesser beträgt.

Anstrich. Im allgemeinen werden die Behälter in der Werkstatt weder gestrichen noch geölt. Wird ein Anstrich verlangt, so ist darauf zu achten, daß die sich überdeckenden Flächen der Nietnähte nicht gestrichen werden.

Musterzeichnungen. In den Abb. 167—169 sind einige ausgewählte Einzelheiten der Ausbildung von Behälterböden, Behältermänteln sowie der Bedachung dargestellt, die bei einem 68000 Barrel fassenden Öltank der Truxillo-Eisenbahngesellschaft, Honduras, verwendet worden sind.

XV. Auslandsaufträge.

Die Behandlung der Auslandsaufträge weist gegenüber derjenigen von Inlandsaufträgen einige wesentliche Unterschiede im Bureau wie in der Werkstatt auf, die im besonderen Maße den Versand betreffen.

Im allgemeinen werden deswegen für solche Aufträge alle Fachwerkträger und sonstigen größeren Bauteile zerlegt verschickt, um den erforderlichen Frachtraum im Schiff möglichst klein zu halten, sowie um ein Beschädigen der Konstruktionsteile beim Ein- und Ausladen zu vermeiden. Genietete Brücken- und Dachkonstruktionen werden in einzelne Teile zerlegt versandt und auf der Baustelle zusammengebaut und vernietet, größere Knotenbleche werden lose verschickt, kleinere mit der Konstruktion vernietet, falls nicht ein Verbiegen zu befürchten ist. Jedenfalls ist zu beachten, daß die Frachtsätze um so niedriger sind, je schwerer die Stücke bei kleinstem Raummaß sind.

Die größten zulässigen Abmessungen und Stückgewichte sind von den verschiedenen Reedereien festgesetzt. Sie hängen von der Tragfähigkeit der Hebezeuge, den Abmessungen der Ladeluken der Schiffe, sowie der Größe der Laderäume ab. Diese Angaben sind natürlich für die einzelnen Schiffstypen verschieden, jedoch sind für alle Seeschiffe geltende Normalbestimmungen herausgegeben worden, von denen nur in Ausnahmefällen abgewichen werden darf.

Grundlagen der Frachtkostenberechnung. Es ist zwischen Gewichtsfracht und Raumfracht zu unterscheiden. Die Reedereien wählen in jedem Fall die Berechnungsart, welche ihnen den größten Nutzen bringt. Zuweilen wird der Frachtkostenberechnung auch eine Kombination beider Berechnungsarten zugrunde gelegt.

Bei Gewichtsfracht wird nach Tonnen, bei Raumfracht nach Kubikfuß gerechnet. Der Rauminhalt ist das Produkt aus größter Länge, größter Breite und größter Höhe des zu versendenden Stückes. 1 Kubikfuß ist gleichwertig einem Gewicht von 56 lbs., oder 40 Kubikfuß einer Tonne von 2240 lbs.

Größtabmessungen und Höchstgewichte der Einzelteile. Nach Möglichkeit sollen alle Stücke unter 30 Fuß lang sein und weniger als 4000 lbs. wiegen.

Im allgemeinen werden Stücke von über 30 Fuß Länge oder über 2 Tonnen Gewicht zu einem erhöhten Frachtsatz berechnet. Beim Versand nach den großen chinesischen oder japanischen Häfen können allerdings Kolli bis 40 oder 42 Fuß Länge oder 8000 lbs. Gewicht versandt werden, ohne daß ein höherer Satz berechnet wird. Doch gilt dieses nur für Häfen, bei welchen die Schiffe unmittelbar am Kai laden und entladen können. Bei den meisten Häfen sind die Schiffe allerdings gezwungen, im Hafen zu ankern und auf Leichter überzuladen, für welche die Beschränkung auf 30 Fuß Länge und 2 t Kolligewicht gilt.

Erzielung niedrigster Frachtkosten. Die Berechnungsart nach Gewichtsfracht ergibt die niedrigsten Frachtkosten. Beansprucht eine Ladung von 1 Tonne = 2240 lbs. mehr als 40 Kubikfuß Frachtraum, so wird nach Raumfracht gerechnet. In jedem Fall ist zu untersuchen, ob es wirtschaftlich ist, durch vermehrte Werkstattarbeit eine Verminderung der Frachtkosten herbeizuführen.

Bei einer vorläufigen Schätzung der Frachtkosten wird zunächst für das ungefähre Gewicht Gewichtsfracht berechnet, dann der Prozentsatz an Raumfracht geschätzt und daraus ein neuer Einheitsfrachtsatz berechnet.

Bei allen Aufträgen mit Pauschal- oder Tonnenpreisen sind die Anteile von Raum- und Gewichtsfracht festzustellen und dem Zeichensaal zur Verwendung bei späterer Gelegenheit mitzuteilen.

Verankerungen. Sind bei Ausfuhraufträgen Verankerungen mitzuliefern, so sind diese vorweg herzustellen und vor dem übrigen Material zu versenden, falls es nicht anders gewünscht wird. Die Zeichnungen für die Verankerungen sind daher so schnell wie möglich zur Werkstatt zu geben und diese wie die Stücklisten mit dem Vermerk: „Zuerst zu verschicken“ zu versehen.

Fundamentpläne. Fundamentpläne sind dem Auftraggeber stets frühzeitig zu übersenden. Die Maße sind in Fuß und Zoll und bei Lieferungen nach Lateinamerika außerdem in metrischem System anzugeben, Abkürzungen sind auf den Fundamentzeichnungen zu vermeiden.

Konstruktive Durchbildung. Ist bezüglich der Zerlegung der Konstruktionsteile für den Versand von den Zeichnungen des Bestellers abgewichen worden, so ist dessen Genehmigung rechtzeitig einzuholen, um zu vermeiden, daß später seinerseits Forderungen wegen größerer Baustellenkosten erhoben werden können. Ebenso ist seine Zustimmung zu erwirken, wenn anstatt der in den Entwurfszeichnungen vorgesehenen Profile Ersatzprofile vom Lager verwendet werden sollen.

Bei Wasserfrachten ist es unbedingt erforderlich, die Lieferfristen genau einzuhalten, da der Schiffsraum meistens im voraus bestellt wird und auch bei Versäumnis der festgesetzten Abfahrt des betreffenden Schiffes die Frachtkosten zu zahlen sind.

Hervorstehende Teile sind im allgemeinen lose zu versenden, besonders wenn sie auf der Baustelle angeschraubt werden können, während genietete Anschlußteile meistens schon in der Werkstatt angenietet werden. In diesem Falle sind sie gegen Beschädigungen während des Transportes gut zu schützen.

Gebogene Teile sind möglichst so anzuordnen, daß sie für den Versand gebündelt werden können.

Bei Aufträgen zu Pauschalpreisen soll das Versandgewicht dem Angebotsgewicht möglichst nahekommen, da erhebliche Gewichtsersparnis meistens zu Streitigkeiten Anlaß gibt.

Bei Gelenkbolzenbrücken sind für jede Bolzenstärke je zwei Schutz- und Führungsmuttern mitzuschicken.

Beim Beladen der Schiffe werden die Eisenkonstruktionen stets zuerst eingeladen, da sie unten im Schiff verstaut werden. Dies ist auch der Fall, wenn das Schiff in mehreren Häfen Ladung nimmt, da in jedem Hafen durch eine andere Luke eingeladen wird.

Bezeichnung der Kolli. Alle Signierungen sind mit einem Stahlstempel einzuschlagen und außerdem in Farbe aufzutragen.

Bei Wassertransport sind die vom Besteller angegebenen Signierungen zu verwenden und eine fortlaufende Nummerung der Kolli unter Angabe des Gewichtes vorzunehmen.

Bei Bahnfracht nach Kanada ist diese Art der Kennzeichnung nicht notwendig, auch kann bei Versand nach Mexiko auf dem Landweg die fortlaufende Nummerung fortfallen.

Im übrigen ist aber auf gleichartige Signierung der einzelnen Stücke zu achten, da das Fortlassen von Buchstaben oder sonstige Abweichungen nachträgliche Berichtigungen notwendig machen und Teile mit ungleichartiger Kennzeichnung auf dem Schiff nicht angenommen werden.

Genehmigungszeichnungen. Zur Genehmigung sind die vollständig fertigen und endgültigen Zeichnungen einzusenden. Nur im Einverständnis mit dem Auftraggeber kann bei eiligen oder umfangreichen Aufträgen von dieser Regel abgewichen werden.

Montagezeichnungen. Die Montagezeichnungen müssen übersichtlich sein und den Bauvorgang klar erkennen lassen. Größere Ausführlichkeit als bei Inlandsaufträgen ist hierbei geboten. Die Maße sind in Fuß und Zoll und bei Lieferungen nach Lateinamerika außerdem im metrischen Maßsystem anzugeben. Abkürzungen sind zu unterlassen. Einzelheiten der Wellblechbefestigungen, sowie die Befestigung der

Türen, Fenster, Rinnen usw. sind anzugeben. Bei Brücken ist die Überhöhung auf der Zeichnung einzutragen.

Zusammenstellung der Baustellenniete und -schrauben. Aus dieser Aufstellung muß die Lage der einzelnen Baustellenniete oder -schrauben genau hervorgehen.

Versandlisten. Auf der ersten Seite der Kollilisten sind die Signierungsvorschriften klar aufzuführen.

Die Stückgewichte sind stets anzugeben, einerlei ob der Auftrag zu einem Pauschal- oder Tonnenpreis abgeschlossen worden ist. Die Abmessungen der Kolli sind mit möglichster Genauigkeit festzustellen. Bei I- und [-Eisen sind nicht die Einheitsgewichte der Profile, sondern die Querschnittsabmessungen aufzuführen, z. B. 15″ × 6″ × 18′ anstatt 15″ × 60,8 lbs. × 18′. Bei Bündeln oder Paketen sind die Abmessungen der Einzelteile anzugeben.

Die Kollilisten müssen das gesamte Material des Auftrages enthalten und den Lieferanten der verschiedenen Teile nennen.

Versandvorschriften. Nach Möglichkeit ist das Material nach den verschiedenen Sorten getrennt zu verpacken.

Besonders ist darauf zu achten, daß der Anstrich der Eisenteile genügend getrocknet ist, bevor die Bezeichnungen aufgemalt werden, und daß nicht früher mit dem Verladen begonnen wird, bevor letztere trocken sind. Auch sind die Signierungen an solchen Stellen anzubringen, an denen sie gegen Beschädigungen möglichst geschützt sind, andernfalls sind noch Leinenstreifen mit der aufgemalten Bezeichnung anzubringen.

Die Bezeichnungen sind möglichst zusammengedrängt an den Enden der Einzelteile anzuordnen. Beim Einladen ist das Material so zu legen, daß die Bezeichnungen beim Ausladen leicht auffindbar sind.

Gebogenes Material, einschließlich der Buckelbleche, wird in zusammengeschraubten Paketen bis zu 2 t Gewicht versandt.

Augenstäbe werden in Bündeln, die durch drei oder mehr Klammern und durch die Augen gesteckte Holzpflöcke zusammengehalten werden, bis zu 2 t Gewicht verschickt. Einzeln versandte Augenstäbe würden wahrscheinlich während des Transports derart verbogen werden, daß sie unbrauchbar auf der Baustelle ankommen würden.

Hervorstehende Kanten genieteter Teile sind durch angeschraubte Hölzer gegen Beschädigungen zu schützen.

Kisten und Verschläge sind aus starkem Holz anzufertigen und mit Bandeisen zu beschlagen. Fässer sind sorgfältig und dauerhaft zu schließen.

Nach Möglichkeit sollen alle Teile unter Verwendung von Draht oder Bandeisen gebündelt werden. Das Höchstgewicht eines Bündels darf 400 lbs. betragen, alle Einzelteile sollen möglichst gleiche Längen aufweisen. Das Gewicht der Kisten soll 250 lbs. nicht überschreiten.

Jede Ladung darf einen bestimmten Prozentsatz Nieten und Schrauben enthalten, die diesen Satz überschreitende Menge wird zu einem höheren Frachtsatz berechnet.

Beim Versand von Wellblechtafeln werden geteerte Filzstreifen zwischengelegt.

Bahntransport. In ähnlicher Weise, wie vorstehend beschrieben, sind beim Eisenbahntransport nach dem Ausland genaue Verzeichnisse für jede Wagenladung aufzustellen, aus denen die Abmessungen der Stücke hervorgehen. Bei gemischten Sendungen ist das Gewicht nach Materialien wie Flußeisen, Gußeisen, Stahlguß, Glas, Bronze usw. getrennt anzugeben und in gleicher Weise sind die Stückbezeichnungen getrennt aufzuführen.

XVI. Material.

Alle mit der Materialbestellung zusammenhängenden Arbeiten, wie die Aufstellung der Lagerlisten, Stücklisten und Versandlisten sowie Überwachung des eingehenden Materials, sind im allgemeinen einem besonderen Bureau übertragen. Zwar wird es bei kleineren Werken wirtschaftlicher sein, diese Arbeiten auf die verschiedenen vorhandenen Bureaus zu verteilen, anstatt ein besonderes Bureau dafür einzurichten, doch wird letztere Anordnung für größere Werke die zweckmäßigere sein. Hierbei hat man dann die Arbeitsteilung noch weiter durchgeführt, indem man die Aufstellung der Walzwerksbestellungen, der Stücklisten, Versandlisten, Gewichtsberechnungen, Lagerlisten, Reklamationen je einer bestimmten Gruppe dieses Bureaus übertragen hat.

Bestellisten. Das Bestellbureau erhält vom Zeichensaal zwei Abschriften der Bestellisten und setzt an Hand dieser fest, welches Material dem Lager entnommen und welches beim Walzwerk bestellt werden soll. Für den Gebrauch des Konstrukteurs geht eine Ausfertigung wieder an den Zeichensaal zurück, während die andere auf dem Bestellbureau verbleibt und für die Aufstellung der Stücklisten benutzt wird. Stellen sich im Verlaufe der Konstruktionsarbeit noch Irrtümer heraus oder sind Änderungen notwendig, so müssen diese dem Bestellbureau umgehend mitgeteilt werden, damit sie noch vor dem Abwalzen des Materials berücksichtigt bzw. Neubestellungen ausgeschrieben werden können.

Lagermaterial. Die in der folgenden Zusammenstellung aufgeführten Profile sind die bei der Herstellung schwerer Eisenbauten am häufigsten benötigten Eisen. Für leichtere und Spezialkonstruktionen wird die Lagerliste selbstverständlich eine andere Zusammensetzung aufweisen müssen.

Lagerliste.

I-Eisen 60′ 0″

24×100,0	20×65,4	12×31,8	8×18,4
24× 79,9	18×54,7	10×25,4	7×15,9
20× 81,4	15×42,9	9×21,8	6×12,5

[-Eisen 60′ 0″

15×33,9	10×15,3	8×11,5	6×8,2
12×20,7	9×13,4	7× 9,8	

∠-Eisen 45′ 0″

8 ×8	3/4	5/8	1/2			
8 ×6	3/4	5/8	1/2			
8 ×3 1/2	3/4	5/8	1/2			
7 ×3 1/2		5/8	1/2	7/16	3/8	
6 ×6	3/4	5/8	1/2	7/16	3/8	
6 ×4	3/4	5/8	1/2	7/16	3/8	
6 ×3 1/2			1/2		3/8	
5 ×3 1/2			1/2		3/8	
4 ×4			1/2	7/16	3/8	
4 ×3 1/2					3/8	
4 ×3					3/8	
3 1/2×3 1/2			1/2		3/8	
3 1/2×3					3/8	
3 1/2×2 1/2						5/16
3 ×3					3/8	5/16
2 1/2×2 1/2						5/16

Rundeisen 15′ 0″

5 3/4	5 1/2	5 1/8	4 7/8	4 5/8	4 3/8	4 1/8

Rundeisen 35′ 0″

2 1/2	1 3/4	1 1/2	1 1/4	1	0,795	0,68
2	1 5/8	1 3/8	1 1/8	7/8	3/4	3/8

Quadrateisen 35′ 0″

2 1/2	2	1 1/2	1 1/4	1	7/8	3/4

Sechskanteisen 15′ 0″

2 1/2	1 1/8	1 5/8	1 1/2	1 3/8	1 1/4

Bleche 30′ 0″

60							5/8		1/2		3/8		
48									1/2		3/8		
36					3/4		5/8		1/2	7/16	3/8		
30									1/2		3/8		
24	1	15/16	7/8	13/16	3/4	11/16	5/8	9/16	1/2	7/16	3/8	5/16	
20									1/2		3/8		
18					3/4		5/8		1/2	7/16	3/8	5/16	
17											3/8		
16					3/4		5/8		1/2	7/16	3/8		1/4
15									1/2		3/8		
14					3/4		5/8		1/2	7/16	3/8		
13									1/2		3/8		
12					3/4		5/8		1/2	7/16	3/8	5/16	1/4
11									1/2		3/8		
10									1/2		3/8		
9									1/2		3/8		
8									1/2	7/16	3/8		
7									1/2		3/8		

Bleche 20′ 0″

96					1/2	3/8
60	7/8	3/4				

Flacheisen 30′ 0″

6		3/4	5/8	1/2	7/16	3/8	5/16	1/4
5						3/8		
4				1/2		3/8		
3 1/2		3/4	5/8	1/2	7/16	3/8		
3		3/4		1/2		3/8		
2 1/2				1/2		3/8	5/16	
2 1/4	1 1/8					3/8		

Feinbleche 48″—12′ 0″, 36″—10′ 0″

48		1/8	
36	3/16	1/8	1/16

Abgesehen von Ausnahmefällen oder von der Anforderung sehr großer Mengen werden gewöhnlich die nachstehend aufgeführten Materialsorten dem Lager entnommen.

1. I- und [-Eisen unter 10′ Länge.
2. ∠-Eisen unter 16′ Länge.
3. Bleche und Flacheisen unter 14′ Länge.
4. Kurze Längen bis zur 4′ solcher Profile, die nicht zu den eigentlichen Lagereisen gehören, aber meistens von früheren Aufträgen übriggeblieben sind. Ist solches Material gerade nicht verfügbar, so dürfen meistens Ersatzprofile verwendet werden.

Eisenbestellung. Bei der Bestellung für das Walzwerk ist das Material in Gruppen gleicher Profile und Gewichte zusammenzustellen. Zuerst werden die stärksten Profile und größten Längen aufgeführt; im übrigen wird die Einteilung des Materials in der bei den Walzwerken üblichen Weise vorgenommen.

Die Eisenbestellung muß mit größter Sorgfalt und Genauigkeit auf Grund der Bestellisten (s. Abb. 2) geschehen. Das Kombinieren der Längen hat vorschriftsmäßig zu erfolgen. Eine Musterbestellung ist auf der nächsten Seite wiedergegeben.

Bestellungen in kombinierten Längen. Die folgenden Anweisungen für die Bestellung in kombinierten Längen sollen zur Vermeidung kurzer Stücke, Erzielung handlicher Längen, Verringerung des Abfalls, kurz zur Erreichung größerer Einheitlichkeit der Walzwerkbestellung beachtet werden.

I- und [-Eisen. I- und [-Eisen mit Stegstärken über $^{3}/_{4}''$ sind in den benötigten Stücklängen zu bestellen, ebenso bei geringeren Stegstärken, falls die Stücklängen mehr als 10′ betragen, bei kleineren Längen sind diese kombiniert und mit Rücksicht auf den Bahntransport unter 40′ lang, in Ausnahmefällen bis höchstens 60′ lang zu bestellen.

Profile für Trägerroste in Längen von 3′ und mehr sind wie benötigt zu bestellen, um den Walzwerken die Möglichkeit zu geben, kurze Stücke zu verwerten, Träger unter 3′ Länge sind zu kombinieren.

∠-Eisen. Sämtliche ∠-Eisen von mehr als 16′ Länge sind in Gebrauchslängen zu bestellen, die übrigen von 6 bis 16′ Stücklänge in kombinierten Längen von 40 bis 45′, mit Rücksicht auf den Versand möglichst unter 40′.

Lagerprofile unter 6′ Länge sind in Längen von 40′ zu bestellen, auch wenn weniger als 40′ gebraucht werden. ∠-Eisen, die nicht zu den Lagerprofilen gehören und in Stücklängen von 3 bis 6′ benötigt werden, sind in kombinierten Längen bis zu 45′ zu bestellen, bei kürzeren Stücklängen zu 40′ Länge zu kombinieren.

Bleche. Bleche in Breiten von mehr als 84″ und Längen über 8′ sind in genauen Längen zu bestellen, kürzere zu Längen bis zu 25′ zu kombinieren.

Bleche in Breiten von 60 bis einschl. 84″ und in Stücklängen von mehr als 10′ sind einzeln, kürzere kombiniert bis zu 30′ zu bestellen.

Bleche und Universaleisen in Breiten von 30 bis einschl. 60″ und Gebrauchslängen von über 14′ werden einzeln, bei kürzeren Längen bis zu 30′, schmalere bis zu 32′ kombiniert bestellt.

Bleche, die in Lagerbreiten gebraucht werden und kürzer als 4′ sind, werden auf der Walzwerkbestellung in kombinierten Längen von 32′ aufgeführt, Bleche unter 2′ Länge, die außerdem nicht in Lagerbreite gebraucht werden, sind in kombinierten Längen von 30′ aufzugeben.

Eisenbestellung.

American Bridge Company	Bestellbureau
Bestellung von .... für	Verglichen durch ... F. P.
Auftrag: *E* 7321 Datum: 6. 3. 1923	Gewichtsermittlung durch .... A. M. K.
Gary-Werk	Gewichte nachgeprüft durch ......
Gegenstand	Blatt ...... Pos. ....
Seite 1—2	Auftrag ......
Vorschriften .... Abnahme	1. Seite (hierzu gehört noch Seite 2)

Stückzahl	Material	Profilbezeichnung	Gewicht lbs/Fuß	Länge		Universaleisen oder Bleche	Kombinierte Längen			Stück-Gewicht	Gesamt-Gewicht
				Fuß	Zoll		Stückzahl	Fuß	Zoll	lbs	lbs
				Illinois Steel Co.							
128	I-Eisen	24	85	24	0	...	...	...	...	2040	261120
52	I-Eisen	24	79,9	24	0	...	...	...	...	1918	99715
4	⊏-Eisen	8	16,25	14	$4^3/_4$	...	...	...	...	234	936
24	∠-Eisen	$8\times 6\times 5^3/_8$	28,5	3	$6^1/_4$	...	4	28	2	803	3211
8	....	....	......	3	6	...	...	...	...	.....	....
8	....	$6\times 6\times {}^3/_4$	28,7	15	7	...	4	31	2	895	3578
4	....	....	......	4	6	...	1	18	0	.....	517
36	....	$6\times 6\times {}^{11}/_{16}$	26,5	10	2	...	9	40	8	1078	9700
24	....	$6\times 6\times {}^5/_8$	24,2	13	6	...	8	40	6	980	7841
											386618
48	....	$5\times 3^1/_2\times {}^3/_8$	10,4	3	$6^1/_4$	...	9	44	0	458	4118
	....	....	......	165	lfd. Fuß	...	...	...	...	.....	....
	....	....	......	3	6	...	...	...	...	.....	....
	....	$4\times 3^1/_2\times {}^3/_8$	9,1	310	lfd. Fuß	...	8	44	0	400	3203
4	....	$3^1/_2\times 3^1/_2\times {}^3/_8$	8,5	15	1	...	2	30	2	256	513
	....	....	......	1520	lfd. Fuß	...	35	44	0	374	13090
											20924
				Bleche oder Universaleisen							
6	Bleche	$42\times {}^5/_8$	......	13	6	...	3	27	0	2410	7229
2	....	$42\times {}^3/_4$	......	15	7	...	1	31	2	.....	3338
											10567
8	....	$26\times {}^3/_8$	......	3	2	...	2	25	4	840	1679
10	....	....	......	2	6	...	...	...	...	.....	....
	....	$20\times {}^3/_8$	......	650	lfd. Fuß	...	21	32	0	816	17136
											18815
				Universaleisen							
9	....	$30\times 3^3/_{16}$	......	2	8	...	1	24	8	.....	8021
9	....	$16\times {}^1/_2$	......	10	2	...	3	30	6	830	2489
12	....	$14\times {}^1/_2$	......	13	6	...	6	27	0	643	3856
24	....	$11\times {}^5/_8$	......	2	$6^3/_4$	...	2	30	9	719	1438
2	....	$14\times {}^3/_4$	......	15	7	...	1	31	2	.....	1113
2	....	....	......	14	5	...	1	28	10	.....	1029
										Insgesamt:	454870

Flacheisen. Lagerquerschnitte in Längen über 14′ werden einzeln, solche in Längen von 4 bis 14′ in kombinierten Längen bis 32′ bestellt. Werden Stäbe unter 4′ gebraucht, so werden 32′ lange Stäbe bestellt. Nichtlagerquerschnitte werden bei Gebrauchslängen von 2 bis 14′ kombiniert bis höchstens 32′, bei kleineren Stücken werden 32′ lange Stäbe bestellt.

Rund- und Vierkanteisen. Rund- und Vierkanteisen in Stärken von mehr als $2^1/_2''$ und Längen über 10′ werden einzeln, kürzere in kombinierten Längen bis zu 30′ vom Walzwerk bezogen, Stäbe in geringeren Stärken als $2^1/_2''$ sind bei Gebrauchslängen über 15′ einzeln, bei kürzeren Längen in kombinierten Längen bis höchstens 35′ aufzugeben.

Platten. Auflagerplatten, Fundamentplatten usw. sind getrennt vom übrigen Material zu bestellen.

Bei Plattenstärken bis zu 6″, die in kombinierten Längen bezogen werden, sind 6″ zuzugeben, da die warm auf dem Walzwerk geschnittenen Stücke an den Enden unbrauchbar sind, bei stärkeren Platten ist ein Zuschlag in Größe der Plattendicke zu machen.

Verschiedenes. Bleche in Stärken von mehr als 1″ werden im allgemeinen fertiggeschnitten vom Walzwerk geliefert, beim Bezug größerer Mengen ist jedoch zu überlegen, ob es nicht wirtschaftlicher ist, die Bleche in der Werkstatt zu schneiden, als die Überpreise für das Zuschneiden auf dem Walzwerk zu bezahlen.

Bei Stehblechen, Gurtplatten und Gurtwinkeln gleichen Querschnitts, die nur geringe Längenunterschiede bis höchstens 2″ aufweisen, sind die größten Längen zu bestellen, um die Anzahl der Bestellpositionen einzuschränken, z. B. werden anstatt $6 \angle 6 \times 6 \times {}^3/_4$, 37′3″ lg. und $6 \angle 6 \times 6 \times {}^3/_4$, $37'1^1/_4''$ lg. zweckmäßig $12 \angle 6 \times 6 \times {}^3/_4$ 37′3″ lg. aufgegeben.

Das Material wird in der Reihenfolge bestellt, wie es auf der Baustelle gebraucht wird, beispielsweise bei Stockwerksbauten in der Reihenfolge: Fundamentrost, Kellergeschoß, Erdgeschoß, 1. Stockwerk, 2. Stockwerk, usw. Soweit es nicht anders vorgeschrieben wird, sind gleiche Normalkonstruktionen verschiedener Stockwerke zusammenzufassen.

Die Walzwerkbestellungen sind nach Teillieferungen zu trennen, falls der Vertrag solche vorsieht.

Walzwerkbestellungen. Die Walzwerkbestellungen werden zunächst in zweifacher Ausfertigung ausgestellt, von denen eine zum Walzwerk gesandt wird, während die andere für weitere Vervielfältigungen benutzt wird.

Bei Bestellungen von Blechen bei den Carnegie - Stahlwerken ist der Originalbestellung noch eine Abschrift beizufügen.

Bei Bestellungen für die Carnegie-Stahlwerke sind die ersten vier, bei solchen für die Illinois-Stahlwerke die ersten beiden Zeilen frei zu lassen.

Zwischen den einzelnen Materialgruppen sind der besseren Übersicht wegen je nach der Positionenzahl der einzelnen Gruppen die nachfolgend angegebenen Zeilen freizuhalten:

Anzahl der Positionen	Freie Zeilen
1— 6	1
7—12	2
13—19	3
20—29	4
30—49	5
50 und mehr	6

Bei Bestellungen von Nieteisen sind 5 Zeilen frei zu lassen, 4 Zeilen bei Blöcken und Knüppeln.

Einteilung der Walzwerkbestellungen. Die im folgenden gegebene Einteilung ist die bei den Carnegie- und Illinois-Stahlwerken übliche. Alles Material, welches einem bestimmten Walzwerk in Auftrag gegeben wird, wird aus den früher beschriebenen Bestellisten in Gruppen geordnet zusammengestellt.

Carnegie-Stahlwerke.

Gruppe	Profile
1	5-, 6-, 7-, 8-, 9-, 10″ I-Eisen in normalen Stärken.
2	5-, 6-, 7-, 8-, 9-, 10″ [-Eisen.
3	12- bis 18″ [-Eisen.
4	12- bis 24″ I-Eisen in normalen Stärken.
5	8- bis 27″ I-Eisen in abnormen Stärken.
6	H-Profile.
7	∠-Eisen 8×8. (in Zoll)
	∠-Eisen 8×6.
	∠-Eisen 8×3½.
8	∠-Eisen 6×6.
	∠-Eisen 6×4.
	∠-Eisen 5×3½.
9	∠-Eisen 3½×3½ bis 7×3½, außer den zu Gruppe 7 und 8 gehörigen.
	4″-I-Eisen.
	Z-Eisen.
	Wulsteisen (Waggonprofile).
10	∠-Eisen 2×2 bis 3½×3.
	3″-I-Eisen.
	3- und 4″ [-Eisen.
11	⊥-Eisen.
	Wulstwinkel (Schiffbauprofile).
	Handleisteneisen.
	Sonstige Profileisen.
12	Bleche und Skizzenbleche 12″ breit und mehr, in Stärke von ¼″ und mehr. (Bleche im Gewicht von 10 lbs./Fuß sind als ¼″-Bleche anzusehen.)

13 Bleche 12″ breit und mehr, in Stärke von weniger als $^1/_4$″.
14 Bleche über 48 bis einschließlich 120″ breit, $^5/_{16}$″ stark und mehr.
15 Universaleisen über 24 bis einschließlich 48″ breit, $^5/_{16}$″ stark und mehr.
16 Universaleisen in Breiten von 20 bis einschließlich 24″, $^1/_4$″ stark und mehr.
17 Universaleisen von 12 bis einschließlich $19^{15}/_{16}$″, $^1/_4$″ stark und mehr.
18 Bleche über 8 und unter 12″ Breite, $^1/_4$″ stark und mehr.
19 Bleche von 6 bis einschließlich 8″ Breite, $^1/_4$″ stark und mehr.
20 Flacheisen in Breiten von $3^1/_2$ bis einschließlich 6″, $^1/_4$″ stark und mehr.
21 Flacheisen in Breiten von $^1/_2$ bis einschließlich $3^1/_4$″, $^1/_4$″ stark und mehr.
22 Bleche von 6 bis einschließlich $11^{15}/_{16}$″, unter $^1/_4$ stark.
23 Flacheisen in Breiten von 6″ und weniger, unter $^1/_4$″ stark.
24 Rundeisen von 2″ Durchmesser und mehr.
25 Rundeisen unter 2″ Durchmesser.
26 Vierkanteisen über 2″.
27 Vierkanteisen von 2″ und weniger.
28 Nieteisen.
29 Riffelbleche.
30 Blöcke und Knüppel.
31 Schienen und Kleineisenzeug.
32 Eiserne Querschwellen und Befestigungsmittel.
33 Material für Augenstäbe.

Illinois-Stahlwerke.

Gruppe Profile
1 I-Eisen über 5″ hoch.
[-Eisen über 6″ hoch.
∠-Eisen, größer als 5″×$3^1/_2$″.
Z-Eisen, über 3″ hoch.
2 5″-I-Eisen.
3 4″-I-Eisen.
4 3″-I-Eisen.
[-Eisen, unter 7″ hoch.
∠-Eisen, kleiner als 5″×4″.
4A ⊥-Eisen, größer als $2^1/_2$″×$2^1/_2$″.
5 ∠-Eisen $2^1/_2$″×$2^1/_2$″ und kleiner.
Z-Eisen 3″ und kleiner.
⊥-Eisen $2^1/_2$″×$2^1/_2$″ und kleiner.
Flacheisen in Breiten von 6″ und darunter.
Rundeisen.
Vierkanteisen.
Sechskanteisen.
6 Bleche in Breiten von mehr als 100″.
7 Bleche in Stärken von mehr als $^1/_2$″, bis einschließlich 100″ breit, sowie Bleche $^1/_2$″ stark (soweit sie nicht in Gruppe 8 fallen), bis einschließlich 100″ breit.
8 Bleche $^1/_2$″ stark und weniger, in Breiten von 28 bis einschließlich 72″.
9 Bleche oder Universaleisen unter 20″ Breite in allen Stärken sowie Universaleisen von 24″ Breite und weniger in Stärken von $^3/_{16}$″.
10 Universaleisen von 20 bis einschließlich 60″ Breite, $^1/_4$″ stark und mehr.
Bleche in Breiten von 20″ und weniger sind als Universaleisen zu bestellen.

Nachfolgend ist ein Beispiel einer Blechbestellung wiedergegeben.

Illinois Steel Company — Bestell- und Versandbureau — Blatt 2, 8. 3. 23

Walzwerkbestellung von Blechen ...... Werke

Bestellung der American Bridge Co., Werk Gary, Zeichen des Bestellers: *E* 7321

Auftrag Nr. *CIZB* 52943

Stückzahl	Durchmesser in Zoll	Länge in Zoll	Breite in Zoll	Stärke in Zoll		Theoretisches Gewicht in lbs: Rechteckblech	Theoretisches Gewicht in lbs: Skizzenblech	Theoretisches Gewicht in lbs: Gesamt-Gewicht	Qualität	Positions-Bezeichnung	Versand: Datum	Versand: Stückzahl	Versand: Gewicht
2		369	11	$^5/_8$		719		1438		*E* 7321 Pos. 19			
1		374	14	$^3/_4$				1113		*E* 7321 Pos. 20			
1		346	14	$^3/_4$				1029		*E* 7321 Pos. 21			
14		326	12	$^3/_4$		831		11640		*E* 7321 Pos. 22			
4		314	12	$^3/_4$		801		3203		*E* 7321 Pos. 23			
1		246	11	$^3/_4$				575		*E* 7321 Pos. 24			
								18998					

Verteilung der Bestellungskopien. Die Originalbestellung geht zum Walzwerk. Eine Ausfertigung, nach welcher Vervielfältigungen hergestellt werden können, verbleibt im Bestellbureau. Für die Abnahmebeamten im Walzwerk und in der Werkstatt sind solche bereitzuhalten.

Schienen. Die Carnegie-Stahlwerke liefern Schienen in Längen von 30′ bei Profilen unter 50 lbs. pro Yard, schwerere Schienen in Längen von 30 und 33′, die Illinois-Stahlwerke Schienen unter 56 lbs pro Yard in Längen von 30′, schwerere in Längen von 33′.

Bei Schienenbestellungen ist anzugeben, ob erste oder zweite Qualität, ferner ob Siemens-Martin- oder Bessemerstahl verlangt wird. Die Löcher für den Schienenstoß sind, wenn es verlangt wird, im Walzwerk zu bohren; soweit nicht Stoßnormalien verwendet werden sollen, sind der Bestellung Skizzen der Stoßlöcheranordnung beizufügen. Die Stoßlaschen und Laschenschrauben normaler Stoßverbindungen sind gleichzeitig mit den Schienen zu bestellen. Sind Langlöcher in den Stoßlaschen vorzusehen, so ist dieses anzugeben.

Falls genügend große Mengen in Betracht kommen, um eine Wagenladung zu erreichen, ist zu überlegen, ob die Schienen nicht sofort zum Verwendungsort zu senden sind.

Größtlängen. Die Größtlängen, welche die Carnegie-Stahlwerke liefern, sind nachstehend zusammengestellt:

Gleichschenklige ∠-Eisen.

Profil (in Zoll)	Länge
∠ 8×8	120′ 0″
∠ 6×6×1 bis $^7/_8$	80′ 0″
∠ 6×6×$^{13}/_{16}$ und schwächer	90′ 0″
∠ 5×5×$^3/_4$ „ „	85′ 0″

∠ 5×5, über $^3/_4$ stark	70′ 0″
∠ 4×4×$^{11}/_{16}$ und schwächer	90′ 0″
∠ 4×4, über $^{11}/_{16}$ stark	80′ 0″
∠ $3^1/_2$×$3^1/_2$	90′ 0″
∠ 3×3×$^3/_8$ und schwächer	75′ 0″
∠ 3×3×$^7/_{16}$ bis $^9/_{16}$	60′ 0″
∠ 3×3×$^5/_8$	55′ 0″
∠ $2^3/_4$×$2^3/_4$	50′ 0″
∠ $2^1/_2$×$2^1/_2$	50′ 0″
∠ $2^1/_4$×$2^1/_4$	50′ 0″
∠ 2×2	50′ 0″
∠ $1^3/_4$×$1^3/_4$ bis $^5/_8$×$^5/_8$	50′ 0″

Ungleichschenklige ∠-Eisen.

Profil (in Zoll)	Länge
∠ 8×6	80′ 0″
∠ 7×$3^1/_2$×1 bis $^{13}/_{16}$	70′ 0″
∠ 7×$3^1/_2$×$^3/_8$ bis $^3/_4$	85′ 0″
∠ 6×4×1 bis $^3/_4$	85′ 0″
∠ 6×4×$^{11}/_{16}$ und schwächer	90′ 0″
∠ 6×$3^1/_2$×1 bis $^7/_8$	65′ 0″
∠ 6×$3^1/_2$×$^{13}/_{16}$	75′ 0″
∠ 6×$3^1/_2$×$^3/_4$	80′ 0″
∠ 6×$3^1/_2$, unter $^3/_4$ stark	90′ 0″
∠ 5×4×$^{11}/_{16}$ und schwächer	90′ 0″
∠ 5×4, über $^{11}/_{16}$ stark	70′ 0″
∠ 5×$3^1/_2$×$^7/_8$	70′ 0″
∠ 5×$3^1/_2$×$^{13}/_{16}$	75′ 0″
∠ 5×$3^1/_2$×$^3/_4$	80′ 0″
∠ 5×$3^1/_2$, unter $^3/_4$ stark	90′ 0″
∠ 5×3×$^5/_{16}$ bis $^3/_4$	90′ 0″
∠ 5×3×$^{13}/_{16}$	80′ 0″
∠ $4^1/_2$×3×$^{13}/_{16}$	70′ 0″
∠ $4^1/_2$×3×$^3/_4$	75′ 0″
∠ $4^1/_2$×3×$^{11}/_{16}$	80′ 0″
∠ $4^1/_2$×3×$^5/_8$ und schwächer	90′ 0″
∠ 4×$3^1/_2$×$^5/_{16}$ bis $^{11}/_{16}$	90′ 0″
∠ 4×$3^1/_2$, über $^{11}/_{16}$ stark	80′ 0″
∠ 4×3×$^{13}/_{16}$	85′ 0″
∠ 4×3×$^3/_4$ und schwächer	90′ 0″
∠ $3^1/_2$×3×$^{13}/_{16}$	37′ 0″
∠ $3^1/_2$×3×$^3/_4$	47′ 0″
∠ $3^1/_2$×3×$^{11}/_{16}$	50′ 0″
∠ $3^1/_2$×3×$^5/_8$ und $^9/_{16}$	55′ 0″
∠ $3^1/_2$×3×$^1/_2$	68′ 0″
∠ $3^1/_2$×3, unter $^1/_2$ stark	75′ 0″
∠ $3^1/_2$×$2^1/_2$×$^{11}/_{16}$	50′ 0″
∠ $3^1/_2$×$2^1/_2$×$^5/_8$	55′ 0″
∠ $3^1/_2$×$2^1/_2$×$^9/_{16}$	60′ 0″
∠ $3^1/_2$×$2^1/_2$×$^1/_2$	65′ 0″
∠ $3^1/_2$×$2^1/_2$×$^7/_{16}$	70′ 0″
∠ $3^1/_2$×$2^1/_2$×$^3/_8$ und schwächer	75′ 0″
∠ $3^1/_4$×2	50′ 0″
∠ 3×$2^1/_2$ bis $1^3/_8$×1	50′ 0″

Sonstige Profileisen.

I-Eisen	Länge
Von 24″ bis 12″ Höhe . .	75′ 0″
„ 10″ „ 5″ „ . . .	70′ 0″
„ 4″ und 3″ „ . . .	50′ 0″

⊥-Eisen	Länge
Von 5″ bis 1″ Höhe	50′ 0″

⊏-Eisen	Länge
Von 15″ bis 12″ Höhe . . .	75′ 0″
10″ hoch, Normalprofil . . .	70′ 0″
10″ „ , Spezialprofil . . .	65′ 0″
Von 9″ bis 5″ Höhe	70′ 0″
„ 4″ und 3″ „	50′ 0″

Wulst-∠-Eisen	Länge
10″ bis 7″	65′ 0″
6″, $^{5}/_{16}$ und $^{3}/_{8}$″ stark	60′ 0″
5″	65′ 0″

Z-Eisen	Länge
6″, $^{3}/_{8}$″ bis $^{3}/_{4}$″ stark	70′ 0″
6″, $^{13}/_{16}$″ „	64′ 0″
6″, $^{15}/_{16}$″ bis $^{3}/_{4}$″ „	70′ 0″
5″, $^{13}/_{16}$″ „	69′ 0″
4″, $^{3}/_{4}$″ „	65′ 0″
4″, $^{11}/_{16}$″ und schwächer	70′ 0″
3″, $^{1}/_{4}$ bis $^{1}/_{2}$″ stark	70′ 0″
3″, $^{9}/_{16}$″ „	69′ 0″

Riffelbleche.

Stärke in Zoll	Gewicht lbs/Quadratfuß	Breite und Länge in Zoll		
		6 bis 11$^{7}/_{8}$	12 bis 48	48$^{1}/_{8}$ bis 60
$^{3}/_{16}$	8,7	120	180	
$^{1}/_{4}$	11,2	120	240	
$^{5}/_{16}$	13,8	120	240	240
$^{3}/_{8}$	16,3	120	240	240
$^{7}/_{16}$	18,9	120	240	240
$^{1}/_{2}$	21,4	120	240	240

Die Illinois Stahlwerke liefern ihre Erzeugnisse in den nachstehend aufgeführten Größtlängen:

Profileisen.

I- und ⊏-Eisen, Normalprofile von 5″ bis 24″ Höhe	70′ 0″
I- und ⊏-Eisen, Normalprofile von 3″ und 4″ Höhe	50′ 0″
I-Eisen, Spezialprofile (dünnstegige)	65′ 0″
⊥-Eisen	50′ 0″
Z-Eisen	65′ 0″
∠-Eisen, 8×8, 8×6, 6×6, 6×4	95′ 0″
∠-Eisen, 6×3$^{1}/_{2}$, 5×5, 5×4, 5×3$^{1}/_{2}$, 4×4	75′ 0″
∠-Eisen, 4×3$^{1}/_{2}$, 4×3, 3$^{1}/_{2}$×3$^{1}/_{2}$, 3$^{1}/_{2}$×3, 3×3	60′ 0″
∠-Eisen, unter 3×3	50′ 0″

Universaleisen.
Größtabmessungen in Zoll.

Stärke in Zoll	$6^1/_8$	7	8	9	10 bis 19	20 bis 30	31 bis 42	43 bis 48	49 bis 52	53 bis 56	57 bis 59	60
$^1/_4$	720	840	960	960	960	1500	1500	1200	1000	840	780	720
$^5/_{16}$	720	840	960	960	960	1500	1500	1440	1200	1080	1000	840
$^3/_8$	720	840	960	960	960	1500	1500	1500	1380	1200	1080	840
$^7/_{16}$	720	840	960	960	960	1500	1500	1440	1380	1200	1080	840
$^1/_2$	720	840	960	960	960	1500	1500	1440	1380	1200	1020	840
$^9/_{16}$	720	840	960	960	960	1440	1440	1440	1260	1080	960	840
$^5/_8$	720	840	960	960	960	1440	1440	1380	1200	1080	960	780
$^3/_4$	720	840	960	960	960	1380	1440	1380	1200	1080	960	720
$^7/_8$	640	800	910	960	960	1260	1380	1200	1080	960	900	540
1	560	700	800	900	960	1260	1380	1080	960	900	840	480
$1^1/_8$	500	620	710	800	850	1140	1260	960	840	780	780	480
$1^1/_4$	430	560	640	720	770	1080	1140	840	720	720	720	480
$1^3/_8$	400	510	580	650	690	960	1080	720	660	660	660	420
$1^1/_2$	370	470	530	600	640	840	960	660	600	600	600	420
$1^5/_8$	340	430	490	550	540	780	830	630	570	570	570	390
$1^3/_4$	320	400	460	510	480	720	700	600	540	540	540	360
$1^7/_8$	300	370	430	480	480	660	650	570	520	520	510	330
2	280	350	400	450	480	600	600	540	500	500	480	300

Rechteckig- und rundgeschnittene Bleche.
Größtabmessungen in Zoll.

Stärke in Zoll	150	144	138	132	120	114	102	90	84	72	60	50	40	30	Rundgeschnittene Bleche
$^3/_{16}$	...	...	...	...	...	...	...	...	...	240	300	360	360	360	75
$^1/_4$	...	200	250	300	300	360	425	480	480	480	480	540	540	540	144
$^5/_{16}$	...	200	250	300	400	425	480	480	480	480	480	540	540	540	144
$^3/_8$	...	250	300	325	400	450	480	480	480	540	480	600	600	600	144
$^7/_{16}$	...	275	300	350	400	450	480	500	500	540	600	600	600	600	144
$^1/_2$	275	300	325	350	400	450	480	500	550	600	600	600	600	600	150
$^9/_{16}$	275	300	325	350	400	450	480	530	550	630	630	600	600	600	150
$^5/_8$	300	310	340	360	400	450	500	540	570	630	630	600	600	600	150
$^{11}/_{16}$	300	310	340	360	440	450	500	540	570	630	630	600	600	600	150
$^3/_4$	340	360	360	360	440	450	500	540	560	630	630	570	600	600	152
$^{13}/_{16}$	340	360	360	360	400	440	500	540	560	630	630	530	600	600	152
$^7/_8$	325	360	360	360	400	440	480	540	550	630	630	500	600	600	152
$^{15}/_{16}$	325	360	360	360	390	440	480	520	540	615	625	460	580	600	152
1	325	360	360	360	380	440	480	510	530	600	620	430	540	600	152
$1^1/_8$	300	350	340	340	360	400	480	490	510	590	610	390	480	600	152
$1^1/_4$	300	325	340	340	350	380	450	480	480	540	570	350	440	580	152
$1^1/_2$	275	300	320	300	300	360	400	450	460	500	560	290	360	480	152
$1^3/_4$	200	250	300	275	300	325	360	400	420	450	480	290	360	480	152
2	200	200	200	200	250	300	300	360	380	400	400	260	330	440	152
$2^1/_4$	180	180	180	180	180	225	250	280	300	350	360	...	...	...	152

Brammen. Die Carnegie-Stahlwerke liefern Brammen in folgenden Abmessungen:

Stärke . . . . min. $3^1/_2''$, max. $15''$
Breite . . . . „ $15''$, „ $50''$
Gewicht . . . . max. 8000 lbs.

Die gleichen Angaben für die von den Illinois-Stahlwerken gelieferten Brammen sind:

Stärke . . . . min. 3″, max. 20″
Breite . . . . 52″ und weniger
Gewicht . . . . max. 22000 lbs.

Die von den Illinois-Stahlwerken gelieferten Platinen weisen folgende Kleinst- und Größtabmessungen auf:

Stärke . . . . min. 3″, max. 12″
Breite . . . . über 52″ bis einschließlich 60″
Gewicht . . . . max. 20000 lbs.

Feinbleche. Die „American Sheet and Tin Plate Company, Gary Works“ in Gary liefert Feinbleche in den nachstehend aufgeführten Größtabmessungen:

Breite	in Zoll										
Blechlehre (U. S. Standard)	24	27	30	36	40	44	48	54	60	66	72
3	240	216	192	312	288	264	240	216	192	180	168
4	264	240	216	312	312	288	264	240	216	192	180
5	288	252	228	312	312	312	288	252	228	204	192
6	300	264	240	312	312	312	300	264	240	216	204
7	312	288	264	312	312	312	312	288	264	240	216
8	312	312	288	312	312	312	312	312	288	264	240
9	312	312	312	312	312	312	312	312	312	288	240
10	312	312	312	312	312	312	312	312	312	300	240
11	312	312	312	312	312	312	312	312	312	300	240
12	312	288	240	312	312	312	312	288	240	216	192
13	192	168	168	192	192	192	192	168	156		
14	192	168	168	192	192	192	192	168	156		
15	180	168	168	180	180	180	180	168	144		
16	180	168	168	180	180	180	180	168	144		
17	168	168	168	180	180	180	168	168			
18	168	168	168	192	180	180	168	168			
	24	26	28	30	36	40	42	48			
18	168	168	180	192	192	180	180	168			
19	156	156	156	156	144	144	144	144			
20	156	156	156	156	144	144	144	120			
21	156	156	156	156	144	144	144	120			
22	156	156	156	156	144	144	144	120			
23	144	144	144	144	144	120	120	120			
24	144	144	144	144	144	120	120	108			
25	144	144	144	144	144	120	120				
26	144	144	144	144	144	120	120				
27	144	144	144	144	144	120	120				
28	144	144	144	144	144	120	108				
29	144	144	144	144	144	96					
30	144	144	144	144	120						

Verzinkte Bleche

Breite Blechlehre (U. S. Standard)	in Zoll 24	26	28	30	36	40	42	48	54
10	144	144	144	144	144	144	144	144	144
11	144	144	144	144	144	144	144	144	144
12	192	192	192	192	192	192	192	192	192
14	192	168	168	168	192	192	192	192	168
16	180	168	168	168	180	180	180	180	168
18	168	168	180	192	192	180	180	168	168
20	156	156	156	156	144	144	144	120	
22	156	156	156	156	144	144	144	120	
24	144	144	144	144	144	120	120	108	
26	144	144	144	144	144	120	120		
27	144	144	144	144	144	120	120		
28	144	144	144	144	144	120	108		
29	144	144	144	144	144	96			
30	144	144	144	144	120				

Materialvorschriften. Für die verschiedenen Walzwerkserzeugnisse haben sich die nachstehend aufgeführten Vorschriften hinsichtlich der metallurgischen Zusammensetzung als zweckmäßig erwiesen.

Normale Lagerprofile, Bleche, Rund- und Vierkanteisen mit Ausnahme kaltgezogenen Materials für Gewinde. — Phosphor 0,04 vH, Schwefel 0,05 vH, Zugfestigkeit 55000 bis 65000 lbs/Quadratzoll, Streckgrenze min. 30000 lbs/Quadratzoll, Dehnung auf 8″ Meßlänge $= \frac{1\,500\,000}{\text{Zugfestigkeit}}$.

Brammen. Kohlenstoff 0,25—0,30 vH., Phosphor 0,04 vH, Schwefel 0,04 vH, Mangangehalt normal.

Lagereisen für kaltgezogenes Material für Gewinde. Phosphor 0,04 vH, Schwefel 0,045 vH, Zugfestigkeit 48000 bis 58000 lbs/Quadratzoll, Streckgrenze = der Hälfte der Zugfestigkeit, Dehnung auf 8″ Meßlänge $= \frac{1\,500\,000}{\text{Zugfestigkeit}}$.

Nieteisen. Phosphor 0,04 vH, Schwefel 0,045 vH, Zugfestigkeit 46000 bis 56000 lbs/Quadratzoll, Streckgrenze min. 25000 lbs/Quadratzoll, Dehnung auf 8″ Meßlänge $= \frac{1\,500\,000}{\text{Zugfestigkeit}}$.

Spezialkohlenstoffstahl für Rundeisen. Kohlenstoff 0,75 bis 0,90 vH. Phosphor 0,042 vH oder weniger, Schwefel höchstens 0,05 vH, Mangan nicht über 0,05 vH.

Stahl für Dorne. Kohlenstoff 0,80—1,00 vH; Phosphor 0,04 vH, Schwefel 0,05 vH, Mangan 0,35—0,50 vH.

Blöcke und Knüppel. Siemens-Martin-Eisen, Kohlenstoff 0,30 bis 0,40 vH, Phosphor 0,04 vH, Schwefel 0,04 vH, Mangan 0,50 vH.

Stahl für Matrizen usw. Basisches Siemens-Martin-Eisen, Kohlenstoff 0,75—0,90 vH, Phosphor höchstens 0,042 vH, Schwefel höchstens 0,05 vH, Mangan höchstens 0,50 vH.

Saurer Spezialkohlenstoffstahl. Siemens-Martin-Eisen, Kohlenstoff 0,65—0,75 vH, Phosphor 0,045 vH, Schwefel 0,055 vH, Mangan 0,90 vH.

Bezeichnung der Bestellisten. Aus der Bestelliste muß genau hervorgehen, wie die einzelnen Positionen bestellt worden sind. Bei Walzwerkmaterial ist Stückzahl, Länge und Position anzugeben. Lagermaterial ist mit dem Buchstaben *L* zu bezeichnen.

Sonstiges Material, wie Gußteile, Schmiedestücke usw., welches anderweitig angefragt und bestellt wird, ist besonders zu bezeichnen.

Stücklisten. Das erste Blatt der Stücklisten muß die Auftragsnummer, Bezeichnung, Brückennummer oder den Namen des Bauwerks, Sitz und Namen des Bestellers enthalten. Außerdem muß jede einzelne Stückliste die Nummern und Bezeichnungen für den Versand und den Zusammenbau enthalten und außerdem erkennen lassen, welches Material vom Lager zu nehmen ist. Jede Stückliste muß ferner das Stückgewicht sowie das Gesamtgewicht des auf ihr verzeichneten Materials aufweisen.

Die Bezeichnungen der Stücklisten sollen mit denen der zugehörigen Zeichnungen übereinstimmen, z. B. tragen die Zeichnungen für die Stützen des dritten Stockwerks eines Hochhauses die Nummern 301, 302 usw., die zugehörigen Stücklisten die Bezeichnungen S301, S302 usw.

Alles Material, welches auf den Normalzeichnungen (s. S. 70) enthalten ist, wird auf den sogenannten „*S*"-Stücklisten aufgeführt. Die erste Zeile jeder Stückliste bleibt frei.

Alles übrige Material wird auf den sogenannten „*B*"-Stücklisten zusammengestellt, die zugleich als Versandlisten dienen und daher auch kombinierte Stück- und Versandlisten heißen.

Zur besseren Übersicht über die Anzahl der zu versendenden Teile sind nach 1—20 Positionen 3 Zeilen, nach 21—40 Positionen 4 Zeilen, nach 41—60 Positionen 5 Zeilen, nach 61—100 Positionen 6 Zeilen und bei mehr als 100 Positionen 7 Zeilen frei zu lassen.

Es ist üblich, bei den nachstehend aufgeführten Blättern die Stücklisten mit auf die Zeichnung zu setzen:

1. Bei den „*C*"-und „*M*"-Blättern, die, wie bereits früher erwähnt, Maschinen und Schmiedeteile, gedrehte Bolzen, Rohre und Rohrverbindungsstücke, kleinere Trägerkonstruktionen usw. enthalten.

2. Bei den „*C*"-Blättern mit Zusammenstellungen der Baustellenniete, mit Augenstäben, Gelenkbolzen, Rundeisenverbänden und den zugehörigen Anschlußteilen, gußeisernen Querverbindungen usw.

3. Bei den „*G*"-Blättern mit Stützen und Trägern für Stockwerksbauten.

4. Bei den „*CF*"-Blättern mit Bolzen, Rundeisen für Leitern usw.

Die Stücklisten sowie die kombinierten Stück- und Versandlisten müssen alles zu den Zeichnungen gehörige Material enthalten.

Zuerst ist auf den Stücklisten das Hauptmaterial („main material"), danach das Detailmaterial einschl. des Kleineisenzeugs wie Unterlagscheiben, Schrauben usw. aufzuführen.

Die verschiedenen Positionen sind als ∠-Eisen, I-Eisen, Bleche, Flacheisen usw. und nicht als Gurte, Längsträger, Stege usw. zu bezeichnen. Bei ungleichschenkligen ∠-Eisen wird zuerst der breitere Schenkel genannt.

Schrauben, die nur für den Versand benutzt werden, sind als solche zu bezeichnen, bei den übrigen ist die Art der Kopf- und Mutternausbildung anzugeben.

Material, das besondere Bearbeitung erfahren soll, ist in der Spalte „Bemerkungen" als gekröpft, gebogen, bearbeitet usw., in Übereinstimmung mit der zugehörigen Zeichnung zu kennzeichnen. Auflagerplatten und sonstige Teile, welche ein- oder zweiseitig bzw. an einer oder mehreren Kanten bearbeitet werden sollen, erhalten auf der Stückliste einen diesbezüglichen Vermerk.

Die Skizzen für die Skizzenbleche sind in Übereinstimmung mit denen der Walzwerkbestellung in genügender Größe, etwa in Höhe von sechs Zeilen, auf den Stücklisten darzustellen.

Bei Konstruktionen, die in der Werkstatt vollständig zusammengebaut werden sollen, ist eine entsprechende Bemerkung auf die Stückliste zu setzen, die im übrigen in derselben Weise aufgestellt wird, als wenn die Konstruktion zerlegt zum Versand kommen würde.

Außer bei Stockwerksbauten, größeren Fabrikanlagen und Talbrücken sind bei Aufstellung getrennter Stück- und Versandlisten beide Listen gleichzeitig in die Werkstatt zu geben.

Gewichtsberechnungen. Die Gewichte sind in die Stücklisten einzutragen, bevor diese zur Werkstatt gehen.

Es ist üblich, bei der Gewichtsberechnung das Gewicht der Nietköpfe zuzuschlagen, aber das abfallende Material abzusetzen. Das bei dieser Berechnungsart sich ergebende theoretische Gewicht stimmt mit dem gewogenen Gewicht meistens gut überein.

Eine andere Berechnungsart ist bei der „Structural Steel Society" üblich, bei welcher die zu einem Einheitspreis abgeschlossenen Lieferungen auf Grund nachfolgend ermittelter Gewichte bezahlt werden.

1. Alle Bleche werden rechteckig gerechnet.

2. Alle Teile werden mit ihren Bestellängen ohne Abzug für Schrägschnitte, Ausschnitte, Hobeln, Stanzen oder Bohren eingesetzt.

3. Für alle geschnittenen Bleche ist die in den „Manufacturers Standard Specifications" vom 21. 4. 1914 festgelegte Toleranz zuzuschlagen.

4. Die Gewichte der Nietköpfe werden zugeschlagen, für Baustellenniete werden die vollen Nietgewichte berechnet.

5. Für jeden Anstrich dürfen 8 lbs. pro Tonne Eisenkonstruktion hinzugerechnet werden.

Die Gewichte solcher Positionen, die gleichzeitig auf „*C*"-Blättern und Normalblättern vorkommen, sind nur auf den Stücklisten der „*C*"-Blätter einzutragen, während auf den Stücklisten der Normalblätter eine entsprechende Bemerkung einzutragen ist.

Die rechnerisch ermittelten Gewichte von Stehblechen sind nach ihrer Ankunft vom Walzwerk mit den gewogenen Gewichten zu vergleichen.

Das Gesamtgewicht des auf einer Stücklistenseite aufgeführten Materials ist links unten anzugeben.

Eintragung des Materials in die Stücklisten. Die Stücklisten sind auf Grund des in den Bestellisten enthaltenen Materials aufzustellen.

Die Bestellpositionen einer bestimmten Positionsgruppe dürfen nur einmal auf der Stückliste erscheinen, bei den Einzelpositionen ist nur auf die Bestellposition zu verweisen.

Bei Stücken von mehr als 10′ Länge sind für die Bestellängenangabe nur die Längen und Positionsbezeichnungen aber nicht die Stückzahlen anzugeben.

Wenn Teile einer Bestellposition als Detailmaterial Verwendung finden sollen, so sind die hierfür in Frage kommenden Stückzahlen anzugeben.

Normales Lagermaterial, das in Längen unter 10′ benötigt wird, ist in laufenden Fuß anzugeben, größere Längen sind einzeln aufzuführen.

Bei Trägern, die in kombinierten Längen bestellt werden, sind die Gebrauchslängen der Einzelstücke in der Stückliste anzugeben und die Bemerkung „komb." hinzuzufügen.

Ist das Material für die verschiedenen Teile eines Auftrags getrennt bestellt worden, so darf das einem bestimmten Teil zugewiesene Material nicht ohne weiteres für einen anderen verwendet werden.

Materialnachbestellung. Das sich nach Fertigstellung der Stücklisten als fehlend ergebende Material ist auf besonderen „*A*"-Blättern (1*A*, 2*A* usw.) nachzubestellen. Es ist je nach der noch zur Verfügung stehenden Zeit entweder vom Lager zu nehmen oder beim Walzwerk zu bestellen.

Überzähliges Material. Das an der Hand der Bestellisten bestellte, aber nach Aufstellung der Stücklisten übrigbleibende Material ist dem Lager unter Angabe der Bestellpositionen zu überweisen.

Abb. 170 zeigt ein Musterbeispiel einer „*S*"-Stückliste, und zwar enthält sie das für vier Blechträger und acht Fahrbahnträger benötigte Material von zwei eingleisigen Blechträgerbrücken von 45′ Länge, Brücke 405,14, Grey Bull, Wyoming, der C. B. & Q.-Bahn.

Stückliste

Lfd. Nr.	Stückzahl der Bestellung	Stückzahl der Zeichnung	Material Bezeichnung				Material Länge Fuß	Material Länge Zoll	+ Zoll	Positions-Bezeichnung	Bemerkungen	Gewicht für 1 Träger	Bestellt: Stückzahl	Bestellt: Bezeichnung	Bestellt: Länge Fuß	Bestellt: Länge Zoll	Pos.
1																	
2			4 Blechträger							$2\,G\,1\,R$ $2\,G\,1\,L$							
3																	
4	8	8	∠	8	6	$^3/_4$	45	0				3042			45	2	3
5	8	8	∠	8	6	$^3/_4$	45	1				3048					3
6	8	8	*Bl.*		14	$^1/_2$	19	$1^1/_2$				911			19	3	9
7	8	8	*Bl.*		14	$^1/_2$	26	$10^1/_2$				1279			27	0	8
8	4	4	*Bl.*		14	$^1/_2$	45	0				1071			45	1	7
9	4	4	*Bl.*		14	$^1/_2$	45	0				1071					7
10	4	4	*Bl.*		60	$^1/_2$	44	$11^3/_4$				4794			45	1	6
11	4 *R* 4 *L*	8	∠	5	$3^1/_2$	$^5/_8$	4	11		4 *sa R* 4 *sa L*	für Versand zus. schrauben	165	2		40	0	5
12	4 *R* 4 *L*	8	∠	5	$3^1/_2$	$^5/_8$	4	11		4 *sb R* 4 *sb L*	für Versand zus. schrauben	165					5
13	8 *R* 8 *L*	16	∠	5	5	$^5/_8$	4	11		8 *sc R* 8 *sc L*		394	4		40	0	4
14	8 *R* 8 *L*	16	∠	5	5	$^5/_8$	4	11		8 *sd R* 8 *sd L*		394					4
15	22 *R* 22 *L*	44	∠	5	$3^1/_2$	$^3/_8$	5	$0^1/_2$		22 *se R* 22 *se L*	gekröpft	577					*L*
16	12 *R* 12 *L*	24	∠	5	$3^1/_2$	$^3/_8$	3	$3^3/_4$		12 *sf R* 12 *sf L*		206					*L*
17	10 *R* 10 *L*	20	∠	5	$3^1/_2$	$^3/_8$	3	$3^3/_4$		10 *sg R* 10 *sg L*		172					*L*
18	16	16	*Bl.*		24	$^3/_4$	3	8		*da*		898					*L*
19	4	4	*Bl.*		14	1	1	$2^1/_2$		*pf*		58					*L*
20	4	4	*Bl.*		14	1	1	$2^1/_2$		*pg*		58					*L*
21		16	Schrauben								für Versand	3					*L*
22		1	A. B. Co. Namenschild Mod. A 1					....		nur für	Nietzuschlag	505					*LL*
23		2	Schrauben			$^7/_8$"Ø	0	$2^1/_4$		*G* 1 *R*	Anstrich	75					*LL*
24												18886					
25																	

26							4 Querträger F 1										
27																	
28		4	I	18	70		15	$8^3/_4$				1086			15	$6^1/_2$	2
29	8 R 8 L	16	∠	8	$3^1/_8$	$^5/_8$	1	$0^3/_4$		8 ac R 8 ac L		98					L
30											Nietzuschlag	4					
31											Anstrich	4					
32												1192					
33																	
34							4 Querträger F 2										
35																	
36		4	I	18	70		15	10				1097			15	8	1
37	8 R 8 L	16	∠	8	$3^1/_2$	$^5/_8$	1	$0^3/_4$		8 am R 8 am L		98					L
38											Nietzuschlag	4					
39											Anstrich	4					
40												1203					
41																	
42																	
43																	
44																	
45																	
46																	

Stückliste Gesamtgewicht d. Seite: 85124 lbs	Name / Datum						Datum 2. 5. 13	Zeichnungen angef. Werk Gary 21	Auftrag Nr. E 7350	Stückliste für Blatt Nr.
	F. E. W.							Lieferwerk Gary		Seite Nr. S 1
	H. 2	1	5	23						
	H. 2	2	5	23						
	W. J. B.	10	5	23						

Zwei eingleisige Blechträgerüberbauten von 45′0″, Fahrbahn unten, Brücke 405,14 Grey Bull. Wyo., C. B. u. Q.-Bahn.

Abb. 170.

Aus der Aufstellung ist zu entnehmen, daß die Positionen 1—9 beim Walzwerk bestellt worden sind, während das mit *L* bezeichnete Material dem Lager, und das mit *LL* bezeichnete dem Magazin entnommen. werden soll.

Versandlisten. Im allgemeinen werden Versandlisten nur für Normalzeichnungen und Zeichnungen mit eingetragenen Stücklisten aufgestellt, wenn die Stücklisten, die an und für sich auch als Versandlisten dienen könnten, für diesen Zweck zu unhandlich sind.

Die Versandlisten werden wie folgt bezeichnet:

1. Für Normalblätter . . . . *RR*1, *RR*2 usw.
2. „ „*M*"-Blätter . . . . *RM*1, *RM*2 „
3. „ „*G*"- „ . . . . *RG*1, *RG*2 „
4. „ „*F*"- „ . . . . *RF*1, *RF*2, „

Ausnahmsweise werden auch für „C"-Blätter Versandlisten aufgestellt, wenn es sich um Auslandsaufträge oder um Konstruktionen, die auf dem Wasserwege oder in Teilsendungen verschickt werden sollen, handelt. Die Bezeichnung der Versandlisten ist in diesem Fall *RC*1, *RC*2 usw.

Für jede Teillieferung eines Auftrages ist eine besondere Versandliste aufzustellen.

Die Versandlisten müssen die Auftragsnummer, den Namen des Bauwerks, Bestimmungsort, die Anzahl, Benennung, das Gewicht der Teile sowie Angaben über Anstrich und Abnahme enthalten.

Zur besseren Übersicht ist auf den Versandlisten nach den einzelnen Gruppen je nach ihrer Stückzahl die nachstehend angegebene Anzahl von Zeilen frei zu lassen:

bei 1 bis 25 Stücken . . . . 1 Zeile
„ 26 „ 50 „ . . . . 2 Zeilen
„ 51 „ 75 „ . . . . 3 „
„ 76 „ 100 „ . . . . 4 „
„ über 100 „ . . . . 5 „

Die Versandlisten eines Auftrages werden ohne Rücksicht auf die Unterteilung fortlaufend numeriert.

Bei Angabe der Abmessungen der einzelnen Teile werden, abgesehen von Ausfuhraufträgen, diese in abgerundeten Zollmaßen angegeben, bei Auslandsaufträgen ist größere Genauigkeit erforderlich

Die Versandgewichte der Einzelstücke sind anzugeben. Alle für den Versand zusammengeschraubten Teile sind anzugeben und in genauen Abmessungen aufzuführen.

Die Aufstellung einer solchen Versandliste wird an dem Beispiel der Abb. 171 gezeigt, die wie die Stückliste zur gleichen Brücke (Abb. 170) gehört. Ein weiteres Beispiel zeigt Abb. 172, das Deckenträger des Burnhamgebäudes in Chikago enthält.

Zeichnungen angefertigt: Werk Gary, Z 1

Versandliste

Lieferwerk: Gary

Bauwerk: 2 eingl. Blechträgerüberbauten von 45′ 0″, Fahrbahn unten, Brücke 405,14, Grey Bull Wyo., C. B u. Q.-Bahn.

Stückzahl	Bez.	Zeichnung		Gegenstand	Länge Fuß	Länge Zoll	Gewicht für 1 Stück
2	*G* 1 *R*	1		Blechtr. 14″×61″	45	0	18886
2	*G* 1 *L*	1		do. do.	45	0	18886
4	*F* 1	1		Quertr. I 18″×70″	15	9	1192
4	*F* 2	1		do. do.	15	10	1203
44	*F* 3	1		do. do.	16	0	1174
10	*F* 4	1		do. do.	16	0	1174
4	*K* 1 *R*	1		Eckaussteif. 8″×24″	3	2	100
4	*K* 1 *L*	1		do. do.	3	2	100
20	*K* 2			do. 6″×24″	3	2	88
			Abnahme: J. N. Ostrom				

Anstrich: Mennige u. Leinöl	Name \ Datum				Auftrag Nr. E.7350	Seite Nr. R. R. 1
	H. E. R.	17.	5.	23		

Abb. 171.

Eingang des Materials. Das Bureau, welches den Eingang des Materials zu überwachen hat, erhält sämtliche Materialbestellungen, Frachtbriefe und sonstigen Unterlagen. Sämtliche Schriftstücke werden vervielfältigt, alle Änderungen und Fehlerberichtigungen zusammengestellt und die Originalbestellungen berichtigt.

Eine Kopie der Frachtbriefe behält das mit der Überwachung des Materialeinganges betraute Bureau, eine weitere das Bestellbureau. Nach Prüfung des eingegangenen Materials werden beide Kopien abgelegt, während der Originalfrachtbrief dem Rechnungsbureau weitergegeben wird.

Eine Liste des fehlenden Materials ist aufzustellen und täglich zu berichtigen. Bei Prüfung der Frachtbriefe ist darauf zu achten, daß die gewogenen Gewichte genau genug mit den errechneten übereinstimmen.

Zeichnungen angefertigt:
Werk Gary Z 3

Versandliste

Lieferwerk: Gary

Bauwerk: Burnham-Gebäude, Chikago, Ill.

Stückzahl	Bezeichnung	Stockw.	3		4		5		6		7		8		9		10		11	Abschnitt		Gegenstand	Länge		Gewicht für 1 Stück
		Zeichnung / Decke	4	5	6	7	8	9	10	11	12	13	14	15	16	17	18	19	20	Nördl.	Südl.		Fuß	Zoll	
16	10	*F* 301	4	4	4	4														8	8	8″I—18,4	9	5	183
		Nördl.	2	2	2	2																			
		Südl.	2	2	2	2																			
3	11	do.	1	1	1															3		do.	9	10	190
1	11	do.				1														1		do.	9	11	192
8	12	do.	2	2	2	2														4	4	do.	9	5	183
		Nördl.	1	1	1	1																			
		Südl.	1	1	1	1																			
39	10	do.					3	3	3	3	3	3	3	3	3	3	3	3	3	13	26	do.	9	6	207
		Nördl.					1	1	1	1	1	1	1	1	1	1	1	1	1						
		Südl.					2	2	2	2	2	2	2	2	2	2	2	2	2						
13	11	do.					1	1	1	1	1	1	1	1	1	1	1	1	1	13		do.	9	11	216
26	12	do.					2	2	2	2	2	2	2	2	2	2	2	2	2	13	13	do.	9	6	207
		Nördl.					1	1	1	1	1	1	1	1	1	1	1	1	1			do.			
		Südl.					1	1	1	1	1	1	1	1	1	1	1	1	1						
13	13	do.					1	1	1	1	1	1	1	1	1	1	1	1	1	13		do.	9	6	207

Anstrich: 1 × Farbe Rot 35 der Detroite Graphite Co.

Name \ Datum			
J. A. L.	20.	7.	23

Auftrag Nr. E 7296×204

Seite Nr. RF 301

Abb. 172.

Bei Abweichungen von mehr als 1 vH ist eine genauere Prüfung erforderlich.

Bei Blechen von mehr als 60″ Breite sind die in den Frachtbriefen angegebenen Gewichte auf den Bestellisten zu vermerken, um bei Aufstellung der Stücklisten zur Errechnung des Gewichtes benutzt zu werden.

Lagerbestellungen. Das vom Lager zu nehmende Material wird auf den Lagerbestellungen zusammengestellt, die nach Erledigung dem Rechnungsbureau zugestellt werden, damit das verbrauchte Lagermaterial in dem monatlichen Abschluß erscheint.

Die zu einem bestimmten Auftrag gehörigen Lagerbestellungen werden fortlaufend numeriert, und es ist auf jedem Bestellblatt anzugeben, ob noch weitere Lagerbestellungen für den Auftrag folgen oder nicht.

Nach Erledigung eines Auftrages ist eine Gesamtzusammenstellung des dem Lager entnommenen Materials dem Rechnungsbureau zu übermitteln.

I-Eisen, ⊏-Eisen, ∠-Eisen, Bleche, Flacheisen, Rundeisen und Vierkanteisen werden in laufenden Fuß bestellt, d. h. es werden die Gebrauchslängen summiert und 5 vH für Verschnitt zugeschlagen.

Bolzen unter 1″ Durchmesser, sowie die Normalien der Trägeranschlüsse werden auf Vorrat hergestellt. Die für einen Auftrag hiervon benötigte Anzahl ist darum genau auf den Bestellisten anzugeben, damit das Rechnungsbureau den Verbrauch nachprüfen kann.

Desgleichen werden die Niete auf Vorrat angefertigt. Auf den Bestellisten wird lediglich das benötigte Nieteisen aufgeführt. An Hand der von der Nietenfabrik wöchentlich dem Rechnungsbureau eingereichten Berichte wird der Materialverbrauch nachgeprüft.

Für die Herstellung von Schmiedestücken erhält das Rechnungsbureau erst eine Benachrichtigung, wenn das hierzu benötigte Material angekommen ist.

XVII. Der Weg des Materials in der Werkstatt.

In den nächsten Abschnitten sollen die Arbeitsvorgänge in den einzelnen Abteilungen der Werkstatt genau beschrieben werden. In diesem Abschnitt wird zunächst der Weg angegeben, den das Material vom Empfang bis zum Versand in der Werkstatt zurücklegen muß, und wie die verschiedenen Abteilungen darauf eingestellt sind, daß eine ununterbrochene Folge der Arbeitsvorgänge gewährleistet wird. Dabei wird der allmähliche Werdegang einer Eisenkonstruktion in der Werkstatt vorgeführt, besonders, wie das Material von einer Abteilung zur nächsten geleitet wird. Es ist von großer Bedeutung, den Weg des Materials richtig einzuteilen, da alle Anordnungen für die Werkstatt, je nach der Dringlichkeit der einzelnen Aufträge sowie der Menge des auf der Zulage und an den Maschinen befindlichen Materials, sich nach dem Eingang des Materials richten. Die Zuweisung des Materials nach den einzelnen Maschinen muß so geregelt werden, daß die fertiggestellten Teile rechtzeitig und in richtiger Reihenfolge für den Zusammenbau auf der Zulage erscheinen

Für die meisten Aufträge ist eine bestimmte Lieferfrist vorgesehen, die nach dem wahrscheinlichen Eintreffen des Materials sowie der voraussichtlichen Dauer der Werkstattbearbeitung festgesetzt wird. Letztere ist sehr verschieden und hängt von dem Umfang der Lieferung und der Leistungsfähigkeit der Werkstatt ab. Bei Vorliegen vieler Aufträge stellt die Einhaltung der Lieferfrist meist eine schwierig zu lösende Aufgabe dar.

Transport des Materials. Ein großer Anteil der Herstellungskosten entfällt auf den Transport des Materials innerhalb der Werkstatt, weshalb dieser nach Möglichkeit eingeschränkt werden sollte, worauf die Konstrukteure bereits ihr Augenmerk richten müssen. Deshalb ist es z. B. zweckmäßig, möglichst nur eine Nietstärke in einem Konstruktionsteil zu verwenden, auch möglichst viele ungenietete Teile anzuordnen. Oft wird die Werkstatt gewisse Änderungen verlangen, um den Transport zu verkürzen. Die Kosten des Materialtransportes innerhalb der Werkstatt kann man nicht genau angeben. Zur Bedienung der Transportwagen sind einige Leute notwendig, das Be- und Entladen des Materials besorgen Krane, die so zu verteilen sind, daß an den Maschinen keine Stockungen entstehen können.

An dem Beispiel eines Gurtwinkels für einen Blechträger sollen alle seine Transportwege während der Bearbeitung vom Eintreffen in der Werkstatt bis zum Versand erläutert werden. Natürlich sind die Teile nicht ununterbrochen in Bewegung, sondern werden zwischen den einzelnen Arbeitsvorgängen an den Maschinen aufgestapelt.

Folgende Vorgänge können unterschieden werden:

1. Abladen am Lager.
2. Heranschaffen zur Schere.
3. Schneiden.
4. Transport zur Stanze.
5. Stanzen des einen Schenkels.
6. Stanzen des anderen Schenkels.
7. Transport zur Richtmaschine.
8. Richten.
9. Ablegen auf der Zulage.
10. Zusammenbau der Gurtung.
11. Aufreiben des Blechträgers mit Hilfe des Portalaufreibers.
12. Transport zur hydraulischen Nietmaschine für die Stegvernietung.
13. Nieten der einen Hälfte der Gurtplatten.
14. Umdrehen zwecks Nietung der anderen Hälfte.
15. Transport nach dem Versandlager zum Streichen und Signieren.
16. Verladen auf Eisenbahnwagen.

Insgesamt hat der Winkel 16 Bewegungen erfahren und es ist klar, daß die Gesamtkosten und Dauer der Gesamtbearbeitung eines Auftrages hierdurch stark beeinflußt werden.

Werkstattprogramm. Der gesamte unerledigte Auftragsbestand wird monatlich zusammengestellt, um einen Überblick über den voraussichtlichen Gang der Werkstattbearbeitung sowie die Materialbeschaffung zu ermöglichen. Der Bericht sieht eine monatliche Verteilung der Produktion vor; es wird eine Aufstellung aller vorliegenden Aufträge gemacht mit Benennung des Bauwerkes, Namen des Bestellers, fertigzustellender Tonnenzahl der Einzelaufträge für jeden Monat, Lieferterminen und dem ungefähren Eintreffen des bestellten Materials. Dieser Bericht dient zur Orientierung und zur Unterstützung der Betriebsleitung.

Um die Werkstattarbeit unter Berücksichtigung des Materialeingangs sowie der Lieferfristen durchführen zu können, wird ein Werkstattprogramm für die nächsten zwei Monate aufgestellt, denn es hat sich als zweckmäßig erwiesen, die Produktion von zwei Monaten zusammenzufassen, um die im ersten Monat zu liefernden Konstruktionen zu bevorzugen, wobei das Eintreffen des Materials den Gang der Bearbeitung beeinflußt.

Das Werkstattprogramm enthält eine kurze Beschreibung jedes Bauwerks, Namen des Bestellers, Gesamtgewicht, Namen des Abnahmebeamten, Art des Anstrichs. Diese Liste wird vervielfältigt und den einzelnen Abteilungsleitern zugestellt. Im allgemeinen wird man die monatliche Tonnenzahl des Werkstattprogramms größer als die durchschnittliche Leistungsfähigkeit der Werkstatt annehmen, da es unmöglich ist, die genaue monatliche Produktion für einen Auftrag vorher anzugeben. Der nicht erledigte Rest wird für den nächsten Monat vorgetragen.

In vielen Werken sind wöchentliche Besprechungen der Abteilungs- und Betriebsleiter üblich, die unter dem Vorsitz des Werkdirektors stattfinden, wobei die Abwicklung der einzelnen Aufträge genau durchgesprochen wird. Solche Besprechungen sind sehr zweckmäßig. In ihrem Verlauf werden allgemeine Richtlinien ausgegeben, zurückgebliebenen Aufträgen besondere Aufmerksamkeit gewidmet, über den Fortschritt der Bearbeitung der einzelnen Aufträge berichtet, Termine festgelegt, Entscheidungen in Zweifelsfällen getroffen, sowie alle Betriebsschwierigkeiten erörtert und ihre Abhilfe angeordnet.

Nach jeder Besprechung erhalten die Betriebsleiter eine Aufstellung der festgelegten Termine für die Werkstattbearbeitung, auf Grund derer die Arbeit einzuteilen ist und nach der die Versandabteilung die Wagengestellung zu regeln hat.

Walzwerkmaterial. Wie bereits früher erwähnt, gehen die Walzwerkbestellungen nach den verschiedenen Profilen und Walzwerken geordnet heraus. Beispielsweise werden 15-, 12-, 10″-I-Eisen, ∠ 8″ × 8″, 8″ × 6″, 6″ × 6″ und 5″ × 3½″ ∠-Eisen, Bleche usw. getrennt bestellt.

Auf jeder Seite der Bestellung sind der Name des Bestellers, das Lieferwerk, die Auftragsnummer und Lieferungsbedingungen anzugeben. Die Walzwerke ihrerseits stellen für jede Woche ein Walzprogramm zusammen, nach den zu walzenden Querschnitten geordnet, unter Berücksichtigung der Dringlichkeit der einzelnen Aufträge und der Leistungsfähigkeit des Walzwerkes. Beträgt die von verschiedenen Bestellern zusammengekommene Tonnenzahl eines Profils, z. B. eines ∠ 8″ × 8″, 300 oder mehr, so kommt dieses Profil in das Walzprogramm, wobei die verschiedenen Stärken zunächst unberücksichtigt bleiben und später durch Verstellen der Walzen bewirkt werden. Ist die bestellte Tonnenzahl eines Profils größer als eine Abwalzung, so wird die Menge im Verhältnis der Bestellungen verteilt.

Oft wird es schwierig sein, für ein Profil die ausreichende Tonnenzahl zusammenzubekommen. Doch läßt sich dieses oft dadurch erreichen, daß die verschiedenen verlangten Qualitäten, z. B. der Kohlenstoffgehalt des Eisens, auf einen Mittelwert gebracht werden.

Hieraus ergibt sich natürlich, daß das Material nicht immer in der Weise der Werkstatt zur Verfügung stehen kann, wie es der normale Bearbeitungsgang erfordert. Bevor die Werkstattbearbeitung einer Brücke, eines Stockwerks- oder Fabrikbaues in der Werkstatt begonnen werden kann, muß das gesamte Material nach Möglichkeit angeliefert sein. Bei eiligen Aufträgen ist es notwendig, Ersatzprofile vom Lager heranzuziehen oder solche Profile, die für andere Aufträge bestimmt, aber noch nicht verwendet worden sind. Oft kann man sich noch auf andere Art und Weise helfen. Sind z. B. I-Profile von 100 lbs/Fuß Gewicht notwendig und I-Profile von 80 lbs/Fuß vom Walzwerk zu bekommen, so verstärkt man diese durch Aufnieten von Gurtplatten oder ∠ 4″ × 3″ werden durch Hobeln aus ∠ 4″ × 4″ erhalten, ⊐⊏-Eisen durch zusammengenietete ∠-Eisen ersetzt, ∠ 6″ × 6″ × $^{11}/_{16}$″ durch ∠ 6″ × 6″ × $^{3}/_{4}$″ Natürlich verursacht dieses Verfahren erhöhte Werkstattkosten und ist nur am Platze, wenn die Dringlichkeit der Lieferung diese Mehrkosten rechtfertigt. Oft sind diese Mehrkosten unbedeutend im Verhältnis zu dem Schaden, der durch verspäteten Ersatz einer zerstörten Brücke oder verspätete Eröffnung eines Geschäftshauses, durch Ausfall an Einnahmen aus verspäteter Aufnahme eines Fabrikbetriebes entstehen kann.

Materialeingang. Das vom Walzwerk ankommende Material wird sofort abgeladen und nach Profilen geordnet gelagert, und zwar die ∠-Eisen in der Nähe der ∠-Eisenstanzen, die Bleche in der Nähe der Blechstanzen, sowie die I- und ⊏-Eisen in der Nähe des Gleises, das zur Trägerwerkstatt führt.

Die Längen und Stärken der Profile werden nachgeprüft und verkehrt geliefertes Material durch das Bestellbureau reklamiert. Jedes

Stück wird dann mit der Auftragsnummer, Positionsnummer, Profil- und Längenangabe versehen.

Werden nun bestimmte Profile von der Werkstatt gebraucht, so werden diese herausgesucht, auf die Transportwagen geladen und der Werkstatt zugestellt. Bleche unter 30″ Breite müssen meistens erst, bevor sie in der Werkstatt verwendet werden können, gerichtet werden. I-Träger und [-Eisen, die in großen Längen bestellt sind, müssen zunächst unter der Schere, der Säge oder mit dem Schneidbrenner zerschnitten werden, bevor sie an die Stanzen kommen.

Ein besonderer Teil des Empfangslagers dient zur Aufnahme der Lagerprofile. Diesem Lager werden auch die von den Aufträgen übriggebliebenen Profile zugestellt.

Arbeitsverteilung in der Werkstatt. Die Werkstatt trägt alle erhaltenen Zeichnungen und Stücklisten in ein Buch ein und regelt deren Verteilung auf die einzelnen Abteilungen der Werkstatt, z. B. geht eine Zeichnung zur Hauptwerkstatt, eine andere zur Trägerwerkstatt usw.

Gelegentlich kann z. B. das Material für Stützen und Dachbinder in einer Werkstatt gestanzt werden und einer anderen zum Zusammenbau und Vernieten übergeben werden. Alle Anordnungen sind mit Rücksicht auf die Einrichtung und gleichmäßige Verteilung auf die einzelnen Maschinen zu treffen.

Der Betriebsleiter hat von Zeit zu Zeit festzustellen, in welchem Umfange die Anlieferungen des Materials erfolgt sind. Ist das Material für verschiedene Zeichnungen vorhanden und mit Rücksicht auf die Lieferfrist die Inangriffnahme der Werkstattarbeit erforderlich, so ordnet er den Beginn der Bearbeitung an. Aufträge mit kurzer Lieferzeit können wegen Fehlens des Materials oft nicht in der Werkstatt in Angriff genommen werden, während solche mit längerer Lieferfrist vorzeitig begonnen werden müssen, um die Werkstatt voll ausnutzen zu können. Dadurch, daß der Betriebsleiter mit allen Abteilungen der Werkstatt rege Fühlung behält, wird es ihm leicht sein, die einzelnen Aufträge in den Produktionsgang einzuschalten.

Transport des Materials zur Werkstatt. Die mit der Beaufsichtigung der einzelnen Maschinen beauftragten Meister fordern von Zeit zu Zeit Material an, um den ununterbrochenen Gang der Maschinen für die vorgesehene Arbeit zu gewährleisten. Die ∠-Eisen gehen unbearbeitet zu den Stanzen. Bleche werden, wie bereits erwähnt, erforderlichenfalls gerichtet und I-Eisen und [-Eisen auf genaue Längen geschnitten.

Das von der Werkstatt benötigte Material wird auf kleinen schmalspurigen Plattformwagen gefördert. Bei großen Stücken werden zwei solcher Wagen gekoppelt, die von Hand geschoben werden. Zuweilen sind die Gleise auch mit geringem Gefälle verlegt, was das Zulaufen der beladenen Wagen erleichtert.

Von den Wagen wird das Material mit Hilfe eines Laufkrans, der gewöhnlich 10 t Tragfähigkeit besitzt, emporgehoben und zur Maschine gebracht. Abb. 173 zeigt einen solchen Kran in dem Augenblick, wo er

Abb. 173. Elektrischer Laufkran.

∠-Eisen zur Maschine fährt. An Stelle solcher Laufkrane sind oft auch Konsolkrane (nach Abb. 174) zweckmäßig, die aus einem an einer Stütze befestigten Dreharm mit von Hand, elektrisch oder pneumatisch betriebener Laufkatze bestehen.

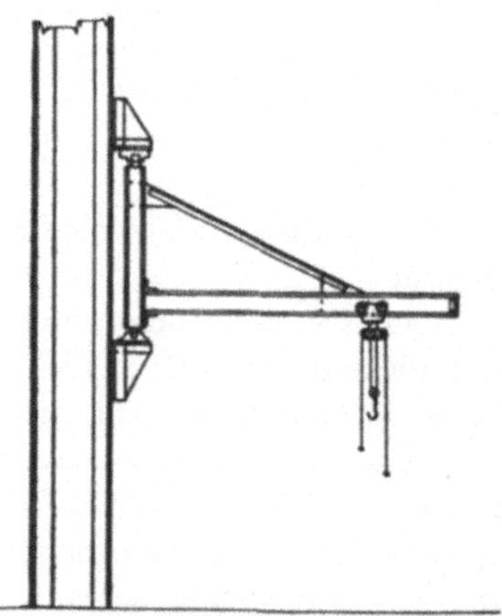

Abb. 174. Konsolkran.

Hauptmaterial (main material). Alles Material in Längen von 10′ und mehr wird bekanntlich als Hauptmaterial bezeichnet, ausgenommen I-Eisen und [-Eisen. Zu ihm zählen z. B. Gurtwinkel von Blechträgern, Stützenprofile, Profile von Fachwerkstäben, Stegbleche, Behälterbleche, Fahrbahnabdeckungen, ⊥-Eisen, Z-Eisen in Längen von mehr als 10′.

Die ∠-Eisen, die zur gewöhnlichen Stanze kommen, sind entweder vorgezeichnet oder angekörnt und werden nach dem Stanzen und Richten genau geschnitten und zur Zulage für den Zusammenbau weitergeleitet, in gleicher Weise wird mit den ∠-Eisen verfahren, die für die Bearbeitung durch die Vielfachlochstanzen bestimmt sind. Die Bleche, welche gelocht werden sollen, werden in ähnlicher Weise behandelt.

Detailmaterial. Alles Material unter 10′ Länge, das als Detailmaterial bezeichnet wird, wird geschnitten, gestanzt, mit Positionsbezeichnungen versehen und in der Nähe der Zulage aufgestapelt, bis der Zusammenbau beginnt. Bei Werkstätten von geringer Leistungsfähigkeit wird das Detailmaterial erst nach der Bearbeitung des übrigen Materials an die Maschinen gebracht, da diese sämtlich zuerst für die Bearbeitung des Hauptmaterials verwendet werden.

Träger. I- und [-Eisen mit und ohne Anschlüsse, wie sie für Fundamentroste, Decken, Dächer von Hochbauten oder Fahrbahnträger bei Brücken Verwendung finden, werden in der Werkstatt kurz als Träger bezeichnet. Sie werden vom Meister der Trägerwerkstatt angefordert, und, nachdem sie auf dem Lager genau zugeschnitten worden sind, in die Werkstatt geschickt und in der Trägerwerkstatt angezeichnet und gestanzt oder auch direkt nach den Schablonen gestanzt. Etwaige Ausklinkungen werden dann auf der Ausklinkmaschine vorgenommen. Nach dem Stanzen und Ausklinken ist das Anschlußmaterial mit dem übrigen zusammenzulegen, nachzuprüfen und dann zu vernieten. Alles nicht zu nietende Material wird sofort zum Versandlager gebracht und dort abgenommen, während die übrigen Teile auf der Zulage von den Abnahmebeamten des Kunden abgenommen werden, worauf es abgestempelt, gestrichen und zum Versand fertiggemacht wird.

Zulage. Nach Fertigstellung aller Einzelteile werden diese zur vollständigen Konstruktion unter Verwendung von Schrauben zusammengelegt. Die aufzureibenden Löcher werden aufgerieben, wobei der Lochdurchmesser $^1/_{16}''$ größer wird, als der Nietschaftdurchmesser beträgt.

Vernieten. Das Vernieten der Stehbleche bei Blechträgern, einwandigen genieteten Stützenquerschnitten und anderen ähnlichen Konstruktionsteilen erfolgt durch hydraulische Nietmaschinen. Kopfplatten von Blechträgern oder Lamellen von Stützen werden mit Hilfe von pneumatischen Nietpressen genietet. Können Nietpressen nicht verwendet werden, so werden Preßlufthämmer benutzt.

Sonstiges. Zuletzt werden, falls es notwendig ist, die Enden der Blechträger und Stützen gefräst, die Löcher für die Gelenkbolzen gebohrt und die mit dem Preßlufthammer zu schlagenden Niete eingezogen. Die fertigen Teile werden dann zur Abnahme und zum Anstrich zum Versandlagerplatz gebracht, wozu meistens kleine, von einem Mann geschobene Transportwagen benutzt werden. Bei schweren Stücken werden die Wagen entweder von mehreren Leuten geschoben oder kleine Benzin- oder elektrische Lokomotiven benutzt. In Abb. 175 ist eine solche elektrische Lokomotive dargestellt.

Sollen die Bauteile in der Werkstatt vormontiert werden, so werden die fertigen, vernieteten und bearbeiteten Einzelteile auf einer besonderen Zulage mit Hilfe eines Krans zusammengelegt und ausgerichtet, die Löcher für die Montageniete aufgerieben und die Stöße der Anschlüsse signiert, dann wieder auseinandergenommen und versandt.

Abb. 175. Elektrische Lokomotive.

Auf der Zulage für den Zusammenbau kann die Vernietung, falls notwendig, auch mit dem Preßlufthammer geschehen. Blechträgerbrükken bis zu 60′ Länge werden oft vollständig zusammengebaut zum Versand gebracht, ebenso werden Drehbrücken in gleicher Weise zusammengebaut bis auf die Laufräder, die auf der Baustelle des genauen Anpassens wegen eingebaut werden müssen.

Walzträgerbrücken, eiserne Schornsteine, kleinere Behälter, Erzbunker u. a. werden meistens vollständig auf der Zulage zusammengenietet.

Prüfung, Anstrich, Versand. Bevor die fertigen Eisenbauteile verschickt werden, werden sie genau nachgesehen, abgenommen und daraufhin gestrichen. Besondere Abnahmebureaus werden meistens vom Auftraggeber für die Prüfung der abzunehmenden Konstruktion verpflichtet. Die Prüfung erstreckt sich auf die Materialgüte, das Vorhandensein der erforderlichen Querschnitte und Anschlüsse, sowie die Güte der Bearbeitung. Die geprüften Teile werden abgestempelt und für den Versand freigegeben. Teile, die nicht vorschriftsmäßig oder fehlerhaft sind, müssen sofort ersetzt werden oder in Zweifelsfällen dem Ingenieur des Bestellers zur Entscheidung vorgelegt werden. Die Art und Güte des Anstrichs wird vom Besteller festgesetzt. Die Bauteile werden mit der Drahtbürste mit Benzin oder Sandstrahlgebläse gereinigt, bevor der Anstrich entweder mit dem Pinsel oder mittels Spritzpistolen aufgebracht wird.

Der Versand hat für eine ausreichende und nicht zu frühzeitige Wagengestellung zu sorgen, damit Wagenstandgelder vermieden werden. Teile, die versandbereit, aber aus irgendeinem Grunde noch nicht verschickt werden sollen, werden auf geeigneten Lagerplätzen längs der Gleise aufgestapelt und in Listen eingetragen, um für späteren Versand schnell bereit zu sein.

XVIII. Eingang des Materials.

Die Walzwerke stellen ihr Walzprogramm nach den vorliegenden Aufträgen unter Berücksichtigung der einzelnen Profile auf und geben dieses von Zeit zu Zeit bekannt. Bei jeder Abwalzung werden Proben für die metallurgische Untersuchung entnommen, um nachzuweisen, daß das Material den Bedingungen des Bestellers entspricht. Ist das Material auf dem Walzwerk abgenommen, so wird auf jedem Stück die Nummer der Abwalzung und Querschnittbezeichnung mit Farbe verzeichnet.

Wenn die Waggons mit dem Material vom Walzwerk abgehen, erhält die Eisenbauanstalt eine Versandaufstellung mit der Auftragsnummer, Nummer der Abwalzung, Stückzahl und Positionsbezeichnung, eine gleiche Aufstellung, in der die Preise sowie Frachtkosten hinzugefügt sind, folgt später.

Abladen. Für das Abladen und Stapeln des Materials werden Krane mit 5—10 t Tragfähigkeit verwendet. Mit Rücksicht auf die Länge der Blechträgergurtwinkel und Kopfplatten soll die Breite des Empfangslagers möglichst 90—100′ betragen. Bei größeren Längen hilft man sich durch Schräglegen des Materials unter Verwendung zweier Krane.

Die Materialanordnung beim Abladen ist so, daß das Material auf dem Empfangslager in der Nähe der Maschinen zu liegen kommt, die es zuerst bearbeiten sollen, z. B. werden Lamellen in der Nähe der Richtmaschinen und Stanzen, die Stehbleche nahe bei den Vielfachlochstanzen, ∠-Eisen neben den Winkeleisenstanzen, I- und ⊏-Eisen, bei den Trägerscheren usw. aufgestapelt. Ein Vergleich der Frachtbriefe mit den Bestellungen ist notwendig, ebenso Nachmessen der Querschnitte und Längen; auch wird das Material, nachdem es geordnet worden ist, genau auf fehlerhafte Stellen, wie Dopplungen, Risse, Buckel und abgeblätterte Stellen, nachgeprüft. Jedes Stück wird an einem Ende mit Farbe gekennzeichnet, nämlich mit der Auftragsnummer, Positionsnummer, Querschnitts- und Längenbezeichnung, so daß diese von den Gängen zwischen den Pfeilern des Lagers lesbar sind. Gleiche Stücke werden zusammen gelagert.

Die Listen über das eingegangene Material müssen sorgfältig geführt werden, um Irrtümer frühzeitig festzustellen. Werden diese erst in der

Werkstatt erkannt, so sind sie schwer zu beseitigen; meistens vergeht viel Zeit, bis Ersatzmaterial herbeigeschafft ist. Besondere Aufmerksamkeit ist geboten, wenn große Stückzahlen einer Position bestellt sind und diese in verschiedenen Sendungen verschickt werden.

Auch die Über- oder Unterlängen der einzelnen Stücke sind festzustellen; in letzterem Fall ist beim Konstruktionsbureau nachzufragen, ob die kürzer gelieferten Stücke verwendet werden können, andernfalls ist ein Ersatzstück beim Walzwerk anzufordern. Ist der Prozentsatz des zu kurz gelieferten Materials mehr als 1 vH der Gesamtbestellung, so wird dem Walzwerk nur der Preis für Lagermaterial bezahlt.

Universaleisen und -bleche. Lamellen und Stehbleche von Blechträgern, Stützen und Gurtungen werden bis zu 30″ Breite ge-

Abb. 176. Blechrichtmaschine.

wöhnlich als Universaleisen bestellt, d. h. als vierseitig gewalztes Eisen. Einige wenige Walzwerke walzen Universaleisen bis einschließlich 60″ Breite, doch ist dies eine Ausnahme. Die Universaleisen weisen meistens eine leichte Krümmung auf; zulässig ist eine solche von $^1/_8$″ auf 5′ Länge. Diese gekrümmten Universaleisen sind vor dem Stanzen zu richten. In Abb. 176 ist eine Richtmaschine dargestellt, die das zu richtende Material mehrmals durchlaufen muß. Bleche von mehr als 24″ Breite können nicht mehr gerichtet werden und müssen bei zu starker Krümmung zerschnitten und gestoßen werden.

Bleche werden in warmem Zustand zugeschnitten. Hierher gehören im allgemeinen alle Bleche von mehr als 24″ Breite, die als Stegbleche, Knotenbleche, Boden- und Behälterbleche verwendet werden.

Lange Bleche werden, falls die Enden keine Bearbeitung erfahren sollen, in den benötigten Längen bestellt, für etwaige Bearbeitung der Enden ist ein entsprechender Zuschlag zu machen. Kurze Bleche werden in kombinierten Längen bestellt und vor dem Stanzen zugeschnitten.

Abb. 177. Trägerschere.

I- und [-Eisen. Ebenso werden I -und [-Eisen meistens in genauen Längen bezogen. Lagermaterial und kurze Stücke, die kombiniert bestellt sind, werden vor der Bearbeitung in der Werkstatt auf der Profilschere geschnitten. Ein Bild einer solchen Profilschere gibt Abb. 177 wieder, Abb. 178 ein Schema dieser Schere. Das Schneiden geschieht von Stegmitte nach den Flanschen zu unter Bildung eines Schnittstreifens von $1^1/_4''$ Breite. Größere Profile über 15″ Höhe bzw. 60 lbs./Fuß Gewicht müssen mit der Säge bzw. mit dem Schneidbrenner geschnitten werden.

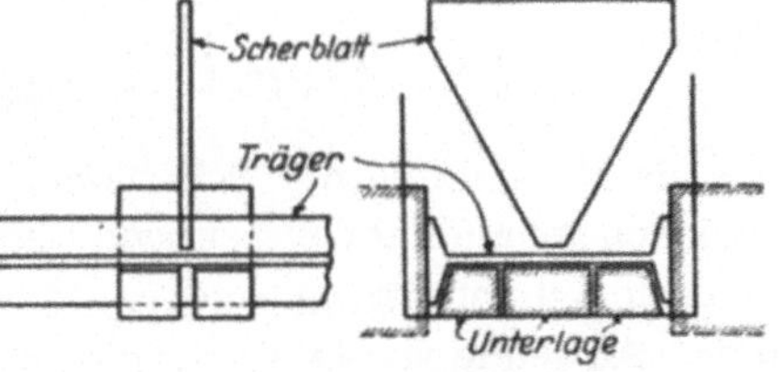

Abb. 178. Schema der Trägerschere.

Lagermaterial. Eine Reihe von Profilen wird ständig für alle Arten von Konstruktionen gebraucht und für den laufenden Bedarf auf Lager gehalten. Zu kurze oder unbrauchbar gewordene Stücke können schnell aus dem Lagermaterial ersetzt werden, dringende Aufträge, bei denen eine Bestellung auf dem Walzwerk zu großer Zeitverlust bedeuten würde, werden mit Lagermaterial ausgeführt. Da bei diesem jedoch ein größerer Verschnitt eintritt und das Vorhalten eines Lagers Zinsen kostet, ist ein höherer Preis für derartige Aufträge berechtigt.

Rostschutz. Die Frage, wie das lagernde Material gegen Zerstörung zu schützen ist, ist von großer Bedeutung und bereitet den Betriebsleitern manche Sorge. In feuchten Gegenden rostet das Eisen schneller als in trockenen. Die Nähe des Meeres ist ungünstiger als die eines Binnensees mit Süßwasser.

Es ist schon oft die Frage erörtert worden, wie lange Eisen ohne Anstrich liegen kann, ohne zu rosten. Natürlich spielen dabei, wie bereits erwähnt, die klimatischen Verhältnisse der Gegend, in welcher das Werk liegt, eine Rolle. Beispielsweise kann Eisen in Chikago, das einen Binnensee in der Nähe hat, über 3 bis 4 Monate lagern, ohne zu rosten. Nach 9 bis 10 Monaten rostet dann die Walzhaut ab, was ohne Schaden für das Eisen geschehen kann. Nach einem Jahr wird freilich schon die Oberfläche angegriffen, womit die Zerstörung ihren Anfang genommen hat. Darum dürfte das Eisen in diesem Fall nicht länger als 9 Monate lagern.

Im allgemeinen wird das Walzwerkeisen bereits im Verlauf von 4 Monaten nach Eintreffen verbraucht, dagegen verlangt das Lagermaterial schon Maßnahmen zur Rostverhütung.

Oft überdacht man ein solches Lager, was kostspielig und nicht immer möglich ist. Billiger ist es schon, nur das Eisen zu bedecken oder das Eisen mit Leinöl zu bestreichen, welcher Schutz 7 bis 8 Monate vorhält. Ein anderer Weg ist der, das Lagermaterial stets nach dem Alter zu verwenden, zuerst immer die ältesten Stücke herauszusuchen und diese durch neue zu ersetzen.

XIX. Herstellung der Schablonen.

Die Herstellung der Schablonen wird in den einzelnen Werken verschieden gehandhabt. In einigen werden für sämtliche Konstruktionsteile Schablonen angefertigt, andere stellen sie nur für die Teile her, die nicht unter Anwendung der Vielfachlochstanzen bearbeitet oder nicht direkt auf dem Eisen angezeichnet werden können. Die anzuwendende Methode hängt von der Einrichtung der Werkstatt und ihrer Betriebsweise ab. Bei einer Reihe von Werken ist es üblich, vollkommen durchgearbeitete Werkstattzeichnungen in die Vorzeichnerei zu schicken, während bei anderen die Vorzeichner die Naturgrößen aufzeichnen, sowie die Nietabstände festlegen müssen.

Anordnung und Einrichtung der Schablonenmacherei. Diese Abteilung soll sowohl von der Werkstatt als auch von den Konstruktionsbureaus leicht zu erreichen sein, damit etwaige Fehler schnell vom Zeichensaal berichtigt bzw. fehlende Angaben eingeholt werden können.

Die Räume müssen gut beleuchtet, heizbar und so sauber wie möglich sein. Eine Vernachlässigung einer dieser Grundbedingungen rächt sich durch schlechte Qualität und geringe Arbeitsleistung. Große Fenster in den Wänden, sowie Oberlichter oder Sheddachanordnung zur Erzielung einer ausreichenden Beleuchtung für den Innenraum müssen vorhanden sein, ebenso wie für gute Lüftung gesorgt werden muß. Ein Raum dient zur Aufnahme der Arbeitstische und Holzbearbeitungsmaschinen, in einem anderen werden größere Schablonen hergestellt. Gestelle zum Ablegen des Schablonenmaterials und der fertigen Schablonen für Normalteile sind zweckmäßig längs der Wände aufzustellen.

Ausrüstung. Jedem Schablonenmacher wird ein Arbeitstisch mit Werkzeugen, wie Bandmaß, Stahlmaßstab, Zeichenwinkel in verschiedenen Größen, Reibahlen, Streichmaße, Kreide, Bleistifte, Farbpinsel, zugewiesen. Handarbeit ist nach Möglichkeit durch Verwendung von Maschinen einzuschränken.

Hobelmaschinen, Schlichthobel, Kreissägen, Bandsägen für die Holzbearbeitung, Papierscheren zum Schneiden der Schablonen, Papierstanzen, Bohrmaschinen zum Herstellen der Nietlöcher in den Holzschablonen, Schmirgelscheiben und Schleifsteine zum Schärfen der Werkzeuge gehören zur notwendigen Ausrüstung der Schablonenmacherei.

Zeichnungen. Die Zeichnungen werden in einer Art ausgeführt, wie es der Werkstatteinrichtung und ihrer Betriebsweise entspricht. Die Praxis des Zeichensaales ist ganz auf den Betrieb und seine wirtschaftlichste Ausnutzung eingestellt. In kleinen Betrieben mit Einfachlochstanzen wird das Material entweder nach Schablonen gestanzt oder direkt nach den Zeichnungen vorgezeichnet. Die wirtschaftlichste Methode bei der Anfertigung der Zeichnungen ist, diese nur mit den Hauptmaßen zu versehen, die Stücklisten aufzustellen und die notwendige Nietzahl anzugeben. Derartige Zeichnungen genügen für Hochbauten, Fabrikbauten und ähnliche Bauwerke, sind aber ungeeignet für Eisenbahnbrücken, da die Eisenbahngesellschaften genaue Zeichnungen verlangen, die alle Nietabstände und Detailmaße enthalten, um spätere Ausbesserungen und Verstärkungen leichter vornehmen zu können.

Für einen Betrieb mit modernen Vielfachlochstanzen und sonstiger guter Ausrüstung und großer Leistungsfähigkeit müssen allerdings genau durchgearbeitete Zeichnungen mit sämtlichen Nietabständen usw. angefertigt werden. Dieses ist auch mit Rücksicht auf die Bearbeitung der einzelnen Stücke in den verschiedenen Abteilungen der Werkstatt erforderlich, um genaues Passen beim Zusammenbau zu ermöglichen, um so mehr, da die Löcher in den Trägern nach dem Bandmaß, die

Löcher in den Anschlüssen vielleicht nach Schablonen, andere Teile auf den Vielfachlochstanzen gestanzt oder auch direkt auf dem Werkstück vorgezeichnet werden. Erst beim Zusammenbau kommen Fehler zum Vorschein. Es ist daher erforderlich, daß die Zeichnungen bis ins kleinste durchgearbeitet sind, um genaues Passen zu gewährleisten. Allerdings kommen zuweilen Konstruktionen mit derart verwickelten Einzelheiten vor, daß diese Methode nicht am Platze ist und daher nicht vollständig durchgearbeitete Zeichnungen zur Werkstatt gegeben werden und die Vorzeichner entweder die Naturgrößen aufzeichnen und hiernach die Schablonen herstellen, oder die Details auf dem Reißboden aufzeichnen und dann die Werkstattzeichnungen ergänzen. Wie in jedem Einzelfalle verfahren wird, richtet sich nach der Art der Konstruktion, sowie der Menge der in den Zeichensälen und der Werkstatt vorliegenden Arbeit.

Material für die Schablonen. Früher wurden sämtliche Schablonen aus Holz hergestellt. Doch suchte man bei dem infolge des steigenden Verbrauchs eintretenden Anziehen der Holzpreise nach Ersatzstoffen und begann Papierschablonen zu benutzen, für welche verschiedene Arten von Papier verwendet werden. Das Papier darf sich nicht verziehen und muß trotzdem billig sein.

Holzschablonen verwendet man des hohen Preises wegen nur, wo Papierschablonen unzweckmäßig sind. Man verwendet in diesem Fall möglichst astfreies, zweiseitig bearbeitetes, weiches Kiefernholz von $^3/_4''$ Stärke. Es wird gewöhnlich für Winkel über $2'6''$ Länge, ein Schenkel aus Holz, der andere aus Papier angefertigt, ferner für gekrümmte Winkel, für große Bleche und für Schablonen von Winkeln, die gebohrt werden sollen, verwendet.

Die drei am häufigsten zur Verwendung kommenden Papiersorten sind:

1. „Monroe“-Papier, Hersteller: „Consolidated Paper Company“ in Monroe, Michigan;

2. „River Raisen“-Papier, Hersteller: „River Raisen Paper Company“ in Monroe;

3. „Fay Nr. 10“-Papier, Hersteller: „West-Jersey Manufacturing Company“ in New-Jersey.

Das „Monroe“-Papier ist hellgrau und nahezu $^1/_8''$ stark, sein Gewicht 0,454 lbs. pro Quadratfuß und kostet 4,59 Cents pro lb. Eine Tonne Papier dieser Art hat 4405 Quadratfuß. Demnach kostet eine Tonne 91,80 Dollar, bzw. ein Quadratfuß 2,125 Cents. Dieses Papier arbeitet sehr wenig und ist daher für Schablonen gut geeignet, aber wegen seiner hohen Kosten nur zu verwenden, wenn der Gebrauch billigen Papiers unzweckmäßig sein würde, wie z. B. bei Schablonen für Bleche bis 12 Quadratfuß und für ∠-Eisen bis $10'$ Länge.

Das „River-Raisen“-Papier ist gelblich und über $^1/_{16}''$ dick, wiegt 0,23 lbs. pro Quadratfuß und kostet 3,95 Cents pro lb. oder 79 Dollar pro Tonne. Eine Tonne Papier hat 8695 Quadratfuß, somit kostet ein Quadratfuß über 0,9 Cent. Es schwindet in der Querrichtung, was bei der Herstellung der Schablonen dadurch zu berücksichtigen ist, daß die längere Seite der Schablonen in die Längsrichtung des Papiers zu legen ist. Wegen seines Schwindens kann diese Papiersorte nur für kleinere Schablonen verwendet werden und wird im allgemeinen bei Schablonen für ∠-Eisen bis 2′6″ Länge und für Bleche bis 2 Quadratfuß benutzt.

Das „Fay Nr. 10“-Papier ist von roter Farbe und über 0,02″ stark, wiegt 0,072 lbs. pro Quadratfuß und kostet 38,2 Cents pro lb. oder 763,89 Dollar pro Tonne. Eine Tonne hat 27778 Quadratfuß, d. h. ein Quadratfuß dieses Papiers kostet 2,75 Cents. Es schwindet und wellt sich und kann trotzdem oft ganz gut für größere Schablonen von Blechen verwendet werden. Da es gebräuchlich ist, eine Skizze mit den Abmessungen des Bleches auf der Schablone aufzutragen, kann das Arbeiten des Papiers festgestellt und die Schablone berichtigt werden.

Verwendung der Schablonen. Das Material wird nach den Schablonen in den richtigen Abmessungen zugeschnitten und die Anordnung der Nietlöcher festgelegt. Früher wurde für jedes Stück eine Schablone angefertigt, falls es nicht möglich war, eine Schablone für mehrere gleichartige Teile zu verwenden. Gegenwärtig werden Schablonen nur noch für ganz wenige Teile angefertigt, da man Teile, die nur einmal vorkommen, gleich auf dem Eisen vorzeichnet oder bei Verwendung von Vielfachlochstanzen keine Schablonen notwendig hat, deren Kosten sich im Laufe der Zeit beim Steigen der Holzpreise dauernd erhöhten. Zur Zeit hat man die Verwendung der Schablonen derart eingeschränkt, daß z. B. für ein neuzeitlich eingerichtetes Werk mit einer monatlichen Erzeugung von 10000 Tonnen nur etwa 25 Schablonenmacher notwendig sind, welche Zahl sich nach der Art der Konstruktionen natürlich ändern kann.

Die Ausführung der Schablonen hat sich wie die der Zeichnungen der Einrichtung und Betriebsweise der Werkstatt anzupassen. In einer Werkstatt mit Vielfachlochstanzen und Maschinen für den modernen Brückenbau müssen Schablonen für das Detailmaterial und alles nicht für die Vielfachlochstanzen geeignete Hauptmaterial angefertigt werden. Für Stehbleche, Gurtlamellen und ∠-Eisen, die auf den Vielfachlochstanzen bearbeitet werden, sowie Teile, die direkt auf dem Material vorgezeichnet werden können, werden keine Schablonen angefertigt, ebenso nicht für [- und I-Eisen, die nach einem Bandmaß gestanzt werden.

Bezeichnung der Schablonen. Als Bezeichnung der Schablonen sind die bereits in Abschnitt IX, bzw. X, S. 73 und 109 aufgeführten Positionsbezeichnungen zu wählen.

Diese Bezeichnungen werden in dreierlei Weise, wie bereits früher beschrieben, angewendet.

1. Bei Positionen, die nur auf einer einzigen Zeichnung vorkommen, wird z. B. folgende Bezeichnung gewählt: 3215, $4 \angle\, 3^1/_2 \times 3^1/_2 \times {}^3/_8 \times 3'6''$ *kb*, Pos. 41, Bl. 5, worin 3215 die Auftragsnummer, $4 \angle\, 3^1/_2 \times 3^1/_2 \times {}^3/_8 \times 3'6''$ die Anzahl und Querschnittsbezeichnung, sowie Länge der Winkel bedeutet, *k* darauf hinweist, daß es sich um einen einseitig eingepaßten Aussteifungswinkel handelt, während Pos. 41 die Bestellposition und Bl. 5 die Zeichnungsnummer bedeutet.

2. Bei Positionen, die auf mehreren Zeichnungen vorkommen, wird die Seite der Stückliste angegeben, auf der die betreffende Position aufgeführt ist, z. B. 3215, 16 Bl. $18 \times {}^3/_8 \times 2'3''$ *pc*. 15, Pos. 82.

3. Bei Anwendung des X-Normalsystems (s. Abschnitt X) werden die Schablonen der auf mehreren Zeichnungen sich wiederholenden Positionen mit den gleichen Bezeichnungen wie auf den Zeichnungen versehen. Dieses X-Normalsystem wird hauptsächlich für Hochbauten angewendet und die einzelnen Stücke mit *b*1 *x*, *b*2 *x*, *b*3 *x* usw. oder *t*2 *x*, *t*3 *x* usw. bezeichnet. Die Anzahl gleicher Positionen wird für jedes Stockwerk angegeben, um mit einer einmaligen Anfertigung der Schablonen auszukommen, die meistens auch für die gleichen Positionen der übrigen Stockwerke wieder verwendet und neubezeichnet werden.

Schablonen. Als Material für Schablonen wird, wie bereits erwähnt, Holz oder Papier oder eine Kombination beider verwendet. In der Art und Weise der Schablonenherstellung gibt es mancherlei Unterschiede. Doch ist der Verwendungszweck stets der gleiche, nämlich, das Material für die Werkstatt zum Anzeichnen, Schneiden und Stanzen vorzubereiten, wobei alle Maße und Löcher im richtigen Maßstab aufgetragen werden und die Schablonen die Positionsbezeichnungen der anzufertigenden Stücke erhalten. Als Schablonenmaterial wird das billigste, für den betreffenden Zweck geeignete Material gewählt, z. B. für kurze Winkel und Bleche Papier, für längere Winkel Holz und Papier (für einen

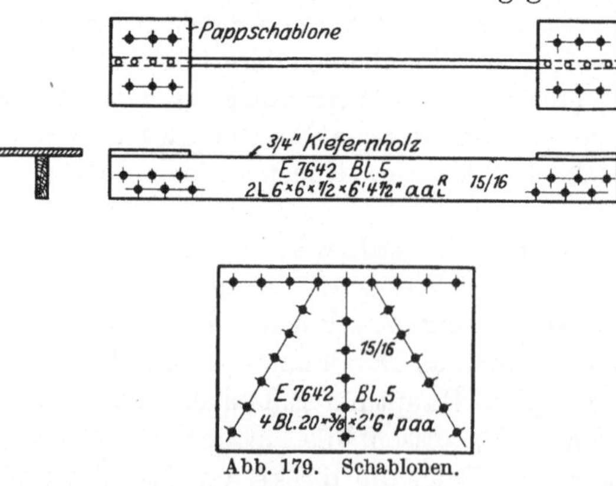

Abb. 179. Schablonen.

Schenkel Holz und für den anderen Papier, s. Abb. 179 oben). Holz wird nur dort gebraucht, wo Papier nicht genügt.

Für „main material“, welches unter die Vielfachlochstanzen kommt, werden Holzstäbe von $^3/_4''$ Stärke und 4″ Breite, die mit Wasserfarbe gestrichen und die Nietteilung mit Bleistift aufgetragen zeigen, gebraucht. Nach Gebrauch können diese Schablonen abgewaschen und erneut verwendet werden. Eine solche Schablone für ein ∠-Eisen zeigt Abb. 180. Die mit × bezeichneten Nietlöcher liegen auf dem inneren Streichmaß und die mit ○ bezeichneten auf dem äußeren Streichmaß. In manchen Werkstätten werden bei Verwendung von Vielfachlochstanzen diese in einfachen Fällen ohne Benutzung von Holzschablonen eingestellt.

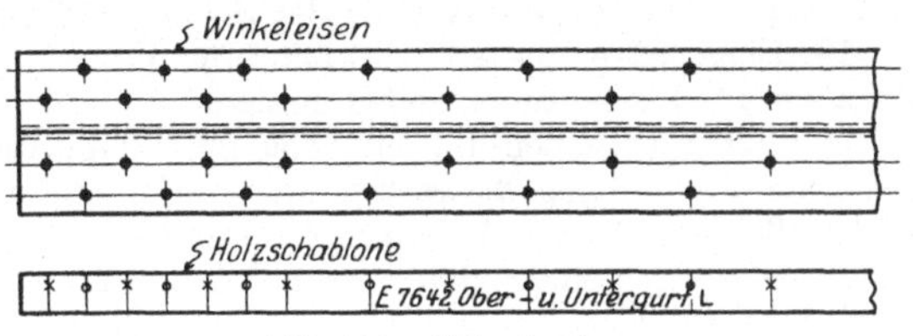

Abb. 180. Holzschablone.

Bei Stehblechen von Blechträgern mit abgerundeten Enden oder mit nicht parallelen Gurtungen, deren Löcher infolge dieser Anordnung nicht alle mittels Vielfachlochstanze hergestellt werden können, werden für die übrigbleibenden Löcher besondere Schablonen hergestellt, und, nachdem das Stehblech die Vielfachlochstanze durchlaufen hat, diese von der Schablone durchgekörnt und auf den gewöhnlichen Stanzen hergestellt.

Regeln für die Herstellung der Schablonen. Die folgenden Regeln gelten vornehmlich für Werke mit neuzeitlicher Einrichtung. Abweichungen hiervon können zweckmäßig sein, sollten aber stets auf den Zeichnungen besonders vermerkt werden.

1. Für das Detailmaterial sind, falls es auf den Zeichnungen nicht anders vorgeschrieben ist, stets Schablonen herzustellen.

2. Zum Detailmaterial rechnet man alle Stücke unter 8′ Länge, falls sie für die Trägerwerkstatt bestimmt sind, und unter 10′ Länge für alles übrige. Nicht dazu zu zählen sind I- und [-Eisen, ohne Rücksicht auf die Länge.

3. Schablonen für ∠-Eisen bis 2′ 6″ Länge sind aus Papier herzustellen, bei längeren ∠-Eisen ist für den einen Schenkel Holz, für den anderen Papier zu nehmen (s. Abb. 179).

4. Schablonen für leicht gebogene Winkel werden gerade hergestellt, erst bei größerer Krümmung werden sie gebogen angefertigt (bei mehr als $1^1/_2''$ Stich auf 12″).

5. Für stärkere Krümmungen, mit einem Stich von mehr als $2^1/_2''$ auf 12″, sind statt der ∠-Eisen gekrümmte Bleche zu verwenden.

6. Bei Schablonen für Versteifungswinkel von mehr als 2′ 6″ Länge und symmetrischer Nietteilung wird ein Ende als oberes bezeichnet und darf nicht verwechselt werden. Für spiegelgleiche Versteifungswinkel wird nur eine Schablone angefertigt.

7. Schablonen für doppelte Aussteifungswinkel, die mit den abstehenden Schenkeln zusammengenietet werden, werden für die Bearbeitung an den einzu-

passenden Enden $^3/_{32}''$ länger hergestellt und mit „*D*" bezeichnet. Dasselbe gilt für Aussteifungswinkel, an deren abstehenden Schenkeln Bleche angenietet werden, falls diese nicht mehr als 10″ über den Winkel hinausstehen.

8. Schablonen für einfache Aussteifungswinkel von Hochbaukonstruktionen, Kranträgern, Quer-, Längsträgern und Konsolen sind in genauen Längen anzufertigen.

9. Für Brücken, Krane, Drehscheiben ist $^1/_{32}''$ an den einzupassenden Enden einfacher Aussteifungswinkel bei der Schablonenherstellung zuzuschlagen.

10. Eingepaßte Aussteifungswinkel für I- und [-Eisen erhalten die gleichen Zugaben an den einzupassenden Enden.

11. Bei Schablonen für einfache oder doppelte Aussteifungswinkel, die in gebogene Teile eingepaßt werden müssen, ist $^1/_8''$ an den Enden zuzugeben und sind außerdem Modellschablonen herzustellen.

12. Die Schablonenenden einfacher Aussteifungswinkel, die schräg geschnitten werden sollen, sind bei größeren Winkelstärken als $^5/_8''$ mit der Bemerkung: „Bearb." zu versehen.

13. Die Enden von Schablonen für Versteifungswinkel, die in ∠-Eisen in Stärken von $^5/_{16}''$ oder weniger einzupassen sind, erhalten eine Bemerkung für die Ausrundung.

14. Die einzupassenden Kanten sind durch einen dicken schwarzen Strich zu markieren.

15. Bei Schablonen für Aussteifungswinkel ist die ganze Höhe anzugeben.

16. Schablonen für Teile, die an den Enden bearbeitet werden müssen, außer bei Versteifungswinkeln, sind entsprechend größer herzustellen und mit der Bemerkung: „Bearb." zu versehen.

17. Bei Schablonen für Bleche ist die Entfernung zwischen den äußersten Löchern bei mehr als 2′ einzuschreiben.

18. Schablonen für gebogene Bleche werden für die Außenseite des Bleches angefertigt, falls das Blech so gestaltet ist, daß es beim Stanzen nicht auf den Fußboden aufstoßen kann, andernfalls müssen sie für die Innenseite angefertigt werden. Der Stempel der Stanze liegt 3′ 6″ über Fußboden.

19. Bei geringer Krümmung werden die Schablonen gerade hergestellt und erst bei größerer Krümmung in der richtigen Form ausgeführt.

20. Die Maße für gekrümmte Gurtplatten werden auf eine Linie bezogen, die um $^1/_3$ der Plattenstärke unterhalb der Außenseite liegt.

21. Schablonen für Anschlußbleche an Stützen, die mehr als 9″ über die Stütze hinausragen, sind genau herzustellen und mit der Bemerkung: „Bearb." zu versehen.

22. Schablonen für Bleche, die auf ihrer Ober- oder Unterseite schräg oder gerade gehobelt werden, sind mit einer diesbezüglichen Bemerkung zu versehen.

23. Schablonen für schmale Bleche, deren Länge das 15fache der Breite nicht überschreitet, sind aus Papier herzustellen.

24. Konsolbleche an Endquerträgern von Brücken läßt man am Anschluß an den Querträger um $^1/_8''$ zurückstehen, falls es nicht ausdrücklich anders vorgeschrieben ist, und berücksichtigt dieses bei Herstellung der Schablone.

25. Versenkte Nietlöcher sind als solche auf den Schablonen durch einen schwarzen Kreis anzugeben. Werden die Löcher erst vorgestanzt, so brauchen Versenklöcher nicht auf der Schablone angegeben zu werden.

26. Schablonen für gekrümmte Konstruktionsteile werden für sämtliche zugehörigen Einzelteile angefertigt.

27. Schrägschnitte und Ausschnitte sind durch punktierte Linien zu kennzeichnen.

28. Bei ∠-Eisen, die zwei Streichmaße aufweisen und die auf den Vielfachlochstanzen gestanzt werden sollen, werden die Löcher für das äußere Streichmaß mit ○ und für das innere mit ╳ bezeichnet.

29. Die Nietlöcher von Lamellen mit mehreren Nietrissen werden in gleicher Weise wie unter 28 auf der Schablone angegeben.

30. Schablonen für Teile, die vor dem Zusammenlegen gefräst werden sollen, sind genau herzustellen und mit der Bemerkung: „Fräsen“ zu versehen. Sollen die Teile erst nach dem Zusammenlegen gefräst werden, so ist $^{5}/_{16}''$ für die zu bearbeitenden Kanten zuzugeben und keine weitere Bemerkung auf die Schablone zu setzen.

31. Sind auf den Zeichnungen zwischen zusammenstoßenden Teilen Spielräume vorgesehen, so sind diese bei sämtlichen ∠-Eisen für Brücken mit $^{1}/_{4}''$, bei ∠-Eisen mit Schenkelstärke unter $^{5}/_{8}''$ für Hochbauten ebenfalls mit $^{1}/_{4}''$, für stärkere ∠-Eisen mit $^{3}/_{8}''$ anzunehmen. Spielraum zwischen Blechen wählt man zu $^{1}/_{8}''$. Größere Spielräume sind nur dann vorzusehen, wenn es auf der Zeichnung ausdrücklich vorgeschrieben ist.

32. Schablonen für Flacheisenvergitterungen mit einem Nietriß sind aus Holz herzustellen und gerade, mit $1^{1}/_{2}''$ Randabstand vom letzten Nietloch an den Enden, abzuschneiden. Die Löcher sind auf genauen Durchmesser zu bohren und die Entfernung zwischen den Mitten der äußersten Nietlöcher anzugeben.

33. Schablonen für Stoßteile, die ohne Spielraum zusammenpassen sollen, sind besonders zu kennzeichnen.

34. Für Langlöcher, die durch Stanzen hergestellt werden können, ist die Mittellinie für die Einstellung des Stanzstempels anzugeben.

35. Löcher von mehr als 3″ Durchmesser sind aus den Schablonen auszuschneiden, bei kleineren ist nur der Mittelpunkt und der Durchmesser anzugeben.

36. Bei Detailmaterial braucht auch für größere Löcher nur die Lochmitte angegeben zu werden, falls es sich um Material normaler Stärke handelt.

37. Beim Bohren von Löchern für Gelenkbolzen sind folgende Spielräume zulässig:

Bolzendurchmesser	2″ bis 4″	$^{1}/_{4}''$ auf den Halbmesser
„	4″ „ 6″	$^{3}/_{8}''$ „ „ „
„	6″ „ 10″	$^{5}/_{8}''$ „ „ „
„	10″ „ 16″	$^{3}/_{4}''$ „ „ „
„	16″ und mehr	1″ „ „ „

Auf den Schablonen sind die Bolzendurchmesser und nicht die Lochdurchmesser anzugeben.

38. Schablonen für Teile, deren Löcher später aufzureiben sind, werden aus Papier hergestellt, außer, wenn die Länge das 12fache der Breite überschreitet, in welchem Fall Holzschablonen verwendet werden. Die Schablonen erhalten dabei nachstehend zusammengestellte Löcher:

Durchmesser des aufgeriebenen Nietloches in Zoll	Durchmesser des Loches der Schablone in Zoll
$^{13}/_{16}$ und $^{15}/_{16}$	$1^{15}/_{64}$
$1^{1}/_{32}$ „ $1^{1}/_{16}$	$1^{3}/_{8}$
$1^{1}/_{4}$ „ $1^{5}/_{16}$	$1^{5}/_{8}$
$1^{3}/_{8}$	$1^{3}/_{4}$
$1^{1}/_{2}$	$1^{13}/_{16}$
$1^{17}/_{32}$	$1^{7}/_{8}$
$1^{13}/_{16}$	$2^{1}/_{8}$
$2^{1}/_{32}$	$2^{3}/_{4}$
$2^{17}/_{32}$	$3^{1}/_{8}$

XX. Das Vorzeichnen.

Das Material, welches unter den Vielfachlochstanzen oder direkt von den Papierschablonen durchgestanzt wird, braucht nicht vorgezeichnet zu werden. Die Menge des vorzuzeichnenden Materials hängt von der Werkstatteinrichtung und ihrer Betriebsweise ab. Bei Werkstätten mit neuzeitlichen Stanzen ist das Vorzeichnen auf die Teile beschränkt, die nicht von den Vielfachlochstanzen bearbeitet werden können, auf Blechträger mit nicht parallelen Gurtungen, auf Knotenbleche mit Diagonalanschlüssen, auf Teile mit ringförmiger Nietanordnung, Treppenkonstruktionen usw. Je nach der Art der Konstruktion ist der Umfang des vorzuzeichnenden Materials verschieden, schwierige Konstruktionen und solche mit einer geringen Zahl gleicher Teile werden mehr Vorzeichnerarbeit erfordern. In kleineren Werkstätten ohne Vielfachlochstanzen wird sämtliches Material vorgezeichnet. Das Anzeichnen des Materials kann entweder mittels Schablone (a) oder durch direktes Anzeichnen auf dem Material geschehen (b).

a) Wenn die Abwickelung eines Auftrags so weit fortgeschritten ist, daß das Material an die Maschinen kommen kann, prüft der Meister, der das Vorzeichnen des Materials zu leiten hat, die ihm von der Schablonenmacherei übergebenen Schablonen und ordnet das Vorzeichnen des Materials an. Die mit der Auftragsnummer, Profilbezeichnung und Positionsnummer versehene Schablone wird auf dem zugehörigen Werkstück befestigt, die Schnitte mit Kreide angegeben und die Nietlochmitte durchgekörnt. Das Stück wird dann mit der Auftrags- und Positionsnummer versehen, bei Detailmaterial wird die Signierung für den Zusammenbau aufgebracht und das Stück zur Stanze geschickt. Stehbleche für Blechträger mit nicht parallelen Gurtungen, wie sie z. B. bei Drehbrücken, Querträgern usw. gelegentlich vorkommen, können nur zum Teil auf den Vielfachlochstanzen gestanzt werden. Für die restlichen Löcher werden besondere Schablonen angefertigt. Das Lochen erfolgt dann auf den gewöhnlichen Stanzen.

b) Das Vorzeichnen ohne Verwendung von Schablonen ist bei solchem Material vorzunehmen, das nur einmal in der Konstruktion vorkommt, wobei es am zweckmäßigsten ist, wenn die Zeichnungen nicht vollständig durchgearbeitet sind, sondern nur die Hauptmaße und Anzahl der Niete enthalten, z. B. bei Treppenträgern, Konsolen, Trägern mit schrägen Anschlüssen, großen Knotenblechen, konischen Schornsteinringen usw., die nur einmal vorkommen.

Der Wert dieses Verfahrens wird besonders erhöht, wenn der Vorzeichner geschickt und erfahren ist. Außerdem wird hierbei das Herstellen der Schablonen erspart.

Es gibt Werkstätten, die sich auf komplizierte Konstruktionen, welche von den meisten Werken nicht begehrt werden, besonders einstellen und erfahrene Vorzeichner haben, die diese Arbeit nach ganz generellen Zeichnungen ausführen.

XXI. Stanzen, Aufreiben und Bohren.

Die Vertragsbedingungen schreiben meistens genau vor, welche Löcher zu stanzen, welche vorzustanzen und aufzureiben oder welche zu bohren sind. Bei Hochbaukonstruktionen und untergeordneten Brückenbauteilen können bis zu einer bestimmten Materialstärke die Löcher sofort auf den endgültigen Durchmesser gestanzt werden. Es ist erforderlich, eine Höchstgrenze für die bei diesem Verfahren zugelassene Materialstärke festzusetzen, weil stärkeres Material beim Stanzen an den Lochrändern beschädigt wird, außerdem werden bei größeren Stärken die Stanzstempel brechen. Im Brückenbau werden die Löcher der Haupttragteile und Anschlüsse im allgemeinen auf einen kleineren Durchmesser vorgestanzt, um dann auf den vorgeschriebenen Lochdurchmesser aufgerieben zu werden. Zuweilen wird das Aufreiben der Löcher auch für die untergeordneten Teile vorgeschrieben. Bei größeren Materialstärken ist es notwendig, die Löcher zu bohren, was zwar teurer als Stanzen und Aufreiben ist, aber das beim Stanzen, wie bereits erwähnt, unvermeidliche Beschädigen des Materials am Lochrande von vornherein vermeidet. Dieses beim Vorstanzen der Löcher in Mitleidenschaft gezogene Material wird beim Aufreiben entfernt. Da das Aufreiben an der zusammengebauten Konstruktion geschieht, ergeben sich durchgehend glatte Lochwandungen, während die einzeln gebohrten und dann ohne Aufreiben zusammengebauten Teile nicht so gut passende Löcher aufweisen.

Das in der Praxis des Einzelbaus übliche Verfahren ist folgendes: Material für untergeordnete Konstruktionsteile, welches nur unbedeutende Beanspruchungen erfährt, wird auf den endgültigen Lochdurchmesser gestanzt, alles übrige zunächst auf geringeren Durchmesser vorgestanzt und dann aufgerieben; nur stärkeres Material, welches durch das Stanzen stark beschädigte Lochwandungen bekommen würde, sowie hochwertiges Material von großer Härte, wird gebohrt.

Beim Stanzen ist äußerst sorgfältig zu verfahren, da die Güte einer Konstruktion in hohem Maße von einer sauberen Herstellung der Nietlöcher abhängig ist, weswegen das Aufreiben der Löcher von größter Wichtigkeit ist.

Stanzvorgang. Die wichtigsten Elemente beim Stanzen sind Stempel und Matrize. Beide sind gleichartig ausgebildet, zu einem runden Stempel gehört eine runde, zu einem eckigen Stempel auch eine eckige

Matrize. Der Durchmesser der letzteren muß etwas größer als der Stempeldurchmesser sein, damit ein Spielraum für die durchgestoßenen Putzen vorhanden ist. (s. Abb. 181). Das gestanzte Loch fällt dabei nicht genau zylindrisch, sondern etwas konisch aus. Der Stanzstempel ist mit einer kleinen Spitze versehen, welche ein genaues Einstellen bei angekörntem Werkstück ermöglicht und ein Ausgleiten bei nicht angekörntem Material verhindert.

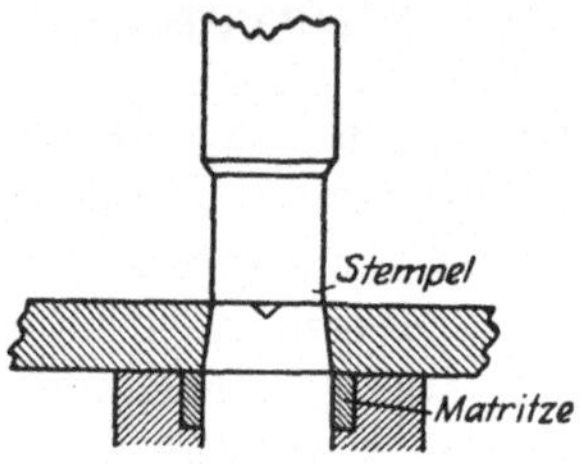

Abb. 181. Stanzen eines Loches.

Der Unterschied zwischen Stempel- und Matrizendurchmesser ist je nach der Stärke des zu stanzenden Materials zu wählen. Im allgemeinen ist hierfür ein solcher von $^3/_{32}''$ vorgeschrieben. Gute Ergebnisse erhält man bei Anwendung untenstehender Werte, wobei eine Materialstärke bis $1^1/_8''$ angenommen worden ist. Es ist jedoch beim Konstruieren eine Materialstärke von höchstens $1''$, besser sogar von höchstens $^3/_4''$ anzustreben, da man außerdem dünneres Material leichter richten und handhaben kann.

Durchmesser der Matrize
= Durchmesser des Stempels + $^1/_{16}''$ bei Materialstärken von $^1/_4''$ und weniger
= „ „ „ + $^3/_{32}''$ „ „ „ $^5/_{16}''$ bis einschl. $^7/_8''$
= „ „ „ + $^1/_8''$ „ „ „ $^{15}/_{16}''$ „ „ $1^1/_8''$

Es ist oft die Frage erörtert worden, welche Materialstärken von den verschiedenen Stempeln noch gestanzt werden können, ohne daß ein Brechen der Stempel zu befürchten ist. Nach praktischen Erfahrungen kann folgende Aufstellung als brauchbar angesehen werden:

Durchmesser der Stempel	Größte zu stanzende Materialstärke
$^7/_{16}''$	$^7/_8''$
$^9/_{16}''$	$1''$
$^{11}/_{16}''$	$1''$
$^{13}/_{16}''$	$1^1/_8''$
$^{15}/_{16}''$	$1^1/_8''$
$1^1/_{16}''$	$1^1/_8''$
$1^3/_{16}''$	$1^1/_8''$

Einfachlochstanze. Abb. 182 gibt das Bild einer Einfachlochstanze wieder, in welchem die Vorrichtung für das Verschieben des Werkstückes nach zwei Richtungen erkennbar ist.

Knotenbleche, Anschlußbleche, Konsolbleche und Haupt- und Detailmaterial, wie Stehbleche mit abgerundeten Enden oder nicht parallelen Kanten, werden auf den Einfachlochstanzen gelocht. Abb. 183 zeigt ein Knotenblech und einen Winkel, die nur auf einer Einfachlochstanze zu bearbeiten sind, Abb. 184 ein bis auf die umrahmten Löcher mittels Vielfachlochstanze zu lochendes Stehblech.

Das Festlegen der Löcher kann für die Bearbeitung mittels der gewöhnlichen Stanzen auf dreierlei Weise geschehen. 1. Durch Vorzeichnen und Ankörnen der Löcher nach Stahlschablonen. 2. Durch

Abb. 182. Einfachlochstanze.

unmittelbares Anzeichnen und Ankörnen der Löcher auf dem Werkstück. 3. Durch Befestigen einer Papierschablone auf dem Werkstück und unmittelbares Stanzen durch die Schablone.

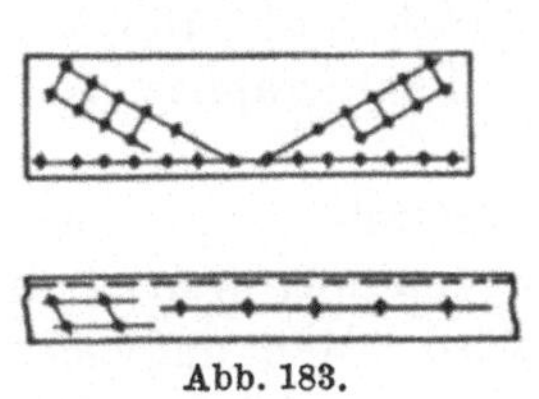

Abb. 183.

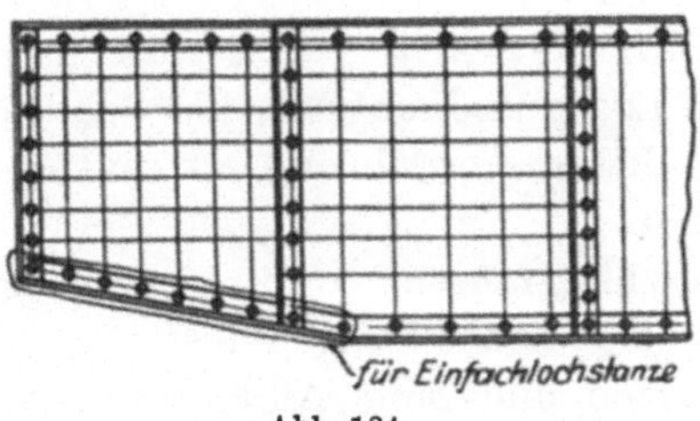

Abb. 184.

Spezialstempel. Langlöcher, Löcher großen Durchmessers, viereckige Löcher, Futterringe und Vergitterungsstäbe werden auf den gewöhnlichen Stanzen unter Verwendung besonderer Stempel, die wegen ihrer hohen Kosten nur für die Bearbeitung größerer Mengen in Frage kommen, hergestellt. Jede Werkstatt hat meistens eine größere Anzahl solcher Spezialstempel zur Verfügung, die zweckmäßig auf einer Liste zusammengestellt werden, um unnötige Neubeschaffungen zu vermeiden. Zuweilen kann es für die Herstellung großer Löcher wirtschaftlicher sein, daß man sie unter Benutzung normaler Stempel in der ungefähren Gestalt der verlangten Löcher bohrt und die Unebenheiten nacharbeitet, anstatt einen Spezialstempel anfertigen zu lassen.

Futterringe werden in einem Arbeitsvorgang aus Abfallmaterial gestanzt.

Flacheisenvergitterungen werden mit Hilfe eines einzigen Stempels, der gleichzeitig zwei Löcher sowie die Abrundungen der Enden ausstanzt, wie Abb. 185 zeigt, hergestellt.

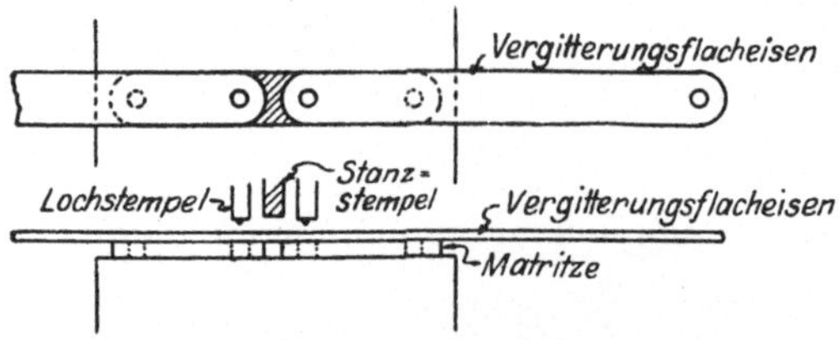

Abb. 185. Stanzen von Vergitterungsstäben.

Kleinere Bleche, Stoßlaschen, Futterstücke, Bindebleche usw. kommen bei gleicher Anordnung meistens in größerer Zahl vor, wobei das Vorzeichnen und Ankörnen jedes einzelnen Stückes langwierig und teuer sein würde. Durch eine sinnreiche Einrichtung, die sog. Weathersonvorrichtung wird die Herstellung vereinfacht. Das erste Stück wird in normaler Weise nach einer Schablone gestanzt und dient jetzt selbst als Schablone für die übrigen Stücke. Es wird an einem Rahmen an der Stanze befestigt, wie Abb. 186 zeigt, und darauf ein Stift nacheinander in die einzelnen Löcher geführt, wodurch jedesmal die Stanze in Tätigkeit gesetzt wird und ein neues Werkstück mit derselben Lochanordnung wie die Schablone gestanzt wird. Die Arbeitsweise dieser Vorrichtung ist mit der eines Pantographen zu vergleichen.

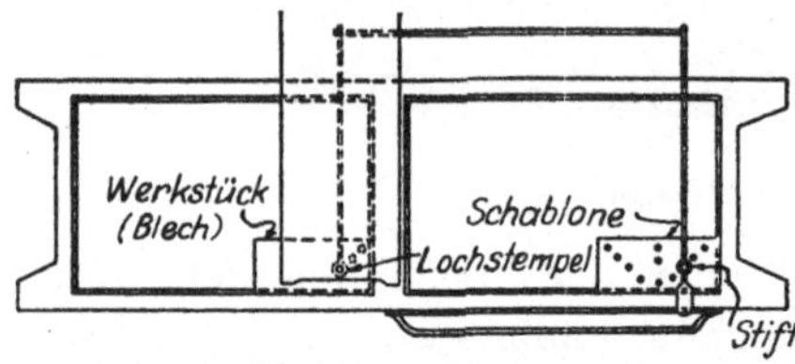

Abb. 186. Weatherson-Stanzvorrichtung.

Anschlagstanzen. Unter Anschlagstanzen versteht man solche, bei denen die Lochteilung selbsttätig ohne Verwendung von Auflegeschablonen und ohne Ankörnen eingestellt wird. Man unterscheidet hierbei Vielfachlochstanzen, die mehrere Löcher in einem Arbeitsvorgang lochen und Einfachlochstanzen, die nur ein Loch bei jedem Arbeitsvorgang herstellen. Zum gleichzeitigen Stanzen der Flanschenlöcher in I- und [-Eisen hat man besondere Flanschenlochstanzen konstruiert, andere Spezialstanzen lochen gleichzeitig mehrere Nietlöcher in Längsrichtung, usw. Die Nietteilungen werden bei diesen Stanzen entweder nach einer Holzteilung oder mit Hilfe von Anschlägen eingestellt, letztere arbeiten sehr genau, während es bei ersteren auf die Geschicklichkeit des Arbeiters an der Stanze ankommt.

Anschläge an den Lochwerken. In den einzelnen Werken sind verschiedene Arten von Anschlägen in Gebrauch. In den Abb. 187—189 ist der Hunter-, Paxton- und Toledotyp dargestellt.

Die in Abb. 187 gezeigte Hunteranschlagvorrichtung, bestehend aus den Sperrblöcken, die in einer Führung sitzen, und einem am Werkstück zu befestigenden Schuh, der nacheinander in die Lücken zwischen den Sperrblöcken eingesetzt wird, eignet sich besonders für Einfachlochstanzen.

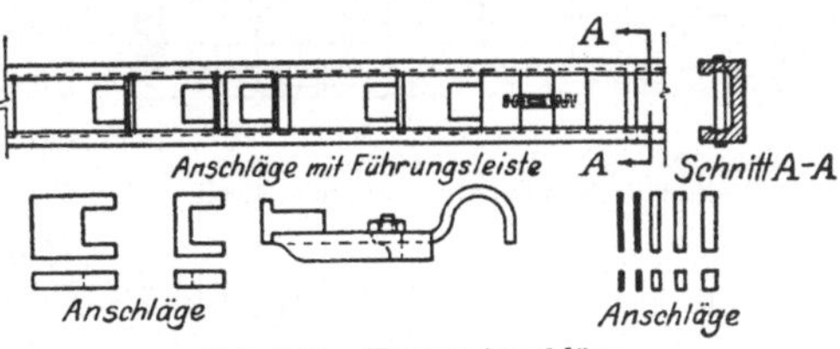

Abb. 187. Hunter-Anschläge.

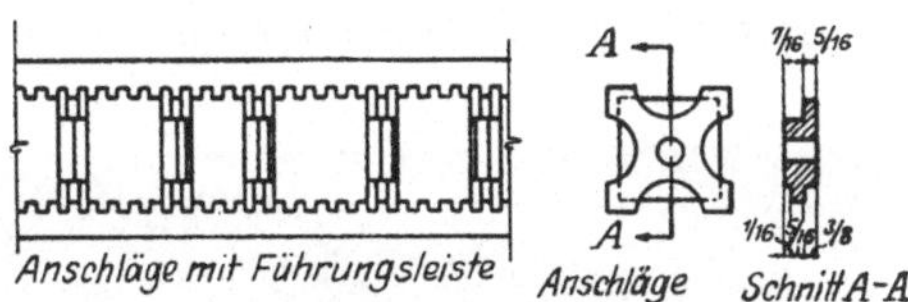

Abb. 188. Paxton-Anschläge.

In Abb. 188 ist der Paxtonanschlag dargestellt. Die Führungen haben eine Teilung von $1/2''$, die Zähne sind $1/4''$ stark. Durch die Ausbildung der Sperrklötze können die Lochabstände auf $1/16''$ genau eingestellt werden.

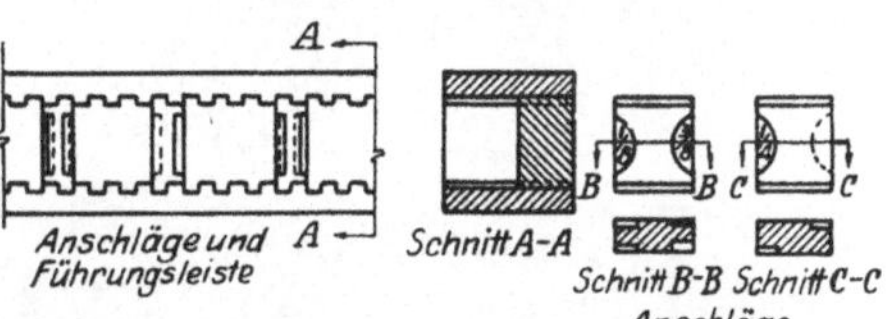

Abb. 189. Toledo-Anschläge.

Ähnlich ist der Toledoanschlag (Abb. 189), der eine ⊔-förmige Führung besitzt, auf welcher die Lochabstände auf $1/4''$, in besonderen Fällen unter Benutzung besonders gestalteter Sperrklötze auf $1/8$ oder $1/16''$ genau eingerichtet werden können.

Einfachlochstanzen mit Anschlägen. Flacheisen, ∠-, ⌐L- und ⊥-Eisen in geringer Länge werden bei großer Stückzahl zweckmäßig unter Verwendung von Anschlägen auf den Einfachlochstanzen gelocht.

Oft ist die Verwendung horizontal wirkender Stanzen, besonders bei gebogenem Material, angebracht. In Abb. 190 ist das Schema einer solchen Stanze, bei der das Werkstück auf einem Rollgang durch die Stanze geführt wird, dargestellt.

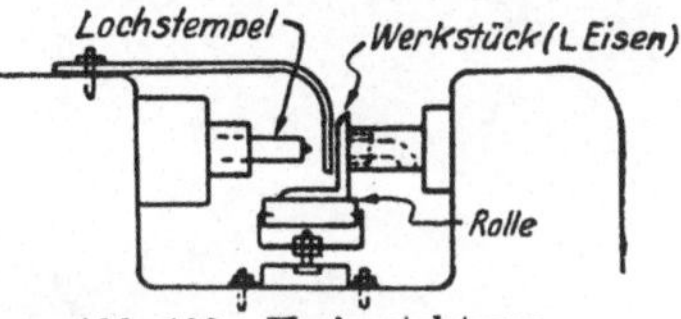

Abb. 190. Horizontalstanze.

Vielfachlochstanzen. Unter den Begriff „Vielfachlochstanzen“

fallen alle die Maschinen, welche zwei oder mehrere Löcher gleichzeitig stanzen. Für die verschiedenen Materialsorten wie ∠-, ⊏-, I-Eisen, Bleche usw. sind Sonderausführungen durchgebildet worden, auch ist die Art der Lochteilung und Bewegung des Werkstücks bei den einzelnen Stanzen verschieden. Vielfachlochstanzen werden vorwiegend für das Stanzen von Blechträgerstehblechen, Stehblechen und Lamellen von Stützen und genieteten Gurtungen, aus zwei oder vier ∠-Eisen bestehenden Querschnitten, Flanschen und Stegen von I- und ⊏-Eisen, Behälterblechen, Schornsteinblechen usw. verwendet.

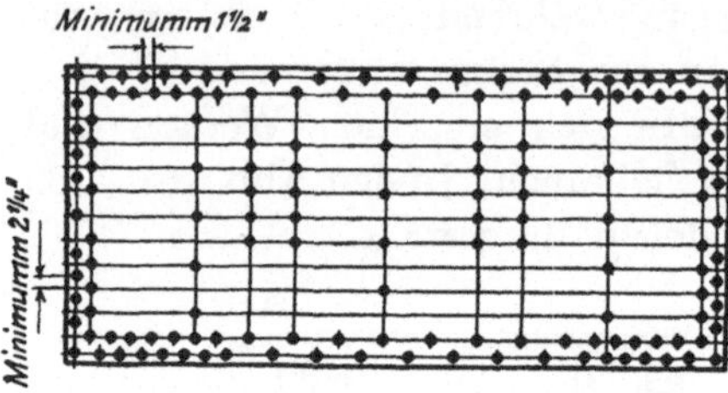

Abb. 191. Für die Bearbeitung unter der Vielfachlochstanze vorgesehenes Blech.

Bereits beim Konstruieren ist seitens der Konstrukteure auf die Einrichtung und Arbeitsweise dieser Stanzen Rücksicht zu nehmen. Der kleinste Abstand zwischen zwei Stanzstempeln beträgt in der Querrichtung $1^7/_8$, 2 oder $2^1/_4''$. Der kleinste Lochabstand in Längsrichtung ist von der Art der Ausführung der Lochteilung, ob nach Holzschablonen oder mit Hilfe von Anschlägen, abhängig. Bei Verwendung von Holzschablonen mit eingeritzten Lochteilungen ist dieser Abstand größer als $^1/_2''$, bei mit Bleistift aufgezeichneten Lochteilungen mindestens $^1/_8''$. Bei Benutzung von Holzschablonen ist die Kennzeichnung durch Bleistiftmarken vorzuziehen, da diese leicht übergestrichen und die Holz-

Abb. 192. Vielfachlochstanze.

leisten von neuem verwendet werden können. Bei Anschlägen ist ein Mindestlochabstand in Längsrichtung von $1^1/_2''$ notwendig.

In Abb. 191 ist ein für das Stanzen mittels Vielfachlochstanze geeignetes Blech mit einem kleinsten Lochabstand von $2^1/_4''$ in Quer- und $1^1/_2''$ in Längsrichtung dargestellt.

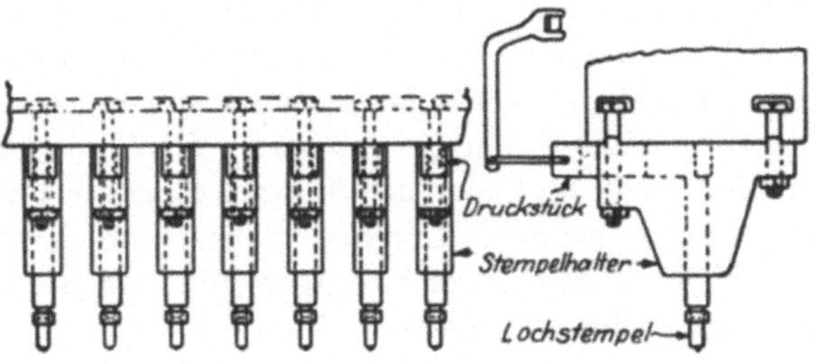

Abb. 193. Schema einer Vielfachlochstanze.

Abb. 192 zeigt das Bild einer 10′-Vielfachlochstanze, die 120″ breite und 46′ lange Bleche bearbeiten kann. Die Maschine ist so eingerichtet, daß die Längskanten des Bleches während des Stanzens beschnitten werden können. Der kleinste Mittenabstand der Löcher in Querrichtung beträgt $2^1/_4''$. Bei Sonderkonstruktionen hat man es errreicht, diesen Mindestabstand auf 2″ zu verringern. Die Stempel können jeder für sich, aber auch gruppenweise in Tätigkeit gesetzt werden. Abb. 193

Abb. 194. Elektrischer Schleppwagen einer Blechstanze.

läßt die Anordnung der Stempel einer Blechstanze erkennen. Die Lochteilung in der Längsrichtung wird durch Anschläge, die in diesem Fall nach dem Paxtontyp und unter Benutzung von Holzschablonen angeordnet sind, festgelegt. Der Mindestabstand in Längsrichtung beträgt hierbei $1^1/_2''$. Die Bleche werden durch einen elektrisch angetriebenen Schlitten unter den Stanzstempeln fortbewegt (s. Abb. 194), bei jedem Anschlag wird die Bewegung selbsttätig gehemmt.

Bevor die Stanze in Tätigkeit treten kann, sind folgende Vorkehrungen zu treffen. Zunächst sind die Bleche von der Zulage zur Stanze zu schaffen, dann die Stempel in der Querrichtung nach den in der Zeichnung angegebenen Maßen einzustellen, worauf die Anschläge für die Längsteilung einzusetzen sind. Jetzt können die Bleche auf dem Schlitten befestigt und die Stanzen zum Lochen der ersten Lochreihe eingerichtet werden. Der Bedienungsmann der Stanze hat bei jedem Anschlag die Stanze zu betätigen und sich an Hand der Zeichnungen von der Richtigkeit der gelochten Teilungen zu überzeugen. Bei Zickzacknietungen kann ein Wechsel in der Nietanordnung leicht zu Irrtümern beim Stanzen führen, weshalb in den Zeichnungen deutlich auf solche Unregelmäßigkeiten hingewiesen werden muß. Nach jedem Stanzvorgang hat die Bedienung des Schlittens die Weiterbewegung des Werkstücks einzuleiten.

Die Verwendung der Vielfachlochstanzen ist mit Rücksicht auf die zeitraubende Arbeit des Einstellens der Stempel und Anschläge nur bei einer größeren Anzahl gleicher Stücke wirtschaftlich und außerdem

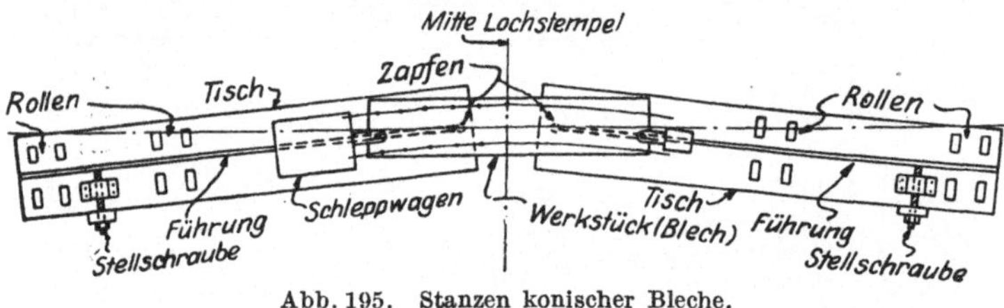

Abb. 195. Stanzen konischer Bleche.

von der Anordnung der Lochteilungen sowie der Form der Bleche abhängig. Im allgemeinen wird man sie nur bei Bearbeitung von mindestens vier gleichen Stücken verwenden. Sind mehrere Blechträger gleicher Höhe, aber verschiedener Länge herzustellen, so wird man die Nietteilungen des Stehblechs in der Querrichtung gleich anordnen, es ist dann nur notwendig, die Anschläge für die Lochteilung in der Längsrichtung für die verschiedenen Bleche umzusetzen.

Die einzelnen Schüsse für eiserne Schornsteine, Raffinierkessel u. a. werden oft etwas konisch ausgebildet und ineinandergesteckt. Die Löcher dieser Ringnietteilungen liegen daher auf Kreisen sehr großen Halbmessers, und das Stanzen mit den Vielfachlochstanzen geschieht in diesem Fall unter Verwendung schräggestellter Führungen für das Blech, wie Abb. 195 zeigt. Allerdings ist hier der Winkel zwischen der linksseitigen und rechtsseitigen Führung übertrieben dargestellt.

Sollen Blechträger eine Überhöhung erhalten, so sind die wagrechten Nietreihen der Stehblechteile unter einem kleinen Winkel zu stanzen, die Aussteifungswinkel und Stöße bleiben lotrecht angeordnet. Wie

Abb. 196. Herstellung der Überhöhung bei Stehblechen.

aus Abb. 196 ersichtlich ist, werden die Bleche etwas aus der Längsachse gedreht der Stanze zugeführt, während sonst der Arbeitsvorgang normal ist.

Ist der Abstand der Nietlöcher in der Querrichtung geringer als der kleinste mögliche Abstand der Stanzstempel, so ist etwa eine in Abb. 197 dargestellte Vorrichtung zum Verschieben der Bleche in der Querrichtung zu verwenden.

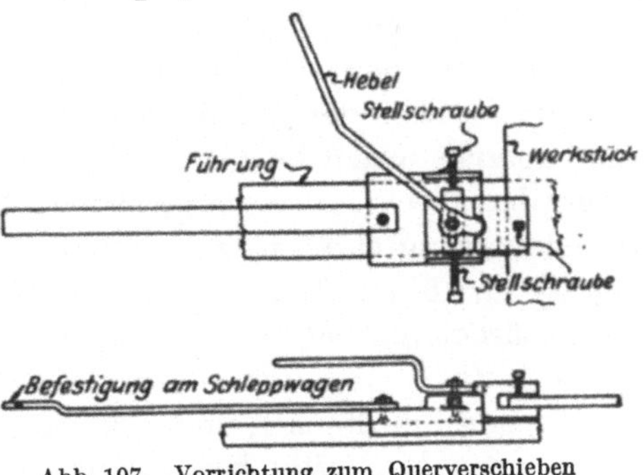

Abb. 197. Vorrichtung zum Querverschieben von Blechen unter der Stanze.

Belagbleche, Behälterbleche u. a. haben meistens eine sich regelmäßig wiederholende Lochteilung längs ihrer Ränder. Die bisher beschriebenen Vielfachlochstanzen können aber hierbei nur je ein Loch in den beiden Randnähten bei einem Arbeitsvorgang stanzen. Da dieses zeitraubend ist, sind hierfür besondere Stanzen, sog. Tandemstanzen, konstruiert, die sechs bis acht Löcher auf einmal in der Längsrichtung stanzen können (s. Abb. 198). Beträgt hierbei der Nietlochabstand $1^1/_2''$ in der Längsrichtung, so muß, da der geringste Abstand der Stempel nur $3''$ ist, in folgender Weise verfahren werden: Es werden zunächst in jeder Randnaht sieben Löcher in je $3''$ Abstand gestanzt, darauf das Blech um $1^1/_2''$ vorgerückt und nochmals sieben Löcher von $3''$ Abstand gelocht. Nach Vorrücken des Bleches um $19^1/_2''$ wiederholt sich dann der oben beschriebene Vorgang. Abb. 199 zeigt die Anordnung der Stempel einer solchen Stanze.

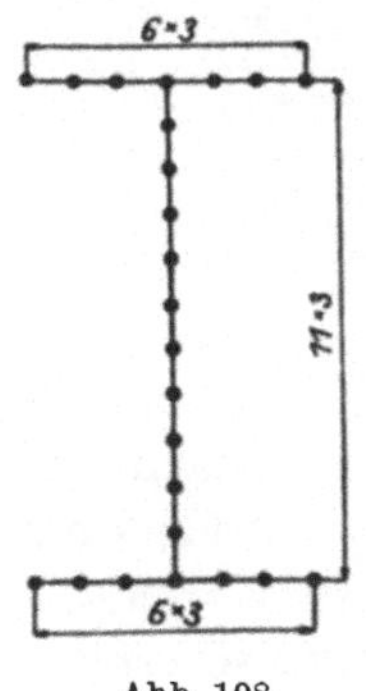

Abb. 198.

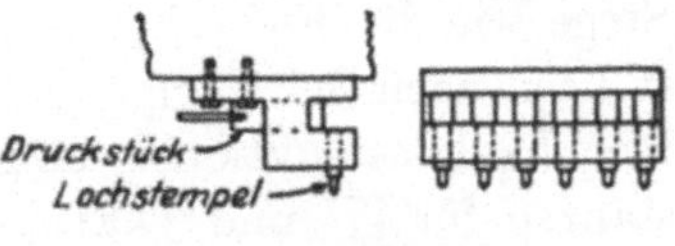

Abb. 199.

Zur Bedienung einer Vielfachlochstanze sind drei Mann erforderlich; einer für die Stanze, ein zweiter für den entweder von Hand oder elektrisch bewegten Schlitten und ein dritter zum Bereitlegen und Befestigen des Materials auf dem Schlitten. Bei dieser Arbeitsteilung ist eine möglichst ununterbrochene Arbeit mit nur kurzen Pausen zwischen der Fertigstellung eines Werkstücks und dem Beginn der Bearbeitung des nächsten zu erreichen.

Der den Schlitten bedienende Mann kann entbehrt werden, wenn etwa zehn elektrische Glühlampen in den Stromkreis der Maschine eingeschaltet werden, deren Aufleuchten, durch besondere Einrichtung bewirkt, anzeigt, welche Stempel in Tätigkeit zu setzen sind. Hierbei wird nach jedem Stanzvorgang der Schlitten selbsttätig wieder in Bewegung gesetzt. Diese Anordnung wird in einem Werk benutzt, ob sie auch in anderen Werken verwendet wird, ist dem Verfasser nicht bekannt.

Bei einer anderen Vielfachlochstanze wird zur Kennzeichnung der Lochteilungen ein sich abrollender gelochter Papierstreifen, ähnlich wie bei einem mechanischen Klavier, benutzt.

Zum Stanzen der Dachbleche von Öltanks und ähnlichen Behältern sind Spezialstanzen im Gebrauch, welche die in gleichmäßiger Teilung längs der Blechränder vorgesehenen Löcher eines Bleches in einem Arbeitsvorgang stanzen, z. B. stanzt eine solche Maschine nur Bleche von $60'' \times 15'$ mit $1^1/_2''$ Teilung für $^7/_{16}''$ Löcher. Solche Stanzen werden natürlich nur bei Bearbeitung größerer Mengen stets gleicher Bleche angeschafft.

Oft sind die Stanzen und Scheren mit Kipptischen ausgerüstet, die durch einen Preßluftkolben bewegt, die fertigen Bleche ohne Zuhilfenahme von Kranen neben den Maschinen aufstapeln (Abb. 200).

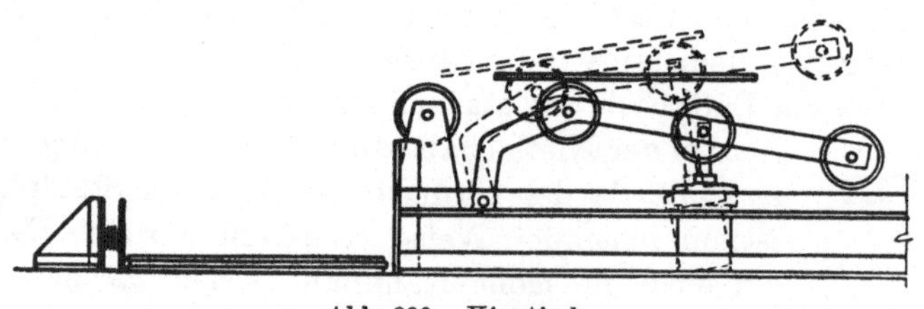

Abb. 200. Kipptisch.

Stanzen von ⊏- und I-Eisen. Im allgemeinen werden sowohl die Stege wie die Flanschen der ⊏- und I-Eisen unter den Einfachlochstanzen nach Schablonen gelocht. Werkstätten, die sich besonders auf Hochbaukonstruktionen eingestellt haben, besitzen meistens Spezialstanzen für ⊏- und I-Eisen, die eine schnellere Arbeitsweise ermöglichen.

Die Flanschenlöcher werden sonst entweder einzeln oder paarweise gestanzt; letztere Anordnung ist in Abb. 201 für ⊏-Eisen dargestellt

Die Längsteilung wird hierbei in ähnlicher Weise wie beim Stanzen von ∠-Eisen und Blechen mit Hilfe von Schablonen festgelegt.

Zum Stanzen der Löcher in Normalanschlüssen für Hochbaukonstruktionen werden Spezialstanzen verwendet, welche gleichzeitig sämtliche Löcher eines Anschlusses stanzen. Der Zeichensaal muß dann bestrebt sein, die Anschlüsse soweit wie möglich für diese Stanzen einzurichten.

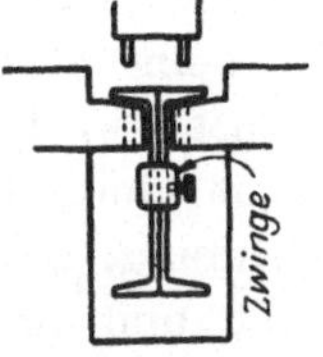

Abb. 201. Gleichzeitiges Stanzen der Löcher im Flansch zweier ⊏-Eisen.

Bei einer anderen Stanzenkonstruktion wird die Nietteilung der Stege von ⊏- und I-Eisen auf einem Meßband aufgetragen, welches, an einem Ende des zu stanzenden Profils befestigt, durch eine nach Abb. 202 angeordnete Vorrichtung gespannt, die Maschine mit dem Werkstück durchläuft.

Richten der gestanzten Teile. Infolge des Stanzens erfahren ∠-, ⅂L-, I-Eisen sowie Flacheisen und schmale Bleche, letztere besonders bei unsymmetrischer Anordnung, mitunter Verbiegungen und Ausbeulungen, weshalb es notwendig ist, sie vor dem Zusammenbau durch die Richtpresse laufen zu lassen (Abb. 203).

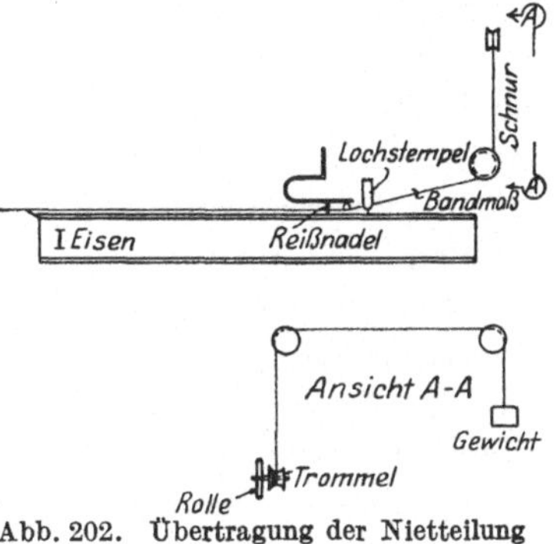

Abb. 202. Übertragung der Nietteilung vom Bandmaß.

Längenänderung beim Stanzen. Bei ∠-, ⅂L-, ⊥-Eisen und schmalen Blechen ergibt sich beim Stanzen eines jeden Loches auf den gewöhnlichen Lochwerken eine geringe Verlängerung des Werkstücks, die nach dem Stanzen sämtlicher Löcher oft eine merkbare Größe erreicht. Diese Verlängerung scheint je nach Materialgüte, Materialstärke sowie Lochdurchmesser und Lochzahl verschieden zu sein, wofür man aber noch keine ausreichende Erklärung gefunden hat. Beispielsweise hat man festgestellt, daß zwei gleiche Winkel beim Stanzen nicht die gleiche Verlängerung erfahren. Es ist infolgedessen nicht möglich, diese Verlängerung von vornherein zu bestimmen und zu berücksichtigen; sie beträgt oft $^1/_2''$ auf 80′. Allerdings versucht man, durch geringe Reduzierung des Maßstabes die Streckung des Materials auszugleichen, doch wird dieses nur angenähert zu erreichen sein. Beim Stanzen des Materials für einen Blechträger auf einer Einfachlochstanze würde man so verfahren, daß die Gurtwinkel nach einem reduzierten Maßstab, die Stehbleche aber, da sie erfahrungsgemäß keine Verlängerung beim Stanzen

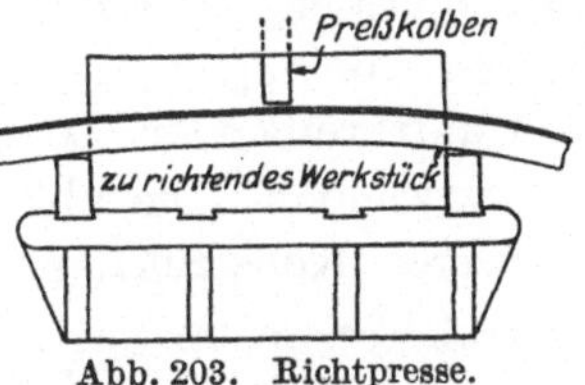

Abb. 203. Richtpresse.

erfahren, in genauen Maßen gestanzt werden, ebenso die Aussteifungswinkel, bei welchen wegen ihrer geringen Länge die Verlängerung beim Stanzen kaum in Erscheinung tritt.

Beim Stanzen mittels der verschiedenen Arten von Vielfachlochstanzen wird das Material meistens durch die Maschinen gezogen und nicht hindurchgedrückt. Das Werkstück erfährt hierbei eine geringe Dehnung, die nach Beendigung der Bearbeitung auf der Stanze zurückgeht, und die durch das Stanzen hervorgerufene Verlängerung wieder aufhebt.

∟-, ⅂- und ⊥-Eisen erfahren beim Stanzen dadurch eine Krümmung, daß die Nietrisse meistens nicht mit der Schwerlinie zusammenfallen. Bei Flacheisen und schmalen Blechen mit zwei Nietrissen vermeidet man durch zur Mittellinie symmetrische Nietteilung dieses Krümmen des Werkstücks, ebenso bei einer Nietreihe dadurch, daß man diese mit der Mittellinie zusammenfallen läßt. Vielleicht kann man dem Richten des Materials nach dem Stanzen einen Teil der Verlängerung zuschreiben. Auch beim Schlagen der Niete wird besonders bei dünnem Material eine gewisse Längung eintreten, die jedoch nur unbedeutend ist und nicht nachteilig wirkt.

Aufreiben. Wie bereits erwähnt, werden bei Konstruktionsteilen, deren Löcher aufgerieben werden sollen, diese zunächst kleiner gestanzt und beim Zusammenbau aufgerieben. Im allgemeinen sind dabei die gestanzten Löcher $^3/_{16}''$ kleiner und die aufgeriebenen $^1/_{16}''$ größer als die zugehörigen Nietdurchmesser. Da es beim Zusammenbau nicht möglich ist, mehrere Blechstärken mit dünnen Bolzen oder Dornen zusammenzuziehen, ist bei der Wahl des Nietdurchmessers bereits beim Konstruieren hierauf Rücksicht zu nehmen, weshalb beim Vorhandensein mehrerer Eisenstärken mindestens $^7/_8''$ Niete zu wählen sind. Die Durchmesser der gestanzten und aufgeriebenen Löcher für Nietdurchmesser von $^3/_4$, $^7/_8$, 1 und $1^1/_8''$ sind nachstehend zusammengestellt. Bei aufzureibenden Löchern sind Niete unter $^3/_4''$ Durchmesser nicht zu verwenden. Die üblichen Nietstärken sind $^7/_8$ und 1'' und nur bei schweren Konstruktionen $1^1/_8''$.

Durchmesser der gestanzten und aufgeriebenen Löcher.

Nietdurchmesser	gestanzte Löcher	aufgeriebene Löcher
$^3/_4''$	$^{11}/_{16}''$	$^{13}/_{16}''$
$^7/_8''$	$^{11}/_{16}''$	$^{15}/_{16}''$
1''	$^{13}/_{16}''$	$1^1/_{16}''$
$1^1/_8''$	$^{15}/_{16}''$	$1^3/_{16}''$

Zum Aufreiben wird entweder der dreirillige oder der fünfrillige Aufreiber, auch Brückenaufreiber genannt, verwendet. Ersterer wird hauptsächlich zum Aufreiben der vorgestanzten Löcher, letzterer zum Säubern der Löcher vor dem Vernieten benutzt. Beide Arten sind in Abb. 204 dargestellt. Die elektrischen Aufreiber arbeiten meistens mit Gleichstrom von 220 Volt.

Das Aufreiben der Löcher in lotrechter Richtung erfolgt unter kräftigen Portalen in Eisenkonstruktion, an denen mehrere Aufreiber angeordnet sind (s. Abb. 205). Mit Hilfe dieser Portalaufreiber werden beispielsweise die Löcher für die Kopfniete in den Gurtwinkeln und Lamellen von Blechträgern, bevor die Gurtungen mit den Stehblechen zusammengelegt werden, ferner die übrigen Löcher im Blechträger bei dem Zusammenbau aufgerieben. Im allgemeinen werden sämtliche Teile, die ohne besondere Schwierigkeiten zum Portal herangebracht werden können, hier aufgerieben.

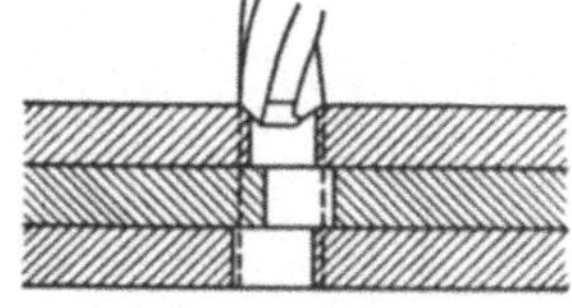

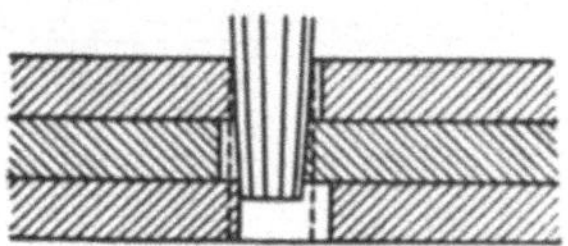

Abb. 204. Aufreiber.

Teile, die schwierig zu transportieren sind, werden mittels beweglicher, entweder elektrisch oder pneumatisch angetriebener Aufreiber bearbeitet, z. B. größere zusammengebaute Fachwerkteile u. a.

Zum Aufreiben von Löchern in der Richtung von unten nach oben bedient man sich häufig eines fahrbaren Aufreibers nach Abb. 206. Der

Abb. 205. Portalaufreiber.

Aufreiber ruht auf einem fahrbaren Gestell, das mit der Radachse als Drehachse einen bequemen Hebel darstellt.

Kleinere Konstruktionsteile werden mit dem in Abb. 207 dargestellten, mit elektrischem Antriebe ausgerüsteten Konsolaufreiber aufgerieben, der infolge einer Gelenkanordnung einen beträchtlichen Wirkungskreis bestreichen kann.

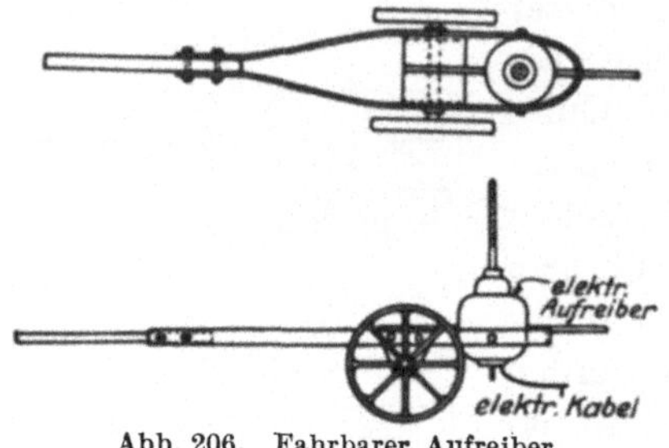

Abb. 206. Fahrbarer Aufreiber.

Die Lieferungsbedingungen verlangen entweder das Aufreiben der Löcher am zusammengelegten Bauteil oder der Löcher der Einzelteile unter Benutzung besonderer Bohrschablonen. Letztere Methode ist beim Aufreiben z. B. der Löcher von Quer- und Längsträgeranschlüssen zweckmäßig, da es umständlich sein würde, diese an der zusammengelegten Brücke aufzureiben. Als Bohrschablonen ver-

Abb. 207. Konsolaufreiber.

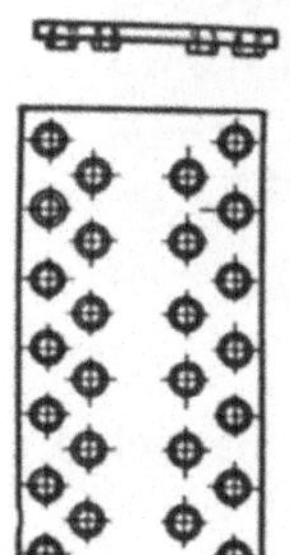
Abb. 208. Bohrschablone.

wendet man Bleche von $^3/_8''$ Stärke, in die gehärtete Bohrbuchsen von $1''$ Stärke eingesetzt sind (s. Abb. 208). Als Aufreiber werden dabei die dreirilligen Aufreiber benutzt.

Bohren. Da das Bohren der Löcher teurer ist als das Stanzen, wird es nur in solchen Fällen angewendet, wo es unumgänglich notwendig ist.

Löcher in Gußeisen, Phosphorbronze, Stahlguß, einigen hochwertigen Stählen, sowie in gewöhnlichem Flußstahl von mehr als $1^1/_8''$ Stärke bei letzterem (nach einigen Vorschriften bereits bei mehr als $^3/_4''$ Stärke) werden gebohrt.

Als Ausnahme von dieser Regel werden die Löcher in folgenden Fällen gestanzt und aufgerieben:

1. Bei Flußstahl, falls die Materialstärke nicht größer ist als der Nietdurchmesser;

2. bei Stahlguß mit einem Kohlenstoffgehalt von höchstens 0,40 vH und einer Stärke von höchstens 1″, wenn Löcher von $^9/_{16}$ bis $^{15}/_{16}$″ Durchmesser herzustellen sind. Stahlguß größerer Stärke muß gebohrt werden;

3. bei Siliziumstahl mit einem Kohlenstoffgehalt von höchstens 0,40 vH und einer Stärke bis zu $^7/_{16}$″;

4. bei Nickelstahl von über 3 vH Nickelgehalt.

Es soll noch darauf hingewiesen werden, daß Manganstahl weder gestanzt noch gebohrt werden kann. Gußstücke aus Manganstahl sind deswegen in genauen Abmessungen zu gießen; eine Bearbeitung der Oberflächen kann nur durch Abschleifen geschehen, Löcher sind durch Einsetzen von Kernen beim Gießen herzustellen.

Die zum Bohren verwendeten Bohrer sind zweirillig und in Durchmessern von $^1/_{16}$″ bis $2^{15}/_{16}$″ in Abstufung von $^1/_{32}$″ in Gebrauch. Größere Löcher werden auf der Bohrbank oder auf Spezialbohrmaschinen hergestellt.

Die üblichen Lochdurchmesser gebohrter Löcher mit den zugehörigen Schaftdurchmessern der Niete, Maschinenschrauben oder gedrehten Bolzen sind in untenstehender Tabelle zusammengestellt.

Durchmesser der Bohrung	Nietdurchmesser	Durchmesser von Maschinenschrauben	Durchmesser gedrehter Bolzen
$^{13}/_{16}$″	$^3/_4$″	$^3/_4$″	$^{25}/_{32}$″
$^{15}/_{16}$″	$^7/_8$″	$^7/_8$″	$^{29}/_{32}$″
$1^1/_{16}$″	1″	1″	$1^1/_{32}$″
$1^3/_{16}$″	$1^1/_8$″	$1^1/_8$″	$1^3/_{32}$″

Zu den gewöhnlichen Bohrmaschinen gehören die Ständer-, Radial-, die versetzbaren sowie die Mehrspindelbohrmaschinen. Die zum Bohren größerer Löcher verwendeten Spezialbohrmaschinen sind später im Abschnitt XXX beschrieben.

Ständerbohrmaschinen. Bei diesen ist eine feststehende Bohrspindel vorhanden. Das Werkstück wird auf dem Tisch festgeklemmt und umgespannt, sobald ein Loch fertiggebohrt ist (s. Abb. 209).

Radialbohrmaschinen. Bei den Radialbohrmaschinen sitzen die Bohrspindeln längsverschieblich auf einem drehbaren Arm, so daß die ganze, vom Arm bestrichene Fläche von der Spindel erreichbar ist, ohne daß das Werkstück verschoben zu werden braucht (s. Abb. 210).

Versetzbare Bohrmaschinen. Die versetzbaren Bohrmaschinen sind in ähnlicher Weise wie die Portalaufreiber angeordnet. Sie werden

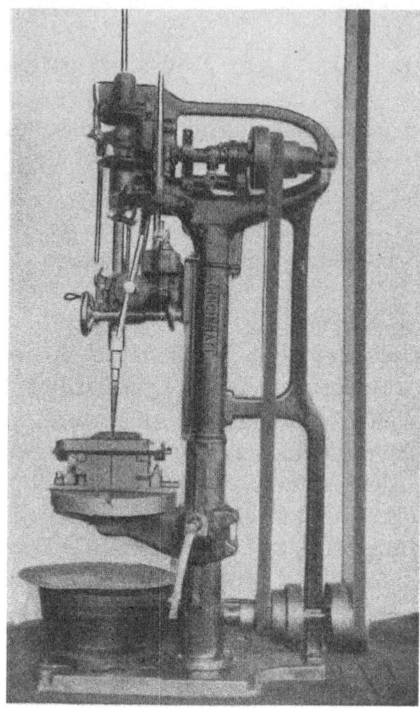

Abb. 209. Ständerbohrmaschine.

entweder elektrisch oder mittels Druckluft angetrieben und zum Bohren von Löchern benutzt, die von den Ständerbohrmaschinen unbequem zu bearbeiten sein würden, sie sind somit besonders zum Bohren schwerer Stücke zweckmäßig.

Mehrspindelbohrmaschinen. Mehrspindelbohrmaschinen kommen in den größeren Werkstätten in Anwendung, wenn sehr viele Löcher zu bohren sind oder hochwertiges Material, Siliziumstahl u. a. das Bohren der Löcher infolge größerer Materialstärke oder infolge der besonderen Materialeigenschaften notwendig macht.

In Abb. 211 ist eine Achtspindelbohrmaschine, deren Spindeln gleichzeitig arbeiten können, dargestellt. Das Material wird auf elektrisch angetriebenen Roll-

Abb. 210. Radialbohrmaschine.

gängen unter den Spindeln verschoben. Die Werkstücke können dabei bis 80′ lang sein, Bleche eine Breite von 12′ haben. Schmalere Bleche werden häufig nebeneinandergelegt, soweit sie zusammen unter 12′ Breite bleiben, und gleichzeitig gebohrt. Die Löcher sind dabei

Abb. 211. Vielfachlochbohrmaschine.

entweder nach einer Schablone oder unter Benutzung einer Vielfachstanze angekörnt. Im übrigen ist der Arbeitsvorgang ein ähnlicher wie beim Stanzen. Der kleinste Lochabstand in Querrichtung beträgt 8″, in Längsrichtung $1^{1}/_{2}''$. welche Maße durch den kleinsten möglichen Spindelabstand gegeben sind.

XXII. Schneiden und sonstige Vorgänge.

Es sollen im folgenden die verschiedenen Anordnungen zum Schneiden des Eisens beschrieben werden. In der Werkstatt ist man bestrebt, das Schneiden der Stücke möglichst einzuschränken, da außer dem Schneiden noch der Transport zur Schere als Arbeitsvorgang hinzukommt. So weit wie möglich werden daher die Profile in genauen Längen bestellt, besonders bei I-, ⊏-, Z und ⊥-Eisen, die schwer zu schneiden sind. Hierdurch wird außerdem der Abfall und das Anhäufen kurzer Stücke vermieden.

Trägerscheren. Die Trägerscheren sind bereits im Abschnitt XVIII beschrieben worden. Annähernd 95 vH der Träger werden in genauen

Längen bestellt und kommen daher nicht mehr vor die Schere; die restlichen 5 vH setzen sich aus Profilen, die dem Lager entnommen werden, und kurzen Stücken, die kombiniert bestellt worden sind, zusammen.

Abb. 212. Doppel-Winkeleisenschere.

Winkeleisenscheren. Beide Winkelschenkel werden gleichzeitig geschnitten, einerlei, ob es sich um schräge oder gerade Schnitte handelt. Schrägschnitte werden durch Neigen der Schere und nicht der Winkel hergestellt, da sonst die Transportwege und Gänge versperrt würden. In Abb. 212 ist eine Doppelwinkeleisenschere dargestellt, die ∠-Eisen aller Profile bis 8″ × 8″ × $1^1/_2$″ in beliebiger Länge schneiden kann. Die größtmögliche Neigung des Schrägschnittes ist in Abb. 213 angegeben, in Abb. 214 die Anordnung der Scherenmesser dargestellt.

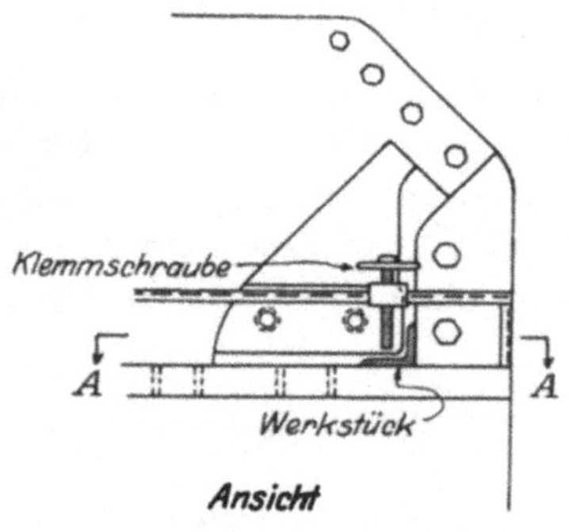

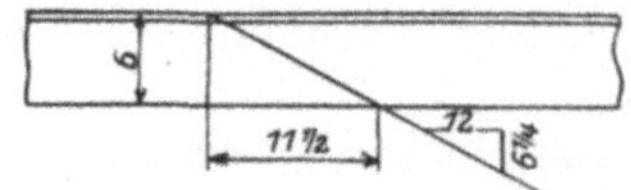

Abb. 213. Schrägschnitt (Grenzlage).

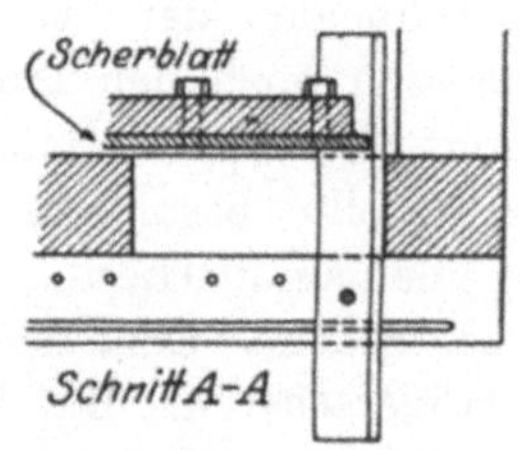

Abb. 214. Winkeleisenschere.

Blechscheren. An Blechscheren werden verschiedene Typen verwendet, die nach der Länge der Schneidevorrichtung benannt werden; so wird z. B. eine Schere mit Messern von 24″ Länge als 24″-Blechschere bezeichnet. Zur Ausführung von Schrägschnitten werden oft besondere,

Abb. 215. Blechschere.

drehbare Blechscheren benutzt. Zum Schneiden langer Bleche, die unter der Schere in der Schnittrichtung verschoben werden müssen, sind besondere Scheren mit ausgesparten Ständern notwendig. Eine solche Schere, eine 10′ 5″-Schere, welche Bleche von 96″ Länge und 1″ Stärke in der Längsrichtung schneiden kann, ist in Abb. 215 dargestellt. Die Anordnung der Messer und Ständer ist aus Abb. 216 ersichtlich. Das Schneidmesser wird geneigt angesetzt, so daß der zum Schneiden benötigte Druck allmählich anwachsen kann. Das in der Skizze dargestellte Messer ist 11′ lang mit einer Schneidkante von 8′ 6″. Ein Blech bis zu 10′ 5″ Breite kann bei dieser Schere quergeschnitten werden. Die Breite eines längsgeschnittenen Bleches ist durch das Maß 26⁷/₈″, um welches das Messer vor den Ständern sitzt, begrenzt.

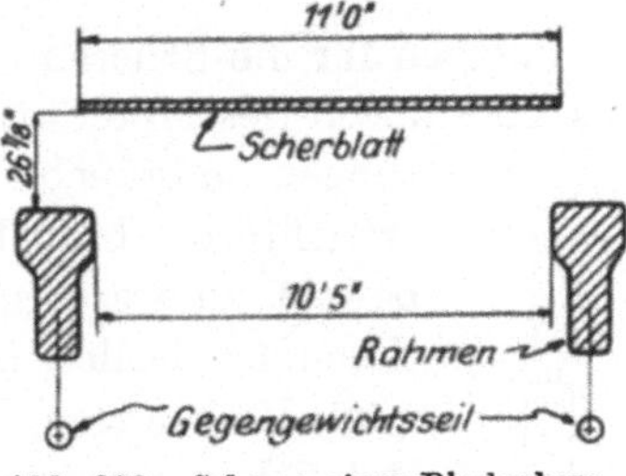

Abb. 216. Schema einer Blechschere.

Abschrägen der Blechkanten. Bleche für Behälter und Kessel, die wasser-, öl-, gas-, staub- oder luftdicht sein müssen, werden verstemmt. Das Verstemmen soll stets auf der Baustelle vorgenommen werden, da sonst die Stöße und Erschütterungen während des Transports ein Lokkern der Stemmnähte herbeiführen können. Es wird oft verlangt, daß die Stemmkanten abgeschrägt werden sollen, bei Blechen unter $^{3}/_{8}''$ Stärke ist diese Forderung wohl berechtigt, um ein gutes Verstemmen zu ermöglichen, bei größeren Blechstärken dürfte es aber überflüssig sein.

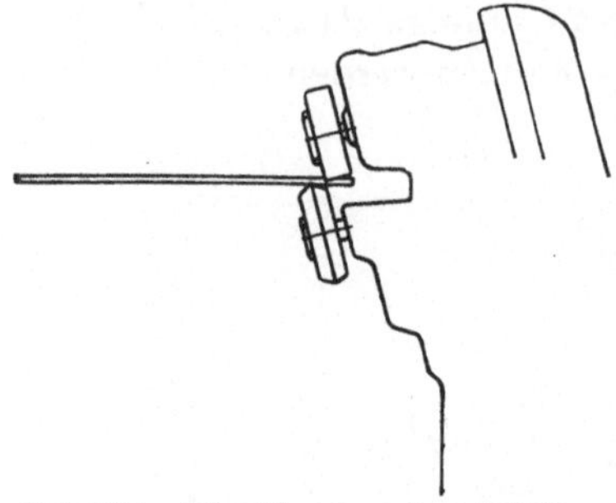

Abb. 217. Schneiden der abgeschrägten Stemmkanten von Behälterblechen.

Nebenstehend (Abb. 217) ist eine Skizze einer Stemmkantenschere aufgezeichnet, aus der ersichtlich ist, wie das zu bearbeitende Blech zwischen den sich gegeneinander drehenden Kreismessern durchläuft. Das Blech wird dabei von zwanglos sich drehenden Rädern unterstützt, während der Weitertransport von der Schere mittels Kran oder der früher beschriebenen Kipptische getätigt wird.

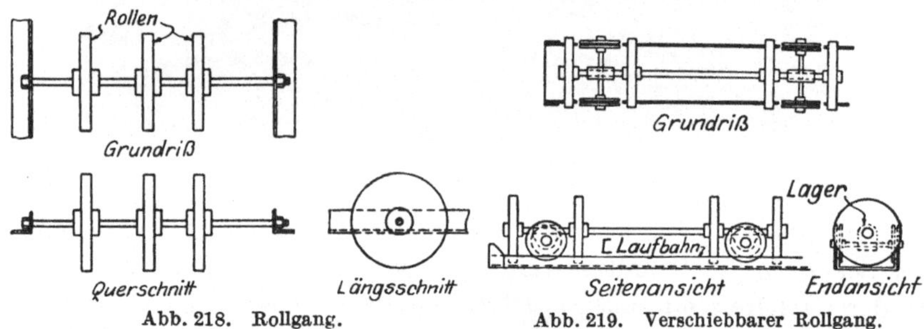

Abb. 218. Rollgang.

Abb. 219. Verschiebbarer Rollgang.

Zulagen für die Scheren. Außer den gewöhnlichen Zulagen sind für das Bereitlegen des Materials an den Scheren noch besondere Vorrichtungen gebräuchlich, welche das Verschieben der Bleche erleichtern; brauchen die Bleche nur in einer Richtung bewegt zu werden, so genügt eine Reihe loser, auf Achsen sitzender Rollen (Abb. 218). Bei Bewegung der Bleche in zwei Richtungen kommt noch ein weiterer, in einer zur ersten Bewegungsrichtung senkrechten Richtung beweglicher Rollensatz hinzu, wie Abb. 219 zeigt. Auch dienen Stützpfosten mit drehbaren Rollen, sog. Schwanenhälse, wie ein solcher in Abb. 220 dargestellt ist, dem gleichen Zweck. Zum Festhalten und Einstellen des Materials gebraucht man Schraubzwingen nach Abb. 221.

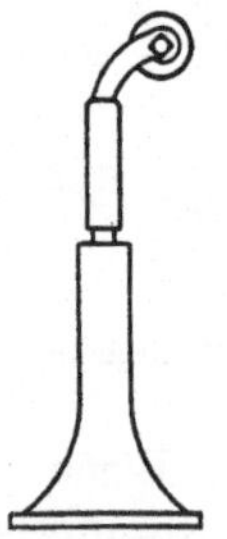

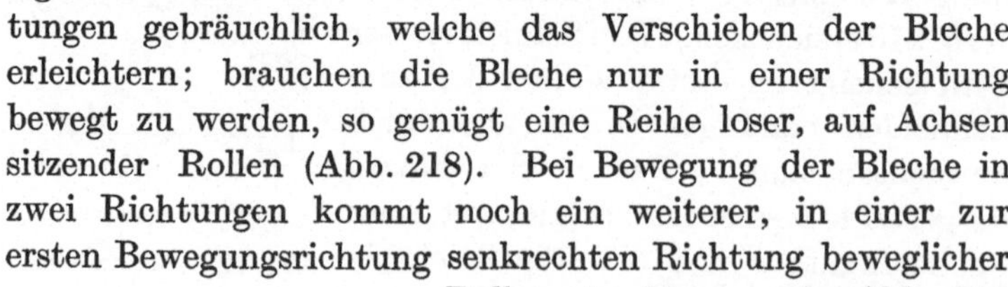

Abb. 220. Drehbarer Stützpfosten.

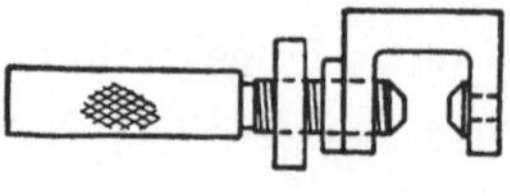

Abb. 221. Schraubzwinge.

Sonstige Scheren. Zum Schneiden von Rund-, Vierkant- und Flacheisen sind besondere Scheren, die Material bis zu $2^1/_2''$ Stärke schneiden, gebräuchlich.

Für ⅂- und ⊥-Eisen sind die in Abb. 222 skizzierten Schneidwerkzeuge zu verwenden. Wie aus den Skizzen hervorgeht, ist der Vorgang beim ⅂-Eisen ein regelrechtes Schneiden, während im unteren Teil des ⊥-Eisenflansches schon mehr ein Zerreißen eintritt.

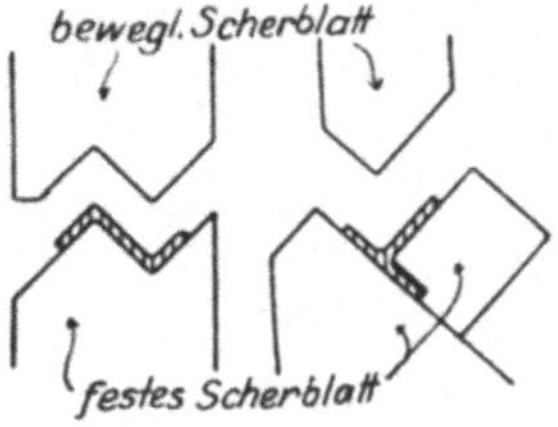

Abb. 222. Schneiden von ⅂- und ⊥-Eisen.

Sägen. Das Schneiden mit der Kaltsäge ist neuerdings in weitem Umfang durch das Abtrennen mit dem Azetylenbrenner, welches billiger und schneller ausführbar ist, ersetzt worden. Um einen Querschnitt von $18'' \times 6''$ durchzusägen, braucht eine kleine Säge 1 Stunde 36 Minuten, während eine große Säge 30 Minuten dazu benötigt. Eine solche Säge besteht aus einer kreisrunden Scheibe mit an ihrem Umfange befestigten Zähnen aus gehärtetem Werkzeugstahl

Abb. 223. Kaltsäge.

(s. Abb. 223). Im Walzwerk wird das Material in noch warmem Zustande zersägt.

Weniger häufig sind die schnellaufenden Friktionssägen, die kreisrunde Scheiben aus Stahl ohne Zähne besitzen und sich bei der großen Umlaufsgeschwindigkeit gewissermaßen ins Eisen hineinbrennen.

Autogenes Schneiden. Hierunter versteht man das Arbeiten mit dem Azetylenbrenner. Das durch Mischung von Sauerstoff und Azetylen erhaltene, aus einer Düse unter hohem Druck austretende, entzündete Gasgemisch verbrennt hierbei mit sehr heißer Flamme, die zum Schneiden benutzt wird. Seine zunehmende Verbreitung verdankt dieses Verfahren einmal seiner verhältnismäßigen Billigkeit gegenüber dem Sägen und andererseits anderen Vorteilen, die im folgenden erläutert sind:

1. Da die gesamte Ausrüstung leicht beweglich ist, ist ein Transport des zu schneidenden Stückes nicht notwendig.
2. Das Schneidbrennen ist schneller ausführbar und wirtschaftlicher als das Sägen.
3. Der Schneidbrenner kann an Stellen arbeiten, die für die Säge oder Schere nicht zugänglich sind.
4. Abzubrechende Eisenkonstruktionen können mit Hilfe des Schneidbrenners schnell verschrottet werden.
5. Die Azetylenflamme kann auch zum Schweißen verwendet werden.
6. Zum Entfernen der Niete durch Abbrennen der Nietköpfe ist der Schneidbrenner gut zu gebrauchen.
7. Auf der Baustelle können notwendige Löcher schnell hiermit hergestellt werden. Sie sind dann noch aufzureiben.
8. Einspringende Ecken können bequemer als durch Stanzen und Sägen mittels Schneidbrenner ausgearbeitet werden.
9. Gelenkbolzenlöcher werden häufig zunächst ausgebrannt und dann ausgebohrt.

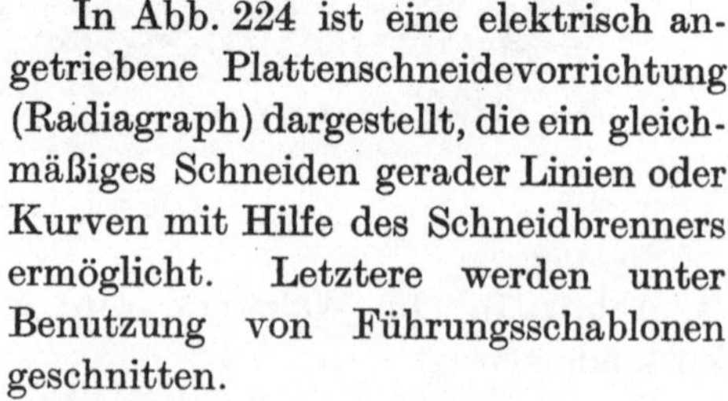

Abb. 224. Radiagraph.

Die beim Schneiden mit dem Brenner entstehende Schnittfuge ist $^{1}/_{4}''$ breit. Ein Eisenstück, im Querschnitt $18'' \times 6''$, wird in 4 Minuten zerschnitten.

In Abb. 224 ist eine elektrisch angetriebene Plattenschneidevorrichtung (Radiagraph) dargestellt, die ein gleichmäßiges Schneiden gerader Linien oder Kurven mit Hilfe des Schneidbrenners ermöglicht. Letztere werden unter Benutzung von Führungsschablonen geschnitten.

Man hat die Einwirkung des Schneidbrenners auf das Material untersucht, die Härteprüfung ergab, daß das $^{1}/_{8}''$ vom Rande des Schnittes vorhandene Material nicht mehr in Mitleidenschaft gezogen war.

Ausklinken. — Das Wegstanzen einzelner Teile an den Enden von I-, [-, L-, Z- und I-Eisen nennt man Ausklinken. Die dazu benötigten Schneidwerkzeuge haben mannigfaltige Ausbildung erfahren. Ausklinkungen sind besonders bei Trägeranschlüssen notwendig. Abb. 225 zeigt verschiedene Arten der Ausklinkungen an einem I-Träger. Um Säge- und Scherenschnitte an schlecht zugänglichen Teilen zu vermeiden, wird man oft Ausklinkungen vorsehen müssen.

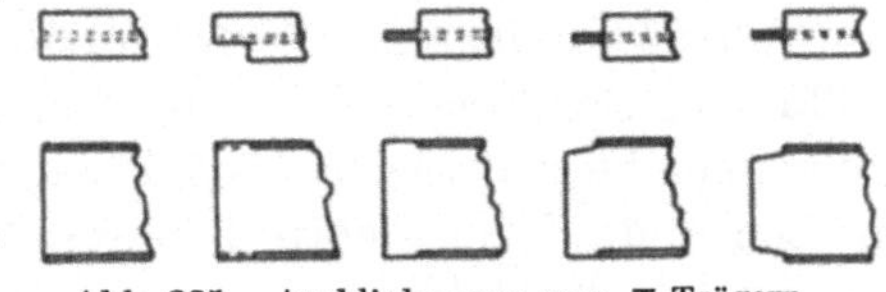

Abb. 225. Ausklinkungen von I-Trägern.

Hobeln der Blechkanten. Zur Bearbeitung der Kanten von Stehblechen genieteter Träger, von Auflagerknotenblechen und -winkeln usw., verwendet man vorzugsweise Blechkantenhobelbänke oder, falls solche in der Werkstatt nicht vorhanden sind, die gewöhnlichen Tischhobelbänke, vorausgesetzt, daß die Werkstücke schmaler sind, als die Lichtweite zwischen den Ständerrahmen beträgt.

Blechkantenhobelbänke werden beispielsweise verwendet:

1. zum Abhobeln der Stehblechkanten von Blechträgern für Kranbahnen, wenn das Stehblech die Radlasten direkt übertragen soll;

2. zum Abhobeln des beim Schneiden unter der Schere in Mitleidenschaft gezogenen Materials von Auflagerknotenblechen;

3. zum Abrunden der Kanten von Steglamellen, die zwischen den Gurtwinkeln angeordnet sind;

Abb. 226. Blechkantenhobelmaschine.

4. zum Abrunden der Kanten von zwischen die Flanschen von I-Eisen gelegten Stegverstärkungsblechen;

5. in selteneren Fällen zur Verminderung der Schenkelbreite, z. B. um ∠ $5^3/_4'' \times 5^3/_4'' \times {}^3/_4''$ aus ∠ $6'' \times 6'' \times {}^3/_4''$ herzustellen;

6. zum Abhobeln von ∠-Eisenkanten als Vorbereitung für das Verstemmen.

Abb. 226 stellt eine Blechkantenhobelbank dar, bei der Bleche mit Hilfe von Spannschrauben auf dem Aufspanntisch befestigt werden. Es können hierauf Bleche bis 30′ Länge gehobelt werden; längere Bleche müssen in der Längsrichtung verschoben werden. Die Maschine hobelt bei Vor- und Rücklauf.

Einpassen der Versteifungswinkel. Früher wurden die einzupassenden Aussteifungswinkel, wie es auch heute noch in kleineren Werkstätten geschieht, abgeschmirgelt, während heute in allen größeren Werkstätten zwei zusammengelegte Aussteifungswinkel auf dem Tisch eingespannt und durch zwei besonders geformte Fräser bearbeitet werden. Eine weitere Verbesserung dieser Maschine ist die Einrichtung für das gleichzeitige Abrunden und Fräsen der Aussteifungswinkel auf genaue Längen. Da beim Einpassen dieser Winkel die Abrundung nie genau anliegend ausfallen wird, ist es zweckmäßig, die Winkelschenkel genügend stark zu wählen, damit die abstehenden Schenkel allein die auftretenden Kräfte übertragen können.

Zuspitzen. Die Überlappungsflächen bei Behältern, Kesseln usw. werden in den Ecken einiger Bleche besonders zugespitzt. Dieses Zuspitzen kann in verschiedener Weise geschehen.

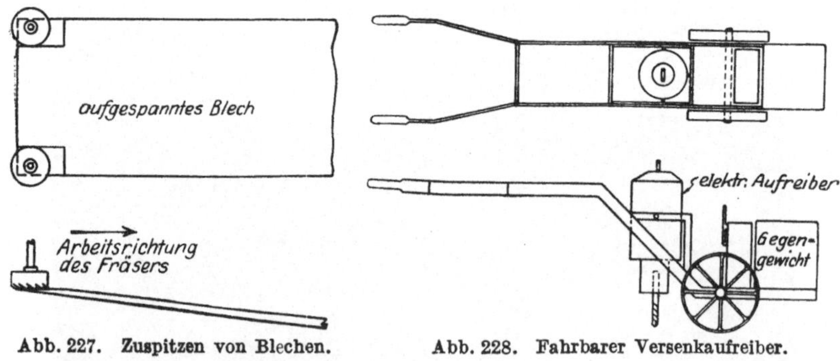

Abb. 227. Zuspitzen von Blechen. Abb. 228. Fahrbarer Versenkaufreiber.

1. Die Blechkanten werden in einem Ölfeuer erhitzt und mit einem Hammer unter Zwischenschaltung eines Setzhammers flachgeschlagen. Sehr zweckmäßig ist dabei die Anwendung elektrisch angetriebener Hämmer.

2. Bleche unter $^5/_8''$ Stärke werden in kaltem Zustande in gleicher Weise zugespitzt.

3. Abb. 227 zeigt das maschinelle Zuspitzen. Hierbei wird das Blech auf dem geneigten Tisch befestigt und von zwei senkrecht stehenden Fräsern, die sich horizontal bewegen, zugespitzt. Die Länge der Zuspitzung ist hierbei von der Neigung des Bleches abhängig.

Versenken der Nietlöcher. Bei Deckplatten im Schiffbau, sowie Belagblechen bei Hochbaukonstruktionen dürfen die Nietköpfe nicht hervorstehen und sind deshalb mit oben versenkten Köpfen zu schlagen. Bei einer großen Anzahl solcher Versenkniete ist zur Herstellung der versenkten Löcher eine fahrbare Vorrichtung, wie sie in Abb. 228 dargestellt ist, zweckmäßig. Ein für die Herstellung der Versenklöcher eingerichteter Aufreiber fährt dabei über das zu bearbeitende Blech, das auf dem Fußboden ausgelegt wird.

XXIII. Der Zusammenbau.

Der Zusammenbau der einzelnen Teile in der Werkstatt ist einer der wichtigsten Vorgänge und bedarf geschickter Leute, da das sorgfältigst bearbeitete Material von einem ungeschickten Zusammenbauer schlecht zusammengebaut werden kann, während ein erfahrener Mann auch weniger gut bearbeitete Teile durch einen geschickten Zusammenbau zu brauchbaren Konstruktionsteilen zusammenfügt.

Der Zusammenbau geschieht an Hand der Werkstattzeichnungen, wobei die auf dem Detailmaterial mit Farbe aufgetragenen und auch auf den Zeichnungen vermerkten Positionsbezeichnungen und bei dem Hauptmaterial die aufgemalten Profil- und Längenangaben gute Dienste leisten.

Die Reihenfolge im Zusammenbau der einzelnen Teile ergibt sich aus dem Arbeitsprogramm der Werkstatt, nach welchem die einzelnen Teile zu dem angegebenen Zeitpunkt für den Zusammenbau zur Zulage geschafft werden, so daß hier ein ununterbrochener Verlauf des Zusammenbaues gewährleistet ist. Der beim Stanzen der Löcher entstandene Grat muß vorher entfernt werden. Die sich berührenden Flächen, die nach dem Zusammenbau nicht mehr gestrichen werden können, erhalten vorher einen Farbanstrich. Die Einzelteile werden mit Hilfe von Dornen, einfachen konischen Bolzen in Längen von 6 bis 9″ in ihre richtige Lage zueinander gebracht und durch gewöhnliche, in Abständen von 3 bis 5′, je nach der Stärke der zusammenzulegenden Teile eingezogene Schrauben zusammengehalten. Nachdem das Material richtig zusammengepaßt worden ist, werden die Dorne wieder entfernt.

Anstrich. Nahezu alle Lieferungsbedingungen verlangen einen Anstrich der zusammenliegenden Flächen; gelegentlich wird nur der Anstrich einer der beiden Flächen verlangt. Der Anstrich fällt nur fort bei Teilen, die später von Beton umhüllt werden. Die Forderung des

Anstrichs ist eigentlich durch nichts gerechtfertigt, im Gegenteil ergeben sich beim Zusammenfügen mehrerer Materialstärken verschiedene Nachteile. Liegen z. B. zwei Materialstärken zusammen, so kommen noch zwei Farbschichten hinzu, die beim Einziehen der glühenden Niete in der Umgebung der Nietlöcher zum Kochen kommen und eine dichte Nietung verhindern. Daher bedeutet die Vorschrift, daß nur eine der zusammenliegenden Flächen gestrichen zu werden braucht, eine kleine Verbesserung. Jedoch wäre es das beste, die Forderung dieses Anstrichs überhaupt fallen zu lassen, da hierdurch die Werkstattkosten herabgesetzt und für die Arbeiter gesundere Arbeitsbedingungen erreicht würden. Auf jeden Fall sollte man sich, falls der Anstrich verlangt wird, auf ein und denselben Anstrich für sämtliche Aufträge einigen, damit nicht, wie es augenblicklich notwendig ist, eine große Anzahl verschiedener Farben vorrätig gehalten werden muß.

Schrauben für den Zusammenbau. Für den Zusammenbau verwendet man gewöhnliche Maschinenschrauben in verschiedener Länge unter reichlicher Verwendung von Unterlagscheiben. Da Bolzen stärkeren Durchmessers die Einzelteile besser zusammenziehen, als solche geringeren Durchmessers, ist es zu empfehlen, beim Konstruieren die Lochdurchmesser möglichst groß zu wählen.

Für den Zusammenbau verwendet man in der Regel folgende vier Sorten:

$^1/_2''$ Schrauben bei $^9/_{16}''$ Löchern
$^5/_8''$ „ „ $^{11}/_{16}''$ „
$^3/_4''$ „ „ $^{13}/_{16}''$ „
$^3/_4''$ oder $^7/_8''$ „ „ $^{15}/_{16}$ u. $1^1/_{16}''$ Löchern

Besonders beim Zusammenfügen vieler Materialstärken sind die größeren Schrauben vorteilhaft. Splintbolzen (Abb. 229) sind in manchen Werkstätten für den Zusammenbau leichter Konstruktionen gebräuchlich. Man verwendet hierbei Rundeisenbolzen mit Gewinde und Mutter an einem Ende und einem Schlitz am anderen Ende, in welchen ein Keil eingeschoben werden kann. Die Mutter wird annähernd in die richtige Lage gebracht unter gleichzeitiger Verwendung von Unterlagscheiben und zuletzt der Keil eingetrieben, wodurch die Einzelteile fest zusammengepreßt werden. Bei leichten Konstruktionen sind diese Bolzen ganz zweckmäßig, doch sind sie nicht ausreichend kräftig genug, um stärkere Teile zusammenzupressen. In Abb. 229 sind die drei erwähnten Elemente für den Zusammenbau zusammengestellt, nämlich Dorn, Schraube und Splintbolzen.

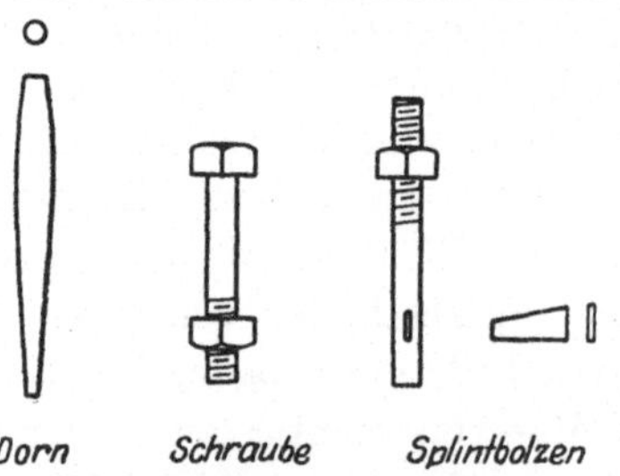

Abb. 229. Verbindungsmittel für den Zusammenbau.

Zusammenbau von Blechträgern. Bei dem nachfolgend beschriebenen Zusammenbau eines Blechträgers haben die vorgestanzten Löcher einen Durchmesser von $^{13}/_{16}''$, die aufgeriebenen einen solchen von $1^1/_{16}''$, während die Nietdurchmesser 1'' betragen.

Der Zusammenbau eines Blechträgers geht in der Weise vor sich, daß zunächst die Gurtungen für sich zusammengebaut werden. Zuerst werden die Gurtlamellen auf der Zulage ausgelegt und die Gurtwinkel aufgesetzt, wobei Paßstücke in Stärke des Steges zwischen die lotrechten Schenkel der Gurtwinkel gelegt werden. Lamellen und Winkel werden darauf durch Dorne in die richtige Lage gebracht und durch Schrauben, die in Abständen von 3' eingezogen werden, zusammengehalten. Darauf werden die Nietlöcher für die Kopfniete aufgerieben, wobei die eingezogenen Schrauben mit dem Fortschreiten der Aufreibearbeit ausgewechselt werden müssen, und schließlich die Gurte wieder zur Zulage geschafft und der Blechträger vollständig zusammengebaut, indem zunächst die Stehbleche eingesetzt, Laschen, Futter und Aussteifungswinkel hinzugefügt werden und schließlich der Obergurt aufgesetzt wird. Sonstige kleinere Teile, wie Anschlußwinkel, werden angeschraubt, und der Träger kann dann fertig aufgerieben werden. Da die Kopfnietlöcher der Gurtung bereits aufgerieben waren, sind nunmehr noch die wagrechten Gurtnietlöcher und Stehblechlöcher übrig, welche in verhältnismäßig kurzer Zeit mit Hilfe von vier gleichzeitig arbeitenden Aufreibern fertiggestellt werden. Etwa notwendige Versenklöcher werden hierbei gleichzeitig hergestellt, und zwar entweder unter dem Portalaufreiber (Abb. 205) oder mit Hilfe fahrbarer, elektrischer Aufreiber (Abb. 228). Häufig werden solche Blechträger auch in umgekehrter Lage, mit der unteren Gurtung nach oben, zusammengebaut. Nach dem vollständigen Zusammenbau und Aufreiben kann mit dem Vernieten begonnen werden. Blechträger mit Löchern, die bereits auf den genauen Durchmesser gestanzt worden sind, werden in ähnlicher Weise zusammengebaut. Das Aufreiben fällt hierbei fort und die Löcher, welche nicht genau aufeinander passen, werden mit einem dreirilligen Aufreiber von gleichem Durchmesser aufgeweitet, um das Einstecken der Niete zu erleichtern. Haben die Gurtwinkel eine so große Schenkelstärke, daß die Löcher gebohrt werden müssen, so werden diese zunächst nach auf der Innenseite des Winkels angelegten Schablonen angekörnt. Die Löcher werden dann mit einem um $^1/_4''$ kleineren Durchmesser gebohrt. Der Zusammenbau der gestanzten Gurtlamellen mit den gebohrten Winkeln erfolgt in der oben beschriebenen Weise.

Sollen auch die Lamellen gebohrt werden, so werden Lamellen und Gurtwinkel unabhängig voneinander vorgebohrt und in ähnlicher Weise, wie bisher beschrieben, zusammengebaut oder aber, die Löcher werden erst gebohrt, nachdem Gurtwinkel und Lamellen zusammengelegt sind.

In letzterem Fall sind aber die Löcher in den lotrechten Winkelschenkeln vorzubohren und ebenso einige Löcher in Abständen von 3 bis 4′ gleichzeitig in Lamellen und wagrechten Winkelschenkeln vorzusehen. Letztere Löcher zu stanzen ist in diesen Fällen bei der geringen Anzahl nicht wirtschaftlich. Sie dienen zum Einziehen von Schrauben beim Zusammenlegen, worauf die übrigen Löcher, nachdem sie angekörnt sind, auf genauen Durchmesser durch ∠-Eisen und Lamellen gebohrt werden können. Im übrigen vollzieht sich der Zusammenbau in der früher beschriebenen Weise. Abb. 230 zeigt vier Blechträger während

Abb. 230. Blechträger auf der Zulage.

des Zusammenbaues. Es sind hierbei noch Endversteifungswinkel und die obere Gurtung einzubauen.

Zusammenbau von Fachwerkgurtungen. Die Gurtquerschnitte der Hauptträger von Fachwerkbrücken bestehen gewöhnlich aus zwei Stegquerschnitten mit einer Kopfplatte, sowie Bindeblechen und Vergitterungen auf der Unterseite. Jeder Stegquerschnitt wird entweder aus einem Stehblech mit Winkeln und evtl. Kopfplatten gebildet oder besteht aus einem [-Eisen mit oder ohne Kopfplatten. Die Stegquerschnitte werden, jeder für sich, mit allen dazugehörenden Teilen zusammengebaut, nötigenfalls aufgerieben und mit feststehenden oder transportablen Nietwerkzeugen vernietet. Daraufhin wird der ganze Gurt vollständig zusammengebaut, aufgerieben und endlich vernietet.

Zusammenbau von Stützen. Die Querschnitte der Gebäudestützen bestehen größtenteils aus Stehblechen mit vier Winkeleisen, zu denen bei stärkeren Stützen noch Lamellen kommen. Zunächst werden die

Stege mit den Winkeln und den am Steg sitzenden Anschlüssen zusammengebaut, nötigenfalls einige Löcher aufgeweitet, die im Steg sitzenden Niete geschlagen, und schließlich die Lamellen und Anschlüsse an den Stützenflanschen angebracht, schlecht passende Löcher mit einem Aufreiber gesäubert und die Stütze fertig abgenietet.

Besondere Sorgfalt ist beim Anbringen der Stoßlaschen der Säulenstöße (s. Abb. 87, S. 111) zu verwenden. Bevor die Laschen an den einen Stützenteil angenietet werden, sind die Stoßflächen der Stütze zu fräsen. Ist beispielsweise der Abstand der Stoßebene von den vier letzten Nietlöchern des einen Stützenteils rechnerisch $1^3/_4''$ und sind die tatsächlichen zu $1^{13}/_{16}$, $1^7/_8$, $1^3/_4$ und $1^{13}/_{16}''$ ausgefallen, so ist die Stoßfläche, d. h die Mittellinie der Stoßlasche auf $1^{13}/_{16}$ anzunehmen, um ein gutes Passen der Stoßlaschen zu erreichen. Die Löcher für die Werkstattniete in den Stoßlaschen müssen evtl. etwas aufgeweitet werden.

Zusammenbau von Behältern. Eiserne Schornsteine, Wasserrohre und sonstige Blechkonstruktionen mit Durchmesser unter 8′ werden in solchen Teilen zusammengebaut, daß sie noch auf einen Waggon von 40′ Länge verladen werden können. Behälter oder Rohrleitungen größerer Durchmesser und größerer Längen können erst auf der Baustelle zusammengebaut werden und müssen daher zerlegt versandt werden. Der Zusammenbau solcher Konstruktionen muß erfahrenen Leuten übertragen werden, um ein gutes Zusammenpassen zu erreichen, da diese Konstruktionen nicht aufgerieben werden, und es hier beim Zusammenbau auf geschicktes Zusammenlegen ankommt.

Winke für den Zusammenbau. Einer der wichtigsten Grundsätze der Werkstattpraxis ist der, alle Konstruktionen oder Konstruktionsteile so anzuordnen, daß ein ganzer Teil zusammengebaut werden kann, ohne daß ein Niet vorher geschlagen werden muß. Jede Abweichung von dieser Regel verursacht Mehrarbeit und Mehrtransport. Sind beispielsweise bei Blechträgern in den abstehenden Winkelschenkeln Niete gerade über den Versteifungswinkeln angeordnet, so daß sie dort versenkt werden müssen, so müssen diese Versenkniete vor dem Zusammenbau geschlagen werden; abgesehen davon, daß hier ein Ausrichten nicht mehr möglich ist, verursacht diese Anordnung unnötigen Transport und zweimaliges Nieten des Trägers. Ein anderer Fehler wird häufig dadurch begangen, daß man Teile annietet, ohne Rücksicht auf die übrigen Nietanschlüsse zu nehmen. Hierbei ist es oft notwendig, die ersteren wieder zu entfernen, um die Anschlußniete schlagen zu können, was Mehrkosten verursacht und bei einiger Aufmerksamkeit vermieden werden kann. Die Anordnung möglichst vieler, gleicher Konstruktionseinzelheiten erleichtert den Zusammenbau. Kleine Abweichungen hiervon sind zur Vermeidung von Verwechslungen genau zu kennzeichnen.

Zeichnungen, welche schlecht ausgeführt, undeutlich oder im Übermaß mit Anmerkungen versehen sind, erschweren den Zusammenbau und rufen leicht Werkstattfehler hervor.

Genauigkeit des Zusammenbaues. Es ist eine schwer zu beantwortende Frage, mit welcher Genauigkeit beim Zusammenbau zu verfahren ist. Es muß dabei genau zwischen den Konstruktionen unterschieden werden, bei welchen die Abmessungen der Zeichnung genau einzuhalten sind, und solchen, bei denen Spielräume zugelassen sind. Ein erfahrener Zusammenbauer ist in der Lage, in jedem Fall den verlangten Genauigkeitsgrad zu beurteilen, z. B. müssen die Anschlußwinkel bei Quer- und Längsträgern auf $^1/_{32}''$ genau eingebaut werden. Ebenso darf die Höhe der Kranträger nur um $^1/_{16}''$ von der vorgeschriebenen abweichen, da zwei aufeinanderfolgende Kranträger unmittelbar auf den Stützen aufliegen und keine Ausgleichsmöglichkeit in der Höhe vorgesehen wird. Die Stöße der Gebäudestützen müssen genau aufeinander passen, ebenso die Anschlüsse der Fachwerkstäbe. Die obenerwähnten Beispiele sind nur einige wenige aus der großen Zahl der Fälle, welche unbedingte Genauigkeit beim Zusammenbau erfordern. Überlegung und sorgfältiges Arbeiten ist daher von jedem Zusammenbauer zu verlangen. Fehler werden meistens erst beim Vernieten entdeckt und sind dann, sei es in der Werkstatt oder auf der Baustelle, nur mit erheblichem Kostenaufwand wieder gutzumachen.

XXIV. Nieten.

Für das Vernieten der Bauteile sind eine Reihe von Fragen bezüglich der Güte des Nieteisens, der Form der Nietköpfe, der Durchmesser und Längen der Niete, der Art und Weise des Nietens sowie der Verwendung der wirtschaftlichsten Nietwerkzeuge zu entscheiden. Schon beim Konstruieren ist darauf zu achten, daß die Niete gut geschlagen werden können, daß unter Berücksichtigung der Eisenstärken ein möglichst großer Nietdurchmesser gewählt wird, um die Nietzahl möglichst einzuschränken, und daß keine überflüssigen Niete vorgesehen werden.

Handnietung, Preßluftnietung u. a. In den Anfängen des Eisenbaues wurden sämtliche Baustellenniete sowie die Werkstattniete, welche nicht maschinell geschlagen werden konnten, mit dem Schellhammer von Hand geschlagen. Diese alte Art des Nietens wurde dann von der Nietung mit dem Preßlufthammer abgelöst. Auch für diese ist oft noch die Bezeichnung „Handnietung“ gebräuchlich, doch sollte diese zur Vermeidung von Irrtümern eigentlich nicht benutzt werden.

Der Arbeitsvorgang beim Nieten kann in drei Abschnitte zerlegt werden: 1. Erhitzen der Niete, 2. Schlagen der Niete, 3. Gegenhalten.

Erhitzen der Niete. Die älteste Art des Erwärmens der Niete ist die unter Verwendung der gewöhnlichen Feldschmiede, wie sie auch heute noch auf der Baustelle und gelegentlich in der Werkstatt angewendet wird. Als Heizstoff dient Schmiedekohle, die durch Preßluft oder mittels Blasebalg angeblasen wird. Hierbei können mehrere Niete gleichzeitig bis zur Hellrotglut erhitzt werden.

Als Ersatz für die Feldschmiede dient der Niettopf, ein gußeiserner Behälter für Koks- oder Kohlefeuerung mit einem Preßluftgebläse. Er kann infolge seines geringen Umfanges bis an die Verwendungsstelle der Niete herangebracht werden.

Abb. 231. Elektrischer Nieterhitzer.

Am weitesten verbreitet sind in den Werkstätten die Ölnieterhitzer, die dauernd in Betrieb erhalten werden können und auch gleichzeitig mehrere Niete erwärmen.

Weniger verbreitet sind bis jetzt die elektrischen Nieterhitzer, die aber wohl größeren Anklang finden werden, wenn erst ihre Vorteile allgemein bekannt sind. Sie sind leicht zu transportieren und ersetzen das Feuer vollkommen. Voraussetzung ist nur, daß elektrischer Strom an der Verwendungsstelle zur Verfügung steht. In Abb. 231 ist ein elektrischer Nieterhitzer dargestellt, in dem gleichzeitig oder nacheinander fünf Niete erwärmt werden können. Jedes Niet wird zwischen zwei je nach der Schaftlänge verstellbare Kupferelektroden gelegt und durch den elektrischen Strom in 30 Sekunden auf 1900° F. erhitzt. Meistens wird dabei Wechselstrom von 200 bis 240 Volt Spannung verwendet.

Ortsfeste Nietmaschinen. Ortsfeste Nietmaschinen werden stets für das Vernieten solcher Teile benutzt, die allseitig zugänglich sind.

Abb. 232 zeigt die Arbeitsweise einer solchen Nietmaschine, die mit 100 t Druck arbeitet und eine lotrechte Fläche von 72″ Höhe bestreichen kann, während die Konstruktionsteile eine Breite von 24″ haben können. Da die Niete wagrecht geschlagen werden, können alle in einer lotrechten Wand vorgesehenen Niete von dieser Maschine geschlagen werden. Die zu vernietenden Konstruktionsteile werden mit Hilfe einer elektrisch angetriebenen Portalkonstruktion herangebracht, während die auf- und abwärts bewegbare Nietmaschine hydraulisch arbeitet. An einem Ende werden die Konstruktionsteile oben am Portal aufgehängt und am anderen auf einen Wagen gesetzt, wie in dem Bild deutlich zu erkennen ist. Zur Bedienung dieser Maschine sind drei Mann notwendig, einer für die Maschine selbst, ein zweiter zum Erhitzen der Niete und ein dritter für das Einstecken der Niete. Eine Nietmaschine dieser Art kann beim Nieten normaler Konstruktionsteile, wie Blechträger, Stützen, Dachbinder u. a., in einer 10-Stundenschicht 4000 bis 5000 Niete schlagen.

Abb. 232. Hydraulische Nietpresse.

Elektrische Nietmaschinen werden seltener angewendet. Sie besitzen eine durch einen Elektromotor angetriebene Schraubenspindel, die einen dauernd gleichmäßigen Druck auszuüben vermag.

Transportable Nietmaschinen. Diese werden nach ihrer Gestalt „Hufeisennietmaschinen“ genannt und in verschiedener Größe ausgeführt. Abb. 233 zeigt eine Nietmaschine von 50 t Druckkraft für 36″ hohe und 21″ breite Konstruktionsteile. Diese beweglichen Nietmaschinen werden an den Stellen verwendet, wo die feststehenden Maschinen nicht arbeiten können, z. B. für das Schlagen von Nieten in den Gurtlamellen der Blechträger, der Fachwerkgurte sowie den Lamellen genieteter Stützen usw. Die Spitze des Nietbügels wird so schmal wie möglich gemacht und ist bei manchen Maschinen nur $1^1/_4''$ breit.

Zum Schlagen der Niete von Vergitterungen und Bindeblechen bei einem aus zwei nach innen offenen ⊏-Eisen gebildeten Querschnitt werden oft besonders konstruierte Nietmaschinen, die sog. „Grashüpfer-

Abb. 233. Transportable Nietmaschine.

nietmaschinen", verwendet. In vielen Werkstätten werden diese Niete mit Preßlufthämmern geschlagen.

Preßluftniethämmer. Alle Niete, die nicht von den bisher beschriebenen Nietmaschinen geschlagen werden können, werden mit Hilfe der Preßluftniethämmer geschlagen. Für Stellen, die auch für diese unzugänglich sein sollten, müssen anstatt der Niete Schrauben verwendet werden. Da jedoch das Nieten mit dem Preßlufthammer teurer ist und eine nicht so einwandfreie Nietung ergibt wie mit den oben beschriebenen Nietmaschinen, benutzt man ihn nur da, wo seine Anwendung unvermeidbar ist. In Abb. 234 ist ein Preßlufthammer dargestellt, und zwar in zwei Ausführungen von 1′ 10″ und 1′ 6″ Länge, welche Maße gleichzeitig den zum Schlagen der Niete benötigten freien Raum angeben, der jedoch nach Möglichkeit größer sein soll. Ab. 235 zeigt einen Preßlufthammer in Tätigkeit beim Nieten von Stützenlamellen unter gleichzeitiger Verwendung eines Weatherson-Gegenhalters, welcher noch später beschrieben wird. Im allgemeinen werden solche Niete aber von den früher beschriebenen Hufeisennietmaschinen geschlagen.

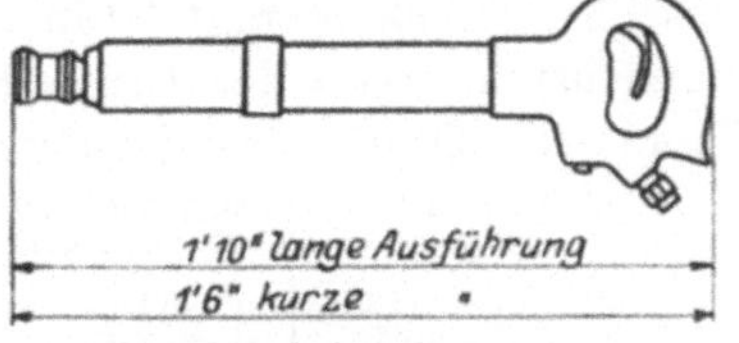

Abb. 234. Preßluftniethammer.

Die Preßluftniethämmer sind in zahlreichen Ausführungen auf dem Markt unter den Namen Thor-, Boyer-, Keller-, Ingersoll-Rand-und

Abb. 235. Nieten mit dem Preßlufthammer.

King-Niethammer, wovon der letztere eine Abart des in Abb. 236 wiedergegebenen Boyerniethammers darstellt. Der zum Nieten erforderliche Luftdruck beträgt 90 lbs. pro Quadratzoll; durch eine besondere Vorrichtung kann der Druck beim Schlagen außergewöhnlich langer Niete auf 120 lbs. pro Quadratzoll erhöht werden.

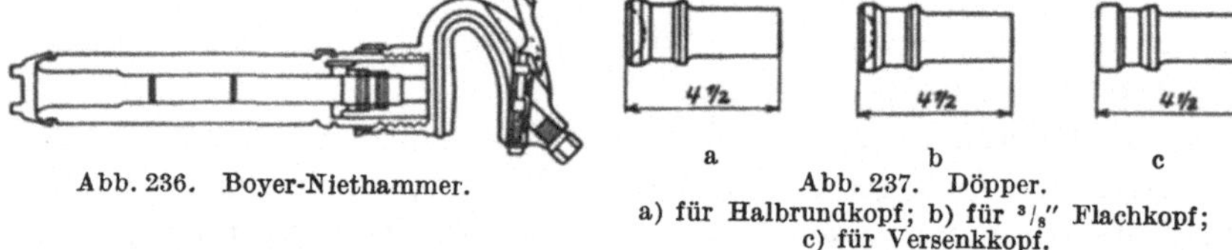

Abb. 236. Boyer-Niethammer.

Abb. 237. Döpper.
a) für Halbrundkopf; b) für $^3/_8$″ Flachkopf; c) für Versenkkopf.

Werkstattniete				Baustellenniete			
Volle Köpfe	Versenkt und bearbeitet			Volle Köpfe	Versenkt und bearbeitet		
	oben	unten	beiderseits		oben	unten	beiderseits

Werkstattniete								
Versenkt u. nicht bearbeitet höchstens $^1/_8$″ hoch			Flache Köpfe bis $^1/_4$″ hoch für $^1/_2$″ und $^5/_8$″ ∅			Flache Köpfe bis $^3/_8$″ hoch für $^3/_4$″, $^7/_8$″ und 1″ ∅		
oben	unten	beiderseits	oben	unten	beiderseits	oben	unten	beiderseits

Abb. 238. Nietbezeichnungen.

Döpper. Für die verschiedenen Nietkopfformen und Nietdurchmesser sind jeweils besondere Döpper erforderlich (Abb. 237). Um die Zahl der im Magazin vorrätig zu haltenden Döpper einzuschränken, werden Flachkopfniete nur mit zwei verschiedenen Kopfhöhen von 3/8″ und 1/8″ geschlagen. Bei Versenknieten wird der 1/8″ hoch geschlagene Kopf abgemeißelt. Die üblichen Bezeichnungen der Niete sind in Abb. 238, die am häufigsten verwendeten Ausführungsformen und Abmessungen in Abb. 239 zusammengestellt.

Punktierte Linie = Setzkopf der Werkstattniete der A. B. Co.

Hersteller	Durchmesser	Halbrundnietkopf		Konischer Nietkopf			Spitzer Nietkopf	
		H	W	B	H	W	H	W
Pgh. Screw & Bolt	5/8	15/32	1 3/32	19/32	35/64	1 3/32	5/8	1 1/4
	3/4	9/16	1 5/16	45/64	21/32	1 5/16	3/4	1 1/2
	7/8	21/32	1 17/32	13/16	49/64	1 17/32	7/8	1 3/4
	1	3/4	1 3/4	15/16	7/8	1 3/4	1	2
	1 1/8	27/32	1 31/32	1 1/16	63/64	1 31/32	1 1/8	2 1/4
	1 1/4	15/16	2 3/16	1 11/64	1 3/32	2 3/16	1 1/4	2 1/2
Champion Rivet Co.	5/8	15/32	1 3/32	19/32	35/64	1 3/32	45/64	1 1/4
	3/4	9/16	1 5/16	45/64	21/32	1 5/16	27/32	1 1/2
	7/8	21/32	1 17/32	13/16	49/64	1 17/32	63/64	1 3/4
	1	3/4	1 3/4	15/16	7/8	1 3/4	1 1/8	2
	1 1/8	27/32	1 31/32	1 1/16	63/64	1 31/32	1 1/4	2 1/4
	1 1/4	15/16	2 3/16	1 11/64	1 3/32	2 3/16	1 13/32	2 1/2
American Bridge Co.	5/8	29/64	1 1/16	19/32	35/64	1 3/32	5/8	1 1/4
	3/4	17/32	1 1/4	45/64	21/32	1 5/16	3/4	1 1/2
	7/8	39/64	1 7/16	13/16	49/64	1 17/32	7/8	1 3/4
	1	11/16	1 5/8	15/16	7/8	1 3/4	1	2
	1 1/8	49/64	1 13/16	1 1/16	63/64	1 31/32	1 1/8	2 1/4
	1 1/4	27/32	2	1 11/64	1 3/32	2 3/16	1 1/4	2 1/2
Chicago Pneumatic Tool Co.	5/8	13/32	1	Keine Normal-Döpper für diese Nietköpfe. Werkstattniete haben konische Köpfe, Baustellenniete spitze Köpfe.			15/32	1 3/32
	3/4	31/64	1 3/16				9/16	1 5/16
	7/8	35/64	1 3/8				21/32	1 17/32
	1	41/64	1 19/32				47/64	1 23/32
	1 1/8	45/64	1 3/4				53/64	1 5/16
	1 1/4	51/64	2				59/64	2 5/32
Cleveland Pneumatic Tool Co.	5/8	13/32	1	Keine Normal-Döpper für diese Nietköpfe. Werkstattniete haben konische Köpfe, Baustellenniete spitze Köpfe.			15/32	1 3/32
	3/4	31/64	1 3/16				9/16	1 5/16
	7/8	35/64	1 3/8				21/32	1 17/32
	1	41/64	1 19/32				47/64	1 23/32
	1 1/8	45/64	1 3/4				53/64	1 15/16
	1 1/4	51/64	2				59/64	2 5/32

Versenknietkopf.

Linsensenknietkopf.

Eckiger Nietkopf. kon. Schaft, oben (punktiert: Zylindr. Schaft).

Behälterniet.

Flacher Nietkopf.

Nietkopf für Eisenbahnwagenbau.

Abb. 239. Nietkopfausbildung.

Gegenhalter. In Abb. 240 sind verschiedene Arten von Gegenhaltern wiedergegeben. Um eine feste Nietung zu erzielen, muß der Gegenhalter mit ausreichendem Druck angepreßt werden. Bei beschränktem Raum, z. B. zwischen den Stegen von zwei nebeneinanderliegenden I-Eisen, verwendet man die Nietknippe, einen hakenförmigen Gegenhalter, der eine Bohrung besitzt, in die ein als Stütze dienender Bolzen gesteckt werden kann. Gekröpfte Gegenhalter verwendet man bei Nieten, die in weniger zugänglicher Anordnung in I-Eisen usw. sitzen. Ist genügend Platz vorhanden und der Gegenhalter bequem gegen einen anderen Konstruktionsteil abzustützen, so wird ein gerader Gegenhalter benutzt. Andere Gegenhalter sind mit einer Aufhängevorrichtung versehen und werden durch Hebelwirkung gegen den Setzkopf gepreßt.

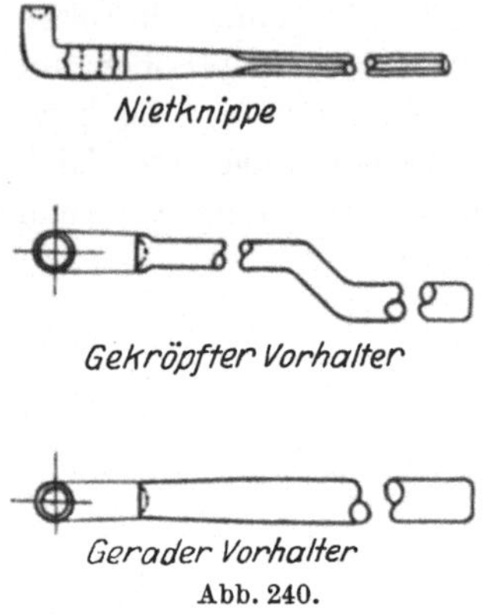

Abb. 240.

In Abb. 241 ist ein Weatherson - Gegenhalter dargestellt, der mit Preßluft arbeitet, die durch ein vom Handgriff aus bedientes Ventil eintritt und während des Gegenhaltens unter gleichmäßigem Druck bleibt.

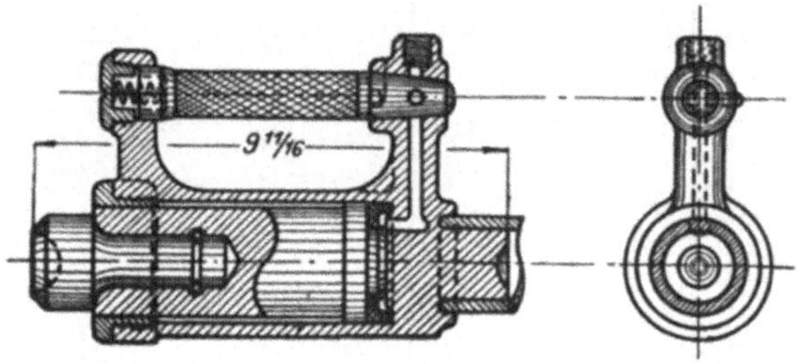

Abb. 241. Weatherson-Preßluftgegenhalter.

Ein anderer Gegenhalter, der wie ein Preßlufthammer wirkt, ist der von der „Chicago Pneumatic Tool Company" hergestellte Hammertypgegenhalter (Abb. 242). Die am hinteren Ende vorhandene Spitze dient zum Abstützen während des Gegenhaltens, erforderlichenfalls können Futterstücke vorgelegt werden.

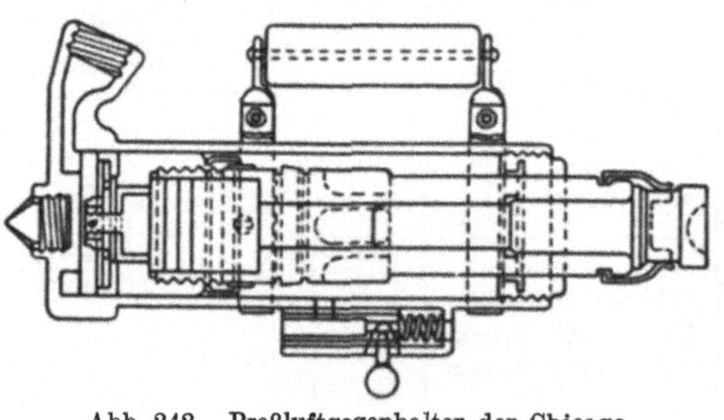
Abb. 242. Preßluftgegenhalter der Chicago Pneumatic Tool Co.

Unter Umständen kann man, falls genügend Platz vorhanden ist, und es Schwierigkeiten bereitet, eine feste Nietung herzustellen, auch einen Preßluftniethammer als Gegenhalter benutzen.

Entfernen von Nieten. Gelegentlich müssen in der Werkstatt infolge Änderungen oder Fehler einzelne Niete wieder herausgeschlagen werden.

Bei aufgeriebenen, genau zylindrischen Löchern bereitet dies keine besonderen Schwierigkeiten, wohl aber, wenn die Löcher nicht aufgerieben worden sind und die Löcher der aufeinandersitzenden Einzelteile etwas gegeneinander verschoben sitzen. In solchen Fällen ist ein Ausbohren meistens nicht zu umgehen.

Das Entfernen der Niete geschieht unter Benutzung nachstehend aufgeführter Werkzeuge. Meistens werden die Nietköpfe mit einem Preßluftmeißel entfernt und die Nietschäfte mit dem in Abb. 243 oben dargestellten Spezialhammer herausgeschlagen, oder die Nietköpfe werden mit den in der gleichen Abbildung vorgeführten Werkzeugen abgeschlagen.

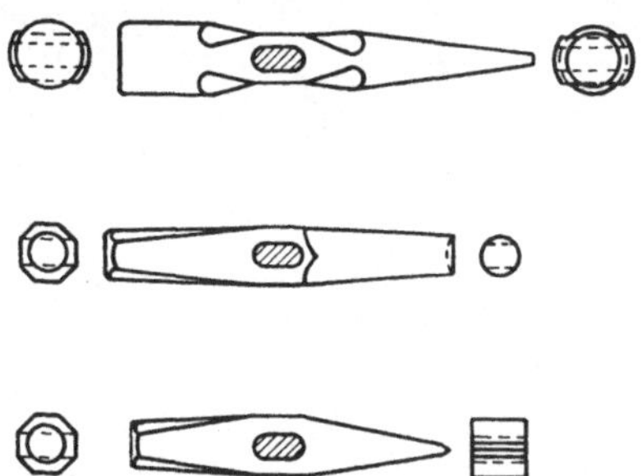

Abb. 243. Werkzeuge zum Entnieten.

Wirtschaftlicher ist die Entfernung der Nietköpfe mit dem Azetylenbrenner und nachfolgendem Herausschlagen der Nietschäfte, jedoch muß hierbei sorgfältig verfahren werden, damit das Material nicht beschädigt wird.

Nieten von Blechträgern. Nach dem Zusammenlegen und Aufreiben der Löcher wird der Grat an den Lochrändern unter Verwendung eines Stoßeisens mit dreikantiger Schneide entfernt. Manche Vorschriften verlangen noch ein $^1/_{16}''$ tiefes Versenk, welches mittels des in Abb. 244 oben dargestellten Versenkbohrers hergestellt werden kann. Der Träger wird dann zur hydraulischen Nietpresse geschafft, wo zunächst einige Heftniete in Abständen von 3′ im Steg geschlagen werden. Dann werden die beim Zusammenlegen eingezogenen Schrauben entfernt, worauf die Träger fertigvernietet werden. Ist die betreffende Werkstatt nicht mit hydraulischen Nietpressen ausgerüstet, so verwendet man die Hufeisennietmaschinen, soweit die Niete hiermit geschlagen werden können, die restlichen Niete müssen endlich mit dem Preßlufthammer geschlagen werden.

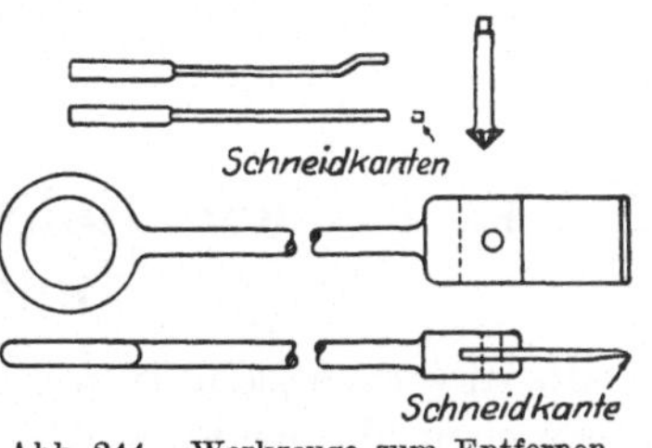

Abb. 244. Werkzeuge zum Entfernen des Grates.

Nieten von Stützen und Fachwerkgurtungen. Bei den aus zwei [-Eisen mit Kopfplatten gebildeten Querschnitten werden zunächst die in den [-Eisenstegen vorgesehenen Niete geschlagen und darauf die Kopfplatte aufgesetzt und einseitig vernietet, die Stütze bzw. Gurtung um 180° gedreht und die restlichen Niete geschlagen. In ähnlicher Weise verfährt man bei den aus Stehblechen und Winkeleisen gebildeten Querschnitten von Stützen und Gurtungen. Bei Stützen werden zuletzt die Niete der Auflagerplatten geschlagen.

Nieten eiserner Schornsteine. Die Mehrzahl der eisernen Schornsteine hat einen Durchmesser von weniger als 8′ und wird in Teilen von weniger als einer Waggonlänge in der Werkstatt zusammengenietet. Sämtliche Niete werden gewöhnlich mit dem Preßlufthammer in der in Abb. 245 vorgeführten Weise geschlagen. Hierbei wird der Zylinder in zweckmäßiger Höhe über dem Boden auf drehbaren Rollen gelagert und kann bei ständigem Drehen in bequemer Weise vernietet werden. Als Gegenhalter dient dabei ein gegen die Rückwand abgestützter Preßluftgegenhalter.

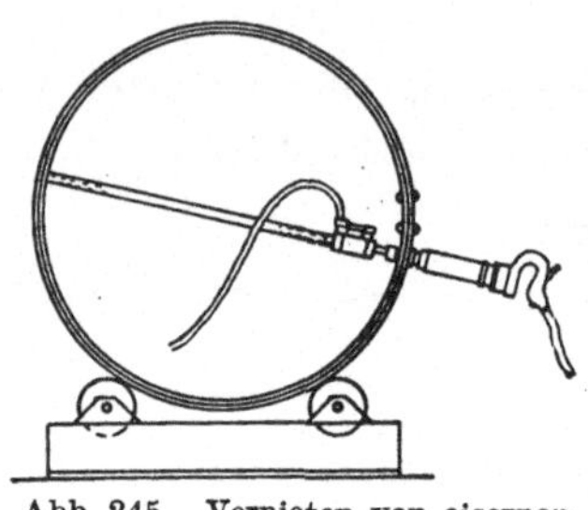

Abb. 245. Vernieten von eisernen Schornsteinen.

Erzielung guter Nietung. Vor allen Dingen muß ein Überhitzen oder Verbrennen der Niete vermieden werden. Damit die Nietköpfe gut gebildet werden können, müssen die Nietschäfte in richtiger Länge vorgesehen werden. Es ist oft schwierig, gleichmäßige Nietköpfe zu erhalten, da sich bei gleicher Lochtiefe erfahrungsgemäß verschiedene Schaftlängen ergeben haben. Außerdem ist darauf zu achten, daß die Nietköpfe zentrisch zum Nietschaft sitzen. Besonders ist auf gutes Aussehen der Nietköpfe bei Eisenbauteilen für öffentliche Gebäude Wert zu legen, weswegen hier besondere Sorgfalt beim Schlagen der Niete geboten ist.

XXV. Fräsen, Bohren der Gelenkbolzenlöcher und anderes.

In diesem Abschnitt werden noch alle diejenigen Arbeitsvorgänge besprochen, die nach dem Nieten bis zur Abnahme und zum Anstrich der Konstruktionen auszuführen sind. In einem besonderen Teil der Werkstatt sind die zur Bearbeitung der Enden von Stützen, I-Trägern, Gurtungen, Quer- und Längsträgern notwendigen Fräsmaschinen, ebenso Bohrmaschinen zum Ausbohren der Löcher für die Gelenkbolzen, Planfräsmaschinen zur Bearbeitung der Flächen von Auflagerplatten, Ölfeuerungen zum Erwärmen der Niete, sowie Kompressoren für die Preßlufthämmer und die transportablen Aufreiber aufgestellt. Die Zulage für den Zusammenbau von Brückenträgern und sonstigen Konstruktionsteilen ist mit Kranen ausgerüstet.

Stirn-Fräsmaschinen. Diese Fräsmaschinen werden zur Bearbeitung der Stützenköpfe und -füße, sowie zum Abfräsen der Enden von Walzträgern, Gurtungen, Quer- und Längsträgern benutzt. Sie sind derart konstruiert, daß sie entweder nur ein Ende oder auch beide gleichzeitig bearbeiten können. Die Schneidezähne sitzen dabei in engen Abständen auf dem Umfang einer rotierenden, kreisrunden Scheibe, die beim Arbeiten eine langsame Horizontalbewegung ausführt. Die in Abb. 246 dargestellte Fräsmaschine hat einen Messerkopf von 60″ Durchmesser, die Verschiebung in der Längsrichtung beträgt 10′, man kann Teile in Abmessungen von 4′6″ × 7′6″ damit bearbeiten. Das Werkstück ist,

Abb. 246. Stirn-Fräsmaschine.

wie aus der Abbildung ersichtlich, auf dem Tisch der Maschine festgespannt. Da diese jeweils nur ein Ende des Werkstücks bearbeitet, kann die Länge des Werkstücks beträchtlich sein. Die zu bearbeitende Fläche kann dabei jede beliebige Neigung haben, da der Kopf der Fräsmaschine drehbar ist und mittels einer Teilung nach Grad und Minuten genau eingestellt werden kann. Der Neigungswinkel ist von dem Konstrukteur auf der Zeichnung anzugeben.

Bohrmaschinen für Gelenkbolzenlöcher. Die Löcher für die Gelenkbolzen in den Hauptträgern der Gelenkbolzenbrücken, sowie für die Auflagerbolzen werden mit größter Genauigkeit und genau senkrecht zur Trägerebene auf Spezialbohrmaschinen, die meistens gleichzeitig mit drei Spindeln arbeiten und daher sehr wirtschaftlich sind, gebohrt. Abb. 247 zeigt eine solche Maschine beim Bohren von drei Löchern, deren kleinste Entfernung untereinander 8′ und deren größter Abstand der beiden äußersten Löcher 96 betragen kann. Der größtmögliche Abstand des Lochmittelpunktes von der Oberkante des Tisches der Maschine beträgt 38″, kann aber bei Verwendung einer Hilfsunterstützung beliebig vergrößert werden.

Verschiedenes. Nachdem die Enden der Quer- und Längsträger für aufzureibende Konstruktionen gefräst worden sind, werden die Löcher für die Anschlüsse unter Benutzung von Stahlschablonen aufgerieben, welche für alle gleichen Anschlüsse verwendet werden, so daß gleiche Positionen untereinander vertauscht werden können.

Abb. 247. Gurtbohrmaschine.

Auflager- und Fußplatten werden auf Verlangen auf beiden Seiten bearbeitet, jedoch dünne Platten bis einschl. $1^1/_2$″ Stärke gewöhnlich nur mit dem Hammer oder der Richtwalze gerichtet.

Gleichzeitig werden in diesem Teil der Werkstatt die mittels Preßlufthammer zu schlagenden, sowie die zu versenkenden Niete eingezogen.

In größeren Werkstätten sind große, mit Lauf- oder Portalkranen ausgerüstete Zulagen, auf denen die zusammengelegten Fachwerkträger aufgerieben, ferner Drehscheiben, Blechträgerbrücken, Walzträgerbrücken sowie schwere Blechkonstruktionen u. a., fertig für den Versand vernietet werden können, angelegt.

Art der Bearbeitung. Nach der Art der Bearbeitung für die verschiedenen Eisenkonstruktionen ist zu unterscheiden: Stanzen ohne Aufreiben der Löcher oder Stanzen mit Aufreiben der Löcher. Jedoch kommen für die Einzelfälle meistens noch besondere Bearbeitungsvorschriften in Anwendung.

a) Stanzen ohne Aufreiben: Hierbei werden vier verschiedene Wege eingeschlagen.

1. Zunächst werden sämtliche Löcher auf genauen Durchmesser gestanzt, darauf die Werkstattniete geschlagen und die Stücke ohne weitere Prüfung des Zusammenpassens der Montagestöße und -anschlüsse zum Versand gebracht. Auf der Baustelle wird dann das Nachreiben vereinzelter Löcher notwendig werden, was mit einem Aufreiber von gleichem Durchmesser wie das Nietloch ausgeführt wird, um das Einziehen der Montageniete zu ermöglichen. Diese Methode ist für die Werkstattarbeit sehr wirtschaftlich, erhöht aber die Montagekosten.

2. Deshalb wird in manchen Werkstätten dieses Aufweiten einzelner Löcher der Montagestöße und -anschlüsse bei einem probeweisen Zusammenbau bereits auf der Zulage vorgenommen. Hierbei ist es notwendig, daß alle Anschlüsse besondere Bezeichnungen erhalten, damit auf der Baustelle die Teile richtig eingebaut werden, zu welchem Zweck ein besonderer Signierungsplan aufgestellt und mitgegeben wird.

3. Bei einer anderen üblichen Methode wird der Vorteil der nur gestanzten Löcher zum Teil wieder dadurch aufgehoben, daß nach dem probeweisen Zusammenbau alle Löcher der Montagestöße und -anschlüsse $^1/_8''$ größer aufgerieben werden als die gestanzten Löcher, so daß die Baustellenniete $^1/_8''$ stärker werden als die Werkstattniete. Für $^3/_4''$ Niete werden daher $^{13}/_{16}''$ Löcher gestanzt, die für die Baustellenniete auf $^{15}/_{16}''$ aufgerieben werden.

4. Eine weitere Art der Bearbeitung unterscheidet sich von der letzteren nur dadurch, daß die Löcher der Montagestöße ohne Zusammenbau dieser Teile nach Stahlschablonen aufgerieben werden.

b) Stanzen und Aufreiben der Löcher. Werden alle Löcher zunächst auf geringeren Durchmesser vorgestanzt und später auf den richtigen Durchmesser aufgerieben, so unterscheidet man zwei Arbeitsweisen.

1. Bei der ersten werden die Löcher vorerst $^3/_{16}''$ kleiner im Durchmesser gestanzt, als der Schaftdurchmesser des Nietes beträgt, und diese darauf $^1/_{16}''$ größer als der Nietdurchmesser aufgerieben und dann die Niete geschlagen. Beispielsweise werden bei einem Nietdurchmesser von $^7/_8''$ zunächst $^{11}/_{16}''$ Löcher gestanzt und diese auf $^{15}/_{16}''$ für die Werkstattniete aufgerieben, diese Niete geschlagen und nun die ganze Konstruktion zusammengebaut und endlich die Löcher für die Baustellenniete auf $^{15}/_{16}''$ Durchmesser aufgerieben. Bei beschränktem Raum in der Werkstatt begnügt man sich, die Konstruktion in Hälften oder kleineren Teilen zusammenzubauen.

2. Bei der anderen Arbeitsweise erspart man sich den Zusammenbau der Montagestöße und -anschlüsse in der Werkstatt und reibt die Löcher

nach Stahlschablonen auf, während sonst der Arbeitsvorgang der gleiche ist.

Vergleich der verschiedenen Arbeitsweisen. Da die Bemessung der Querschnitte und Anschlüsse der Fachwerkträger für Brücken genau nach den Kräften durchgeführt werden soll, die sie zu übertragen haben, muß die Bearbeitung aller Teile in durchaus einwandfreier Weise erfolgen. Man zieht daher das Stanzen mit nachfolgendem Aufreiben der Löcher der Methode des alleinigen Stanzens ohne Aufreiben vor, da bei der ersteren saubere und zylindrische Nietlöcher erzielt werden und außerdem das durch das Stanzen am Lochrand in Mitleidenschaft gezogene Material durch den Aufreiber entfernt wird. Werden die Löcher für die Anschlüsse der Brückenträger nach Stahlschablonen aufgerieben, so werden die Einzelteile, sobald sie abgenommen und gestrichen worden sind, zum Versand gebracht. Da hierbei alle gleichen Positionen vertauscht werden dürfen, wird die Montage sehr erleichtert. Dieser Vorteil geht aber verloren, wenn die einzelnen Anschlüsse besonders signiert worden sind. Das Aufreiben nach den Schablonen ist jedoch stets mit geringen Ungenauigkeiten verbunden, deren Einschränkung durch sorgfältige Werkstattarbeit erstrebt werden muß. Sind die Brückenträger zusammengebaut, die Löcher aufgerieben, und passen die Anschlüsse, so werden die Einzelteile noch auf ihre Länge geprüft, etwaige Fehler beseitigt und die Stücke versandt. Bei Berücksichtigung aller Umstände wird man die Überzeugung gewinnen, daß das Aufreiben auch der Montagestöße und -anschlüsse bei vollständig in der Werkstatt zusammengebauter Konstruktion die einwandfreieste Bearbeitungsweise darstellt.

Zusammenbau von Fachwerkträgern. Um auch an die Unterseite der horizontal ausgelegten Konstruktionen beim Aufreiben herankommen zu können, werden diese auf 3′ hohen hölzernen oder eisernen Böcken zusammengebaut. Lauf- und Portalkrane holen die Teile von den kleinen Transportwagen, die die Einzelteile aus der Werkstatt heranbringen, ab. Die Anschlüsse werden zunächst verdornt, darauf die Träger ausgerichtet, die etwa erforderliche Überhöhung nachgeprüft und etwaige kleine Abweichungen beseitigt. Große Änderungen sind natürlich, da alle Einzelteile fertig bearbeitet sind, nicht mehr möglich. Ist der ganze Träger zusammengelegt und ausgerichtet, so werden alle Anschlüsse verschraubt. Da das Zusammenpassen der einzelnen Teile von Druckstäben von großer Wichtigkeit ist, werden diese oft durch besondere Vorrichtungen (Zugwinden s. Abb. 249) zusammengezogen. Größere Druckstäbe sind meistens schwierig einzubauen. Als Beispiel mag erwähnt sein, daß beim Einbau die Anschlüsse und Stöße auf der Oberseite der wagrecht ausgelegten Trägers einer Brücke gut zusammenzubringen waren, während die unteren schlecht paßten. Am nächsten

Morgen konnten sie jedoch mühelos zusammengebracht werden. Die Ursache der am vorherigen Tage aufgetretenen Schwierigkeit war die unter dem Einfluß der Sonnenbestrahlung aufgetretene ungleiche Erwärmung der Ober- und Unterseite.

Die Löcher auf der Oberseite werden mit Hilfe der an einem Portal aufgehängten Aufreiber, die auf der Unterseite durch auf kleinen Karren befindliche Aufreiber bearbeitet. Je nach dem mehr oder minder guten

Abb. 248. Brückenträger auf der Zulage.

Zusammenpassen der aufzureibenden Löcher verwendet man verschiedene Aufreibwerkzeuge. Beispielsweise werden gut passende, auf $^{11}/_{16}''$ vorgestanzte Löcher mit dem $^{15}/_{16}''$ dreirilligen Aufreiber, schlecht passende mit dem $^{15}/_{16}''$ Brückenaufreiber aufgerieben. Oft ist es erforderlich, zunächst erst mit Aufreibern von kleinerem Durchmesser zu arbeiten. Nach Beendigung des Aufreibens werden die Anschlüsse bezeichnet, die Teile gestrichen und versandt. In Abb. 248 ist der Hauptträger einer Brücke von 504′ Länge für die „Alaska Engineering Commission", die über den Susitna-Fluß in Alaska gebaut wurde, während des Aufreibens auf der Zulage dargestellt. Da diese Brücke für das Ausland bestimmt war, mußte sie zerlegt versandt werden, und zwar zunächst auf der Eisenbahn bis Seattle (Washington), darauf per Schiff nach Seward (Alaska) und endlich wieder mit der Eisenbahn zur Brückenbaustelle.

Werkzeuge für den Zusammenbau. Zum Zusammenziehen oder Auseinanderhalten einzelner Konstruktionsteile verwendet man oft die in Abb. 249 dargestellten Zug- und

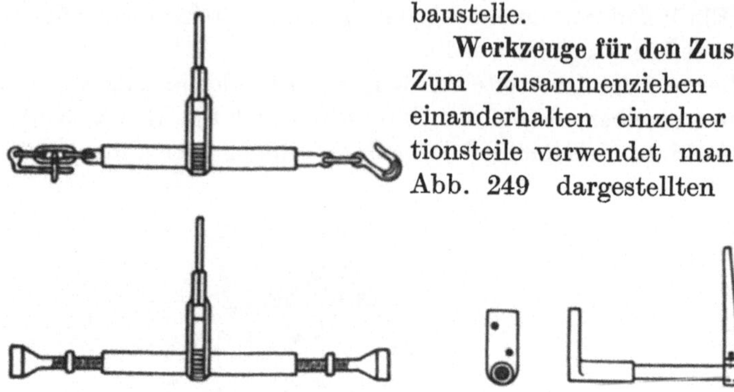

Abb. 249. Zug- und Druckwinde. Abb. 250. Bohrbügel.

Druckwinden. Sehr zweckmäßige Hilfsmittel beim Bohren sind die in Abb. 250 und 251 gezeigten Bohrbügel. Für den Transport kleiner Bauteile verwendet man gelegentlich Rollwagen nach Abb. 252 oder 253. Der in Abb. 253 dargestellte Wagen kann auf eine Schiene gesetzt werden. Die Laufrolle ist konkav ausgebildet, um ein Ablaufen von der Schiene zu verhindern.

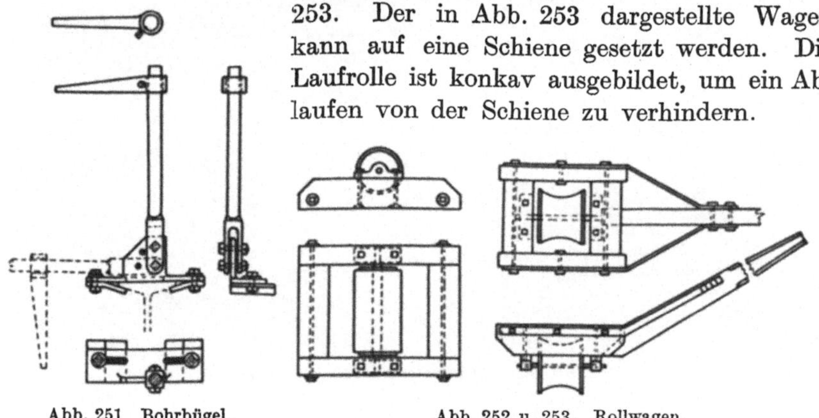

Abb. 251 Bohrbügel. Abb. 252 u. 253. Rollwagen.

XXVI. Hebezeuge.

Zum Heben von Lasten werden in der Werkstatt Lauf- und Konsolkrane verwendet, während die Lager und Zulagen außerhalb der Werkstatt mit Lauf-, Portal- und Dampfkranen sowie auch mit Derricks ausgerüstet sind. Gelegentlich finden auch Hubmagnete Anwendung.

Die Tragfähigkeit der Taue, Drahtseile, Ketten, Haken und Flaschenzüge, die weiterhin zur notwendigen Ausrüstung der Werkstatt gehören, ist sorgfältig zu berücksichtigen. Um Unglücksfällen vorzubeugen, sind mit diesen von Zeit zu Zeit Probebelastungen vorzunehmen und ist die Tragfähigkeit deutlich sichtbar anzugeben.

Laufkrane. Die erforderliche Tragfähigkeit der elektrischen Laufkrane ist je nach ihrer Verwendung verschieden. Eine für schwere Konstruktionen eingerichtete Werkstatt benötigt beispielsweise Krane von nachstehend angegebener Tragfähigkeit:

Eingangslager	10 t	Tragfähigkeit
Zusammenbau in der Werkstatt	80 t	,,
Zur Bedienung der Fräs-, Hobelmaschinen usw.	40 t	,,
Zulage für den Zusammenbau	100—200 t	,,
Maschinenwerkstatt	25—50 t	,,
Versandlager	30 t	,,

Die meisten Krane werden von einem oben in einem Führerhaus sitzenden Kranführer bedient, welcher mit einem unten stehenden Arbeiter nach verabredeten Zeichen zusammenarbeitet. Kleinere Krane werden auch von der Erde aus in Tätigkeit gesetzt.

Konsolkrane. Diese werden zum Abladen der Materialtransportwagen sowie zur Bedienung der Materialstapel benutzt, sie besitzen einen mit einer Laufkatze ausgerüsteten Dreharm.

Hubmagnete. Die Magnete sind mittels Drahtseil an einem Kran aufgehängt. Sie werden zum Heben von Blechen, Gußteilen, Schrott, Eisenspänen u. dgl. benutzt. Ein Bedienungsmann zum Einhängen der Last am Kranhaken wie bei anderen Hebezeugen ist hierbei nicht notwendig.

Portalkrane. Ein Portalkran besteht aus zwei gleichen nebeneinanderliegenden, und an den Enden durch Querverbände verbundenen

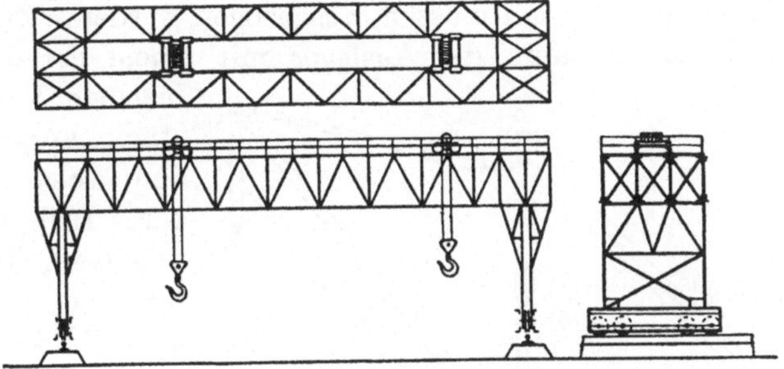

Abb. 254. Portalkran.

Fachwerken, wie aus Abb. 254 ersichtlich ist. Er läuft auf Rädern und wird von einem im Führerkorb untergebrachten Motor angetrieben. Zum Lastheben sind in der Regel zwei Laufkatzen vorhanden. Der Hubvorgang ist derselbe wie bei den oben beschriebenen Laufkranen. Gegenüber diesen haben die Portalkrane den Vorteil, keine hochliegende Kranlaufbahnen mit ihren vielfach hinderlichen Stützen zu besitzen.

Auch ist die Anlage solcher Kranlaufbahnen einschl. der Laufkrane bei größerer Länge teurer als die Beschaffung von Portalkranen.

Verwendung finden die Portalkrane hauptsächlich in den Versandlagern, beim Zusammenbau großer Fachwerkträger und Blechträger. Ihre Tragfähigkeit schwankt zwischen 100 und 200 t.

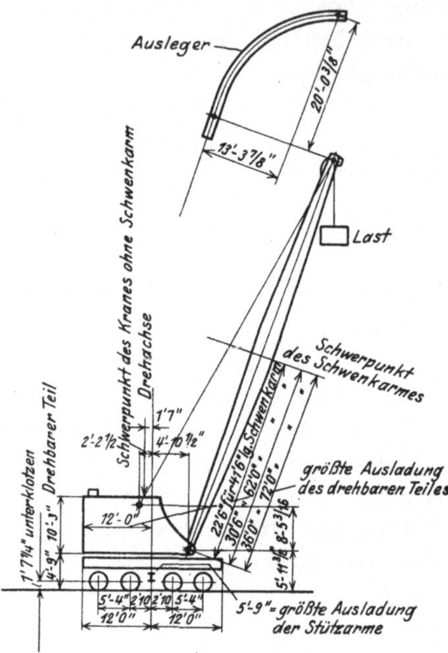

Abb. 255. 30 t-Lokomotivkran.

Fahrbare Dampfdrehkrane. Die Dampfdrehkrane sind an den Stellen verwendbar, die leicht vom Gleis aus bedient werden können. Abb. 255 zeigt einen Dampfdrehkran von 30 t Tragfähigkeit. Solche Krane sind bis zu 60 t Tragfähigkeit gebaut worden, sie sind sehr zweckmäßig für das Ent- und Beladen der Eisenbahnwagen und Transportwagen, auch können sie für größere Hubhöhen verwendet werden. Ihr Wirkungsbereich wird von dem vom Ausleger beschriebenen Kreis abgegrenzt. Um ein seitliches Kippen des Kranes beim Schwenken zu verhindern, können an der Seite untergebrachte Träger, die durch Holzklötze unterstützt werden müssen, ausgezogen werden. Zur Vergrößerung der Hubhöhe kann der Ausleger mit einem geraden oder gebogenen Verlängerungsstück ausgerüstet werden, welches ein besonderes Hubseil erhält, so daß beim Heben schwerer und leichter Teile beim Zusammenbau die ersteren von einem Ausleger und die anderen von der Verlängerung gleichzeitig gehoben werden können.

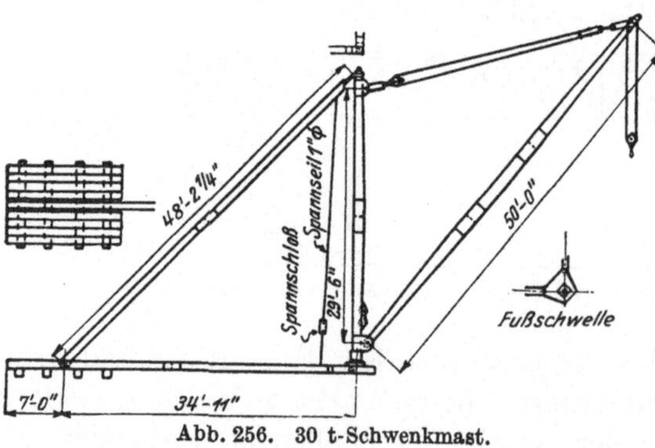

Abb. 256. 30 t-Schwenkmast.

Schwenkmast mit starrer Abstützung. Gelegentlich werden zum Ab- und Beladen der Waggons auch Schwenkmaste in den verschiedensten Ausführungen und Tragfähigkeiten verwendet. Neuerdings bestehen

Standbaum und Ausleger in den meisten Fällen aus Eisen, während sie früher in der Regel aus Holz angefertigt wurden. Abb. 256 zeigt einen Schwenkmast von 30 t Tragfähigkeit, der von zwei senkrecht zueinanderstehenden hölzernen oder eisernen seitlichen Abstützungen gehalten wird, welche oben an der Standbaumspitze und unten an zwei Fußschwellen befestigt sind. Zum Heben und Senken des Auslegers und der Last sind zwei Flaschenzüge vorgesehen. Das Drehen des Mastes geschieht entweder durch Schwenken von Hand oder durch Drahtseile. die um eine Rolle geführt zur Winde laufen, Die Länge des in der Abbildung dargestellten, aus drei Teilen zusammengesetzten Auslegers beträgt 50′. Schwenkmaste werden im allgemeinen für Tragfähigkeiten von 6—30 t ausgeführt, abgesehen von stärkeren Masten für Sonderzwecke.

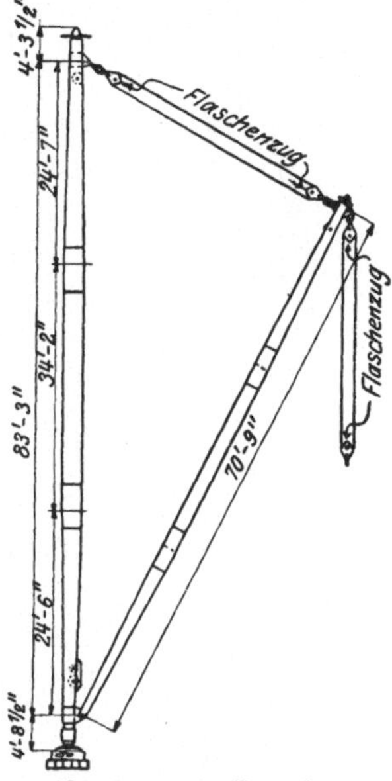

Abb. 257. 20 t-Derrick.

Schwenkmaste mit Abfangtauen. Der Unterschied zwischen diesen Schwenkmasten und den soeben beschriebenen besteht lediglich darin, daß die starren Abstützungen durch Drahtseile ersetzt sind und der Standbaum höher ist als der Ausleger. Abb. 257 stellt einen solchen Schwenkmast von 20 t Tragfähigkeit dar, sein aus drei Teilen zusammengesetzter Ausleger hat eine Länge von 70′9″.

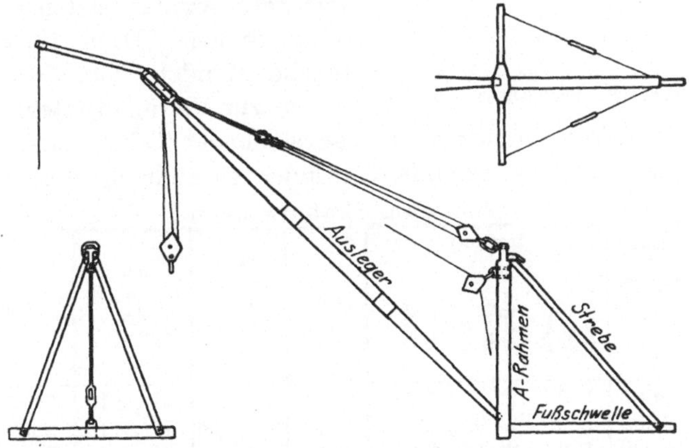

Abb. 258. Kleiner 6 t-Derrick.

Sonstige Schwenkmaste und Standbäume. Bei der in Abb. 258 vorgeführten Anordnung ist der Standbaum durch einen A-förmigen Rahmen ersetzt, außerdem ist der Ausleger mit einem Verlängerungsstück ausgerüstet, welches 12′ lang ist und eine Last von 1 t heben kann, während der Standbaum selbst eine Tragfähigkeit von 6 t besitzt. Gebräuchliche Längen des Auslegers dieser Schwenkmastart sind 30, 40 und 50′.

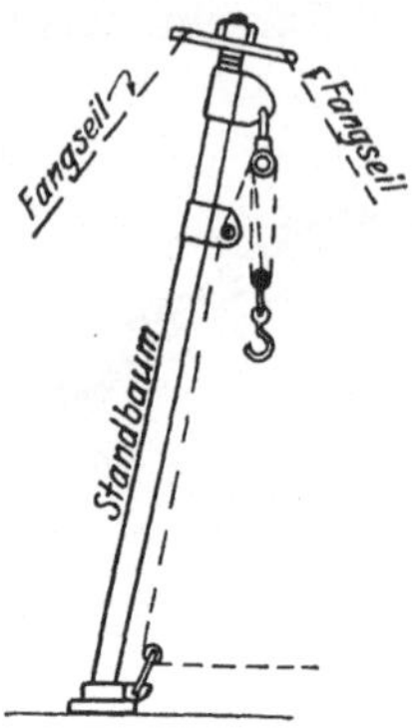

Abb. 259. Standbaum.

Seltener verwendet, aber in Einzelfällen sehr zweckmäßig, ist der in Abb. 259 gezeigte einfache Standbaum, der auf einem Schwellrost steht, welcher den Druck des Mastes auf eine größere Fläche verteilen soll. Oben ist der Mast durch Fangtaue entweder an benachbarten Bauwerken befestigt oder im Erdboden verankert. Zum Heben der Last dient ein zu einer Kabelwinde führendes Zugseil. Der Standbaum darf beim Lastheben nur wenig geneigt werden, da sonst die Gefahr besteht. daß der Mast „durchgeht“. Da er nur einen beschränkten Wirkungskreis hat, muß er für jede neue Stellung versetzt werden.

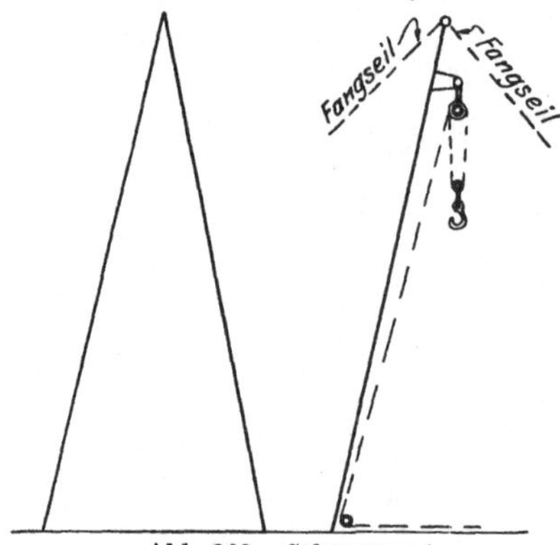

Abb. 260. Scherenmast.

Bei dem in Abb. 260 dargestellten Scherenmast, der für dieselben Zwecke wie ein Standbaum benutzt werden kann, sind nur zwei Fangtaue notwendig.

Motorwinden. Am häufigsten werden gegenwärtig die Dampfkabelwinden verwendet, während mit Benzin- oder Elektromotor ausgerüstete Winden seltener Anwendung finden. Doch finden elektrische Winden dort, wo billiger Strom zur Verfügung steht, allmählich zunehmende Verbreitung. In nachstehender Tabelle sind Leistung und Abmessungen von Dampfkabelwinden zusammengestellt.

Normaldampfkabelwinden.

Leistung in PS.	Tragkraft an den Spillköpfen lbs	Tragkraft an den Seiltrommeln lbs	Trommel Kleinster Durchmesser	Trommel Größter Durchmesser	Trommel Länge	Breite	Abmessungen des Dampfkessels	Abmessungen des Zylinders	Grundfläche
15	7000	5000	1′ 0″	2′ 1″	1′10″	7′ 0″	36 × 78	$6^1/_4$ × 10	7′ 0″ × 10′ 0″
25	9000	7000	1′ 2″	2′ 0″	2′ 3″	8′ 3″	42 × 96	$7^1/_2$ × 10	8′ 3″ × 11′ 1″
30	10000	8000	1′ 2″	2′ 1″	2′ 3″	9′ 0″	44 × 89	$8^1/_4$ × 10	9′ 0″ × 12′ 0″
35	12000	10000	1′ 4″	2′ 5″	2′ 6″	9′ 0″	46 × 102	$8^1/_2$ × 13	9′ 0″ × 11′ 8″
40	14000	12000	1′ 4″	2′ 5″	2′ 6″	9′ 3″	42 × 102	$8^1/_4$ × 10	8′ 0″ × 9′ 3″
45	15000	13000	1′ 4″	2′10″	2′ 8″	9′ 4″	50 × 102	$9^1/_2$ × 12	9′ 4″ × 11′ 0″
50	17000	15000	1′ 4″	3′ 3″	2′ 6″	9′ 3″	48 × 102	9 × 16	9′ 8″ × 9′ 3″
60	18000	16000	1′ 4″	3′ 7″	3′ 0″	9′10″	56 × 114	12 × 12	11′ 9″ × 12′ 6″

Die großen Seiltrommeln dienen zur Aufnahme des Lastseils während die auf der gleichen Achse an den Enden sitzenden Spillköpfe, auch „Negerköpfe" genannt, die zum Heben, Senken und Schwenken des Auslegers benutzten Seile aufnehmen. Diese Spillköpfe können je nach Bedarf ein- oder ausgerückt werden, bei Verwendung von Hanfseilen werden sie auch zum Lastheben benutzt. Das Aufwickeln der Seile geschieht mit einer Geschwindigkeit von 70—100′ in der Minute.

Handwinden. Die Handwinden werden nur noch selten verwendet. Sie bestehen entweder aus einer durch Kurbelantrieb betätigten Seiltrommel, die in einem am Standbaum befestigten Schild liegt oder in einem auf einem Schwellrost befestigten Rahmen eingebaut ist.

Flaschenzüge. Die Flaschenzüge bestehen aus hölzernen oder eisernen Kloben, die für Hanf- oder Drahtseile verwendet werden können. Die Kloben besitzen einen Lasthaken und bei größerer Tragfähigkeit einen geschlossenen Bügel.

Hanftaukloben.

Bezeichnung	Dicke in Zoll	Tragkraft in Tonnen	Taudurchmesser in Zoll	Gewicht in Pfund
Einrolliger Kloben mit Haken	8	2	$^3/_4$	15
Zweirolliger „ „ „	8	4	$^3/_4$	20
Einrolliger „ „ „	12	5	$1^1/_4$	45
Zweirolliger „ „ „	12	7	$1^1/_4$	70
Dreirolliger „ „ „	12	8	$1^1/_4$	95
Einrolliger „ „ „	14	6	$1^1/_2$	70
Zweirolliger „ „ „	14	10	$1^1/_2$	115
Dreirolliger „ „ „	14	12	$1^1/_2$	150
Vierrolliger „ „ Bügel	14	14	$1^1/_2$	190
Einrolliger „ „ Haken	16	8	$1^3/_4$	90
Zweirolliger „ „ „	16	12	$1^3/_4$	140
Dreirolliger „ „ „	16	15	$1^3/_4$	190
Vierrolliger „ „ Bügel	16	20	$1^3/_4$	270

Drahtseilkloben.

Bezeichnung	Breite in Zoll	Dicke in Zoll	Tragkraft in Tonnen	Seildurchmesser in Zoll	Äußerer Rollendurchmesser in Zoll	Gewicht in lbs
Einrolliger Kloben mit Haken	17	$7^5/_8$	8	$^3/_4$ oder $^7/_8$	16	260
Einrolliger „ „ Bügel	$21^3/_8$	$5^1/_8$	10	$^3/_4$ „ $^7/_8$	16	137
Zweirolliger „ „ „	$21^3/_8$	$7^3/_8$	20	$^3/_4$ „ $^7/_8$	16	245
Dreirolliger „ „ „	$21^3/_8$	$9^5/_8$	30	$^3/_4$ „ $^7/_8$	16	330
Vierrolliger „ „ „	$21^3/_8$	$11^7/_8$	40	$^3/_4$ „ $^7/_8$	16	400
Sechsrolliger „ „ „	$21^3/_8$	$16^3/_8$	60	$^3/_4$ „ $^7/_8$	16	550

Taue und Seile. In den folgenden Tabellen sind die Durchmesser, Gewichte, Bruchlasten und Nutzlasten von Hanftauen sowie von Gußstahldraht- und Pflugstahldrahtseilen zusammengestellt.

Hanftaue.

Durchmesser in Zoll	Umfang in Zoll	Gewicht in lbs/Fuß	Bruchlast lbs	Nutzlast bei 3facher Sicherheit lbs
$^3/_4$	2,36	0,19	5400	1800
$^7/_8$	2,76	0,23	6900	2300
1	3,14	0,31	9200	3100
$1^1/_4$	3,93	0,46	14100	4700
$1^1/_2$	4,71	0,67	20100	6700
$1^3/_4$	5,50	1,04	26500	8800
2	6,28	1,37	33900	11300

Gußstahldrahtseile.

Die Seile bestehen aus 6 Litzen mit je 19 Drähten und aus einer Hanfseele.

Durchmesser in Zoll	Umfang in Zoll	Gewicht in lbs/Fuß	Bruchlast lbs	Nutzlast bei 3facher Sicherheit lbs
$^3/_8$	1,18	0,22	9600	3200
$^7/_{16}$	1,37	0,30	13000	4300
$^1/_2$	1,57	0,39	16800	5600
$^9/_{16}$	1,77	0,50	20000	6700
$^5/_8$	1,97	0,62	25000	8300
$^3/_4$	2,36	0,89	35000	11700
$^7/_8$	2,75	1,20	46000	15300
1	3,14	1,58	60000	20000
$1^1/_8$	3,54	2,00	76000	25300
$1^1/_4$	3,93	2,45	94000	31300
$1^3/_8$	4,32	3,00	112000	37300
$1^1/_2$	4,71	3,55	128000	42700

Pflugstahldrahtseile.

Die Seile bestehen aus 6 Litzen mit je 19 Drähten und aus einer Hanfseele.

Durchmesser in Zoll	Umfang in Zoll	Gewicht in lbs/Fuß	Bruchlast lbs	Nutzlast bei 3facher Sicherheit lbs
$^3/_8$	1,18	0,22	11500	3800
$^7/_{16}$	1,37	0,30	16000	5300
$^1/_2$	1,57	0,39	20000	6700
$^9/_{16}$	1,77	0,50	24600	8200
$^5/_8$	1,97	0,62	31000	10300
$^3/_4$	2,36	0,89	46000	15300
$^7/_8$	2,75	1,20	58000	19300
1	3,14	1,58	76000	25300
$1^1/_8$	3,54	2,00	94000	31300
$1^1/_4$	3,93	2,45	116000	38700
$1^3/_8$	4,32	3,00	144000	48000
$1^1/_2$	4,71	3,55	164000	54700

Tragfähigkeit der Flaschenzüge. Die nachstehende Tabelle dient zur Berechnung der Tragfähigkeit von Flaschenzügen, die sich in folgender Weise ermitteln läßt: Gesucht sei bei gegebenem Zug im Zugseil die Größe der zu hebenden Last. Es ist dann die Zugkraft im Zugseil durch $1{,}2^n$ zu dividieren und dieser Quotient mit dem der Tabelle zu entnehmenden Wert des Verhältnisses der zu hebenden Last zur Zugkraft im Seil zu multiplizieren, wobei n angibt, wie oft das Seil evtl. um weitere Rollen außerhalb des Flaschenzugs herumgeführt worden ist. In umgekehrter Weise kann bei gegebener Last die Kraft im Zugseil berechnet werden.

Seil-durchmesser in Zoll	Nutzlast lbs	Hanftaue: Anzahl der Rollen des Flaschenzuges 1	2	3	4	5	6	7	8	9	10	11	12	13	14
3/4	1800	0,86	1,93	2,73	3,48	4,12	4,71	5,23	5,71	6,12	6,50	6,83	7,14	7,40	7,64
7/8	2300	0,83	1,92	2,68	3,37	3,95	4,48	4,92	5,32	5,66	5,96	6,22	6,45	6,64	6,82
1	3100	0,87	1,93	2,74	3,50	4,16	4,77	5,30	5,80	6,23	6,63	6,98	7,30	7,58	7,85
1 1/4	4700	0,83	1,92	2,68	3,37	3,95	4,48	4,92	5,32	5,65	5,96	6,21	6,44	6,63	6,81
1 1/2	6700	0,83	1,91	2,67	3,36	3,93	4,45	4,89	5,28	5,61	5,91	6,15	6,38	6,56	6,73
1 3/4	8800	0,81	1,91	2,64	3,30	3,84	4,33	4,72	5,08	5,37	5,64	5,85	6,04	6,20	6,34
2	11300	0,82	1,91	2,65	3,32	3,87	4,37	4,78	5,14	5,45	5,72	5,94	6,15	6,31	6,46
2 1/4	14600	0,80	1,90	2,63	3,28	3,80	4,28	4,65	5,00	5,27	5,52	5,72	5,90	6,04	6,17
		Drahtseile													
3/4	15300	0,86	1,83	2,73	3,58	4,38	5,15	5,88	6,58	7,25	7,94	8,55	9,1	9,7	10,2

Ketten. Nachstehend sind die den verschiedenen Kettenstärken entsprechenden Nutzlasten sowie Probelasten zusammengestellt worden.

Durchmesser des Kettengliedes	Gewicht in lbs/Fuß	Länge eines Gliedes in Zoll	Breite eines Gliedes in Zoll	Probelast lbs	Bruchlast lbs	Nutzlast bei 3 facher Sicherheit lbs	Nutzlast bei 4 facher Sicherheit lbs
1/2	2,50	2 3/8	1 7/8	7700	15000	5000	3800
5/8	4,10	3	2 1/4	12000	23000	7600	5700
3/4	6,20	3 1/2	2 5/8	17000	33000	11000	8200
7/8	8,37	4	3	22000	43000	14300	10700
1	10,50	4 5/8	3 3/8	29000	56000	18600	14000
1 1/8	13,62	5 1/8	3 7/8	37000	71000	23600	17700
1 1/4	16,00	5 3/4	4 1/4	46000	88000	29300	22000
1 3/8	19,25	6 1/2	4 5/8	55000	106000	35300	26500
1 1/2	23,00	7	5 1/8	66000	126000	42000	31500
1 5/8	28,00	7 3/4	5 1/2	74000	141000	47000	35200

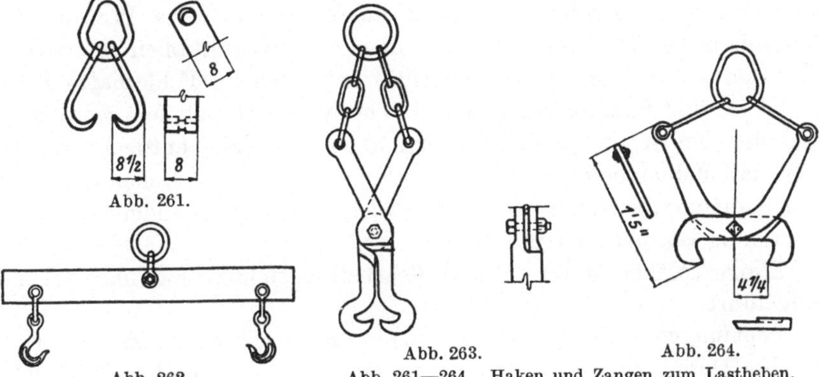

Abb. 261. Abb. 262. Abb. 263. Abb. 264.

Abb. 261—264. Haken und Zangen zum Lastheben.

Haken. Ebenso wie bei Seilen und Ketten ist auch für Haken die Tragfähigkeit genau zu berücksichtigen. Da die Verwendung fehlerhafter oder zu schwacher Haken leicht die Ursache verhängnisvoller Unfälle werden kann, ist stets darauf zu achten, daß ausreichend starke Haken verwendet werden, und daß die Haken von Zeit zu Zeit einer Prüfung unterzogen werden. In Abb. 261 bis 264 sind einige gebräuchliche Haken und Zangen zum Lastheben dargestellt.

XXVII. Prüfung und Abnahme in der Werkstatt.

Die Abnahme der Konstruktionen in der Werkstatt wird entweder von den Ingenieuren oder sonstigen Beauftragten des Bestellers vorgenommen, außerdem geht der Abnahme noch eine Prüfung seitens eines hierfür besonders angestellten Aufsichtsbeamten der Werkstatt voraus. Diese beiderseitige Prüfung soll das gleiche Ergebnis haben. Als Richtschnur für diese Prüfung, gelten die nachstehend zusammengestellten „Anweisungen für die Werkstattprüfung", die für den Abnahmebeamten, sowie für die mit der Prüfung der Konstruktion seitens des Werkes beauftragten Ingenieure bestimmt sind.

Die Aufsichtsbeamten der Werkstatt müssen über eine gute Werkstattpraxis verfügen und gewissenhaft in ihrer Tätigkeit sein, die den Zweck hat, die Werkstatt zu sorgfältiger Arbeit zu erziehen.

Bevor ein beanstandeter Konstruktionsteil zurückgewiesen wird, ist derselbe ein zweites Mal genau hinsichtlich seiner Beanspruchungen, seiner Haltbarkeit und seines Aussehens zu prüfen.

Schwierigkeiten, welche sich in der Werkstatt ergeben haben und durch ungeschickte Konstruktionsanordnung verursacht worden sind, sollen dem Zeichensaal unter Beifügung von Änderungsvorschlägen zur Kenntnis gebracht werden, um eine Wiederholung in künftigen Fällen zu vermeiden. Da es immerhin leichter ist, einen Fehler zu verhindern, als ihn wieder gut zu machen, sind solche während der Werkstattbearbeitung nach Möglichkeit schon auszuschalten. Die Prüfung der Bauteile in der Werkstatt soll dazu dienen, Konstruktionen zu erzielen, die allen Anforderungen des Bestellers entsprechen. Fehlerhafte Teile, — sei es, daß fehlerhaftes Material vom Walzwerk geliefert worden ist und der Fehler erst beim Zusammenbau der Teile entdeckt wurde, oder daß Fehler beim Stanzen vorgekommen sind, — stellen den Prüfenden oft vor die Frage, ob es zulässig ist, diese zu verwenden oder ob es notwendig ist, neue anzufordern.

Einige solcher Material- und Bearbeitungsfehler sind nachstehend aufgeführt.

Dopplungen. Bei wichtigen Konstruktionsgliedern ist Material, welches Dopplungen aufweist, unbedingt zu verwerfen, ohne Rücksicht darauf, wie weit die Bearbeitung des Materials fortgeschritten war, als dieser Mangel entdeckt wurde. Insbesondere gilt dies z. B. für Behälterbleche, Knotenbleche usw. Gurtplatten, Stehbleche und Gurtwinkel mit solchen Fehlern brauchen nicht zurückgewiesen zu werden, wenn die Dopplungen klein sind und das Material sonst fehlerfrei ist und vorausgesetzt, daß bereits mit der Bearbeitung begonnen war.

Abgeblätterte Stellen. Material mit abgeblätterten Stellen darf im allgemeinen für kraftübertragende Teile nicht verwendet werden. Unter Umständen können jedoch die Teile unter Berücksichtigung ihrer Beanspruchungen, falls die Werkstattbearbeitung schon vorgeschritten ist, verstärkt werden.

Buckel. Meistens tritt eine Buckelbildung in den Stehblechen der Blechträger auf. Da diese häufig schlecht herauszubringen sind, ordnet man an solchen Stellen Aussteifungswinkel an, die den Buckel überdecken.

Knicke. Geringe Knicke in der Längsrichtung des Materials sind so zu entfernen, daß das Material keine Beschädigung erleidet. Man gebraucht dabei zweckmäßig eine Richtpresse.

Walzfehler. Teile mit schwachen, nicht ordnungsgemäß gewalzten Stellen sind zu verwerfen, falls es sich nicht um ganz untergeordnete Teile handelt. Andererseits ist Material mit Stellen, die größere Stärken aufweisen als notwendig, zu verwenden, falls diese Stellen nicht zu auffällig sind.

Krümmungen. I-Eisen und [-Eisen, die mit deutlich sichtbarer Krümmung vom Walzwerk angeliefert wurden, sind zu richten. Bedenklicher ist es, wenn genietete Teile eine solche Krümmung aufweisen. Ist diese nur gering, so sind die Stücke nicht zu verwerfen. Bei größerer Krümmung ist es am zweckmäßigsten, zunächst wieder eine Anzahl Niete herauszuschlagen, das Stück zu richten und die Teile nochmals zu vernieten.

Stanzfehler. Ob ein Stück mit fehlerhaft gestanzten Löchern noch verwendet werden kann oder ersetzt werden muß, hängt von der Anzahl der falsch gestanzten Löcher, ihrem Sitz zu der richtigen Lage, ferner von der Beanspruchung der betreffenden Konstruktion sowie von der Möglichkeit, rechtzeitig ein Ersatzteil beschaffen zu können, ab. Es würde eine Härte bedeuten, den Ersatz großer Teile zu verlangen, wenn es angängig wäre, die fehlerhaft gestanzten Löcher wieder zu schließen.

Beschädigtes Material. Teile, die beim Biegen, Richten oder Stanzen beschädigt oder während des Transportes von einem Kran herabgestürzt sind, dürfen nicht verwendet werden. Sollte die Beschädigung erst beim Vernieten bemerkt worden sein oder wegen kurzer Lieferfrist die Beschaffung eines Ersatzstückes nicht möglich sein, so ist ausnahmsweise die Verwendung erlaubt, falls eine ausreichende Verlaschung der betreffenden Stellen möglich ist.

Zu kurzes Material. Bei Material, welches vom Walzwerk zu kurz geliefert oder in der Werkstatt irrtümlich zu kurz geschnitten wurde, ist in jedem Einzelfall zu überlegen, ob Ersatzmaterial mit Rücksicht auf die Lieferzeit bestellt werden kann, oder ob es unter Berücksichtigung der zu übertragenden Kraft und des Aussehens angängig ist, durch Anlaschen eines Stückes die richtige Länge zu erzielen.

Anweisungen für die Werkstattprüfung. Die nachstehend zusammengestellten Anweisungen sollen dem Abnahmebeamten bei Ausübung seiner Tätigkeit als Richtschnur dienen.

1. Die Abnehmer sollen durch häufigen Besuch der Werkstatt, bei korrektem und bestimmtem Auftreten, ihr Interesse an der verantwortungsvollen Tätigkeit der Werkstattleute bekunden.

2. Der Gang der Arbeit ist ständig zu beobachten und besonders auf die Einhaltung der Termine zu achten.

3. Treten im Laufe der Bearbeitung besondere Umstände auf, die eine Änderung im vorgesehenen Plan notwendig machen, so sind die Anordnungen schnell zu treffen, um eine Unterbrechung der Arbeiten zu verhindern.

4. Bevor die Werkstattarbeit für einen Auftrag aufgenommen wird, sind die Zeichnungen genau durchzusehen und ist besonders auf die zulässigen Spielräume für die Montageanschlüsse zu achten.

5. Alle Schräganschlüsse sind sorgfältig nachzuprüfen.

6. Besondere Sorgfalt ist auf die Prüfung gekrümmter, abgeknickter und verwickelter Teile zu verwenden, damit auf der Baustelle bei diesen keine Schwierigkeiten entstehen.

7. Bei Trägern, die zwischen den Stützen einer Stützenreihe angeordnet sind, ist die Breite der Stützen, sowie die Länge der Träger genau zu prüfen und darauf zu achten, daß die notwendigen Spielräume vorhanden sind.

8. Teile, bei welchen „rechts" und „links" zu unterscheiden ist, sind besonders auf die richtige Zahl beider Teile nachzuprüfen.

9. Es ist darauf zu achten, daß die Überhöhung der Blechträger genau ausgeführt worden ist.

10. Bevor die Auflagerplatten von Blechträgern angenietet werden, ist ihre Stärke, sowie die Anordnung der Löcher auf ihre Richtigkeit hin nachzuprüfen.

11. Es ist zu beachten, daß für das Schlagen der Baustellenniete mittels Preßlufthammer mindestens 2′ Platz, senkrecht zum Bauteil gemessen, vorhanden sein muß.

12. Nach dem Vernieten der Bauteile in der Werkstatt sind die Montageanschlüsse und -stöße nachzuprüfen.

13. Es ist besonders darauf zu achten, daß die Stöße von Druckgliedern genau aufeinander passen.

14. Die Löcher für die Gelenkbolzen sind genau auf ihre Abmessung und Lage nachzuprüfen.

15. Bei I-Trägerlagen und ähnlichen Konstruktionen, bei welchen die Träger durch gußeiserne Querstücke verbunden sind, sind die Mittenabstände der Träger an den Enden nachzumessen, da die Querstücke oft Abweichungen voneinander aufweisen.

16. Bei Anordnung von Längsträgern zwischen den Querträgern ist auf genügenden Spielraum zu achten und die Länge der Träger nachzumessen.

17. Wenn Anschlüsse nach Stahlschablonen aufgerieben werden, so ist auf genauen Sitz der Schablonen beim Aufreiben zu achten.

18. Für Konstruktionen, die zusammengelegt und aufgerieben werden, sind sorgfältige Signierungspläne aufzustellen, auch ist darauf zu achten, daß die Signierungen deutlich sichtbar angebracht werden.

19. Um die richtige Überhöhung zu erhalten, sind die Fachwerkträger probeweise zusammenzubauen.

20. Alle Laufflächen und Unterstützungen für die zusammengelegten Trommelkonstruktionen von Drehbrücken sind auszugleichen, bevor die Teile vernietet werden.

21. Maschinenteile sind in ihren Einzelheiten genau zu prüfen, besonders daraufhin, welche Abmessungen genau innezuhalten sind und bei welchen ein Spielraum erlaubt ist.

22. Bolzen oder Keile müssen genau passen, da sie sich sonst im Betrieb lockern würden.

23. Gußteile sind sorgfältig auf Lunker zu prüfen, wobei zwischen kleinen, unschädlichen und großen Lunkern zu unterscheiden ist, da größere das Gußstück unbrauchbar machen.

24. Buchsen und Lagerschalen müssen genau eingepaßt werden, damit sie sich nicht lockern können.

25. Die Rollen beweglicher Auflager, die Rollkranzringe der Drehbrücken usw. sind auf ihre vorgeschriebene Stärke zu prüfen, da solche Teile die aufzunehmenden Lasten gleichmäßig zu übertragen haben.

26. Teile, die nicht oder nur teilweise gestrichen werden sollen, sind sorgfältig zu prüfen.

27. Es ist besonders darauf zu achten, daß alle Versandbezeichnungen richtig und vor allem deutlich sichtbar angebracht werden.

28. Bolzen mit versenkten Köpfen sind auf guten Sitz nachzuprüfen.

29. Teile, die lose versandt werden sollen, sind besonders zu legen, damit sie für den Transport gebündelt werden können.

30. Es ist darauf zu achten, daß alle notwendigen Niete, Rundeisen, Ankerschrauben und ähnliches mitgeschickt werden. Teilsendungen müssen so zusammengestellt werden, daß keine Unterbrechungen der Montage eintreten können.

31. Die Baustellenniete müssen fehlerfrei sein.

32. Alle beweglichen Teile sind sorgfältig nachzusehen.

33. Es sind wöchentliche Berichte über den Gang der Arbeiten in der Werkstatt und den Versand in kurzen Umrissen aufzustellen.

XXVIII. Reinigung der Eisenteile und Rostschutz.

Die Unterhaltung der Eisenkonstruktionen ist bis jetzt ein schwieriges Problem geblieben. Auf die Lebensdauer der Eisenbauten übt der Rost den schädlichsten Einfluß aus, dem man durch Anstrich oder anderweitigen Überzug der Konstruktion nach vorheriger Reinigung entgegenzutreten versucht. Über die Art und Weise der Reinigung sind kaum Meinungsverschiedenheiten vorhanden. Anders jedoch verhält es sich hinsichtlich des Anstrichs, der ganz verschiedenartig ausgeführt wird. Die bisher ausgeführten Versuche haben noch keine endgültige Klärung gebracht. Hierzu bedarf es einer ausführlichen und methodischen Ausführung von Probeanstrichen. Vielleicht haben auch die Auskünfte der verschiedenen Farbenlieferanten in gewissem Umfang dazu beigetragen, ein unparteiisches Urteil zu verhindern.

Im folgenden soll auch nicht eine Abhandlung über den Rostschutz der Eisenbauwerke — über welches Thema schon viel geschrieben worden ist — sondern nur ein Ausschnitt aus der augenblicklich geübten Praxis gegeben werden mit der Absicht, größere Einheitlichkeit und Stetigkeit anzuregen, um zu besseren Ergebnissen zu gelangen.

Vorbereitungen für den Anstrich. Die erste Bedingung für die Haltbarkeit des Anstrichs ist eine sorgfältige Behandlung der zu streichenden Flächen vor Aufbringung der Farbe. Hierfür sind verschiedene Methoden gebräuchlich.

1. Meistens werden die Eisenteile mittels Drahtbürste vom losen Walzzunder befreit, Öl und Fett durch Benzol, Benzin oder Gasolin entfernt. Diese Methode ist unter gewöhnlichen Verhältnissen vollkommen ausreichend.

2. Noch wirkungsvoller ist die Anwendung eines Sandstrahlgebläses, durch welches die saubersten Flächen für den Anstrich erzielt werden. Allerdings sind die Kosten hoch, weshalb meistens die billigeren Methoden vorgezogen werden. Doch sollte das Sandstrahlgebläse stets bei solchen Konstruktionen verwendet werden, die stark verrostet sind, oder bei denen größte Haltbarkeit der Farbe verlangt wird.

3. Falls die Zeit dazu vorhanden ist, kann man die Eisenteile so lange der Luft und Witterung aussetzen, bis sich die Walzhaut löst und mit der Drahtbürste vollständig entfernt werden kann. Die darunter befindliche glatte Oberfläche ist für die Aufnahme des Farbanstrichs dann vortrefflich geeignet. Oft verzichtet man auch auf den Grundanstrich in der Werkstatt und versieht die Konstruktion zunächst nur mit einem Leinölanstrich, worauf nach beendeter Montage die Teile, sorgfältig gereinigt, den endgültigen Farbanstrich erhalten. Die schützende Wirkung des Leinölanstrichs hält annähernd sechs Monate vor, in welcher Zeit die Montage in den meisten Fällen beendet sein wird. Leider lassen nur wenige Eisenbahngesellschaften und sonstige Abnehmer von Eisenkonstruktionen diesen Leinölanstrich in ihren Lieferungsvorschriften zu, obgleich seine schützende Wirkung eine sehr gute ist. Denn bei Ausführung des Grundanstriches im Werk ist dieser beim Transport im Werk, beim Verladen sowie auf der Baustelle leicht Beschädigungen ausgesetzt, die wieder ausgebessert werden müssen. Auch sind die Baustellenniete nachzustreichen, bevor der Deckanstrich aufgebracht werden kann. Alles dieses fällt bei Anwendung des Leinölanstriches fort.

Sandstrahlgebläse. Außer bei Reinigung neuer Eisenkonstruktionen vor dem Anstrich kann das Sandstrahlgebläse auch bei Erneuerung des Anstrichs alter Eisenbauwerke oder umzubauender Teile verwendet werden. Beim Sandstrahlgebläse wird getrockneter Sand mittels Preßluft durch eine Düse gegen die zu reinigende Fläche geblasen.

Abb. 265 zeigt den Aufbau eines solchen Gebläses. Der Hauptteil ist ein unter Druck stehender Sandbehälter, in den der Sand aus einem Trichter durch ein Ventil eingelassen wird. Die Druckluft tritt einmal durch ein in den oberen Teil des Behälters einmündendes 1″ Rohr ein, ferner durch ein zweites unten einmündendes 1″ Rohr, das sich auf 2″ Durchmesser erweitert, in dieser Erweiterung findet das Mischen von Sand und Druckluft statt; das Gemisch tritt mit einem Druck von 60—80 lbs/Quadratzoll durch eine Düse von $^3/_8$″ Durchmesser aus. Besonders harte Sandarten, wie Quarzsand, sind brauchbarer als gewöhnlicher Sand. Frischer Sand, der nicht vollkommen trocken ist, muß vorher in besonderen Öfen getrocknet werden. Der verbrauchte Sand wird zusammengeschaufelt, durchgesiebt, in Öfen getrocknet und kann dann von neuem verwendet werden. Dieser Vorgang kann öfter wiederholt werden. Da die Preßluft meistens Feuchtigkeit enthält, läßt man sie erst einen Behälter mit Querrippen durchströmen, um das Wasser abzuscheiden. Die mittels Sandstrahlgebläse gereinigte Fläche ist von stahlgrauer Farbe. Sie rostet sehr schnell und muß daher innerhalb weniger Stunden mit Anstrich versehen werden.

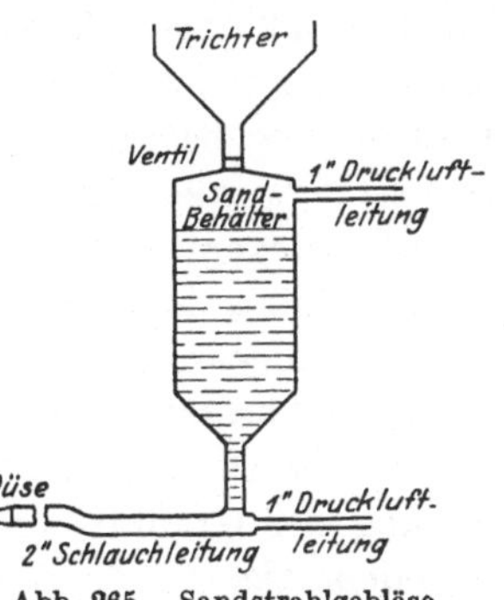

Abb. 265. Sandstrahlgebläse.

Anstrich. Der Rostschutz kann erzielt werden 1. durch Anstrich, 2. durch Zementumhüllung, 3. durch Asphaltierung und 4. durch Verzinkung.

Es ist eine Reihe von Versuchen angestellt worden, um den besten Anstrich zu finden. Doch ist man noch zu keinem endgültigen Ergebnis gelangt. Die gegenwärtig üblichen Anstriche haben zwar, wenn sie öfter erneuert werden, ganz brauchbare Ergebnisse gezeigt. Es muß aber erstrebt werden, einen Anstrich von größerer Dauerhaftigkeit wie bisher zu bekommen. Deshalb müßten unparteiische und gründliche Versuche, am zweckmäßigsten von einer der großen, nationalen Ingenieurgesellschaften unternommen werden, da eine gute Lösung dieser Frage von weittragender Bedeutung ist. Der Hauptzweck des Anstrichs bei Brücken- und Hochbauten ist der, die Rostbildung zu verhindern. Die wesentlichsten Bedingungen für einen guten Anstrich sind:

1. Das Lösungsmittel muß den Farbstoff auf der gestrichenen Fläche festhalten.

2. Lösungsmittel und Farbstoff müssen eine Schicht bilden, die vollkommen dicht ist und jedes Rosten verhindert.

3. Der Anstrich muß dauerhaft sein und gegenüber den Einwirkungen der Sonnenbestrahlung, des Windes und Wassers widerstandsfähig sein und

4. muß er genügend elastisch sein, um die Längenänderungen infolge von Wärmeschwankungen mitmachen zu können.

Das Lösungsmittel ist meistens Leinöl. Der Farbstoff ist gemahlene Farberde, die mit Öl verrührt wird. Meistens wird ein Trockenmittel hinzugefügt. Die Trockenmittel dürfen aber nur in beschränkten Mengen verwendet werden, da sie, in großen Mengen zugesetzt, die Rissebildung begünstigen. Gekochten Ölen dürfen sie überhaupt nicht zugesetzt werden, da diese Öle bereits trocknende Eigenschaften besitzen. Gegenwärtig werden von den Eisenbauanstalten meistens reine Leinöl-, Mennige-, Graphit- und Eisenoxydanstriche verwendet. Die Mennigeanstriche zeigen verschiedene Zusammensetzung. Gewöhnlich bestehen sie größtenteils aus Mennige ($Pb_3\ O_4$), mit einem Zusatz von Bleioxyd ($Pb\,O$) und Leinöl. Die Zusammensetzung der Graphit- und Eisenoxydanstriche ist ebenfalls sehr verschiedenartig.

Aufbringen des Anstriches. Die Haltbarkeit des Anstriches hängt nicht allein von der vorherigen Säuberung der Anstrichflächen und der Güte der Farbe, sondern auch von der Sorgfalt der Ausführung ab. Bei Regen und Frostwetter darf nicht gestrichen werden. Auch müssen die Flächen gut von Schmutz, Öl und Zunder gereinigt und abgetrocknet sein. Wesentlich ist, daß die Farbe gleichmäßig aufgetragen wird, daß sie gut deckt und alle kleinen Poren des Eisens ausfüllt. Das Aufbringen der Farbe geschieht in den meisten Fällen mit dem Pinsel, welche Arbeitsweise bei sorgfältiger Ausführung gute Ergebnisse gezeigt hat. Zunehmende Verbreitung findet neuerdings das Aufbringen der Farbe mittels einer durch Preßluft betriebenen Spritzpistole. Dieses Verfahren ist sehr wirtschaftlich, da der zur Bedienung der Spritzpistole erforderliche Mann in derselben Zeit eine Fläche bespritzt, die sonst vier Mann mit dem Pinsel streichen würden. Ein Nachteil ist dagegen die Schwierigkeit, einen gleichmäßigen Anstrich zu erzielen, welchen man dadurch aufzuheben versucht, daß man zunächst die Farbe spritzt und hinterher mit dem Pinsel gleichmäßig ausstreicht. Der Mann, welcher die Spritzpistole bedient, muß hierbei Augen und Nase durch eine Maske schützen. Das Spritzverfahren scheint nach den bisherigen Ergebnissen wohl das wirtschaftlichste zu sein.

Zement. Eisenteile, welche einbetoniert werden oder eine Umhüllung von Zement erhalten sollen, bekommen keinen Farbanstrich, da dieser das Haften des Betons am Eisen verhindern würde. Auch schützt der Zement selbst gegen Rosten. Das Eisen wird entweder in vollem Beton eingebettet oder mittels einer Zementkanone direkt oder unter Zuhilfenahme eines am Eisen befestigten Drahtgewebes mit Zement umhüllt, nachdem es vorher von Schmutz und Öl gereinigt worden ist. Ist damit zu rechnen, daß die Eisenteile erst nach einem halben Jahr mit Beton umhüllt werden, so ist es zweckmäßig, sie erst mit einem Schutzanstrich von Leinöl zu versehen.

Asphalt. Eisenkonstruktionen, die ins Erdreich verlegt werden, wie Wasserrohre, oder solche, die später nicht mehr zugänglich sind, wie gepflasterte und ausbetonierte Brückenfahrbahnen, erhalten einen Asphaltanstrich. Meistens werden die Wasserrohre vor dem Verlegen in Asphalt getaucht, oder aber man gießt den Asphalt, wie bei Brückenfahrbahnen, über die Eisenteile aus. Der zu verwendende Asphalt soll im kalten Zustand elastisch sein, einen hohen Schmelzpunkt besitzen und bei 100° F etwas weich werden. Er wird bei einer Temperatur von 300° bis 400° F aufgebracht.

Verzinkung. Bei Brücken und Hochbauten kommen verzinkte Teile nur selten vor. Es gibt aber sonst eine Reihe von Erzeugnissen, die verzinkt werden, wie Wellbleche mit Befestigungsteilen, Eisenbleche, Leitungsmaste usw. Sollen verzinkte Teile auch noch einen Anstrich erhalten, so setzt man sie am besten erst ein Jahr der Witterung aus, da sich der Anstrich auf frisch verzinkten Teilen schlecht hält. Vor dem Verzinken sind die Teile sorgfältig vom Walzzunder, Rost, von Fett, Farbteilen usw. zu reinigen, zu welchem Zweck sie in eine Lösung von verdünnter Schwefelsäure getaucht werden, darauf ist die Säure durch eine Sodalösung oder dgl. zu neutralisieren. Schließlich müssen die zu verzinkenden Teile noch sorgfältig getrocknet werden, ehe mit dem Verzinken begonnen werden kann, für welches drei verschiedene Verfahren üblich sind.

1. Das warme Verfahren. Hierbei werden die Eisenteile in einen Behälter mit flüssigem Zink getaucht, was für Gußstücke und größere Bauteile verwendbar ist.

2. Das elektrische Verfahren. Bei diesem Verfahren wird das Zink auf elektrolytischem Wege abgeschieden. Gut geeignet ist es für kleinere Teile, wie Niete, Unterlegscheiben, Bolzen, kleine Gußstücke und dgl.

3. Sherardisieren. Die zu verzinkenden Eisenteile werden hierbei in einer mit Zinkoxyd gefüllten, luftdicht abgeschlossenen Kammer eingeschlossen. Die Kammer mit Inhalt wird nun erhitzt, wodurch das Zinkoxyd zerfällt und sich Zink auf den Eisenteilen abscheidet, worauf die Kammer wieder abgekühlt wird. Da aus Gründen der Wirtschaftlichkeit die Abmessungen der Kammer ein gewisses Maß nicht übersteigen dürfen, kann dieses Verfahren nur für kleine Teile angewendet werden.

Alle Bezeichnungen, die zu verzinkende Eisenteile erhalten sollen, sind mit Stahlstempeln einzuschlagen, da alle aufgemalten Bezeichnungen schon beim Reinigen mit der Säure verschwinden würden.

XXIX. Schmiedewerkstatt.

In dieser Abteilung der Werkstatt wird das Ausschmieden, Kröpfen einzelner Teile, Biegen von Blechen, I- und [-Eisen ausgeführt, werden Niete und Schrauben hergestellt, Rundeisen angestaucht, Gewinde geschnitten, Augenstäbe angefertigt und Schweißarbeiten ausgeführt. In größeren Werken sind besondere Abteilungen für das Ausschmieden der Teile sowie für die Herstellung der Niete und Schrauben vorhanden. Mit der Herstellung von Augenstäben beschäftigen sich allerdings nur einige wenige Werke. Die Einrichtungen für die Warmbearbeitung des Eisens sind, je nach der Größe des Werkes und der Produktion an Schmiedestücken, verschieden.

Schmiedearbeiten. Die Herstellung von Schmiedeteilen erstreckt sich hauptsächlich auf die von Rollen für die beweglichen Brückenauflager, Gelenkbolzen, Schraubenbolzen, Schraubenmuttern, Kettenglieder, Wellen, Stein- und Hakenschrauben usw., alles Teile, die in Verbindung mit der Eisenkonstruktion zu liefern sind. Auch für den Bedarf der Werkstatt sind Schmiedeteile anzufertigen, wie Meißel, Hämmer, Matrizen aller Art, Schraubenbolzen, Muttern, Werkzeuge für die Drehbänke und Fräsmaschinen, Wellen, Kolbenstangen usw.

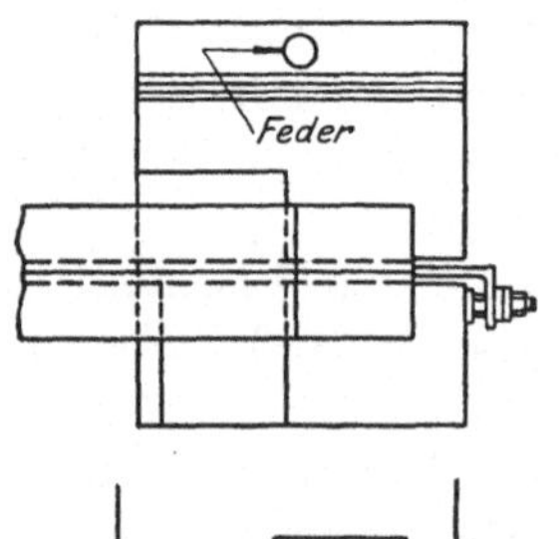

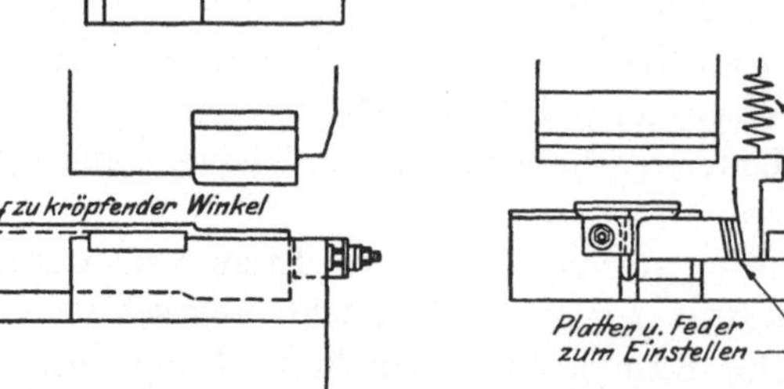

Abb. 266. Kröpfen von Aussteifungswinkeln.

Kröpfen. Kröpfungen werden mit Hilfe der in Abb. 266 schematisch dargestellten Vorrichtung ausgeführt.

Biegen. Gurtwinkel von Blechträgern mit abgerundeten Enden werden auf der Biegepresse gebogen, für welche eine beschränkte Anzahl von Matrizen ständig vorrätig ist. Die Matrizen werden, da sie ziemlich teuer sind, nur für in großer Zahl vorkommende Teile hergestellt. Will man keine Biegepresse benutzen, so biegt man das Material auf einem Biegetisch nach einer Schablone, wie es in Abb. 267 dargestellt ist. Ist die Werkstatt nicht mit besonderen Biegewalzen ausgerüstet, so werden auch L-, I- und [-Eisen auf der Biegepresse gebogen. Halbkugelförmige und ähnlich geformte Bleche, wie sie z. B. für Behälterböden verwendet werden, werden unter einer Presse geformt. Hierbei wird das Blech in einer mit einem 12 bis 18″ großen Loch versehenen Matrize durch einen mit abgerundeten Rändern versehenen Stempel, allmählich unter dauerndem Auf- und Niedergehen des Stempels in die gewünschte Form gebracht. Besonders geformte Bleche, wie sie z. B. bei Erztransporteinrichtungen usw. vorkommen, werden, wie aus Abb. 268 ersichtlich, über Holzformen kalt gebogen, wobei zunächst das Blech auf einem Tisch befestigt wird, dann die Holzformen aufgesetzt und endlich mittels Kranzuges die Seitenteile hochgezogen werden, wodurch sich das Blech in die Holzformen legt.

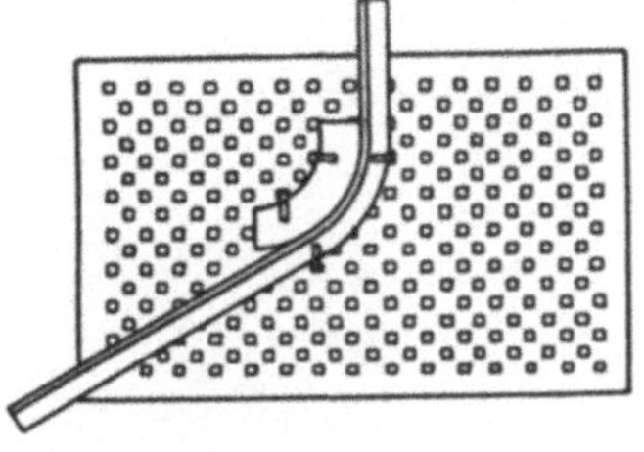

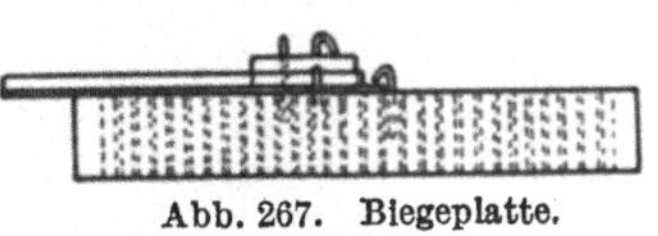

Abb. 267. Biegeplatte.

Zylindrische Bleche. Bleche für zylindrische Behälter, Schornsteine und Wasserrohre werden auf kaltem Wege gebogen. Dünne Bleche bis $^1/_4$″ stark mit großem Durchmesser werden gewöhnlich in geradem Zustand verschickt und erst auf der Baustelle auf die gewünschte Form gebracht. Abb. 269 zeigt eine Blechbiegemaschine. Die abgebildete Maschine biegt Bleche von 18′4″ Breite und 1″ Stärke auf einen Krümmungshalbmesser von mehr als 30″. Der in Abb. 270 schematisch dargestellte Querschnitt zeigt, wie das Blech zwischen den Rollen, von denen A und B vom Motor angetrieben werden, hindurchläuft. Beide Rollen sind, je nach der Blechstärke, zu verstellen. Die Rolle C besitzt keinen Antrieb. Sie kann gehoben oder gesenkt werden und daher dem

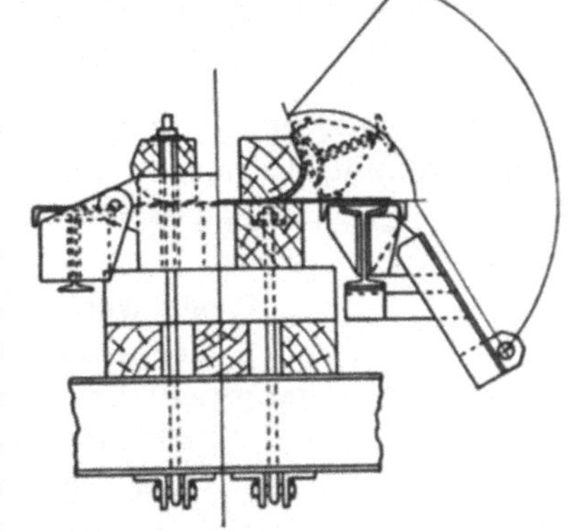

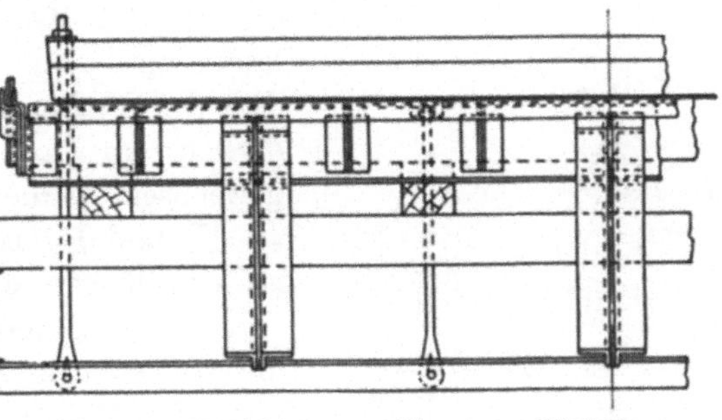

Abb. 268. Vorrichtung zum Biegen von Blechen.

Bleche die gewünschte Krümmung geben. Da das Ende des Bleches beim Durchlaufen zwischen den Rollen B und C nicht mehr ge-

Abb. 269. Blechbiegemaschine.

bogen werden kann, erzielt man die Krümmung durch Anheben des ganzen Bleches mittels eines Krans. Durch Umkehrung des Arbeitsvorganges wird auch das andere Ende des Bleches gebogen.

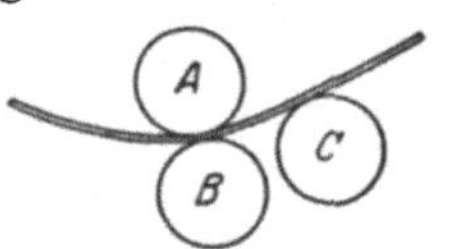

Abb. 270. Rollenanordnung.

Biegen von ∠-, I- und [-Eisen. Die Anordnung der Rollen, von denen eine in Abb. 271 dargestellt ist, wird verschieden ausgeführt. Hier sind die Rollen lotrecht aufgestellt, während das zu biegende Material wagrecht durchläuft. Sind die Rollen derart angeordnet, daß das Material lotrecht durchlaufen muß, so ergibt sich der Nachteil, daß der Fußboden beim Biegen oft hinderlich sein wird. Die Rollen können ausgewechselt werden und zum Biegen von ∠-, [- und I-Eisen dienen. In der Skizze ist das Biegen eines Winkels dargestellt. Durch Vertauschen der Rollen kann auch die umgekehrte Krümmung erzeugt werden. Die Rollen für [- und I-Eisen sind, mit Rücksicht auf die innere Neigung der Flanschen, abgeschrägt.

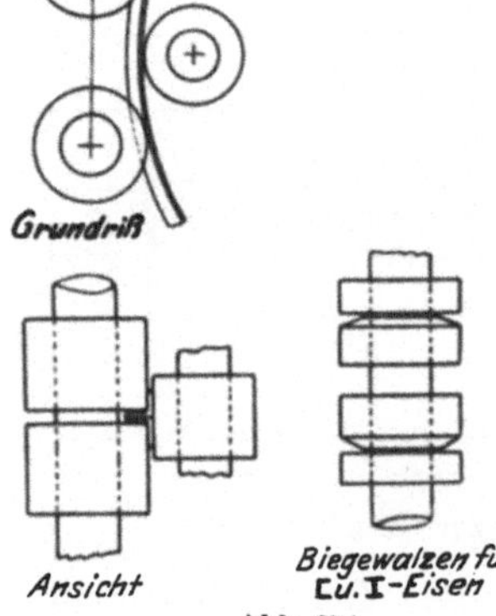

Abb. 271. Biegen von ∠- [- und I-Eisen.

Herstellung von Nieten und Schraubenbolzen. Das Material für die Niete und Bolzen muß große Festigkeit besitzen und darf beim Stauchen keine Rissebildung zeigen. Im allgemeinen wird daher eine Zugfestigkeit von weniger als 55000 lbs./Quadratzoll und ein Kohlenstoffgehalt von 0,08 bis 0,12 vH verlangt. Zur Herstellung der Niete und Bolzen sind zwei Matrizen zum Halten und eine zur Formgebung des Kopfes notwendig (s. Abb. 272). Für jeden Schaftdurchmesser, jede Schaftlänge und Kopfform sind besondere Matrizen erforderlich. Das Nieteisen wird auf 3′ Länge in einer Ölfeuerung erhitzt und Stück für Stück zur Nietmaschine gebracht, wo bei jedem Schlag ein Niet hergestellt wird, welcher selbsttätig in einen Behälter fällt. Die kalten Enden des Nieteisens werden von neuem erhitzt und der Vorgang wiederholt sich, bis nur noch kleine Stücke übrigbleiben. Die einzelnen Arbeitsvorgänge bei der Herstellung der Niete und Bolzen sind folgende:

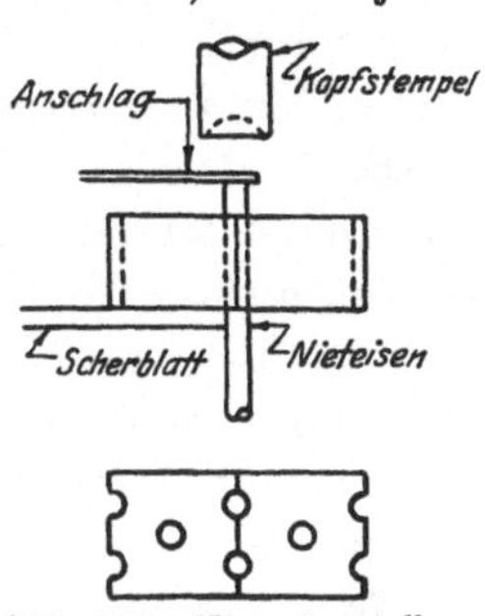

Abb. 272. Nietenherstellung.

1. Einführung des Nieteisens. Die notwendige Länge wird dabei durch Anschläge festgelegt.
2. Abschneiden des Nieteisens hinter der Matrize. Die Matrizen sind je nach der Schaftlänge verschieden.
3. Schließen der Matrizen.
4. Bildung des Nietkopfes.
5. Öffnen der Matrizen. Der fertige Niet fällt heraus.

Die Herstellungsdauer eines Nietes ist je nach der Länge verschieden. Durchschnittlich können 65 bis 75 Niete in der Minute hergestellt werden. Dabei wird die Hälfte dieser Zeit für das Einsetzen des Eisens und die Einstellung der Maschine beansprucht. Bei mittleren Nietstärken ist die tägliche Erzeugung einer Nietenpresse ungefähr 25000 Stück in einer Zehnstundenschicht.

Die fertigen Niete fallen in einen Behälter mit fließendem kalten Wasser. Würde man die Niete nicht abkühlen, so würde die Hitze für die Arbeiter unerträglich sein, auch könnten die Niete nicht sofort weiterbefördert werden. Da die Niete vor dem Schlagen von neuem erhitzt werden müssen, so ist das Abkühlen nicht nachteilig. Niete, die kalt geschlagen werden sollen, müssen natürlich nochmals erhitzt und langsam abgekühlt werden.

Sind Niete gleicher Länge in großer Zahl herzustellen, so führt die Einrichtung einer ununterbrochenen Zuführung zu einer wesentlichen Verbesserung gegenüber den gewöhnlichen Maschinen. Die Nieteisenstäbe rollen hierbei auf einer geneigten Ebene durch das Ölfeuer, wobei der die Feuerung bedienende Arbeiter darauf zu achten hat, daß die Stäbe nicht überhitzt werden und verbrennen. Auf der anderen Seite des Feuers ergreift ein Arbeiter mit der Zange einen erwärmten Stab und setzt ihn in die Maschine ein. Auf diese Weise wird eine beschleunigte Arbeitsweise ermöglicht. Die Erzeugung ist bei dieser Anordnung etwa doppelt so hoch wie bei den gewöhnlichen Pressen und beträgt, wenn es sich um Niete mittlerer Stärken handelt, rund 45000 Stück in zehn Stunden.

Lange Niete werden vor dem Erhitzen auf ihre richtige Länge zugeschnitten und einzeln in die Maschine eingesetzt.

Die in der beschriebenen Weise hergestellten Werkstatt- und Baustellenniete werden dann, nach Durchmesser und Länge sortiert, in Kästen aufbewahrt. In großen Nietenfabriken werden die fertigen Niete in einen am Laufkran hängenden Behälter geschüttet. Der Kran fährt dann zu dem für die betreffende Nietsorte bestimmten Kasten und entleert dort den Behälter.

Die Baustellenniete werden gewöhnlich in kleinen Holzfässern verschickt, auf denen Zahl, Durchmesser und Länge der Niete angegeben wird. Für größere Mengen werden auch eiserne Behälter verwendet.

Schraubenbolzen erhalten entweder quadratische oder sechseckige Köpfe und Muttern. Viele Werkstätten verwenden nur die letzteren, damit nur eine Sorte angefertigt zu werden braucht, auch beanspruchen sie weniger Platz, übertragen jedoch beim Anziehen kleinere Torsionskräfte als die mit quadratischen Köpfen und Muttern. Nach der Herstellung der Bolzen auf den Nietpressen sind die Gewinde anzuschneiden. Gewöhnlich werden die Muttern, die warm gepreßt werden, ohne angeschnittenes Gewinde von den mit der Herstellung der Bolzen und Schrauben beschäftigten Werkstätten bezogen. Das Herstellen der Gewinde geschieht auf besonderen Gewindeschneidmaschinen, wobei die Mutter festgeklemmt wird und der Gewindeschneider sich durch die Mutter hindurchdreht. Sie sind in Abstufungen von $^1/_8''$ bei Stärken bis zu $1^1/_2''$ Durchmesser, und $^1/_4''$ bei solchen von $1^1/_2$ bis $2^1/_2''$ Durchmesser gebräuchlich.

Stauchen. Der Zweck des Stauchens der Rund- und Quadrateisen ist die Erzielung eines größeren Querschnittes für das Gewindeende, um wegen Gewichtsersparnis einen stärkeren Querschnitt in der ganzen Länge zu vermeiden. Jedoch ist es wirtschaftlicher, bei Rund- und Quadrateisen von $^7/_8''$ und kleiner, stärkere Querschnitte zu wählen, anstatt die Gewindeenden anzustauchen, da das Stauchen mehr kostet, als durch die Gewichtsverminderung gespart wird. Stets sollen jedoch beim Stauchen die in den Handbüchern enthaltenen Normalien gewählt werden, die für Rundeisen von 1 bis $3^7/_8''$ einschließlich in Abstufungen von $^1/_8''$, bei Quadrateisen von 1 bis $3^1/_4''$ ebenfalls in Abstufungen von $^1/_8''$ festgelegt sind, während bei $^3/_4$ und $^7/_8''$ Rund- und Quadrateisen besondere Ausführungen üblich sind.

Beim Anstauchen werden die Stäbe im Öl- oder Kohlenfeuer erwärmt und in Matrizen gestaucht. Die dazu verwendeten Maschinen arbeiten im Prinzip in ähnlicher Weise wie die Nietenpressen. Für die verschiedenen Durchmesser und Längen der Stauchenden sind besondere Matrizen erforderlich. In Abb. 273 sind Matrizen und Arbeitsvorgang dargestellt. Dabei dürfen die Stäbe nicht überhitzt werden, müssen die angestauchten Enden gerade und konzentrisch zum übrigen Teil sein und die Längen mit einem Spiel von $^1/_2''$ bei leichtem und $1''$ bei schwerem Material eingehalten werden.

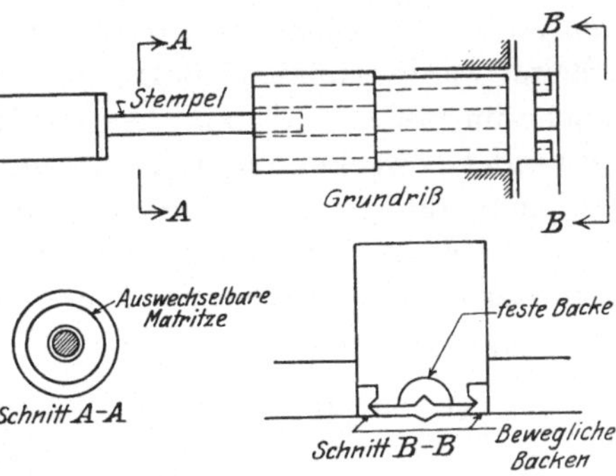

Abb. 273. Vorrichtung zum Stauchen von Rundeisen.

Stäbe mit Schleifenenden. Bei Herstellung der Schleifenenden werden die Enden der Stäbe um einen Dorn von dem verlangten Durchmesser herumgebogen, das freie Ende wird mit dem Stab verschweißt. Abb. 274 zeigt eine Vorrichtung zur Herstellung der Schleifen. Das erwärmte Stabende wird hierbei in die Biegevorrichtung eingelegt und diese durch Hand- oder Kraftantrieb in Tätigkeit gesetzt, wobei sich das Stabende um den Dorn biegt. Die Berührungsstelle des Stabendes mit dem Stab wird nun auf Weißglut erhitzt und das Ende unter Anwendung eines Borax- oder Siliziumflußmittels mit Hand oder maschinell angeschweißt. Größere Schleifen werden aus Quadrateisen hergestellt und nachgebohrt, um ein besseres Anliegen der Bolzen zu gewährleisten, bei kleineren Schleifen aus Rundeisen ist dies nicht notwendig.

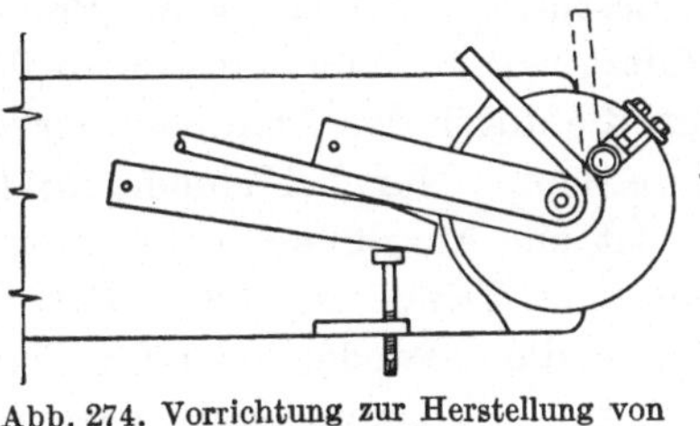

Abb. 274. Vorrichtung zur Herstellung von Schleifenstäben.

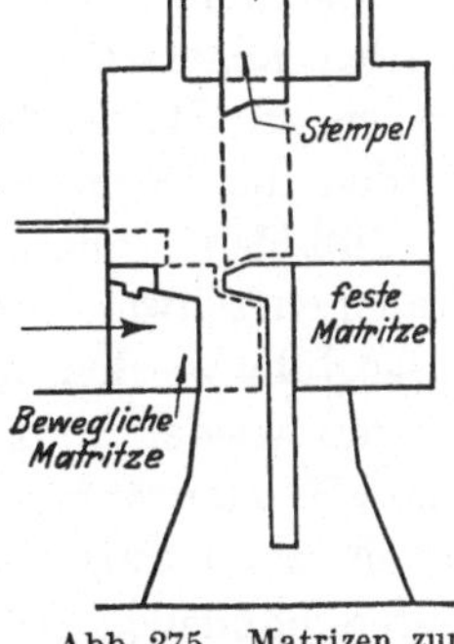

Abb. 275. Matrizen zur Herstellung von Hakenschrauben.

Hakenschrauben. Hakenschrauben zur Befestigung der Schwellen werden aus Quadrateisen unter Benutzung von Matrizen hergestellt. Nachdem der Kopf geformt ist, wird das Quadrateisen in Matrizen rund gepreßt und die Enden mit Gewinde versehen (s. Abb. 275).

Steinschrauben. Steinschrauben werden in verschiedenen Formen ausgeführt, die in den Abb. 276a bis 276e dargestellt sind. Die einfachste

Art sind Rundeisen mit beiderseits angeschnittenem Gewinde (Abb. 276e) von denen eines mit einer Mutter versehen wird, während das andere die Haftfestigkeit im Beton oder Stein vergrößern soll. Die Gewinde werden kalt gewalzt, falls die Werkstatt dafür eingerichtet ist. Die mit Widerhäkchen versehenen Steinschrauben (Abb. 276a) werden weniger häufig verwendet, da sie im warmen Zustand von Hand bearbeitet werden müssen. Bolzen mit eingespaltenen Enden (Abb. 276b), welche im warmen Zustand hergestellt werden, werden ebenfalls selten verwendet. Zweckmäßig sind sie, wenn die Löcher für die Steinschrauben erst nachträglich im Stein oder Beton hergestellt werden müssen. Steinschrauben mit gebogenem Ende (Abb. 276d) sind sehr einfach herzustellen und werden meistens dort verwendet, wo geringe Kräfte von ihnen aufzunehmen sind, und sie eingebracht werden können, bevor der Beton gegossen oder gestampft wird. Kleinere Mengen werden von Hand hergestellt, bei größerer Zahl benutzt man Biegepressen zur Herstellung der Hakenenden. Steinschrauben mit Einkerbungen werden unter dem Hammer hergestellt. Am zweckmäßigsten haben sich von diesen beschriebenen Steinschrauben die in Abb. 276 d und e dargestellten erwiesen.

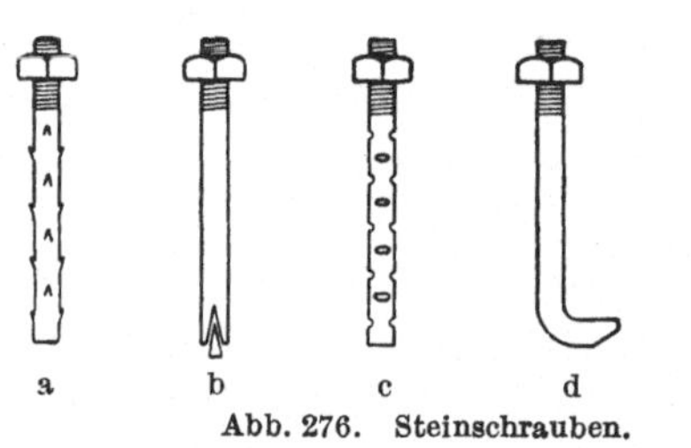

Abb. 276. Steinschrauben.

Dorne. Die Dorne werden aus zugeschnittenen Rundeisen, die in konischen Matrizen in ihre beiderseits spitz zulaufende Form gehämmert werden, angefertigt, und zwar wird zunächst eine Seite, dann nach Umdrehen des Stiftes die andere Seite fertiggestellt. Nach dem Abkühlen werden die Dorne gehärtet.

Glühöfen. Schmiedestücke, welche beim Pressen, Biegen oder Stauchen teilweise erhitzt worden sind, müssen in ihrer ganzen Länge ausgeglüht werden, um die durch das Abkühlen hervorgerufenen Spannungen wieder zu beseitigen. Nur bei einem Kohlenstoffgehalt von 0,25 vH oder weniger ist ein Ausglühen nicht erforderlich. Die Öfen haben durchschnittlich eine Länge von 30′. Oft werden zwei Öfen hintereinander aufgestellt, die entweder jeder für sich oder nötigenfalls zusammen in Tätigkeit treten können. Bei angestauchten Rundeisen ist die zum Ausglühen notwendige Temperatur 1550° F., die je nach der Querschnittsstärke des auszuglühenden Teiles verschieden lange Zeit gehalten werden muß.

Gewinde. Drei verschiedene Gewindearten sind gebräuchlich: 1. U. S. Normalgewinde, 2. Spezialgewinde, 3. Gasrohrgewinde. Das U. S.-Gewinde ist außer in den nachstehenden Fällen stets zu verwenden. Es wird nicht verwendet bei Gelenkbolzen für Brücken mit einem Gewindedurchmesser von mehr als $1^3/_8''$, bei Rohren, ferner nicht bei Teilen, die Rechteckgewinde erfordern. Die Verwendung von Normalgewinde erleichtert die Beschaffung von Ersatzteilen und ermöglicht die Anfertigung einheitlicher Schneidwerkzeuge.

Gelenkbolzen für Brücken mit einem Gewindedurchmesser von mehr als $1^3/_8''$ erhalten ein Gewinde mit sechs Gängen auf 1″. Die Schutzmuttern der Gelenkbolzen werden meistens mit Rechteckgewinde versehen. In Sonderfällen müssen Spezialgewinde auf der Drehbank geschnitten werden, was aber kostspielig ist.

Die Gasrohrgewinde werden, je nach der Stärke der Rohre, verschiedenartig ausgeführt.

Meistens werden die Gewinde maschinell geschnitten, nur bei kleineren Mengen oder Ausbesserungen wird man die Gewinde von Hand schneiden lassen. Die Herstellung der maschinell geschnittenen Gewinde kann auf dreierlei Weise erfolgen: 1. auf der Drehbank, 2. auf Gewindeschneidmaschinen, 3. auf Gewinderollmaschinen.

Die teuerste Art des Gewindeschneidens ist die auf der Drehbank. Allerdings liefert sie die beste und genaueste Arbeit. Wegen der hohen Kosten verwendet man diese Methode nur beim Herstellen solcher Gewinde, die nur maschinell geschnitten werden können, wie Rechteckgewinde und besondere Arten konischer Gewinde. Bei dieser Methode wird das Werkstück eingespannt und den sich drehenden Schneidwerkzeugen entgegengeführt.

Gewinderollen. Beim Gewinderollen pressen sich die Matrizen in den Rundeisenstab hinein, wobei das Material ausweicht und die Gewindegänge sich bilden. Dabei ergibt sich für das Gewinde ein größerer äußerer Durchmesser, als ihn der Rundeisenstab selbst besitzt. Bei einer Vertikalkaltrollmaschine sind zwei parallel zueinander liegende Matrizen vorhanden, die sich in entgegengesetzter Richtung nach oben und unten bewegen (Abb. 277). Die Gewinde beider Matrizen sind je nach der Zahl der Gewindegänge pro Zoll in verschiedener Art ausgeführt. Der Rundeisenstab wird zwischen die Matrizen gelegt und das Gewinde dadurch eingewalzt, daß beide Matrizen aneinander vorbeigehen. Auf diese Weise können Gewinde bis zu 6″ Länge hergestellt werden. Dabei beträgt die kleinste Länge des Rundeisens 6″. Gewindedurchmesser, Zahl der Gänge pro Zoll und Durchmesser des Rundeisens sind in folgender Tabelle zusammengestellt.

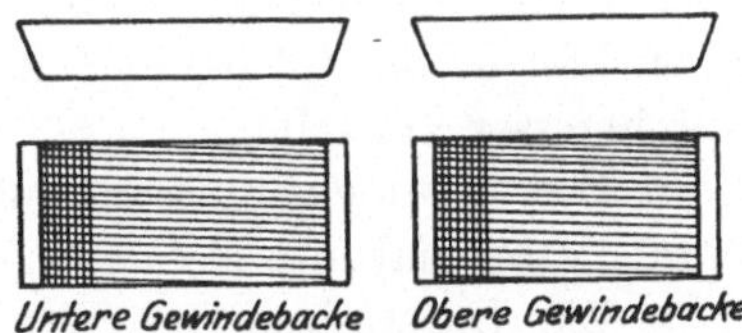

Abb. 277. Gewindbacken für Gewinderollmaschinen.

Da der Gewindeteil größere Zugkräfte aufzunehmen vermag als der übrige Teil des Stabes, soll man diese kaltgewalzten Gewinde unbedenklich zulassen, wo sie nur irgendwie verwendet werden können. Gebräuchlich sind sie bei Rundeisenverbänden in Hochbaukonstruktionen, bei Steinschrauben, Bolzen für gußeiserne Zwischenstücke von I-Trägern, Schrauben für den Zusammenbau in Längen über 6″ usw.

Gewindedurchmesser in Zoll	Anzahl der Gewindegänge pro Zoll	Durchmesser des Rundeisens in Zoll
$^5/_8$	11	0,562
$^3/_4$	10	0,680
$^7/_8$	9	0,795
1	8	0,916
$1^1/_8$	7	1,029
$1^1/_4$	7	1,154
$1^3/_8$	6	1,262
$1^1/_2$	6	1,392

Vorschriften für Muttern und Gewinde. Das Passen der Schrauben ist schwierig durch eine Vorschrift zu erfassen, denn, obgleich verschiedene Gewinde auf der gleichen Maschine oder demselben Schneidwerkzeug geschnitten worden sind, zeigen sie doch stets geringe Unterschiede. Die Gewindebohrer müssen daher von Zeit zu Zeit nachgeprüft werden, damit ein gutes Passen der Schraubenmutter auf dem Bolzen gewährleistet wird. Auch sind die Muttern nicht untereinander zu vertauschen, sondern stets mit den Bolzen zusammen zu lassen, für die sie geschnitten worden sind. Größere Gewinde-Schneidzeuge für Schraubenmuttern sind vierteilig und so eingerichtet, daß geringe Unterschiede im Gewindedurchmesser hergestellt werden können. Als Material für Stäbe mit angestauchten Enden zum Anschneiden von Gewinden ist ein weicher Stahl notwendig. Muttern und Gewinde müssen folgenden Bedingungen genügen:

1. Die angestauchten Enden für die Gewinde müssen konzentrisch und gerade zum übrigen Teil des Bolzens sein.

2. Nach dem Stauchen sind für den angestauchten Teil Abweichungen in der Länge von $^1/_2$″ bei $1^1/_2$″ Durchmesser, bzw. 1″ bei mehr als $1^1/_2$″ Durchmesser zulässig.

3. Die Gewinde müssen auf ihrer ganzen Länge gleichmäßigen Durchmesser haben und sauber, mit scharfen Kanten, geschnitten sein.

4. Die Unterseiten der Muttern sollen rechtwinkelig zur Bolzenachse sein.

5. Die Schraubenmuttern müssen fest sitzen und dürfen nicht klappern. Bei Gewinde bis $1^1/_2$″ Durchmesser müssen sie mit der Hand, bei größeren mit dem Schlüssel anzuziehen sein.

Rohrgewinde. Die Rohrgewinde sind konisch und unterscheiden sich außerdem in Form und Ganghöhe von den normalen Maschinengewinden für Schrauben und Bolzen. In kleineren Betrieben werden die Gewinde von Hand geschnitten. Doch sind bei der handelsüblichen Ware maschinell geschnittene Gewinde vorherrschend. Die Stärken der Gewinde, die verschiedenen Arten der Rohrverbindungsstücke, wie Muffen,

Kreuzstücke, Winkelstücke, ⊥-Stücke sind, aus Handbüchern zu entnehmen. Um das Gewinde zu schneiden, wird das Rohr zwischen verstellbare Backen geklemmt und in Umdrehung versetzt. Der Gewindeschneider wird nun angesetzt, und man läßt das Rohr solange umlaufen, bis das Gewinde geschnitten ist, worauf die Backen wieder geöffnet werden (Abb. 278). Die Gewindeschneider bestehen entweder aus einem Stück oder sind aus 4, 6 oder 8 Backen zusammengesetzt und derart verbunden, daß ein Hebel sie öffnen kann, wenn die gewünschte Gewindelänge erreicht ist. Die Gewinde der Fittings werden in ähnlicher Weise wie die der Schraubenmuttern geschnitten.

Abb. 278. Rohrgewindeschneider.

Rohrbiegen. Eine Vorrichtung zum Biegen von Rohren ist in Abb. 279 dargestellt. Durch Hebeldruck wird das zu biegende Rohr um die für jeden Krümmungshalbmesser verschiedene Form gepreßt, was gewöhnlich im kalten und nur bei großen Rohrdicken und kleinem Krümmungshalbmesser im warmen Zustand geschieht. Unregelmäßige Krümmungen werden auf einem Biegetisch (vgl. Abb. 267) nach Schablonen entweder kalt oder warm, je nach der Materialstärke, ausgeführt.

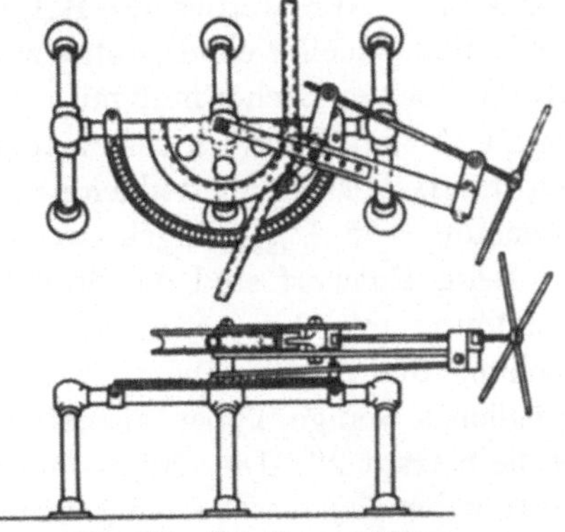

Abb. 279. Rohrbiegevorrichtung.

Augenstäbe. Die Herstellung der Augenstäbe erfordert große Sorgfalt und Geschicklichkeit, um allen Anforderungen hinsichtlich der Materialeigenschaften, der Kopfform sowie der Genauigkeit der Augenlöcher zu genügen. Die früher übliche Methode, die Köpfe durch Anschweißen an die Stäbe herzustellen, ist im Brückenbau verlassen worden. Jetzt wird verlangt, daß der ganze Stab aus einem Stück hergestellt wird. Da die Produktion an Augenstäben nicht sehr groß, die Werkstatteinrichtung aber sehr kostspielig ist, befaßt sich nur eine verhältnismäßig geringe Zahl von Werken mit ihrer Herstellung. Auch gehen die Bestrebungen der Brückenbauingenieure dahin, die Anwendung von Augenstäben nur bei größeren Brücken in Betracht zu ziehen, aber Brücken kleinerer Stückweiten entweder ganz oder größtenteils zu nieten.

Die Herstellung der Augenstäbe geschieht in der Weise, daß die Enden in warmem Zustande in besonderen Formen gestaucht werden. Die dabei verwendeten Matrizen bestehen aus einem Kopfstück und zwei Backenstücken (s. Abb. 280). Für jede Kopfgröße und Stabdicke ist je ein Satz von Matrizen notwendig. Nachdem die beiden Enden des Stabes zum Glühen gebracht worden sind, wird der Stab an beiden Enden in die Maschine eingespannt und durch Anpressen der Matrizen die Kopfform hergestellt. Bei größeren Augenstäben muß dieser Vorgang mehrmals wiederholt werden, bis der Kopf seine endgültige Form erhalten hat, wobei jedesmal der Kopf eben gewalzt werden muß, um eine glatte Oberfläche zu erzielen. Noch im warmen Zustand werden die Bolzenlöcher mit einem Durchmesser, der $1/2''$ kleiner als der endgültige ist, gestanzt. Der an den Berührungsstellen der einzelnen Matrizen entstandene Grat wird entfernt. Nach dem Stanzen der Augenlöcher werden die Stäbe ausgeglüht und darauf abgekühlt. Nun werden die Bolzenlöcher genau ausgebohrt, und zwar beide Bolzenlöcher eines Stabes zu gleicher Zeit. Der verlangte Mittenabstand beider Löcher muß mit größter Genauigkeit eingehalten werden, damit die im Bauwerk nebeneinanderliegenden Stäbe gleichmäßig an der Kraftübertragung teilnehmen können. Es ist dabei nur eine Abweichung von $1/128''$ zugelassen.

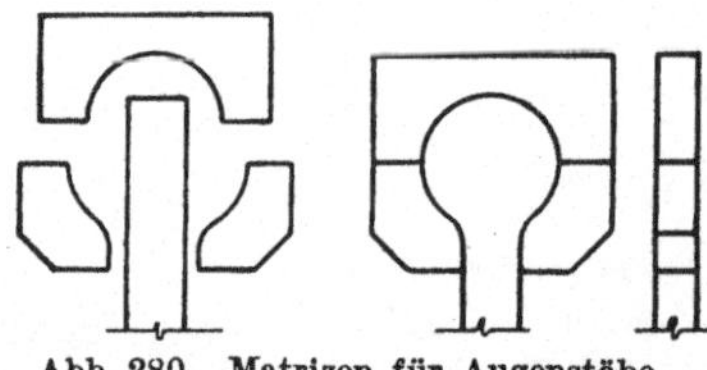

Abb. 280. Matrizen für Augenstäbe.

Beim Entwurf sind die Stärken der Stäbe und Köpfe in Übereinstimmung mit den normalen, handelsüblichen Matrizen für die Herstellung der Augenstäbe zu wählen. Dabei ist die Beschränkung auf möglichst wenige Typen anzustreben. Die größte Stärke der Normalstäbe beträgt 2''. Die Größt- und Kleinststärken, für welche die Werkstätten für Augenstäbe eingerichtet sind, sind einzuhalten. Auch sind gleiche Stärken für die Stäbe wie auch für die Augen vorzusehen. Die zulässige Mehrstärke der Köpfe nach dem Pressen ist:

1. bei bis einschließlich 8″ breiten Stäben: $^1/_{16}$″;
2. bei Stäben zwischen 8 bis einschließlich 12″ Breite: $^1/_8$″;
3. bei Stäben über 12″: $^3/_{16}$″.

Die größte Gesamtlänge der Stäbe, welche man noch ausglühen kann, beträgt 72′. Der größte Mittenabstand der Bolzenlöcher, mit Rücksicht auf gleichzeitiges Ausbohren, beträgt 72′. Der größtmögliche Lochdurchmesser beträgt 16″, der kleinste $1^1/_2$″.

Prüfung der Augenstäbe. Bei der Walzwerksbestellung wird die Zahl der Probestäbe festgelegt. Im allgemeinen wird ein Stab jeder Stärke gewählt, und zwar wird ein Stab gleichen Querschnitts und gleicher Länge, wie er im Bauwerk verwendet wird, der Prüfung unterzogen.

Die größte Stablänge, die mit der Prüfmaschine geprüft werden kann, beträgt 42′6″, von Mitte zu Mitte Bolzenloch gemessen. Doch soll sie, wenn möglich, mit Rücksicht auf die erhebliche Verlängerung, unter 35′ bleiben. Die kleinste Länge beträgt 3′9″.

Die Probestäbe werden vom Abnahmebeamten aus den fertig bearbeiteten Stäben ausgewählt. Ist die Stablänge für die Prüfmaschine zu groß, so wird ein Ende abgeschnitten und ein neuer Kopf hergestellt. Entspricht bei der Prüfung ein Stab nicht den Anforderungen hinsichtlich der Streckgrenze, Bruchfestigkeit und Dehnung, so werden zwei Stäbe derselben Stärke und Walzung geprüft. Erfüllt hiervon wiederum einer nicht die gestellten Anforderungen, so werden alle Stäbe derselben Stärke und Walzung zurückgewiesen. Falls nur ein Fehler am Kopf festgestellt ist und der Stab sonst den Anforderungen genügt, braucht er nicht zurückgewiesen zu werden.

Die Kosten für die Prüfung der Augenstäbe übernimmt der Käufer, falls diese zu seiner Zufriedenheit ausfällt. Müssen sie jedoch infolge festgestellter Mängel zurückgewiesen werden, so hat der Lieferant der Augenstäbe sämtliche Kosten zu tragen.

Wärmebehandlung. In den letzten Jahren hat sich die Theorie der Wärmebehandlung zu einer Wissenschaft entwickelt. Günstige Ergebnisse sind bereits erzielt worden, es sind noch bessere Ergebnisse aus der Praxis und aus Versuchsarbeiten zu erwarten. Im folgenden soll kein Abriß der Theorie und Praxis der Wärmebehandlung gegeben werden, da über dieses Arbeitsgebiet schon viele Bücher geschrieben worden sind und ihr Studium den Metallurgen überlassen bleiben soll. Jedoch soll angedeutet werden, welchen Umfang die Wärmebehandlung in den Eisenbauanstalten in letzter Zeit genommen hat. Die Wärmebehandlung zum Zwecke der Erhöhung der Härte oder Festigkeit oder mit dem Ziel, das Material in Übereinstimmung mit den Vorschriften zu bringen, kann bei allen Arten von Konstruktionsteilen angewendet werden. Es sollen nur einige Beispiele herausgegriffen werden, um die Wichtigkeit und Anwendungsmöglichkeit des Verfahrens zu zeigen. Es wird z. B. angewendet bei den Stählen für Bohr-, Stanz-, und Aufreibewerkzeuge, für den Werkzeugstahl für Drehbänke, Fräs- und Hobelmaschinen, für Meißel, Gewindebohrer, Matrizen, Werkzeughalter, Schraubenschlüssel, Nietenzieher, Sägen, Rollen, Wellen, Muttern Kettenglieder, Hebel, Scheren, Kolbenstangen, Gelenkbolzen, Schmiedestücke und Lagerteile.

Durch die Wärmebehandlung soll eine größere Materialfestigkeit und Zähigkeit und bessere Oberfläche erzielt werden. Mit zunehmender Festigkeit wächst auch die Härte. Kurzum, es soll das Material in den Eigenschaften verfeinert werden, die für den betreffenden Verwendungszweck notwendig sind.

Das für Wärmebehandlung geeignete Material ist Stahlguß, Kohlenstoffstahl und legierter Stahl. Dabei darf der Kohlenstoffstahl einen Kohlenstoffgehalt von nicht weniger als 0,40 vH und höchstens 1,25 vH haben. Die legierten Stähle sind verschiedener Art, z. B. Nickelstahl, Chromstahl, Vanadium-, Mangan-, Silizium- oder Wolframstahl usw.

Die gewählten Materialien richten sich nach dem Verwendungszweck sowie der persönlichen Neigung des einzelnen. Ein Schnelldrehstahl von über 18 vH Wolfram und 0,6 vH Kohlenstoffgehalt hat sich als zweckmäßig für den Werkzeugstahl für Drehbänke, Hobel- und Fräsmaschinen, sowie für Bohrer, Aufreiber, Meißel, Gewindebohrer und Gewindeschneidzeuge usw. erwiesen, wenn er einer geschickten Wärmebehandlung unterzogen wird. Ein hoch kohlenstoffhaltiger Stahl eignet sich besonders für Stanzen, Matrizen, Lagerteile, Wellen, Rollen, Kettenglieder, Hebel, Bolzen usw. Chrom-Vanadiumstahl wird besonders für Schraubenverbindungen an Maschinen und Wellen verwendet, wenn auf elastisches Verhalten Wert gelegt wird. Die Verwendung legierter Stähle ist unendlich vielseitig. Doch mögen die oben angegebenen Beispiele genügen.

Außer der chemischen und physikalischen Untersuchung wird meistens noch die mikroskopische hinzugezogen, wobei ein Querschnittsteil von $^1/_8''$ Durchmesser in 50 bis 100facher Vergrößerung auf photographischem Wege aufgenommen wird. Die zu photographierende Fläche wird zunächst maschinell auf einer Schleifscheibe geschliffen, darauf von Hand mit französischem Schmirgelpapier Nr. 1, Nr. 0, Nr. 00, schließlich mit Ton und Polierrot.

Für die Härteprüfung sind verschiedene Apparate gebräuchlich. Bei einem von diesen läßt man einen mit einer Diamantspitze versehenen Hammer aus bestimmter Höhe herabfallen und mißt die Höhe des Ausschlages beim Hochspringen. Von der Größe dieses Ausschlages schließt man dann auf die Härte bzw. Materialfestigkeit. Die zu untersuchende Fläche muß vor Ausführung des Fallversuches poliert werden.

Um ein einfaches Beispiel für die Wärmebehandlung zu zeigen, soll die einer Stahlgußplatte vom Königsstuhl einer Drehbrücke beschrieben werden. Der Kohlenstoffgehalt des Materials soll nicht zu gering sein, da, wie bereits erwähnt, ein Kohlenstoffgehalt unter 0,40 vH kein gutes Ergebnis zeigt. In dem folgenden Beispiel beträgt dieser 0,40 bis 0,50 vH. Das Gußstück wird zunächst ausgeglüht und nach dem Abkühlen mit einer Zugabe von $^1/_{32}''$ in allen Abmessungen bearbeitet. Jetzt beginnt die eigentliche Wärmebehandlung. Das Stück wird jetzt auf 1550° F erhitzt und in Wasser abgeschreckt, darauf nochmals auf 450° F erhitzt, da es sonst für die Bearbeitung zu hart sein würde. Nach Abkühlung an der Luft kann das Stück nun auf die vorgeschriebenen Abmessungen bearbeitet werden. Nach dem Abschrecken im Wasser beträgt die Härte 65 bis 68. Nach dem letzten Erhitzen auf 450° F und folgendem Abkühlen ist eine Vergrößerung der Härte und Dehnbarkeit eingetreten.

Schweißen. Über die Zulässigkeit des Schweißens sind die Meinungen der Ingenieure noch sehr geteilt. Meistens ist jedoch die Ansicht vertreten, daß das Schweißen nur für untergeordnete Teile in Betracht kommt, die keine wesentlichen Kräfte zu übertragen brauchen. Schweißungen werden ausgeführt, um Lunker in Gußstücken auszufüllen, beim Ausbessern von Maschinenteilen, beim Zusammenfügen leichter Konstruktionsteile usw. Auch im Schiffbau und Waggonbau wird das Schweißen ausgeübt.

Das Schweißen mit dem Azetylengebläse ist für viele Zwecke das beste Verfahren, vorausgesetzt, daß die sehr heiße Flamme in den betreffenden Fällen zulässig ist. Sonst ist der elektrische Lichtbogen zu verwenden, da er eine weniger heiße Flamme hat. Doch sind diese Schweißungen meistens nicht so gut.

XXX. Maschinenwerkstatt.

Größere Eisenbauanstalten unterhalten für die Bearbeitung aller zum Brückenbau und Hochbau benötigten Guß- und Schmiedestücke eine besondere Maschinenwerkstatt. In dieser werden z. B. die Maschinenteile für alle Arten beweglicher Brücken, ferner die Stahlgußauflager und Gelenkbolzen bearbeitet und alle Werkzeuge hergestellt. Außerdem führt diese Abteilung alle Reparaturen und Umänderungen der maschinellen Ausrüstung des Werkes aus. Um eine dauernde Beschäftigung dieser Abteilung zu sichern, werden dort auch häufig Maschinenteile für den Verkauf angefertigt.

Die Werkzeugmacherei enthält die Maschinen zur Herstellung gedrehter Bolzen, von Bohrern, Aufreibern, Nietdöppern, Drehstählen, Gewindebohrern, Meißeln usw.

In der Maschinenwerkstatt selbst befinden sich Hobelmaschinen, Drehbänke, Bohrbänke, Rundschleifmaschinen, Bohrmaschinen, Bohrpressen, Fräsmaschinen, Shapingmaschinen, Zahnradfräser. Kegelradhobelmaschinen, hydraulische Pressen usw.

Werkzeugmacherei. Zu ihrer Ausrüstung gehören u. a. kleine Drehbänke, Shapingmaschinen, Fräsmaschinen, Schleifmaschinen. Größere Werkstätten besitzen noch eine Reihe von Spezialmaschinen für die Massenherstellung von Werkzeugen. Zu diesen Spezialmaschinen gehört z. B. die Revolverbank, die selbsttätig und von Hand bedient, arbeitet. Auf ihr kann man sehr schnell Stempel für Stanzen, Bohrbuchsen, gedrehte Bolzen, Spindeln und Matrizen für Stanzen sowie Döpper für Niete usw. in großer Zahl herstellen.

Selbsttätige Mehrspindelrevolverbank. Die Maschine besitzt vier gleichzeitig arbeitende Horizontalspindeln. Jeder ist eine bestimmte Arbeit zugewiesen. Eine dieser Spindeln ist mit einer Klaue versehen, um das Werkstück in die Maschine zu führen. Im folgenden soll die Herstellung von Stanzstempeln, Aufreibbuchsen und gedrehten Bolzen beschrieben werden. Die vier Spindeln haben gleichen Abstand voneinander und sind auf dem Umfang eines Kreises angeordnet. Zur Erläuterung sollen die einzelnen Spindeln mit Nummern bezeichnet werden, und zwar die Spindel links unten mit Nr. 1 und die Numerierung nun im Uhrzeigersinn fortlaufend bis Nr. 4. Nachdem eine Spindel die Arbeit beendet hat, beschreibt sie einen Viertelkreis, um von neuem mit der Arbeit zu beginnen. Die Arbeitsgeschwindigkeit solcher Maschinen ist beträchtlich, wie aus der folgenden Zusammenstellung der Erzeugung einer Zehnstundenschicht hervorgeht.

Stanzenstempel	über	275	Stück
Bohrbuchsen	„	250	„
Gedrehte Bolzen (kurze)	„	250	„
Schrauben für Stanzen	„	90	„
Spindeln „ „	„	80	„
Stanzmatrizen	„	150	„
Döpper	„	85	„

Dünnflüssige Schmieröle und andere Öle werden als Kühl- und Schmiermittel für die Schneidwerkzeuge verwendet. Das abtropfende Öl wird in einem Becken unter der Drehbank gesammelt und von neuem den Werkzeugen zugeführt. Auch das den Drehspänen anhaftende Öl wird zuweilen wieder gewonnen, zu welchem Zweck die Späne in eine Trommel geschaufelt werden, welche mit hoher Geschwindigkeit umläuft und in welcher infolge der Zentrifugalkraft das Öl von den Spänen getrennt wird. Das Öl wird dann durch einen Hahn abgezapft.

Herstellung von Stanzenstempeln (s. Abb. 281). Die Arbeitsweise der vier Arbeitsspindeln ist dabei:

Spindel Nr. 1: Vorschruppen des Stempels.
,, Nr. 2: Abdrehen auf genauen Durchmesser am Kopfende.
,, Nr. 3: Abdrehen der Spitze.
,, Nr. 4: Abstechen des fertigen Stempels und Vorarbeiten der Spitze des nächsten Stempels.

Herstellung von Bohrbuchsen.

Spindel Nr. 1: Zentrieren und Ausbohren.

Spindel Nr. 2: Genaues Ausbohren innen.

Spindel Nr. 3: Abdrehen außen.

Spindel Nr. 4: Abschneiden.

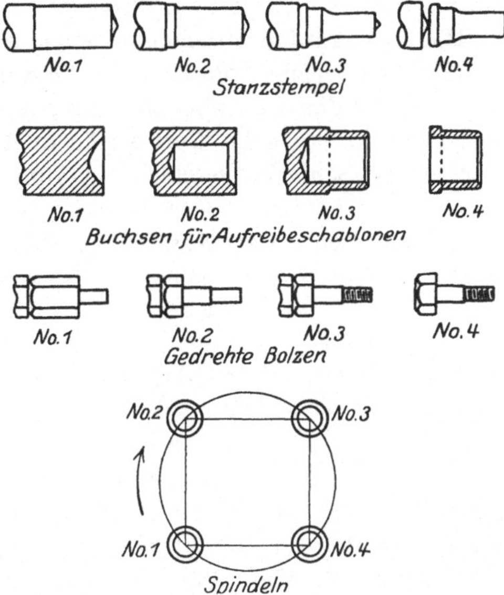

Abb. 281. Herstellung von Stanzstempeln, Buchsen für Aufreibeschablonen und von gedrehten Bolzen.

Herstellung gedrehter Bolzen. Hierzu werden Sechskanteisen verwendet, welche die Größe des Kopfes haben.

Spindel Nr. 1: Die Bolzenlänge wird eingekerbt, der Kopf abgefast und der Bolzen in Gewindelänge abgedreht.

Spindel Nr. 2: Der übrige Schaft wird abgedreht.

Spindel Nr. 3: Das Gewinde wird geschnitten.

Spindel Nr. 4: Der Bolzen wird abgestochen.

In Abb. 281 sind die soeben beschriebenen Arbeitsvorgänge dargestellt.

Bohrer. Das gewöhnlich für Bohrer verwendete Material ist der sogenannte Schnellstahl, der in verschiedenen Marken in den Handel kommt. Alle diese Schnellstähle sind legierte Stähle. Meistens handelt es sich um Wolframstähle mit einem Gehalt von 18 vH Wolfram und 0,60 vH Kohlenstoff.

Bei der Herstellung der Spiralbohrer wird zunächst ein Rundstab auf der Drehbank in der notwendigen Länge und Stärke abgedreht, worauf das eine Ende für den Werkzeughalter flach gefräst wird. Der nächste Arbeitsvorgang ist die Herstellung der Züge auf der Fräsmaschine, wobei sechs Stäbe zu gleicher Zeit gefräst werden können, da sechs Schneidwerkzeuge an einer Spindel befestigt sind. Die sechs Werkstücke werden eingespannt und während des Fräsens langsam gedreht. Sollen Bohrer mit zwei oder mehreren Zügen hergestellt werden, so muß dieser Vorgang einmal oder mehrmals wiederholt werden. Hierauf werden die Bohrer noch gehärtet und geschliffen. Letzteres geschieht durch Schmirgelräder.

Aufreiber. Auch für die Aufreiber wird Wolframstahl als Material gewählt. Die Herstellung der meistens mit drei Zügen versehenen Aufreiber geschieht in gleicher Weise wie bei den Spiralbohrern.

Die sogenannten Brückenaufreiber mit geraden Zügen werden aus Rundstäben, welche konisch gemacht werden, hergestellt und, nachdem ein Ende für den Gewindehalter flach gefräst ist, die Züge geschnitten, wobei gleichzeitig acht Werkstücke in Arbeit genommen werden. Das Härten und Schleifen geschieht in ähnlicher Weise wie bei den Spiralbohrern.

Nietmatrizen. Der Normalquerschnitt der Nietmatrizen ist $5^1/_2''$ $\times$ $5^1/_2''$, während die Längen, je nach der Schaftlänge der anzufertigenden Niete, in Abstufungen von $^1/_8''$ vorgesehen werden. Es müssen für jede Nietstärke und Nietlänge besondere Matrizen hergestellt werden. Zunächst wird das Werkstück auf $5^1/_2'' \times 5^1/_2''$ gehobelt und werden an zwei gegenüberliegenden Seiten je zwei halbkreisförmige Rillen ausgearbeitet, und darauf die Matrizen in der gewünschten Länge, mit einem Zuschlag für die Bearbeitung, abgesägt und auf die genauen Maße gehobelt (Abb. 282). In der Mitte wird ein Loch von 1 bis $1^1/_4''$ Durchmesser ausgebohrt, welches das Springen der Matrizen beim Erhitzen vor dem Abschrecken bzw. bei der Nietenherstellung dadurch verhüten soll, daß es dem Matrizenmaterial die Möglichkeit, sich auszudehnen oder zusammenzuziehen gibt. Von den halbkreisförmigen Rillen wird stets nur eine benutzt. Es sind vier vorhanden, um die Lebensdauer der Matrizen auf das Vierfache zu erhöhen.

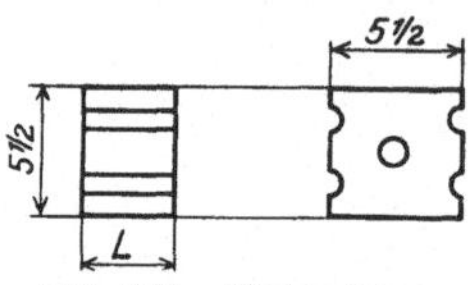

Abb. 282. Nietmatrize.

Schneidstähle. Auch für die Schneidstähle wird Schnellstahl, meistens ein Wolframstahl, verwendet. Infolge der verschiedenen Arbeitsweise der Stähle an den Maschinen haben die Stähle für die Hobelmaschinen, Drehbänke, Fräsmaschinen, Shapingmaschinen usw. ganz verschiedene Formen, die je nach der Neigung der Werkstattleute noch mannigfaltiger sind. In Abb. 283 ist eine Reihe solcher Stähle zusammengestellt, welche nur typische Beispiele aus der großen Schar darstellen. Sie werden von Hand geschmiedet, dann gehärtet und die Schneidkanten in der gewünschten Form abgeschliffen.

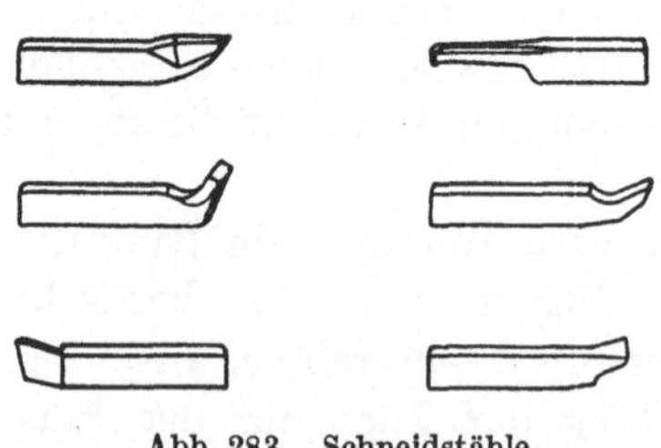
Abb. 283. Schneidstähle.

Werkzeugmaschinen.

Hobelmaschinen. Eine der nützlichsten Maschinen in der Maschinenwerkstatt ist die Hobelmaschine, deren Verwendungsmöglichkeit in der Metallbearbeitung beinahe unbegrenzt ist. Gußteile für Auflager, Auflagerplatten, Gleitflächen werden vorzugsweise auf der Hobelmaschine bearbeitet. Unter Verwendung von Spezialvorrichtungen können kugelförmige, konische und unregelmäßige Flächen gehobelt werden. Bei

Abb. 284. Hobelmaschine.

dem Arbeitsvorgang bewegen sich die Schneidwerkzeuge mechanisch in wagrechter, senkrechter oder schräger Richtung, während das auf dem Schlitten befestigte Werkstück langsam vorrückt. Die typische Form einer Hobelmaschine zeigt Abb. 284. Die lichte Weite zwischen den Ständern beträgt 10′, ebenso groß ist die senkrechte Bewegung des Werkzeuges, während die größtmögliche Bewegung des Schlittens 30′ beträgt. In Abb. 284 sind mehrere gleiche Gußkörper auf dem Schlitten befestigt, um gleichzeitig abgehobelt zu werden. Sie werden zunächst geschruppt und beim zweitenmal geschlichtet.

Für besondere Arbeiten wird der Hobelstahl von Hand nach einer Schablone eingestellt, z. B. beim Hobeln der Zähne einer Zahnstange. Hierbei können mehrere Zahnstangen, die quer zur Längsachse des Hobeltisches nebeneinander aufgespannt sind, gleichzeitig bearbeitet werden. So können, wenn beispielsweise acht Stücke nebeneinander aufgespannt sind, gleichzeitig acht Zähne hergestellt werden. Im folgenden soll die Anwendbarkeit der Hobelmaschinen für Spezialarbeit angedeutet werden. Die oberen und unteren Rollbahnen der Rollenkränze von Drehbrücken können, obwohl sie konisch zueinander angeordnet sind, auch auf der Hobelmaschine bearbeitet werden, wenn der Gleitring auf geschmierter Führung gedreht und der Hobelstahl in schräger Lage eingestellt wird.

Drehbänke. Die Drehbank eignet sich für das Abdrehen fast aller gewalzten, geschmiedeten oder gegossenen Teile, wobei das Werkstück entweder zwischen Spindel- und Reitstock oder allein am Spindelstock eingespannt wird, während das Werkzeug auf einem längsbeweglichen Werkzeugschlitten entweder senkrecht oder schräg zur Drehbankachse befestigt ist, und von Hand oder selbsttätig bedient wird. Während das Werkstück umläuft, hat der die Drehbank zu beaufsichtigende Dreher den Werkzeugschlitten für die bestimmte Geschwindigkeit einzurichten. Große Drehbänke haben eine Länge bis zu 60′ und können Werkstücke bis 80″ Durchmesser an der Planscheibe und bis 60″ Durchmesser über dem Werkzeugschlitten bearbeiten. Auf der Drehbank werden hauptsächlich Gelenkbolzen für Brücken, Wellen, Zahnradteile vor dem Schneiden der Zähne, Buchsen, Rollen usw. abgedreht.

Bohrbänke. Gelenkbolzen und Wellen mit einem Durchmesser von 9″ und mehr werden in ihrer Längsachse ausgebohrt, um Sicherheit gegen das Vorhandensein von Lunkern oder ähnlichen Gießfehlern im Inneren zu haben. Die Herstellung solcher Bohrungen geschieht zweckmäßig mit Hilfe einer in Abb. 285 dargestellten Bank, deren Bohrköpfe in verschiedenen Durchmessern, im allgemeinen bis 16″, gelegentlich aber auch größer ausgeführt sind. Das längste auf einer solchen Maschine zu bearbeitende Werkstück kann 26′ lang sein, bei einem Durchmesser von 17″. Bei 14′ Länge ist der größte Durchmesser des auszubohrenden Loches 32″. Das auszubohrende Werkstück wird auf der Planscheibe eingespannt und in Abständen von 5 bis 6′, frei drehbar, gelagert, während die Bohrstange an einem selbsttätig längs der Bank laufenden Werkzeugschlitten befestigt ist und am Ende den Bohrkopf trägt. Beim Ausbohren rotiert das Werkstück. Durch die hohle Bohrstange wird während des Laufens der Bank ein dünnflüssiges Schmieröl gepumpt, welches die Bohrspäne beim Abfließen mitnimmt und in einer Schale unterhalb der Bank aufgefangen wird. Hierbei werden die Späne durch ein Sieb zurückgehalten, während das Öl von neuem verwendet wird. Infolge der Möglichkeit der öfteren Wiederverwendung des Öles ist sein Verbrauch verhältnismäßig gering.

Abb. 285. Bohrbank.

Rundschleifmaschinen. Gelenkbolzen, Rollen für Drehbrücken, Auflagerrollen, Wellen müssen meistens mit größter Genauigkeit und

Abb. 286. Rundschleifmaschine.

Sorgfalt hergestellt werden. Zu diesem Zweck werden diese Teile geschliffen oder abgeschmirgelt, was am besten mit Hilfe einer Rundschleifmaschine, bei welcher das Werkstück und die Schmirgelscheibe umlaufen und letztere sich am Werkstück entlang bewegt, ausgeführt. wird. Die Rundschleifmaschinen arbeiten sehr sorgfältig. Man erreicht mit ihnen Genauigkeiten bis zu 0,002″. In Abb. 286 ist eine solche Schleifmaschine beim Schleifen einer Auflagerrolle dargestellt.

Senkrechte Dreh- und Bohrwerke (Karusselldrehbänke). Abb. 287 zeigt eine Karusselldrehbank bei der Bearbeitung einer Seiltrommel für eine Hubbrücke. Mit Hilfe dieser Bank können im allgemeinen Werkstücke bis zu einem Durchmesser von 10′ und höchstens bis 16′ und einer Höhe von 6′ bearbeitet werden. Das Werkstück ist auf einer

Abb. 287. Karusseldrehbank.

liegenden, um die lotrechte Achse drehbaren Planscheibe aufgespannt, während der Werkzeugschlitten sich selbsttätig in wagrechter, senkrechter und schräger Richtung verschiebt.

Im allgemeinen werden größere Auflagerteile, die Gußteile des Königsstuhles von Drehbrücken usw., welche zu groß sind, um auf einer gewöhnlichen Drehbank bearbeitet werden zu können, auf der Karusselldrehbank abgedreht. Bei Auflagerteilen, wie Sattelstücken mit zylindrischen Auflagerflächen, werden gleichzeitig vier Stück hochkant aufgespannt. Während sich die Planscheibe dreht, bewegt sich der Werkzeugschlitten in lotrechter Richtung. Meistens arbeiten gleichzeitig zwei Stähle. Während der eine schruppt, schlichtet der andere. Horizontale Flächen werden mit horizontaler Einstellung des Werkzeugschlittens, der dabei kreisförmige Flächen bearbeitet, abgedreht.

So vollführt eine Karusselldrehbank gleichzeitig die Arbeiten einer Drehbank, Bohrbank, Senkrechtbohrmaschine und Fräsmaschine.

Horizontalbohrmaschinen. Das charakteristische Kennzeichen der Horizontalbohrmaschine ist die wagrecht liegende Spindel, die an einem Ende den Bohrkopf mit dem Bohrmesser zum Ausbohren der Löcher trägt und am anderen Ende in einem Lager liegt. Die Maschine kann auch zum Lochbohren, z. B. bei Lagerteilen für Gelenke und Wellen, benutzt werden, indem an dem freien Ende der Spindel ein Spiralbohrer befestigt wird.

Senkrechtbohrmaschinen. Die gewöhnliche Bohrmaschine ist die feststehende Bohrmaschine (Säulenbohrmaschine). Sehr zweckmäßig sind die Auslegerbohrmaschinen (Radialbohrmaschinen), bei denen der Bohrschlitten mit der Bohrspindel längsverschieblich auf dem drehbaren Ausleger befestigt ist und den ganzen Bohrtisch bestreichen kann.

Bei Konstruktionsteilen, die nicht zu den Bohrmaschinen herangebracht werden können, werden gelegentlich auch transportable Bohrmaschinen benutzt.

Als Bohrer werden die zweirilligen Spiralbohrer benutzt, die in Stärke von $^1/_{16}$ bis 3″ von $^1/_{32}$ zu $^1/_{32}$″ abgestuft sind. Größere Löcher werden mit Hilfe besonderer Schneidstähle oder auf der Bohrbank hergestellt.

Abb. 288. Shapingmaschine.

Shapingmaschinen. Bei der Shapingmaschine wird das Werkstück fest eingespannt, während sich der Stahl gegen das Werkstück bewegt. Die Shapingmaschinen, welche beträchtliche Unterschiede in Größe und Leistungsfähigkeit aufweisen, teilt man in zwei Klassen ein. Bei der ersteren ist die Bewegung des Werkzeuges von der Maschine fort gerichtet, bei der anderen zur Maschine hin gerichtet. Der Hauptvorteil der letzteren Art liegt darin, daß, da das Werkstück gegen die Maschine abgestützt ist, der dem schneidenden Werkzeug entgegenwirkende Widerstand von der Maschine selbst aufgenommen wird und das Werkstück weniger fest auf den Tisch gespannt zu werden braucht als im anderen Fall. Abb. 288 stellt eine Maschine der zweiten Gattung dar.

Zahnradfräser. Zur Herstellung der Zahnräder sind Zahnradfräser in vier Normalausführungen üblich, nämlich solche zur Herstellung von

Abb. 289. Zahnradfräser.

Zähnen mit einem Eingriffswinkel von 20°, entweder unter Angabe der Teilkreisteilung oder unter Angabe der Zähnezahl pro Zoll des Teilkreisdurchmessers und solche mit einem Eingriffswinkel von $14^1/_2{}^0$ und denselben Unterscheidungen. Andere Verzahnungen werden seltener ausgeführt. Abb. 289 stellt einen Zahnradfräser dar, welcher Zahnräder bis zu 72″ Teilkreisdurchmesser und 16″ Breite bearbeiten kann. Bei einem Teilkreisdurchmesser von mehr als 62″ hängt die von der Maschine noch bewältigte Stärke des Zahnrades von der Stärke des Fräsers ab. Der Fräser selbst sitzt auf einer rotierenden Spindel und arbeitet längs einer Führung, die etwas länger als der zu schneidende Zahn ist. Nachdem eine Zahnlücke ausgearbeitet worden ist, wird der Radkörper des Zahnrades mechanisch um einen Zahnabstand gedreht, der Arbeitsvorgang wiederholt sich in gleicher Weise, bis sämtliche Zähne geschnitten sind. Bei stärkeren Zähnen sind zwei oder drei verschieden starke Fräser notwendig, die nacheinander in Tätigkeit treten. In der Abb. 289 ist gerade der zweite Fräser an der Arbeit. Als Schmiermittel beim Schneiden der Zähne wird Seifenwasser verwendet, das in einem Becken aufgefangen und wieder verwendet wird.

Kegelradhobelmaschinen. Abb. 290 stellt eine Kegelradhobelmaschine dar. Das Schneidwerkzeug wird mechanisch unter dem ge-

Abb. 290. Kegelradhobelmaschine.

wünschten Winkel beim Schneiden der Zähne geführt. Die mit dieser Maschine erzielten Grenzabmessungen sind folgender Tabelle zu entnehmen:

Größter Spitzenabstand	$38^1/_4''$
Kleinster "	$3''$
Größter Teilkreiswinkel	90^0
Kleinster "	$7^0\,7'$
Größte Teilkreisteilung	$3^3/_8''$
Größte Zahnlänge	$15''$
Übersetzungsverhältnis	1:1 bis 1:8
Größter Teilkreisdurchmesser bei 1:8	$60'$
" " " 1:2	$60'$
" " " 1:1	$54'$

Hydraulische Presse. Die Presse arbeitet horizontal. Sie wird benutzt, um Zahnräder auf Wellen aufzupressen, oder zu ähnlichen Arbeiten, die einen hohen Druck erfordern. Der Höchstdruck beträgt 300 t. Die Länge zwischen den Schenkeln beträgt 18′, die Höhe 8′2″. Für die Druckmessung dient ein Manometer. Abb. 291 zeigt eine schematische Skizze einer solchen Presse.

Drehbrücken. Die Abstützung der Drehbrücken erfolgt entweder auf einem Stützzapfen oder auf einem Rollenkranz unter dem Ringträger, bzw. durch eine Vereinigung beider Anordnungen. Die erste Anordnung ist die gegenwärtig gebräuchlichste, während früher die zweite mehr üblich war. Bei großen, schweren Brücken ist in ver-

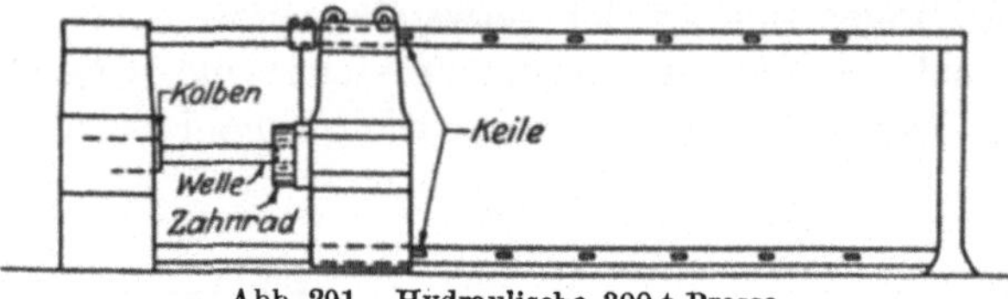

Abb. 291. Hydraulische 300 t-Presse.

einzelten Fällen auch die dritte, aus den beiden ersteren vereinigte Anordnung gewählt worden.

Der Zusammenbau, die Herstellung des Ringträgers, der Laufbahnen, der Räder, Wellen, Zahnstangen, der Radialträger, des Stützzapfens usw. verlangen sorgfältigste Arbeit. Die im folgenden beschriebene Anordnung für die Werkstattbearbeitung einer Drehbrücke hat sich als sehr zweckmäßig erwiesen. Notwendig ist hierfür vor allem eine besonders hergerichtete Zulage von 30 bis 40′ Durchmesser mit Betonfußboden, in welchen Radial-I-Träger oder Schwellen eingebettet

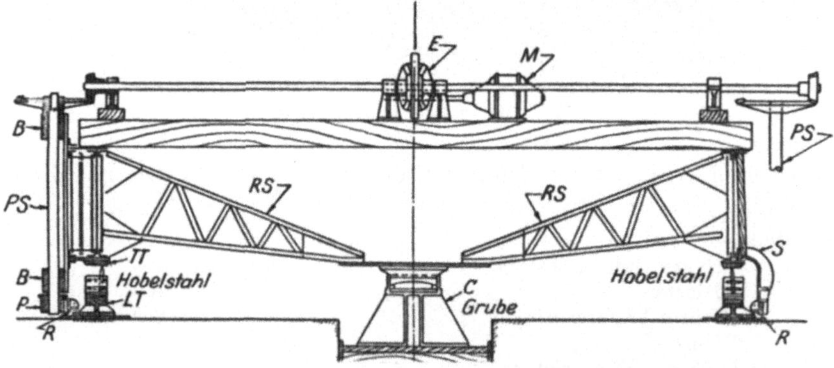

Abb. 292. Zusammenbau einer Drehbrückentrommel.

sind, in deren Mitte ein Lagerbock zur Aufnahme des Drehstuhles aufgestellt ist

Das Material muß genau in der beim Zusammenbau benötigten Reihenfolge herangebracht werden. Die Radialträger sowie die einzelnen Teile des Ringträgers werden in der Brückenbauwerkstatt fertiggemacht. Letzterer besteht meistens aus vier Quadranten. Die obere und untere Kante des Stehbleches des Ringträgers wird sorgfältig gehobelt, um genau mit den Flanschen der Gurtwinkel bündig zu liegen. Das Stützzapfenlager, die Räder, der Königsstuhl, die Zahnstangen und Getriebe werden in der Maschinenwerkstatt vorbereitet. Die obere Fläche des Zahnkranzes *R* (s. Abb. 292) wird bearbeitet, um eine Gleitfläche für die provisorischen Unterstützungen *S* beim Drehen während des Zusammenbaues zu geben. Auch die Stoßstellen zwischen den einzelnen Stücken des Zahnkranzes werden sorgfältig bearbeitet, um den genauen Eingriff der Zähne zu gewährleisten. Unvermeidliche Ungenauigkeiten beseitigt man schließlich durch Nachstellen des Getriebes. Auch die Stoßstellen der oberen und unteren Rollbahn sind sorgfältig zu bearbeiten, um einen genauen Kreisring zu erhalten. Der Zusammenbau ist bei Betrachtung von Abb. 292 am besten verständlich. Die Stücke der unteren Rollbahn *LT* werden auf den einbetonierten Radialträgern der Zulage befestigt, darauf der Ringträger mit der oberen Rollbahn *TT* in erhöhter Lage, die sich nach der Größe der in der Werkstatt vorhandenen Stützungen richtet, montiert. Die Stützen (*S*) werden in Abständen von 4 bis 5′ am Untergurt des Ringträgers verschraubt und schleifen auf dem geschmierten Zahnkranz *R*.

Abb. 293. Trommelkonstruktion einer Drehbrücke.

Darauf werden die Radialträger *RS*, von denen gewöhnlich acht vorhanden sind, sowie das Drehlager *C* eingesetzt. Schließlich werden die beiden Kegelradwellen *PS* mit dem Lager *B* angebracht. Das Ritzel wird genau zum Eingriff gebracht. Die sonstigen Vorrichtungen wie Unterstützungen für einen Motor, die Übersetzungen und Ausgleichsvorrichtungen und Wellen zur Verbindung der beiden Kegelradwellen sind nur provisorisch, wobei nach Möglichkeit die endgültig vorgesehenen maschinellen Teile mit benutzt werden.

Auf der unteren Rollbahn werden zwei Werkzeughalter in diametraler Lage zueinander für zwei Schneidstähle befestigt, die beim Drehen des Ringträgers die obere Rollbahn bearbeiten, worauf dieselben Arbeitsvorgänge für den unteren Laufring wiederholt werden, nachdem die Schneidstähle am oberen Laufring befestigt worden sind.

Schließlich werden die Rollen und Lager eingebaut und die Stützungen S entfernt, worauf die Trommel einige Stunden lang gedreht wird, um ein genaues Arbeiten der ganzen maschinellen Einrichtung zu erzielen. Bevor nun die ganze Konstruktion für den Versand auseinandergenommen wird, werden die einzelnen Teile sorgfältig signiert, um einen glatten Zusammenbau auf der Baustelle zu erzielen. Nachdem die Konstruktion auseinandergenommen ist, werden die Einzelteile sorgfältig gereinigt und gestrichen. Abb. 293 zeigt eine derartig zusammengebaute Drehbrücke in dem Augenblick, wo der Ringträger über dem Zahnkranz zusammengebaut und die untere Rollbahn fertig bearbeitet ist.

XXXI. Versand.

In der Regel sind die Konstrukteure mit allen den Versand betreffenden Fragen wenig vertraut. So wird vielfach von ihnen wenig Rücksicht auf einfache Verlademöglichkeit, auf die Ausnutzung des Ladeprofils und die Gewichte der zu versendenden Einzelteile genommen, was meistens erhöhte Transportkosten zur Folge hat. Die folgenden Ausführungen sollen deswegen die Aufmerksamkeit des Konstrukteurs auf dieses von ihm mehr oder weniger vernachlässigte Gebiet richten.

Des besseren Verständnisses wegen ist eine Einteilung in verschiedene Abschnitte wie: „Ladeprofile", „Ladegewichte", „Frachtsätze", „Hilfsmittel zum Verladen", „Versandorganisation", „Verlademethoden" und „Praktische Winke für das Verladen" vorgenommen worden.

Ladeprofile. Das Normalladeprofil ist nach den neuesten Bestimmungen der American Railway Engineering Association (A. R. E. A.) von 1923 22′ hoch und 16′ breit. Da die bestehenden Brücken unter Zugrundelegung der verschiedensten Vorschriften entworfen sind, weichen natürlich die von den einzelnen Eisenbahngesellschaften vorgeschriebenen Ladeprofile teilweise erheblich voneinander ab, sogar für die einzelnen Linien einer Eisenbahngesellschaft und die verschiedenen Unter- und Überführungen in den Städten sind oft besondere Vorschriften maßgebend. Es gibt deshalb vorläufig noch kein allgemeingültiges Ladeprofil, vielmehr muß für jeden vorgesehenen Transportweg das zulässige Lademaß ermittelt werden. Besondere Aufmerksamkeit ist geboten, wenn die Oberkante des beladenen Eisenbahnwagens mehr als 15′6″ über Schienenoberkante liegt.

Bevor die Ladevorschriften für jeden Einzelfall angegeben werden, muß der Transportweg genau festgelegt sein. Den in Frage kommenden Eisenbahnen sind folgende Angaben zu machen:

1. Auftragsnummer, Absender und Empfänger.

2. Höhe des beladenen Wagens, von Schienenoberkante gerechnet, Gesamtlänge und Breite der Ladung unter Beifügung einer Skizze über die zur Befestigung etwa verwendeten Hölzer. Ferner ist anzugeben, ob die Teile auf einem oder mehreren Wagen verladen werden können.

Die Oberkante des Wagenfußbodens liegt im allgemeinen 3′5″ bis 4′6″ über Schienenoberkante, als Durchschnittsmaß kann 4′ gelten.

Die Breite der offenen Güterwagen beträgt rund 8′4″ bei hölzernen und 9′4″ bei eisernen Wagen, die entsprechenden Maße für Plattformwagen sind 8′6″ und 9′6″. Diese Maße dürfen bei flachverladenen Teilen nicht überschritten werden.

Wagenladungen mit Minimaltarif. Für den Gebrauch im Zeichensaal, in der Werkstatt und im Versandbureau werden meistens Tabellen zusammengestellt, in welchen die kleinsten nach einem Minimaltarif berechneten Wagenladungen für sämtliche Distrikte der Vereinigten Staaten aufgeführt sind. Eine Beachtung dieser Zusammenstellungen kann manche unnötigen Frachtkosten ersparen.

Die Gewichte gelten hierbei für die Ladungen, die einen, zwei oder drei Wagen benötigen und betragen z. B. 36000, 60000 und 84000 lbs. Für Ladungen, die mehr als drei Wagen erfordern, gilt eine neue Festsetzung z. B. 120000 lbs. für vier Waggons, 144000 lbs. für fünf Waggons.

Bei Versand von Material nach dem Chikagodistrikt, mit einem Frachtsatz von 5 Cents pro 100 lbs., beträgt die kleinste nach dem Minimaltarif berechnete Ladung 60000 lbs., bei Beladung eines Waggons.

Die gleiche Gewichtsgrenze gilt bei der Pennsylvania-, Michigan Central-, Baltimore- und Ohio- oder Wabash-Bahn, ebenso bei der Chikago-Western Indiana-Bahn.

Bei Ladungen für die westlichen Eisenbahnen, die in Chikago aufgegeben werden, aber nicht für den Chikagodistrikt bestimmt sind, gilt ein Tarif von 3 Cents pro 100 lbs. und beträgt das Mindestgewicht für die Anwendung des Minimaltarifs 60000 lbs. für eine Wagenladung, dasselbe für zwei Wagen, 75000 für drei Wagen und 90000 für vier Wagen. Bei mehr als vier Wagen gilt eine neue Festsetzung, so daß beispielsweise bei fünf Wagen 150000 lbs. als Mindestgewicht gelten[1].

Frachtsätze. Die nachstehend aufgeführten Frachtsätze gelten für Versand ab Chikago jeweils nach den bedeutendsten Orten der Einzel-

[1] In der amerikanischen Ausgabe folgt eine Zusammenstellung der Mindestwagenladungen für Anwendung des Minimaltarifs, nach den verschiedenen Staaten geordnet. Da diese Zusammenstellung für deutsche Leser von geringem Interesse sein dürfte, ist sie fortgelassen worden.

staaten. Nur wenn für einen Staat beträchtliche Unterschiede bestehen, ist der Frachtsatz für mehrere Orte ein und desselben Staates angegeben.

Frachtsätze.

Ort	Staat	Dollar	Mindest-gewichte lbs
Atlanta	Georgia	0,58	36000
Baltimore	Maryland	0,53 1/2	36000
Bangor	Maine	0,59 1/2	36000
Billings	Montana	1,19	40000
Billings	,,	1,00	60000
Birmingham	Alabama	0,53	36000
Bismarck	Nord Dakota	0,90	36000
Boston	Massachusetts	0,59 1/2	36000
Butte	Montana	1,19	40000
Butte	,,	1,00	60000
Casper	Wyoming	1,14 1/2	30000
Casper	,,	1,00	60000
Charleston	Süd Carolina	0,34	36000
Columbus	Ohio	0,29	36000
Dallas	Texas	0,84	36000
Denver	Colorado	0,83	40000
Detroit	Michigan	0,27 1/2	36000
Dodge City	Kansas	1,01	36000
Duluth	Minnesota	0,30 1/2	36000
El Paso	Texas	0,98	36000
East St. Louis	Illinois	0,17 1/2	36000
Galveston	Texas	0,84	36000
Hartford	Connecticut	0,59 1/2	36000
Huron	Süd Dakota	0,51	36000
Jacksonville	Florida	0,71	36000
Jefferson	Missouri	0,36 1/2	36000
Las Vegas	Neu-Mexiko	1,25	40000
Las Vegas	,, ,,	1,00	60000
Little Rock	Arkansas	0,49 1/2	36000
Louisville	Kentucky	0,30	36000
Marquette	Michigan	0,30 1/2	36000
Marshalltown	Iowa	0,29 1/2	36000
Memphis	Tennessee	0,42	36000
Montpelier	Vermont	0,59 1/2	36000
Mt. Vernon	Illinois	0,27 1/2	36000
Neworleans	Louisiana	0,57	36000
Newyork	Newyork	0,56 1/2	36000
North Platte	Nebraska	0,94	36000
Oklahoma City	Oklahoma	0,85 1/2	36000
Peoria	Illinois	0,15 1/2	36000
Philadelphia	Pennsylvania	0,54 1/2	36000
Pittsburgh	,,	0,34	36000
Providence	Rhode Island	0,59 1/2	36000
Richmond	Virginia	0,53 1/2	36000
Salt Lake City	Utah	1,19	40000
Salt Lake City	,,	1,00	60000
St. Paul	Minnesota	0,27 1/2	36000
San Franzisko	Kalifornien	1,25	40000
San Franzisko	,,	1,00	60000
Syrakuse	Newyork	0,45	36000

Hilfsmittel für das Verladen. Beim Verladen werden verschiedene Harthölzer, wie Ahorn, Buche, Hickory, Eiche usw., verwendet. Da besonders die größeren Stärken dieser Hölzer immer schwieriger zu beschaffen sind, verwendet man hierfür oft eiserne Teile.

Die Holzpreise pro 1000 Fuß für die gebräuchlichsten Abmessungen sind mit den Verkaufsdaten nachstehend zusammengestellt.

1″× 6″	18,50 Dollar	25. 2. 1924	6″× 8″	32,00 Dollar	17. 12. 1924
3″× 4″	22,00 „	26. 11. 1923	6″×10″	33,00 „	18. 2. 1924
4″× 4″	24,00 „	14. 2. 1924	6″×12″	33,00 „	24. 3. 1924
4″× 6″	22,00 „	12. 1. 1923	10″×14″	33,00 „	18. 3. 1924
3″×10″	33,00 „	18. 2. 1924	12″×16″	33,00 „	25. 3. 1924
3″×12″	34,00 „	11. 2. 1924			

Meistens verlangen die Eisenbauanstalten das für den Transport der Eisenkonstruktionen verwendete Holz nicht wieder zurück, obgleich bei kurzen Rückwegen die Ersparnis recht beträchtlich sein würde. Eine Umfrage bei den verschiedenen Eisenbahngesellschaften ergab, daß einige das Holz selbst wieder verwenden bzw. ihren Magazinen einverleiben, während andere keine weitere Verwendung dafür haben.

Versandabteilung. Die Leistungsfähigkeit der Versandabteilung hängt einerseits von ihrer Organisation und andererseits von der Erfahrung ihres Personals ab. Die Größe dieser Abteilung ist natürlich von der Erzeugung des Werkes abhängig. Jedenfalls müssen die mit der Bearbeitung der Versandfragen betrauten Leute vollkommen mit den Ladevorschriften der American Railway Association, Technische Abteilung, vertraut sein. Man wird stets die niedrigsten Kosten erzielen, wenn auf eine einfache, aber solide Anordnung beim Verladen geachtet wird.

Nachstehend wird die Zusammensetzung einer normalen Versandabteilung beschrieben, die nach Bedarf noch vergrößert werden kann.

Versandleiter. Die Leitung der Abteilung liegt in Händen des Versandleiters, welcher die Arbeitsverteilung vornimmt und die Aufsicht ausübt.

Versandschreiber. Der Versandschreiber verrichtet die schriftlichen Arbeiten, wie Aufstellung der Versandvorschriften, Frachtbriefe und dergleichen.

Lademeister. Dem Lademeister sind die Ladearbeiter unterstellt.

Ladearbeiter. Die Ladearbeiter sind in Rotten eingeteilt, die aus je einem Vorarbeiter und zwei Hilfsarbeitern bestehen. Außerdem ist eine aus einem Vorarbeiter und vier Mann bestehende Rotte zur Herrichtung der Waggons vorhanden.

Lademethoden. Die Ladevorschriften der American Railway Association erfassen sämtliche vorkommenden Arten des Verladens von Eisenkonstruktionen. Sie brauchen allerdings in der Anwendung nicht buchstäblich genommen werden, da sie nur als Richtlinien gedacht sind.

Einige Normalfälle sind nachstehend zusammengestellt. Die Angaben sind den Ladevorschriften der American Railway Association, Ausgabe vom 1. Januar 1924, entnommen, auf welche Vorschriften der Leser im übrigen verwiesen wird.

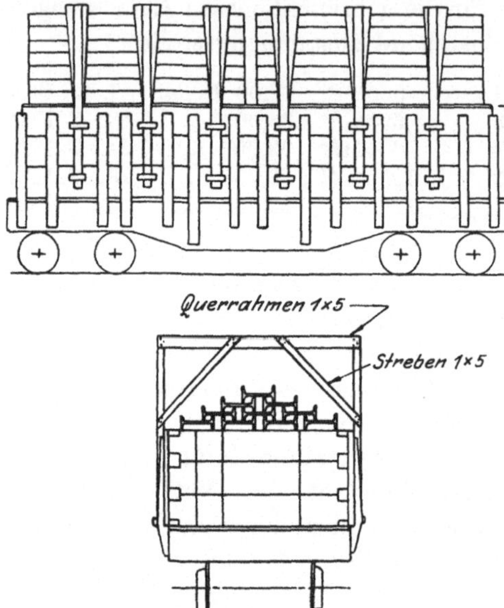

Abb. 294. Verladen kurzer Konstruktionsteile.

Abb. 294 zeigt die Art des Verladens kurzer Träger. Die über die Höhe der Seitenwände des Eisenbahnwagens aufgestapelten Teile werden pyramidenförmig angeordnet. Die den Seitenwänden aufgesteckten hölzernen Querrahmen sind entweder quadratischen Querschnitts 4″ × 4″ oder kreisförmig von $4^1/_2$″ Durchmesser. Bei Längen bis zu 20′ genügt die Anordnung von drei Querrahmen.

Schwere Träger werden flach auf Plattformwagen verladen (Abb. 295). Zwischen den Trägern und der Bremsvorrichtung muß ein Spielraum von mindestens 6″ vorhanden sein.

Abb. 296 zeigt, wie größere Dachbinderteile verladen werden. Die dabei verwendeten hölzernen Querrahmen haben dieselben Stärken wie oben.

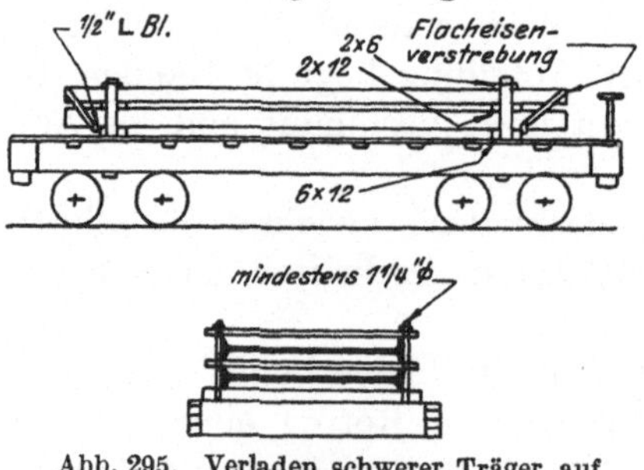

Abb. 295. Verladen schwerer Träger auf Plattformwagen.

In Abb. 297 sind hohe Blechträger hochkant verladen. Von der Bremsvorrichtung ist wieder ein Mindestabstand von 6″ einzuhalten. Um den Abstand zwischen den einzelnen Trägern zu wahren, werden hölzerne Klötze zwischen den Trägern angeordnet und mit diesen verschraubt. Die hölzernen Aussteifungsrahmen müssen 5″ Durchmesser bzw. einen Querschnitt von 4″ × 5″ aufweisen.

Bei überhängenden Ladungen nach Abb. 298 muß, wenn der Überhang C des rechten Teiles mehr als ein Drittel der Gesamtlänge L beträgt, das linke Trägerende durch $^7/_8''$ Bolzen mit dem Wagen verankert werden.

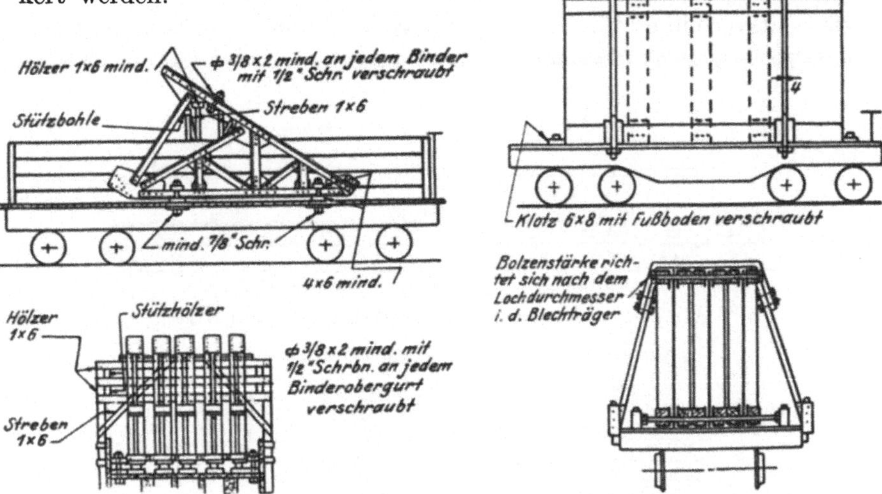

Abb. 296. Verladen von Dachbinderteilen.

Abb. 297. Verladen hoher Blechträger auf Plattformwagen.

Beim Verladen von Walzträgern auf Plattformwagen (Abb. 299) sind bei Ladehöhen bis 5′ Seitenverstrebungen in Stärken von $4'' \times 6''$

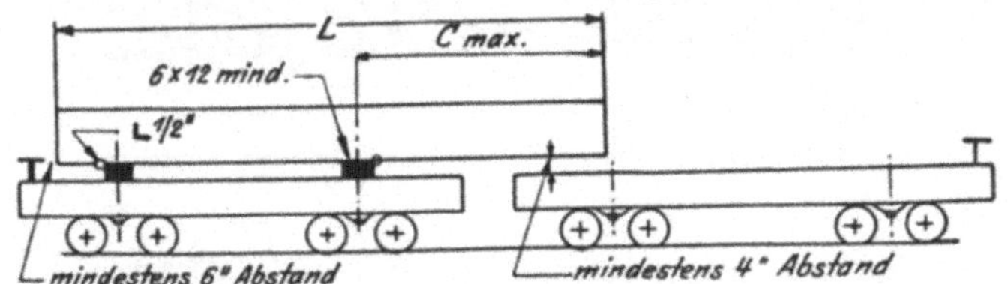

Abb. 298. Einfügen eines Schutzwagens bei überhängenden Konstruktionsteilen.

und bei Ladehöhen von 5 bis 7′ solche von $6'' \times 8''$ anzuordnen.

Fachwerkträger, Kastenträger, Stützen, Dachbinderteile und ähnliche Teile mit beiderseits überragenden Enden sind, wie in Abb. 300 angegeben, auf dem Eisenbahnwagen aufzustellen. Dabei darf die Gesamt-

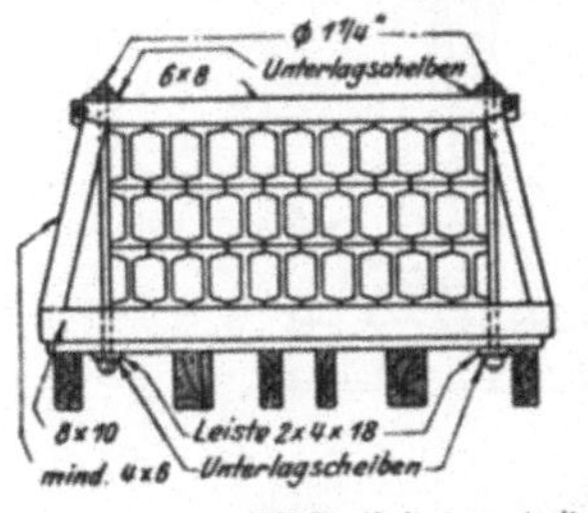

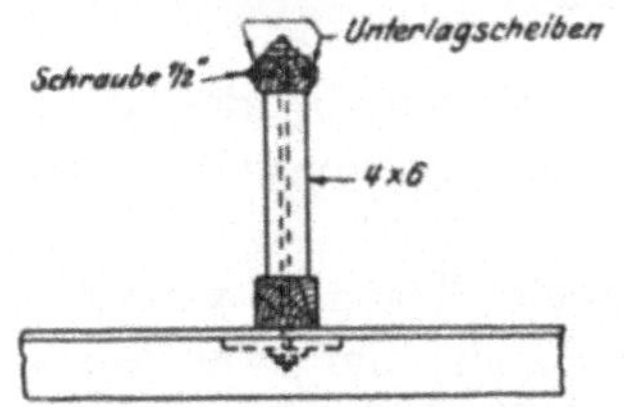

Abb. 299. Verladen von Walzträgern.

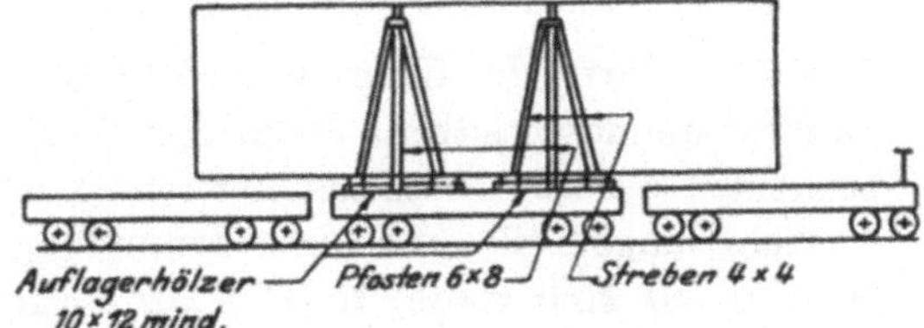

Abb. 300. Verladen langer Konstruktionsteile.

länge höchstens 5′ größer sein als der doppelte Abstand zwischen den Stützpunkten der Konstruktion. Hierbei ist eine gleichmäßige Gewichtsverteilung für die ganze Länge der verladenen Konstruktionsteile vorausgesetzt. Bestehen die überhängenden Enden nur aus leichten

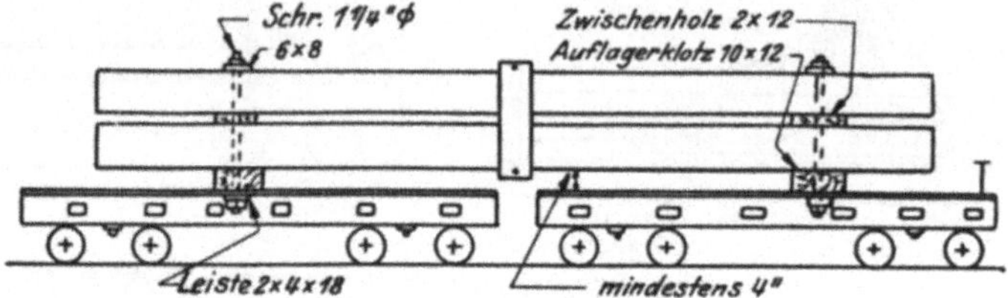

Abb. 301. Verladen langer Konstruktionsteile auf zwei Wagen.

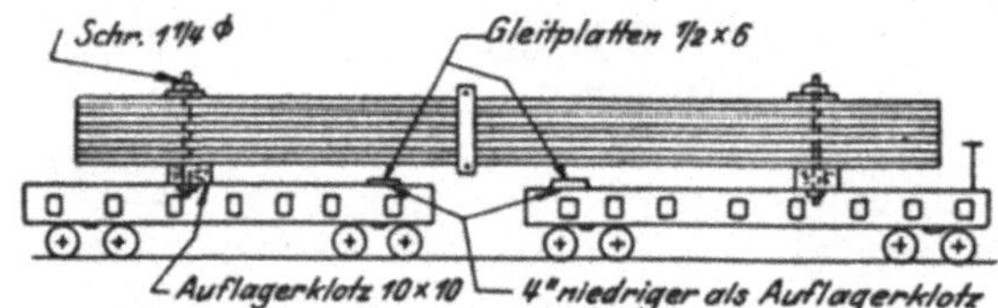

Abb. 302. Verladen biegsamer Teile auf zwei Wagen.

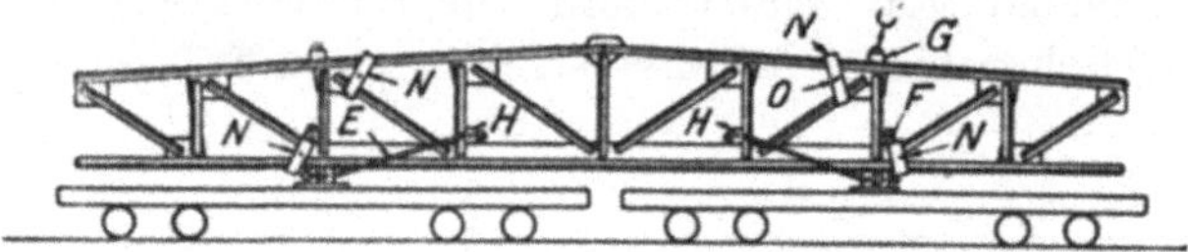

Abb. 303. Verladen von Dachbindern und ähnlichen Bauteilen.

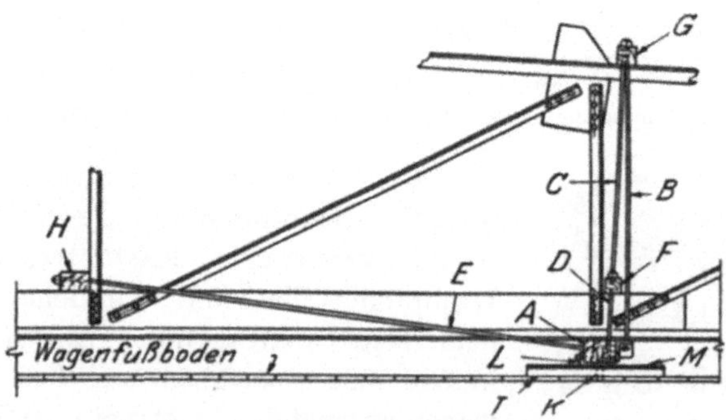

Abb. 304. Seitenansicht (Teilansicht).

Teilen, so darf jeder Kragarm eine Länge von höchstens $^7/_{10}$ des Stützpunktabstandes besitzen. Jedoch ist diese Art des Verladens nur da anzuwenden, wo sie unbedingt notwendig ist.

Sehr lange Teile sind unter Benutzung zweier Wagen zu verladen. In Abb. 301 sind steife, in Abb. 302 biegsame Teile, auf zwei Wagen verladen, dargestellt. Längere Fachwerkteile, wie Dachbinder u. a., sind nach Abb. 303 auf zwei Wagen anzuordnen. Abb. 304 stellt eine Seitenansicht, Abb. 305 den Querschnitt eines Stützschemels dar.

Nachstehend ist das für einen Schemel benötigte Material zusammengestellt.

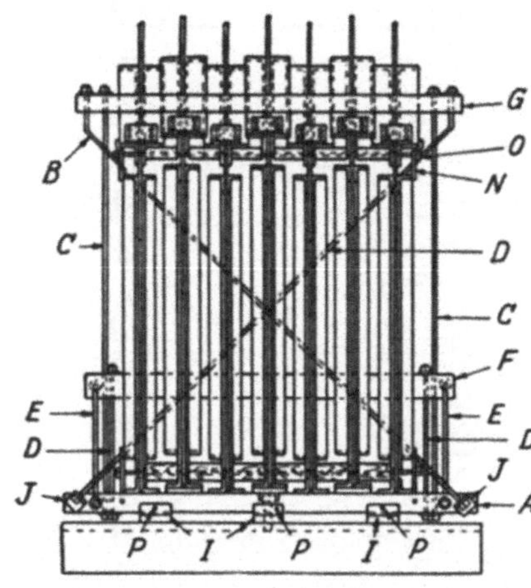

Abb. 305. Endansicht.

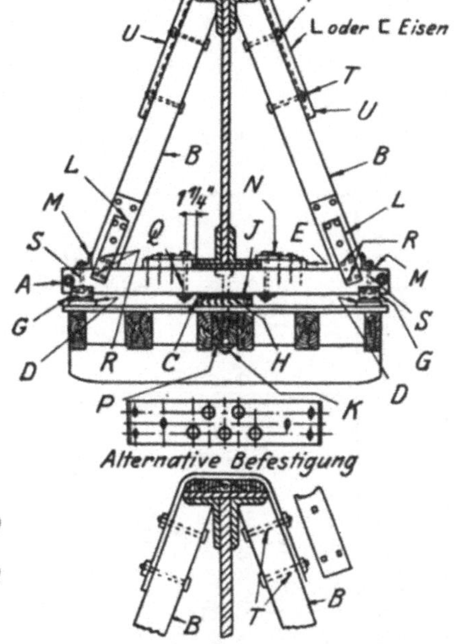

Abb. 306. Verladen aufrechtstehender Blechträger.

Gegenstand	Bezeichnung	Stückzahl	Für Ladungen unter 30000 lbs	Für Ladungen von 30000—72000 lbs
Hölzerner Querbalken	*A*	1	8″×10″×9′ 6″	10″×14″×9′ 6″
Rundeisen	*B*	2	Ø 1″	Ø $1^{1}/_{8}$″
„	*C*	2	Ø $1^{1}/_{8}$″	Ø $1^{1}/_{8}$″
„	*D*	2	Ø 1″	Ø 1″
„	*E*	2	Ø $1^{1}/_{8}$″	Ø $1^{1}/_{8}$″
Querbalken	*F*	1	6″×6″×8′ 6″	6″×6″×8′ 6″
„	*G*	1	6″×6″×9′ 0″	6″×8″×9′ 0″
„	*H*	1	6″×8″×8′ 0″	6″×8″×8′ 0″
„	*I*	3	3″×12″×4′ 6″	3″×12″×4′ 6″
Anschlußwinkel . . .	*J*	2	6″×6″×$^{1}/_{2}$″,lg 0′6″	6″×6″×$^{1}/_{2}$″×0′ 6″
Drehzapfen	*K*	1	Ø $2^{1}/_{2}$″	Ø $2^{1}/_{2}$″
Auflagerplatten . . .	*L*	4	12″×$^{1}/_{4}$″×1′ 2″	12″×$^{1}/_{4}$″×1′ 2″
Gleitplatten	*M*	2	12″×$^{3}/_{8}$″×4′ 6″	12″×$^{3}/_{8}$″×4′ 6″
Bleche	*N*	4	—	—
Rundeisen	*O*	2	Ø 1″	Ø 1″

Ein aufrechtstehend auf zwei oder mehreren Wagen verladener, schwerer Blechträger ist in Abb. 306 und 307 dargestellt. Das zum Verladen benötigte Material ist mit den in den Abbildungen angegebenen Bezeichnungen in der folgenden Tabelle zusammengestellt.

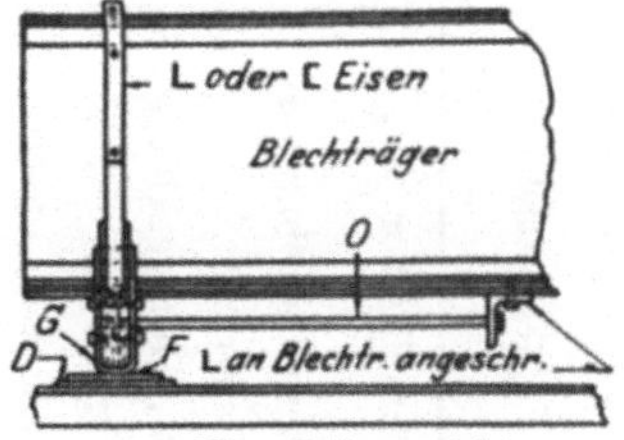

Abb. 307. Seitenansicht.

Gegenstand	Be-zeich-nung	Stück-zahl	Für Blechträger im Gewicht von unter 30 000 lbs	Für Blechträger im Gewicht von mehr als 30 000 bis 72 000 lbs	Für Blechträger im Gewicht von mehr als 72 000 bis 115 000 lbs	Für Blechträger im Gewicht von mehr als 115 000 bis 200 000 lbs
Schemelhölzer	*A*	1	8″×10″×9′ 6″	10″×14″×9′ 6″	12″×16″×9′ 6″	14″×20″ bzw. Anordnung in Eisen
Seitenverstrebungen . .	*B*	2	6″×8″[1]	6″×10″[1]	6″×12″[1]	8″×12″[1]
Auflagerklotz	*C*	1	3″×12″×5′ 0″	3″×12″×5′ 0″	3″×12″×5′ 0″	4″×12″×5′ 0″
Seitl. Auflagerklötze . .	*D*	2	3″×10″×5′ 0″	3″×10″×5′ 0″	3″×10″×5′ 0″	4″×10″×5′ 0″
Knaggen	*E*	2	10″×2′ 0″[2]	10″×2′ 0″[2]	10″×2′ 0″[2]	10″×2′ 0″[2]
Gleitbleche, untere . .	*F*	1	6″×3/8″×3′ 6″	6″×3/8″×3′ 6″	6″×3/8″×4′ 0″	6″×1/2″×4′ 0″
„ obere . . .	*G*	1	6″×1/4″×1′ 3″	6″×1/4″×1′ 7″	6″×1/4″×1′ 9″	6″×3/8″×2′ 1″
Auflagerplatten, untere	*H*	1	12″×3/8″×12″	12″×3/8″×12″	12″×3/8″×12″	12″×3/8″×12″
„ obere .	*I*	1	12″×3/8″×12″	12″×3/8″×12″	12″×3/8″×12″	12″×3/8″×12″
Drehzapfen	*K*	1	Ø 2 1/2″	Ø 2 1/2″	Ø 2 1/2″	Ø 2 1/2″
Laschen	*L*	4	5″×3/8″×1′ 6″	5″×3/8″×1′ 6″	5″×1/2″×1′ 6″	5″×1/2″×1′ 6″
∠-Eisen	*M*	2	5″×3 1/2″×3/8″×9 3/4″ lg	5″×3 1/2″×3/8″×13 1/2″ lg	5″×3 1/2″×3/8″×15″ lg	5″×3 1/2″×3/8″×18″ lg
Leisten	*N*	2	6″×3/4″×1′ 4″	6″×1″×1′ 4″	6″×1″×1′ 4″	6″×1 1/8″×1′ 4″
Rundeisen	*O*	2	Ø 1″ od. —2 1/2″×1/2″	Ø 1 1/8″ od. —3″×1/2″	Ø 1 1/4″ od. —3″×5/8″	Ø 1 1/2″ od. —3″×3/4″
Schrauben	*P*	6	Ø 3/4″	Ø 3/4″	Ø 3/4″	Ø 3/4″
„	*Q*	4	Ø 3/4″	Ø 3/4″	Ø 7/8″	Ø 7/8
„	*R*	8	Ø 3/4″	Ø 3/4″	Ø 7/8″	Ø 7/8″
„	*S*	4	Ø 3/4″	Ø 3/4″	Ø 7/8″	Ø 7/8″
„	*T*	4	Ø 7/8 ″	Ø 7/8″	Ø 1″	Ø 1″
∠- oder ⊏-Eisen . . .	*U*	2	⊏-6″ od. ∠ 6″, lg 4′ 10″	⊏-6″ od. ∠ 6″, lg 4′ 10″	⊏-6″ od. ∠ 6″, lg 4′ 10″	⊏-6″ od. ∠ 6″, lg 4′ 10″

[1]) Kann aus zwei miteinander verschraubten Teilen bestehen.
[2]) 1/8″ schmaler als die Blechträgergurtung.

In Abb. 308 sind Blechträger flachliegend auf Schemeln angeordnet, wobei die Schemel höchstens 9′6″ lang sein dürfen. Bei einem Trägergewicht bis zu 30000 lbs. haben sie einen Querschnitt von 8″ × 10″, bei einem Trägergewicht von mehr als 30000 bis einschließlich 72000 lbs.

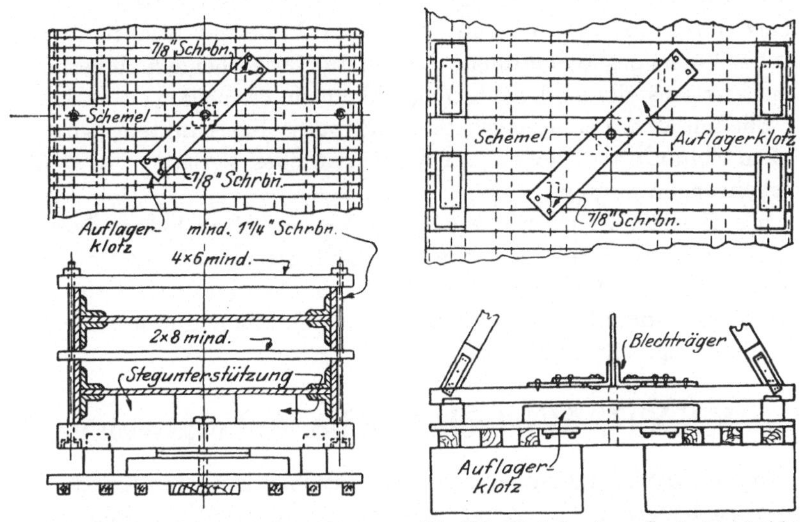

Abb. 308. Verladen flachliegender Blechträger auf Drehschemeln.

Abb. 309. Verladen langer aufrechtstehender Blechträger auf Drehschemeln.

einen Querschnitt von 10″ × 14″ und bei größerem Gewicht einen solchen von 12″ × 14″. Die seitlichen Bolzen sind so nahe wie möglich an dem Träger anzuordnen. Als Auflagerplatten am Drehzapfen sind $^5/_8$″ Bleche zu verwenden, $^1/_4$″ an den seitlichen Auflagerungen.

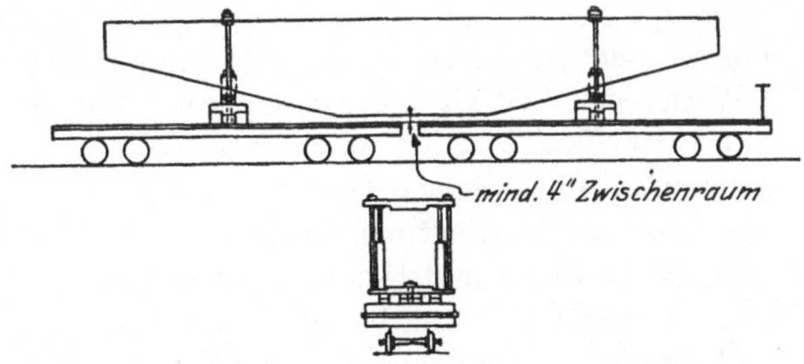

Abb. 310. Verladen von Drehscheiben auf Schemelwagen.

Ein aufrechtstehend verladener Blechträger auf Schemeln ist in Abb. 309 gezeigt. In Abb. 310 sind Träger einer Drehscheibe in derselben Weise verladen dargestellt.

Praktische Winke. Damit Unannehmlichkeiten und unnötige Kosten beim Verladen vermieden werden, ist es notwendig, daß der Konstrukteur mit den Verlademethoden und -vorschriften vertraut ist. Die

Größtabmessungen der zu versendenden Teile sind unter Berücksichtigung des Ladeprofils festzulegen, unhandliche Stücke, die Schwierigkeiten für die Arbeit der Krane bereiten würden, sind zu vermeiden, hervorstehende Teile so anzuordnen, daß keine umständliche Verpackung notwendig wird, oder diese Teile sind lose zu verschicken, usw. Der Konstrukteur hat die Stöße in der Konstruktion mit Rücksicht auf die Art des Versandes anzuordnen. Lange, auf Drehschemeln zu verladende Konstruktionsteile sind nach Möglichkeit zu vermeiden.

Ein mit den Verlademethoden vertrauter Konstrukteur wird ohne großen Zeitaufwand die für ein wirtschaftliches Verladen notwendigen Vorkehrungen treffen.

Der Konstrukteur, wie auch der Versandleiter haben darauf zu achten, daß alle unnötigen Kosten durch geschickte Anordnung vermieden werden. Die Versandvorschriften sind vernunft- und sinngemäß anzuwenden, damit die Möglichkeit von Unfällen durch fehlerhaftes Verladen eingeschränkt wird.

XXXII. Wirtschaftliche Arbeitsweise.

Durch Ausbildung einfacher Konstruktionen kann der Konstrukteur viel dazu beitragen, die Herstellungskosten niedrig zu halten, und da solche Teile auch schneller hergestellt werden können, wird noch eine weitere Kostenverminderung erzielt. Es ist sehr vorteilhaft, wenn die Konstrukteure eine gute Werkstattpraxis haben, da unerfahrene Konstrukteure oft unzweckmäßige Anordnungen treffen, die der Werkstatt unnötige Schwierigkeiten bereiten.

Die nachstehend wiedergegebenen Erfahrungen sind in einer langjährigen Werkstattpraxis gesammelt worden. Ihre Nutzanwendung möge dazu dienen, bei gleichzeitiger Kostenverminderung eine Verbesserung der Werkstattarbeit zu erzielen, ohne die Tragfähigkeit und Wirtschaftlichkeit der Konstruktion zu beeinträchtigen.

Die dem Zeichensaal übergebenen Unterlagen müssen klar und vollständig sein, da sonst die Bearbeitung unnötig viel Zeit erfordert, die Bureaukosten hoch werden und leichter Fehler gemacht werden können. Viel Verwirrung richtet in der Werkstatt auch eine ungenaue Festlegung des Umfanges einer Lieferung an. Dieser Fehler läßt sich durch nichts entschuldigen. Sehr oft ist hierdurch schon Material vergessen oder zuviel geliefert worden. Es ist daher in Zweifelsfällen notwendig, die Zeichnungen durch schriftliche Erläuterungen, welche der Werkstatt zugestellt werden, zu ergänzen.

Zeitweilige Einstellung der Werkstattarbeit. Müssen größere Änderungen vorgenommen werden, wenn die Zeichnungen bereits zur Werkstatt gegeben sind, so muß die Einstellung der Arbeit an den betreffenden

Teilen angeordnet werden. Diese Maßnahme ist aber sehr unangenehm, wenn die Bearbeitung in der Werkstatt bereits aufgenommen ist und das Material an den Maschinen liegt. Dieses muß daher solange beiseitegelegt werden, bis es wieder freigegeben werden kann. Damit die Maschinen in der Zwischenzeit ausgenutzt werden können, wird die Bearbeitung von anderen Teilen vorgenommen werden. In jedem Fall ist hiermit ein Zeitverlust und eine Erhöhung der Kosten verbunden.

Änderungen. Alle Änderungen an den noch nicht zur Werkstatt gegebenen Zeichnungen vergrößern die Bureaukosten. Auch wenn diese Mehrkosten erstattet werden, indem die für diese Änderungen beanspruchte Zeit in Anrechnung gebracht wird, so ist darin die durch Unterbrechung der Arbeit an anderen Aufträgen eintretende Verzögerung unberücksichtigt geblieben. Außerdem wirkt die Anordnung wiederholter Änderungen bei einem Auftrag insofern ungünstig auf die Abwicklung der Bureau- und Werkstattarbeit ein, als dadurch Konstrukteure und Werkstattleute leicht gleichgültig werden.

Material. Beim Entwurf sollen Spezialprofile, für deren Beschaffung mit einer längeren Lieferzeit zu rechnen ist, möglichst vermieden werden, desgleichen Profile, die sich in der Stärke nur um $^1/_{16}''$ unterscheiden, da diese, wenn sie in gleicher Länge für einen Auftrag verwendet werden, leicht verwechselt werden können.

Knoten- und Anschlußbleche sollen möglichst in Normalbreiten angeordnet werden, da diese meistens auf Lager liegen und daher schnell zur Stelle sind. Als Normalbreiten sind Breiten von 7, 8, 9, 10, 11, 12, 13, 14, 15, 16, 18, 20, 24, 30, 36 und 48″ anzusehen.

Bei zweiwandigen Gurtquerschnitten, die aus Stehblechen und Winkeln zusammengesetzt sind, ist eine Verstärkung des Querschnittes durch Anordnung eines weiteren Stehbleches anstatt einer Lamelle zwischen den Gurtwinkeln durchzuführen, da hierdurch Niete gespart werden können. Die Heftniete im Steg zwischen den Winkeln können dann in Abständen von 12″ angeordnet werden.

Bei Teilen aus Phosphorbronze, Lagermetall, Stahlguß, Gußeisen u. a. sind, um Mißverständnissen vorzubeugen, die Lieferungsvorschriften mit in die Zeichnungen aufzunehmen.

Werkstattausrüstung. Es ist besonders darauf zu achten, daß die Werkstattausrüstung richtig ausgenutzt werden kann. So ist beim Konstruieren auf die Arbeitsweise der Vielfachlochstanzen, der sonstigen Stanzen, Nietmaschinen, Biegevorrichtungen sowie der übrigen Maschinen Rücksicht zu nehmen.

Anordnung gleicher Teile. Es soll das Bestreben des Konstrukteurs sein, möglichst wenig verschiedene Profile zu verwenden und möglichst viele Einzelteile gleichzumachen, z. B. gleiche Brückenstützweiten bei mehreren Brücken zu wählen, Gerüstpfeiler von Talbrücken gleich auszubilden, die Felderteilung verschiedener Brücken gleichzumachen, um gleiche Fahrbahnordnung zu erzielen, die Stehblechhöhen verschiedener Blechträger gleichmäßig anzuordnen usw.

Die Pfosten der Gerüstpfeiler bei Talbrücken in Gefällstrecken sind nach Möglichkeit gleichartig auszubilden, und zwar bei schwachem Gefälle durch Anordnung von Futterstücken beim höherliegenden Teil oder durch Anordnung ungleich hoher Fundamente bei stärkerem Gefälle.

Fahrbahnträger oder andere Teile, die nur geringe Längenunterschiede aufweisen und sonst gleich sind, werden gleich lang ausgeführt und Futterstücke in Stärken bis $^5/_8{}''$ verwendet.

Die Windversteifungsträger eines Bauwerks sind soweit wie möglich gleichartig auszubilden, ebenso alle kleinen Teile, um die Bearbeitung zu vereinfachen.

Stützen. Der gebräuchlichste Stützenquerschnitt besteht aus einem Stehblech und vier Winkeleisen. Stärkere Querschnitte weisen oft außerdem Lamellen auf, doch sollte man, falls es sonst nicht ungünstig ist, die Lamellen vermeiden und stärkere Winkeleisen und Stehbleche wählen. Derartige Querschnitte werden vielfach für Hochbauten, Fabrikanlagen, Fachwerkdiagonalen usw. verwendet.

Stützen und Pfosten, welche Kräfte von 40000 lbs. und darunter aufnehmen sollen, werden an ihren Enden nicht gefräst, vielmehr sind in ihren Fuß- bzw. Kopfwinkeln so viel Niete anzuordnen, daß diese allein die ganze Last aufnehmen können.

Gurtungen. Die Obergurtstöße schiefer Brücken müssen so angeordnet werden, daß die gegenüberliegenden Felder der Hauptträgerobergurte bei derselben Stellung des Schwenkmastes oder Kranes montiert werden können. Die Obergurtstäbe von Fachwerkträgern mit gekrümmtem Obergurt müssen feldweise frei vorgebaut werden können.

Gurtstäbe, die sich über zwei Felder erstrecken, sollen, trotz verschiedener Stabkräfte in beiden Feldern, gleichen Querschnitt erhalten. Der Nachteil des Mehrverbrauchs an Material wird durch den Fortfall der Stöße aufgewogen.

Die Gelenkbolzenlöcher sollen im allgemeinen in der Mittenlinie der Stäbe liegen. Es ist nicht unbedingt erforderlich, die Systemlinie der Gurte genau mit der Schwerachse zusammenfallen zu lassen, da der Einfluß dieser Exzentrizität teilweise durch das Eigengewicht des Stabes aufgehoben wird.

Bei dreistegigen Querschnitten sind die Niete gleichartig anzuordnen, damit der Aufreiber gleichzeitig drei gegenüberliegende Löcher im Steg aufreiben kann.

Transport des Materials an den Maschinen. Da die Kosten des Transportes zwischen den einzelnen Maschinen einen erheblichen Teil der

Werkstattkosten ausmachen, ist bereits beim Konstruieren darauf zu achten, daß diese auf ein Mindestmaß beschränkt werden. Deshalb sind beispielsweise in einem Stück möglichst nur Löcher gleichen Durchmessers vorzusehen.

Verbände. Wegen ihrer schwierigen Anschlüsse und ihrer mangelnden Steifigkeit sind Rundeisenverbände zu vermeiden und steife Profile zu wählen. Bei Winkeleisenverbänden ist der lotrechte Schenkel genügend hoch vorzusehen, um einem Durchhängen des Verbandes vorzubeugen.

Beiwinkel sind an den Anschlüssen nur bei mehr als sechs Anschlußnieten anzuordnen.

Die oberen Gurtungen von Kranträgern sind zur Erzielung genügender Seitensteifigkeit möglichst breit zu wählen, so daß nachMöglichkeit ein besonderer Horizontalträger entbehrt werden kann.

Spielräume. Die Anordnung von Spielräumen ist für die Werkstatt sowie für die Baustelle unbedingt erforderlich, falls nicht Mehrkosten bei der Bearbeitung und der Montage entstehen sollen.

Für das Abschneiden, Ausschneiden und Ausklinken ist ein Spielraum von mindestens $^1/_2{}''$ vorzusehen. Zwischen den Gurtwinkeln liegende Steglamellen bei genieteten Querschnitten sind oben und unten mit je $^1/_{16}{}''$ Spiel anzuordnen. Bei Anschlüssen von Walzträgern oder Blechträgern an Stützen oder dergleichen ist, wenn ein Stützwinkel unter den Trägern und ein anderer Winkel über dem Träger vorgesehen ist, zwischen dem oberen Trägerflansch und dem Winkel ein Spielraum von $^1/_4{}''$ vorzusehen.

Querverbände und Fahrbahnträger müssen genügend Spiel besitzen, um beim Einbau nicht durch die Nietköpfe der Träger, an welche sie angeschlossen werden sollen, behindert zu werden. Die lotrechten Querverbände von Deckbrücken sind $^1/_8{}''$ niedriger auszuführen, als der lichte Abstand zwischen den Verbandsblechen des Ober- und Untergurtes beträgt.

Ebenso sind alle sonstigen Träger, die zwischen irgendwelche Konstruktionsteile eingebaut werden sollen, mit Spiel vorzusehen. Blechträger oder Walzträger mit gefrästen Enden erhalten an jedem Trägerende $^1/_{32}{}''$ Spiel, solche mit unbearbeiteten Enden $^1/_{16}{}''$ Spiel.

Für genietete Stützenquerschnitte mit mehr als zwei Flanschlamellen ist für jede weitere Lamelle $^1/_{32}{}''$ zur Querschnittshöhe hinzuzurechnen.

Beim Anschluß von Trägern an die Stege von Stützen sind mit Rücksicht auf die in den abstehenden Stützenflanschen sitzenden Nietköpfe die Trägerflansche, falls notwendig, abzuschrägen. Auch muß so viel Spielraum vorhanden sein, daß die Träger ohne ein Spreizen der Stützen eingebaut werden können.

Bei Anordnung der Knotenbleche und Nietköpfe in den oberen Verbänden von Deckbrücken ist die Lage der Querschwellen zu berücksichtigen.

Bei der beweglichen Auflagerung von Trägern in einer anderen Konstruktion ist darauf zu achten, daß genügend Platz vorhanden ist, um die Baustellenniete im festen Teile schlagen und gegenhalten zu können.

Die Löcher für die Steinschrauben in Stützenfüßen sind $^{3}/_{4}''$ oder 1'' größer im Durchmesser vorzusehen als die Schrauben, um ein Einrichten zu ermöglichen.

Besondere Aufmerksamkeit ist den Montageanschlüssen zu widmen, damit die Baustellenniete leicht und möglichst ohne Verwendung besonderer Gerüste geschlagen werden können.

Überwurfmuttern oder Spannschrauben sind gegeneinander zu versetzen, damit sie sich, falls sie dicht nebeneinanderliegen, beim Drehen nicht behindern.

Zwischen den festen und beweglichen Teilen beweglicher Brücken ist genügend Spielraum, mindestens 2'', vorzusehen.

Niete. Es ist nur die ausreichende Anzahl von Nieten, die notwendig ist, um die einzelnen Querschnittsteile zusammenzuheften oder die auftretenden Kräfte zu übertragen, vorzusehen. Überflüssige Niete sind zu vermeiden.

Der Nietdurchmesser richtet sich nach der Stärke der Einzelteile sowie der Gesamtstärke. Um die Zahl der Niete einzuschränken, sind größere Nietstärken zu bevorzugen. Es können dann für den Zusammenbau auch stärkere Bolzen benutzt werden, außerdem ergibt sich eine festere Nietverbindung.

Genietete Stützenquerschnitte, Diagonal-, Gurtquerschnitte u. ä. sind möglichst mit nach außen stehenden Flanschen anzuordnen, damit die Niete in den Vergitterungen und Bindeblechen maschinell und nicht mit dem Preßlufthammer geschlagen werden können.

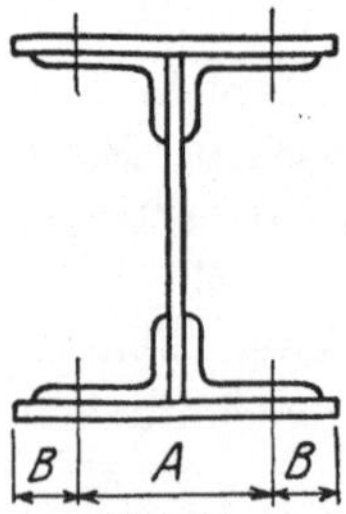

Abb. 311. Anordnung der Flanschniete.

In den Lamellen von Blechträgern und I-förmigen Stützen sind nur zwei Nietreihen anzuordnen, wenn die nachstehend angegebenen Maße für „A“ und „B“ nicht überschritten werden (Abb. 311).

A: nicht größer als das 32fache der kleinsten Lamellenstärke.

B: nicht größer als das 8fache der kleinsten Lamellenstärke.

Bei aus zwei ∠-Eisen gebildeten Querschnitten braucht die Nietteilung in Druckstäben nicht kleiner als 2'6'' und in Zugstäben nicht kleiner als 3' angenommen zu werden.

Die zur Erzielung ausreichender Seitensteifigkeit oft mit Kranträgern vernieteten horizontalen [-Eisen erhalten bis zu einem Abstand von 2′ von den Enden eine Nietteilung von 3″ und an den Enden eine solche von 1′ bis 1′6″.

Versenkniete sind teuer und daher nach Möglichkeit zu vermeiden.

Alle Niete sind so anzuordnen, daß sie erst nach dem Zusammenlegen der Konstruktion geschlagen zu werden brauchen.

Niete in Belagblechen sind in Abständen von 8 bis 12″ vorzusehen.

Die längs der Deckenträger angenieteten Stützwinkel für den Beton oder das sonstige Deckenmaterial erhalten eine Nietteilung von 12″.

Da die Baustellenniete erheblich teurer als die Werkstattniete sind, ist bei ihrer Anordnung größte Sparsamkeit geboten; dabei ist ferner noch zu berücksichtigen, daß die Baustellenniete nur mit dem Preßlufthammer geschlagen werden können. Bei der Anordnung der Baustellenstöße ist Rücksicht auf ein günstiges Ladegewicht, auf handliche Stücke, auf das Ladeprofil, auf die Baustellenausrüstung und den Bauvorgang zu nehmen.

Sind Träger oder dergleichen zwischen bereits aufgestellten Bauteilen, z. B. Stützen, einzubauen, so müssen, um ein leichtes Einbauen zu ermöglichen, die Niete in der Umgebung des Anschlusses in der Stütze versenkt sein oder erst später geschlagen werden.

Futterstücke an Montageanschlüssen sind im allgemeinen so breit anzuordnen, daß sie mit einer Nietreihe in der Werkstatt angenietet werden können, damit sie beim Transport nicht verloren gehen.

Ist auf der Baustelle eine längere Nietreihe durch zwei oder mehrere Materialstärken zu schlagen, so sind ab und zu Versenkniete vorzusehen, um eine festere Nietung zu erzielen.

Die Nietköpfe auf der Unterseite der Stützenfußplatten brauchen nicht versenkt zu werden, wenn unterhalb der Platte eine Zementfuge vorgesehen ist.

Schrauben. Bei Industriebauten können die Pfetten, Pfettenwinkel, Treppen, Geländer usw. geschraubt werden, ebenso Verbände, falls sie nicht Erschütterungen durch Krane oder Maschinen ausgesetzt sind.

Bei Hochbauten können, soweit es die in Frage kommenden behördlichen Bauvorschriften zulassen, Gesimsträger, Oberlichtkonstruktionen, Treppenanschlüsse und ähnliche Teile geschraubt werden.

Bei Brücken können Schrauben zur Befestigung der Auflagerteile, für Fußwegkonstruktionen, mit Ausnahme der Konsolen, und für Geländer benutzt werden.

Gedrehte Bolzen werden an Stelle von Nieten an solchen Stellen verwendet, wo Scherbeanspruchung eintritt, aber Niete nicht geschlagen werden können. Die gedrehten Bolzen erhalten einen Schaftdurchmesser der $^1/_{32}$″ und einen Gewindedurchmesser der $^1/_{16}$″ kleiner als der Lochdurchmesser ist, z. B. Lochdurchmesser $^{15}/_{16}''$, Schaftdurchmesser $^{29}/_{32}''$, Gewindedurchmesser $^{7}/_{8}''$.

Bohren. Müssen die Löcher nach den Vorschriften gebohrt werden, z. B. bei legiertem oder hochwertigem Kohlenstoffstahl, so sind möglichst wenig verschiedene Materialstärken vorzusehen. Während bei normalem, gestanztem Material Stärken von $^{1}/_{2}$, $^{5}/_{8}$ und $^{3}/_{4}''$ üblich waren, wird man sich hier auf Stärken von 1 oder $1^{1}/_{8}''$ beschränken. Dürfen nach den Vorschriften Stärken bis $^{3}/_{4}''$ gelocht werden, so soll man diese nach Möglichkeit verwenden, um das Bohren der Löcher zu vermeiden.

Aussteifungswinkel. Bei genieteten Längsträgern und leichten Blechträgern kann man, um an Werkstattkosten zu sparen, darauf verzichten, auf der Innenseite Aussteifungswinkel anzuordnen. Es sind dabei nur die Stege genügend stark auszubilden. Das durch die stärkere Stegausbildung hervorgerufene Mehrgewicht wird durch den Fortfall der inneren Aussteifungswinkel wieder ausgeglichen.

Die Versteifungswinkel, die lediglich zur Aussteifung von Blechträgern dienen und sonst keine Kräfte übertragen sollen, so wie bei Trägern, die einbetoniert werden, brauchen nicht eingepaßt zu werden, sondern sind an jedem Ende mit $^{1}/_{2}''$ Spiel zwischen den Gurtwinkeln anzuordnen. Es bedeutet dieses eine erhebliche Kostenersparnis, da das Bearbeiten der beiden Enden fortfällt. Einseitig eingepaßte Aussteifungswinkel sind überhaupt zu vermeiden.

Bei eingepaßten Winkeln ist damit zu rechnen, daß die abstehenden Schenkel allein die Kräfte aufnehmen müssen, da die anderen abgerundeten Schenkel doch nicht genau anliegen werden.

Aussteifungswinkel, an welche Querverbände angeschlossen sind, dürfen nicht gekröpft werden, sie sind zu unterfuttern.

Diese abstehenden Schenkel sollen im allgemeinen nicht schmaler als 5″, auf keinen Fall kleiner als 4″ sein.

Um die Querverbände ohne Spreizen der Hauptträger einbauen zu können, sind unter Umständen einige Löcher in den Versteifungswinkeln zunächst offen zu lassen.

Horizontale Aussteifungswinkel, die gelegentlich zur Stegversteifung von Stützen in Fabrikhallen verwendet werden, sind zu vermeiden. In solchen Fällen ist es besser, stärkere Stege anzuordnen. Auf keinen Fall sind aber solche horizontalen Versteifungswinkel einzupassen.

Anschlußwinkel und Aussteifungswinkel zur Übertragung konzentrierter Lasten zwischen den Flanschen von I-Eisen sind möglichst nicht einzupassen, da die Trägerhöhen niemals genau ausfallen und somit das Einpassen viel Zeit und Kosten erfordert. Außerdem ist die Übertragung durch die Aussteifungswinkel nicht immer einwandfrei. Besser ist es darum, stärkere Stege zu verwenden oder mehrere Träger zur Lastübertragung heranzuziehen oder Steglamellen anzuordnen.

Vergitterung. Zwecks Vereinfachung der Bearbeitung und des Anstrichs ist es besser, anstatt einer engen Vergitterung ein volles Blech zu verwenden. Eine Gewichtserhöhung wird dadurch nicht eintreten, vielmehr tritt, da dieses Blech nunmehr zum Querschnitt gerechnet werden kann, unter Umständen noch eine Querschnittsverminderung ein.

Bei Zugstäben sind an Stelle einer Vergitterung Bindebleche anzuordnen, nur in der lotrechten Ebene sind Vergitterungen zu wählen, um ein Durchhängen des Stabes zu vermeiden.

Jeder Vergitterungsstab ist im allgemeinen auf das Ende des nächsten Vergitterungsstabes aufzunieten. Werden die Enden jedes Stabes getrennt aufgenietet, so ist die doppelte Nietzahl erforderlich, außerdem ist die Tragfähigkeit einer solchen Vergitterung geringer als im ersten Fall.

Bei schmalen, zweiteiligen Stützen, Pfosten oder Diagonalen mit nach innen liegenden Flanschen ist mit Rücksicht auf die Möglichkeit des Gegenhaltens beim Aufnieten der Vergitterung keine doppelte, sondern nur eine einfache Vergitterung auf beiden Seiten vorzusehen.

Blechträgerbrücken. Bei Blechträgerbrücken mit oben liegender Fahrbahn, deren Querschnittsausbildung nur Unterschiede in den Gurtungen oder Stegstärken aufweist, sind die offenen Löcher für die Querverbände so anzuordnen, daß diese sämtlich gleich ausgeführt werden können. Dasselbe gilt für die Querträgeranschlüsse bei Brücken mit unten liegender Fahrbahn.

Schräganschlüsse. Bei Schräganschlüssen mit nur geringer Abweichung von einem rechten Winkel, bis zu einer Schräge von $1/2''$ auf $12''$, sind die Löcher im Trägersteg wie in den Anschlußwinkeln rechtwinklig anzuordnen und die Neigung beim Zusammenbau hineinzubringen, wie es oft bei geneigten Fahrbahnkonstruktionen oder geneigten Dachkonstruktionen vorkommt.

Stützenfüße usw. An den Säulenfüßen werden oft Fußbleche, Querstege und Aussteifungswinkel vorgesehen, um eine gute Kraftübertragung auf das Fundament zu ermöglichen, besser und einfacher ist jedoch die Anordnung eines Gußstückes oder einer starken Auflagerplatte. Hierbei sitzen die gefrästen Säulenenden unmittelbar ohne Verwendung von Fußblechen und Aussteifungswinkeln, nur durch zwei oder vier Winkel angeschlossen auf der Fußplatte. Bei Verwendung von Gußstücken ist für geringe Lasten Gußeisen, sonst Stahlguß vorzusehen.

Gelenkbolzenauflager sind so einfach wie möglich auszubilden. Es ist in jedem Fall zu prüfen, ob die Ausführung in Flußeisen oder Stahlguß wirtschaftlicher ist.

Die Unterteile beweglicher Lager sind vorzugsweise aus Stahlguß herzustellen, Schienenroste zu verwenden wäre weniger wirtschaftlich.

Bei in der Steigung liegenden Brücken ist der Höhenunterschied zwischen den beiden Brückenenden in die Auflagerunterteile und nicht in die an den Hauptträgern befestigten Oberteile zu legen.

Bei mehreren hintereinanderliegenden Brücken sind die auf einem Pfeiler liegenden Lager zweier benachbarten Überbauten beim Ersatz alter Überbauten mit getrennten Grundplatten anzuordnen.

Schneiden der Bleche und Profile. Bleche mit Schrägschnitten sind so anzuordnen, daß sich möglichst wenig Schnitte und Abfälle ergeben.

Die Enden von Verbandstäben, Diagonalen usw. sind möglichst rechtwinklig vorzusehen, damit die angelieferten Stäbe verwendet werden können, ohne erst zur Schere zu müssen. Die Enden der [-Eisen und Bleche von Fachwerkdiagonalen sind nur abzuschrägen, falls sie sichtbar sind.

Kröpfungen. Lange Gurtwinkel sollten mit Rücksicht auf die Schwierigkeit der Herstellung der Kröpfung niemals gekröpft werden.

Biegen. Die Abrundung der Blechträgerenden ist nur, wenn es unbedingt erforderlich ist, vorzunehmen, da diese Abrundung erhebliche Kosten verursacht. Bei Anordnung einer Abrundung der Trägerenden darf der Rundungshalbmesser nicht kleiner als 2′6″ gewählt werden, auch sind hierbei die in der Werkstatt vorhandenen Biegevorrichtungen zu berücksichtigen. Steglamellen nach Abb. 7 (S. 58) läßt man bei abgerundeten Trägerenden vor der Rundung aufhören, um ein Biegen dieser Teile zu ersparen.

Die gebogenen Gurtwinkel sind kurz vor Anfang der Abrundung zu stoßen, damit in der Werkstatt nicht zu lange ∠-Eisen gebogen werden müssen, welche nur die Durchgänge versperren und die Arbeit an den benachbarten Maschinen behindern würden.

Man sollte es unbedingt vermeiden, Bleche hochkant zu biegen, da es sehr schwierig und oft unmöglich ist. Bleche mit runden Kanten sind aus einer genügend großen Tafel herauszuschneiden. I- und [-Eisen in Höhen von mehr als 12″ können nicht mehr hochkant gebogen werden, in solchem Falle sind gekrümmte Blechträger, deren Stege aus einem größeren Blech geschnitten werden, zu verwenden.

Ausklinkungen. Ausklinkungen sind nur an solchen Stellen vorzusehen, wo sie unbedingt erforderlich sind. Oft wird man sie durch kleine Abänderungen in der Höhenlage der Träger usw. vermeiden können.

Fräsen, Hobeln usw. Die Enden von Walzträgern brauchen, wenn sie keine Längskräfte übertragen müssen, wie bei Fahrbahnlängsträgern von Brücken, nicht an den Enden gefräst zu werden. In der Werkstatt werden dann die Anschlußwinkel angenietet, die vorgeschriebene Länge ist dabei mit einer Genauigkeit von $\pm\, {}^1/_{32}{}''$ einzuhalten.

Bei Stützen mit Verankerungen sind am Fuß lotrechte ∠-Eisen zum Anschluß der Verankerung anzuordnen, die zusammen mit der Stütze gefräst werden. Dabei dürfen keine wagrechten Fußwinkel vorgesehen werden, da dann die lotrechten Winkel eingepaßt werden müßten.

Kopf- und Fußplatten von Stützen bis einschließlich $1^1/_2''$ Stärke müssen gerichtet, größere Stärken gehobelt werden, wenn bearbeitete Flächen vorgeschrieben sind. Unter Umständen können, wenn die in der Werkstatt vorhandenen Richtpressen dafür ausreichen, Platten bis zu $3^1/_2''$ Stärke gerichtet werden.

An Gußstücken sind möglichst wenige Flächen zu bearbeiten. Die auf dem Fundament liegenden Unterflächen der Gußteile werden nicht bearbeitet, nur wenn das Gußstück große Unebenheiten aufweisen sollte, kann die Unterfläche auf der Hobelmaschine geschruppt werden. In der Regel werden nur die Berührungsflächen mit anderen Gußteilen oder der Eisenkonstruktion bearbeitet. Nebensächliche Gußteile bleiben vollständig unbearbeitet.

Wellen sind nur an den innerhalb der Lager befindlichen Teilen und an den Stellen, wo andere Maschinenteile wie Zahnräder usw. sitzen, zu bearbeiten.

Träger und Konstruktionsteile, die zur Auflagerung von Maschinenteilen dienen, sind evtl. an den Auflagerflächen zu bearbeiten. Die Höhenlage dieser Flächen ist auf der Zeichnung anzugeben.

Fenster, Türen, Rinnen usw. Die für die Anschlüsse der Fenster, Türen, Rinnen, Oberlichtkonstruktionen, Abschlußbleche, Gesimsanker usw. in der Eisenkonstruktion vorzusehenden Löcher sollen nach Möglichkeit dieselben Durchmesser erhalten wie sie sonst in diesen Teilen vorhanden sind.

Geländer. Bei Gasrohrgeländern sind die Rohre für die Pfosten mit Gewinde für die Rohrverbindungsstücke zu versehen, in welchen die Geländerholme mit Bolzen befestigt werden. Die Holme werden in beliebiger Länge bestellt und zwischen den Pfosten durch Muffen verbunden.

Winkeleisengeländer sind billiger als Gasrohrgeländer und für viele Zwecke vollkommen ausreichend.

Schiefe Brücken. Beim Entwurf schiefer Brücken sind die Endportale, Endlängsträger usw. nach Möglichkeit gerade anzuordnen.

Oft ist der Kreuzungswinkel mehrerer gleichartiger Brücken nur wenig verschieden, so daß es zweckmäßig ist, einen mittleren Kreuzungswinkel anzunehmen, um möglichst viele Teile gleich ausführen zu können, so wird z. B. bei drei verschiedenen Winkeln von $26^0 10'$, $26^0 18'$ und $26^0 4'$ ein mittlerer von $26^0 11'$ gewählt.

Versandlängen. Stützen, Gurtstäbe, Diagonalen und Verbände sind nach Möglichkeit in Längen unter 40 bis 50′ zu verschicken, da dieses die größten Wagenlängen sind. Bei größeren Längen muß die Ladung ein- oder zweiseitig überhängen. Falls auch dieses nicht mehr zulässig ist, muß die Ladung mit Hilfe zweier Eisenbahnwagen unter Benutzung von Drehschemeln transportiert werden, was aber kostspielig ist und deshalb möglichst vermieden werden sollte (siehe auch Abschnitt XXXI).

Montage. Da der Montageingenieur nicht von vornherein alle Umstände berücksichtigen kann, welche für die Reihenfolge der Aufstellung einer Konstruktion maßgebend sind, ist es empfehlenswert, die Konstruktion so anzuordnen, daß die Montage auf mehrerlei Weise möglich ist. Beispielsweise kann die Fahrbahnkonstruktion einer Fachwerkbrücke vor oder nach Aufstellung der Hauptträger montiert werden. Die Anschlüsse der Fahrbahn, die Futter der Pfosten und des Untergurtes sind für beide Aufstellungsweisen einzurichten.

Die Einzelheiten sind so anzuordnen, daß alle Teile ohne Zwang in die bereits aufgestellten Stücke eingebaut werden können, bevor mit dem Abnieten begonnen wird.

Zur Erleichterung der Montage werden für schwerere Walzträger oder Blechträger kleine Auflagerwinkel oder ähnliche Vorrichtungen vorgesehen, um die Träger beim Einbauen absetzen zu können, dabei ist für die Höhenlage mit einem Spielraum von $1/8''$ zu rechnen.

Beim Anschluß an bestehende Konstruktionen und an Wände ist darauf zu achten, daß genügend Platz für das Schlagen der Niete vorhanden ist. Wandunterzüge, die in vorhandene Mauern gelegt werden, sind von der Innenseite des neuen Gebäudes aus einzubauen.

Alle Teile sind nach Möglichkeit so auszubilden, daß sie auch verschwenkt eingebaut werden können, anderenfalls ist das eine Ende genau zu kennzeichnen.

Sind zwei Überbauten auf einem Pfeiler gelagert, so muß die Aufstellung eines Überbaues unabhängig vom anderen möglich sein. Die Endquerverbände müssen von der Mitte der Brücke aus eingebaut werden können.

Fehlerhafter Zusammenbau. Oft wird in der Werkstatt der Fehler begangen, daß beim Zusammenbau in der Werkstatt keine Rücksicht auf den späteren Zusammenbau der Montagestöße auf der Baustelle genommen wird. Werden z. B. die Stoßlaschen eines Obergurtstoßes auf allen vier Querschnittsseiten in der Werkstatt angenietet, so kann der Einbau des anschließenden Obergurtteiles auf der Baustelle erschwert oder unmöglich sein, wenn vorhandene Wände oder benachbarte Träger im Wege stehen.

Ausgleichen. Gelegentlich mag es zweckmäßig sein, Löcher in Baustellenstößen erst auf der Baustelle zu bohren, nachdem die Einzelteile ausgeglichen sind. Solche Löcher sind auf den Montagezeichnungen besonders zu kennzeichnen.

Die in der Eisenkonstruktion zum Anschluß von Maschinenteilen vorzusehenden Löcher sind, wenn genauer Sitz erforderlich ist, beim Zusammenbau auf der Baustelle aufzureiben. Zum Ausgleichen in der Höhenlage sind Futter zu verwenden.

Normalien. Für Augenstäbe, Gelenkbolzen, Bolzenmuttern, Spannschlösser, Gewinde, Überwurfmuttern, Anstauchenden, Auflagerpendel, Führungsrahmen, Stiftschrauben, Hakenschrauben, gedrehte Bolzen sind die in den Eisenbauanstalten üblichen Normalien zu verwenden.

Gelenkbolzen. Um die Herstellung der Augenstäbe sowie die Anordnung der anschließenden Eisenkonstruktionen zu vereinfachen, ist die Zahl der Durchmesser für die verwendeten Gelenkbolzen möglichst einzuschränken, gleichzeitig wird dadurch die Zahl der Bolzenmuttern vermindert. Für eine Brücke dürfte man mit zwei bis vier verschiedenen Bolzen auskommen.

Führungsstücke für Gelenkbolzen. Nach Möglichkeit sind lange Führungsstücke für das Eintreiben der Gelenkbolzen vorzusehen; im Obergurt können sie stets verwendet werden, da die Verbände und Portale der Brücke zuletzt eingebaut werden.

Modelle und Gußteile. Da die Herstellung der Modelle teuer ist, ist in jedem Fall zu überlegen, ob nicht alte Modelle benutzt oder abgeändert werden können. Bei den Abmessungen der Modelle ist Rücksicht auf das Schwinden des Gußstückes beim Erkalten zu nehmen. Da Gußeisen und Stahlguß verschieden stark schwinden, können die für gußeiserne Teile angefertigten Modelle nicht für dieselben Teile in Stahlguß benutzt werden.

Das Material für Gußteile ist je nach den an das Material gestellten Anforderungen zu wählen. Für nebensächliche, wenig belastete Teile und Lagerstühle kann Gußeisen, für Gelenkbolzenlager und auf Biegung beanspruchte Teile Stahlguß, für Lager von Maschinenteilen Bronze verwendet werden.

Bezüglich der Wandstärken, Bearbeitung und Spielräume ist Stahlguß anders zu behandeln als Gußeisen. Um ein Verziehen der Stahlgußteile zu vermeiden, sind die Wandstärken eines Gußstückes gleich auszubilden, ferner ist ein Spielraum zu berücksichtigen. Stahlgußteile müssen ausgeglüht werden, um etwaige innere Spannungen zu beseitigen.

Drehscheibenräder und -Achsen und ähnliche Teile sind in einem Stück zu gießen. Man erspart dadurch das Ausbohren des Rades, das Abdrehen des Achse und die Herstellung der Keilnute.

Lager. Die Verwendung von Einheitslagern erspart oft die Ausarbeitung besonderer Unterstützungen, da hierfür ebenfalls Normalien benutzt werden können.

Bei allen Lagern ist zu beachten, daß die sich berührenden Teile aus verschiedenem Werkstoff bestehen müssen, da sich sonst die Berührungsflächen „festfressen". Bei gering belasteten Lagern mit geringer Umlaufsgeschwindigkeit der Wellen kann Gußeisen ohne Verwendung von Lagerschalen vorgesehen werden. Bei größerer Umlaufsgeschwindigkeit müssen aber Lagerschalen aus Lagermetall angeordnet werden. Schwer belastete Lager mit kleiner Umlaufsgeschwindigkeit erhalten zweckmäßig Lagerschalen aus Phosphorbronze.

Zur Befestigung der Lagerschalen im Gußstück sind Leisten anzuordnen, die in entsprechende Nuten des Gußstückes eingreifen und in der Nähe der Trennfuge der zweiteilig ausgebildeten Lagerschale liegen, um ein Herausspringen der Schale zu verhindern.

Lagerschalen aus Phosphorbronze werden mit Messing- oder Stahlbolzen befestigt. Die ersteren verwendet man, wenn der Bolzen das Gußstück ganz durchbohrt. Die zweiteiligen Lagerschalen sind zunächst als Hohlzylinder zu gießen, damit sie ausgedreht werden können und daraufhin in der Mitte durchzuschneiden. In der Trennfuge sind Messingfutter anzuordnen. Zuweilen wird bei zweiteiligen Lagerschalen die eine in Lagermetall und die andere in Bronze ausgeführt, doch ist es zwecks Vereinfachung der Bearbeitung besser, beide in Bronze vorzusehen. Nur bei einer größeren in Betracht kommenden Anzahl von Lagern ist ein Kostenvergleich zwischen diesen beiden Anordnungen anzustellen.

Werden Lagerober- und Lagerunterteile zweiteiliger Lager (Deckellager) mit Schrauben zusammengehalten, deren Köpfe in einer Aussparung liegen, so daß sie nach dem Zusammenbau des Lagers unsichtbar und unzugänglich sind, so dürfen sich die Bolzen bei etwaigem Festziehen der Mutter nicht mehr drehen, was durch knappe Ausführung der Aussparung für den Kopf erreicht wird.

Schmierung. Auf gute Schmierung aller aufeinander gleitenden Flächen ist besonderer Wert zu legen, zu welchem Zwecke ausreichende Schmiernuten, Fettbuchsen u. dgl. vorzusehen sind.

Auflagerrollen. Die Pendel der beweglichen Brückenauflager sind vorzugsweise aus Schmiedestahl herzustellen. Doch ist in jedem Fall ein Kostenvergleich mit Stahlgußpendeln aufzustellen. Für die Einzelteile dieser beweglichen Auflager sind Normalien zu verwenden.

Zugänglichkeit. Alle maschinellen Teile müssen so angeordnet sein, daß sie leicht zugänglich sind und einzeln bei Ausbesserungen ausgebaut werden können, ohne daß es notwendig ist, die ganze Anlage auseinanderzunehmen.

Verzahnungen. Alle wichtigeren Verzahnungen bei beweglichen Brücken müssen geschnittene Zähne haben, da sie genauer und besser als gegossene Zähne sind (siehe auch Abschnitt XII). Nur für nebensächliche Verzahnungen sind gegossene Zähne zuzulassen.

XXXIII. Zeichnungs- und Werkstattfehler.

Zeichnungs- und Werkstattfehler werden sich niemals ganz vermeiden lassen, doch dürfte es bei einiger Aufmerksamkeit des Zeichensaals sowie der Werkstatt gelingen, die Zahl der Fehler auf ein Mindestmaß zu beschränken. Um einer Wiederholung begangener Fehler vorzubeugen, wird man von Zeit zu Zeit die aufgefundenen Fehler den beteiligten Leuten mitteilen.

Schwerwiegend sind oft solche Fehler, welche nicht gefunden werden und in der Anordnung zu schwacher Profile, Ausbildung ungenügender Anschlüsse oder in dem Mangel einer ausreichenden Versteifung der Konstruktion bestehen. Es ist alle Sorgfalt darauf zu verwenden, daß solche Fehler vermieden werden, da sie eine dauernde Gefahr für den Bestand des Bauwerks darstellen.

Die Beseitigung der sich etwa beim Zusammenbau in der Werkstatt herausstellenden Fehler verursacht unnötige Mehrkosten, die noch beträchtlicher sind, falls solche Fehler erst auf der Baustelle aufgedeckt werden. Schließlich ist auch das verspätete Fertigstellen der Bauteile in der Werkstatt sowie eine Verzögerung der Montage als Fehler zu betrachten.

Vermeidung von Fehlern. Die zur Auffindung und Vermeidung von Fehlern im Zeichensaal und in der Werkstatt verwendete Mehrarbeit erhöht zwar die Herstellungskosten, macht sich aber dadurch bezahlt, daß sorgfältig durchgearbeitete Zeichnungen die Werkstattarbeit erleichtern und Zeitersparnis bedeuten und daß die sonst zur Ausmerzung von Fehlern in der Werkstatt oder auf der Baustelle entstehenden Kosten vermieden werden.

Nachstehend sind einige Richtlinien angegeben, deren Beachtung manche Fehler vermeiden läßt.

1. Die Materialaufstellungen und Walzwerkbestellungen sind mindestens einmal, bei umfangreichen Bestellungen zweimal nachzuprüfen.

2. Die Werkstattzeichnungen sind von erfahrenen Konstrukteuren durchzusehen. Zeichnungen für umfangreiche Aufträge und Zeichnungen, die mehrmalige Abänderungen erfahren haben, sind außerdem auf ein genaues Zusammenstimmen der einzelnen Bauteile nachzuprüfen. Zeichnungen von Augenstäben und solche, welche eine große Anzahl gleicher Teile enthalten, sind dreimal von verschiedenen Konstrukteuren durchzusehen.

3. Stück- und Versandlisten sind nachzuprüfen.

4. Die Schablonen sind einer Durchsicht zu unterziehen.

5. Vor dem Versand sind die fertiggestellten Teile daraufhin nachzusehen, ob alle Anschlüsse für die Baustelle, die Längen der Stücke usw. genau mit den Zeichnungen übereinstimmen.

Übersichtlichkeit der Zeichnungen. Eine große Zahl von Fehlern hat ihre Ursache in der Unübersichtlichkeit der Zeichnungen. Die einzelnen Teile sind oft auf einer Zeichnung von verschiedenen Seiten gesehen dargestellt, die beigefügten Bemerkungen unklar. Häufig wird der Fehler begangen, zuviel auf einem Blatt darzustellen und Abweichungen durch Bemerkungen anzudeuten. Unvollständig dargestellte Ansichten und Schnitte führen oft zu Mißverständnissen, Querschnitte werden versehentlich als Endansichten gedeutet. Viele Fehler werden durch mangelhafte Einzelheiten und unklare Bemerkungen verursacht. Jeder Konstrukteur muß deshalb bestrebt sein, klare und übersichtliche Zeichnungen zu liefern, die nicht mißverstanden werden können. Es ist besser, zu wenig auf einem Blatt darzustellen, als die Zeichnung durch Zusammendrängen vieler Teile unübersichtlich zu machen.

Die nachstehend beschriebenen Fehler sind während einer mehr als zwanzigjährigen Praxis gesammelt und sollen dem Konstrukteur helfen, ähnliche Fehler zu vermeiden. Die Zusammenstellung ist nach Brückenbauten und Hochbaukonstruktionen getrennt worden.

Brückenbauten.

Verwendung alter Zeichnungen. Da die auf der Baustelle aufgedeckten und berichtigten Fehler oft nicht dem Zeichensaal mitgeteilt werden, ist bei Wiederholung eines Auftrages, der nach alten Zeichnungen ausgeführt werden soll, zunächst nachzuforschen, ob etwa solche Fehler festgestellt worden sind.

Spielräume. Konstrukteure ohne Werkstatt- und Baustellenpraxis werden meistens nicht genügend Rücksicht auf die für das Schlagen der Niete sowie die für das Einbauen und Aufstellen der Teile notwendigen Spielräume nehmen. Einige Beispiele mögen zur Erläuterung dienen.

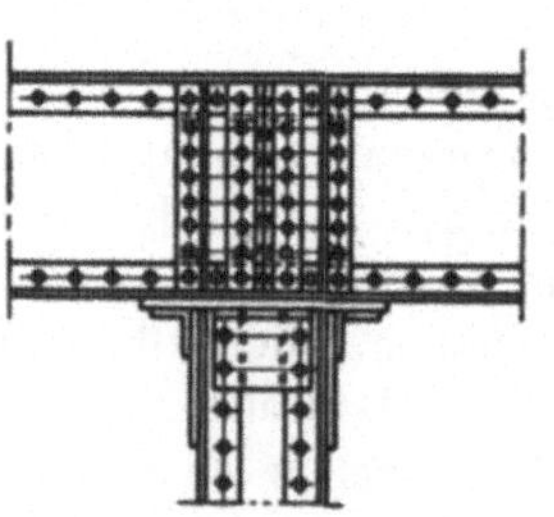

Abb. 312. Endausbildung zweier über einer Stütze zusammenstoßenden Blechträger.

Die auf Stützen aufgelagerten einzelnen Blechträgerüberbauten einer Talbrücke sind an den zusammenstoßenden Enden mit ihren Endaussteifungswinkeln verbunden, während die nächsten Versteifungswinkel in der Nähe noch über der Stütze angeordnet sind (s. Abb. 312). Die zum Schlagen der beide Überbauten verbindenden Niete in den Endwinkeln mit dem Preßlufthammer benötigten 2′ sind hierbei nicht vorhanden. An Stelle der Niete müssen daher Schrauben verwendet werden, oder aber die Enden so ausgebildet werden, daß beide Träger unabhängig voneinander aufgelagert werden können.

Bei dem in Abb. 313 dargestellten Fachwerkknotenpunkt ist auf der Oberseite des Gurtes ein Windverbandknotenblech angeschlossen. Um die Niete im angeschlossenen Bleche schlagen zu können, müssen die abstehenden Schenkel der Wandglieder, wie skizziert, abgeschrägt werden.

Die in Abb. 314 gezeigte Anordnung des Endquerträgeranschlusses an den Hauptträger verhindert die Zugänglichkeit der Ankerlöcher, was durch andere Anordnung der Ankerlöcher unbedingt anzustreben ist.

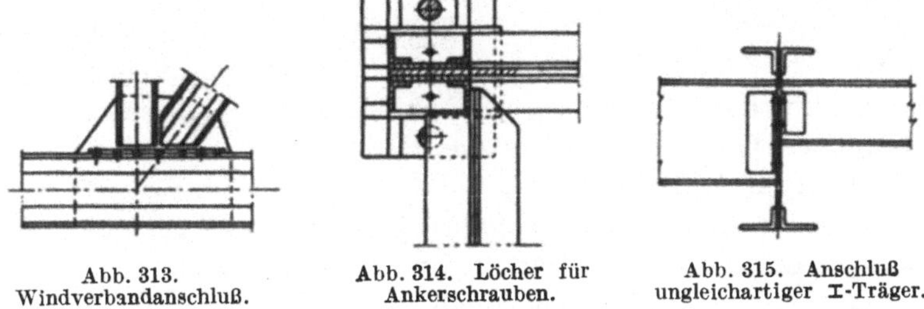

Abb. 313. Windverbandanschluß. Abb. 314. Löcher für Ankerschrauben. Abb. 315. Anschluß ungleichartiger I-Träger.

Bei Gelenkbolzenbrücken werden häufig die Querträger in den Anschlüssen an die Hauptträger nicht genügend ausgeschnitten, so daß ein Anziehen und Ersetzen der Muttern auf den Gelenkbolzen nicht möglich ist.

In dem in Abb. 315 vorgeführten Anschluß zweier verschieden hoher Walzträger an einem Blechträger verdeckt der untere Schenkel des niedrigeren Profils einige Anschlußnietlöcher im Blechträger.

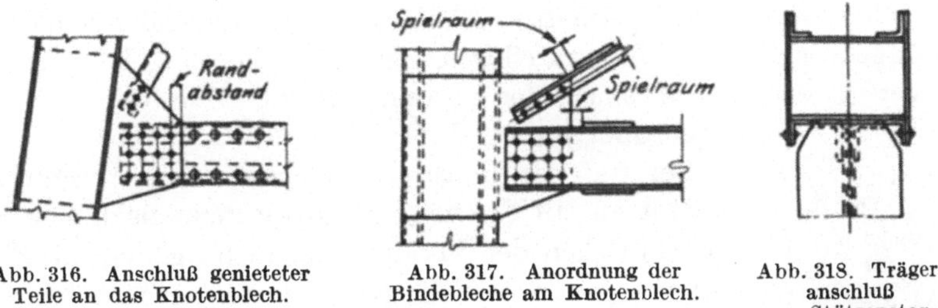

Abb. 316. Anschluß genieteter Teile an das Knotenblech. Abb. 317. Anordnung der Bindebleche am Knotenblech. Abb. 318. Trägeranschluß am Stützensteg.

Beim Anschluß genieteter Querschnitte an die Knotenbleche ist der Randabstand der Niete im Knotenblech, wie in Abb. 316 angegeben, einzutragen, um den Abstand vom nächsten Niet des angeschlossenen Teiles richtig anzuordnen.

Auch sind beim Anschluß von mehrteiligen Querschnitten an die Knotenbleche die Bindebleche vor dem Knotenblech mit genügendem Spielraum vorzusehen (s. Abb. 317).

Wird ein Träger an den in Abb. 318 dargestellten Pfosten- oder Stützenquerschnitt in der angegebenen Weise angeschlossen, so ist darauf zu achten, daß die Nietköpfe des Pfostens nicht mit den Trägergurtungen zusammenstoßen.

Bei Fachwerkträgern mit dreiwandigem Gurtquerschnitt sind die Bindebleche der Stäbe vor den Knotenpunkten mit ausreichenden Spielräumen anzuordnen, wie in Abb. 319 angedeutet worden ist. Dasselbe gilt für Schräganschlüsse von schiefen Gerüstpfeilern, wie Abb. 320 zeigt.

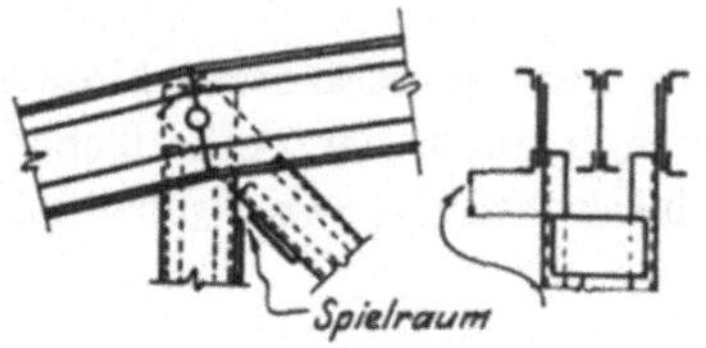

Abb. 319. Dreiwandiger Gurtquerschnitt.

Streichmaße in den Aussteifungswinkeln. Die falsche Anordnung des Streichmaßes der Aussteifungswinkel einer Blechträgerbrücke mit obenliegender Fahrbahn machte die Herstellung neuer Knotenbleche für die Querverbände notwendig.

Bei einer 30′ langen Eisenbahnbrücke, die je vier genietete Träger unter jeder Schiene aufwies, war das Streichmaß in den Anschlußwinkeln der Querverbindungen um 1″ zu klein ausgeführt, wodurch der Mittenabstand je zweier Träger um 2″ kleiner wurde, als vorgesehen war. Da dieser Fehler erst nach dem vollständigen Zusammenbau der Brücke bemerkt worden war, mußten sämtliche Querverbindungen wieder entfernt und neue Querbleche hergestellt werden.

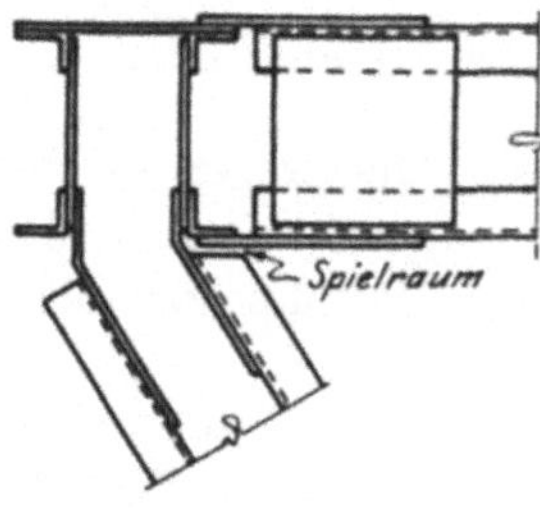

Abb. 320.
Schräger Stützenanschluß.

Nietanordnung und Vernieten. Ein häufig vorkommender Fehler bei Montageanschlüssen mit zweireihiger, versetzter Nietung ist der, daß die versetzten Niete in einem der zusammenzubauenden Teile verkehrt angeordnet sind.

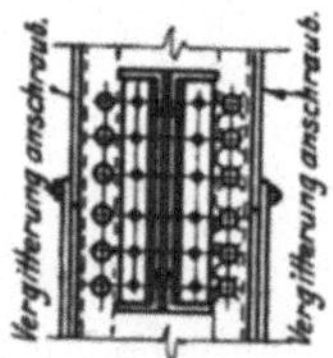

Abb. 321. Anschluß an eine vergitterte Stütze.

Bei auf der Baustelle anzunietenden Anschlüssen an Stützen mit Flacheisenvergitterungen nach Abb. 321 wird zwischen der Vergitterung nicht genügend Platz vorhanden sein, um die Niete einstecken und schlagen zu können. Deswegen muß die Vergitterung für den Versand zunächst angeschraubt und beim Vernieten des Anschlusses wieder entfernt werden. Wie in der Abbildung angegeben ist, muß außerdem die rechte Nietreihe der Stütze an der Anschlußstelle mit Versenkköpfen angeordnet werden, damit der Träger eingebracht werden kann.

Sind für ein Bauwerk die Baustellenniete in mehreren Stärken vorgesehen, so wird es gelegentlich vorkommen, daß die Nietlöcher eines Anschlusses in den zusammengehörigen Teilen irrtümlicherweise verschiedene Durchmesser erhalten. In diesem Falle sind die kleineren Löcher aufzureiben.

Bei schiefwinkligen Anschlüssen (s. Abb. 322) wird sehr oft nicht darauf geachtet, daß genügend Platz vorhanden ist, um die Niete einstecken zu können.

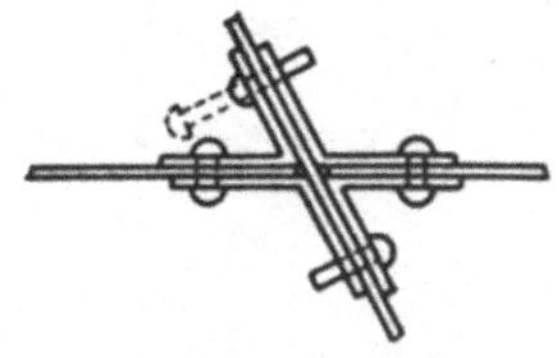

Abb. 322. Schiefwinklige Anschlüsse.

Schrauben. Die für das Verschrauben von Gußstücken mit der Eisenkonstruktion oder mit anderen Gußteilen vorgesehenen Schrauben müssen lang genug sein, um auch bei stärker angelieferten Gußstücken auszureichen. Dabei müssen andererseits die Gewinde lang genug geschnitten sein, damit die Muttern auch bei schwächer ausgefallenen Gußteilen genügend fest angezogen werden können.

Bei Verwendung von Schrauben mit versenkten Köpfen ist darauf zu achten, daß die Versenklöcher und Versenkköpfe zusammenpassen.

Neigung. Bei Schrägstäben wird oft die Neigung verkehrt angegeben, beträgt diese z. B. 10 : 12, so wird vielleicht irrtümlicherweise 12 : 10 in der Zeichnung angegeben.

Bei Anordnung keilförmiger Auflagerplatten mit einer 3 vH übersteigenden Neigung ist durch eine Skizze anzugeben, zu welcher Kante die Löcher rechtwinklig stehen müssen, da sich bei anderer Anordnung schlecht passende Löcher ergeben würden (Abb. 323).

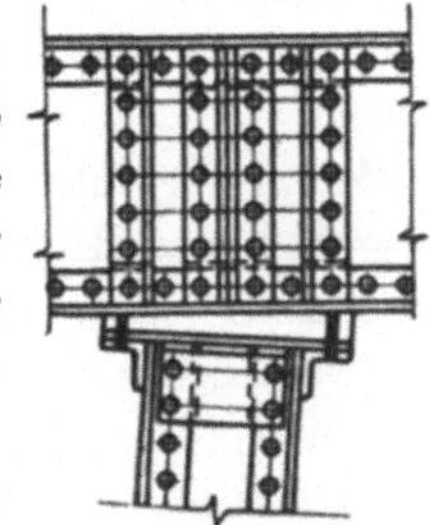

Abb. 323. Keilförmige Auflagerplatte.

Ungerade Felderzahl. Bei Brücken mit ungerader Felderzahl ist bei dem Verband im Mittelfelde besonders sorgfältig zu verfahren. Sind für den Verband zwei Nietreihen vorgesehen oder Beiwinkel angeordnet, so ist es augenscheinlich, daß die Anschlüsse im Mittelfeld nicht symmetrisch zur Brückenmitte sein können.

Ausgleichen. Bei langen Reihen miteinander verbundener I-Träger oder Blechträger sind die einzelnen Träger von vornherein etwas kürzer herzustellen und, falls notwendig, Ausgleichfutter zu verwenden, um die Schwierigkeit des Einbauens zu lang ausgefallener Träger zu vermeiden.

Signierungen. Teile die „rechts“ und „links“ sein müssen, aber unrichtig bezeichnet worden sind, verursachen Mehrkosten und Zeitverlust in der Werkstatt.

Walz- und Blechträger mit symmetrischen Endabschlüssen werden zuweilen verkehrt eingebaut, indem die obere Seite mit der unteren oder die Enden miteinander vertauscht werden. Falls daher nicht die Träger mit allen Einzelheiten und Anschlüssen symmetrisch angeordnet sind, ist die Oberseite bzw. die Richtung der Enden, ob nördlich, westlich usw. auf den Trägern anzugeben.

Die Stäbe von Verbänden werden leicht verkehrt eingebaut, wenn die beiderseitigen Anschlüsse gleichartig ausgebildet worden sind, obwohl die Stäbe sonst nicht symmetrisch sind. Es sind deswegen die Enden genau zu bezeichnen oder aber die beiden Enden verschiedenartig auszubilden.

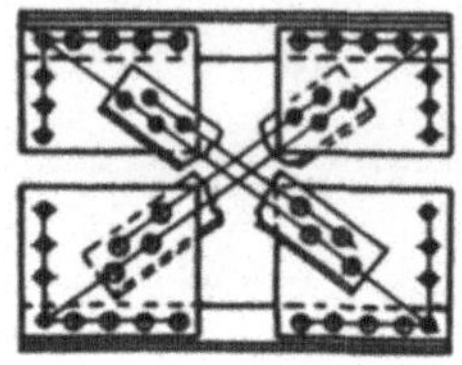

Abb. 324. Kreuzverband.

Die Eckknotenbleche des in Abb. 324 dargestellten Kreuzverbandes mit zweireihigen Diagonalanschlüssen erhalten gelegentlich gleiche Positionsbezeichnungen. Doch ist dieses falsch, da sich die oberen Bleche infolge des zweireihigen Diagonalanschlusses von den unteren unterscheiden, wie aus der Abbildung ersichtlich ist.

Versand. Oft werden Bauteile in zu großen Höhenabmessungen zusammengebaut, so daß sie beim Verladen das Lichtraumprofil überschreiten. Um sicher zu gehen, sollte man stets die Oberkante des aufgeladenen Stückes unter 15′6″ über Schienenoberkante anordnen.

Montage. Kleinere Eisenbahnbrücken werden in der Regel von den Eisenbahngesellschaften selbst eingebaut, wobei kleinere Fehler ohne besondere Umstände beseitigt werden. Bei den Montagen größerer Bauwerke, die in der Regel besonderen Montageunternehmungen übertragen werden, sind jedoch alle durch Fehler verursachten Kosten zurückzuerstatten.

Ein häufig vorkommender Fehler besteht darin, daß es infolge der konstruktiven Anordnung notwendig ist, einzelne Bauteile vollkommen vernietet aufzustellen, ehe die Nachbarteile angeschlossen werden können, wodurch eine Behinderung der Baustellenarbeit eintritt und Mehrkosten verursacht werden.

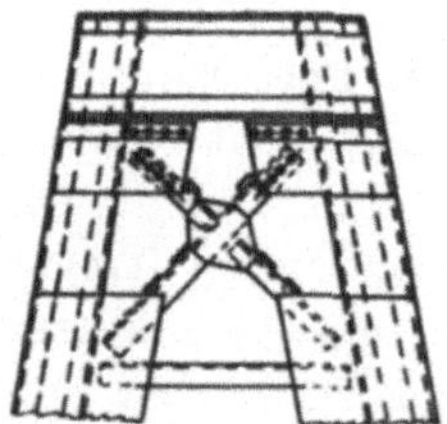

Abb. 325. Querverband eines Turmpfeilers.

Bei dem in Abb. 325 dargestellten Kopf eines Turmpfeilers ist es unmöglich, das obere Kreuz des Verbandes einzubauen, wenn nicht die über dem oberen Strebenanschluß befindlichen Löcher offen gelassen werden.

Der Einbau der Wandglieder und Verbände von Brücken bereitet mancherlei Schwierigkeiten, wenn nicht genügende Spielräume vorgesehen sind.

Buckelbleche sollen oftmals mit der offenen Seite nach unten eingebaut werden. Es ist deshalb notwendig, auf den Zeichnungen durch eine Skizze die Lage der Buckelbleche anzugeben.

Die Hauptträger von Klappbrücken müssen gewöhnlich in hochgeklappter Stellung montiert werden, es ist dann darauf zu achten, daß hierbei die Fahrbahnträger leicht eingebaut werden können.

Hochbauten.

Bauzeichnungen. Die häufigsten Fehler haben ihre Ursache darin, daß die Bauzeichnungen des Architekten nur unvollständig berücksichtigt worden sind, so daß sich z. B. Unstimmigkeiten bei den Stützenfundamenten, Fenster- und Türöffnungen, Wandunterzügen und Anschlüssen an benachbarte Bauwerke zeigen mußten.

Vertragsbedingungen. Die ungenügende Kenntnis der Vertragsbedingungen kann unter Umständen schwerwiegende Fehler verursachen. Beispielsweise waren von einem Werk sämtliche Werkstattzeichnungen eines Gebäudes einschließlich einer Rohrleitung anzufertigen. In einem Nachtrag, der aber übersehen worden war, stand nun, daß die Stühle für die Rohrleitung nicht von der Eisenbauanstalt geliefert werden sollten. Infolge dieses Versehens waren die Lagerstühle aber trotzdem geliefert worden.

Fehlendes Material. Fehlendes Material ist oft bei den Aufträgen zu verzeichnen. Ist das Fehlen einzelner Teile auf der Baustelle festgestellt, und wird das fehlende Material dringend gebraucht, so wird es am Ort zu höherem Preise gekauft und der Eisenbauanstalt in Rechnung gestellt.

Spielräume. Sehr oft werden nur unzureichende Spielräume vorgesehen. Hiervon sollen einige typische Beispiele aufgeführt werden.

Die zwischen zwei Stützen angeordneten und an die Stützenstege angeschlossenen Walz- oder Blechträger werden bei mangelnder Sorgfalt des Konstrukteurs mit den Anschlußwinkeln oder Trägerflanschen gelegentlich den Nietköpfen der Stütze zu nahe kommen. Dasselbe gilt für die Anschlüsse solcher Träger an die Stützenflansche, wenn die Flansche vier Nietrisse aufweisen, von denen zwei für die Trägeranschlüsse benutzt werden sollen.

Änderungen der Zeichnungen oder Materialbestellungen müssen sorgfältig ausgeführt werden, da sie sonst die Ursache weiterer Fehler werden.

Bei dem in Abb. 326 dargestellten Anschluß eines Blechträgers an eine Stütze ist der angedeutete Spielraum zu beachten.

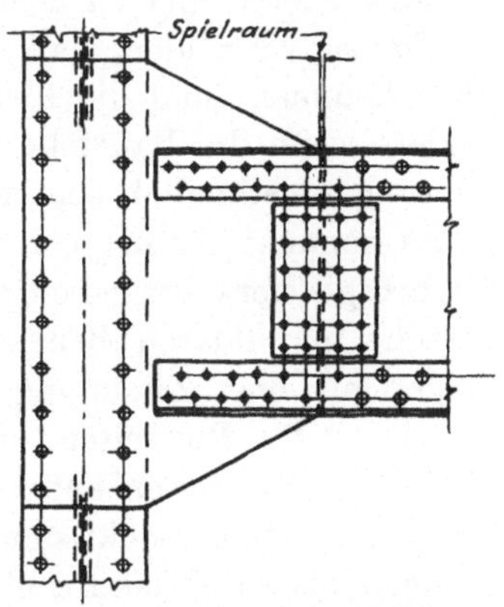

Abb. 326. Spielraumberücksichtigung für die Montage.

Die Flansche von Walzträgern bzw. die wagrechten Gurtschenkel von Blechträgern müssen häufig, da sie in gleicher Höhe mit offenen Löchern der übrigen Teile liegen, abgeschrägt bzw. ausgebrannt werden, damit die Niete eingeführt und geschlagen werden können.

Sollen Winkeleisen auf Gehrung geschnitten werden, so ist ebenfalls ein ausreichender Spielraum vorzusehen und in der Zeichnung anzugeben. Oft wird in der Werkstatt bei solchen Schnitten der verkehrte Winkelschenkel schräg geschnitten.

Nietanordnung und Vernieten. Es kommt sehr leicht vor, daß bei Stützenstößen, Trägeranschlüssen usw. mit mehrreihiger Nietanordnung die Niete in verkehrter Anordnung gestanzt werden. In solchen Fällen ist es auf der Baustelle oft unmöglich, neue Löcher zu bohren, da sich dann Lochabstände von weniger als dem dreifachen Lochdurchmesser ergeben würden.

Nebeneinander angeordnete, durch Querverbindungen verbundene I-Eisen müssen solche Abstände voneinander aufweisen, daß die Niete für die Queraussteifungen geschlagen werden können.

Werden die Stoßlaschen der Stützenstege sowie die Kopfwinkel bereits in der Werkstatt angenietet, so ist es auf der Baustelle nicht mehr möglich, unterhalb dieser Laschen und Winkel an die Stege angeschlossene Träger von oben herab einzuführen.

Auch wird des öfteren vergessen, Versenkniete vorzusehen, damit die zwischen den Stützen angeordneten Träger eingebaut werden können. Löcher in Anschlüssen, die aufeinander passen sollen, aber fälschlicherweise mit verschiedenen Durchmessern gestanzt worden sind, müssen auf den größeren Durchmesser aufgerieben werden.

Es ist darauf zu achten, daß Anschluß- und Auflagerwinkel in der richtigen Höhe angeordnet werden. Sehr leicht kommt es vor, daß sie um eine Nietteilung zu hoch oder zu niedrig angebracht werden.

Um zu vermeiden, daß die Niete in verkehrten Längen zur Baustelle kommen, sind die Listen der Baustellenniete nachzuprüfen, besonders wenn die Baustelle weitab vom Werk liegt, so daß die Nachlieferung umständlich sein würde.

Es kommt sehr oft vor, daß Löcher in den Stegen der Walz- und Blechträger verkehrt gebohrt oder vergessen werden, was meistens seine Ursache in unklaren Bemerkungen oder in der Anordnung zu vieler Träger auf einer Zeichnung hat.

Löcher für Rundeisen. Infolge von Zeichnungsfehlern werden die Löcher für Rundeisen entweder vergessen oder falsch angeordnet. Die Rundeisen sollen senkrecht zum Träger angeordnet werden, Abweichungen bis zu 3″ sind schließlich noch zuzulassen.

Ausklinken. Viel Arbeit verursacht es auf der Baustelle, wenn Trägerausklinkungen vergessen worden sind. Es sind deswegen die Zeichnungen stets noch besonders hinsichtlich der Ausklinkungen durchzusehen.

Stützenstöße. Die Montageunternehmer verlangen oft, wenn das Aufreiben der Löcher in den Stößen notwendig ist, hierfür eine Sondervergütung.

Hin und wieder werden die Winkeleisen nicht genau rechtwinklig vom Walzwerk angeliefert. Sind solche Winkeleisen bei Stützen verwendet worden, so müssen bei den Stößen in der in Abb. 327 dargestellten Weise Ausgleichfutter vorgesehen werden.

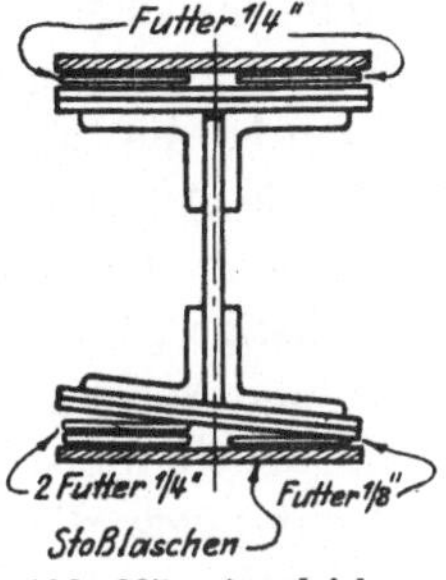

Abb. 327. Ausgleichen von Stützenstößen.

Stützenanordnung in den verschiedenen Stockwerken. Es kommt seltener vor, daß die Stützen eines Stockwerks um einen rechten Winkel in der Längsachse gegen die des darunterliegenden Stockwerks verdreht sind. Doch sind solche Fälle genau zu beachten, um Mehrarbeit und Mehrkosten infolge von Irrtümern auf der Baustelle zu vermeiden.

Ungenaue Längen. Um kleine Ungenauigkeiten in den Längen der Einzelteile von vornherein auszuschalten, sind ausreichende Spielräume vorzusehen.

Ausgleichen. Stumpf gegeneinanderstoßende Träger sind mit Spielräumen unter Verwendung von Ausgleichfuttern anzuordnen.

Änderungen. Die meisten vorkommenden Fehler haben ihre Ursache in Abänderungen, welche vom Auftraggeber gewünscht, aber nicht in allen diesbezüglichen Zeichnungen eingetragen worden sind.

Ungenaue Höhen von Walzträgern. Da die Höhen der vom Walzwerk gelieferten Träger vielfach Abweichungen von der theoretischen Höhe aufweisen, ist bei den Anschlüssen hierauf Rücksicht zu nehmen, so daß bereits in der Werkstatt geringfügige Änderungen ausgeführt oder auf der Baustelle Ausgleichsfutter verwendet werden können.

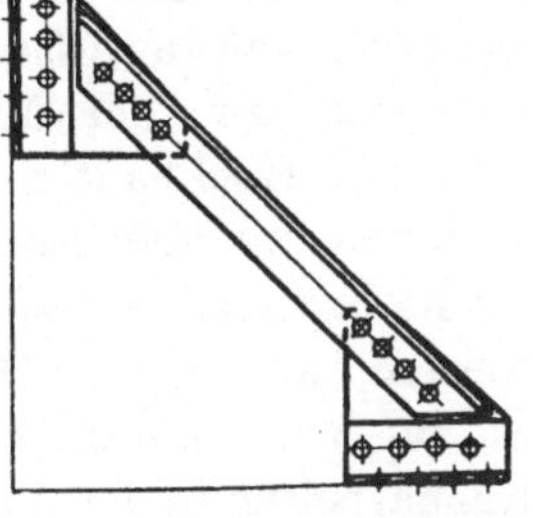
Abb. 328. Eckstrebe.

Eckstreben. Es ist praktisch unmöglich, die in Abb. 328 dargestellte Anordnung genau herzustellen, da sich der rechte Winkel der Anschlußwinkel nicht genau erreichen läßt. Es ist deshalb besser, ein vollwandiges Eckblech vorzusehen. Falls dieses nicht angängig ist, sollte man wenigstens die Eckstrebe erst auf der Baustelle an die Knotenbleche nieten. Sitzt eine solche Eckstrebe unter Walzträgern, so sind zur Berücksichtigung der ungenauen Trägerhöhe Ausgleichfutter zu verwenden.

Einseitige Anschlüsse. Bei einseitigen Anschlüssen ist darauf zu achten, daß die Anschlußwinkel nicht an der verkehrten Seite angeordnet werden.

Sturzträger. Sind die Sturzträger durch kleine Konsolen mit den Wandunterzügen verbunden, so ist ihre Höhenlage nachzuprüfen, da Irrtümer hierin auf der Baustelle nur unter erheblichen Kosten wieder gutzumachen sind.

Schornsteine. Bei Schornsteinen ist vor allem darauf zu achten, daß die Reinigungstüren richtig angeordnet werden. Auf den Zeichnungen ist die Lage dieser Türen durch klare Bemerkungen anzugeben. Auch die Anschlüsse an Decken und sonstige Konstruktionsteile sind sorfältig zu beachten.

Sonstige Teile. Sind Löcher zur Befestigung von Steinen, Terrakotten, Holz und sonstigem Material vergessen worden, so erfährt die Baustellenarbeit meistens erhebliche Verzögerungen, da die Löcher oft an schlecht zugänglichen Stellen sitzen.

Bei einem Auftrag waren die für die Verankerung der Gesimsteile in den Gesimsträgern auf den Bauzeichnungen vorgesehenen Löcher abgeändert worden, um die Werkstattarbeit zu vereinfachen. Da man es aber versäumt hatte, dem Architekten hiervon Mitteilung zu machen, paßten natürlich die nach den ursprünglichen Zeichnungen angefertigten Gesimsteile nicht. Die von anderer Seite vorgeschriebenen Angaben sollten deswegen nach Möglichkeit beibehalten werden.

Signierungen. Es ist streng darauf zu achten, daß Teile, die „rechts" und „links" sein sollen, auf den Zeichnungen richtig bezeichnet, ferner richtig signiert und eingebaut werden.

Versand. Beim Versand werden leicht Einzelteile vergessen. Fehlen beispielsweise Teile eines Stockwerks bei Hochbauten, so wird die Aufstellung zwar keine Unterbrechung erfahren, doch müssen die fehlenden Teile nachher oft unter beträchtlichem Kostenaufwand eingebaut werden.

Montage. Die Aufstellung der Industrie- und Hochbauten wird entweder von der Eisenbauanstalt oder von besonderen Montageunternehmern bzw. der Montageabteilung des Generalunternehmers ausgeführt. Hochbauten werden nach den landläufigen Fertigungsvorschriften mit vollgestanzten Löchern ausgeführt. Da sich hierbei sehr oft nichtpassende Löcher ergeben, müssen einzelne Löcher aufgerieben werden, was in den Montagekosten einberechnet ist. Zweckmäßig ist es, zur Vermeidung von Streitigkeiten, die Ausführung solcher kleinen Nacharbeiten in den Vertragsbedingungen für die Aufstellung der Eisenbauten ausdrücklich zu verlangen.

Auch muß der Bauvorgang eindeutig festgelegt werden, und müssen besonders verwickelte Konstruktionen auf den Montagezeichnungen klar dargestellt sein, damit die Teile nicht erst verkehrt eingebaut werden, wodurch Zeitverlust und Mehrkosten entstehen.

Häufig werden die Walz- und Blechträger in Zwischenwänden nur unvollständig dargestellt, so daß Fehler beim Aufstellen vorkommen.

Anhang.

Einteilung der Bauwerke.

Eisenbahnbrücken.

1. Auslegerbrücken, 1-gleisig, bis einschl. 300′ Länge.
2. do., von 301 bis einschl. 400′ Länge.
3. do., von über 400′ Länge.
4. Auslegerbrücken, 2-gleisig, bis einschl. 300′ Länge.
5. do., von 301 bis einschl. 400′ Länge.
6. do., von über 400′ Länge.

21. Blechträgerbrücken, Fahrbahn oben, bis einschl. 40′ Länge, mit Gurtlamellen, gerade.
22. do., bis einschl. 40′ Länge, mit Gurtlamellen, schief.
23. do., von 41 bis einschl. 60′ Länge, mit Gurtlamellen, gerade.
24. do., von 41 bis einschl. 60′ Länge, mit Gurtlamellen, schief.
25. do., von 61 bis einschl. 80′ Länge, mit Gurtlamellen, gerade.
26. do., von 61 bis einschl. 80′ Länge, mit Gurtlamellen, schief.
27. do., von 81 bis einschl. 100′ Länge, mit Gurtlamellen, gerade.
28. do., von 81 bis einschl. 100′ Länge, mit Gurtlamellen, schief.
29. do., von über 100′ Länge, mit Gurtlamellen, gerade.
30. do., von über 100′ Länge, mit Gurtlamellen, schief.

41. do., bis einschl. 40′ Länge, obere Gurtung aus 4 Winkeleisen, gerade.
42. do., bis einschl. 40′ Länge, obere Gurtung aus 4 Winkeleisen, schief.
43. do., von 41 bis einschl. 60′ Länge, obere Gurtung aus 4 Winkeleisen, gerade.
44. do., von 41 bis einschl. 60′ Länge, obere Gurtung aus 4 Winkeleisen, schief.
45. do., von 61 bis einschl. 80′ Länge, obere Gurtung aus 4 Winkeleisen, gerade.
46. do., von 61 bis einschl. 80′ Länge, obere Gurtung aus 4 Winkeleisen, schief.
47. do., von 81 bis einschl. 100′ Länge, obere Gurtung aus 4 Winkeleisen, gerade
48. do., von 81 bis einschl. 100′ Länge, obere Gurtung aus 4 Winkeleisen, schief.
49. do., von über 100′ Länge, obere Gurtung aus 4 Winkeleisen, gerade.
50. do., von über 100′ Länge, obere Gurtung aus 4 Winkeleisen, schief.

61. Blechträgerbrücken, Fahrbahn unten, offene Fahrbahn, bis einschl. 40′ Länge, gerade Enden, 1-gleisig, gerade.
62. do., bis einschl. 40′ Länge, gerade Enden, 1-gleisig, schief.
63. do., von 41 bis einschl. 60′ Länge, gerade Enden, 1-gleisig, gerade.
64. do., von 41 bis einschl. 60′ Länge, gerade Enden, 1-gleisig, schief.
65. do., von 61 bis einschl. 80′ Länge, gerade Enden, 1-gleisig, gerade.
66. do., von 61 bis einschl. 80′ Länge, gerade Enden, 1-gleisig, schief.
67. do., von 81 bis einschl. 100′ Länge, gerade Enden, 1-gleisig, gerade.
68. do., von 81 bis einschl. 100′ Länge, gerade Enden, 1-gleisig, schief.
69. do., von über 100′ Länge, gerade Enden, 1-gleisig, gerade.
70. do., von über 100′ Länge, gerade Enden, 1-gleisig, schief.

81. do., bis einschl. 40′ Länge, runde Enden, 1-gleisig, gerade.
82. do., bis einschl. 40′ Länge, runde Enden, 1-gleisig, schief.
83. do., von 41 bis einschl. 60′ Länge, runde Enden, 1-gleisig, gerade.

84. do., von 41 bis einschl. 60′ Länge, runde Enden, 1-gleisig, schief.
85. do., von 61 bis einschl. 80′ Länge, runde Enden, 1-gleisig, gerade.
86. do., von 61 bis einschl. 80′ Länge, runde Enden, 1-gleisig, schief.
87. do., von 81 bis einschl. 100′ Länge, runde Enden, 1-gleisig, gerade.
88. do., von 81 bis einschl. 100′ Länge, runde Enden, 1-gleisig, schief.
89. do., von über 100′ Länge, runde Enden, 1-gleisig, gerade.
90. do., von über 100′ Länge, runde Enden, 1-gleisig, schief.
101. do., bis einschl. 40′ Länge, gerade Enden, 2 Hauptträger, 2-gleisig, gerade.
102. do., bis einschl. 40′ Länge, gerade Enden, 2 Hauptträger, 2-gleisig, schief.
103. do., von 41 bis einschl. 60′ Länge, gerade Enden, 2 Hauptträger, 2-gleisig, gerade.
104. do., von 41 bis einschl. 60′ Länge, gerade Enden, 2 Hauptträger, 2-gleisig, schief.
105. do., von 61 bis einschl. 80′ Länge, gerade Enden, 2 Hauptträger, 2-gleisig, gerade.
106. do., von 61 bis einschl. 80′ Länge, gerade Enden, 2 Hauptträger, 2-gleisig, schief.
107. do., von 81 bis einschl. 100′ Länge, gerade Enden, 2 Hauptträger, 2-gleisig, gerade.
108. do., von 81 bis einschl. 100′ Länge, gerade Enden, 2 Hauptträger, 2-gleisig, schief.
109. do., von über 100′ Länge, gerade Enden, 2 Hauptträger, 2-gleisig, gerade.
110. do., von über 100′ Länge, gerade Enden, 2 Hauptträger, 2-gleisig, schief.
121. do., bis einschl. 40′ Länge, runde Enden, 2 Hauptträger, 2-gleisig, gerade.
122. do., bis einschl. 40′ Länge, runde Enden, 2 Hauptträger, 2-gleisig, schief.
123. do., von 41 bis einschl. 60′ Länge, runde Enden, 2 Hauptträger, 2-gleisig, gerade.
124. do., von 41 bis einschl. 60′ Länge, runde Enden, 2 Hauptträger, 2-gleisig, schief.
125. do., von 61 bis einschl. 80′ Länge, runde Enden, 2 Hauptträger, 2-gleisig, gerade.
126. do., von 61 bis einschl. 80′ Länge, runde Enden, 2 Hauptträger, 2-gleisig, schief.
127. do., von 81 bis einschl. 100′ Länge, runde Enden, 2 Hauptträger, 2-gleisig, gerade.
128. do., von 81 bis einschl. 100′ Länge, runde Enden, 2 Hauptträger, 2-gleisig, schief.
129. do., von über 100′ Länge, runde Enden, 2 Hauptträger, 2-gleisig, gerade.
130. do., von über 100′ Länge, runde Enden, 2 Hauptträger, 2-gleisig, schief.
141. do., bis einschl. 40′ Länge, gerade Enden, 3 Hauptträger, 2-gleisig, gerade.
142. do., bis einschl. 40′ Länge, gerade Enden, 3 Hauptträger, 2-gleisig, schief.
143. do., von 41 bis einschl. 60′ Länge, gerade Enden, 3 Hauptträger, 2-gleisig, gerade.
144. do., von 41 bis einschl. 60′ Länge, gerade Enden, 3 Hauptträger, 2-gleisig, schief.
145. do., von 61 bis einschl. 80′ Länge, gerade Enden, 3 Hauptträger, 2-gleisig, gerade.
146. do., von 61 bis einschl. 80′ Länge, gerade Enden, 3 Hauptträger, 2-gleisig, schief.
147. do., von 81 bis einschl. 100′ Länge, gerade Enden, 3 Hauptträger, 2-gleisig, gerade.
148. do., von 81 bis einschl. 100′ Länge, gerade Enden, 3 Hauptträger, 2-gleisig, schief.
149. do., von über 100′ Länge, gerade Enden, 3 Hauptträger, 2-gleisig, gerade.
150. do., von über 100′ Länge, gerade Enden, 3 Hauptträger, 2-gleisig, schief.
161. do., bis einschl. 40′ Länge, runde Enden, 3 Hauptträger, 2-gleisig, gerade.
162. do., bis einschl. 40′ Länge, runde Enden, 3 Hauptträger, 2-gleisig, schief.
163. do., von 41 bis einschl. 60′ Länge, runde Enden, 3 Hauptträger, 2-gleisig, gerade.

164. do., von 41 bis einschl. 60′ Länge, runde Enden, 3 Hauptträger, 2-gleisig, schief.
165. do., von 61 bis einschl. 80′ Länge, runde Enden, 3 Hauptträger, 2-gleisig, gerade.
166. do., von 61 bis einschl. 80′ Länge, runde Enden, 3 Hauptträger, 2-gleisig, schief.
167. do., von 81 bis einschl. 100′ Länge, runde Enden, 3 Hauptträger, 2-gleisig, gerade.
168. do., von 81 bis einschl. 100′ Länge, runde Enden, 3 Hauptträger, 2-gleisig, schief.
169. do., von über 100′ Länge, runde Enden, 3 Hauptträger, 2-gleisig, gerade.
170. do., von über 100′ Länge, runde Enden, 3 Hauptträger, 2-gleisig, schief.
181. do., bis einschl. 40′ Länge, gerade Enden, weiteres Gleis, gerade.
182. do., bis einschl. 40′ Länge, gerade Enden, weiteres Gleis, schief.
183. do., von 41 bis einschl. 60′ Länge, gerade Enden, weiteres Gleis, gerade.
184. do., von 41 bis einschl. 60′ Länge, gerade Enden, weiteres Gleis, schief.
185. do., von 61 bis einschl. 80′ Länge, gerade Enden, weiteres Gleis, gerade.
186. do., von 61 bis einschl. 80′ Länge, gerade Enden, weiteres Gleis, schief.
187. do., von 81 bis einschl. 100′ Länge, gerade Enden, weiteres Gleis, gerade.
188. do., von 81 bis einschl. 100′ Länge, gerade Enden, weiteres Gleis, schief.
189. do., von über 100′ Länge, gerade Enden, weiteres Gleis, gerade.
190. do., von über 100′ Länge, gerade Enden, weiteres Gleis, schief.
201. do., bis einschl. 40′ Länge, runde Enden, weiteres Gleis, gerade.
202. do., bis einschl. 40′ Länge, runde Enden, weiteres Gleis, schief.
203. do., von 41 bis einschl. 60′ Länge, runde Enden, weiteres Gleis, gerade.
204. do., von 41 bis einschl. 60′ Länge, runde Enden, weiteres Gleis, schief.
205. do., von 61 bis einschl. 80′ Länge, runde Enden, weiteres Gleis, gerade.
206. do., von 61 bis einschl. 80′ Länge, runde Enden, weiteres Gleis, schief.
207. do., von 81 bis einschl. 100′ Länge, runde Enden, weiteres Gleis, gerade.
208. do., von 81 bis einschl. 100′ Länge, runde Enden, weiteres Gleis, schief.
209. do., von über 100′ Länge, runde Enden, weiteres Gleis, gerade.
210. do., von über 100′ Länge, runde Enden, weiteres Gleis, schief.
221. Blechträgerbrücken, Fahrbahn unten, geschlossene Fahrbahn, bis einschl. 40′ Länge, gerade Enden, 1-gleisig, gerade.
222. do., bis einschl. 40′ Länge, gerade Enden, 1-gleisig, schief.
223. do., von 40 bis einschl. 60′ Länge, gerade Enden, 1-gleisig, gerade.
224. do., von 40 bis einschl. 60′ Länge, gerade Enden, 1-gleisig, schief.
225. do., von 61 bis einschl. 80′ Länge, gerade Enden, 1-gleisig, gerade.
226. do., von 61 bis einschl. 80′ Länge, gerade Enden, 1-gleisig, schief.
227. do., von 81 bis einschl. 100′ Länge, gerade Enden, 1-gleisig, gerade.
228. do., von 81 bis einschl. 100′ Länge, gerade Enden, 1-gleisig, schief.
229. do., von über 100′ Länge, gerade Enden, 1-gleisig, gerade.
230. do., von über 100′ Länge, gerade Enden, 1-gleisig, schief.
241. do., bis einschl. 40′ Länge, runde Enden, 1-gleisig, gerade.
242. do., bis einschl. 40′ Länge, runde Enden, 1-gleisig, schief.
243. do., von 41 bis einschl. 60′ Länge, runde Enden, 1-gleisig, gerade.
244. do., von 41 bis einschl. 60′ Länge, runde Enden, 1-gleisig, schief.
245. do., von 61 bis einschl. 80′ Länge, runde Enden, 1-gleisig, gerade.
246. do., von 61 bis einschl. 80′ Länge, runde Enden, 1-gleisig, schief.
247. do., von 81 bis einschl. 100′ Länge, runde Enden, 1-gleisig, gerade.
248. do., von 81 bis einschl. 100′ Länge, runde Enden, 1-gleisig, schief.
249. do., von über 100′ Länge, runde Enden, 1-gleisig, gerade.
250. do., von über 100′ Länge, runde Enden, 1-gleisig, schief.
261. do., bis einschl. 40′ Länge, gerade Enden, 2 Hauptträger, 2-gleisig, gerade.
262. do., bis einschl. 40′ Länge, gerade Enden, 2 Hauptträger, 2-gleisig, schief.
263. do., von 41 bis einschl. 60′ Länge, gerade Enden, 2 Hauptträger, 2-gleisig, gerade.
264. do., von 41 bis einschl. 60′ Länge, gerade Enden, 2 Hauptträger, 2-gleisig, schief.

265. do., von 61 bis einschl. 80′ Länge, gerade Enden, 2 Hauptträger, 2-gleisig, gerade.
266. do., von 61 bis einschl. 80′ Länge, gerade Enden, 2 Hauptträger, 2-gleisig, schief.
267. do., von 81 bis einschl. 100′ Länge, gerade Enden, 2 Hauptträger, 2-gleisig, gerade.
268. do., von 81 bis einschl. 100′ Länge, gerade Enden, 2 Hauptträger, 2-gleisig, schief.
269. do., von über 100′ Länge, gerade Enden, 2 Hauptträger, 2-gleisig, gerade.
270. do., von über 100′ Länge, gerade Enden, 2 Hauptträger, 2-gleisig, schief.
281. do., bis einschl. 40′ Länge, runde Enden, 2 Hauptträger, 2-gleisig, gerade.
282. do., bis einschl. 40′ Länge, runde Enden, 2 Hauptträger, 2-gleisig, schief.
283. do., von 41 bis einschl. 60′ Länge, runde Enden, 2 Hauptträger, 2-gleisig, gerade.
284. do., von 41 bis einschl. 60′ Länge, runde Enden, 2 Hauptträger, 2-gleisig, schief.
285. do., von 61 bis einschl. 80′ Länge, runde Enden, 2 Hauptträger, 2-gleisig, gerade.
286. do., von 61 bis einschl. 80′ Länge, runde Enden, 2 Hauptträger, 2-gleisig, schief.
287. do., von 81 bis einschl. 100′ Länge, runde Enden, 2 Hauptträger, 2-gleisig, gerade.
288. do., von 81 bis einschl. 100′ Länge, runde Enden, 2 Hauptträger, 2-gleisig, schief.
289. do., von über 100′ Länge, runde Enden, 2 Hauptträger, 2-gleisig, gerade.
290. do., von über 100′ Länge, runde Enden, 2 Hauptträger, 2-gleisig, schief.
301. do., bis einschl. 40′ Länge, gerade Enden, 3 Hauptträger, 2-gleisig, gerade.
302. do., bis einschl. 40′ Länge, gerade Enden, 3 Hauptträger, 2-gleisig, schief.
303. do., von 41 bis einschl. 60′ Länge, gerade Enden, 3 Hauptträger, 2-gleisig, gerade.
304. do., von 41 bis einschl. 60′ Länge, gerade Enden, 3 Hauptträger, 2-gleisig, schief.
305. do., von 61 bis einschl. 80′ Länge, gerade Enden, 3 Hauptträger, 2-gleisig, gerade.
306. do., von 61 bis einschl. 80′ Länge, gerade Enden, 3 Hauptträger, 2-gleisig, schief.
307. do., von 81 bis einschl. 100′ Länge, gerade Enden, 3 Hauptträger, 2-gleisig, gerade.
308. do., von 81 bis einschl. 100′ Länge, gerade Enden, 3 Hauptträger, 2-gleisig, schief.
309. do., von über 100′ Länge, gerade Enden, 3 Hauptträger, 2-gleisig, gerade.
310. do., von über 100′ Länge, gerade Enden, 3 Hauptträger, 2-gleisig, schief.
321. do., bis einschl. 40′ Länge, runde Enden, 3 Hauptträger, 2-gleisig, gerade.
322. do., bis einschl. 40′ Länge, runde Enden, 3 Hauptträger, 2-gleisig, schief.
323. do., von 41 bis einschl. 60′ Länge, runde Enden, 3 Hauptträger, 2-gleisig, gerade.
324. do., von 41 bis einschl. 60′ Länge, runde Enden, 3 Hauptträger, 2-gleisig, schief.
325. do., von 61 bis einschl. 80′ Länge, runde Enden, 3 Hauptträger, 2-gleisig, gerade.
326. do., von 61 bis einschl. 80′ Länge, runde Enden, 3 Hauptträger, 2-gleisig, schief.
327. do., von 81 bis einschl. 100′ Länge, runde Enden, 3 Hauptträger, 2-gleisig, gerade.
328. do., von 81 bis einschl. 100′ Länge, runde Enden, 3 Hauptträger, 2-gleisig, schief.
329. do., von über 100′ Länge, runde Enden, 3 Hauptträger, 2-gleisig, gerade.
330. do., von über 100′ Länge, runde Enden, 3 Hauptträger, 2-gleisig, schief.
341. do., bis einschl. 40′ Länge, gerade Enden, weiteres Gleis, gerade.

342. do., bis einschl. 40′ Länge, gerade Enden, weiteres Gleis, schief.
343. do., von 41 bis einschl. 60′ Länge, gerade Enden, weiteres Gleis, gerade.
344. do., von 41 bis einschl. 60′ Länge, gerade Enden, weiteres Gleis, schief.
345. do., von 61 bis einschl. 80′ Länge, gerade Enden, weiteres Gleis, gerade.
346. do., von 61 bis einschl. 80′ Länge, gerade Enden, weiteres Gleis, schief.
347. do., von 81 bis einschl. 100′ Länge, gerade Enden, weiteres Gleis, gerade.
348. do., von 81 bis einschl. 100′ Länge, gerade Enden, weiteres Gleis, schief.
349. do., von über 100′ Länge, gerade Enden, weiteres Gleis, gerade.
350. do., von über 100′ Länge, gerade Enden, weiteres Gleis, schief.
361. do., bis einschl. 40′ Länge, runde Enden, weiteres Gleis, gerade.
362. do., bis einschl. 40′ Länge, runde Enden, weiteres Gleis, schief.
363. do., von 41 bis einschl. 60′ Länge, runde Enden, weiteres Gleis, gerade.
364. do., von 41 bis einschl. 60′ Länge, runde Enden, weiteres Gleis, schief.
365. do., von 61 bis einschl. 80′ Länge, runde Enden, weiteres Gleis, gerade.
366. do., von 61 bis einschl. 80′ Länge, runde Enden, weiteres Gleis, schief.
367. do., von 81 bis einschl. 100′ Länge, runde Enden, weiteres Gleis, gerade.
368. do., von 81 bis einschl. 100′ Länge, runde Enden, weiteres Gleis, schief.
369. do., von über 100′ Länge, runde Enden, weiteres Gleis, gerade.
370. do., von über 100′ Länge, runde Enden, weiteres Gleis, schief.
431. Bogenbrücken, 1-gleisig, bis einschl. 200′ Länge.
432. do., von 201 bis einschl. 300′ Länge.
433. do., von über 300′ Länge.
441. Bogenbrücken, 2-gleisig, bis einschl. 200′ Länge.
442. do., von 201 bis einschl. 300′ Länge.
443. do., von über 300′ Länge.
451. Drehbrücken, Blechträger, Fahrbahn oben, 1-gleisig, Stützzapfenlagerung, Eisenkonstruktion.
452. do., Stützzapfenlagerung, Maschinenteile.
453. do., Rollenkranzlagerung, Eisenkonstruktion.
454. do., Rollenkranzlagerung, Maschinenteile.
455. Drehbrücken, Blechträger, Fahrbahn oben, 2-gleisig, Stützzapfenlagerung, Eisenkonstruktion.
456. do., Stützzapfenlagerung, Maschinenteile.
457. do., Rollenkranzlagerung, Eisenkonstruktion.
458. do., Rollenkranzlagerung, Maschinenteile.
471. Drehbrücken, Blechträger, Fahrbahn unten, 1-gleisig, Stützzapfenlagerung, Eisenkonstruktion.
472. do., Stützzapfenlagerung, Maschinenteile.
473. do., Rollenkranzlagerung, Eisenkonstruktion.
474. do., Rollenkranzlagerung, Maschinenteile.
475. Drehbrücken, Blechträger, Fahrbahn unten, 2-gleisig, Stützzapfenlagerung, Eisenkonstruktion.
476. do., Stützzapfenlagerung, Maschinenteile.
477. do., Rollenkranzlagerung, Eisenkonstruktion.
478. do., Rollenkranzlagerung, Maschinenteile.
491. Drehbrücken, Fachwerkträger mit Gelenkbolzenverbindungen, Fahrbahn oben, 1-gleisig, Stützzapfenlagerung, Eisenkonstruktion.
492. do., Stützzapfenlagerung, Maschinenteile.
493. do., Rollenkranzlagerung, Eisenkonstruktion.
494. do., Rollenkranzlagerung, Maschinenteile.
495. do., Stützzapfen- und Rollenkranzlagerung, Eisenkonstruktion.
496. do., Stützzapfen- und Rollenkranzlagerung, Maschinenteile.
501. Drehbrücken, Fachwerkträger mit Gelenkbolzenverbindungen, Fahrbahn oben, 2-gleisig, Stützzapfenlagerung, Eisenkonstruktion.
502. do., Stützzapfenlagerung, Maschinenteile.
503. do., Rollenkranzlagerung, Eisenkonstruktion.
504. do., Rollenkranzlagerung, Maschinenteile.
505. do., Stützzapfen- und Rollenkranzlagerung, Eisenkonstruktion.
506. do., Stützzapfen- und Rollenkranzlagerung, Maschinenteile.

511. Drehbrücken, Fachwerkträger mit Gelenkbolzenverbindungen, 2 Fahrbahnen übereinander, 1-gleisig, Stützzapfenlagerung, Eisenkonstruktion.
512. do., Stützzapfenlagerung, Maschinenteile.
513. do., Rollenkranzlagerung, Eisenkonstruktion.
514. do., Rollenkranzlagerung, Maschinenteile.
515. do., Stützzapfen- und Rollenkranzlagerung, Eisenkonstruktion.
516. do., Stützzapfen- und Rollenkranzlagerung, Maschinenteile.
521. Drehbrücken, Fachwerkträger mit Gelenkbolzenverbindungen, 2 Fahrbahnen übereinander, 2-gleisig, Stützzapfenlagerung, Eisenkonstruktion.
522. do., Stützzapfenlagerung, Maschinenteile.
523. do., Rollenkranzlagerung, Eisenkonstruktion.
524. do., Rollenkranzlagerung, Maschinenteile.
525. do., Stützzapfen- und Rollenkranzlagerung, Eisenkonstruktion.
526. do., Stützzapfen- und Rollenkranzlagerung, Maschinenteile.
531. Drehbrücken, Fachwerkträger mit Gelenkbolzenverbindungen, Fahrbahn unten, 1-gleisig, Stützzapfenlagerung, Eisenkonstruktion.
532. do., Stützzapfenlagerung, Maschinenteile.
533. do., Rollenkranzlagerung, Eisenkonstruktion.
534. do., Rollenkranzlagerung, Maschinenteile.
535. do., Stützzapfen- und Rollenkranzlagerung, Eisenkonstruktion.
536. do., Stützzapfen- und Rollenkranzlagerung, Maschinenteile.
541. Drehbrücken, Fachwerkträger mit Gelenkbolzenverbindungen, Fahrbahn unten, 2-gleisig, Stützzapfenlagerung, Eisenkonstruktion.
542. do., Stützzapfenlagerung, Maschinenteile.
543. do., Rollenkranzlagerung, Eisenkonstruktion.
544. do., Rollenkranzlagerung, Maschinenteile.
545. do., Stützzapfen- und Rollenkranzlagerung, Eisenkonstruktion.
546. do., Stützzapfen- und Rollenkranzlagerung, Maschinenteile.
551. Drehbrücken, Fachwerkträger mit genieteten Knotenpunkten, Fahrbahn oben, 1-gleisig, Stützzapfenlagerung, Eisenkonstruktion.
552. do., Stützzapfenlagerung, Maschinenteile.
553. do., Rollenkranzlagerung, Eisenkonstruktion.
554. do., Rollenkranzlagerung, Maschinenteile.
555. do., Stützzapfen- und Rollenkranzlagerung, Eisenkonstruktion.
556. do., Stützzapfen- und Rollenkranzlagerung, Maschinenteile.
561. Drehbrücken, Fachwerkträger mit genieteten Knotenpunkten, Fahrbahn oben, 2-gleisig, Stützzapfenlagerung, Eisenkonstruktion.
562. do., Stützzapfenlagerung, Maschinenteile.
563. do., Rollenkranzlagerung, Eisenkonstruktion.
564. do., Rollenkranzlagerung, Maschinenteile.
565. do., Stützzapfen- und Rollenkranzlagerung, Eisenkonstruktion.
566. do., Stützzapfen- und Rollenkranzlagerung, Maschinenteile.
571. Drehbrücken, Fachwerkträger mit genieteten Knotenpunkten, 2 Fahrbahnen übereinander, 1-gleisig, Stützzapfenlagerung, Eisenkonstruktion.
572. do., Stützzapfenlagerung, Maschinenteile.
573. do., Rollenkranzlagerung, Eisenkonstruktion.
574. do., Rollenkranzlagerung, Maschinenteile.
575. do., Stützzapfen- und Rollenkranzlagerung, Eisenkonstruktion.
576. do., Stützzapfen- und Rollenkranzlagerung, Maschinenteile.
581. Drehbrücken, Fachwerkträger mit genieteten Knotenpunkten, 2 Fahrbahnen übereinander, 2-gleisig, Stützzapfenlagerung, Eisenkonstruktion.
582. do., Stützzapfenlagerung, Maschinenteile.
583. do., Rollenkranzlagerung, Eisenkonstruktion.
584. do., Rollenkranzlagerung, Maschinenteile.
585. do., Stützzapfen- und Rollenkranzlagerung, Eisenkonstruktion.

586. do., Stützzapfen- und Rollenkranzlagerung, Maschinenteile.
591. Drehbrücken, Fachwerkträger mit genieteten Knotenpunkten, Fahrbahn unten, 1-gleisig, Stützzapfenlagerung, Eisenkonstruktion.
592. do., Stützzapfenlagerung, Maschinenteile.
593. do., Rollenkranzlagerung, Eisenkonstruktion.
594. do., Rollenkranzlagerung, Maschinenteile.
595. do., Stützzapfen- und Rollenkranzlagerung, Eisenkonstruktion.
596. do., Stützzapfen- und Rollenkranzlagerung, Maschinenteile.
601. Drehbrücken, Fachwerkträger mit genieteten Knotenpunkten, Fahrbahn unten, 2-gleisig, Stützzapfenlagerung, Eisenkonstruktion.
602. do., Stützzapfenlagerung, Maschinenteile.
603. do., Rollenkranzlagerung, Eisenkonstruktion.
604. do., Rollenkranzlagerung, Maschinenteile.
605. do., Stützzapfen- und Rollenkranzlagerung, Eisenkonstruktion.
606. do., Stützzapfen- und Rollenkranzlagerung, Maschinenteile.
631. Drehscheiben, oben liegende Fahrbahn, 75′ Länge, B-Auflagerung.
632. do., 75′ Länge, D-Auflagerung.
633. do., 75′ Länge, O-Auflagerung.
634. do., 75′ Länge, E-Auflagerung.
635. do., 75′ Länge, H-Auflagerung.
636. do., 75′ Länge, Spezial-Auflagerung.
641. do., 80′ Länge, B-Auflagerung.
642. do., 80′ Länge, D-Auflagerung.
643. do., 80′ Länge, O-Auflagerung.
644. do., 80′ Länge, E-Auflagerung.
645. do., 80′ Länge, H-Auflagerung.
646. do., 80′ Länge, Spezial-Auflagerung.
651. do., 85′ Länge, B-Auflagerung.
652. do., 85′ Länge, D-Auflagerung.
653. do., 85′ Länge, O-Auflagerung.
654. do., 85′ Länge, E-Auflagerung.
655. do., 85′ Länge, H-Auflagerung.
656. do., 85′ Länge, Spezial-Auflagerung.
661. do., 90′ Länge, B-Auflagerung.
662. do., 90′ Länge, D-Auflagerung.
663. do., 90′ Länge, O-Auflagerung.
664. do., 90′ Länge, E-Auflagerung.
665. do., 90′ Länge, H-Auflagerung.
666. do., 90′ Länge, Spezial-Auflagerung.
671. do., 95′ Länge, B-Auflagerung.
672. do., 95′ Länge, D-Auflagerung.
673. do., 95′ Länge, O-Auflagerung.
674. do., 95′ Länge, E-Auflagerung.
675. do., 95′ Länge, H-Auflagerung.
676. do., 95′ Länge, Spezial-Auflagerung.
681. do., 100′ Länge, B-Auflagerung.
682. do., 100′ Länge, D-Auflagerung.
683. do., 100′ Länge, O-Auflagerung.
684. do., 100′ Länge, E-Auflagerung.
685. do., 100′ Länge, H-Auflagerung.
686. do., 100′ Länge, Spezial-Auflagerung.
731. Drehscheiben, mit Portalrahmen, B-Auflagerung.
732. do., D-Auflagerung.
733. do., O-Auflagerung.
734. do., E-Auflagerung.
735. do., H-Auflagerung.
736. do., Spezial-Auflagerung.
781. Drehscheiben, Fachwerkträger („Pony“-Träger), B-Auflagerung.
782. do., D-Auflagerung.

783. do., O-Auflagerung.
784. do., E-Auflagerung.
785. do., H-Auflagerung.
786. do., Spezial-Auflagerung.
831. Drehscheiben, untenliegende Fahrbahn, 75′ Länge, B-Auflagerung.
832. do., 75′ Länge, D-Auflagerung.
833. do., 75′ Länge, O-Auflagerung.
834. do., 75′ Länge, E-Auflagerung.
835. do., 75′ Länge, H-Auflagerung.
836. do., 75′ Länge, Spezial-Auflagerung.
841. do., 80′ Länge, B-Auflagerung.
842. do., 80′ Länge, D-Auflagerung.
843. do., 80′ Länge, O-Auflagerung.
844. do., 80′ Länge, E-Auflagerung.
845. do., 80′ Länge, H-Auflagerung.
846. do., 80′ Länge, Spezial-Auflagerung.
851. do., 85′ Länge, B-Auflagerung.
852. do., 85′ Länge, D-Auflagerung.
853. do., 85′ Länge, O-Auflagerung.
854. do., 85′ Länge, E-Auflagerung.
855. do., 85′ Länge, H-Auflagerung.
856. do., 85′ Länge, Spezial-Auflagerung.
861. do., 90′ Länge, B-Auflagerung.
862. do., 90′ Länge, D-Auflagerung.
863. do., 90′ Länge, O-Auflagerung.
864. do., 90′ Länge, E-Auflagerung.
865. do., 90′ Länge, H-Auflagerung.
866. do., 90′ Länge, Spezial-Auflagerung.
871. do., 95′ Länge, B-Auflagerung.
872. do., 95′ Länge, D-Auflagerung.
873. do., 95′ Länge, O-Auflagerung.
874. do., 95′ Länge, E-Auflagerung.
875. do., 95′ Länge, H-Auflagerung.
876. do., 95′ Länge, Spezial-Auflagerung.
881. do., 100′ Länge, B-Auflagerung.
882. do., 100′ Länge, D-Auflagerung.
883. do., 100′ Länge, O-Auflagerung.
884. do., 100′ Länge, E-Auflagerung.
885. do., 100′ Länge, H-Auflagerung.
886. do., 100′ Länge, Spezial-Auflagerung.
931. Drehscheiben-Königsstuhl, Anordnung B,
932. do., Anordnung D.
933. do., Anordnung O.
934. do., Anordnung E.
935. do., Anordnung H.
936. do., Spezialanordnung.
951. Drehscheibenausbesserungen, Königsstuhl B.
952. do., Königsstuhl D.
953. do., Königsstuhl O.
954. do., Königsstuhl E.
955. do., Königsstuhl H.
956. do., mit Spezialanordnung.
1001. Eisenbahnviadukte, 1-gleisig, in der Geraden, bis einschl. 1000 t.
1002. do., in der Kurve, bis einschl. 1000 t.
1003. do., in der Geraden, von 1001 bis einschl. 2000 t.
1004. do., in der Kurve von 1001 bis einschl. 2000 t.
1005. do., in der Geraden, von 2001 bis einschl. 3000 t.
1006. do., in der Kurve, von 2001 bis einschl. 3000 t.
1007. do., in der Geraden, von 3001 bis einschl. 4000 t.

1008. do., in der Kurve, von 3001 bis einschl. 4000 t.
1009. do., in der Geraden, von 4001 bis einschl. 5000 t.
1010. do., in der Kurve, von 4001 bis einschl. 5000 t.
1011. do., in der Geraden, von über 5000 t.
1012. do., in der Kurve, von über 5000 t.
1021. Eisenbahnviadukte, 2-gleisig, in der Geraden, bis einschl. 1000 t.
1022. do., in der Kurve, bis einschl. 1000 t.
1023. do., in der Geraden, von 1001 bis einschl. 2000 t.
1024. do., in der Kurve, von 1001 bis einschl. 2000 t.
1025. do., in der Geraden, von 2001 bis einschl. 3000 t.
1026. do., in der Kurve, von 2001 bis einschl. 3000 t.
1027. do., in der Geraden, von 3001 bis einschl. 4000 t.
1028. do., in der Kurve, von 3001 bis einschl. 4000 t.
1029. do., in der Geraden, von 4001 bis einschl. 5000 t.
1030. do., in der Kurve, von 4001 bis einschl. 5000 t.
1031. do., in der Geraden, von über 5000 t.
1032. do., in der Kurve, von über 5000 t.
1051. Fachwerkbrücken, mit Gelenkbolzenverbindungen, Fahrbahn oben, offene Fahrbahn, bis einschl. 150′ Länge, 1-gleisig, gerade.
1052. do., bis einschl. 150′ Länge, 1-gleisig, schief.
1053. do., von 151 bis einschl. 200′ Länge, 1-gleisig, gerade.
1054. do., von 151 bis einschl. 200′ Länge, 1-gleisig, schief.
1055. do., von 201 bis einschl. 300′ Länge, 1-gleisig, gerade.
1056. do., von 201 bis einschl. 300′ Länge, 1-gleisig, schief.
1057. do., von 301 bis einschl. 400′ Länge, 1-gleisig, gerade.
1058. do., von 301 bis einschl. 400′ Länge, 1-gleisig, schief.
1059. do., von über 400′ Länge, 1-gleisig, gerade.
1060. do., von über 400′ Länge, 1-gleisig, schief.
1071. do., bis einschl. 150′ Länge, 2-gleisig, 2 Hauptträger, gerade.
1072. do., bis einschl. 150′ Länge, 2-gleisig, 2 Hauptträger, schief.
1073. do., von 151 bis einschl. 200′ Länge, 2-gleisig, 2 Hauptträger, gerade.
1074. do., von 151 bis einschl. 200′ Länge, 2-gleisig, 2 Hauptträger, schief.
1075. do., von 201 bis einschl. 300′ Länge, 2-gleisig, 2 Hauptträger, gerade.
1076. do., von 201 bis einschl. 300′ Länge, 2-gleisig, 2 Hauptträger, schief.
1077. do., von 301 bis einschl. 400′ Länge, 2-gleisig, 2 Hauptträger, gerade.
1078. do., von 301 bis einschl. 400′ Länge, 2-gleisig, 2 Hauptträger, schief.
1079. do., von über 400′ Länge, 2-gleisig, 2 Hauptträger, gerade.
1080. do., von über 400′ Länge, 2-gleisig, 2 Hauptträger, schief.
1091. do., bis einschl. 150′ Länge, 2-gleisig, 3 Hauptträger, gerade.
1092. do., bis einschl. 150′ Länge, 2-gleisig, 3 Hauptträger, schief.
1093. do., von 151 bis einschl. 200′ Länge, 2-gleisig, 3 Hauptträger, gerade.
1094. do., von 151 bis einschl. 200′ Länge, 2-gleisig, 3 Hauptträger, schief.
1095. do., von 201 bis einschl. 300′ Länge, 2-gleisig, 3 Hauptträger, gerade.
1096. do., von 201 bis einschl. 300′ Länge, 2-gleisig, 3 Hauptträger, schief.
1097. do., von 301 bis einschl. 400′ Länge, 2-gleisig, 3 Hauptträger, gerade.
1098. do., von 301 bis einschl. 400′ Länge, 2-gleisig, 3 Hauptträger, schief.
1099. do., von über 400′ Länge, 2-gleisig, 3 Hauptträger, gerade.
1100. do., von über 400′ Länge, 2-gleisig, 3 Hauptträger, schief.
1111. do., bis einschl. 150′ Länge, weiteres Gleis, gerade.
1112. do., bis einschl. 150′ Länge, weiteres Gleis, schief.
1113. do., von 151 bis einschl. 200′ Länge, weiteres Gleis, gerade.
1114. do., von 151 bis einschl. 200′ Länge, weiteres Gleis, schief.
1115. do., von 201 bis einschl. 300′ Länge, weiteres Gleis, gerade.
1116. do., von 201 bis einschl. 300′ Länge, weiteres Gleis, schief.
1117. do., von 301 bis einschl. 400′ Länge, weiteres Gleis, gerade.
1118. do., von 301 bis einschl. 400′ Länge, weiteres Gleis, schief.
1119. do., von über 400′ Länge, weiteres Gleis, gerade.
1120. do., von über 400′ Länge, weiteres Gleis, schief.

1131. Fachwerkbrücken, mit Gelenkbolzenverbindungen, Fahrbahn oben, geschlossene Fahrbahn, bis einschl. 150′ Länge, 1-gleisig, gerade.
1132. do., bis einschl. 150′ Länge, 1-gleisig, schief.
1133. do., von 151 bis einschl. 200′ Länge, 1-gleisig, gerade.
1134. do., von 151 bis einschl. 200′ Länge, 1-gleisig, schief.
1135. do., von 201 bis einschl. 300′ Länge, 1-gleisig, gerade.
1136. do., von 201 bis einschl. 300′ Länge, 1-gleisig, schief.
1137. do., von 301 bis einschl. 400′ Länge, 1-gleisig, gerade.
1138. do., von 301 bis einschl. 400′ Länge, 1-gleisig, schief.
1139. do., von über 400′ Länge, 1-gleisig, gerade.
1140. do., von über 400′ Länge, 1-gleisig, schief.
1151. do., bis einschl. 150′ Länge, 2-gleisig, 2 Hauptträger, gerade.
1152. do., bis einschl. 150′ Länge, 2-gleisig, 2 Hauptträger, schief.
1153. do., von 151 bis einschl. 200′ Länge, 2-gleisig, 2 Hauptträger, gerade.
1154. do., von 151 bis einschl. 200′ Länge, 2-gleisig, 2 Hauptträger, schief.
1155. do., von 201 bis einschl. 300′ Länge, 2-gleisig, 2 Hauptträger, gerade.
1156. do., von 201 bis einschl. 300′ Länge, 2-gleisig, 2 Hauptträger, schief.
1157. do., von 301 bis einschl. 400′ Länge, 2-gleisig, 2 Hauptträger, gerade.
1158. do., von 301 bis einschl. 400′ Länge, 2-gleisig, 2 Hauptträger, schief.
1159. do., von über 400′ Länge, 2-gleisig, 2 Hauptträger, gerade.
1160. do., von über 400′ Länge, 2-gleisig, 2 Hauptträger, schief.
1171. do., bis einschl. 150′ Länge, 2-gleisig, 3 Hauptträger, gerade.
1172. do., bis einschl. 150′ Länge, 2-gleisig, 3 Hauptträger, schief.
1173. do., von 151 bis einschl. 200′ Länge, 2-gleisig, 3 Hauptträger, gerade.
1174. do., von 151 bis einschl. 200′ Länge, 2-gleisig, 3 Hauptträger, schief.
1175. do., von 201 bis einschl. 300′ Länge, 2-gleisig, 3 Hauptträger, gerade.
1176. do., von 201 bis einschl. 300′ Länge, 2-gleisig, 3 Hauptträger, schief.
1177. do., von 301 bis einschl. 400′ Länge, 2-gleisig, 3 Hauptträger, gerade.
1178. do., von 301 bis einschl. 400′ Länge, 2-gleisig, 3 Hauptträger, schief.
1179. do., von über 400′ Länge, 2-gleisig, 3 Hauptträger, gerade.
1180. do., von über 400′ Länge, 2-gleisig, 3 Hauptträger, schief.
1191. do., bis einschl. 150′ Länge, weiteres Gleis, gerade.
1192. do., bis einschl. 150′ Länge, weiteres Gleis, schief.
1193. do., von 151 bis einschl. 200′ Länge, weiteres Gleis, gerade.
1194. do., von 151 bis einschl. 200′ Länge, weiteres Gleis, schief.
1195. do., von 201 bis einschl. 300′ Länge, weiteres Gleis, gerade.
1196. do., von 201 bis einschl. 300′ Länge, weiteres Gleis, schief.
1197. do., von 301 bis einschl. 400′ Länge, weiteres Gleis, gerade.
1198. do., von 301 bis einschl. 400′ Länge, weiteres Gleis, schief.
1199. do., von über 400′ Länge, weiteres Gleis, gerade.
1200. do., von über 400′ Länge, weiteres Gleis, schief.
1211. Fachwerkbrücken, mit genieteten Knotenpunkten, Fahrbahn oben, offene Fahrbahn, bis einschl. 150′ Länge, 1-gleisig, gerade.
1212. do., bis einschl. 150′ Länge, 1-gleisig, schief.
1213. do., von 151 bis einschl. 200′ Länge, 1-gleisig, gerade.
1214. do., von 151 bis einschl. 200′ Länge, 1-gleisig, schief.
1215. do., von 201 bis einschl. 300′ Länge, 1-gleisig, gerade.
1216. do., von 201 bis einschl. 300′ Länge, 1-gleisig, schief.
1217. do., von 301 bis einschl. 400′ Länge, 1-gleisig, gerade.
1218. do., von 301 bis einschl. 400′ Länge, 1-gleisig, schief.
1219. do., von über 400′ Länge, 1-gleisig, gerade.
1220. do., von über 400′ Länge, 1-gleisig, schief.
1231—1240 wie 1211—1220, anstatt 1-gleisig: 2-gleisig, mit 2 Hauptträgern.
1251—1260 wie 1211—1220, anstatt 1-gleisig: 2-gleisig, mit 3 Hauptträgern.
1271—1280 wie 1251—1260, anstatt 2-gleisig, mit 3 Hauptträgern: weiteres Gleis.

1291. Fachwerkbrücken, mit genieteten Knotenpunkten, Fahrbahn oben, geschlossene Fahrbahn, bis einschl. 150′ Länge, 1-gleisig, gerade.
1292. do., bis einschl. 150′ Länge, 1-gleisig, schief.
1293. do., von 150 bis einschl. 200′ Länge, 1-gleisig, gerade.
1294. do., von 150 bis einschl. 200′ Länge, 1-gleisig, schief.
1295. do., von 201 bis einschl. 300′ Länge, 1-gleisig, gerade.
1296. do., von 201 bis einschl. 300′ Länge, 1-gleisig, schief.
1297. do., von 301 bis einschl. 400′ Länge, 1-gleisig, gerade.
1298. do., von 301 bis einschl. 400′ Länge, 1-gleisig, schief.
1299. do., von über 400′ Länge, 1-gleisig, gerade.
1300. do., von über 400′ Länge, 1-gleisig, schief.
1311—1320 wie 1291—1300, anstatt 1-gleisig: 2-gleisig, mit 2 Hauptträgern.
1331—1340 wie 1291—1300, anstatt 1-gleisig: 2-gleisig, mit 3 Hauptträgern.
1351—1360 wie 1331—1340, anstatt 2-gleisig, mit 3 Hauptträgern: weiteres Gleis.
1371. Fachwerkbrücken, mit Gelenkbolzenverbindungen, 2 Fahrbahnen übereinander, bis einschl. 150′ Länge, 1-gleisig, gerade.
1372. do., bis einschl. 150′ Länge, 1-gleisig, schief.
1373. do., von 151 bis einschl. 200′ Länge, 1-gleisig, gerade.
1374. do., von 151 bis einschl. 200′ Länge, 1-gleisig, schief.
1375. do., von 201 bis einschl. 300′ Länge, 1-gleisig, gerade.
1376. do., von 201 bis einschl. 300′ Länge, 1-gleisig, schief.
1377. do., von 301 bis einschl. 400′ Länge, 1-gleisig, gerade.
1378. do., von 301 bis einschl. 400′ Länge, 1-gleisig, schief.
1379. do., von über 400′ Länge, 1-gleisig, gerade.
1380. do., von über 400′ Länge, 1-gleisig, schief.
1391—1400 wie 1371—1380, anstatt 1-gleisig: 2-gleisig, mit 2 Hauptträgern.
1411—1420 wie 1371—1380, anstatt 1-gleisig: 2-gleisig, mit 3 Hauptträgern.
1431—1440 wie 1411—1420, anstatt 2-gleisig, mit 3 Hauptträgern: weiteres Gleis.
1451. Fachwerkbrücken, mit genieteten Knotenpunkten, 2 Fahrbahnen übereinander, bis einschl. 150′ Länge, 1-gleisig, gerade.
1452. do., bis einschl. 150′ Länge, 1-gleisig, schief.
1453. do., von 151 bis einschl. 200′ Länge, 1-gleisig, gerade.
1454. do., von 151 bis einschl. 200′ Länge, 1-gleisig, schief.
1455. do., von 201 bis einschl. 300′ Länge, 1-gleisig, gerade.
1456. do., von 201 bis einschl. 300′ Länge, 1-gleisig, schief.
1457. do., von 301 bis einschl. 400′ Länge, 1-gleisig, gerade.
1458. do., von 301 bis einschl. 400′ Länge, 1-gleisig, schief.
1459. do., von über 400′ Länge, 1-gleisig, gerade.
1460. do., von über 400′ Länge, 1-gleisig, schief.
1471—1480 wie 1451—1460, anstatt 1-gleisig: 2-gleisig, mit 2 Hauptträgern.
1491—1500 wie 1451—1460, anstatt 1-gleisig: 2-gleisig, mit 3 Hauptträgern.
1511—1520 wie 1491—1500, anstatt 2-gleisig, mit 3 Hauptträgern: weiteres Gleis.
1531. Fachwerkbrücken, mit Gelenkbolzenverbindungen, „Pony“-Träger, offene Fahrbahn, 1-gleisig, gerade.
1532. do., 1-gleisig, schief.
1533. do., 2-gleisig, 2 Hauptträger, gerade.
1534. do., 2-gleisig, 2 Hauptträger, schief.
1535. do., 2-gleisig, 3 Hauptträger, gerade.
1536. do., 2-gleisig, 3 Hauptträger, schief.
1537. do., weiteres Gleis, gerade.
1538. do., weiteres Gleis, schief.

1551—1558 wie 1531—1538, anstatt offene Fahrbahn: geschlossene Fahrbahn.

1571—1578 wie 1531—1538, anstatt mit Gelenkbolzenverbindungen: mit genieteten Knotenpunkten.

1591—1598 wie 1531—1538, anstatt mit Gelenkbolzenverbindungen und offener Fahrbahn: mit genieteten Knotenpunkten und geschlossener Fahrbahn.

1611. Fachwerkbrücken, mit Gelenkbolzenverbindungen, Fahrbahn unten, offene Fahrbahn, bis einschl. 150′ Länge, 1-gleisig, gerade.

1612. do., bis einschl. 150′ Länge, 1-gleisig, schief.

1613. do., von 151 bis einschl. 200′ Länge, 1-gleisig, gerade.

1614. do., von 151 bis einschl. 200′ Länge, 1-gleisig, schief.

1615. do., von 201 bis einschl. 300′ Länge, 1-gleisig, gerade.

1616. do., von 201 bis einschl. 300′ Länge, 1-gleisig, schief.

1617. do., von 301 bis einschl. 400′ Länge, 1-gleisig, gerade.

1618. do., von 301 bis einschl. 400′ Länge, 1-gleisig, schief.

1619. do., von über 400′ Länge, 1-gleisig, gerade.

1620. do., von über 400′ Länge, 1-gleisig, schief.

1631—1640 wie 1611—1620, anstatt 1-gleisig: 2-gleisig, mit 2 Hauptträgern.

1651—1660 wie 1611—1620, anstatt 1-gleisig: 2-gleisig, mit 3 Hauptträgern.

1671—1680 wie 1651—1660, anstatt 2-gleisig, mit 3 Hauptträgern: weiteres Gleis.

1691. Fachwerkbrücken, mit Gelenkbolzenverbindungen, Fahrbahn unten, geschlossene Fahrbahn, bis einschl. 150′ Länge, 1-gleisig, gerade.

1692. do., bis einschl. 150′ Länge, 1-gleisig, schief.

1693. do., von 151 bis einschl. 200′ Länge, 1-gleisig, gerade.

1694. do., von 151 bis einschl. 200′ Länge, 1-gleisig, schief.

1695. do., von 201 bis einschl. 300′ Länge, 1-gleisig, gerade.

1696. do., von 201 bis einschl. 300′ Länge, 1-gleisig, schief.

1697. do., von 301 bis einschl. 400′ Länge, 1-gleisig, gerade.

1698. do., von 301 bis einschl. 400′ Länge, 1-gleisig, schief.

1699. do., von über 400′ Länge, 1-gleisig, gerade.

1700. do., von über 400′ Länge, 1-gleisig, schief.

1711—1720 wie 1691—1700, anstatt 1-gleisig: 2-gleisig, mit 2 Hauptträgern.

1731—1740 wie 1691—1700, anstatt 1-gleisig: 2-gleisig, mit 3 Hauptträgern.

1751—1760 wie 1731—1740, anstatt 2-gleisig, mit 3 Hauptträgern: weiteres Gleis.

1771. Fachwerkbrücken, mit genieteten Knotenpunkten, Fahrbahn unten, offene Fahrbahn, bis einschl. 150′ Länge, 1-gleisig, gerade.

1772. do., bis einschl. 150′ Länge, 1-gleisig, schief.

1773. do., von 151 bis einschl. 200′ Länge, 1-gleisig, gerade.

1774. do., von 151 bis einschl. 200′ Länge, 1-gleisig, schief.

1775. do., von 201 bis einschl. 300′ Länge, 1-gleisig, gerade.

1776. do., von 201 bis einschl. 300′ Länge, 1-gleisig, schief.

1777. do., von 301 bis einschl. 400′ Länge, 1-gleisig, gerade.

1778. do., von 301 bis einschl. 400′ Länge, 1-gleisig, schief.

1779. do., von über 400′ Länge, 1-gleisig, gerade.

1780. do., von über 400′ Länge, 1-gleisig, schief.

1791—1800 wie 1771—1780, anstatt 1-gleisig: 2-gleisig, mit 2 Hauptträgern.

1811—1820 wie 1771—1780, anstatt 1-gleisig: 2-gleisig, mit 3 Hauptträgern.

1831—1840 wie 1811—1820, anstatt 2-gleisig, mit 3 Hauptträgern: weiteres Gleis.

1851. Fachwerkbrücken, mit genieteten Knotenpunkten, Fahrbahn unten, geschlossene Fahrbahn, bis einschl. 150′ Länge, 1-gleisig, gerade.
1852. do., bis einschl. 150′ Länge, 1-gleisig, schief.
1853. do., von 151 bis einschl. 200′ Länge, 1-gleisig, gerade.
1854. do., von 151 bis einschl. 200′ Länge, 1-gleisig, schief.
1855. do., von 201 bis einschl. 300′ Länge, 1-gleisig, gerade.
1856. do., von 201 bis einschl. 300′ Länge, 1-gleisig, schief.
1857. do., von 301 bis einschl. 400′ Länge, 1-gleisig, gerade.
1858. do., von 301 bis einschl. 400′ Länge, 1-gleisig, schief.
1859. do., von über 400′ Länge, 1-gleisig, gerade.
1860. do., von über 400′ Länge, 1-gleisig, schief.
1871—1880 wie 1851—1860, anstatt 1-gleisig: 2-gleisig, mit 2 Hauptträgern.
1891—1900 wie 1851—1860, anstatt 1-gleisig: 2-gleisig, mit 3 Hauptträgern.
1911—1920 wie 1891—1900, anstatt 2-gleisig, mit 3 Hauptträgern: weiteres Gleis.
1951. Howe-Fachwerkbrücken, von 150 bis einschl. 200′ Länge, gerade.
1952. do., von 150 bis einschl. 200′ Länge, schief.
1953. do., von über 200′ Länge, gerade.
1954. do., von über 200′ Länge, schief.
2001. Hubbrücken, Bauart Waddell, gerade, 1-gleisig, Eisenkonstruktion.
2002. do., Maschinenteile.
2003. Hubbrücken, Bauart Waddell, schief, 1-gleisig, Eisenkonstruktion.
2004. do., Maschinenteile.
2005. Hubbrücken, Bauart Waddell, gerade, 2-gleisig, Eisenkonstruktion.
2006. do., Maschinenteile.
2007. Hubbrücken, Bauart Waddell, schief, 2-gleisig, Eisenkonstruktion.
2008. do., Maschinenteile.
2009. Hubbrücken, Bauart Waddell, 2 Fahrbahnen übereinander, gerade, 1-gleisig, Eisenkonstruktion.
2010. do., Maschinenteile.
2011. Hubbrücken, Bauart Waddell, 2 Fahrbahnen übereinander, schief, 1-gleisig, Eisenkonstruktion.
2012. do., Maschinenteile.
2013. Hubbrücken, Bauart Waddell, 2 Fahrbahnen übereinander, gerade, 2-gleisig, Eisenkonstruktion.
2014. do., Maschinenteile.
2015. Hubbrücken, Bauart Waddell, 2 Fahrbahnen übereinander, schief, 2-gleisig, Eisenkonstruktion.
2016. do., Maschinenteile.
2021—2036. Hubbrücken, Bauart Harrington, Howard u. Ash, sonst wie 2001—2016.
2041—2056. Hubbrücken, Bauart Strauß, sonst wie 2001—2016.
2161. Klappbrücken, Bauart Abt, einteilig, 1-gleisig, Eisenkonstruktion.
2162. do., Maschinenteile.
2163. Klappbrücken, Bauart Abt, zweiteilig, 1-gleisig, Eisenkonstruktion.
2164. do., Maschinenteile.
2165. Klappbrücken, Bauart Abt, einteilig, 2-gleisig, Eisenkonstruktion.
2166. do., Maschinenteile.
2167. Klappbrücken, Bauart Abt, zweiteilig, 2-gleisig, Eisenkonstruktion.

2168. do., Maschinenteile.
2169. Klappbrücken, Bauart Abt, 2 Fahrbahnen übereinander, einteilig, 1-gleisig, Eisenkonstruktion.
2170. do., Maschinenteile.
2171. Klappbrücken, Bauart Abt, 2 Fahrbahnen übereinander, zweiteilig, 1-gleisig, Eisenkonstruktion.
2172. do., Maschinenteile.
2173. Klappbrücken, Bauart Abt, 2 Fahrbahnen übereinander, einteilig, 2-gleisig, Eisenkonstruktion.
2174. do., Maschinenteile.
2175. Klappbrücken, Bauart Abt, 2 Fahrbahnen übereinander, zweiteilig, 2-gleisig, Eisenkonstruktion.
2176. do., Maschinenteile.
2191—2206. Klappbrücken, Chikago-Typ, sonst wie 2161—2176.
2221—2236. Klappbrücken, Bauart Scherzer, sonst wie 2161—2176.
2251—2266. Klappbrücken, Bauart Strauß, sonst wie 2161—2176.
2281. Kreuzungsbauwerke, mit Stützen, offene Fahrbahn, gerade.
2282. do., schief.
2283. Kreuzungsbauwerke, mit Stützen, geschlossene Fahrbahn, gerade.
2284. do., schief.
2285. Kreuzungsbauwerke, ohne Stützen, offene Fahrbahn, gerade.
2286. do., schief.
2287. Kreuzungsbauwerke, ohne Stützen, geschlossene Fahrbahn, gerade.
2288. do., schief.
2301. Walzträgerüberbauten, bis einschl. 20′ Länge, gerade.
2302. do., bis einschl. 20′ Länge, schief.
2303. do., von über 20′ Länge, gerade.
2304. do., von über 20′ Länge, schief.

Hochbauten.

2501. Bahnhofsbauten.
2551. Bankgebäude, bis einschl. 500 t.
2552. do., von 501 bis einschl. 1000 t.
2553. do., von 1001 bis einschl. 2000 t.
2554. do., von 2001 bis einschl. 3000 t.
2555. do., von 3001 bis einschl. 4000 t.
2556. do., von 4001 bis einschl. 5000 t.
2557. do., von mehr als 5000 t.
2558. Bankgebäude, Erweiterungsbauten.
2601. Bureaugebäude, bis einschl. 500 t.
2602. do., von 501 bis einschl. 1000 t.
2603. do., von 1001 bis einschl. 2000 t.
2604. do., von 2001 bis einschl. 3000 t.
2605. do., von 3001 bis einschl. 4000 t.
2606. do., von 4001 bis einschl. 5000 t.
2607. do., von mehr als 5000 t.
2608. Bureaugebäude, Erweiterungsbauten.
2701. Exerzierhallen.
2702. Exerzierhallen, Erweiterungen.
2801. Fabrikbauten, bis einschl. 500 t.
2802. do., von 501 bis einschl. 1000 t.
2803. do., von 1001 bis einschl. 2000 t.
2804. do., von 2001 bis einschl. 3000 t.
2805. do., von 3001 bis einschl. 4000 t.
2806. do., von 4001 bis einschl. 5000 t.
2807. do., von mehr als 5000 t.
2808. Fabrikbauten, Erweiterungen.

2901. Getreidespeicher.
2902. Getreidespeicher, Erweiterungsbauten.
2951. Güterschuppen, bis einschl. 500 t.
2952. do., von 501 bis einschl. 1000 t.
2953. do., von 1001 bis einschl. 2000 t.
2954. do., von 2001 bis einschl. 3000 t.
2955. do., von 3001 bis einschl. 4000 t.
2956. do., von mehr als 5000 t.
2958. Güterschuppen, Erweiterungsbauten.
3001. Hochbahnstationen.
3051. Hotelbauten, bis einschl. 500 t.
3052. do., von 501 bis einschl. 1000 t.
3053. do., von 1001 bis einschl. 2000 t.
3054. do., von 2001 bis einschl. 3000 t.
3055. do., von 3001 bis einschl. 4000 t.
3056. do., von 4001 bis einschl. 5000 t.
3057. do., von mehr als 5000 t.
3058. Hotelbauten, Erweiterungen.
3101. Kirchen, bis einschl. 500 t.
3102. do., von 501 bis einschl. 1000 t.
3103. do., von 1001 bis einschl. 2000 t.
3104. do., von 2001 bis einschl. 3000 t.
3105. do., von 3001 bis einschl. 4000 t.
3106. do., von 4001 bis einschl. 5000 t.
3107. do., von mehr als 5000 t.
3108. Kirchen, Erweiterungen.
3158. Kraftwagenhallen.
3159. Kraftwagenhallen, Erweiterungen.
3201. Kraftwerke, bis einschl. 500 t.
3202. do., von 501 bis einschl. 1000 t.
3203. do., von 1001 bis einschl. 2000 t.
3204. do., von 2001 bis einschl. 3000 t.
3205. do., von 3001 bis einschl. 4000 t.
3206. do., von 4001 bis einschl. 5000 t.
3207. do., von mehr als 5000 t.
3208. Kraftwerke, Erweiterungen.
3251. Krankenhäuser.
3252. Krankenhäuser, Erweiterungen.
3301. Pflegehäuser,.
3302. Pflegehäuser, Erweiterungen.
3351. Pumpstationen.
3401. Schachtgebäude.
3451. Schulbauten, bis einschl. 500 t.
3452. do., von 501 bis einschl. 1000 t.
3453. do., von 1001 bis einschl. 2000 t.
3454. do., von 2001 bis einschl. 3000 t.
3455. do., von 3001 bis einschl. 4000 t.
3456. do., von 4001 bis einschl. 5000 t.
3457. do., von mehr als 5000 t.
3458. Schulbauten, Erweiterungen.
3501. Speicher.
3502. Speicher, Erweiterungen.
3551. Theater, bis einschl. 500 t.
3552. do., von 501 bis einschl. 1000 t.
3553. do., von 1001 bis einschl. 2000 t.
3554. do., von 2001 bis einschl. 3000 t.
3555. do., von 3001 bis einschl. 4000 t.
3556. do., von 4001 bis einschl. 5000 t.
3557. do., von mehr als 5000 t.

3601. Wagenhallen.
3602. Wagenhallen, Erweiterungen.
3651. Warenhäuser, bis einschl. 500 t.
3652. do., von 501 bis einschl. 1000 t.
3653. do., von 1001 bis einschl. 2000 t.
3654. do., von 2001 bis einschl. 3000 t.
3655. do., von 3001 bis einschl. 4000 t.
3656. do., von 4001 bis einschl. 5000 t.
3657. do., von mehr als 5000 t.
3659. Warenhäuser, Erweiterungen.
3701. Werftbauten.
3702. Werftbauten, Erweiterungen.
3751. Wohngebäude, bis einschl. 500 t.
3752. do., von 501 bis einschl. 1000 t.
3753. do., von 1001 bis einschl. 2000 t.
3754. do., von 2001 bis einschl. 3000 t.
3755. do., von 3001 bis einschl. 4000 t.
3756. do., von 4001 bis einschl. 5000 t.
3757. do., von mehr als 5000 t.
3758. Wohngebäude, Erweiterungen.

Straßenbrücken.

5001. Auslegerbrücken, mit Fußwegen, bis einschl. 300′ Länge.
5002. do., von 301 bis einschl. 400′ Länge.
5003. do., von mehr als 400′ Länge.
5004. Auslegerbrücken, ohne Fußwege, bis einschl. 300′ Länge.
5005. do., von 301 bis einschl. 400′ Länge.
5006. do., von mehr als 400′ Länge.
5051. Blechträgerbrücken, Fahrbahn oben, bis einschl. 40′ Länge, mit Fußwegkonsolen, gerade.
5052. do., bis einschl. 40′ Länge, mit Fußwegkonsolen, schief.
5053. do., von 41 bis einschl. 60′ Länge, mit Fußwegkonsolen, gerade.
5054. do., von 41 bis einschl. 60′ Länge, mit Fußwegkonsolen, schief.
5055. do., von 61 bis einschl. 80′ Länge, mit Fußwegkonsolen, gerade.
5056. do., von 61 bis einschl. 80′ Länge, mit Fußwegkonsolen, schief.
5057. do., von 81 bis einschl. 100′ Länge, mit Fußwegkonsolen, gerade.
5058. do., von 81 bis einschl. 100′ Länge, mit Fußwegkonsolen, schief.
5059. do., von mehr als 100′ Länge, mit Fußwegkonsolen, gerade.
5060. do., von mehr als 100′ Länge, mit Fußwegkonsolen, schief.
5071—5080 wie 5051—5060, aber ohne Fußwegkonsolen.
5091—5100 wie 5051—5060, anstatt Fahrbahn oben: Fahrbahn unten, mit Fußwegkonsolen.
5111—5120 wie 5051—5060, anstatt Fahrbahn oben: Fahrbahn unten, ohne Fußwegkonsolen.
5131. Bogenbrücken, mit Fußwegkonsolen, bis einschl. 200′ Länge,
5132. do., von 201 bis einschl. 300′ Länge.
5133. do., von mehr als 300′ Länge.
5134. Bogenbrücken, ohne Fußwegkonsolen, bis einschl. 200′ Länge.
5135. do., von 201 bis einschl. 300′ Länge.
5136. do., von mehr als 300′ Länge.
5181. Drehbrücken, Blechträger, Fahrbahn oben, mit Fußwegkonsolen, Stützzapfenlagerung, Eisenkonstruktion.
5182. do., Stützzapfenlagerung, Maschinenteile.
5183. do., Rollenkranzlagerung, Eisenkonstruktion.
5184. Rollenkranzlagerung, Maschinenteile.
5201—5204 wie 5181—5184, aber ohne Fußwegkonsolen.
5221. Drehbrücken, Blechträger, Fahrbahn unten, mit Fußwegkonsolen, Stützzapfenlagerung, Eisenkonstruktion.

5222. do., Stützzapfenlagerung, Maschinenteile.
5223. do., Rollenkranzlagerung, Eisenkonstruktion.
5224. do., Rollenkranzlagerung, Maschinenteile.
5241—5244 wie 5221—5224, aber ohne Fußwegkonsolen.
5261. Drehbrücken, Fachwerkträger, mit Gelenkbolzenverbindungen, Fahrbahn oben, mit Fußwegkonsolen, Stützzapfenlagerung, Eisenkonstruktion.
5262. do., Stützzapfenlagerung, Maschinenteile.
5263. do., Rollenkranzlagerung, Eisenkonstruktion.
5264. do., Rollenkranzlagerung, Maschinenteile.
5281—5284 wie 5261—5264, aber ohne Fußwegkonsolen.
5301. Drehbrücken, Fachwerkträger, mit Gelenkbolzenverbindungen, Fahrbahn unten, mit Fußwegkonsolen, Stützzapfenlagerung, Eisenkonstruktion.
5302. do., Stützzapfenlagerung, Maschinenteile.
5303. do., Rollenkranzlagerung, Eisenkonstruktion.
5304. do., Rollenkranzlagerung, Maschinenteile.
5321—5324 wie 5301—5304, aber ohne Fußwegkonsolen.
5321. Drehbrücken, Fachwerkträger, mit genieteten Knotenpunkten, Fahrbahn oben, mit Fußwegkonsolen, Stützzapfenlagerung, Eisenkonstruktion.
5322. do., Stützzapfenlagerung, Maschinenteile.
5323. do., Rollenkranzlagerung, Eisenkonstruktion.
5324. do., Rollenkranzlagerung, Maschinenteile.
5341—5344 wie 5321—5324, aber ohne Fußwegkonsolen.
5341. Drehbrücken, Fachwerkträger, mit genieteten Knotenpunkten, Fahrbahn unten, mit Fußwegkonsolen, Stützzapfenlagerung, Eisenkonstruktion.
5342. do., Stützzapfenlagerung, Maschinenteile.
5343. do., Rollenkranzlagerung, Eisenkonstruktion.
5344. do., Rollenkranzlagerung, Maschinenteile.
5361—5364 wie 5341—5344, also ohne Fußwegkonsolen.
5401. Eiserne Rohrpfähle.
5451. Fachwerkträger, mit Gelenkbolzenverbindungen, Fahrbahn oben, bis einschl. 100′ Länge, mit Fußwegkonsolen, gerade.
5452. do., bis einschl. 100′ Länge, mit Fußwegkonsolen, schief.
5453. do., von 101 bis einschl. 125′ Länge, mit Fußwegkonsolen, gerade.
5454. do., von 101 bis einschl. 125′ Länge, mit Fußwegkonsolen, schief.
5455. do., von 125 bis einschl. 150′ Länge, mit Fußwegkonsolen, gerade.
5456. do., von 125 bis einschl. 150′ Länge, mit Fußwegkonsolen, schief.
5457. do., von 151 bis einschl. 175′ Länge, mit Fußwegkonsolen, gerade.
5458. do., von 151 bis einschl. 175′ Länge, mit Fußwegkonsolen, schief.
5459. do., von 176 bis einschl. 200′ Länge, mit Fußwegkonsolen, gerade.
5460. do., von 176 bis einschl. 200′ Länge, mit Fußwegkonsolen, schief.
5461. do., von 201 bis einschl. 300′ Länge, mit Fußwegkonsolen, gerade.
5462. do., von 201 bis einschl. 300′ Länge, mit Fußwegkonsolen, schief.
5463. do., von 301 bis einschl. 400′ Länge, mit Fußwegkonsolen, gerade.
5464. do., von 301 bis einschl. 400′ Länge, mit Fußwegkonsolen, schief.
5465. do., von mehr als 400′ Länge, mit Fußwegkonsolen, gerade.
5466. do., von mehr als 400′ Länge, mit Fußwegkonsolen, schief.
5481—5496 wie 5451—5466, aber ohne Fußwegkonsolen.
5511—5526 wie 5451—5466, anstatt mit Gelenkbolzenverbindungen: mit genieteten Knotenpunkten, mit Fußwegkonsolen.
5541—5556 wie 5511—5526, aber ohne Fußwegkonsolen.
5751. Fachwerkträger, mit Gelenkbolzenverbindungen, „Pony“-Träger, bis einschl. 40′ Länge, mit Fußwegkonsolen, gerade.
5752. do., bis einschl. 40′ Länge, mit Fußwegkonsolen, schief.
5753. do., von 41 bis einschl. 60′ Länge, mit Fußwegkonsolen, gerade.
5754. do., von 41 bis einschl. 60′ Länge, mit Fußwegkonsolen, schief.

5755. do., von 61 bis einschl. 80′ Länge, mit Fußwegkonsolen, gerade.
5756. do., von 61 bis einschl. 80′ Länge, mit Fußwegkonsolen, schief.
5757. do., von 81 bis einschl. 100′ Länge, mit Fußwegkonsolen, gerade.
5758. do., von 81 bis einschl. 100′ Länge, mit Fußwegkonsolen, schief.
5759. do., von mehr als 100′ Länge, mit Fußwegkonsolen, gerade.
5760. do., von mehr als 100′ Länge, mit Fußwegkonsolen, schief.
5771—5780 wie 5751—5760, aber ohne Fußwegkonsolen.
5791—5800 wie 5751—5760, anstatt mit Gelenkbolzenverbindungen: mit genieteten Knotenpunkten, mit Fußwegkonsolen.
5811—5820 wie 5791—5800, aber ohne Fußwegkonsolen.
5951. Fachwerkbrücken, mit Gelenkbolzenverbindungen, Fahrbahn unten, bis einschl. 100′ Länge, mit Fußwegkonsolen, gerade.
5952. do., bis einschl. 100′ Länge, mit Fußwegkonsolen, schief.
5953. do., von 101 bis einschl. 125′ Länge, mit Fußwegkonsolen, gerade.
5954. do., von 101 bis einschl. 125′ Länge, mit Fußwegkonsolen, schief.
5955. do., von 126 bis einschl. 150′ Länge, mit Fußwegkonsolen, gerade.
5956. do., von 126 bis einschl. 150′ Länge, mit Fußwegkonsolen, schief.
5957. do., von 151 bis einschl. 175′ Länge, mit Fußwegkonsolen, gerade.
5958. do., von 151 bis einschl. 175′ Länge, mit Fußwegkonsolen, schief.
5959. do., von 176 bis einschl. 200′ Länge, mit Fußwegkonsolen, gerade.
5960. do., von 176 bis einschl. 200′ Länge, mit Fußwegkonsolen, schief.
5961. do., von 201 bis einschl. 300′ Länge, mit Fußwegkonsolen, gerade.
5962. do., von 201 bis einschl. 300′ Länge, mit Fußwegkonsolen, schief.
5963. do., von 301 bis einschl. 400′ Länge, mit Fußwegkonsolen, gerade.
5964. do., von 301 bis einschl. 400′ Länge, mit Fußwegkonsolen, schief.
5965. do., von mehr als 400′ Länge, mit Fußwegkonsolen, gerade.
5966. do., von mehr als 400′ Länge, mit Fußwegkonsolen, schief.
5981—5996 wie 5951—5966, aber ohne Fußwegkonsolen.
6011—6026 wie 5951—5966, anstatt mit Gelenkbolzenverbindungen: mit genieteten Knotenpunkten, mit Fußwegkonsolen.
6041—6056 wie 6011—6026, aber ohne Fußwegkonsolen.
6101. Hochbahnkonstruktionen, 1-gleisig, 1 Stützenreihe, in der Geraden.
6102. do., 2 Stützenreihen, in der Geraden.
6103. Hochbahnkonstruktionen, 2-gleisig, in der Geraden.
6104. Hochbahnkonstruktionen, besonderes Gleis, in der Geraden.
6105. Hochbahnkonstruktionen, 1-gleisig, 1 Stützenreihe, in der Kurve.
6106. do., 2 Stützenreihen, in der Kurve.
6107. Hochbahnkonstruktionen, 2-gleisig, in der Kurve.
6108. Hochbahnkonstruktionen, besonderes Gleis, in der Kurve.
6109. Hochbahnkonstruktionen, Kurvenstücke.
6201. Hubbrücken, Bauart Waddell, gerade, mit Fußwegkonsolen, Eisenkonstruktion.
6202. do., Maschinenteile.
6203. Hubbrücken, Bauart Waddell, schief, mit Fußwegkonsolen, Eisenkonstruktion.
6204. do., Maschinenteile.
6205—6208 wie 6201—6204, aber ohne Fußwegkonsolen.
6221. Hubbrücken, Bauart Harrington, Howard u. Ash, gerade, mit Fußwegkonsolen, Eisenkonstruktion.
6222. do., Maschinenteile.
6223. Hubbrücken, Bauart Harrington, Howard u. Ash, schief, mit Fußwegkonsolen, Eisenkonstruktion.
6224. do., Maschinenteile.
6225—6228 wie 6221—6224, aber ohne Fußwegkonsolen.
6241. Hubbrücken, Bauart Strauß, gerade, mit Fußwegkonsolen, Eisenkonstruktion.
6242. do., Maschinenteile.
6243. Hubbrücken, Bauart Strauß, schief, mit Fußwegkonsolen, Eisenkonstruktion.

6244. do., Maschinenteile.
6245—6248 wie 6241—6244, aber ohne Fußwegkonsolen.
6261. Klappbrücken, Bauart Abt, einteilig, mit Fußwegkonsolen, Eisenkonstruktion.
6262. do., Maschinenteile.
6263. Klappbrücken, Bauart Abt, zweiteilig, mit Fußwegkonsolen, Eisenkonstruktion.
6264. do., Maschinenteile.
6265—6268 wie 6261—6264, aber ohne Fußwegkonsolen.
6281. Klappbrücken, Chikago-Typ, einteilig, mit Fußwegkonsolen, Eisenkonstruktion.
6282. do., Maschinenteile.
6283. Klappbrücken, Chikago-Typ, zweiteilig, mit Fußwegkonsolen, Eisenkonstruktion.
6284. do., Maschinenteile.
6285—6288 wie 6281—6284, aber ohne Fußwegkonsolen.
6301. Klappbrücken, Bauart Scherzer, einteilig, mit Fußwegkonsolen, Eisenkonstruktion.
6302. do., Maschinenteile.
6303. Klappbrücken, Bauart Scherzer, zweiteilig, mit Fußwegkonsolen, Eisenkonstruktion.
6304. do., Maschinenteile.
6305—6308 wie 6301—6304, aber ohne Fußwegkonsolen.
6321. Klappbrücken, Bauart Strauß, einteilig, mit Fußwegkonsolen, Eisenkonstruktion.
6322. do., Maschinenteile.
6323. Klappbrücken, Bauart Strauß, zweiteilig, mit Fußwegkonsolen, Eisenkonstruktion.
6324. do., Maschinenteile.
6325—6328 wie 6321—6324, aber ohne Fußwegkonsolen.
6501. Kreuzungsbauwerke über Eisenbahnen, mit Stützen, mit Fußwegkonsolen, gerade.
6502. do., schief.
6503. Kreuzungsbauwerke über Eisenbahnen, mit Stützen, ohne Fußwegkonsolen, gerade.
6504. do., schief.
6505. Kreuzungsbauwerke über Eisenbahnen, ohne Stützen, mit Fußwegkonsolen, gerade.
6506. do., schief.
6507. Kreuzungsbauwerke über Eisenbahnen, ohne Stützen, ohne Fußwegkonsolen, gerade.
6508. do., schief.
6551. Viaduktbrücken, mit Fußwegkonsolen, in der Geraden, bis einschl. 500 t.
6552. do., in der Kurve, bis einschl. 500 t.
6553. do., in der Geraden, von 501 bis einschl. 1000 t.
6554. do., in der Kurve, von 501 bis einschl. 1000 t.
6555. do., in der Geraden, von 1001 bis einschl. 2000 t.
6556. do., in der Kurve, von 1001 bis einschl. 2000 t.
6557. do., in der Geraden, von mehr als 2000 t.
6558. do., in der Kurve, von mehr als 2000 t.
6559—6566 wie 6551—6558, aber ohne Fußwegkonsolen.
6601. Walzträgerüberbauten, bis einschl. 15′ Länge, gerade.
6602. do., bis einschl. 15′ Länge, schief.
6603. do., von 16 bis einschl. 25′ Länge, gerade.
6604. do., von 16 bis einschl. 25′ Länge, schief.
6605. do., von mehr als 25′ Länge, gerade.
6606. do., von mehr als 25′ Länge, schief.

Sonstige Eisenbauten.

7501. Aschetransportanlagen.
7521. Behälter: Behälter für Zuckerfabriken.
7522. do., Filter.
7523. do., Klärtanks.
7524. do., Kondensatoren.
7525. do., Laugenbehälter.
7526. do., Naphthabehälter.
7527. do., Öltanks, bis einschl. 50000 Barrel Inhalt.
7528. do., von 50001 bis einschl. 70000 Barrel Inhalt.
7529. do., von 70001 bis einschl. 90000 Barrel Inhalt.
7530. do., von mehr als 90000 Barrel Inhalt.
7531. do., Raffinierkessel.
7532. do., Rührwerke.
7533. do., Säurebehälter.
7534. do., Teerbehälter.
7601. Bekohlungsanlagen.
7651. Elektrische Schmelzöfen.
7681. Eiserne Schornsteine.
7701. Erzbunker.
7702. Erzbunkerverschlüsse.
7801. Fördergerüste.
7851. Frachtkähne.
7881. Gleiswagen.
7891. Greifer.
7901. Güterwagen (Eisenkonstruktion).
7921. Hochöfen.
8001. Kabeltürme.
8021. Kohlenbunker.
8041. Kohlentransportbrücken.
8061. Kohlentürme.
8101. Krane, bis einschl. 5 t Tragekraft.
8102. do., von 6 bis einschl. 10 t Tragkraft.
8103. do., von 11 bis einschl. 20 t Tragkraft.
8104. do., von 21 bis einschl. 30 t Tragkraft.
8105. do., von 31 bis einschl. 40 t Tragkraft.
8106. do., von 41 bis einschl. 50 t Tragkraft.
8107. do., von mehr als 50 t Tragkraft.
8201. Kranlaufbahnen.
8251. Leitungsmaste.
8281. Pieranlagen.
8301. Portalkrane.
8351. Rauchabzüge.
8401. Schleusenkonstruktionen.
8451. Schwenkmaste.
8471. Standbäume.
8501. Stahlschiffe.
8601. Standbehälter, bis einschl. 50000 Gallonen Inhalt.
8602. do., von 50001 bis einschl. 100000 Gallonen Inhalt.
8603. do., von 100001 bis einschl. 200000 Gallonen Inhalt.
8604. do., von 200001 bis einschl. 300000 Gallonen Inhalt.
8605. do., von mehr als 300001 Gallonen Inhalt.
8701. Überdachte Wagenstände.
8751. Wasserleitungen.
8801. Wassertürme und Hochbehälter, bis einschl. 50000 Gallonen Inhalt.
8802. do., von 50001 bis einschl. 100000 Gallonen Inhalt.

8803. do., von 100001 bis einschl. 200000 Gallonen Inhalt.
8804. do., von 200001 bis einschl. 300000 Gallonen Inhalt.
8805. do., von mehr als 300000 Gallonen Inhalt.

Maß- und Gewichtsumrechnungen.

1 engl. Fuß (1′) = 12 engl. Zoll = 0,3048 m.
1 engl. Zoll (1″) = 2,54 cm.
1 engl. Yard = 3 engl. Fuß = 0,914 m.
1 engl. Quadratfuß = 144 engl. Quadratzoll = 0,093 m^2.
1 engl. Quadratzoll = 6,4516 cm^2.
1 engl. Kubikfuß = 1728 engl. Kubikzoll = 0,0283 m^3
1 engl. Kubikzoll = 16,387 cm^3
1 amerik. Barrel (Petroleum) = 42 Gallonen = 1,5898 hl.
1 amerik. Gallone = 3,785 l.
1 amerik. Pfund (lbs.) = 0,45359 kg.
1 Ounce = $^1/_{16}$ Pfund = 28,3495 g.
1 amerik. Schiffstonne (short-ton) = 2000 lbs. = 907,185 kg.
1 amerik. Tonne (long-ton) = 2240 lbs. = 1016,0475 kg.
1 Pfund/Fuß (engl.) = 1,488 kg/m.
1 Pfund/Yard (engl.) = 0,4961 kg/m.
1 Pfund/Quadratzoll (engl.) = 0,0703 kg/cm^2.
1 Pfund/Quadratfuß (engl.) = 4,8824 kg/m^2.
1 amerik. Dollar ($) = 100 Cents = ≈ 4,20 M.

Temperaturmessung (Celsius, Réaumur und Fahrenheit):

$$C = \frac{10}{8} R = \frac{10}{18} (F - 32).$$

Sachverzeichnis.

Eisen im Hochbau. Ein Taschenbuch mit Zeichnungen, Zusammenstellungen, technischen Vorschriften und Angaben über die Verwendung von Eisen im Hochbau. Herausgegeben vom **Stahlwerks-Verband A.-G.**, Abteilung Technisches Büro, Düsseldorf. Sechste, umgearbeitete und erweiterte Auflage. XIX, 586 Seiten. 1924. Gebunden RM 9.—

Lieferwerke und Gewichtstafeln für Form- und Stabformeisen nach den Profilangaben des Taschenbuches „Eisen im Hochbau", 6. Auflage. Herausgegeben vom **Stahlwerks-Verband A.-G.**, Abteilung Technisches Büro, Düsseldorf. 12 Seiten und 8 Tafeln. 1924. RM 3.60

Die Eisenkonstruktionen. Ein Lehrbuch für Schule und Zeichentisch nebst einem Anhang mit Zahlentafeln zum Gebrauch beim Berechnen und Entwerfen eiserner Bauwerke. Von Prof. Dipl.-Ing. **L. Geusen**, Dortmund. Vierte, vermehrte und verbesserte Auflage. Mit 529 Abbildungen im Text und auf 2 farbigen Tafeln. VII, 310 Seiten. 1925. Gebunden RM 21.—

Eiserne Brücken. Bearbeitet von Baurat Dr.-Ing. e. h. **Karl Bernhard**, Berlin. (Deutsches Bauhandbuch. Baukunde des Ingenieurs. Unter Mitwirkung von Fachleuten der verschiedenen Einzelgebiete herausgegeben von der Deutschen Bauzeitung. Der Brückenbau. Band I.) Mit etwa 700 Abbildungen im Text und 13 Tafeln. XVIII, 545 Seiten. 1911. RM 14.—; gebunden RM 16.—

Theorie und Berechnung der eisernen Brücken. Von Dr.-Ing. **Friedrich Bleich.** Mit 486 Textabbildungen. XI, 581 Seiten. 1924. Gebunden RM 37.50

Der Eingelenkbogen für massive Straßenbrücken. Eine statisch-wirtschaftliche Untersuchung. Von Dipl.-Ing. Dr. sc. techn. **Ernst Burgdorfer.** Mit 51 Abbildungen im Text und 10 Tafeln. VII, 160 Seiten. 1924. RM 7.50

Taschenbuch für Bauingenieure. Unter Mitwirkung von Fachleuten herausgegeben von Geh. Hofrat Prof. Dr.-Ing. e. h. **Max Foerster**, Dresden. Vierte, verbesserte und erweiterte Auflage. Mit 3193 Textfiguren. In zwei Teilen. XVI, 2399 Seiten. 1921. Gebunden RM 16.—

Ergänzungen zur vierten Auflage des Taschenbuchs für Bauingenieure, betreffend neue deutsche Bestimmungen für den Eisenbetonbau und den Eisenbau vom Jahre 1925. Von Geh. Hofrat Prof. Dr.-Ing. e. h. **Max Foerster**, Dresden. Mit 16 Textfiguren. 30 Seiten. 1925. RM 0.60

Der Bauingenieur in der Praxis. Eine Einführung in die wirtschaftlichen und praktischen Aufgaben des Bauingenieurs von **Theodor Janssen**, Professor, Reg.-Baumeister a. D. Zweite, neubearbeitete und erweiterte Auflage. V, 494 Seiten. 1927. Gebunden RM 23.50